U0295390

国家出版基金项目
NATIONAL PUBLICATION FOUNDATION

"十三五"国家重点图书出版规划项目

Precision
Medicine

精准医学出版工程

精准医学基础系列

总主编 詹启敏

表观遗传学与精准医学

Epigenetics and Precision Medicine

朱景德 等

著

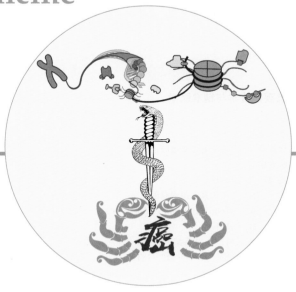

上海交通大学出版社
SHANGHAI JIAO TONG UNIVERSITY PRESS

内容提要

本书汇聚了数十位活跃在第一线的国内外表观遗传学领域顶尖专家,包括 2 位中国科学院院士、7 位国家杰出青年基金获得者及多位国家"优青"、"千人计划"专家等,全面、系统阐述了表观遗传学与精准医学研究的最新成果。本书作者结合自身的研究成果和体会,阐述了表观遗传调控的理念、机制和新技术及其在重大疾病的精准诊治方面巨大的应用前景,覆盖了 DNA 甲基化、组蛋白修饰、染色质高级结构、非编码 RNA、RNA 修饰、干细胞生物学和中医药的表观遗传学等重要分支基础和转化研究成果。

本书可为从事表观遗传学基础和临床研究,有意征服重大疾病的科学工作者和临床医生提供重要参考。

图书在版编目(CIP)数据

表观遗传学与精准医学/朱景德等著. —上海:上海交通大学
出版社,2017
精准医学出版工程
ISBN 978 - 7 - 313 - 18411 - 5

Ⅰ.①表⋯ Ⅱ.①朱⋯ Ⅲ.①表观遗传学-应用-医学 Ⅳ.①Q3②R

中国版本图书馆 CIP 数据核字(2017)第 279881 号

表观遗传学与精准医学

著　　者:朱景德等

出版发行:上海交通大学出版社　　　　　　　　　　地　　址:上海市番禺路 951 号

邮政编码:200030　　　　　　　　　　　　　　　　电　　话:021 - 64071208

出 版 人:谈　毅

印　　制:苏州市越洋印刷有限公司　　　　　　　　经　　销:全国新华书店

开　　本:787mm×1092mm　1/16　　　　　　　　印　　张:30.5

字　　数:515 千字

版　　次:2017 年 12 月第 1 版　　　　　　　　　　印　　次:2017 年 12 月第 1 次印刷

书　　号:ISBN 978 - 7 - 313 - 18411 - 5/Q

定　　价:318.00 元

版权所有　侵权必究

告读者:如发现本书有印装质量问题请与印刷厂质量科联系

联系电话:0512 - 68180638

精准医学出版工程·精准医学基础系列

编 委 会

总主编

詹启敏(北京大学副校长、医学部主任,中国工程院院士)

编 委
(按姓氏拼音排序)

陈　超(西北大学副校长、国家微检测系统工程技术研究中心主任,教授)

方向东(中国科学院基因组科学与信息重点实验室副主任、中国科学院北
　　　京基因组研究所"百人计划"研究员,中国科学院大学教授)

郜恒骏(生物芯片上海国家工程研究中心主任,同济大学医学院教授、消
　　　化疾病研究所所长)

贾　伟(美国夏威夷大学癌症研究中心副主任,教授)

钱小红(军事科学院军事医学研究院生命组学研究所研究员)

石乐明(复旦大学生命科学学院、复旦大学附属肿瘤医院教授)

王晓民(首都医科大学副校长,北京脑重大疾病研究院院长,教授)

于　军(中国科学院基因组科学与信息重点实验室、中国科学院北京基因
　　　组研究所研究员,中国科学院大学教授)

赵立平(上海交通大学生命科学技术学院特聘教授,美国罗格斯大学环境
　　　与生物科学学院冠名讲席教授)

朱景德(安徽省肿瘤医院肿瘤表观遗传学实验室教授)

学术秘书

张　华(中国医学科学院、北京协和医学院科技管理处副处长)

《表观遗传学与精准医学》
编委会

主 编

朱景德（安徽省肿瘤医院肿瘤表观遗传学实验室教授）

编 委
（按姓氏拼音排序）

陈玲玲（中国科学院上海生物化学与细胞生物学研究所研究员）

陈　萍（中国科学院生物物理研究所研究员）

邓宏魁（北京大学生命科学学院教授）

杜雅蕊（中国科学院上海生物化学与细胞生物学研究所副研究员）

范国平（同济大学生命科学与技术学院教授）

方亚平（华中农业大学信息学院副教授）

高绍荣（同济大学生命科学与技术学院教授）

古　槿（清华大学信息科学与技术国家实验室生物信息学研究部副教授）

何　川（芝加哥大学、北京大学教授）

何祥火（复旦大学附属肿瘤医院研究员）

黄　健（上海交通大学生命科学学院教授）

黄胜林（复旦大学附属肿瘤医院研究员）

贾桂芳（北京大学化学与分子工程学院副研究员）

蒋　卫（武汉大学医学研究院教授）

李国红（中国科学院生物物理研究所研究员）

李国亮（华中农业大学信息学院教授）

李海涛（清华大学医学院教授）

李　梢（清华大学信息科学与技术国家实验室生物信息学研究部教授）

李元元（清华大学医学院助理研究员）

梁琳慧（复旦大学附属肿瘤医院副研究员）

彭　城（华中农业大学信息学院副教授）

阮一骏（华中农业大学信息学院教授）

单　革（中国科技大学生命科学院教授）

沈晓骅（清华大学医学院教授）

孙宝发（中国科学院北京基因组研究所副研究员）

汪阳明（北京大学分子医学研究所教授）

王　栋（清华大学医学院研究员）

谢　兰（清华大学医学院讲师）

徐国良（中国科学院上海生物化学与细胞生物学研究所研究员，中国科学院院士）

杨　莹（中国科学院北京基因组研究所助理研究员）

杨运桂（中国科学院北京基因组研究所研究员）

伊成器（北京大学化学与分子工程学院研究员）

张　博（天津国际生物医药联合研究院副研究员）

张冬卉（湖北大学生命科学学院教授）

赵克浩（烟台大学药学院教授）

周　琪（中国科学院动物研究所研究员，中国科学院院士）

　　朱景德，男，1950 年 5 月出生。安徽省肿瘤医院肿瘤表观遗传学实验室，教授。主要研究方向为肿瘤与表观遗传学。1978 年考入中国科学院上海生命科学研究院生物化学与细胞生物学研究所攻读硕士学位，师从姚鑫教授；1980—1984 年在英国格拉斯哥大学攻读细胞生物学博士学位，师从 Beatson 癌症研究所的 John Paul 教授，从事真核细胞转录调控和染色质生物学的研究。1985—1990 年担任中国科学院上海细胞生物学研究所染色质生物学课题组负责人；1990—2001 年在英国三个科研单位和一个生物医药公司任高级研究人员和课题负责人，从事真核细胞基因转录调控和抗肿瘤基因治疗的研究。2001—2014 年在上海市肿瘤研究所任肿瘤表观遗传学和基因治疗组负责人，从 DNA 甲基化的角度进行肿瘤生物学与临床以及肿瘤基因治疗方面的研究。2012 年创建安徽省肿瘤医院表观遗传学实验室，开展 DNA 甲基化诊断和化疗耐受预期的临床技术研究。目前着重原创性的 DNA 甲基化诊断和融瘤腺病毒技术的转化研究。承担国家基金委、"863"、"973"、上海市科委以及国际合作和欧盟第六框架项目等科研项目。获得国家科技成果二等奖、中国科学院自然科学一等奖等多项奖励和荣誉。此外，在中国的基因组与国内和区域性乃至全球性表观基因组研究中做出重要的贡献。翻译出版了美国国家科学研究委员会编著的 *Mapping and Sequencing the Human Genome*（《人类基因组的作图与测序》，1990 年，上海科学技术出版社）等专著。任

美国癌症研究联合会(AACR)表观基因组专业委员会委员(2006—2012 年)和亚洲表观遗传组学联盟的共同创建人(2006 年至今)。在 *Cell*、*Nature Biotechnology*、*PLoS Biology*、*Cancer Research* 等国际学术期刊发表论文 70 余篇,获得美国专利多项。

"精准"是医学发展的客观追求和最终目标，也是公众对健康的必然需求。"精准医学"是生物技术、信息技术和多种前沿技术在医学临床实践的交汇融合应用，是医学科技发展的前沿方向，实施精准医学已经成为推动全民健康的国家发展战略。因此，发展精准医学，系统加强精准医学研究布局，对于我国重大疾病防控和促进全民健康，对于我国占据未来医学制高点及相关产业发展主导权，对于推动我国生命健康产业发展具有重要意义。

2015年初，我国开始制定"精准医学"发展战略规划，并安排中央财政经费给予专项支持，这为我国加入全球医学发展浪潮、增强我国在医学前沿领域的研究实力、提升国家竞争力提供了巨大的驱动力。国家科技部在国家"十三五"规划期间启动了"精准医学研究"重点研发专项，以我国常见高发、危害重大的疾病及若干流行率相对较高的罕见病为切入点，将建立多层次精准医学知识库体系和生物医学大数据共享平台，形成重大疾病的风险评估、预测预警、早期筛查、分型分类、个体化治疗、疗效和安全性预测及监控等精准防诊治方案和临床决策系统，建设中国人群典型疾病精准医学临床方案的示范、应用和推广体系等。目前，精准医学已呈现快速和健康发展态势，极大地推动了我国卫生健康事业的发展。

精准医学几乎覆盖了所有医学门类，是一个复杂和综合的科技创新系统。为了迎接新形势下医学理论、技术和临床等方面的需求和挑战，迫切需要及时总结精准医学前沿研究成果，编著一套以"精准医学"为主题的丛书，从而助力我国精准医学的进程，带动医学科学整体发展，并能加快相关学科紧缺人才的培养和健康大产业的发展。

2015年6月，上海交通大学出版社以此为契机，启动了"精准医学出版工程"系列图书项目。这套丛书紧扣国家健康事业发展战略，配合精准医学快速发展的态势，拟出版一系列精准医学前沿领域的学术专著，这是一项非常适合国家精准医学发展时宜的事业。我本人作为精准医学国家规划制定的参与者，见证了我国精准医学的规划和发展，欣然接受上海交通大学出版社的邀请担任该丛书的总主编，希望为我国的精准医学发展及医学发展出一份力。出版社同时也邀请了刘彤华院士、贺福初院士、刘昌效院士、周宏灏院士、赵国屏院士、王红阳院士、曹雪涛院士、陈志南院士、陈润生院士、陈香美院士、金力院士、周琪院士、徐国良院士、董家鸿院士、卜修武院士、陆林院士、乔杰院士、黄荷凤院士等医学领域专家撰写专著、承担审校等工作，邀请的编委和撰写专家均为活跃在精准医学研究最前沿的、在各自领域有突出贡献的科学家、临床专家、生物信息学家，以确保这套"精准医学出版工程"丛书具有高品质和重大的社会价值，为我国的精准医学发展提供参考和智力支持。

编著这套丛书，一是总结整理国内外精准医学的重要成果及宝贵经验；二是更新医学知识体系，为精准医学科研与临床人员培养提供一套系统、全面的参考书，满足人才培养对教材的迫切需求；三是为精准医学实施提供有力的理论和技术支撑；四是将许多专家、教授、学者广博的学识见解和丰富的实践经验总结传承下来，旨在从系统性、完整性和实用性角度出发，把丰富的实践经验和实验室研究进一步理论化、科学化，形成具有我国特色的精准医学理论与实践相结合的知识体系。

"精准医学出版工程"丛书是国内外第一套系统总结精准医学前沿性研究成果的系列专著，内容包括"精准医学基础""精准预防""精准诊断""精准治疗""精准医学药物研发"以及"精准医学的疾病诊疗共识、标准与指南"等多个系列，旨在服务于全生命周期、全人群、健康全过程的国家大健康战略。

预计这套丛书的总规模会达到 60 种以上。随着学科的发展，数量还会有所增加。这套丛书首先包括"精准医学基础系列"的 11 种图书，其中 1 种为总论。从精准医学覆盖的医学全过程链条考虑，这套丛书还将包括和预防医学、临床诊断（如分子诊断、分子影像、分子病理等）及治疗相关（如细胞治疗、生物治疗、靶向治疗、机器人、手术导航、内镜等）的内容，以及一些通过精准医学现代手段对传统治疗优化后的精准治疗。此外，这套丛书还包括药物研发，临床诊疗路径、标准、规范、指南等内容。"精准医学出版工程"将紧密结合国家"十三五"重大战略规划，聚焦"精准医学"目标，贯穿"十三五"始终，力求打造一个总体量超过 60 本的学术著作群，从而形成一个医学学术出版的高峰。

　　本套丛书得到国家出版基金资助，并入选了"十三五"国家重点图书出版规划项目，体现了国家对"精准医学"项目以及"精准医学出版工程"这套丛书的高度重视。这套丛书承担着记载与弘扬科技成就、积累和传播科技知识的使命，凝结了国内外精准医学领域专业人士的智慧和成果，具有较强的系统性、完整性、实用性和前瞻性，既可作为实际工作的指导用书，也可作为相关专业人员的学习参考用书。期望这套丛书能够有益于精准医学领域人才的培养，有益于精准医学的发展，有益于医学的发展。

　　此次集束出版的"精准医学基础系列"系统总结了我国精准医学基础研究各领域取得的前沿成果和突破，内容涵盖精准医学总论、生物样本库、基因组学、转录组学、蛋白质组学、表观遗传学、微生物组学、代谢组学、生物大数据、新技术等新兴领域和新兴学科，旨在为我国精准医学的发展和实施提供理论和科学依据，为培养和建设我国高水平的具有精准医学专业知识和先进理念的基础和临床人才队伍提供理论支撑。

　　希望这套丛书能在国家医学发展史上留下浓重的一笔！

北京大学副校长

北京大学医学部主任

中国工程院院士

2017 年 11 月 16 日

前言

以细胞周期间期染色质或中期染色体形式存在的高等生物基因组是由遗传结构信息(遗传)的载体——DNA序列和遗传调控/功能性信息(表观遗传)的载体——DNA和组蛋白的共价修饰/非编码RNA/染色质高级结构等所组成。与DNA序列变化无关的基因组的表观遗传信息层面活动,决定着基因转录/表型记忆的细胞世代之间高保真传递和展示谱式。表观遗传学正是研究和诠释这些信息形式及规律的学科(https://en.wikipedia.org/wiki/Epigenetics)。从生化本质来看,基因组转录与可遗传的表观遗传调控极度雷同,故在从转录过程及其调控的视角增进我们对生理和病理状态下生物学活动的表观遗传学机制理解的同时,需考虑到表观遗传调控的这一关键属性——"可遗传性"[1]。

耗资30亿美元,历时13年完成人类基因组全序列测定的人类基因组计划是近代科学史中最伟大的事件之一。通过组学研究理念和技术平台,这一发现驱动性大项目使先前对以DNA序列为载体的传统遗传学机制在生物活动中的地位持有相悖看法的遗传学家和发育生物学家首次能在同一理论框架和语境下一起探讨"发育和疾病状态下生命活动的遗传学基础"一类的重大生物学议题。令人心生敬意的是,早在人类基因组计划启动时(20世纪80年代末),计划的发起者詹姆斯·沃森(James Watson)不仅强调计划完成后对一维DNA序列所携带的遗传结构性信息的功能属性诠释任务的必要性和艰巨性,还认定其主要承担者将主要是习惯于小作坊式假设驱动性研究模式的实验生物学家[2]。表观遗传现象、作用及其规律显然是此后人类基因组时代努力的核心内容。21世纪初,人们为人类基因组计划的成功雀跃,确信通过发展和使用以DNA序列为基础的更为有效的诊治手段在10年之内能基本克服包括肿瘤在内的重大疾病威胁[3]。再一次,詹姆斯·沃森以"后人类基因组时代"遗传学研究的热点是染色质(chromatin,基因组表观遗传信息界面的载体)的短句警醒大家①,"生命远远不止 DNA 序列"(We are much more than DNA sequence)。

在 10 余年"后基因组时代"生命科学研究的快速发展期中,人们不仅拥有了不断在通量、精度水平上以指数量级速率继续完善的数据获取、分析、整合的技术平台,以及海量健康和疾病状态下的细胞多重基因组学数据,还成功地使用针对肿瘤驱动性 DNA 序列改变(突变、拷贝数异常和基因融合等)的诊断和治疗手段,使部分肿瘤患者明显受益。应该指出的是,这些成就并没有表明人类基因组计划领导者在人类基因组全序列测序完成时所给出的在 10 年内大幅改善重大疾病诊治方面的承诺[4]得以兑现[5]。在对基因组学研究理念和实践的临床价值充分肯定的前提下,美国于 2015 年率先启动[6],中国、欧盟等多个国家和地区随后启动了以肿瘤为主要目标疾病的精准医疗计划[7]。此计划将通过对百万健康人群和大规模肿瘤患者人群进行基因组测序为主的组学分析,更全面描述导致肿瘤等重大疾病发生的遗传异常,继而开展针对这些驱动性遗传结构性改变的诊治和预防手段的发现、复核和临床应用。值得一提的是,业内对这一"所有疾病都是 DNA 序列异常的遗传病"理念的局限性也有不少质疑[8, 9]。肿瘤遗传学家 Vogelstein 团队从涉及数千例同卵双生子的 DNA 序列和疾病状态(24 种)的相关性研究中得出结论:DNA 序列水平上的差异对表型效应(phenotypic impact)的影响极为有限[10]。10 多年的全基因组关联分析(GWAS)所发现的单核苷酸多态性仅能极小部分地解释疾病发病倾向(missing heritability)[11],这一现状已驱使人们开始重视疾病的 DNA 甲基化组学变异层面的根源(表观基因组关联分析,EWAS)[10, 12]。

高等生物的基因组是由以一维 DNA 序列形式存在的遗传结构性信息和由时空多维的 DNA 和组蛋白修饰、核小体结构、染色质高级结构等综合构成的遗传功能性信息共同组成的高度复杂的实体。个体发生是从一个受精卵增殖、分化成由约 10^{13} 个 200 余种功能迥异的细胞组成群体的成体过程。在这一过程中,同一套 DNA 序列编码遗传的结构信息在不同类型的细胞谱系呈现基因差异表达,功能化展示,继而行使生理功能

---

① 在 2003 年纪念 DNA 双螺旋结构发现 50 周年庆典上,詹姆斯·沃森面对《科学美国人》记者关于人类基因组计划完成后遗传学的兴奋点问题,明确地说:"The major problem, I think, is chromatin (the dynamic complex of DNA and histone proteins that makes up chromosomes). What determines whether a given piece of DNA along the chromosome is functioning, since it's covered with the histones? You can inherit something beyond the DNA sequence. That's where the real excitement of genetics is now."[4]。

（表型），表观遗传机制在其中起着至关重要的作用（见下图）。由 DNA 和组蛋白的共价修饰、核小体及其高级结构以及与染色质紧密结合的非组蛋白和 RNA 所组成的表观遗传信息界面不仅赋予 DNA 排序所携带的"结构性，存储性"遗传信息以功能属性，还大幅拓宽了调控基因表达/表型调控的维度、精度和可塑性。虽然，有关组蛋白修饰和非编码 RNA 所携带的有关基因表达调控信息如何从母细胞传递到子细胞[13]的机制尚不明确，基因组的 DNA 甲基化（CpG 甲基化）状态是以半保留合成的方式确保该信息高保真地在细胞世代间传递的结论已是业内的共识。基因组表观遗传信息界面是生命体对环境因素应答的主要场所，其组构状态改变常是生命活动关键机制——基因表达/表型变化的起始事件[14]。支持这一看法的重要证据之一是：98% 以上以诱导大鼠成瘤效率为指标所确定的化学致癌物并无 DNA/RNA 致畸效应，而多对包括 DNA 甲基化在内的基因组表观遗传信息界面的组成施加直接或间接的影响（http：//monographs.iarc.fr/ENG/Classification/）。表观遗传调控机制失控也是包括肿瘤在内的疾病发生、发展的重要机制之一。因而，为了更全面、深入地认识，继而克服疾病，在传统遗传机制研究的基础上，加大表观遗传调控层面对正常和疾病状态下生命活动探讨的力度是极为必要的。

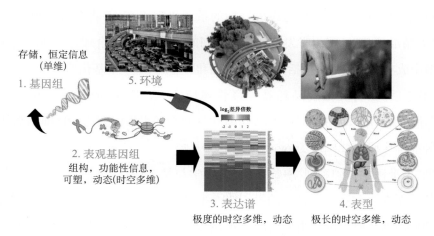

基因组、表观基因组、表达谱、表型和环境间的关系

图中描述了基因组、表观基因组、表达谱、表型和环境之间的关系。其中，基因组的表观遗传信息界面动态组构状态（表观基因组，2）维系并指导着存储在 DNA 序列中一维的遗传结构性信息（基因组，1）在时空无限多维的环境（5）下，以基因表达谱（3）/表型（4）的方式做出的反应。在此过程中，基因组结构信息也可能发生变化随着对表观遗传机制在生命活动中重要性认知的加强,在人类基因组计划接近尾声的 20 世纪末,德国、英国和法国的 3 个学术和企业机构率先启动以绘制多个组织的 DNA 甲基化谱式为目标的人类表观基因组计划(www. epigenome. org)。之后,多个区域性的表观基因组绘制计划得以实施:美国启动的 DNA 元件百科全书计划(https://www. encodeproject. org/),美国国立卫生研究院发起的表观组学路线图计划(http://www. roadmapepigenomics. org/)以及欧洲的基因组表观遗传塑性计划(http://www. epigenome-noe. net/)。这些以基因组功能调控信息的载体——表观遗传信息界面的组学分析为核心内容的大项目的全面展开已大幅提高了人们认识健康和疾病状态下人类自身和模式生物基因组的表观遗传信息界面组构、活动规律及其功能内涵的能力。2010 年启动的全球国际表观遗传组学联盟(http://ihec-epigenomes. net/)(http://www. cell. com/consortium/IHEC)以 41 篇 Cell 及其子刊上发表的论文形式和共用数据库的方式更新了人类正常和疾病状态下的表观基因组学图谱(http://www. cell. com/consortium/IHEC)。在这些卓有成效的努力基础上,以绘制多个人和小鼠细胞系的时空四维染色质高级构象图谱(4D nucleosome)的项目(http://www. 4dnucleome. org,https://commonfund. nih. gov/publications? pid=38)得以启动[15]。

相对于遗传、转录和翻译水平上的研究,表观遗传学研究正处于飞速发展期。全面展开的以机制探讨和临床转化为终极目标的系统研究正在,并将会有效地推进针对疑难重症的“精准诊疗”。将组学发现、机制阐明和临床研究的整合理念在肿瘤表观遗传学研究领域中成功实施的范例包括:①结直肠癌和肺癌的 DNA 甲基化诊断方法在欧洲国家使用多年之后,获得美国食品药品监督管理局(U. S. Food and Drug Administration,FDA)批准;②使用 FDA 批准的 DNA 甲基化抑制剂和组蛋白去乙酰化抑制剂开展的多种血液肿瘤临床研究(http://www. fda. gov/)。

借助“精准医学基础系列”中的《表观遗传学与精准医学》分册这一平台,我们组织了数十位活跃在表观遗传学领域的第一线专家,通过结合专家自身的研究工作和体会,向广大领域内的科研人员介绍最新的表观遗传学理念、技术和思路及其在增进人类克服疾病威胁的能力方面巨大的应用前景,以期对推动表观遗传学的发展及其在精准医学中的应用有所助益。

本书共分为 14 章,覆盖了 DNA 甲基化、组蛋白修饰、染色质高级结构、非编码 RNA、RNA 修饰、干细胞生物学和中医药的表观遗传学等重要分支基础和转化研究成果。具体包括：正常和疾病状态下的表观基因组学系统研究,DNA甲基化调控与哺乳动物的发育,DNA甲基化的化学与生物学基础,DNA甲基化与肿瘤的精准诊疗,组蛋白修饰的化学与生物学基础,表观遗传药物与疾病的精准治疗,染色质的高级结构(一)——核小体与30 nm染色质纤维,染色质的高级结构(二)——三维基因组学与精准医学,基因组的暗物质——长非编码RNA,非编码RNA与恶性肿瘤的精准诊疗,RNA修饰与疾病的精准诊疗,表观遗传介导的细胞命运改变和再生医学,表观遗传重编程与疾病的精准治疗,中医药理论与实践的表观遗传学基础。

　　本书由笔者主持撰著,著者由中国科学院北京基因组研究所、中国科学院动物研究所、中国科学院生物化学与细胞生物学研究所、中国科学院生物物理研究所、北京大学、复旦大学、湖北大学、华中农业大学、清华大学、上海交通大学、同济大学、武汉大学、烟台大学、芝加哥大学、中国科学技术大学、天津国际生物医药联合研究院、诺华生物的研究人员组成。其中前言由朱景德执笔,第1章由谢兰、滕帅帅、李莎莎、王海燕、王栋执笔,第2章由范国平、高绍荣执笔,第3章由韩斌斌、李彤、李滨忠、顾天鹏、杜雅蕊、代海强、毛石清、崔庆岩、范强强、徐国良执笔,第4章由朱景德、黄健执笔,第5章由李海涛、赵帅、李元元执笔,第6章由赵克浩、罗霄、李海涛执笔,第7章由陈萍、李国红执笔,第8章由方亚平、彭城、阮一骏、李国亮执笔,第9章由陈玲玲、胡世斌、沈晓骅、罗赛、单革、陈亮、汪阳明、赵雨亭、顾凯丽执笔,第10章由黄胜林、梁琳慧、何祥火执笔,第11章由杨莹、贾桂芳、伊成器、孙宝发、何川、杨运桂执笔,第12章由蒋卫、邓宏魁、蔡雨生、张冬卉执笔,第13章由袁雪薇、毛俊杰、李玉欢、毛伊幻、李宇飞、李静、王晨鑫、吴骏、张映、周琪执笔,第14章由张博、谭艾迪、古槿、李梢执笔。

　　书中如有疏漏、错谬或值得商榷之处,恳请读者批评指正。

朱景德

2017年12月

参考文献

[1] Berger S L, Kouzarides T, Shiekhattar R, et al. An operational definition of epigenetics [J]. Genes Dev, 2009,23(7)：781-783.
[2] 美国国家科学研究委员会. 人类基因组的作图与测序[M].朱景德,周郑,张爱兰,译. 上海：上海科学技术出版社,1990.

［3］ Collins F S, Green E D, Guttmacher A E, et al. A vision for the future of genomics research ［J］. Nature, 2003,422(6934): 835-847.

［4］ Watson J D. Celebrating the genetic jubilee: a conversation with James D. Watson. Interviewed by John Rennie ［J］. Sci Am, 2003,288(4): 66-69.

［5］ Collins F S. Genome-sequencing anniversary. Faces of the genome ［J］. Science, 2011,331 (6017): 546.

［6］ Collins F S, Varmus H. A new initiative on precision medicine ［J］. N Engl J Med, 2015,372 (9): 793-795.

［7］ Aronson S J, Rehm H L. Building the foundation for genomics in precision medicine ［J］. Nature, 2015,526(7573): 336-342.

［8］ Tannock I F, Hickman J A. Limits to personalized cancer medicine ［J］. N Engl J Med, 2016, 375(13): 1289-1294.

［9］ Prasad V. Perspective: The precision-oncology illusion ［J］. Nature, 2016,537(7619): S63.

［10］ Zoghbi H Y, Beaudet A L. Epigenetics and human disease ［J］. Cold Spring Harb Perspect Biol, 2016,8(2): a019497.

［11］ Eichler E E, Flint J, Gibson G, et al. Missing heritability and strategies for finding the underlying causes of complex disease ［J］. Nat Rev Genet, 2010,11(6): 446-450.

［12］ Zheng S C, Widschwendter M, Teschendorff A E. Epigenetic drift, epigenetic clocks and cancer risk ［J］. Epigenomics, 2016,8(5): 705-719.

［13］ Almouzni G, Cedar H. Maintenance of epigenetic information ［J］. Cold Spring Harb Perspect Biol, 2016,8(5). doi: 10.1101/cshperspect. a019372.

［14］ Feil R, Fraga M F. Epigenetics and the environment: emerging patterns and implications ［J］. Nat Rev Genet, 2012,13(2): 97-109.

［15］ Dekker J, Belmont A S, Guttman M, et al. The 4D nucleome project ［J］. Nature, 2017,549 (7671): 219-226.

目录

1 正常和疾病状态下的表观基因组学系统研究 ········ 001

1.1 表观遗传实验方法 ··········· 002

1.1.1 DNA 甲基化的研究方法 ··········· 003

1.1.2 组蛋白修饰及 DNA 结合蛋白的研究方法 ··· 006

1.1.3 染色质可接近性的研究方法 ··········· 008

1.1.4 染色质构象的研究方法 ··········· 010

1.2 表观遗传组学数据的系统分析 ··········· 013

1.2.1 组蛋白修饰 ··········· 013

1.2.2 DNA 甲基化 ··········· 016

1.2.3 染色质开放性检测的高通量数据分析 ····· 018

1.2.4 基因组三维结构研究 ··········· 021

1.2.5 表观基因组预测：通过 DNA 序列推测表观
遗传状态 ··········· 022

1.2.6 表观遗传数据库 ··········· 023

1.2.7 国内表观遗传组学技术研究进展 ··········· 024

1.3 表观遗传组学国际合作研究计划 ··········· 025

1.3.1 DNA 元件百科全书计划 ··········· 026

1.3.2 美国国立卫生研究院的表观基因组路线图

计划 ·· 027

1.3.3 欧盟的表观遗传学计划 ································ 028

1.3.4 国际人类表观基因组联盟科研合作蓝图 ········· 028

1.3.5 亚洲表观遗传项目 ···································· 029

1.4 小结 ··· 029

参考文献 ··· 029

2 DNA 甲基化调控与哺乳动物的发育

2 DNA 甲基化调控与哺乳动物的发育 ···················· 033

2.1 不同基因组区域的 DNA 甲基化 ····················· 035

2.1.1 CpG 岛 ·· 035

2.1.2 基因主体区 ··· 036

2.1.3 基因间隔区 ··· 036

2.2 DNA 甲基化的基本机制 ······························· 036

2.3 DNA 去甲基化 ··· 038

2.4 读取 DNA 甲基化 ······································· 040

2.5 DNA 甲基化与其他表观遗传学机制间的联系 ······· 041

2.5.1 DNA 甲基化与组蛋白修饰的联系 ············· 041

2.5.2 DNA 甲基化与 miRNA 的联系 ················· 043

2.6 发育中的 DNA 甲基化 ·································· 043

2.6.1 胚胎早期发育中的 DNA 甲基化 ··············· 043

2.6.2 神经系统发育中的 DNA 甲基化 ··············· 046

2.7 隔代表观遗传 ·· 048

2.7.1 表观遗传差异和获得性遗传 ····················· 050

2.7.2 生殖系统的重编程 ·································· 051

2.7.3 隔代表观遗传对人类健康的影响 ················ 052

2.8 小结 ·· 053

参考文献 ·· 054

3　DNA 甲基化的化学与生物学基础 ································· 066

3.1　DNA 甲基化 ·· 067
3.1.1　DNA 甲基化的概念 ·· 067
3.1.2　DNA 甲基化的分布与功能 ···································· 069

3.2　DNA 甲基化谱式的建立及维持 ······························ 070
3.2.1　DNA 甲基转移酶 ·· 070
3.2.2　哺乳动物 DNA 甲基转移酶的表达分布及功能研究 ·········· 070
3.2.3　起始性 DNA 甲基化的发生机制 ····························· 072
3.2.4　维持性 DNA 甲基化的发生机制 ····························· 076
3.2.5　DNA 甲基化的分析方法 ······································ 077

3.3　DNA 去甲基化 ··· 079
3.3.1　小鼠胚胎发育过程中的 DNA 甲基化重编程 ·················· 080
3.3.2　DNA 去甲基化的可能途径 ···································· 082

3.4　TET 蛋白与 DNA 氧化去甲基化 ····························· 085
3.4.1　TET 蛋白和 5hmC 的发现 ··································· 085
3.4.2　5hmC 在基因组上的分布 ····································· 086
3.4.3　TET 蛋白介导的 DNA 去甲基化 ····························· 086
3.4.4　TET 蛋白介导的氧化去甲基化的其他途径 ·················· 087
3.4.5　TET 蛋白及其介导的 5mC 氧化在发育过程中的功能 ········· 089

3.5　小结 ··· 092

参考文献 ··· 092

4　DNA 甲基化与肿瘤的精准诊疗 ································· 096

4.1　概述 ··· 096
4.1.1　肿瘤特征性 DNA 甲基化异常的遗传学根源 ·················· 099
4.1.2　DNA 甲基化异常是肿瘤基因组 DNA 序列改变的机制之一 ··· 100
4.1.3　DNA 甲基化异常是肿瘤形成进程中的早发和频发事件 ········ 101
4.1.4　DNA 甲基化是优点突出、应用潜力巨大的肿瘤诊断

生物标志物 ·· 102

4.1.5 DNA 甲基转移酶抑制剂与抗肿瘤治疗 ·············· 104

4.2 发现肿瘤驱动性 DNA 甲基化的组学研究 ·············· 105

4.3 肿瘤特征性 DNA 甲基化谱式的异常 ··················· 110

4.4 DNA 甲基化与肿瘤的精准诊断 ························· 112

4.4.1 亚硫酸氢盐处理类的技术 ······················· 114

4.4.2 非亚硫酸氢盐处理类的技术 ····················· 115

4.5 DNA 甲基化分析与肿瘤精准诊断：机遇和挑战 ········· 115

4.6 展望 ·· 118

4.6.1 基因的转录状态与 ctDNA 为样本的肿瘤诊断 ······ 118

4.6.2 ctDNA 的 DNA 甲基化分析方法的优化 ············ 119

4.7 小结 ·· 119

参考文献 ··· 120

5 组蛋白修饰的化学与生物学基础 ···················· 132

5.1 组蛋白修饰概述 ·· 132

5.2 组蛋白修饰的产生——书写器 ·························· 134

5.3 组蛋白修饰的消除——擦除器 ·························· 139

5.4 组蛋白修饰的识别——阅读器 ·························· 142

5.5 组蛋白修饰及识别蛋白的发现与鉴定 ··················· 147

5.6 组蛋白修饰的调控 ······································ 149

5.6.1 组蛋白修饰间的交叉对话 ······················· 149

5.6.2 组蛋白修饰对基因表达的影响 ··················· 150

5.6.3 组蛋白修饰与染色质重塑 ······················· 151

5.6.4 组蛋白修饰与 DNA 修复 ························· 151

5.7 组蛋白修饰与 DNA 修饰的交叉对话 ··················· 152

5.8 小结 ·· 153

参考文献 ··· 154

6 表观遗传药物与疾病的精准治疗 ·········· 158

6.1 表观遗传调控异常与疾病 ·········· 158

6.1.1 DNA 甲基化紊乱 ·········· 159

6.1.2 组蛋白修饰异常 ·········· 160

6.1.3 致癌组蛋白 ·········· 163

6.1.4 染色质重塑因子紊乱 ·········· 164

6.2 分子病因分类举例 ·········· 165

6.2.1 DNA 甲基化修饰的调控异常 ·········· 165

6.2.2 组蛋白共价修饰的调控异常 ·········· 166

6.2.3 染色质重塑的调控异常 ·········· 169

6.3 表观遗传因子靶向药物的研发历史与现状 ·········· 170

6.3.1 DNA 甲基转移酶抑制药物 ·········· 170

6.3.2 组蛋白去乙酰化酶抑制药物 ·········· 175

6.3.3 组蛋白甲基转移酶和去甲基化酶抑制药物 ·········· 177

6.3.4 组蛋白乙酰化识别抑制药物 ·········· 179

6.4 工具小分子和药物研发流程简介 ·········· 180

6.5 表观遗传在精准医疗中应用的现状和展望 ·········· 186

6.6 小结 ·········· 187

参考文献 ·········· 188

7 染色质的高级结构(一)：核小体与 30 nm 染色质纤维 ·········· 194

7.1 染色质结构概述 ·········· 194

7.2 核小体的结构：染色质结构的基本结构单元 ·········· 195

7.3 核小体的动态调控 ·········· 196

7.4 染色质纤维的结构：30 nm 染色质的高精度结构 ·········· 200

7.5 染色质纤维结构的动态调控 ·········· 203

7.5.1 连接组蛋白 H1 ·········· 203

7.5.2 组蛋白变体 ·········· 205

7.5.3 染色质修饰 ⋯⋯⋯⋯⋯⋯⋯⋯⋯⋯⋯⋯⋯⋯⋯ 206

7.5.4 染色质结合蛋白 ⋯⋯⋯⋯⋯⋯⋯⋯⋯⋯⋯⋯ 206

7.6 细胞核内染色质纤维结构与功能 ⋯⋯⋯⋯⋯⋯⋯ 207

7.6.1 细胞核内 30 nm 染色质纤维结构 ⋯⋯⋯⋯⋯ 207

7.6.2 细胞核内染色质纤维结构的动态调控⋯⋯⋯⋯ 209

7.7 染色质结构与精准医学 ⋯⋯⋯⋯⋯⋯⋯⋯⋯⋯⋯ 215

7.7.1 染色质结构与肿瘤和其他疾病的诊断⋯⋯⋯⋯ 215

7.7.2 染色质结构与肿瘤起源和转移⋯⋯⋯⋯⋯⋯⋯ 217

7.7.3 染色质结构与肿瘤的治疗⋯⋯⋯⋯⋯⋯⋯⋯⋯ 218

7.7.4 核小体定位指纹与肿瘤自身免疫病的临床诊断⋯ 219

7.8 小结 ⋯⋯⋯⋯⋯⋯⋯⋯⋯⋯⋯⋯⋯⋯⋯⋯⋯⋯⋯ 220

参考文献⋯⋯⋯⋯⋯⋯⋯⋯⋯⋯⋯⋯⋯⋯⋯⋯⋯⋯⋯⋯ 221

8 染色质的高级结构(二):三维基因组学与精准医学 ⋯⋯ 227

8.1 基因组结构和功能的联系 ⋯⋯⋯⋯⋯⋯⋯⋯⋯⋯⋯ 227

8.2 基因组结构简介 ⋯⋯⋯⋯⋯⋯⋯⋯⋯⋯⋯⋯⋯⋯⋯ 229

8.3 研究基因组三维结构的方法 ⋯⋯⋯⋯⋯⋯⋯⋯⋯⋯ 233

8.3.1 基因组三维构象捕获的荧光显微实验方法⋯⋯⋯ 233

8.3.2 染色体构象捕获技术⋯⋯⋯⋯⋯⋯⋯⋯⋯⋯⋯ 235

8.4 三维基因组数据处理、结构识别以及三维建模 ⋯⋯⋯ 241

8.5 三维基因组学的初步应用 ⋯⋯⋯⋯⋯⋯⋯⋯⋯⋯⋯ 248

8.5.1 Hi-C 技术的应用:区室结构和拓扑结构域 ⋯⋯⋯ 248

8.5.2 ChIA-PET 技术的应用 ⋯⋯⋯⋯⋯⋯⋯⋯⋯⋯ 251

8.5.3 基因组三维结构与基因组组装⋯⋯⋯⋯⋯⋯⋯ 254

8.5.4 基因组三维结构与功能⋯⋯⋯⋯⋯⋯⋯⋯⋯⋯ 254

8.6 三维基因组学和精准医学 ⋯⋯⋯⋯⋯⋯⋯⋯⋯⋯⋯ 256

8.6.1 基因组三维结构与疾病的关系 ⋯⋯⋯⋯⋯⋯⋯ 256

8.6.2 基因组三维结构与疾病相关全基因组关联分析位点

　　　　的目标基因 ·· 257

　8.7　小结 ·· 259

　参考文献 ··· 260

9　**基因组的暗物质：长非编码 RNA** ································· 269

　9.1　长非编码 RNA 的分类与新型非编码 RNA 的发现 ············· 270

　　9.1.1　含有 poly(A)尾的长非编码 RNA ····················· 271

　　9.1.2　新型非编码 RNA 的发现：无 poly(A)尾的长非编码 RNA ··· 273

　9.2　长非编码 RNA 的生物学功能 ······························ 277

　　9.2.1　基因表达调控 ··· 277

　　9.2.2　生长发育调控 ··· 279

　　9.2.3　长非编码 RNA 与疾病 ································· 281

　9.3　长非编码 RNA 的作用机制 ································ 282

　　9.3.1　长非编码 RNA 作为信号分子 ························· 282

　　9.3.2　长非编码 RNA 作为诱饵分子 ························· 283

　　9.3.3　长非编码 RNA 作为向导分子 ························· 284

　　9.3.4　长非编码 RNA 作为支架分子 ························· 285

　　9.3.5　长非编码 RNA 通过 RNA-RNA 相互作用调控基因表达 ··· 286

　9.4　非编码 RNA 研究技术 ····································· 288

　　9.4.1　非编码 RNA 的鉴定技术手段 ························· 288

　　9.4.2　非编码 RNA 功能研究的技术手段 ····················· 290

　　9.4.3　非编码 RNA 作用机制研究的技术手段 ················· 292

　9.5　小结 ·· 294

　参考文献 ··· 295

10　**非编码 RNA 与恶性肿瘤的精准诊疗** ························· 297

　10.1　非编码 RNA 在恶性肿瘤发生发展中的作用及分子机制 ·········· 297

　　10.1.1　非编码 RNA 在恶性肿瘤中异常表达 ················· 298

10.1.2 非编码 RNA 在恶性肿瘤发生发展过程中的作用及分子

机制 ……………………………………………………… 299

10.2 非编码 RNA 在恶性肿瘤诊断中的意义及应用 ………………… 301

10.2.1 非编码 RNA 的特征及其在恶性肿瘤诊断中的意义 ……… 301

10.2.2 非编码 RNA 在恶性肿瘤早期诊断中的应用 …………… 303

10.2.3 非编码 RNA 在肿瘤鉴别诊断中的应用 ……………… 306

10.2.4 非编码 RNA 在恶性肿瘤诊断中的问题和展望 ………… 306

10.3 非编码 RNA 在恶性肿瘤进展预测中的意义及应用 …………… 307

10.3.1 非编码 RNA 在恶性肿瘤进展中的作用和分子机制 ……… 307

10.3.2 非编码 RNA 在恶性肿瘤侵袭和转移预测中的应用 …… 309

10.3.3 非编码 RNA 在恶性肿瘤复发和预后预测中的应用 …… 310

10.4 非编码 RNA 在恶性肿瘤分型中的意义及应用 ………………… 312

10.4.1 非编码 RNA 在恶性肿瘤分型中的意义 ……………… 312

10.4.2 miRNA 作为恶性肿瘤分型的分子标志物 …………… 313

10.4.3 长非编码 RNA 作为恶性肿瘤分型的分子标志物 ……… 314

10.5 非编码 RNA 在恶性肿瘤疗效监测中的意义及应用 …………… 315

10.5.1 非编码 RNA 作为化疗耐药的分子标志物 …………… 316

10.5.2 非编码 RNA 作为靶向药物的分子标志物 …………… 317

10.5.3 非编码 RNA 在放射治疗疗效监测中的应用 ………… 318

10.5.4 非编码 RNA 在术前术后疗效监测中的应用 ………… 319

10.6 非编码 RNA 在恶性肿瘤治疗中的意义及应用 ………………… 320

10.6.1 miRNA 在恶性肿瘤治疗中的应用 …………………… 320

10.6.2 其他非编码 RNA 在恶性肿瘤治疗中的应用研究 …… 321

10.6.3 非编码 RNA 在恶性肿瘤治疗中的策略及问题 ……… 322

10.7 非编码 RNA 的常用检测方法与技术 ………………………… 323

10.7.1 RNA 印迹法 ………………………………………… 323

10.7.2 RNA 原位杂交 ……………………………………… 324

10.7.3 实时荧光定量 PCR ………………………………… 324

10.7.4 微阵列芯片 ………………………………………… 325

　　　　10.7.5　高通量 RNA 测序 ·· 326

　　　　10.7.6　纳米孔单分子技术 ·· 326

　　10.8　小结 ·· 326

　　参考文献 ·· 327

11 RNA 修饰与疾病的精准诊疗 ·· 332

　　11.1　RNA 化学修饰类型 ·· 332

　　　　11.1.1　mRNA 的甲基化修饰 ·· 333

　　　　11.1.2　tRNA 的甲基化修饰 ·· 336

　　　　11.1.3　rRNA 的甲基化修饰 ·· 336

　　　　11.1.4　snRNA 的甲基化修饰 ··· 337

　　　　11.1.5　miRNA/piRNA 的甲基化修饰 ··· 337

　　11.2　RNA 甲基化修饰酶及调控蛋白 ·· 337

　　　　11.2.1　m^6A 的甲基化修饰酶及调控蛋白 ···································· 338

　　　　11.2.2　m^5C 的甲基化修饰酶及调控蛋白 ···································· 341

　　　　11.2.3　m^1A 的甲基化修饰酶及调控蛋白 ···································· 343

　　　　11.2.4　假尿嘧啶的甲基化修饰酶及调控蛋白 ··································· 343

　　　　11.2.5　m^6A_m 的甲基化修饰酶及调控蛋白 ·································· 344

　　11.3　RNA 化学修饰的检测技术 ·· 344

　　　　11.3.1　RNA 修饰的定量检测技术 ··· 344

　　　　11.3.2　RNA 修饰的定点检测技术 ··· 346

　　　　11.3.3　RNA 修饰的高通量测序技术 ··· 347

　　11.4　RNA 化学修饰的分布规律 ·· 358

　　　　11.4.1　m^6A 修饰的分布规律 ··· 358

　　　　11.4.2　m^5C 修饰的分布规律 ··· 361

　　　　11.4.3　m^1A 修饰的分布规律 ··· 362

　　　　11.4.4　假尿嘧啶修饰的分布规律 ··· 363

　　11.5　RNA 化学修饰在 RNA 加工过程中的调控功能 ······························ 365

11.5.1 m^7G 修饰在 RNA 加工过程中的调控功能 ·················· 365

11.5.2 N_m 修饰在 RNA 加工过程中的调控功能 ·················· 366

11.5.3 m_2G 和 m_3G 修饰在 RNA 加工过程中的调控功能 ······· 366

11.5.4 m^6A 修饰在 RNA 加工过程中的调控功能 ·················· 366

11.5.5 m^5C 修饰在 RNA 加工过程中的调控功能 ·················· 370

11.5.6 m^1A 修饰在 RNA 加工过程中的调控功能 ·················· 371

11.5.7 假尿嘧啶修饰在 RNA 加工过程中的调控功能 ·················· 371

11.5.8 m^6A_m 修饰在 RNA 加工过程中的调控功能 ·················· 372

11.6 RNA 化学修饰的生理病理效应 ·················· 372

11.6.1 m^6A 调控发育 ·················· 372

11.6.2 m^6A 与配子发生 ·················· 373

11.6.3 m^6A 与细胞重编程 ·················· 374

11.6.4 m^6A 与生物节律 ·················· 375

11.6.5 m^6A 与细胞分裂 ·················· 375

11.6.6 m^6A 与母体–合子过渡 ·················· 376

11.6.7 m^6A 与 lncRNA *XIST* 介导的转录抑制 ·················· 376

11.6.8 m^6A 与果蝇性别决定 ·················· 376

11.6.9 m^6A 与癌症 ·················· 377

11.6.10 m^6A 与 RNA 病毒感染 ·················· 377

11.6.11 m^6A 与 DNA 损伤修复 ·················· 377

11.6.12 假尿嘧啶与人类疾病 ·················· 378

11.7 小结 ·················· 379

参考文献 ·················· 379

12 表观遗传介导的细胞命运改变和再生医学 ·················· 385

12.1 体细胞重编程和表观遗传学 ·················· 387

12.1.1 基本的体细胞重编程 ·················· 388

12.1.2 组蛋白修饰对重编程的不同影响 ·················· 389

12.1.3　DNA 甲基化与重编程 ················· 392

12.1.4　染色体组蛋白变体 ················· 394

12.1.5　染色质重塑复合物和组蛋白分子伴侣对重编程的影响 ··· 395

12.2　干细胞分化和表观遗传学 ················· 397

12.2.1　DNA 甲基化与干细胞定向诱导分化 ················· 398

12.2.2　染色质状态与干细胞定向诱导分化 ················· 399

12.2.3　非编码 RNA 和干细胞定向诱导分化 ················· 400

12.3　谱系重编程和表观遗传学 ················· 403

12.4　小结 ················· 404

参考文献 ················· 405

13　表观遗传重编程与疾病的精准治疗 ················· 408

13.1　表观遗传重编程的方法与机制 ················· 408

13.1.1　体细胞核移植 ················· 408

13.1.2　诱导性多能干细胞 ················· 412

13.1.3　细胞转分化 ················· 416

13.2　表观遗传重编程介导的精准治疗 ················· 419

13.2.1　细胞重编程在疾病发生机制研究中的应用 ················· 419

13.2.2　细胞重编程在药物筛选中的应用 ················· 425

13.2.3　细胞重编程在再生医学中的应用 ················· 428

13.3　小结 ················· 431

参考文献 ················· 432

14　中医药理论与实践的表观遗传学基础 ················· 437

14.1　中医药学与表观遗传学的联系 ················· 437

14.2　中医学证候理论与表观遗传学 ················· 438

14.3　中药复方及其有效成分的表观遗传学机制 ················· 439

14.3.1　传统中药复方的表观遗传学作用机制 ················· 440

14.3.2　中药有效成分的表观遗传学作用机制 ……………………… 441

14.3.3　对于中药药性的表观遗传学研究 ……………………… 443

14.4　中医针灸的表观遗传学研究 ……………………… 443

14.5　现有中医药表观遗传学研究的不足和展望 ……………………… 444

14.6　小结 ……………………… 445

参考文献 ……………………… 445

索引 ……………………… 448

1

正常和疾病状态下的表观基因组学系统研究

　　表观遗传学是研究不涉及任何 DNA 序列的直接改变却发生了基因功能可遗传改变的一门学科，是传统遗传学的重要补充。表观遗传修饰包括 DNA 甲基化修饰，多种组蛋白修饰如甲基化、乙酰化、磷酸化、ADP 核糖基化、泛素化和羰基化修饰等。不同于基因序列，个体的表观遗传修饰并非静止不变，而是可以随着环境因素发生动态变化。针对不同的表观遗传修饰，研究者们开发出了不同的方法对其进行检测和探索，使得人们对表观遗传的调控机制了解得越来越深入。

　　传统的研究方法可以使研究人员获得局部表观遗传修饰的变化信息，而各种高通量技术的诞生与发展，如基因芯片技术、二代测序技术、质谱技术等，使得研究者们能够从全基因组水平扫描表观遗传修饰的变化情况，从而积累更多精准而丰富的认识。这种在基因组水平上对表观遗传学改变的研究即为表观基因组学（epigenomics）。和人类基因组学图谱的产生类似，表观基因组学首先可以帮助人们对遗传信息进行解读，可以发现和注释基因组中的功能调控元件，勾勒出关键的基因调控区域。此外，表观基因组学的发展大大丰富了人们对疾病的认知。以肿瘤为例，研究发现肿瘤细胞的甲基化水平总体偏低，然而在许多基因启动子区域存在着甲基化异常增高的现象，结合基因序列和甲基化情况的分析，许多新的癌症相关基因被发现和报道。全表观基因组关联研究（epigenome-wide association studies，EWAS）可以精细分析与疾病相关的调节元件，寻找预测性的生物标志物。更进一步地，由于 DNA 甲基化、组蛋白修饰或染色质重塑（chromatin remodeling）均可能引起和疾病相关的基因表达调控异常或信号通路变化，从而影响疾病的发生和发展进程，因此，表观基因组学也为药物研发提供了一类新的靶标。例如，DNA 甲基转移酶（DNA methyltransferase，DNMT）和组蛋白去乙酰化酶

(histone deacetylase，HDAC)抑制剂已进入临床前或临床试验阶段，有望成为新的抗肿瘤药物。

意识到表观基因组学的重要性，各国均投入大量的科研基金支持表观遗传组学的研究，最具代表性的包括美国国立卫生研究院（NIH）发起表观遗传组路线图项目（Epigenome Roadmap Project）和美国国家人类基因组研究所（NHGRI）资助的DNA元件百科全书（Encyclopedia of DNA Elements，ENCODE）计划。目前，表观基因组学的研究已经取得长足的发展，各种技术的革新不断推动人们对表观基因组的认识。例如，单细胞水平的甲基化分析使得分析的分辨率更高，推动了人们对胚胎发育、癌症等的认识；而联合使用多种组学平台如表观基因组结合基因组、蛋白质组、代谢组的分析，可以使人们对癌症等疾病的认识更加精准和丰富，能够更有针对性地使用某种或某几种靶向药物，对疾病进行精准和个性化的治疗。

本章将对常用的表观遗传实验方法进行概述，尤其是组学水平的研究方法，并对这些方法所产生海量数据的生物信息学处理方法进行总结，同时简要介绍表观基因组学研究方法的前沿进展。

1.1　表观遗传实验方法

表观遗传相关的实验方法很多，主要可以分为DNA甲基化、组蛋白修饰、染色质可接近性（chromatin accessibility）、染色质构象等几个方面的内容。除了对局部位点的分析，组学水平的研究方法可以从全基因组水平扫描表观遗传修饰的变化，获得海量的信息。下面将分别进行介绍（见图1-1）。

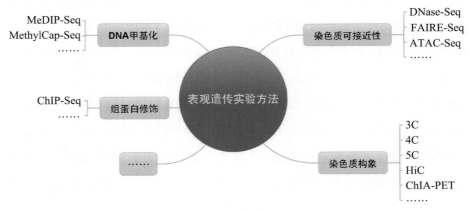

图 1-1　表观遗传实验方法概况

1.1.1　DNA 甲基化的研究方法

在哺乳动物中,DNA 甲基化是由 DNA 甲基转移酶催化将甲基基团(—CH3)加到 CpG 二核苷酸上。这种共价修饰在基因表达调控、维持染色质稳定性等方面起重要作用,是表观遗传学的重要机制之一。

DNA 甲基化的研究可以从 DNA 甲基转移酶的角度,也可以从 DNA 甲基化水平的角度来进行,包括总体基因甲基化水平、特异基因序列 DNA 甲基化水平和全基因组 DNA 甲基化水平的检测,下面将分别进行介绍。

1.1.1.1　DNA 甲基转移酶的研究方法

目前已知的 DNA 甲基转移酶主要有维持性的 DNMT1 与催化起始性甲基化(*de novo* methylation)的 DNMT3A 和 DNMT3B 两大类。不同 DNA 甲基转移酶表达水平的差异在一定程度上可以反映 DNA 甲基化活动的变化。因此,实时荧光定量 PCR(quantitative real-time PCR,qPCR)、蛋白质印迹法(Western blotting)、RNA 印迹法(Northern blotting)等常用实验技术可以对 DNA 甲基转移酶的转录本以及蛋白质进行定性和定量分析[1]。目前,很多商业化的试剂盒可以用来检测 DNA 甲基转移酶的活性。正常情况下,DNA 甲基转移酶与其底物形成中间复合物,由于中间复合物不稳定,它对高离子强度、离子型去垢剂、温度等条件非常敏感。而该酶与含有 5-氮杂-2-脱氧胞嘧啶的 DNA 能形成稳定的复合物,该复合物对高离子强度等条件不敏感。另外,DNA 甲基转移酶的体外活性可以通过细胞提取物中 DNA 甲基转移酶的甲基转移活性来检测。

1.1.1.2　DNA 甲基化水平的研究方法

1) 总体基因甲基化

总体基因甲基化分析用来确定基因组整体的 DNA 甲基化水平,而不考虑局部 DNA 甲基化水平的变化。其分析方法主要包括以下几种:①实时荧光定量 PCR 法,特异性胞嘧啶甲基化抗体的免疫沉淀可以用来富集甲基化的 DNA,实时荧光定量 PCR 法可以检测其甲基化水平;②高效液相色谱结合紫外检测或串联质谱方法,用于测定甲基化的胞嘧啶;③酶联免疫吸附测定法(ELISA)[2]。

2) 局部基因甲基化

局部基因甲基化水平分析是指特异基因的甲基化分析。利用甲基化敏感性差异的限制性内切酶进行酶切可以分析局部 DNA 的甲基化状态[3]。*Hpa* Ⅱ 和其同裂酶

MspⅠ是最常用的一对限制性内切酶,这两个限制性内切酶识别位点相同,但对甲基化的敏感程度存在差异[4]。当这两个酶的识别位点发生甲基化时,HpaⅡ不能切开,而MspⅠ是甲基化不敏感的,无论识别位点是否发生甲基化均可以切开。

亚硫酸氢盐处理是最常用的检测 CpG 位点(CpG site)DNA 甲基化变化的实验方法[5]。亚硫酸氢盐处理不影响甲基化的胞嘧啶,但是能将非甲基化的胞嘧啶(C)转换成尿嘧啶(U),经过 PCR 扩增或测序之后,尿嘧啶变成胸腺嘧啶。检测亚硫酸氢盐处理后甲基化状态的实验技术包括:组合亚硫酸氢盐限制性分析(COBRA 法)、克隆测序法、直接测序法、焦磷酸测序法等[6]。另外,关于甲基化特异性引物的设计,科学家们建立了方便快捷的网站。例如,Methprimer(http://www. urogene. org/methprimer)网站可以帮助研究人员进行甲基化特异性引物的设计。甲基化间区位点扩增(amplification of inter-methylated sites,AIMS)技术是研究特定基因或者特异区域 DNA 甲基化的方法。此技术应用甲基化敏感差异的限制性内切酶$Smal$Ⅰ和其同裂酶PspAⅠ,$Smal$Ⅰ是甲基化敏感的,而PspAⅠ是甲基化不敏感的,利用这两种酶切割基因组 DNA,最后在全基因组水平上进行 PCR 反应,进而确定 DNA 甲基化状态的变化。

3) 全基因组 DNA 甲基化

甲基化 DNA 免疫沉淀(methylated DNA immunoprecipitation,MeDIP)是最常用的在全基因组水平上分析 DNA 甲基化的方法之一[7]。MeDIP 技术通过 5-甲基胞嘧啶(5-methylcytosine,5mC)的特异性抗体进行免疫沉淀进而富集甲基化的 DNA 片段,通常和芯片(MeDIP-chip)或者二代测序技术(MeDIP-Seq)相结合[8]。相对于 MeDIP-chip、MeDIP-Seq,MeDIP 技术可以检测到更多未知的 DNA 甲基化位点。MeDIP 技术的主要优点是在全基因组水平上的甲基化位点捕获不具有偏向性,并且不限于酶切位点或者 CpG 岛(CpG island,CGI)区域。

简化代表性亚硫酸氢盐测序(reduced representation bisulfite sequencing,RRBS)技术可以有效地检测 CpG 区域的 DNA 甲基化水平,并且其分辨率能达到单个碱基水平。为了降低亚硫酸氢盐测序的成本,RRBS 技术使用甲基化不敏感的限制性内切酶MspⅠ处理基因组,从而富集出富含 CpG 区域的 DNA,大大降低了测序量,减少了测序成本。由于 RRBS 技术富集富含 CpG 的 DNA 区域,因此相对于 MeDIP,RRBS 很难检测到 CpG 含量低的区域的 DNA 甲基化水平,但是这种方法相比于 MeDIP 技术能检测出更多的差异甲基化 DNA 区域。

甲基化 DNA 捕获测序(methylated-DNA capture sequencing，MethylCap-Seq)技术的原理是利用甲基化 CpG 结合蛋白 2(methyl CpG binding protein 2，MeCP2)和二代测序技术来确定 DNA 甲基化，同 MeDIP 和 RRBS 技术一样，都能获得 DNA 甲基化的精确数据[9]。相比于 RRBS 技术，MethylCap-Seq 可以检测出更多的差异甲基化区域。

将样品用亚硫酸氢盐处理之后进行全基因组深度测序，可以获得分辨率达 CpG 水平的全基因组 DNA 甲基化信息，对于研究全基因组水平 DNA 甲基化具有很大优势[10]。

在哺乳动物体内，DNA 的去甲基化包括 5mC 氧化成 5-羟甲基胞嘧啶(5-hydroxymethylcytosine，5hmC)、5-甲酰胞嘧啶(5-formylcytosine，5fC)和 5-羧基胞嘧啶(5-carboxylcytosine，5caC)。这一生物学过程是由 TET 家族蛋白所介导的。由于 5hmC 在细胞内的丰度比较低，使其相对于 5mC 更难被检测到。5hmC 和 5mC 都对亚硫酸氢盐不敏感，因此亚硫酸氢盐测序对 5hmC 和 5mC 的检测并不可行。羟甲基化 DNA 免疫沉淀(hydroxymethylated DNA immunoprecipitation，hMeDIP)技术能够检测特定位点或整个基因组中 5hmC 的相对丰度。hMeDIP 是从 MeDIP 技术衍生而来，通过 5hmC 特异性抗体的免疫沉淀捕获 DNA 片段，后续进行定量 PCR 或二代测序。全基因组水平 5fC 的检测不依赖于亚硫酸氢盐处理。在 PCR 过程中化学标记的 5fC 转变成胸腺嘧啶，通过生物素偶联而被富集之后，进行二代测序以检测基因组中的 5fC。甲基化酶辅助的亚硫酸氢盐测序法(methylase-assisted bisulfite sequencing，MAB-Seq)可以检测 5fC 和 5caC，这种检测是在单碱基水平上进行的。简化的有代表性的 MAB 测序(reduced representation MAB-Seq，RRMAB-Seq)是一种改进的方法，在降低成本的同时，这种方法也可以检测到更多 CpG 区域的甲基化变化。

Aba-Seq(Aba SI-coupled sequencing)是基于限制性内切酶 Aba SI 的测序技术，限制性内切酶 Aba SI 能非常特异地识别 β-葡萄糖基-5-羟甲基胞嘧啶(5ghmC)，并且在结合位点的 3′ 端产生双链断裂，Aba SI 不切割 5mC 或没有任何修饰的胞嘧啶。5hmC 通过 T4β-葡萄糖基转移酶转化成 5ghmC，Aba SI 切割产生双链断裂之后，进行生物素修饰[11]，最后将样品进行高通量测序。在这一方法基础上，单个细胞水平上检测全基因组 5hmC 的方法也应运而生[12]。

利用这些高精度全基因组甲基化检测手段，研究者们可以对大量疾病样本如肿瘤样本进行检测。肿瘤细胞呈现总体低甲基化水平的特征，而在许多基因启动子区域存在着甲基化异常增高的现象。利用全基因组测序技术对基因组序列和甲基化情况进行分析,研究者们发现了许多新的癌症相关基因。这些基因参与了染色体组装、DNA甲基化和去甲基化、组蛋白修饰和染色体重构等许多过程。例如,在急性髓细胞性白血病中研究人员发现了 *IDH1* 和 *DNMT3A* 的突变,在非小细胞肺癌中发现了 *ARID1A* 的突变,在小细胞肺癌中发现了 *CREBBP*、*EP300*、*MLL* 基因的突变等。这些新突变揭示了以前未知的信号通路,它们可以导致肿瘤基因组表观遗传修饰的变化。表观基因组学的发展使人们对癌症的认识发生了变化。现在研究者们开始从突变、拷贝数变异、结构变异、表观遗传修饰、mRNA 和非编码 RNA 等多个层面综合考虑对癌症进行分析,而不仅仅停留在基因突变的层面。除了加深对癌症发生机制的认识,表观基因组学也有利于发现新的肿瘤生物标志物和开发新的抗肿瘤药物。目前,已有一些针对表观基因组学元件的药物进入临床前或临床试验,如 SGI110(针对 DNMT)、pivanex(针对 HDAC)、JQ1(针对 BET bromodomain)等,下文将详细阐述。

1.1.2　组蛋白修饰及 DNA 结合蛋白的研究方法

DNA 结合蛋白在基因表达调控等许多生物学过程中发挥至关重要的作用。这些蛋白包括与特定 DNA 结合的转录因子(transcription factor,TF)、组蛋白等。组蛋白的修饰包括甲基化、乙酰化、泛素化、磷酸化等。DNA 结合蛋白为细胞的表观遗传提供了重要信息,因此研究 DNA 结合蛋白有助于更好地了解表观遗传机制。

1) 染色质免疫沉淀技术

染色质免疫沉淀技术(chromatin immunoprecipitation,ChIP)是研究体内 DNA 与蛋白质(包括组蛋白、染色质调控因子、转录因子或其他 DNA 结合蛋白)相互作用最直接的方法。

ENCODE 计划及模式生物 ENCODE 计划(modENCODE)中的实验室进行了数百种 ChIP 实验,并且发展了一套标准化的实验流程。一般来说,染色质免疫沉淀实验的第一步是用甲醛处理细胞,通过可逆的共价交联固定蛋白质-DNA 复合物,随后将其随机碎片化为一定长度范围内的染色质小片段。通常有两种方式可以将染色质打断成小片段:一种是通过超声打断,另一种是通过微球菌核酸酶(microccocal nuclease,MNase)将染色质消化成单核小体。蛋白质-DNA 复合物通过靶蛋白特异性抗体的免疫沉淀而被富集,之后复合物通过解交联释放 DNA,对纯化后的目的 DNA 片段进行测序,通过生物信息学分析,即可获得蛋白质与 DNA 相互作用的信息。

ChIP 实验技术的标准化流程已被广泛应用和发展,但是由于细胞类型、研究的蛋白因子或者组蛋白修饰等条件不同,标准化流程并不适合所有的实验者。所以,为了获得蛋白质-DNA 相互作用的准确信息,实验者必须对实验中的关键步骤进行优化。通常情况下,细胞或组织在 1% 的甲醛溶液中室温孵育 10～15 min,或者在 4℃孵育更长的时间。较长的交联时间对于微弱或者瞬时的蛋白质-DNA 相互作用是必需的,但是长时间的交联会使染色质更不易被打断。超声打断是 ChIP 实验的关键步骤,实验前须对超声条件进行优化。除了甲醛交联时间以及超声条件外,抗体的亲和性和特异性也是 ChIP 实验成功的关键因素。ENCODE 和 modENCODE 计划评估了超过 200 种人类、果蝇和线虫的抗体。分析结果显示,即使是用同一抗体做独立的实验,抗体质量也存在较大差异[13]。而且,并不是所有的抗体都可以有效地免疫沉淀出蛋白质-DNA 复合物。这可能是由于甲醛交联使得蛋白质的抗原表位(epitope)被隐藏,导致抗体无法识别。值得注意的是,要确定某个抗体是否适合做 ChIP 实验,需要通过实际的 ChIP 实验来检测。蛋白质印迹法等传统方法无法确定一个抗体是否适合 ChIP 实验。许多研究者尝试使用抗原表位标记的方法,但是在哺乳动物细胞中,这种方法的应用有其局限性。染色质免疫沉淀反应通常需要已经与抗体连接的磁珠或者琼脂糖珠和染色质孵育,进而通过几步洗脱将非结合位点去除,在洗脱过程中,磁珠相对于琼脂糖珠更方便,非特异性结合的 DNA 更少。

对于通过 ChIP 实验获得的与特定蛋白质相互作用的 DNA,大致可以用以下 3 种方法分析其序列和富集程度: ①染色质免疫沉淀-PCR(ChIP-PCR); ②染色质免疫沉淀-芯片法(ChIP-chip); ③染色质免疫沉淀-测序(chromatin immunoprecipitation followed by sequencing,ChIP-Seq)。具体简述如下。

2) ChIP-PCR

实时荧光定量 PCR 技术可以用来分析某些特定位点 DNA 片段与蛋白质相互作用的信息。简单来说,通过对特定位点进行引物设计,将免疫沉淀样本、阴性对照样本、阳性对照样本分别用引物进行 PCR,计算 ChIP 富集的倍数。

3) ChIP-chip

ChIP-chip 是早期使用的在全基因组水平上研究蛋白质和 DNA 相互作用的技术,通过将 ChIP 和 DNA 芯片相结合获取蛋白质与 DNA 相互作用的信息。近年来,ChIP-

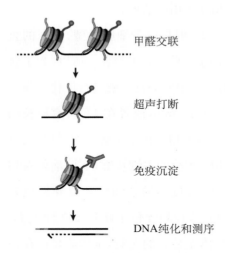

甲醛交联

超声打断

免疫沉淀

DNA纯化和测序

图1-2 ChIP-Seq技术检测组蛋白修饰原理

chip技术逐渐被ChIP-Seq技术所取代。

4）ChIP-Seq

随着二代测序技术的发展，ChIP-Seq广泛应用于在全基因水平上检测组蛋白修饰、组蛋白、组蛋白变体、组蛋白伴侣分子、染色质调控因子、核小体、转录因子、转录辅助因子和其他DNA结合蛋白。ChIP实验获得的纯化后的DNA样品需要经过接头连接、PCR扩增等建库过程方可进行单端或双端测序。近些年来，ChIP-Seq广泛应用，已成为多种大规模表观遗传计划中产生表观遗传图谱的关键技术之一。二代测序技术的核心思想是边合成边测序（sequencing by synthesis）。目前已经发表的关于ChIP-Seq的研究大多数是通过二代测序技术完成的。

1.1.3 染色质可接近性的研究方法

细胞特异性的转录程序是通过转录因子结合在染色质特定区域实现的，结合位点的可接近性是通过DNA甲基化和组蛋白修饰等一系列过程调控的。通常情况下，基因表达活跃的区域，染色体的结构相对比较疏松，"裸露"的DNA为基因转录等基本生物学过程提供了可能。目前，染色质可接近性的研究技术包括DNA酶测序技术（DNase-Seq DNase sequencing，DNase-seq（DHS）、调控元件的甲醛辅助分离法（formaldehyde-assisted isolation of regulatory elements followed by sequencing，FAIRE-Seq）、利用转座酶研究染色质可接近性的高通量测序技术（assay for transposase-accessible chromatin with high throughput sequencing，ATAC-Seq）和MNase-Seq等。其中，MNase-Seq与DNase-Seq在多方面具有较高相似性，因此下面将以前三者为例进行简述。

1）DNase-Seq

DNase-Seq正式实验前需要摸索和优化细胞裂解的过程和DNA酶Ⅰ（DNase Ⅰ）的浓度。DNase Ⅰ可以非特异性切割DNA，但是在正常细胞内，DNase Ⅰ优先切割"开放"的染色质区段。大多数DNA被核小体包裹。DNA酶Ⅰ超敏感位点（DNase Ⅰ-hypersensitive sites，DHS）大多数是没有核小体包裹的DNA区段，并且这些位点基本都具有基因表达调控的功能。这些功能元件包括启动子、增强子、沉默子、绝缘子（insulator）等。DNase-Seq 结合了传统的 DHS 实验和高通量技术，能够分析全基因组水平中不同类型的调控元件。DNase-Seq 测序产生的 DNA 读段的 5′ 端代表了DNase Ⅰ 的切割位点，并且 DNase-Seq 富集的区域有多种蛋白因子结合位点。相比于ChIP-Seq，DNase-Seq 能捕获更多蛋白因子结合位点。

2）FAIRE-Seq

FAIRE-Seq 的实验操作步骤较为简单。第一步与 ChIP 实验类似，也是甲醛交联，不同细胞类型的交联时间同样需要优化。但是与 ChIP 实验用特异性抗体免疫沉淀蛋白不同，在 FAIRE-Seq 实验中，DNA 在被超声打断之后直接经酚-氯仿抽提，没有被核小体占位的 DNA 片段优先富集到水相。通过 FAIRE-Seq 获得的 DNA 与调控序列是一致的[14]。

DNase-Seq 和 FAIRE-Seq 两种方法获得的调控序列信息相似，但并不完全一样。这两种方法和 ChIP-Seq 得到的结果具有很好的一致性。大多数转录因子的结合位点用这两种方法可以找到，但是每种方法又可以找到各自独有的调控元件。某些转录因子（如 FOXA1、FOXA3、GATA1）的 DNA 结合位点用 FAIRE-Seq 可以被富集出来，而另一些转录因子（如 ZNF263、CTCF）的 DNA 结合位点在 DNase-Seq 数据中常见。只在 DNase-Seq 中发现的位点通常富集在启动子区域，或者是与启动子相关的H3K4me3 和 H3K9ac 组蛋白修饰的区域，而只在 FAIRE-Seq 中发现的位点通常富集在内含子、外显子、基因间区域和 H3K4me1 修饰的区域。与 FAIRE-Seq 相比，DNase-Seq 技术获得的数据具有更高的信噪比（signal-noise ratio），得到的 DNA 结合位点信息会更加准确。与 ChIP-Seq 相比，DNase-Seq 和 FAIRE-Seq 两种方法的优越性在于它们能够检测到无法用抗体识别的转录因子的结合位点。

3）ATAC-Seq

Buenrostro 等在 2013 年提出了 ATAC-Seq 方法，用以研究染色质的可接近性[15]。包含二代测序接头序列的高活性的 Tn5 转座酶能够切割和标记基因组，转座子优先整合到活跃的调控区域，即标记核小体之间的 DNA。DNase-Seq 实验需要大量的细胞，ATAC-Seq 技术需要的细胞量很少，步骤较 DNase-Seq 更为简单。在无法获得大量细胞的情况下，可以优先考虑 ATAC-Seq 技术。例如，可以在患者癌症组织或诱导性多能干细胞（induced pluripotent stem cells，iPSC）生成的细胞中，用 ATAC-Seq 检测调控序列。

1.1.4 染色质构象的研究方法

近年来,越来越多的研究表明,基因并不是以线性的形式简单存在于细胞核中。细胞核内的组织结构(nuclear organization)即染色质区域之间的相互作用在基因表达过程中起了非常重要的调控作用。因此,仅有相互作用的位点信息并不能深度解释细胞内的调控机制及其他的生物学过程。而上述组学实验技术手段如 ChIP-Seq、DNase-Seq、FAIRE-Seq 和 ATAC-Seq 等并不能给出细胞核内不同染色质区域之间相互作用进而形成高级三维结构的信息。

2002 年,Dekker 等发展了染色体构象捕获(chromosome conformation capture,3C)技术[16],用于研究细胞内染色质之间的相互作用。近些年,科学家们基于染色体构象捕获技术发展出了其他研究核内染色质长距离相互作用的技术,这些技术包括环状染色体构象捕获(circular chromosome conformation capture,4C)技术、3C 碳拷贝(3C-carbon copy,5C)技术和 ChIP-loop 实验技术等。另外,基于 3C 技术的高通量测序(Hi-C 技术)和基于配对末端标签测序的染色质交互作用分析(chromatin interaction analysis with paired-end tag sequencing,ChIA-PET)技术则以从头(*de novo*)的方式从全基因组的角度反映细胞核内相互作用染色质的空间构象情况,ChIA-PET 技术也反映出蛋白因子与染色质之间相互作用的关系。

1) 3C 技术

3C 技术是用于检测基因组上两个染色质片段是否存在相互作用的实验技术("一对一")。3C 及 3C 的衍生基因组学技术,其起始步骤都是要建立细胞核内染色质的三维结构。因此,3C 技术的第一步就是用交联试剂固定染色质,通常所用的交联试剂是甲醛,接下来用六碱基酶或四碱基酶如 *Hind*Ⅲ、*Bgl*Ⅱ、*Bam*HⅠ或 *Dpn*Ⅱ等限制性内切酶切割蛋白质-DNA 交联产物。交联的染色质片段的黏性末端在浓度极低的情况下用连接酶连接,以促进交联的 DNA 片段间的连接,此时所用的连接酶浓度要非常高以提高连接效率,减少非特异性连接;将蛋白质-DNA 复合物解交联及纯化后获得 DNA,然后用特异引物进行普通 PCR 或定量 PCR[16],用于 PCR 的引物设计在感兴趣的预测有相互作用的 DNA 片段处,最后根据 PCR 产物的丰度推测两个染色质片段之间在核内是否存在相互作用[17]。对于 3C 实验,需要十分谨慎地设计每一步的对照实验,确定每一步的效率,使得定量 PCR 的结果更加准确,最终确定 DNA 片段之间的相互作用。

另外,3C 对于相互作用的两个染色质片段之间的距离有要求,一般在 5 000 至数十万个碱基之间,对于几十万个碱基以上距离的相互作用的染色质,特异性的连接产物很难获得,因此,难以用 3C 技术精准定量。

2）4C 技术

4C 技术[18, 19]是在 3C 技术基础上发展而来的。3C 实验的前提是必须知道可能存在相互作用的染色质片段的序列信息,这阻碍了 3C 对全基因组的研究,而 4C 可以克服这一缺点。4C 最早是与芯片技术相结合,称为"芯片染色体构象捕获",用来分析基因组上感兴趣的某一位点与整个基因组其他位置相互作用的信息("一对多"),但是随着二代测序技术的发展,4C-Seq 逐渐取代 4C-微阵列(4C-microarray)。

类似于 3C 技术,4C 实验首先也是用新配置的甲醛溶液交联细胞核内的染色质,使其固定,裂解细胞取得细胞核之后,进行第一次酶切,用过量的六碱基限制性内切酶酶切蛋白质-DNA 复合物,$Hind$Ⅲ、EcoRⅠ、BglⅡ等都是 4C 实验中常用的效率较高的六碱基酶;酶切之后将蛋白质-DNA 复合物的浓度稀释到极低,然后用高浓度的连接酶连接消化产物,以保证酶切片段的高效率连接,同时又减少非特异性连接。第一次酶切和连接的产物要经过二次酶切和连接,二次酶切通常使用 DpnⅡ等四碱基酶,经过二次酶切连接之后形成小的 DNA 环,通过感兴趣位点两端特异引物进行反向 PCR 之后,将 PCR 产物进行二代测序,对测序得到的数据进行生物信息分析,即可获得跟感兴趣位点相互作用的染色质的信息[20]。在 4C 实验中,酶切所用的限制性内切酶对最终获得的数据质量至关重要,因此要谨慎选择内切酶,酶切之后可以通过琼脂糖凝胶电泳大致判断酶切效率。另外,两个酶切位点之间的距离最好不要低于 500 bp,否则会导致连接效率比较低。

3）5C 技术

5C 技术也是基于 3C 技术发展而来的技术。相对于 3C 技术,5C 技术提高了实验检测的通量,可以同时检测细胞核内上百个染色质片段之间的相互作用("多对多")[21]。在 5C 实验中,将 3C 获得的酶切连接后的模板杂交到一组寡聚核苷酸上,每条寡聚核苷酸与感兴趣的基因组区域的不同限制性酶切位点有部分重合,与相互作用片段对应的每对寡聚核苷酸可以被连接在一起。由于所有 5C 实验的寡聚核苷酸在 5′端都带有一个通用引物,因此所有的连接产物都可以同时被扩增,之后将产物进行二代高通量测序。5C 实验中的引物决定了检测结果的灵敏度和特异性,因此引物设计对于 5C 实验的成功至关重要。

目前,已有专业网站帮助设计 5C 实验所用的引物(见 http://my5C. umassmed. edu/)。

4) ChIP-loop 技术

ChIP-loop 技术是 ChIP 与 3C 或 4C 等技术相结合发展而来的,称为 ChIP-3C 或 ChIP-4C 技术[22]。通过结合 ChIP 与 3C 这两个实验,实验者可以研究介导两个染色质片段之间相互作用的蛋白质。4C 实验中,第一步也是通过甲醛瞬时交联细胞核内的染色质。交联的染色质复合物被纯化之后,再用限制性内切酶进行酶切,得到的酶切产物通过蛋白 A/G(protein A/G)免疫沉淀磁珠和特异性抗体进行免疫沉淀。免疫沉淀得到的染色质通过连接之后就可以进行定量 PCR 反应或者高通量测序,后续过程基本和 3C 或 4C 实验相同。ChIP-loop 得到的实验结果有可能是假阳性,因为靶蛋白有可能并不介导目的染色质片段之间的相互作用,而是作用于目的染色质附近,通过特异性的抗体被沉淀下来;另外,由于 DNA 在连接之前未被浓缩,磁珠相连的 DNA 片段之间可能成环,因此,利用 ChIP-loop 技术获得靶蛋白及其介导的染色质相互作用信息之后,要验证两个染色质之间的相互作用是否是真实的。可以将靶蛋白用 shRNA 或规律成簇的间隔短回文重复序列(clustered regularly interspaced short palindromic repeats, CRISPR)等技术敲低或敲除来验证。

5) ChIA-PET 技术

ChIA-PET 技术是基于 3C 和配对末端标签(paired-end tag,PET)发展而来的技术[23],是 ChIP-loop 实验在全基因组水平上的扩展,为 DNA 结合蛋白所处基因组位置的染色质片段之间相互作用的高通量信息分析提供了可能。在 ChIA-PET 实验中,首先是用新配置的甲醛溶液交联细胞核内的染色质,使其瞬时固定。酶切基因组 DNA 之后,蛋白质-DNA 复合物可以通过靶蛋白特异性抗体免疫沉淀出来。经过两次连接酶切加接头之后,产物进行高通量测序。ChIA-PET 测序得到的数据信噪比较低,仅有一小部分 PET 能揭示染色质相互作用。并且,ChIA-PET 技术所得的数据依赖于通过靶蛋白免疫沉淀下来的 DNA,蛋白被敲低或敲除的样本并不适用于这项技术,因此,ChIA-PET 实验并不能确认测序分析所得到的环是否依赖于靶蛋白。

6) Hi-C 技术

Hi-C 技术又称为全基因组水平的染色体构象捕获。Hi-C 技术也是基于 3C 原理发展而来。其主要步骤为:将细胞用甲醛交联,用限制性内切酶或 DNase Ⅰ 对基因组 DNA 进行酶切消化,对酶切造成的缺口进行补平,同时用 dCTP 进行生物素标记,用连接酶对交联的 DNA 片段进行连接,随后将样本进行超声打断,用链霉抗生物素蛋白包被的磁珠将片段进行沉淀富集,加上测序接头进行深度测序,最后将测序得到的数据进行分析拼接,继而构建出相邻染色质三维空间结构图。Hi-C 可以对整个染色质进行解析。对于基因组较大的物种如人和小鼠,Hi-C 的分辨率通常在 40 kb～1 Mb,而最近的一项研究改进了 Hi-C 的实验步骤从而实现了 kb 级别的分辨率[24]。Hi-C 技术已被用于解析酿酒酵母的完整基因组结构,然而要实现高分辨率的 Hi-C 对费用的要求仍然极高。Hi-C 技术改进后出现了限制构象捕获(tethered conformation capture,TCC)技术,能够对信噪比进行提升。这项技术认为,非交联的 DNA 片段之间的随机连接是 Hi-C 技术中最大的噪声,因此这项技术的主要改进在于先将交联的蛋白质-DNA 复合物固定在链霉抗生物素蛋白包被的磁珠上,再进行连接。因此,可以改善交联的 DNA 片段的连接效率,提高信噪比[24]。

1.2　表观遗传组学数据的系统分析

如前所述,目前有许多可覆盖全基因组表观遗传信息的实验技术已发展起来,这些方法几乎都涉及 3 个基本步骤:①均通过生物化学方法将表观遗传的信息转化为遗传层面的信息,如通过富集基因组区域中含特异化学修饰的 DNA 文库;②都是通过标准的高通量技术如芯片和二代测序等进行测定;③都是通过生物信息分析从芯片或测序输出数据中提取表观遗传的信息。所有这些实验技术都将产生大量的数据,也都需要有效的生物信息学方法来实现数据的初级处理和质量控制。

下面将重点介绍几种常用技术对应的数据分析方法及常用的生物信息分析数据库。

1.2.1　组蛋白修饰

1) ChIP-on-chip 数据分析

对于 ChIP-on-chip 的数据分析,最大的生物信息分析挑战是要从原始探针信号中生成一个基因组中高度富集区域的排序列表[25]。虽然这与转录组的芯片分析有相似之处,但 ChIP-on-chip 数据处理中有许多算法是针对测序丰度鉴定(peak calling)设计的。对于 ChIP-on-chip 数据,通用的分析流程包括以下 3 步:①芯片信号归一化(quantilenormalize)；②利用威尔科克森秩和检验（Wilcoxon rank sum test）进行移动窗口（sliding window）式差异杂交的检验，进而对每个探针生成一个 Z 分数（Z-score，也叫标准分数）；③合并彼此邻近的探针作为一个富集区，利用合并的 Z 分数对这些区域进行排序。为提高检测的准确性，工具如 HMMTiling 等引入了隐马尔科夫模型（hidden Markov models）。另外，在探针特异性差异的控制中，还引入了线性模型。例如，对于 Affymetrix 的 one-color arrays，利用整合了该模型的 MAT，而 NimbleGen 的 two-color arrays，利用整合了该模型的 MA2C；更进一步地，为了提高空间分辨率，使用了概率绑定模型（probabilistic binding models）（整合在 jbd 算法中）。另外，为了远程操作 ChIP-on-chip 数据集，也有许多相应的测序丰度鉴定工具包。TileMap 是一个针对 Affymetrix 芯片数据较好用的测序丰度鉴定工具，该工具已被广泛应用到许多独立的研究里[26]。Ringo 是针对 NimbleGen 平台产生的 ChIP-on-chip 数据分析的 R 包。ChIPOTle 是一个整合到 excel 中的测序丰度鉴定宏，该宏不用考虑平台特异的信息；Tilescope 是一个整合完全的分析流程，该流程对于 Affymetrix 和 NimbleGen 平台的数据都适用。尽管近些年发表的算法已有很多，ChIP-on-chip 数据的测序丰度鉴定问题还是未得到完全解决。例如，现有的测序丰度鉴定工具对超过规定的基因组区域的组蛋白修饰都会损失掉大量信号较弱的绑定位点。因此，选择可区分显著信号峰（peak）和随机波动的具生物学意义的信号峰的合适阈值（cutoff），以及实验验证一定数量的预测的信号峰非常关键，关于 ChIP-on-chip 数据分析更细致的描述，请参考综述[25]。

2）ChIP-Seq 数据分析

对于 ChIP-Seq 数据的生物信息分析，最关键的步骤是如何快速、准确地将短的测序读段（read）比对到参考基因组上[26, 27]。原则上，任何基于种子（seed-based）的比对软件如 blastn（http://www.ncbi.nlm.nih.gov/BLAST）或 blat 都适用于该步骤[28]。但针对不同平台来源的数据进行过优化的策略可大大提高比对速度和覆盖率。常用的比对软件包括 ELAND（http://www.solexa.com/）、SXOligosearch（http://www.synamatix.com/）、MAQ、Bowtie、BWA、SOAP 和 PASH 等。不像 ChIP-on-chip 的数据是一种相对的探针信号，ChIP-Seq 实验的每一个测序读段都可直接指向一个单一的在免疫沉淀中与抗体结合的染色体片段。因此，一般认为 ChIP-Seq 数据不需要进行归一化，并且数据的分析可直接基于读段数或移动窗口化的读段数[29]。

ChIP-Seq 数据分析的工具还有用于测序丰度鉴定的 CisGenome、ERANGE、GLITR、FindPeaks 等，以及基于模型的工具如 MACS、PeakSeq、QuEST、SICER、SiSSRs 等。

ChIP-Seq 分析流程主要包括：

（1）质量控制。有许多工具可以完成测序序列的质量评估，其中最受欢迎的是 FastQC（http：//www. bioinformatics. babraham. ac. uk/projects/fastqc）及 Picard（http：//broadinstitute. github. io/picard/）。质量控制关注的问题主要有：

√　重复序列（duplications）的百分比：DNA 序列中不唯一的序列的比例，较高的重复序列水平可能说明有 PCR 引入人造的结果或 DNA 污染；

√　每条序列的 GC 含量：正常情况的 GC 含量应当和整个基因组的 GC 含量相似；

√　所有碱基的质量分数：一般情况下最后几个碱基的质量分数会下降，但当碱基的质量分数的下四分位数降低到 Q20 以下时，测序数据质量便存在问题；

√　k-mer 含量：查看有无类似接头序列等短序列多次出现，若存在，需要进行数据修剪。

（2）比对到参考基因组。该流程有许多上述提到的软件，其中最常用的是 bowtie2。基本上大多数比对软件都可输出每个读段比对到特定的基因组位置上的信息，以及相应的比对质量；比对后，可利用 UCSC Genome Browser 和 IGV 进行结果的可视化；也可以利用 Bioconductor 包的 tracktables 生成用户友好的可视化和动态的 IGV 报告。

（3）测序丰度鉴定。基因组上的组蛋白修饰会以信号峰的形式被找出来，科研工作者们对一些连续的显示重要信号富集的碱基感兴趣。目前，有许多测序丰度鉴定的软件可从测序数据中获取富集区域即信号峰。例如：

√　一般的测序丰度鉴定工具：其中最成功的是基于模型的 MACS，该工具继承了一些 ChIP-on-chip 数据分析的算法。

√　组蛋白特异的测序丰度鉴定工具：许多分析方法认为感兴趣的信号峰都是窄的，如在大量转录因子 ChIP-Seq 数据中使用的方法。然而，就组蛋白标记而言（如组蛋白修饰酶、染色质重塑酶等），人们期望获得较宽区域的信号。因此，像 SICER 等方法便以发现宽泛的统计上显著的信号为主。当然，也有针对混合来源的宽和窄的信号峰都可进行获取的方法。

（4）信号峰分析。

√　基序（motif）发现：在信号峰中发现转录因子的结合位点。对转录因子的 ChIP-

Seq 数据,通过该步分析便可找到相关的转录因子基序;当进行组蛋白标记分析时,利用 TRANSFAC 或 JASPAR 可发现组蛋白相关的转录因子的基序并可对其特征进行分析。其他工具还有 Homer、MEME 软件系列、CisFinder 及 rGADEM 等。

√ 通路富集分析:与基因表达分析类似,该步是为了揭露来源于信号峰的信号是否与特异的通路、疾病和基因功能等相关。其中一种方法是将信号峰比对到基因上,进而用传统的基因集富集进行分析。ChIP-Enrich 可纠正基因长度,GREAT 通过定义不同基因区域更正不确定的基因信号峰。

(5)比对到基因。由于不同的组蛋白标记可能有不同的基因组定位,如信号峰可能和基因间区、启动子、基因区、内含子、外显子以及基因的起始位置相关。因此,将信号峰比对回具体位置可提供相关的机制。

1.2.2　DNA 甲基化

DNA 甲基化的测定方法有 MRE、CHARM、MBD、MeDIP、WGBS、RRBS,以及如 TCGA 使用的基于芯片的 HM450K(HumanMethylation450 BeadChip)等。

基本的 DNA 甲基化数据处理流程包括数据前处理、DNA 甲基化水平的定量、常规分析、差异甲基化位点鉴定,以及对甲基化组进行可视化[30]。基于芯片的数据(如 Illumina 的 HM450K)是利用荧光信号定量甲基化和未甲基化的相对含量。而来自于其他非亚硫酸氢盐转化方法的数据(如 MRE-Seq、MeDIP-Seq),通常的分析是比较片段的相对含量。而对来自亚硫酸氢盐转化方法的数据(如 WGBS 和 RRBS 的数据),需要在单个胞嘧啶上获得甲基化情况,并且还需通过相应的统计检验获得不同样本甲基化的差异。因此,分析流程相对复杂。下面将以 WGBS 和 RRBS 数据分析为例重点介绍亚硫酸氢盐转化方法的数据[30]。

1) 亚硫酸氢盐转化读段的比对和数据可视化

亚硫酸氢盐测序数据的处理通常分为以下步骤,包括接头切割、读段(read)的质量评估、将读段比对到参考基因组以及甲基化位点获取。其中,将亚硫酸氢盐转化读段进行比对最具挑战性。原因之一是转化降低了序列的复杂性,对称的 C 到 T 的比对较难;原因之二是亚硫酸氢盐转化只发生在碱基 C 上而不会在碱基 G 上,使得转化的两条链不再彼此互补。因此,为了解决该问题,开发出一系列比对及比对后分析工具。亚硫酸氢盐测序的比对工具大多基于以下两个算法中的一个: wild cards 和 three-letter。wild cards 比对软件是在参考基因组中将所有的碱基 C 替换成 Y,这样含有碱基 C 和碱基 T 的读段都可以比对到参考基因组上。这种方法具有较高的基因组覆盖率,同时也会产生较高偏差的甲基化水平。然而,基于 three-letter 的比对软件将参考基因组中所有的碱基 C 转化成 T,由于这样降低了序列的复杂度,标准的具有较低比对能力的比对软件也可以用于比对。BS Seeker 2 是一个基于 three-letter 的比对软件,它可以支持局部比对和移除可能未转化成功的读段。比对的结果也可以通过 UCSC genome browser、WBSA、IGV 以及 Methylation plotter 进行分辨率达到单个碱基的全基因组的可视化。

2) 比对后数据分析

以上比对软件会输出比对上的读段以及具有序列信息的每个碱基 C 的甲基化信息。例如,BS Seeker 2 中的 CGmap 文件就含有该信息。用户可以根据覆盖率对输出位点进行过滤,以获得平均的甲基化水平用于一些常规的甲基化相关图表的制作。BSPAT 可以检测等位基因特异的甲基化,SAAP-RRBS 可以提取每个碱基 C 的注释情况,MethGo 可以将序列中的甲基化水平转化成平均甲基化水平以供全基因组范围的图表制作,还可以提取单核苷酸多态性(single nucleotide polymorphism,SNP)和拷贝数变异(copy number variation,CNV)。

3) 差异甲基化位点和区域检测

WGBS 和 RRBS 在每个碱基 C 上产生甲基化信号,因此可用于细胞中甲基化比例的评估。在比较分析中,可以利用统计检验发现差异甲基化位点和区域(differentially methylated loci and regions,DML and DMR)。对于无重复的试验,组内的偏差很难被去除,这将会对差异过度估计,从而产生较高的假阳性。BSmooth 可以有效利用具有重复的、低覆盖的数据检测 DMR。

DMR 是在两组样本中展示不同甲基化状态的基因组区域。DMR 的鉴定主要依赖全基因组范围的扫描和统计检验。一般地,DMR 检测的算法都是采用前述提到的在全基因组上进行窗口移动鉴定可能存在的 DMR。最常用的检验方法是以 CpG 为单位进行 Fisher 精确检验。在 DMR 的鉴定中,由于每个样本覆盖率不一致,只有所有样本都有的位点才具有可比性。对于样本的比较,可以利用常规 t 检验的 t 分数(t-score)和 P 值(P-value)进行甲基化的差异检验。BSmooth 使用了贝塔二项模型分析具有重复样本的亚硫酸氢盐测序数据。在该模型里,观察组假设服从二项分布,而特异位点的甲基化比例可在样本间有所变动。对于某个位点,其差异可以很小,但只有存在且在一个区域间可延伸的位点方可作为潜在的 DMR。因此,DMR 具有更显著的统计结果和更多的信息。当进行弱的差异甲基化组比较时,检验范围可以从一个碱基 C 延伸至邻近的一簇碱基 C,从而可以减少假设检验的个数,提高统计能力。例如,BiSeq 在 DMR 预测上便利用了空间上的相关性。另外,较弱的 DNA 甲基化差异最好通过评估生物学重复的标准差获得更有效的 P 值。

1.2.3 染色质开放性检测的高通量数据分析

全基因组范围内检测开放染色质的方法有 MNase-Seq、DNase-Seq、FAIRE-Seq、ATAC-Seq 等(详见 1.1)。这些方法都是通过文库构建及二代测序得以实现。测序可产生大量的数据,许多分析工具可用于这些类型数据的分析(见图 1-3)。

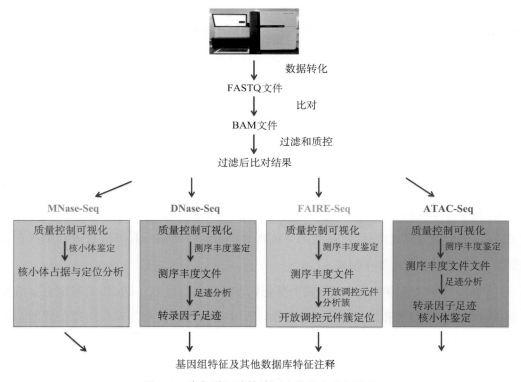

图 1-3 染色质开放性检测生物信息分析流程

下面将对各种方法统一分步骤进行描述[31]。

1) 数据前处理、比对、质量控制

整体上,以上描述的所有检测开放染色质方法的分析步骤比较相似。简单来讲,具体的分析步骤包括：提取原始测序数据，将读段比对到参考基因组上，片段过滤及根据具体实验的测序数据进行质量控制。这一步骤的目的就是确定测序是否满足一定的覆盖率，准备比对好的 BAM 文件供下游分析使用。常规的比对工具如 Maq、RMAP、Cloudburst、SOAP、SHRiMP、BWA 和 Bowtie 均适用于这些类型数据的比对。比对后，还需移除由于实验误差等导致的基因组中过度出现的区域。这一步骤可以使用 SAMtools 或 Picard。值得说明的是，对于 ATAC-Seq 数据，因为转座元件由于位阻(steric hindrance)而具有最小 38 bp 的空间，所以还需移除低于 38 bp 的比对片段。另外，对于 ATAC-Seq 数据，还须去除比对到线粒体基因组上的读段。测序表现的质量控制(QC)在比对过程中便可进行，因为比对的结果对每个样本均可输出成功比对率、唯一比对率及多重比对率。

2) 实验质量控制和数据可视化

本步骤的目的是为了确定具体的检测实验是否成功，具体可通过可视化、复合图(composite plot)等实现。composite plot 可使用 ArchTEX、DANPOS-profile 和 CEAS 制作。ArchTEX 可用于评估 MNase-Seq 实验交联的正确度，成功的实验应具有同核小体片段长度一致的条带。ATAC-Seq 的质量控制可以进一步通过计算比对到线粒体基因组上的读段比例来评估。高质量的 ATAC-Seq 数据应当具有较低的线粒体基因组比对率。原始片段及富集基因组区域的可视化也可利用 UCSC 和 IGV 工具。UCSC 可提供大量的全基因组和外显子组测序数据、表观遗传相关的数据、基因表达数据、SNP 数据、重复元件以及来自于 ENCODE 和一些其他研究项目的功能信息。UCSC 可以支持用户个人的整合数据，可支持的数据格式有 BED、BedGraph、GFF、WIG 及 BAM 等，因此，用户可以直接将自己的实验数据和公共数据进行比较。而 IGV 则更加高效，可在本地电子计算机上处理大容量的、多样的数据集。

3) 富集区域检测

(1) MNase-Seq 数据。对于经典的 MNase-Seq 实验，染色质开放性检测是通过非直接的方法，即通过识别不受核小体保护的区域。

目前流行的核小体鉴定方法有 GeneTrack、模板过滤算法(template filtering)、DANPOS 及 iNPS 等。GeneTrack 整合了高斯平滑和平均(Gaussian smoothing and averaging)的方法将每个基因组方向的检测结果转化成一个连续的概率分布。模板过滤算法利用一系列可以在球菌核酸酶(micrococcal nuclease，MNase)产生的核小体末端频繁匹配找到的序列分布,可以直接从比对数据中提取核小体位置、长度、占据率等信息。然而,目前的模板过滤算法由于内存限制只适用于最大 12 MB 的小型基因组。iNPS 可从第一个高斯平滑谱衍生物中检测不同形状的核小体。DANPOS 又和以上的方法都不同,它可以进行不同 MNase-Seq 数据集间的比较,可根据占据改变和位置切换来发现动态的核小体。

（2）DNase-Seq 数据。目前,应用最广泛的 DNase-Seq 数据测序丰度鉴定工具有 F-Seq、Hotspot、ZINBA 及 MACS 等[32, 33]。F-Seq 和 Hotspot 是专门为 DNase-Seq 开发的。ZINBA 可用于许多二代测序数据的测序丰度鉴定,ChIP-Seq 中使用的 MACS 在 DNase-Seq 的测序丰度鉴定中也适用。

（3）FAIRE-Seq 数据。对于 FAIRE-Seq 数据,是将 MACS 扩展到了 MACS2,MACS2 可很好地鉴定开放染色质的基因组区域。FAIRE 富集区域也可利用 ZINBA 进行检测。ZINBA 可在较复杂的数据集中或在信噪比较低时提高检测准确度。对于信噪比较高的数据集,MACS 和 ZINBA 表现一样良好。

对于邻近的 FAIRE-Seq 富集区域,通常会利用 BedTools 将它们合并起来形成开放调节元件簇(clusters of open regulatory elements,CORE)。形成开放调节元件簇有利于鉴定染色质的开放性及基因调节模式,因此有利于鉴别基因组范围内不易发现的区域。

（4）ATAC-Seq 数据。ATAC-Seq 数据的测序丰度鉴定也可以用 ZINBA。

4）核小体间隔、定位、占据和转录因子结合的评估

（1）MNase-Seq 数据。核小体定位可显示一群核 DNA 相关的核小体的位置。核小体占据可测试核小体群体的密度,可以通过群体定位曲线的下方面积反映出来[34]。核小体占据和染色质开放程度紧密相关,并且依赖于一个基因组位点被所有基因组元件中的核小体占据的程度。利用 MNase-Seq 数据,通过计算从每个碱基对起始的读段数,许多可用于测量核小体定位和占据[30]的方法被开发出来。另外,利用加强版的双末端文库构建流程获得的高分辨率 MNase-Seq 数据可用 V-plots 检测转录因子结合。V-plots 是一个二维的点图,Y 轴展示片段长度,X 轴展示对应的片段中央位置[35]。

（2）DNase-Seq 数据。在 DHS 附近稳定结合的转录因子可以保护 DNA 免受核酸酶的切割,因此通过 DNase Ⅰ产生印记可用来揭露稳定结合的转录因子。因此,高覆盖

的 DNase-Seq 数据可通过检测长占据的转录因子结合的算法进行分析。之前的算法通过比较转录因子结合位点和邻近开放染色质的 DNase Ⅰ 降解深度，已经找到了几百个转录因子结合位点。然而其中一些算法对哺乳动物基因组不够有效。最近发表的印记算法 DNase2TF，可以更快地在大基因组中进行转录因子结合的评估，并且相对之前的算法具有更好、更有可比性的检测准确度。

（3）ATAC-Seq 数据。分析 ATAC-Seq 双末端数据可用 DNase-FLASH 在基因组分辨率下同时揭示核小体组装核定位的信息、核小体-转录因子的空间作用模式以及转录因子占据[36]。

1.2.4　基因组三维结构研究

染色体构象捕获，由最初的单个位点水平的 3C、4C 到多个位点的 5C、ChIA-PET 及全基因组范围的 Hi-C，将基因组结构与基因表达、SNP 等关联起来[37]。这里主要介绍 Hi-C 和 ChIA-PET 的数据分析[37]。

1) Hi-C

随着测序深度的提高，为了检测整个基因组的茎环结构及提高 Hi-C 分辨率，产生了大量的数据集。如其他全基因组测序数据一样，根据不同大小的基因组和分辨率，Hi-C 通常可产生数百万到数十亿的双末端测序读段。总的 Hi-C 数据分析流程包括：读段比对，片段分配，片段过滤，窗口分配，窗口水平过滤，权衡以及最后的数据解释利用和与其他数据的整合[38]。目前已有许多稳定有效的整合好的流程用于处理以上步骤[39]，如 HOMER(http://homer.salk.edu/homer/interactions/)、HICUP、HiCinspector、HiCdat 及 HiCbox 等均可用于 Hi-C 数据的处理。HOMER 提供了许多分析 Hi-C 数据的程序包和命令行。HICUP 也提供了一个完整的分析流程，以及可以最终获得验证的相互作用产物。利用 HICUP 和 SNPsplit 程序可以提取等位基因特异的相互作用产物，而其他软件无法实现这一点。HiCdat 和 HiCbox 程序包可以提供正确的系统作用的平均情况。目前，利用最多的 Hi-C 数据处理包是基于 Python 库的 hiclib 包。

2) ChIA-PET

ChIA-PET 产生的双末端测序数据可以利用 ChIA-PET 工具或统计模型进行分析[40-42]。一般地，ChIA-PET 数据处理包括 7 个步骤[42]：①接头过滤；②PET 比对；

③冗余去除;④自连的与相互连接的 PET 分类;⑤自连的 PET 结合位点分析;⑥相互连接的 PET 染色质间相互作用分析;⑦染色质相互作用数据可视化。第一步,接头序列将被比对到参考半-接头的核酸序列(half linker nucleotide sequences)上。半-接头可分为两类,分别称作 A 和 B,除了测序标签(barcode)不一样外,A、B 具有相同的序列。因此,根据接头的组成不同,可以将 PET 分成两类:相同接头的(AA 或 BB)和不同接头的(AB 或 BA)。之后,接头被从原始读段中移除,留下相应的 DNA 片段供后续分析。过滤掉接头后,短的 DNA 序列便可用 BWA、Bowtie、BatMis 或其他比对软件比对到基因组上。利用 SAMtool 和 BEDtools 可以将冗余的和低质量的比对序列过滤掉。接下来,PET 可以被分成自连的与相互连接的两类。自连的 PET 指的是来源于单个 DNA 的两个末端、形成环状的那些读段,它们可以被比对到同一条染色体上,且距离较短。而相互连接的 PET 指的是那些来自于不同 DNA 片段的读段,它们通常是两个配对读段被比对到不同的染色体上或同一条染色体上距离非常远的位置。自连的 PET 可用来揭示基因组上的蛋白质结合位点,而相互连接的 PET 可以用来预测通过聚簇形成的染色体的相互作用。为了验证相互作用簇的存在,Li 等人用基于超几何分布定量相互作用频率的 Fisher 精确检验进行了验证[40]。Paulsen 等人提出了一个基于无偏超几何分布的统计模型,该模型可以在估算 P 值时将基因组距离间有依赖关系的因素考虑在内[41]。最后,ChIA-PET browser 可以生成报告数据,将结合位点和相互作用簇进行可视化。

针对 Hi-C 组数据及 ChiA-PET 等数据,Qiuyang Wu 和 Riccardo Calandrell 列出了一系列基因组上相互作用的分析工具(http://data.genomegitar.org/4DN_software.php)。

1.2.5 表观基因组预测:通过 DNA 序列推测表观遗传状态

有许多生物信息学方法可以通过基因组序列的特征预测表观遗传信息。这种预测具有双重目的:首先,准确的表观基因组预测可以在某种程度上替代实验数据,可以和新发现的表观机制以及除了人和老鼠的其他物种关联起来;其次,预测算法通过训练集数据获得表观信息,建立统计模型[25]。

1) 启动子预测

活跃的启动子被定义为开放和活跃转录的染色质结构,并且展示了特异的表观遗传特性如缺少 DNA 甲基化及富集组蛋白乙酰化等。在过去 20 年里,有许多启动子预测的方法被开发出来,大多数是利用 DNA 序列特征和机器学习的方法发现可能的启动子。

2) CpG 岛预测

CpG 岛预测和启动子预测具有一定的相似之处,因为在哺乳动物基因组中大多数启动子和 CpG 岛可共定位。然而,CpG 岛作为开放染色质结构的调节子发挥着更加普通的功能。

CpG 岛预测比其他表观状态的预测容易,因为甲基化模式具有相对低的组织特异性。预测方式大多是利用机器学习的方法建立一个分类器来区分给定区域出现或不出现甲基化的 DNA,预测准确率较高。大多预测属性包括 CpG 富集的序列模式、特异的 DNA 结构特性和重复的 DNA 元件以及确定的转录因子结合位点等。

3) 核小体位置预测

核小体的位置是根据 DNA 分子的序列组成会影响它们对核小体的亲和力来进行预测的。

4) 其他元件的预测

此外,表观遗传信息预测还包括其他的一些预测。首先,利用支持向量机(support vector machines)以 k-mer 序列基序作预测属性,可以把 DNase Ⅰ 高度敏感的位点从随机控制数据集里识别出来。其次,可利用序列模式在果蝇里预测多梳蛋白/果蝇胸板 (Polycomb/Trithorax) 反应元件。但该方法很难引入人类中,因为哺乳动物的 Polycomb 反应元件具有较少的序列模式。再次,许多基因组特性如序列基序、CpG 岛、重复序列、预测的转录因子结合位点都可以作为预测属性,加上目前常用的基于支持向量机的数据挖掘流程,便可很方便地预测印记的基因。最后,逃离 X 染色体失活的基因可以利用支持向量机进行预测,预测结果发现它们富集 Alu 重复序列和 CpG 序列基序。

总之,大量的基因组区域都在其 DNA 序列上留下了明显的可以检测的表观遗传印记,因此可以很方便地利用机器学习等方法进行预测。

1.2.6　表观遗传数据库

表观遗传数据分析中常用的数据库主要有：MethDB、MeInfoText、PubMeth、REBASE、MethPrimerDB、The Histone Database、ChromDB、CREMOFAC、KFEL、

MethyLogiX、PathEpigen 等(见表 1-1)[43]。

表 1-1　表观遗传数据分析中的常用数据库

数 据 库	数 据 内 容	开发国家或地区与年份
MethDB	48 个物种,1 511 个个体,198 个组织和细胞系,79 个表型,5 382 个甲基化模式	德国,2006
MeInfoText	205 种人类癌症类型的基因甲基化信息	中国台湾,2006
PubMeth	多种癌症的 5 000 个关于甲基化基因的记录	比利时,2007
REBASE	来源于 GenBank 的 22 000 个 DNA 甲基转移酶基因	新英格兰,2005
MethPrimerDB	259 个针对人、鼠、兔甲基化分析的引物集	比利时,2003
The Histone Database	来源于组蛋白 H1 的 254 条序列,H2 的 383 条序列,H2B 的 311 条序列,H3 的 1 043 条序列,H4 的 198 条序列,至少含 857 个物种	美国,2007
ChromDB	9 341 个染色体相关蛋白,包括针对大量机制的 RNAi 相关蛋白	美国,2005
CREMOFAC	真核生物 1 725 个冗余和 720 个非冗余的染色质重塑因子序列	印度,2009
KFEL	雄性生殖细胞,人 21、22 号染色体甲基化数据,以及同卵和异卵双胞胎的 DNA 甲基化谱	加拿大,2003
MethyLogiX	雄性生殖细胞,人 21、22 号染色体甲基化数据	德国,2006
PathEpigen	5 500 个遗传及表观遗传事件	爱尔兰,2009

1.2.7　国内表观遗传组学技术研究进展

我国国内的表观遗传领域相关研究人员,除了在基础科学研究方面取得了令世人瞩目的成果外,在表观遗传组学研究方法上也取得了多个重大突破。例如,2016 年清华大学生命科学学院的颉伟研究员和医学院的那洁研究团队开发了 STAR ChIP-Seq 技术,通过该技术描述了哺乳动物配子发生和早期胚胎发育过程中组蛋白 H3K4me3 的变化及表观遗传学记忆建立的规律[44]。颉伟研究组还应用 CRISPR 基因编辑技术结合 ATAC-Seq 技术,绘制了小鼠早期胚胎发育中染色质开放区域和基因调控元件的动态图谱[45]。与此同时,同济大学高绍荣研究组应用新型单细胞测序技术 ULI-NchIP (ultra-low-input micrococcal nuclease-based native ChIP)从全基因组水平揭示了小鼠早期胚胎发育过程中组蛋白 H3K4me3 和 H3K27me3 修饰的建立过程，发现 H3K4me3 修饰在早期胚胎发育过程中对基因表达调控发挥着重要作用[46]。北京大学生命科学学院汤富酬研究组利用 scTrio-Seq 单细胞测序技术，首次从单个肝癌细胞获得基因组、表观组和转录组三重组学的测序结果，从多组学角度揭示了肿瘤的异质性[47]。北京大学生命科学学院伊成器研究组建立了一种不依赖于亚硫酸氢盐处理的 5-醛基胞嘧啶 (5fC)单细胞测序新技术 5fC-CET。该技术具有极高的分辨率，可以精准灵敏地获得 DNA 单碱基的表观遗传修饰信息[48]。

1.3　表观遗传组学国际合作研究计划

表观遗传组学研究有很多共同点，基本上是广泛描述性的研究居多，也有很多需要进行大规模扫描的研究领域。在此现状和需求的基础上，很多实验室甚至国家之间进行了大范围的合作，避免了重复研究，节约了人力、物力，提高了全世界范围内的研究效率。以下所列举的是几个具有较大影响的研究计划（见表 1-2）。

表 1-2　代表性表观遗传组学项目

项目名称	成立日期	隶属关系	产出数据内容	代表性文献	项目链接
DNA 元件百科全书	2003 年	NIH	DNase-Seq, RNA-Seq, ChIP-Seq, 5C	[49]	http://encodeproject.org/ENCODE/
癌症基因组图谱(TCGA)	2006 年	NIH	DNA 甲基化	[50]	http://cancergenome.nih.gov/
表观基因组路线	2008 年	NIH	DNase-Seq, RNA-Seq, ChIP-Seq, MethylC-S	[51]	http://www.epigenomebrowser.org/
国际癌症基因组联盟	2008 年	15 国和 TCGA	50 种肿瘤类型分析	[52]	http://dcc.icgc.org/web
国际人类表观基因组联盟	2010 年	7 国蓝图计划路线图计划	蓝图计划：250 种细胞 1 000 个样本的表观基因组学分析	[53]	http://ihec-epigeno-mes.org

（表中数据来自参考文献[54]）

1.3.1 DNA 元件百科全书计划

DNA 元件百科全书(Encyclopedia of DNA Elements，ENCODE)计划于 2003 年由美国国家人类基因组研究所(NHGRI)启动,旨在描述人类细胞的 DNA 调控元件和培养细胞系的表观遗传学特征。ENCODE 计划的主要目标是：全面注释人类基因组中的所有功能序列。ENCODE 已经发布了超过 5 000 个实验,涵盖近 300 种细胞和组织类型,包括人类、小鼠、果蝇和蠕虫的基因组数据。该项目的关键优势源于众多实验室在基因组专家协调下的协作,根据标准化协议大规模并行测序并利用尖端计算技术简化数据生产、处理和分析,并且使用一系列质量控制标准确保数据严谨,在数据协调中心的共同努力下免费公布。研究者可以通过 Ensemble 和 UCSC 基因组浏览器访问查询,也可以在 https://www.encodedcc.org 浏览和搜索。ENCODE 计划包含的子项目有：modENCODE、modERN、REMC 和 GGR 项目。modENCODE 项目定义了线虫和果蝇全基因组的功能序列元件,其数据库包含了基因结构域、mRNA 和非编码 RNA(noncoding RNA，ncRNA)的表达、转录因子结合位点、组蛋白修饰、染色质结构等内容；modERN 是描述线虫和果蝇转录因子网络调控的百科全书项目。REMC 是表观路线图谱绘图联盟,是发布 NIH 路线图的原始及可视化数据的组织；GGR 是 NIH 新发起的项目,网站存放基因调控的基因组学数据元和原始数据。

ENCODE 计划利用高通量测序技术,对人类基因组上所有具有调控功能的元件进行详尽地注释,为科学界提供了宝贵的资源,并大大增强了人们对人类基因组的理解。相关研究结果可参考 http://www.encodeproject.org/ENCODE/pubs.html 收集的文献。ENCODE 对基因的注释包括了编码基因、假基因和转录因子结合位点。同时,ENCODE 也对转录本信息进行了注释,如转录起始位点(transcription start site，TSS)、可变剪接位点、poly(A)位点以及编码蛋白的基因序列转录方向等。ENCODE 对顺式作用元件的注释包括启动子、增强子、沉默子和绝缘子等。这些调控元件调控了与分化、时间节律和特异性相关的基因表达。染色质解聚后顺式作用元件区域增加了对核酸酶的敏感性和可溶解性。ENCODE 用 DHS 测序技术定义染色质的可访问区域,用转录因子和组蛋白修饰的 ChIP-Seq 描述基因组转录的调控过程。这些可访问的开放位点、转录因子、组蛋白修饰与维持染色体的结构和染色体的完整性密切关联,不同细胞系中的调控和基因表达量具有特异性。其中,DHS 是一段约 200 bp、甲基化程度较低的染色质开放区域,可以露出转录因子和重要蛋白质的结合位点调控基因转录。ENCODE计划共对人类125种细胞进行了全基因组数据分析,发现了近290万个DHS。约75%的DHS存在于内含子和基因间,提示这些"垃圾"序列是有功能的。DHS具有显著的细胞特异性,约1/3的DHS仅在一种细胞类型中存在,只有3 700个DHS是所有细胞类型共有的。调控元件数据库(http://dnase.genome.duke.edu)是依据DHS数据,预测目标基因DHS区域的调控因子。在SNP位点的非编码序列有多个重叠的功能注释,这些重叠的功能注释不能精细地反映这些序列和疾病的因果关系。因此,2015年ENCODE发布了基因组注释移位器工具软件(genomic annotation shifter, GoShifter)。这是一种新的统计方法,可以优化重叠的功能注释在疾病因果关系中的权重。例如,某疾病关键基因的SNP位点有组蛋白修饰、转录因子结合位点、DHS等多个重叠注释。GoShifter可以通过计算SNP和多个注释之间的相关性强弱,预测最重要的功能注释[55-57]。

ENCODE在对DNA序列甲基化的研究中发现它可以改变染色质构象,影响转录因子和相关调控元件与目的基因的结合。组蛋白修饰也可以改变染色质结构,使远距离(一万到几十万个碱基)的增强子可以和启动子共同调节基因表达,ENCODE用5C技术定义了空间上相邻的启动子和远程调控元件之间的相互关联,并且绘制了干细胞分化时染色质的三维结构图。ENCODE数据拓展了人们对特定细胞中基因调控的认识和基因表达远距离调控的理解。此外,ENCODE利用免疫沉淀的技术(RIP-chip和RIP-Seq)研究RNA结合蛋白的结合位点,RNA结合蛋白在调控基因表达过程中调节mRNA转录,保持其稳定性及定位,起到重要作用。

1.3.2 美国国立卫生研究院的表观基因组路线图计划

2008年,美国国立卫生研究院(NIH)将2.4亿美元研究经费用于表观遗传学及其机制研究,以促进人类对重大疾病的了解。这些信息可以用于发现新的药物靶点及新药研发。NIH的表观基因组路线图计划(Roadmap Epigenomics Project)历时10年,绘制了正常人类细胞和组织的表观遗传参考图谱,如胚胎干细胞(embryonic stem cell, ESC)、成体细胞,也包括一些重大疾病如肿瘤细胞系的表观遗传学图谱,在网络平台上提供了共享研究工具。表观基因组路线图计划是表观遗传研究的里程碑之一。表观基因组路线图计划完成人体所有细胞类型的表观遗传组学数据。这些数据可以分析不同个体的细胞特异性表观基因组的遗传变异,评价年龄和环境如营养、代谢对表观的影响[51]。截至 2013 年底,NIH 获得了 127 份不同组织来源的细胞类型的表观遗传图谱(111 个人类组织和细胞参考图谱及 ENCODE 已经报道过的 16 个表观遗传组学数据)。表观基因组路线图计划中包含染色质免疫沉淀(chromatin immunoprecipitation,ChIP)、DNA 酶Ⅰ消化 DNA(DNA digestion by DNase Ⅰ)、亚硫酸氢盐处理(bisulfite treatment)、甲基化 DNA 免疫沉淀(MeDIP)、甲基化敏感的限制性酶切(methylation-sensitive restriction enzyme digestion,MER)、RNA 分析(RNA profiling)等数据,可通过 www. nature. com/epigenomeroadmap 访问。该数据库包含不同组织和分化细胞类型的表观注释(组蛋白修饰、DNA 甲基化、DNA 可访问性和 RNA 表达)、表观调控因子等信息。数据也关联了表观注释和基因多态性,可以帮助研究者了解疾病发生发展的基因调控关系[58]。表观基因组路线图计划未来会提供更多细胞和组织表观参考图谱并提供高效的技术平台,用以研究生理、病理和环境的相互关系,推动生物医学研究,推动表观遗传学研究的组学化和高通量化发展。

1.3.3　欧盟的表观遗传学计划

1998 年,欧洲的表观遗传学研究学者启动了绘制人类基因组启动子区域 DNA 甲基化图谱计划;1999 年,"人类表观基因组联盟"成立,开始了表观遗传基因组学的研究,代表性子项目有 HEROIC、EPITRON 和 SMARTER 项目。HEROIC 项目(www. heroic-ip. eu)致力于研究小鼠干细胞的表观遗传组学。EPITRON 计划(www. epitron. eu)主要研究肿瘤表观遗传组学,是较早使用二代测序的研究项目。SMARTER 计划(www. smarter-chromatin. eu)主要研究染色质修饰酶小分子抑制剂。

1.3.4　国际人类表观基因组联盟科研合作蓝图

国际人类表观基因组联盟(the International Human Epigenome Consortium,IHEC)主要提供人类健康和疾病相关的重要细胞类型表观组的高分辨率参考注释。2009 年 3 月,国际卫生研究筹资机构代表和前沿领域研究者被邀请参加在美国马里兰州贝塞斯达举行的研讨会议,评估研究机构对国际表观基因组学项目的兴趣程度,并确定重点研究领域。这次会议后,于 2010 年 1 月在法国巴黎召开的会议最终促成了 IHEC 的成立。IHEC 主要研究人类复杂疾病相关的表观遗传调控,包括非编码 DNA 的遗传变异、信号通路,协调生物信息学标准、数据模型和开发分析工具,并组织、整合和发布所产生的表观基因组数据。主要研究内容见《细胞》出版社(*Cell* Press)的 IHEC 网站(http://www. cell. com/consortium/IHEC)。近年来表观遗传在癌症和炎症等重大疾病领域有很多令人兴奋的新发现。表观基因组结合其他生命组学方法(如蛋白质组学、代谢组学、转录组学和微生物组学)的分析数据有助于揭示疾病发生发展的规律。表观遗传学的变化也可以成为疾病的生物标志物,为表观遗传治疗提供新靶点。这些生物标志物也可以应用到疾病诊断和个体化治疗领域。IHEC 目前产出了一定数量的高质量参考表观基因组数据,未来还会将环境和老化的信息整合到细胞数据库中,目标是改善人类健康。

此外,人类健康与疾病表观遗传学联盟(Alliance of Human Epigenetics in Health and Disease,AHEAD)、澳大利亚表观联盟(www. epialliance. org. au)、加拿大卫生研究院的"表观、环境和健康"项目正在努力推动全球表观遗传组学的发展。

1.3.5　亚洲表观遗传项目

亚洲表观遗传项目以韩国延世大学、日本国立癌症研究中心、上海市肿瘤研究所和新加坡基因组研究院为代表,每年召开年会促进表观遗传组学的合作与交流。2006 年,中国、日本、韩国和新加坡的 AHEAD 组织成员在韩国首尔召开第一次亚洲表观遗传组学年会,为亚洲地区表观遗传学研究的发展提供了交流合作平台。

1.4　小结

表观遗传学的重要性越来越得到生命科学界的广泛认同,相关领域的研究已成为生命科学的前沿。表观遗传学的理念、研究方法和大数据整合正在迅速发展。未来,随着科学技术发展和研究力度的加强,表观遗传学必将在理论和技术创新上取得一系列关键性突破,带动生命科学的重大发展。

参考文献

[1] Liu K, Wang Y F, Cantemir C, et al. Endogenous assays of DNA methyltransferases:Evidence for differential activities of DNMT1, DNMT2, and DNMT3 in mammalian cells in vivo [J]. Mol Cell Biol, 2003,23(8): 2709-2719.

[2] Majumder S, Ghoshal K, Datta J, et al. Role of de novo DNA methyltransferases and methyl

CpG-binding proteins in gene silencing in a rat hepatoma [J]. J Biol Chem, 2002, 277(18): 16048-16058.

[3] Goelz S E, Vogelstein B, Feinberg A P. Hypomethylation of DNA from benign and malignant human colon neoplasms [J]. Science, 1985, 228(4696): 187-190.

[4] Ben-Hattar J, Jiricny J. Effect of cytosine methylation on the cleavage of oligonucleotide duplexes with restriction endonucleases Hpa II and Msp I [J]. Nucleic Acids Res, 1988, 16(9): 4160.

[5] Frommer M, McDonald L E, Millar D S, et al. A genomic sequencing protocol that yields a positive display of 5-methylcytosine residues in individual DNA strands [J]. Proc Natl Acad Sci U S A, 1992, 89(5): 1827-1831.

[6] Yokoyama S, Kitamoto S, Yamada N, et al. The application of methylation specific electrophoresis (MSE) to DNA methylation analysis of the 5'CpG island of mucin in cancer cells [J]. BMC Cancer, 2012, 12(1): 67.

[7] Wee E J, Ngo T H, Trau M. Colorimetric detection of both total genomic and loci-specific DNA methylation from limited DNA inputs [J]. Clin Epigenetics, 2015, 7: 65.

[8] Weber M, Davies J J, Wittig D, et al. Chromosome-wide and promoter-specific analyses identify sites of differential DNA methylation in normal and transformed human cells [J]. Nat Genet, 2005, 37(8): 853-862.

[9] Brinkman A B, Simmer F, Ma K, et al. Whole-genome DNA methylation profiling using MethylCap-seq [J]. Methods, 2010, 52(3): 232-236.

[10] Flusberg B A, Webster D R, Lee J H, et al. Direct detection of DNA methylation during single-molecule, real-time sequencing [J]. Nat Methods, 2010, 7(6): 461-465.

[11] Sun Z, Terragni J, Borgaro J G, et al. High-resolution enzymatic mapping of genomic 5-hydroxymethylcytosine in mouse embryonic stem cells [J]. Cell Rep, 2013, 3(2): 567-576.

[12] Mooijman D, Dey S S, Boisset J C, et al. Single-cell 5hmC sequencing reveals chromosome-wide cell-to-cell variability and enables lineage reconstruction [J]. Nat Biotechnol, 2016, 34(8): 852-856.

[13] Egelhofer T A, Minoda A, Klugman S, et al. An assessment of histone-modification antibody quality [J]. Nat Struct Mol Biol, 2011, 18(1): 91-93.

[14] Giresi P G, Kim J, McDaniell R M, et al. FAIRE (Formaldehyde-Assisted Isolation of Regulatory Elements) isolates active regulatory elements from human chromatin [J]. Genome Res, 2007, 17(6): 877-885.

[15] Buenrostro J D, Giresi P G, Zaba L C, et al. Transposition of native chromatin for fast and sensitive epigenomic profiling of open chromatin, DNA-binding proteins and nucleosome position [J]. Nat Methods, 2013, 10(12): 1213-1218.

[16] Dekker J, Rippe K, Dekker M, et al. Capturing chromosome conformation [J]. Science, 2002, 295(5558): 1306-1311.

[17] Singh B N, Ansari A, Hampsey M. Detection of gene loops by 3C in yeast [J]. Methods, 2009, 48(4): 361-367.

[18] Simonis M, Klous P, Splinter E, et al. Nuclear organization of active and inactive chromatin domains uncovered by chromosome conformation capture-on-chip (4C)[J]. Nat Genet, 2006, 38 (11): 1348-1354.

[19] Zhao Z, Tavoosidana G, Sjölinder M, et al. Circular chromosome conformation capture (4C) uncovers extensive networks of epigenetically regulated intra-and interchromosomal interactions

［J］. Nat Genet，2006,38(11): 1341-1347.

［20］ Simonis M，Kooren J，De Laat W. An evaluation of 3C-based methods to capture DNA interactions ［J］. Nat Methods，2007,4(11): 895-901.

［21］ Dostie J，Dekker J. Mapping networks of physical interactions between genomic elements using 5C technology ［J］. Nat Protoc，2007,2(4): 988-1002.

［22］ Gavrilov A，Eivazova E，Priozhkova I，et al. Chromosome conformation capture (from 3C to 5C) and its ChIP-based modification ［J］. Methods Mol Biol，2009,567: 171-188.

［23］ Fullwood M J，Liu M H，Pan Y F，et al. An oestrogen-receptor-alpha-bound human chromatin interactome ［J］. Nature，2009,462(7269): 58-64.

［24］ Fraser J，Williamson I，Bickmore W A，et al. An overview of genome organization and how we got there: from FISH to Hi-C ［J］. Microbiol Mol Biol Rev，2015,79(3): 347-372.

［25］ Bock C，Lengauer T. Computational epigenetics ［J］. Bioinformatics，2008,24(1): 1-10.

［26］ Ji H，Wong W H. TileMap: create chromosomal map of tiling array hybridizations ［J］. Bioinformatics，2005,21(18): 3629-3636.

［27］ Teschendorff A E. Computational and statistical epigenomics ［M］. Berlin: Springer，2015.

［28］ Kent W J. BLAT-the BLAST-like alignment tool ［J］. Genome Res，2002,12(4): 656-664.

［29］ Mikkelsen O A，Curran K J，Hill P S，et al. Entropy analysis of in situ particle size spectra ［J］. Estuarine Coastal Shelf Sci，2007,72(4): 615-625.

［30］ Yong W S，Hsu F M，Chen P Y. Profiling genome-wide DNA methylation ［J］. Epigenetics Chromatin，2016,9: 26.

［31］ Tsompana M，Buck M J. Chromatin accessibility: a window into the genome ［J］. Epigenetics Chromatin，2014,7(1): 33.

［32］ Boyle A P，Guinney J，Crawford G E，et al. F-Seq: a feature density estimator for high-throughput sequence tags ［J］. Bioinformatics，2008,24(21): 2537-2538.

［33］ Baek S，Sung M H，Hager G L. Quantitative analysis of genome-wide chromatin remodeling ［J］. Methods Mol Biol，2012,833: 433-441.

［34］ Pugh B F. A preoccupied position on nucleosomes ［J］. Nat Struct Mol Biol，2010,17(8): 923.

［35］ Henikoff J G，Belsky J A，Krassovsky K，et al. Epigenome characterization at single base-pair resolution ［J］. Proc Natl Acad Sci U S A，2011,108(45): 18318-18323.

［36］ Buenrostro J D，Giresi P G，Zaba L C，et al. Transposition of native chromatin for fast and sensitive epigenomic profiling of open chromatin，DNA-binding proteins and nucleosome position ［J］. Nat Methods，2013,10(12): 1213-1218.

［37］ Ay F，Noble W S. Analysis methods for studying the 3D architecture of the genome ［J］. Genome Biol，2015,16: 183.

［38］ Kalhor R，Tjong H，Jayathilaka N，et al. Genome architectures revealed by tethered chromosome conformation capture and population-based modeling ［J］. Nat Biotechnol，2012,30(1): 90-98.

［39］ Servant N，Varoquaux N，Lajoie B R，et al. HiC-Pro: an optimized and flexible pipeline for Hi-C data processing ［J］. Genome Biol，2015,16: 259.

［40］ Li G，Fullwood M J，Xu H，et al. ChIA-PET tool for comprehensive chromatin interaction analysis with paired-end tag sequencing ［J］. Genome Biol，2010,11(2): R22.

［41］ Paulsen J，Rødland E A，Holden L，et al. A statistical model of ChIA-PET data for accurate detection of chromatin 3D interactions ［J］. Nucleic Acids Res，2014,42(18): e143.

［42］ Li G，Cai L，Chang H，et al. Chromatin interaction analysis with paired-end tag（ChIA-PET）sequencing technology and application ［J］. BMC Genomics，2014,15（Suppl 12）：S11.

［43］ Porwal J. Epigenetic modelling：DNA methylation and working towards model parameterisation ［D］. Dublin：Dublin City University，2011.

［44］ Zhang B，Zheng H，Huang B，et al. Allelic reprogramming of the histone modification H3K4me3 in early mammalian development ［J］. Nature，2016,537（7621）：553-557.

［45］ Wu J，Huang B，Chen H，et al. The landscape of accessible chromatin in mammalian preimplantation embryos ［J］. Nature，2016,534（7609）：652-657.

［46］ Liu X，Wang C，Liu W，et al. Distinct features of H3K4me3 and H3K27me3 chromatin domains in pre-implantation embryos ［J］. Nature，2016,537（7621）：558-562.

［47］ Hou Y，Guo H，Cao C，et al. Single-cell triple omics sequencing reveals genetic，epigenetic，and transcriptomic heterogeneity in hepatocellular carcinomas ［J］. Cell Res，2016,26（3）：304-319.

［48］ Xia B，Han D，Lu X，et al. Bisulfite-free，base-resolution analysis of 5-formylcytosine at the genome scale ［J］. Nat Methods，2015,12（11）：1047-1050.

［49］ ENCODE Project Consortium. An integrated encyclopedia of DNA elements in the human genome ［J］. Nature，2012，489（7414）：57-74.

［50］ Garraway L A，Lander E S. Lessons from the cancer genome ［J］. Cell，2013，153（1）：17-37.

［51］ Bernstein B E，Stamatoyannopoulos J A，Costello J F，et al. The NIH Roadmap Epigenomics Mapping Consortium ［J］. Nat Biotechnol，2010,28（10）：1045-1048.

［52］ International Cancer Genome Consortium，Hudson T J，Anderson W，et al. International network of cancer genome projects ［J］. Nature，2010，464（7291）：993-998.

［53］ American Association for Cancer Research Human Epigenome Task Force；European Union，Network of Excellence，Scientific Advisory Board. Moving AHEAD with an international human epigenome project ［J］. Nature，2008，454（7205）：711-715.

［54］ Rivera C M，Ren B. Mapping human epigenomes ［J］. Cell，2013，155（1）：39-55.

［55］ Trynka G，Westra H J，Slowikowski K，et al. Disentangling the effects of colocalizing genomic annotations to functionally prioritize non-coding variants within complex-trait loci ［J］. Am J Hum Genet，2015,97（1）：139-152.

［56］ Harrow J，Denoeud F，Frankish A，et al. GENCODE：producing a reference annotation for ENCODE ［J］. Genome Biol，2006,7（Suppl 1）：S4. 1-9

［57］ Harrow J，Frankish A，Gonzalez J M，et al. GENCODE：the reference human genome annotation for the ENCODE project ［J］. Genome Res，2012,22（9）：1760-1774.

［58］ Kundaje A，Meuleman W，Ernst J，et al. Integrative analysis of 111 reference human epigenomes ［J］. Nature，2015,518（7539）：317-330.

2

DNA 甲基化调控与
哺乳动物的发育

在哺乳动物中,DNA 甲基化和组蛋白的化学修饰扮演着重要的表观遗传调节者的角色,对哺乳动物发育过程中的基因活性起着关键的调控作用。DNA 甲基化是由 DNA 甲基转移酶(DNMT)催化,把一个甲基转移到胞嘧啶的第 5 位碳原子上,形成 5-甲基胞嘧啶(5mC)。DNA 甲基化通过召集参与基因表达的蛋白质或者通过阻止转录因子与 DNA 的结合调控基因的表达。在发育过程中,基因组中 DNA 甲基化模式的改变是一个动态过程的结果,这个过程包括甲基化和去甲基化。因此,不同的细胞具有不同的稳定且独特的 DNA 甲基化模式,用以调控组织特异的基因转录。本章将阐述 DNA 甲基化和去甲基化的机制及其与其他表观遗传学机制(如组蛋白修饰和非编码 RNA)之间的关系,重点阐述哺乳动物发育和隔代遗传(transgenerational inheritance)的表观遗传机制。

遗传学是研究由于 DNA 序列直接改变导致基因活性或功能上可遗传的改变的一门学科。其中,DNA 序列的改变包括点突变、缺失、插入和转位。然而,表观遗传学是研究不涉及任何 DNA 本身序列改变却导致基因活性和功能上可遗传的改变的一门学科。虽然事实上一个生物体内所有的细胞都包含相同的遗传信息,但是并不是所有类型的细胞都同时表达所有的基因。广义上讲,表观遗传学进程决定了多细胞生物中各种细胞和组织的多样化基因表达谱。

本章将介绍一个主要的表观遗传学进程,涉及对 DNA 的直接化学修饰,即 DNA 甲基化。历史上,DNA 甲基化在哺乳动物中被发现的时间和 DNA 被定义为遗传物质一样早[1, 2]。1948 年,Rollin Hotchkiss 用纸色谱法分析小牛胸腺 DNA 的时候首次发现了修饰的胞嘧啶[3]。Hotchkiss 推测这个片段是 5-甲基胞嘧啶,因为它在纸色谱中与胞嘧啶分开的方式同胸腺嘧啶（也称作甲基尿嘧啶）与尿嘧啶分开的方式相同。他进一步推测这个被修饰的胞嘧啶自然地存在于 DNA 中。虽然许多研究者推测 DNA 甲基化很有可能调控基因表达，但是直到 20 世纪 80 年代，一些研究才证明 DNA 甲基化参与了基因调控和细胞分化[4,5]。现在 DNA 甲基化同其他调控因子一起被公认为是一个主要的影响基因活性的表观遗传学因素。

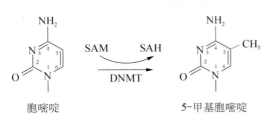

图 2-1　DNA 甲基化反应

DNA 甲基化反应由一类称作 DNMT 的蛋白家族催化，将一个甲基从 S-腺苷甲硫氨酸（SAM）转移到胞嘧啶残基的第 5 位碳原子上（见图 2-1）。DNMT3A 和 DNMT3B 可以在未修饰的 DNA 上建立新的甲基化模式，所以被称作从头甲基转移酶，而 DNMT1 是在 DNA 复制时将 DNA 甲基化的模式从亲代 DNA 链中复制到新合成的子代 DNA 链中（见图 2-2）。这 3 种 DNMT 都广泛地参与胚胎发育过程。当细胞到达终末分化期时，DNMT 的表达大大减少。这可能表明 DNA 甲基化的模式在有丝分裂后的细胞中是稳定的。然而，在哺乳动物大脑中有丝分裂后的神经元细胞仍然表达大量的 DNMT，这可能反映了 DNMT 和 DNA 甲基化在大脑中有新的作用。有趣的是，有证据表明在小鼠和人的胚胎干细胞中存在非 CpG 的甲基化，然而这些甲基化位点在成体组织中消失了[6,7]。近期对人和小鼠全基因组甲基化谱的分析表明，尽管绝大多数的甲基化发生在 CpG 位点上，但是还有相当一部分的非 CpG 甲基化位点存在[8,9]。由于非 CpG 位点的甲基化最近才被发现，所以其作用还不是非常清楚。DNA 甲基化在沉默反转录病毒元件、调控组织特异的基因表达、基因印记和 X 染色体失活等过程中都起重要的作用。另外，DNA 甲基化在基因组的不同区域中基于不同基因序列或许会对基因活性有不同的影响。下面将进一步详细阐述 DNA 甲基化在不同基因组

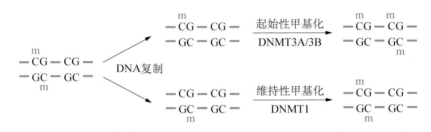

图 2-2　DNA 起始性甲基化和维持性甲基化的分子机制

区域中的作用。

2.1 不同基因组区域的 DNA 甲基化

2.1.1 CpG 岛

CpG 岛是长度大约为 1 000 个碱基对(bp),比基因组其余区域有更多 CpG 序列的一段 DNA,但是这些 CpG 序列通常是没有被甲基化的[10]。大约 70% 的基因启动子存在于 CpG 岛中[11],特别是管家基因的启动子通常都存在于其中[12]。CpG 岛,尤其是那些与启动子相关的 CpG 岛在小鼠和人之间高度保守[13]。CpG 岛的位置及其在进化过程中的保守性表明这些区域具有重要的功能,如 CpG 岛可通过调控染色质的结构和转录因子的结合来促进基因的表达。DNA 规则地包裹着组蛋白,形成小而紧密的结构,这一结构被称作核小体。DNA 与组蛋白接触越紧密,基因表达就越困难。CpG 岛的主要特征之一就是与其他 DNA 序列相比包含更少的核小体[14-16]。CpG 岛中少量的核小体通常包含促进基因表达的修饰的组蛋白[14, 17]。虽然大约 50% 的 CpG 岛都包含已知的转录起始位点,但是 CpG 岛通常都没有一般的启动子元件,如 TATA 盒[18]。由于许多转录因子结合位点都含有丰富的 GC 序列,CpG 岛很有可能加强转录因子与转录起始位点的结合。CpG 岛的甲基化会导致稳定的基因表达沉默[19]。在配子发生和早期胚胎发育过程中 CpG 岛会经历不同的甲基化[20-23]。CpG 岛通过甲基化调控基因表达,在建立基因印记中具有重要的作用[20-22, 24]。

印记基因只在两条亲代染色体中的一条中表达,其表达由亲代的遗传决定。除了印记基因,CpG 岛的 DNA 甲基化在发育和分化过程中也调节基因的表达[19, 25-28]。由于参与调控基因表达,CpG 岛也很有可能具有组织特异的 DNA 甲基化模式。目前发现,CpG 岛在基因间隔区和基因主体区会有组织特异的甲基化模式,而在转录起始位点几乎没有组织特异的甲基化模式。然而,离 CpG 岛 2 kb 左右的被称为 CpG 岛岸的区域具有高度保守的组织特异的甲基化模式[29]。和 CpG 岛一样,CpG 岛岸的甲基化与基因表达的减少高度相关[29]。CpG 岛在调控基因表达中的作用还没有被阐明。CpG 岛的甲基化可以阻止转录因子的结合,招募抑制性的甲基结合蛋白,维持基因表达沉默。但是,CpG 岛,尤其是那些与基因启动子相关的 CpG 岛都很少被甲基化。需要进一步研究揭示何种甲基化程度的 CpG 岛会影响基因表达。

2.1.2　基因主体区

哺乳动物基因组中大部分的 CpG 位点都被甲基化,那么基因本身也应该含有甲基化位点。基因主体区被认为是不包括第一个外显子的基因区域,因为第一个外显子甲基化和启动子的甲基化一样,会导致基因的沉默[30]。有证据表明,基因主体区的 DNA 甲基化与细胞分裂中细胞的基因高水平表达相关[31-33]。然而,在缓慢分裂或者不分裂的细胞(如大脑的细胞)中,基因主体区的甲基化与基因表达不相关[8, 33-35]。此外,在小鼠的额叶皮质中,在基因主体区非 CpG 位点的甲基化与基因表达呈负相关[8]。基因主体区的甲基化参与调控基因的机制仍然不是非常清楚。

2.1.3　基因间隔区

大约 45% 的哺乳动物基因组是由大规模甲基化而沉默的转座子元件和病毒元件组成[36]。这些元件中绝大多数都是被 DNA 甲基化或者 5mC 脱氨基所逐渐积累的突变沉默的[37]。这些元件表达是具有潜在危害性的,因为其复制和插入会导致基因中断和 DNA 突变[38-42]。脑池内 A 颗粒(intracisternal A particle,IAP)元件是在小鼠基因组中最活跃的反转录病毒序列(endogenous retroviral sequences)之一[37]。IAP 在小鼠配子发生、发育和成年过程中被高度甲基化[37, 43]。甚至在胚胎中,当其余基因组都相对处于低甲基化状态的时候,DNMT1 仍然抑制 IAP 元件的表达[43]。当 DNMT1 基因突变时,基因组会出现广泛低甲基化,IAP 元件也会表达[37, 44]。这表明在基因间隔区内,DNA 甲基化的一个主要作用就是抑制可能有害的基因元件的表达。

2.2　DNA 甲基化的基本机制

建立、识别或者除去 DNA 甲基化的酶被归为 3 类：书写器(writer)、擦除器(eraser)和阅读器(reader)。书写器是催化在胞嘧啶残基上加上甲基的酶类。擦除器是修饰和移除甲基的酶类。阅读器是识别并且结合到甲基上从而影响基因表达的酶类。由于研究人员多年致力于理解表观遗传在胚胎发育过程中是如何被清除和重塑的研究,许多参与 DNA 甲基化的蛋白质和机制都已被阐明。编写 DNA 甲基化的 DNMT

家族 3 个成员都直接催化在 DNA 上加上甲基,包括 DNMT1、DNMT3A 和 DNMT3B。虽然这些酶都有相似的结构——一个大的 N 端调控结构域和一个 C 端催化结构域,但是它们有各自独特的功能和表达模式[45, 46]。与 DNMT3A、DNMT3B 不同,DNMT1 倾向于使半甲基化的 DNA 发生甲基化[6, 47]。在 DNA 复制过程中,DNMT1 处于复制叉的位置,新合成的半甲基化的 DNA 就在这里形成[48]。DNMT1 与新合成的半甲基化的 DNA 结合,使其精确地模拟 DNA 复制前的甲基化模式进行甲基化[49](见图 2-2)。此外,DNMT1 还能修复 DNA 甲基化[50]。因此,DNMT1 被称作维持性甲基转移酶,因为它能够在一个细胞谱系中维持原本的甲基化模式。在小鼠中敲除 *Dnmt1* 基因会导致小鼠胚胎在胚胎 8.0 天至胚胎 10.5 天之间死亡[51]。在这个时期,基因敲除小鼠胚胎中有 2/3 出现了甲基化丢失,在不同发育中的组织包括大脑中出现了大量的凋亡细胞。有趣的是,缺少 DNMT1 的小鼠胚胎干细胞可以存活[52]。然而,上述小鼠胚胎干细胞在体外分化后会出现大量的细胞死亡,这与在 *Dnmt1* 基因敲除小鼠中观察到的现象一致[53]。这些发现确认了 DNMT1 在细胞分化和细胞分裂中具有重要作用。DNMT3A 和 DNMT3B 在结构和功能上极度相似,但与 DNMT1 不同,过表达 DNMT3A 和 DNMT3B 都能够甲基化天然和合成的 DNA,并且不倾向于使半甲基化的 DNA 甲基化[54]。因此,DNMT3A 和 DNMT3B 被称作起始性甲基转移酶,因为它们能够使没有修饰的 DNA 发生甲基化。

将 DNMT3A 和 DNMT3B 区分开的是它们的基因表达模式。DNMT3A 的表达相对广谱,但是 DNMT3B 在大部分分化的组织(除甲状腺、睾丸和骨髓外)中表达量不高[46]。与 DNMT1 相似,在小鼠中敲除 *Dnmt3b* 基因是胚胎致死性的[54],然而,敲除 *Dnmt3a* 基因的小鼠尽管发育不全但是能够活到出生后第 4 周[54]。从上述结果来看,DNMT3B 在胚胎发育早期是必需的,而 DNMT3A 在正常的细胞分化中是必需的。DNMT 家族中的最后一个成员是 DNMT3L,它没有其他 DNMT 的催化结构域[55, 56]。DNMT3L 主要在胚胎早期发育时表达,在成体中仅在生殖细胞和胸腺中表达[55, 57]。尽管 DNMT3L 自身没有催化活性,但是它与 DNMT3A 和 DNMT3B 结合,能激活它们的甲基转移酶活性[56, 58, 59]。

与其在小鼠早期发育时和生殖细胞中的表达相一致,DNMT3L 在建立父本或母本的基因印记、甲基化反转录转座子和 X 染色体凝集时都是必需的[56, 60-65]。尽管 DNMT3L 在胚胎发育期的大脑中有表达,它在神经细胞分化时是下调的,而在出生后的大脑中没有观察到其表达[66, 67]。

目前仍然不清楚从头甲基转移酶是如何靶向特定基因位点的,但是许多可能的作用机制已经被提出。DNMT3A 和 DNMT3B 可以通过一个保守的 PWWP 结构域与 DNA 结合[68];然而,DNMT3A 和 DNMT3B 如何靶定特定的 DNA 序列仍然不清楚。一个猜想是通过 RNAi 机制靶定 DNMT 并沉默特定的 DNA 序列[69]。虽然 RNAi 在植物细胞中是参与到 DNA 甲基化过程中的,但是现有结果还不足以表明 RNAi 在哺乳动物细胞 DNA 甲基化中的作用。另一个理论是转录因子调控从头 DNA 甲基化。转录因子可以通过与特定 DNA 序列结合,招募 DNMT 催化 DNA 甲基化或是保护 DNA 不被甲基化,从而调控 DNA 的甲基化。在某些情况下,不管基因是否表达,转录因子与 DNA 的结合都可以帮助保护 CpG 位点不被起始性甲基化[70-72]。CpG 岛可能也是通过转录因子的结合受到保护而不被甲基化[70, 71, 73, 74]。当转录因子结合位点发生突变时,CpG 岛不能保持未被甲基化的状态[73, 74]。就像由分化过程导致的结合在基因启动子上的转录因子下调一样,现在已知的 CpG 位点也是可以被靶定从而被甲基化的[72]。这些研究阐述了两种机制,这两种机制有可能是一起作用去建立起始性甲基化的。DNMT3A 和 DNMT3B 可以被特定的转录因子招募到启动子区或者从头甲基转移酶可以甲基化基因组中所有未被转录因子结合的 CpG 位点。

2.3　DNA 去甲基化

DNA 去甲基化(DNA demethylation)过程分为被动去甲基化(passive demethylation)和主动去甲基化(active demethylation)。被动 DNA 去甲基化在分裂的细胞中出现。因为 DNMT1 在细胞复制的时候主动保持 DNA 的甲基化状态,所以抑制或失活 DNMT1 使得新合成的胞嘧啶是未甲基化的,从而在每次细胞分裂时降低整体的甲基化水平。主动 DNA 去甲基化在分裂或者不分裂的细胞中都会出现,但是其过程需要酶反应催化 5mC 变回未被甲基化的胞嘧啶。

至今,在哺乳动物中没有已知的机制可以清除胞嘧啶和甲基碳原子之间的强共价结合键。但是,去甲基化通过一系列化学反应对 5mC 进行进一步修饰,通过脱氨基或是氧化反应形成一个产物,这个产物可以被碱基切除修复(BER)机制识别,从而用胞嘧啶替换被修饰的碱基。虽然碱基切除修复机制已经被广泛认为是 DNA 去甲基化中的最后一步,但是在 DNA 去甲基化过程中形成的特定的酶和化学中间产物还存在争议[75]。

主动 DNA 去甲基化的一些机制已经被提出。5mC 可以在氨基和甲基这两个位点进行化学修饰。5mC 上的一个氨基被活化诱导胞嘧啶核苷脱氨酶/载脂蛋白 B mRNA 编辑酶复合物(activation-induced cytidine deaminase/apolipoprotein B mRNA-editing enzyme complex,AID/APOBEC)脱掉并羰基化,将 5mC 有效地变为胸腺嘧啶,因此产生了 G/T 错配,导致 BER 通路去修正碱基。在斑马鱼中过表达 AID/APOBEC 会促进 DNA 的去甲基化[76],而敲减或敲除 AID/APOBEC 会抑制细胞重编程(reprogramming)和发育所必须基因的 DNA 去甲基化[77-79]。与 *Dnmt* 敲除小鼠不同的是,AID 敲除小鼠是可以存活并且是可育的。如果在胚胎早期发育时全基因组的去甲基化和甲基化同样重要,那么 AID 敲除小鼠的存活说明 DNA 去甲基化过程有许多机制参与,并且它们可以互补。与多种机制的猜想一致,另一个发现的主动 DNA 去甲基化机制由 10-11 转位酶(TET)TET1、TET2 和 TET3 所介导。TET 酶催化将一个羟基加到 5mC 的甲基上形成 5hmC[80, 81]。

发育后大脑的许多区域有高 5hmC 水平,占 0.3%～0.7%,大约为平均 5mC 含量的 1/10[82, 83]。在哺乳动物中一旦 5hmC 形成,有两种独立的机制可以将 5hmC 转变为胞嘧啶。在第一种机制中,TET 酶催化的迭代氧化反应先氧化 5hmC 变为 5-甲酰基胞嘧啶,再氧化其变为 5-羧基胞嘧啶[84]。在第二种机制中,5hmC 被 AID/APOBEC 脱氨基形成 5-羟甲基尿嘧啶[35]。同 TET 在体内催化 5mC 变为 5hmC 的作用一致,*Tet1* 敲除小鼠的胚胎干细胞中 5hmC 水平降低,同时伴随着 5mC 整体水平的略微上升[85]。

5hmC 的作用是否只是 DNA 去甲基化的中间产物还不明确。与甲基化相同,5hmC 有可能会调控基因的表达。支持这一理论的是,将 5mC 转变为 5hmC 会破坏抑制性的甲基结合蛋白 MeCP2 的结合[86]。但是目前明确的是,5hmC 在在体的哺乳动物组织内被发现,并且在调控 DNA 去甲基化和调控基因表达中起重要作用。在所有提到的主动 DNA 去甲基化机制中,BER 通路利用胸腺嘧啶 DNA 糖基化酶(thymine DNA glycosylase,TDG)清除修饰后的胸腺嘧啶残基,包括 5-羟甲基尿嘧啶、5-甲酰基胞嘧啶和 5-羧基胞嘧啶,然后用未修饰的胞嘧啶替换它们[87, 88]。

TDG 对 DNA 去甲基化很重要,在正常发育过程中是必需的。敲除或者失活 TDG 会导致小鼠胚胎死亡。此外,这些突变的胚胎出现高甲基化,尤其是在印记基因如 Igf2

和 H19 中,表明由 TDG 介导的主动去甲基化会保护印记基因不被自发地起始性甲基化[87]。

2.4　读取 DNA 甲基化

虽然 DNA 甲基化自身可以通过阻止转录激活因子的结合降低基因表达,但是第二类与 5mC 有高亲和性的蛋白质也会抑制转录因子的结合。DNA 甲基化被 3 类不同家族的蛋白质所识别:MBD 蛋白、UHRF 蛋白和锌指蛋白。在这些蛋白质家族中,MBD 蛋白是第一个被发现的。MBD 蛋白包含一个保守的甲基-CpG 结合域(MBD),保证了对单个甲基化 CpG 位点的高亲和性[89]。这个蛋白家族包括第一个被发现的甲基结合蛋白 MeCP2,还包括 MBD1、MBD2、MBD3 和 MBD4[90-92]。MBD 蛋白在大脑中的表达多于在其他组织中的表达,许多 MBD 蛋白在正常的神经发育和功能中起重要作用[93]。在 MBD 家族中,MBD3 和 MBD4 与其他成员不大相同。例如,MBD3 不能直接与 DNA 结合,因为它的 MBD 结构域有突变[92]。虽然 MBD4 能够正常地与 DNA 相结合,但是它选择性地识别与胸腺嘧啶、尿嘧啶和 5-氟尿嘧啶结合的鸟嘌呤,并且与参与 DNA 错配修复的蛋白质相结合[94-98]。

MBD 蛋白家族中的其他成员都能够直接与甲基化的 DNA 结合,都包含一个转录抑制结构域(TRD),能够使 MBD 蛋白与不同的抑制因子复合体相结合[99-101]。除了转录抑制因子作用之外,MeCP2 在维持 DNA 甲基化中还有着独特的作用。MeCP2 能够通过它的 TRD 与 DNMT1 结合,可以招募 DNMT1 到高甲基化的 DNA 位点,从而维持 DNA 甲基化状态[102]。尽管 MBD 蛋白是研究最为透彻的一类甲基结合蛋白,但它们却不是唯一的甲基结合蛋白。

UHRF(ubiquitin-like, containing PHD and RING finger domain)蛋白家族包括 UHRF1 和 UHRF2,是一种多结构域的蛋白质,通过一个 SET 和 RING 相关的 DNA 结合域与甲基胞嘧啶相结合[103, 104]。与大多数甲基结合蛋白不同,UHRF 蛋白的主要功能不是结合 DNA,抑制转录。特别是在 DNA 复制期间,UHRF 蛋白家族首先结合 DNMT1,然后使其靶定半甲基化的 DNA 来维持 DNA 的甲基化[105-107]。UHRF1 与 DNMT1 的结合非常紧密以至于敲除 UHRF1 就像敲除 DNMT 一样会导致胚胎死亡[108]。

最后一个甲基结合蛋白家族通过一个锌指结构域与甲基化的 DNA 结合,包括 Kaiso、ZBTB4 和 ZBTB38 蛋白[109, 110]。虽然 ZBTB4 和 ZBTB38 有明显的组织特异表达模式,但是它们都在大脑中高表达并且可以结合到单个甲基化 CpG 位点上。含有锌指结构域的蛋白质都很特殊。尽管能够识别甲基胞嘧啶,但是 Kaiso 和 ZBTB4 都倾向于结合没有甲基胞嘧啶的 DNA 序列[111, 112]。与其他甲基结合蛋白不同,Kaiso 倾向于结合两个连续的甲基化 CpG 位点[111]。尽管有区别,含有锌指结构域的蛋白质也像 MBD 蛋白家族一样,通过一种 DNA 甲基化依赖的方式抑制基因的转录[109, 110, 113, 114]。

2.5 DNA 甲基化与其他表观遗传学机制间的联系

2.5.1 DNA 甲基化与组蛋白修饰的联系

DNA 甲基化与组蛋白修饰和微 RNA(microRNA,miRNA)共同作用调控基因转录。在真核生物中,DNA 与组蛋白相结合,帮助将长链的 DNA 折叠包装进细胞核中。组蛋白的化学修饰包括甲基化、乙酰化、泛素化和磷酸化,这些化学修饰基团被加到组蛋白 N 端尾巴的 3 个特殊氨基酸上。这些修饰不仅会影响 DNA 链的折叠包装,而且会影响其转录活性,使 DNA 和组蛋白的结合变得松弛的组蛋白修饰能够为转录提供一个许可的环境,而使 DNA 与组蛋白结合更加紧密的组蛋白修饰会抑制基因表达。

DNMT 直接与调控组蛋白修饰的酶结合,参与抑制基因表达(见图 2-3)。已知 DNMT1 和 DNMT3A 都能够结合组蛋白甲基转移酶 SUV39H1,通过甲基化 H3K9 抑制基因表达[115]。此外,DNMT1 和 DNMT3B 都能结合组蛋白去乙酰化酶,从组蛋白上去除乙酰化修饰使得 DNA 包装更加紧密,从而限制基因转录[116, 117]。总之,DNMT 与组蛋白修饰酶协同作用,在组蛋白上加上或者去除标记,从而抑制一个基因区域的表达。

组蛋白修饰也可以影响 DNA 甲基化的模式(见图 2-3)。DNMT3L 直接结合到 H3 组蛋白尾巴上,招募 DNMT3A 到 H3 组蛋白尾巴上,有时受到 H3K36 三甲基化(H3K36me3,一个抑制性的组蛋白标记)促进,也能激活其甲基转移酶的活性[118, 119]。但是,H3K4 三甲基化(H3K4me3)这一活性组蛋白修饰的存在会阻止 DNMT3A、DNMT3B 和 DNMT3L 与 H3 组蛋白尾巴的结合,从而阻止 DNA 甲基化[120, 121]。

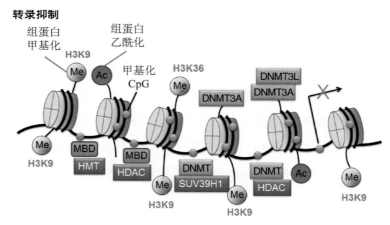

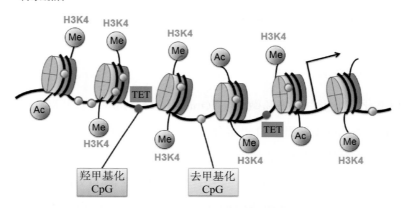

图 2-3　DNA 甲基化与组蛋白修饰调控基因表达的机制

　　CpG 岛包含很高水平的 H3K4me3[17]。CFP1 是 H3K4 甲基转移酶复合体中的一个组分，能够靶定在小鼠 CpG 岛中常见的未甲基化的 CpG 位点，有可能在保持其低甲基化水平中起作用[122, 123]。研究人员对 DNA 去甲基化如何与组蛋白修饰相互作用的机制还知之甚少，然而还是有证据表明它们是相互协作的。例如，升高组蛋白乙酰化水平会导致 DNA 去甲基化[124, 125]。

　　TET1 包含一个与 CFP1 相似的 DNA 结合域，表明这两种蛋白质能够靶定相似的位点（CpG 岛）去维持 DNA 的去甲基化状态[80]。虽然这两种蛋白质还没有被证明可以直接结合，但是 TET1 确实存在于 CpG 岛，而且在小鼠胚胎干细胞的研究中敲除 TET1 会导致 CpG 岛甲基化水平的升高[126, 127]。还需要进一步的研究去探索 TET 与组蛋白修饰的相互作用。甲基结合蛋白是 DNA 甲基化和组蛋白修饰之间最强的连接物。MBD 和 UHRF 蛋白都与甲基化的 DNA 和组蛋白相互作用，进一步抑制基因表达

（见图 2-3）[99-101, 128, 129]。

MeCP2 招募组蛋白去乙酰化酶清除活性的组蛋白修饰，抑制基因的表达[99, 115, 130]。此外，MeCP2 通过招募组蛋白甲基转移酶，增加抑制性的 H3K9 甲基化来增强染色质的抑制表达状态[115]。总的来说，DNA 甲基化和组蛋白修饰紧密地协同作用调控基因的表达。

2.5.2　DNA 甲基化与 miRNA 的联系

最近发现 miRNA 是另一个影响基因表达的重要的表观遗传学机制。前体 miRNA 形成一个发夹环连接的双链 RNA，一旦前体 miRNA 运输到细胞质，它就被 Dicer 酶剪切，形成一个 22～23 个核苷酸的 miRNA：miRNA 二聚体。成熟的 miRNA 与 miRNA 介导的沉默复合体（miRISC）相结合可以结合到其目的 mRNA 上，通过抑制转录或者介导 RNA 降解抑制基因表达[131]。

就像在基因组中的其他序列一样，DNA 甲基化也可以调控 miRNA 的表达[132, 133]。研究人员在同时敲除 DNMT1 和 DNMT3B 基因的结肠癌细胞系中发现，大约 10% 的 miRNA 受 DNA 甲基化调控[132]。当 DNMT 被抑制的时候，癌细胞可以重新激活一些一开始由于其 CpG 岛被高甲基化而沉默的 miRNA[133]。总的来说，这些研究表明 DNA 甲基化可以调控 miRNA 的表达。相反地，miRNA 也可以调控组蛋白修饰和 DNMT 表达，从而调控 DNA 甲基化[134, 135]。在小鼠胚胎干细胞中敲除 Dicer 基因导致 miRNA 的消失，其中一个是 miRNA-290，它能够间接调控 DNMT3A 和 DNMT3B 的表达[134, 135]。这会导致 DNA 甲基化的缺失，并增加抑制性组蛋白 H3K9 的甲基化。这些研究为 miRNA 和 DNA 甲基化之间的相互影响提供了证据。

2.6　发育中的 DNA 甲基化

2.6.1　胚胎早期发育中的 DNA 甲基化

哺乳动物在胚胎发育过程中经历了两次基因组规模的表观重编程过程。一次发生在原始生殖细胞（PGC）形成时，一次发生于植入前胚胎发育过程中。其中，植入前胚胎的重编程过程对胚胎多能性的产生具有关键意义。受精后，胚胎在进行卵裂的同时，全基因组发生了大规模的去甲基化,使其在到达早期囊胚阶段(32—64 细胞时期)时甲基化水平达到最低点。但与 PGC 中的去甲基化过程不同,印记基因区域的 DNA 甲基化在胚胎发育过程中仍然保留,而 PGC 中发生的是完全去甲基化,仅有少量反转录元件例外;并且,小鼠早期胚胎发育过程中父本 X 染色体失活一直持续到囊胚阶段,在内细胞团中才被活化。此外,受精卵基因组的雌、雄原核在受精后采用了不同的 DNA 去甲基化机制[136-139]。

　　成熟精子基因组中有 80%～90% 的 CpG 位点发生甲基化,是小鼠所有细胞中甲基化水平最高的[79],但其在受精卵形成后很快发生了完全去甲基化[136, 137]。这种快速的甲基化丢失发生于 DNA 复制开始(3 原核期,PN3)之前,因此必然是由于主动去甲基化机制造成的。与此相反的是,母本基因组表现出了较低的甲基化水平(约 40%),并主要经历了依赖于 DNA 复制的去甲基化过程(少量主动去甲基化)。因此,两者在早期胚胎发育过程中表现出了典型的表观遗传不对称性[136-138]。但在之前的研究中,免疫荧光分析及亚硫酸氢钠 DNA 测序分析结果并不一致。虽然通过免疫荧光分析可以发现雄原核(male pronucleus)中 5mC 显著下降,但亚硫酸氢钠 DNA 测序结果并不完全支持这一现象[140, 141]。这一矛盾直到 5hmC(5mC 被 TET 酶氧化的产物)的发现才得以解决[142-144]——亚硫酸氢钠 DNA 测序不能区分 5mC 和 5hmC,而 5mC 氧化后去掉了免疫荧光实验中所能识别的抗原表位。研究发现,TET3 特异性定位于雄原核上[142],将 5mC 转化为 5hmC。如果 TET3 缺失,则无法再检测到 5hmC[142, 144],并可能会造成父本染色体上胚胎发育相关基因激活的延迟,并导致多能性建立(如 Nanog 和 Oct4 基因激活)的延迟[142]。

　　那么,TET3 是如何在不影响母本基因组的同时作用于父本基因组的呢? 在发现受精卵中 5hmC 动态变化之前,人们发现 STELLA 蛋白在早期受精卵中被特异并专一传送至主动去甲基化机器中[145, 146]。STELLA 蛋白的缺失会导致雌、雄原核中 5mC 的共同丢失及雌原核(female pronucleus)中 5hmC 的积累[144]。因此,受精卵雌、雄原核基因组中不同的去甲基化动态变化可能是 STELLA 蛋白特异保护母本基因组不受 TET3 介导的 5mC 氧化的结果。虽然 STELLA 在受精卵中存在于雌、雄原核中,但其与父本基因组的结合能力较弱[147]。STELLA 对母本基因组的保护作用是通过其与雌原核而非雄原核中富集的 H3K9me2 的相互作用实现的[148]。两者之间的相互作用可以改变染色质构象,从而阻止 TET3 的结合及其活性[147]。此外,STELLA 也保护两个父源甲基化印记基因位点(*Rasgrf1* 和 *H19*)免于异常的去甲基化[146],这两个位点在精子发生及鱼精蛋白替换过程中始终维持 H3K9me2 修饰[147]。但是,并非所有的父源和母源印记区域都受到了同样的影响,可能在此过程中还有其他机制的作用。STELLA 蛋白缺失时,受精卵中印记基因位点的 DNA 甲基化完全丢失[146]。这一结果至少说明印记基因区域经历了由 TET3 介导的主动的 5hmC 去除或迅速氧化成 5-羧基胞嘧啶(5caC)的过程[127]。有趣的是,BER 复合物成分 XRCC1 通常只定位于雄原核中,而当 STELLA 基因突变时,其在两个原核中均可被检测到[149]。

　　胚胎中缺失 STELLA 蛋白可表现出严重的表型:大部分胚胎很难发育至 4-细胞期后,只有极少数胚胎可以发育到囊胚期。然而让人疑惑的是,STELLA 缺陷的卵子在受精之前并未表现出甲基化或发育缺陷[146],而且 TET3 存在于 STELLA 缺陷的卵子中,但是只有在受精之后才会影响雌原核基因组[142, 146]。因此,必须通过进一步深入研究确定 TET3 是否只是由于 STELLA 的保护隔离作用而无法作用于雌原核,还是有其他机制存在使之主动作用于雄原核基因组。

　　另一个问题是雄原核基因组在发育过程中是否必须经历主动去甲基化过程。毋庸置疑的是,小鼠早期胚胎发育中全基因组水平的去甲基化对外胚层中全能性或多能性的建立起到了关键作用,但为何主动去甲基化过程主要发生在雄原核这一点仍不清楚。虽然 TET3 介导的 *Nanog* 和 *Oct4* 启动子的去甲基化对胚胎的存活起关键作用,但 TET3 的丢失仍可使胚胎正常发育[142]。实际上,通过将圆形精子注射入卵子得到的胚胎(含有组蛋白结合的父本 DNA,其在受精卵中不能主动去甲基化)仍可发育形成可存活的后代[150]。在其他类哺乳动物中,父本基因组主动去甲基化后随即发生起始性甲基化。随后,母本和父本基因组平行发生被动去甲基化[151-153]。因此,父本基因组的主动去甲基化可能是有益的,但其作用可能仅仅是提供了一种额外的措施以保证重编程过程的有效进行。

　　母本基因组在早期胚胎发育过程中主要通过被动 DNA 去甲基化过程逐渐丢失其卵子特异的 DNA 甲基化模式,这至少在整体基因组水平上是对 TET3 介导的羟甲基化起拮抗作用的。在这里,其 5mC 的被动丢失是通过 DNMT1 的核排斥而非 NP95 蛋白表达降低实现的[154-157]。虽然早期研究已经发现受精卵中 DNMT1 的缺失会导致全基因组水平及印记基因位点的 DNA 甲基化大量缺失,从而导致胚胎的死亡[51, 158],但 DNMT1 在早期植入前胚胎中的作用机制直到近期才被揭示。卵母细胞特异的

DNMT1(DNMT1o)在 8 细胞阶段的一个细胞周期中,被瞬时转移至细胞核中,从而在维持印记基因的甲基化方面发挥重要作用[156, 157, 159]。由于体细胞特异的 DNMT1 (DNMT1s)直到囊胚阶段后才表达,因此早期卵裂过程中印记的维持是通过其他 DNA 甲基转移酶完成的。

将母源和胚胎中的 DNMT1 基因完全敲除可导致所有印记基因位点上 DNA 甲基化的完全缺失[102, 155, 160]。因此,DNMT1o 和 DNMT1s 对印记区域 DNA 甲基化的维持起到了关键的作用[154]。

2.6.2 神经系统发育中的 DNA 甲基化

起始性甲基化和去甲基化的精确时序调控对哺乳动物体细胞分化和成熟有很重要的作用。DNMT1 在神经前体细胞(neural progenitor cell,NPC)中的持续表达被发现对于保持后续细胞分裂时 *Gfap* 启动子区的甲基化模式很重要。有趣的是,从 E11.5 (胚胎发育第 11.5 天,即阴道见栓后的第 11 天)到 E14.5 的神经发生是神经发育中 DNMT3B 在中央神经系统中高表达的唯一一段时间,之后其在中央神经系统中的表达会下降到几乎检测不到的水平[161]。在 E14.5 时,*Gfap* 启动子区经历 DNA 去甲基化,这与星形胶质细胞谱系的分化是同时发生的[162]。DNMT3A 在出生后第 3 周表达水平达到顶峰,与 *Gfap* 启动子区的重新甲基化和转录降低是同时发生的[161, 163]。DNMT 的协同表达及其调控 *Gfap* 启动子区的甲基化模式变化组织和调控了神经发育。

在神经发育时期条件性敲除 DNMT 的动物模型突出了这些协同事件的重要性[163-167]。在 E8.5—E13.5 这一神经发生的时间内条件性敲除 DNMT1 会导致分化中的神经元低甲基化和在神经始祖细胞中 *Gfap* 启动子区的去甲基化,因此加速星形胶质细胞的形成[161, 164]。低甲基化的神经元包括多种成熟缺陷,如树突分支和神经元兴奋性缺陷[164-166]。

这些研究结果与 DNMT1 在神经元分化和维持 *Gfap* 启动子区甲基化中起关键作用的结论相一致。此外,这些结果表明,DNA 甲基化对于神经元成熟是很重要的。如果在神经始祖细胞中敲除 DNMT3A 基因,大部分的皮质神经元都可以正常发育[163]。在这种情况下,星形胶质细胞的 *Gfap* 启动子区保持低甲基化,但在出生后,大约 50% 可以被重新甲基化,并有可能对神经胶质细胞做出应答[163]。这印证了 DNMT3A 在大部分皮质神经元的分化和成熟过程中并不是必需的。综上,这些基因敲除的实验结果证实了对DNA甲基化的精确调控对于中央神经系统的分化和成熟起着重要的作用。

像DNMT一样,MBD在胚胎干细胞和神经始祖细胞中有表达,但是与DNMT不同的是,它们的表达在神经元和神经胶质细胞的分化中没有明显作用[168, 169]。在MBD家族中,MeCP2是在中枢神经系统中研究最多的蛋白质,因为它的突变会导致雷特综合征(Rett syndrome),该病是在女性中最常见的智力障碍之一[93]。在发育过程中,MeCP2首先表达在脑干和丘脑这两个大脑最先发育的区域中,随后在大脑边缘区域中表达[170, 171]。

与其他甲基结合蛋白一样,MeCP2与一系列包括DNMT1在内的转录抑制因子结合影响基因表达[99-102]。神经活动导致MeCP2磷酸化,改变其结合基因启动子区和沉默基因表达的能力[172]。MeCP2在正常神经元成熟过程中是必需的,MeCP2的缺失或是不能够被磷酸化都导致异常的神经元树突分支、突触功能异常或是神经元延展性异常[173-178]。对神经元发育的研究结果表明,大脑前期由分裂后的神经元、几乎没有增殖能力的神经胶质细胞构成。虽然正常情况下DNMT的表达在终末分化的细胞中降低,但是在大脑中的情况似乎并非如此。DNMT1和DNMT3A都在分裂后的神经元中表达,而DNMT3B的表达量则很低或是根本检测不到[161, 179, 180]。这个令人惊讶的发现使研究者们开始探索主动DNA去甲基化。

患有1型遗传性感觉和自主神经病变(HSAN1)的患者在成年后会出现痴呆和听力丧失,这是由于在DNMT1蛋白N端调控结构域上出现的一个常染色体显性突变导致的[181]。这个突变会导致DNMT1的错误折叠,核定位功能受损和早期降解。然而,DNMT1突变不会影响其在细胞复制时靶定复制叉的能力,但DNMT1在S期以外与异染色质结合的能力被破坏了。与异染色质的结合会影响这些高甲基化敏感区域中DNA甲基化的维持。虽然总体甲基化水平只减少了8%,但已经出现了神经退行性疾病的症状。

有越来越多的证据表明DNA甲基化模式的改变与许多精神疾病相关。例如,由于母亲的忽视引起的早期生活压力足以在啮齿类动物大脑中改变DNA的甲基化模式[182]。母亲的忽视会增加在糖皮质激素受体基因启动子区的甲基化,从而减少其基因的表达。令人惊讶的是,这种DNA甲基化模式的改变会保留到成年,提高动物的应激反应。同样,在人类,儿童受虐待会导致糖皮质激素受体基因启动子区甲基化水平升高,基因表达降低,与在啮齿类动物中出现的现象相同[183]。此外,在精神疾病患者中观察到 DNA 甲基化模式的改变会被诊断为精神分裂症或躁狂抑郁症[184]。

DNA 甲基化的不同不仅表现在不同组织之间,甚至可能在不同的细胞之间[185, 186]。虽然现在的科技还不能区别不同细胞间的甲基化模式,但是下一代 DNA 测序技术的到来已经提供了一个有力的工具让研究人员去研究在单核苷酸水平上的基因组范围的 DNA 甲基化模式[7, 28, 79]。随着科技的发展,测序技术的成本将会降低,其应用也会越来越广泛。最近的技术已经可以分析低至单个细胞样品的全基因组范围的 DNA 甲基化[79]及羟甲基化。随着其他高通量测序技术,包括 RNA 和染色质免疫沉淀技术的广泛使用,越来越有必要将所有高通量测序的数据整合在一起。

2.7　隔代表观遗传

表观遗传学的概念在 1942 年首先由 Conrad Hal Waddington 提出,初始用于描述发育过程中基因型与表型之间的相互关联。随着 DNA 甲基化现象及机制研究的深入,其研究重点逐渐转向表观遗传性方面,其概念也在不断拓展。在植物及人类纵向流行病学的研究中发现,表观遗传标志物不仅可以通过有丝分裂过程进行遗传,也可以通过减数分裂进行传递,即:与通过生殖系传递遗传信号的方式相似,表观遗传标志也可通过生殖系传递至下一代。针对拟南芥的研究表明,DNA 甲基化的改变可以在后续几代中进行传递[187]。而在人类流行病学研究中发现,那些遭受了 1944—1945 年荷兰饥荒(Dutch famine)的胎儿,在其成年后更易于患上糖尿病、心血管疾病及肥胖症等疾病,并且他们的后代虽然并未遭受饥荒,其出生时的重量也与其父辈一致,显著低于正常水平[188]。

隔代表观遗传(transgenerational epigenetic inheritance)是指不依赖于 DNA 序列变化的可从一代传递到下一代的表观遗传效应。其与父本效应(paternal effects,或称代际效应,intergenerational effects)不同。两者的区别在于获得表观遗传效应的后代是否暴露于导致该表观遗传变化的初始信号或环境。举例来说,假设一雄性(F0 代)暴露于可引发表观遗传效应的特定营养物、激素或毒素环境中,其第二代(F2 代)可能会获得隔代表观遗传效应。这是因为上述环境或信号将会影响 F0 代雄性以及其生殖系(F1 代)。所以只有从 F2 代开始,才会考虑其是否具有隔代表观遗传效应。而在雌性中,则需要排除第二代的胚胎期曾暴露于诱发表观遗传修饰改变的环境因素的可能性,因此需要对第三代(F3 代)进行检验来分析是否有 DNA 修饰确实从一代被传递到下一代中。例如,如果一位怀孕的雌性(F0 代)暴露于上述环境中,其胎儿(F1 代)以及胎儿的生殖系(F2 代)也可能接触到该环境中诱发表观遗传变化的相关因素。而在上述假设中,暴露于相关环境的雄性其早于 F2 代之前的子代以及暴露于相关环境的雌性其早于 F3 代之前的子代中,所检测到的表观遗传效应只能被认为是代间表观遗传效应。

对于隔代遗传,一个重要的生物学发育阶段为生殖细胞重编程。在这个过程中存在大量的组蛋白修饰的建立/替换、干扰小 RNA(siRNA)合成和 DNA 甲基化状态的改变。在哺乳动物中,细胞重编程主要集中在两个时期:受精卵时期和生殖细胞发生期。大量受表观遗传控制的印迹基因可以抵抗受精卵重编程,却无法抵御生殖细胞发生时期的重编程。为什么控制印迹基因的甲基化修饰可以抵御受精卵重编程? 现在的研究认为可能有两种分子机制调控这个过程:①一些与生殖细胞形成有关的转录因子(如 PGC7/STELLA/DPPA3)可以与 H3K9me2 结合,从而阻止 TET3 对受精卵中印迹基因的主动去甲基化(TET3 是一系列催化主动 DNA 去甲基化反应的蛋白质之一,它可以把甲基化的胸腺嘧啶转化为羟甲基胸腺嘧啶)[147];②DNA 甲基化结合蛋白 ZFP57 可以与 KAP1/TRIM28 一起保护印迹基因 DNA 在受精卵阶段不被去甲基化[189, 190]。在生殖细胞发育过程中,几乎所有的印迹基因都会被重写。在老鼠的全基因组甲基化研究中发现,尽管在 PGC 发育过程中存在大规模全基因组水平的去甲基化(包括印迹基因),但是仍然有 4 730 个基因位点没有被去甲基化,这些位点大部分属于长末端重复序列(long terminal repeat,LTR),特别是 IAP1 和 IAP2 重复序列,这可能是由于这些 IAP1 和 IAP2 重复序列来自于一类有潜在致病能力的内源性反转录病毒。进一步的分析发现,不仅 IAP1 和 IAP2 重复序列,而且它们邻近的 CpG 岛的甲基化水平也基本保持稳定。虽然这些基因位点抵御 DNA 去甲基化的分子机制现在尚不清楚,但它们非常可能是在哺乳动物中存在的一种重要的隔代遗传分子生物学机制。

在线虫生殖细胞形成过程中会出现典型的组蛋白修饰的改变,这些染色质的变化会使那些没有被配对的 DNA,如转基因序列组和雄性生殖细胞 X 染色体在减数分裂过程中沉默。在这个过程中,RdRP EGO-1 与 22G-RNA 的结合是决定性的一步[191]。Piwi 蛋白相互作用 RNA(Piwi-interacting RNA,piRNA)也可以激活下游那些结合细胞核、没有活性的 ARGONAUTE 蛋白、转座子和一些内源基因的 22G-RNA。与生殖细胞发育有关的基因被认为是可以被保护而不被基因沉默的,在这个过程中起关键作用的蛋白质是 CSR-1 和 WAGO,它们同样可以结合22G-RNA。所以目前流行的观点认为,piRNA 会扫描整个基因组去寻找可能的外源性 DNA,而 CSR-1 22G-RNA 可以通过阻止 WAGO 结合 siRNA,来保持生殖细胞特异基因的表达。

2.7.1 表观遗传差异和获得性遗传

DNA 序列的改变是一个缓慢的过程,因此利用 DNA 序列上的变化使一种生物或是一个生物群落来适应复杂的外界环境似乎不太现实。而那些由于环境因素所形成的表观遗传却可以让生物体在适应不同的生存状态上有更大的弹性。那么问题是:到底这些表观遗传是否是真正的遗传呢? 在物种的世代繁衍过程中,表观遗传真的可以被重建吗? 在植物中,半个世纪前的实验已经证明表观遗传是存在的并且是可以遗传的。而且,大多数参与这些表观遗传现象的位点都与转座子有关。相反,在动物中,相对来说只有少数例子可以直接看到在个别基因上存在可遗传的表观遗传特征,但是有很多例子可以间接支持子代继承了父代所获得的表观遗传特征。例如,在线虫实验中,如果将早期发育的线虫暴露于一种嗅觉分子的环境中,长大后的成年线虫就会对这种嗅觉分子有反应,而且对这种嗅觉分子反应的遗传标记可以向下遗传 40 代之久,这种现象被称为嗅觉印迹[192]。这种产生嗅觉印迹的线虫不但可以更灵敏地感受到嗅觉分子,而且拥有显著增加的后代数量。虽然生物学机制尚不清楚,但嗅觉印迹现象说明生物体对环境的记忆是可以传递给它的子代的。对于这种现象的一种可能的解释是,当线虫突然暴露于外界环境(或外界刺激)时,在其体内会生成大量 siRNA,并且这些 siRNA 会随着生殖细胞的发育(重编程)而传递给后代。

可遗传的表观遗传特征在自然界显然是存在的,但仍然要仔细地辨别哪些是随机的表观突变,哪些是真正的经过进化选择后的获得性表观遗传突变。这两种情况非常相似并且是有联系的,但如何区分这两种情况的问题还没有被提出来。比如,在线虫隔代遗传实验中使用的病毒报告基因的沉默有可能是由于病毒感染引发的适应性抗病毒反应,但并无确切证据说明该抗病毒反应与此带有报告基因病毒载体的使用密切相关[193]。此外,只有当基因型完全相同的个体表现出一定范围内的可遗传的不同表型时,才可判定这些表型是由表观遗传差异(epigenetic difference)引发的。而当引发特定表型的基因未知时,我们不可能排除是基因序列突变导致的表型表现。当然,表观遗传差异可能是由环境因素引发的。但是,其对生物体自身适应的影响目前尚不清楚。例如,在果蝇中,热击或渗透压诱导的 *White* 基因的抑制在返回正常状态之前,可通过母本及父本遗传数代[194]。在小鼠中,Agouti[vy] 母鼠可通过甲基供体的特定饮食调节子代皮毛颜色,但是这一效应只能传递两代,第三代就丢失了[195],这说明饮食的影响是不稳定的或者不是真正意义上的隔代遗传。但是,*Agouti* 基因位点上的基因遗传变异可通过毛色伪装进行非常快速的适应性选择[196],也提出了是否一些单倍体可能易于发生表观遗传变异这个问题。

2.7.2　生殖系统的重编程

隔代表观遗传的一个重要阻碍是早期发育过程中的表观重编程,尤其是生殖系重编程。在这一过程中,组蛋白及其变异体的相关修饰、siRNA 和 DNA 甲基化修饰都重新复位。在啮齿类模式动物中,早期表观重编程的过程及机制已得到了比较深入的研究。虽然在人类胚胎发育过程中,人们也观察到了这种表观遗传修饰被抹去的现象,但其确切特征及关键事件发生的时间点目前还不清楚[197]。对小鼠发育过程的研究发现,母源及父源细胞不仅经历了基因组水平上 DNA 甲基化修饰的去除,其组蛋白也经历了主动的重塑过程。全基因组水平上的表观遗传修饰重编程发生于两个时间点。第一个时间点是,随着原始生殖细胞(PGC)或配子前体细胞的发育,表观遗传修饰被重置归零,使得细胞获得发育生成后代的能力。这一阶段之后是配子发生过程,在该过程中,基因组经历了起始性甲基化过程。第二个时间点的去甲基化发生于受精过程,即雌雄配子相互融合形成受精卵。在这一时间点,印记基因逃过了去甲基化过程,继续在体细胞中维持父本或母本单等位基因的表达情况。如果表观遗传标志可在几代中维持,那么很可能是在这个时间点这一过程中被保留下来。实际上,一些基因位点,包括反转录转座子在内的重复序列,在这一阶段并不经历重编程过程[198, 199]。Molaro 等在研究人类及黑猩猩的精子时发现反转录转座子的不同亚家族的甲基化水平存在显著差异[200]。并且,这些精子的甲基化组与胚胎干细胞具有显著不同的特征,说明不同细胞类型中 DNA 甲基化模式不同。约有 100 个非印记非重复序列基因在从成熟配子到囊胚的不同发育阶段在维持启动子区甲基化水平中发挥作用[201]。非哺乳动物在受精后并未发生基因组规模的去甲基化[202]。在对斑马鱼的深入研究中,Jiang 等发现斑马鱼在受精后,基因组并未发生大规模去甲基化。并且直到中囊胚期,胚胎的甲基化组仍与精子的非甲基化组几乎一致,而卵子的甲基化组对胚胎甲基化组的贡献至 16-细胞期降低[202]。

这说明哺乳类动物和非哺乳类生物早期发育过程中的重编程机制是不同的。

哺乳动物母本和父本基因组在经历大规模去甲基化的同时，也经历了主动的组蛋白重塑。这一点在父本基因组中尤为显著。人类精子发生过程中，85%～96%的组蛋白被鱼精蛋白替换，从而使得 DNA 压缩为原来的 1/10[203,204]。人们认为这一过程可以保护父本基因组不受物理或化学因素的损害。鱼精蛋白与组蛋白相似，也携带了包括磷酸化在内的一系列翻译后修饰（post-translational modification，PTM）。目前虽然这些修饰的作用仍不清楚，但人们认为这些修饰与组蛋白修饰类似，调控 DNA 与细胞内转录机器的接近程度[203]。因此，绝大部分父本来源的组蛋白修饰在这一过程中丢失了。但是，在人类和小鼠精子的部分基因上仍保留 H3K27me3 修饰，这可能是表观遗传修饰发生了继承，也可能是表观遗传修饰发生了快速重建。后续的研究证明了染色质惊人的动态变化。例如，参与异染色质形成的蛋白 HP1 在结合的短短几分钟内，核小体的包装及解聚（这一过程可抹去组蛋白修饰）速度比一个完整的细胞周期还要快[205]。因此，组蛋白修饰的高速动态变化特性使得其不太可能在隔代表观遗传机制中发挥作用。同样，母本基因组的组蛋白 H2A 在早期胚胎发育过程中被 H2A.Z 所替换[206]，可能对早期发育过程中异染色质的形成发挥重要作用[207]，它在该过程中的缺失会导致胚胎在植入后很快死亡[206]。在配子融合过程中，父本基因组在将鱼精蛋白替换成组蛋白时，会从母本基因组中吸收合并组蛋白[208]，从而导致父本和母本基因组中都存在组蛋白变体。

有趣的是，早期发育过程中父本和母本基因组的表观遗传动态存在不对称性，这一特性的机制目前还不清楚。例如，配子中的起始性甲基化及受精后的去甲基化在父本基因组中都快于母本基因组。而在鱼精蛋白去除时，父本基因组重新包装新的组蛋白及母本来源的组蛋白，而母本基因组在早期卵裂过程中始终保持染色质甲基化[209]。这种 DNA 甲基化状态的差异可能与组蛋白修饰（如 H3K9me2）的存在与否直接相关。这种表观修饰动态的不对称性可能是一些性状只能通过一个亲本系进行传递的原因。

2.7.3　隔代表观遗传对人类健康的影响

目前，许多研究从营养代谢风险在人和小鼠中的表观遗传潜力方面着手。已有研究证实，父本饮食（高脂或低蛋白饮食）的改变或母本在怀孕期间控制热量可能会导致子代代谢性疾病增加的风险[210]。子宫发育过程中的营养条件可能对胎儿的后续发育带来影响，并可能影响其成年后代谢及疾病的发生。因此，在较差的营养条件下，胎儿所处的环境可能会影响胚胎发育的进程，从而为子代在成年生活时提供较低资源配置做准备（"节俭"表型，thrifty phenotype），"荷兰饥荒"就是一个典型的医学案例。并且，胚胎期营养不良的男性（而非女性）后代比胚胎期处于正常条件下的男性及女性的后代更肥胖，体重也更重[188, 211]。

近期，啮齿类动物模型的研究主要集中于通过父本谱系进行传递的营养效应（这样可以避免母本宫内差异带来的影响）。长期喂养低蛋白饮食的小鼠的后代表现出胆固醇较高的表型，并表现出相关基因表达差异及适度的 DNA 甲基化差异[212, 213]。怀孕期间能量摄入不足母亲的雄性子代进行代谢表型传递时，其后代转录组的变化要早于疾病的发生[213]。上述父本谱系的表观遗传可能是通过精子进行的，但目前这种传递是否通过组蛋白变化、小 RNA 或其他因素进行还不清楚[214, 215]。目前还未在精子中发现全基因组水平上的甲基化变化。但是，大部分父本 RNA 被认为在受精后较短时间内就发生降解。虽然部分组蛋白仍可能存在于精子染色质上，但其在受精后也很快被新的组蛋白所替代[204, 216]。另一研究发现，叶酸代谢中甲硫氨酸合酶还原酶（*Mtrr*）基因的突变会使小鼠在发育过程中表现出表观遗传不稳定性及隔代遗传效应。虽然表观修饰的遗传可以通过改变 DNA 甲基化造成上述效应，但是由于叶酸代谢调控核苷酸的合成通路，从而可能对遗传突变或 DNA 修复机制带来影响，因此也不能排除上述条件可能诱发的 DNA 突变。

虽然流行病学研究及相关动物模型研究支持"节俭表型"假设，但是目前绝大多数研究仍主要关注代际表观遗传效应而非真正的隔代表观遗传效应。并且，在绝大多数流行病学研究中，很难排除不同营养环境差异，包括出生后营养环境差异带来的影响。但是，在婴儿及孩童时期的不同营养环境可以对成年生活带来不同影响这一点是显著的。并且，暴露于污染物、酒精及烟草的环境可以影响胎儿的正常发育。但是由于哺乳动物生殖系统强大的重编程功能，这些效应是否会在后续多代中造成真正意义上的隔代表观遗传还有待考量。

2.8　小结

目前，对 DNA 甲基化、组蛋白修饰和 miRNA 已经相对独立地进行了研究。为了更全面地解析各组织或器官中的基因调控机制,未来的研究必须将表观遗传作为一个整体来考虑,探讨其中的生物学对话机制。最后,为了彻底了解表观遗传学调控基因表达的机制,进一步的研究必须揭示哺乳动物的发育与隔代遗传表观遗传改变的生物学机制。

参考文献

［1］ Avery O T，Macleod C M，McCarty M. Studies on the chemical nature of the substance inducing transformation of pneumococcal types：Induction of transformation by a desoxyribonucleic acid fraction isolated from Pneumococcus Type Ⅲ［J］. J Exp Med，1944,79(2)：137-158.

［2］ Mc C M，Avery O T. Studies on the chemical nature of the substance inducing transformation of pneumococcal types；effect of desoxyribonuclease on the biological activity of the transforming substance［J］. J Exp Med，1946,83：89-96.

［3］ Hotchkiss R D. The quantitative separation of purines，pyrimidines，and nucleosides by paper chromatography［J］. J Biol Chem，1948,175(1)：315-332.

［4］ Holliday R，Pugh J E. DNA modification mechanisms and gene activity during development［J］. Science，1975,187(4173)：226-232.

［5］ Compere S J，Palmiter R D. DNA methylation controls the inducibility of the mouse metallothionein-I gene lymphoid cells［J］. Cell，1981,25(1)：233-240.

［6］ Ramsahoye B H，Biniszkiewicz D，Lyko F，et al. Non-CpG methylation is prevalent in embryonic stem cells and may be mediated by DNA methyltransferase 3a［J］. Proc Natl Acad Sci U S A，2000,97(10)：5237-5242.

［7］ Lister R，Pelizzola M，Dowen R H，et al. Human DNA methylomes at base resolution show widespread epigenomic differences［J］. Nature，2009,462(7271)：315-322.

［8］ Xie W，Barr C L，Kim A，et al. Base-resolution analyses of sequence and parent-of-origin dependent DNA methylation in the mouse genome［J］. Cell，2012,148(4)：816-831.

［9］ Lister R，Mukamel E A，Nery J R，et al. Global epigenomic reconfiguration during mammalian brain development［J］. Science，2013,341(6146)：1237905.

［10］ Bird A，Taggart M，Frommer M，et al. A fraction of the mouse genome that is derived from islands of nonmethylated，CpG-rich DNA［J］. Cell，1985,40(1)：91-99.

［11］ Saxonov S，Berg P，Brutlag D L. A genome-wide analysis of CpG dinucleotides in the human genome distinguishes two distinct classes of promoters［J］. Proc Natl Acad Sci U S A，2006,103(5)：1412-1417.

［12］ Gardiner-Garden M，Frommer M. CpG islands in vertebrate genomes［J］. J Mol Biol，1987,196(2)：261-282.

［13］ Illingworth R S，Gruenewald-Schneider U，Webb S，et al. Orphan CpG islands identify numerous conserved promoters in the mammalian genome［J］. PLoS Genet，2010,6(9)：e1001134.

［14］ Tazi J，Bird A. Alternative chromatin structure at CpG islands［J］. Cell，1990,60(6)：909-920.

［15］ Ramirez-Carrozzi V R，Braas D，Bhatt D M，et al. A unifying model for the selective regulation of inducible transcription by CpG islands and nucleosome remodeling［J］. Cell，2009,138(1)：114-128.

［16］ Choi J K. Contrasting chromatin organization of CpG islands and exons in the human genome ［J］. Genome Biol，2010，11(7)：R70.

［17］ Mikkelsen T S，Ku M，Jaffe D B，et al. Genome-wide maps of chromatin state in pluripotent and lineage-committed cells ［J］. Nature，2007，448(7153)：553-560.

［18］ Carninci P，Sandelin A，Lenhard B，et al. Genome-wide analysis of mammalian promoter architecture and evolution ［J］. Nat Genet，2006，38(6)：626-635.

［19］ Mohn F，Weber M，Rebhan M，et al. Lineage-specific polycomb targets and de novo DNA methylation define restriction and potential of neuronal progenitors ［J］. Mol Cell，2008，30(6)：755-766.

［20］ Wutz A，Smrzka O W，Schweifer N，et al. Imprinted expression of the Igf2r gene depends on an intronic CpG island ［J］. Nature，1997，389(6652)：745-749.

［21］ Caspary T，Cleary M A，Baker C C，et al. Multiple mechanisms regulate imprinting of the mouse distal chromosome 7 gene cluster ［J］. Mol Cell Biol，1998，18(6)：3466-3474.

［22］ Zwart R，Sleutels F，Wutz A，et al. Bidirectional action of the Igf2r imprint control element on upstream and downstream imprinted genes ［J］. Genes Dev，2001，15(18)：2361-2366.

［23］ Kantor B，Kaufman Y，Makedonski K，et al. Establishing the epigenetic status of the Prader-Willi/Angelman imprinting center in the gametes and embryo ［J］. Hum Mol Genet，2004，13(22)：2767-2779.

［24］ Choi J D，Underkoffler L A，Wood A J，et al. A novel variant of Inpp5f is imprinted in brain，and its expression is correlated with differential methylation of an internal CpG island ［J］. Mol Cell Biol，2005，25(13)：5514-5522.

［25］ Shen L，Kondo Y，Guo Y，et al. Genome-wide profiling of DNA methylation reveals a class of normally methylated CpG island promoters ［J］. PLoS Genet，2007，3(10)：2023-2036.

［26］ Weber M，Hellmann I，Stadler M B，et al. Distribution，silencing potential and evolutionary impact of promoter DNA methylation in the human genome ［J］. Nat Genet，2007，39(4)：457-466.

［27］ Fouse S D，Shen Y，Pellegrini M，et al. Promoter CpG methylation contributes to ES cell gene regulation in parallel with Oct4/Nanog，PcG complex，and histone H3 K4/K27 trimethylation ［J］. Cell Stem Cell，2008，2(2)：160-169.

［28］ Meissner A，Mikkelsen T S，Gu H，et al. Genome-scale DNA methylation maps of pluripotent and differentiated cells ［J］. Nature，2008，454(7205)：766-770.

［29］ Irizarry R A，Ladd-Acosta C，Wen B，et al. The human colon cancer methylome shows similar hypo-and hypermethylation at conserved tissue-specific CpG island shores ［J］. Nat Genet，2009，41(2)：178-186.

［30］ Brenet F，Moh M，Funk P，et al. DNA methylation of the first exon is tightly linked to transcriptional silencing ［J］. PLoS One，2011，6(1)：e14524.

［31］ Hellman A，Chess A. Gene body-specific methylation on the active X chromosome ［J］. Science，2007，315(5815)：1141-1143.

［32］ Ball M P，Li J B，Gao Y，et al. Targeted and genome-scale strategies reveal gene-body methylation signatures in human cells ［J］. Nat Biotechnol，2009，27(4)：361-368.

［33］ Aran D，Toperoff G，Rosenberg M，et al. Replication timing-related and gene body-specific methylation of active human genes ［J］. Hum Mol Genet，2011，20(4)：670-680.

［34］ Guo J U，Ma D K，Mo H，et al. Neuronal activity modifies the DNA methylation landscape in the adult brain [J]. Nat Neurosci, 2011,14(10): 1345-1351.

[35] Guo J U, Su Y, Zhong C, et al. Hydroxylation of 5-methylcytosine by TET1 promotes active DNA demethylation in the adult brain [J]. Cell, 2011,145(3): 423-434.

[36] Schulz W A, Steinhoff C, Florl A R. Methylation of endogenous human retroelements in health and disease [J]. Curr Top Microbiol Immunol, 2006,310: 211-250.

[37] Walsh C P, Chaillet J R, Bestor T H. Transcription of IAP endogenous retroviruses is constrained by cytosine methylation [J]. Nat Genet, 1998,20(2): 116-117.

[38] Michaud E J, Bultman S J, Klebig M L, et al. A molecular model for the genetic and phenotypic characteristics of the mouse lethal yellow (Ay) mutation [J]. Proc Natl Acad Sci U S A, 1994, 91(7): 2562-2566.

[39] Kuster J E, Guarnieri M H, Ault J G, et al. IAP insertion in the murine LamB3 gene results in junctional epidermolysis bullosa [J]. Mamm Genome, 1997,8(9): 673-681.

[40] Gwynn B, Lueders K, Sands M S, et al. Intracisternal A-particle element transposition into the murine beta-glucuronidase gene correlates with loss of enzyme activity: a new model for beta-glucuronidase deficiency in the C3H mouse [J]. Mol Cell Biol, 1998,18(11): 6474-6481.

[41] Ukai M, Okuda A. Endomorphin-1, an endogenous mu-opioid receptor agonist, improves apomorphine-induced impairment of prepulse inhibition in mice [J]. Peptides, 2003,24(5): 741-744.

[42] Wu M, Rinchik E M, Wilkinson E, et al. Inherited somatic mosaicism caused by an intracisternal A particle insertion in the mouse tyrosinase gene [J]. Proc Natl Acad Sci U S A, 1997,94(3): 890-894.

[43] Gaudet F, Rideout W M 3rd, Meissner A, et al. Dnmt1 expression in pre-and postimplantation embryogenesis and the maintenance of IAP silencing [J]. Mol Cell Biol, 2004, 24(4): 1640-1648.

[44] Hutnick L K, Huang X, Loo T C, et al. Repression of retrotransposal elements in mouse embryonic stem cells is primarily mediated by a DNA methylation-independent mechanism [J]. J Biol Chem, 2010,285(27): 21082-21091.

[45] Yen R W, Vertino P M, Nelkin B D, et al. Isolation and characterization of the cDNA encoding human DNA methyltransferase [J]. Nucleic Acids Res, 1992,20(9): 2287-2291.

[46] Xie S, Wang Z, Okano M, et al. Cloning, expression and chromosome locations of the human DNMT3 gene family [J]. Gene, 1999,236(1): 87-95.

[47] Pradhan S, Bacolla A, Wells R D, et al. Recombinant human DNA (cytosine-5) methyltransferase. I. Expression, purification, and comparison of de novo and maintenance methylation [J]. J Biol Chem, 1999,274(46): 33002-33010.

[48] Leonhardt H, Page A W, Weier H U, et al. A targeting sequence directs DNA methyltransferase to sites of DNA replication in mammalian nuclei [J]. Cell, 1992,71(5): 865-873.

[49] Hermann A, Goyal R, Jeltsch A. The Dnmt1 DNA-(cytosine-C5)-methyltransferase methylates DNA processively with high preference for hemimethylated target sites [J]. J Biol Chem, 2004, 279(46): 48350-48359.

[50] Mortusewicz O, Schermelleh L, Walter J, et al. Recruitment of DNA methyltransferase I to DNA repair sites [J]. Proc Natl Acad Sci U S A, 2005,102(25): 8905-8909.

[51] Li E, Bestor T H, Jaenisch R. Targeted mutation of the DNA methyltransferase gene results in embryonic lethality [J]. Cell, 1992,69(6): 915-926.

［52］ Chen R Z, Pettersson U, Beard C, et al. DNA hypomethylation leads to elevated mutation rates [J]. Nature, 1998,395(6697): 89-93.

［53］ Jackson-Grusby L, Beard C, Possemato R, et al. Loss of genomic methylation causes p53-dependent apoptosis and epigenetic deregulation [J]. Nat Genet, 2001,27(1): 31-39.

［54］ Okano M, Bell D W, Haber D A, et al. DNA methyltransferases Dnmt3a and Dnmt3b are essential for de novo methylation and mammalian development [J]. Cell, 1999,99(3): 247-257.

［55］ Aapola U, Kawasaki K, Scott H S, et al. Isolation and initial characterization of a novel zinc finger gene, DNMT3L, on 21q22. 3, related to the cytosine-5-methyltransferase 3 gene family [J]. Genomics, 2000,65(3): 293-298.

［56］ Hata K, Okano M, Lei H, et al. Dnmt3L cooperates with the Dnmt3 family of de novo DNA methyltransferases to establish maternal imprints in mice [J]. Development, 2002,129(8): 1983-1993.

［57］ Aapola U, Lyle R, Krohn K, et al. Isolation and initial characterization of the mouse Dnmt3l gene [J]. Cytogenet Cell Genet, 2001,92(1-2): 122-126.

［58］ Suetake I, Shinozaki F, Miyagawa J, et al. DNMT3L stimulates the DNA methylation activity of Dnmt3a and Dnmt3b through a direct interaction [J]. J Biol Chem, 2004,279(26): 27816-27823.

［59］ Jia D, Jurkowska R Z, Zhang X, et al. Structure of Dnmt3a bound to Dnmt3L suggests a model for de novo DNA methylation [J]. Nature, 2007,449(7159): 248-251.

［60］ Bourc'his D, Bestor T H. Meiotic catastrophe and retrotransposon reactivation in male germ cells lacking Dnmt3L [J]. Nature, 2004,431(7004): 96-99.

［61］ Kaneda M, Okano M, Hata K, et al. Essential role for de novo DNA methyltransferase Dnmt3a in paternal and maternal imprinting [J]. Nature, 2004,429(6994): 900-903.

［62］ Bourc'his D, Xu GL, Lin C S, et al. Dnmt3L and the establishment of maternal genomic imprints [J]. Science, 2001,294(5551): 2536-2539.

［63］ Webster K E, O'Bryan M K, Fletcher S, et al. Meiotic and epigenetic defects in Dnmt3L-knockout mouse spermatogenesis [J]. Proc Natl Acad Sci U S A, 2005,102(11): 4068-4073.

［64］ La Salle S, Oakes C C, Neaga O R, et al. Loss of spermatogonia and wide-spread DNA methylation defects in newborn male mice deficient in DNMT3L [J]. BMC Dev Biol, 2007, 7: 104.

［65］ Zamudio N M, Scott H S, Wolski K, et al. DNMT3L is a regulator of X chromosome compaction and post-meiotic gene transcription [J]. PLoS One, 2011,6(3): e18276.

［66］ Lee M S, Jun D H, Hwang C I, et al. Selection of neural differentiation-specific genes by comparing profiles of random differentiation [J]. Stem Cells, 2006,24(8): 1946-1955.

［67］ Kovacheva V P, Mellott T J, Davison J M, et al. Gestational choline deficiency causes global and Igf2 gene DNA hypermethylation by up-regulation of Dnmt1 expression [J]. J Biol Chem, 2007, 282(43): 31777-31788.

［68］ Ge Y Z, Pu M T, Gowher H, et al. Chromatin targeting of de novo DNA methyltransferases by the PWWP domain [J]. J Biol Chem, 2004,279(24): 25447-25454.

［69］ Morris K V, Chan S W, Jacobsen S E, et al. Small interfering RNA-induced transcriptional gene silencing in human cells [J]. Science, 2004,305(5688): 1289-1292.

［70］ Straussman R, Nejman D, Roberts D, et al. Developmental programming of CpG island methylation profiles in the human genome [J]. Nat Struct Mol Biol, 2009,16(5): 564-571.

［71］ Gebhard C, Benner C, Ehrich M, et al. General transcription factor binding at CpG islands in normal cells correlates with resistance to de novo DNA methylation in cancer cells [J]. Cancer Res, 2010,70(4): 1398-1407.

[72] Lienert F, Wirbelauer C, Som I, et al. Identification of genetic elements that autonomously determine DNA methylation states [J]. Nat Genet, 2011,43(11): 1091-1097.

[73] Brandeis M, Frank D, Keshet I, et al. Sp1 elements protect a CpG island from de novo methylation [J]. Nature, 1994,371(6496): 435-438.

[74] Macleod D, Charlton J, Mullins J, et al. Sp1 sites in the mouse aprt gene promoter are required to prevent methylation of the CpG island [J]. Genes Dev, 1994,8(19): 2282-2292.

[75] Bhutani N, Burns D M, Blau H M. DNA demethylation dynamics [J]. Cell, 2011,146(6): 866-872.

[76] Rai K, Huggins I J, James S R, et al. DNA demethylation in zebrafish involves the coupling of a deaminase, a glycosylase, and gadd45 [J]. Cell, 2008,135(7): 1201-1212.

[77] Bhutani N, Brady J J, Damian M, et al. Reprogramming towards pluripotency requires AID-dependent DNA demethylation [J]. Nature, 2010,463(7284): 1042-1047.

[78] Muramatsu M, Kinoshita K, Fagarasan S, et al. Class switch recombination and hypermutation require activation-induced cytidine deaminase (AID), a potential RNA editing enzyme [J]. Cell, 2000,102(5): 553-563.

[79] Popp C, Dean W, Feng S, et al. Genome-wide erasure of DNA methylation in mouse primordial germ cells is affected by AID deficiency [J]. Nature, 2010,463(7284): 1101-1105.

[80] Tahiliani M, Koh K P, Shen Y, et al. Conversion of 5-methylcytosine to 5-hydroxymethylcytosine in mammalian DNA by MLL partner TET1 [J]. Science, 2009,324(5929): 930-935.

[81] Ito S, D'Alessio A C, Taranova O V, et al. Role of Tet proteins in 5mC to 5hmC conversion, ES-cell self-renewal and inner cell mass specification [J]. Nature, 2010,466(7310): 1129-1133.

[82] Kriaucionis S, Heintz N. The nuclear DNA base 5-hydroxymethylcytosine is present in Purkinje neurons and the brain [J]. Science, 2009,324(5929): 929-930.

[83] Globisch D, Munzel M, Muller M, et al. Tissue distribution of 5-hydroxymethylcytosine and search for active demethylation intermediates [J]. PLoS One, 2010,5(12): e15367.

[84] Ito S, Shen L, Dai Q, et al. Tet proteins can convert 5-methylcytosine to 5-formylcytosine and 5-carboxylcytosine [J]. Science, 2011,333(6047): 1300-1303.

[85] Dawlaty M M, Ganz K, Powell B E, et al. Tet1 is dispensable for maintaining pluripotency and its loss is compatible with embryonic and postnatal development [J]. Cell Stem Cell, 2011,9(2): 166-175.

[86] Valinluck V, Tsai H H, Rogstad D K, et al. Oxidative damage to methyl-CpG sequences inhibits the binding of the methyl-CpG binding domain (MBD) of methyl-CpG binding protein 2 (MeCP2) [J]. Nucleic Acids Res, 2004,32(14): 4100-4108.

[87] Cortellino S, Xu J, Sannai M, et al. Thymine DNA glycosylase is essential for active DNA demethylation by linked deamination-base excision repair [J]. Cell, 2011,146(1): 67-79.

[88] He Y F, Li B Z, Li Z, et al. Tet-mediated formation of 5-carboxylcytosine and its excision by TDG in mammalian DNA [J]. Science, 2011,333(6047): 1303-1307.

[89] Nan X, Meehan R R, Bird A. Dissection of the methyl-CpG binding domain from the chromosomal protein MeCP2 [J]. Nucleic Acids Res, 1993,21(21): 4886-4892.

[90] Meehan R R, Lewis J D, McKay S, et al. Identification of a mammalian protein that binds specifically to DNA containing methylated CpGs [J]. Cell, 1989,58(3): 499-507.

[91] Lewis J D, Meehan R R, Henzel W J, et al. Purification, sequence, and cellular localization of a

novel chromosomal protein that binds to methylated DNA [J]. Cell, 1992,69(6): 905-914.

[92] Hendrich B, Bird A. Identification and characterization of a family of mammalian methyl-CpG binding proteins [J]. Mol Cell Biol, 1998,18(11): 6538-6547.

[93] Amir R E, Van den Veyver I B, Wan M, et al. Rett syndrome is caused by mutations in X-linked MECP2, encoding methyl-CpG-binding protein 2 [J]. Nat Genet, 1999,23(2): 185-188.

[94] Bellacosa A, Cicchillitti L, Schepis F, et al. MED1, a novel human methyl-CpG-binding endonuclease, interacts with DNA mismatch repair protein MLH1 [J]. Proc Natl Acad Sci U S A, 1999,96(7): 3969-3974.

[95] Hendrich B, Hardeland U, Ng H H, et al. The thymine glycosylase MBD4 can bind to the product of deamination at methylated CpG sites [J]. Nature, 1999,401(6750): 301-304.

[96] Petronzelli F, Riccio A, Markham G D, et al. Biphasic kinetics of the human DNA repair protein MED1 (MBD4), a mismatch-specific DNA N-glycosylase [J]. J Biol Chem, 2000,275 (42): 32422-32429.

[97] Millar C B, Guy J, Sansom O J, et al. Enhanced CpG mutability and tumorigenesis in MBD4-deficient mice [J]. Science, 2002,297(5580): 403-405.

[98] Wong E, Yang K, Kuraguchi M, et al. Mbd4 inactivation increases Cright-arrowT transition mutations and promotes gastrointestinal tumor formation [J]. Proc Natl Acad Sci U S A, 2002, 99(23): 14937-14942.

[99] Nan X, Ng H H, Johnson C A, et al. Transcriptional repression by the methyl-CpG-binding protein MeCP2 involves a histone deacetylase complex [J]. Nature, 1998,393(6683): 386-389.

[100] Ng H H, Zhang Y, Hendrich B, et al. MBD2 is a transcriptional repressor belonging to the MeCP1 histone deacetylase complex [J]. Nat Genet, 1999,23(1): 58-61.

[101] Sarraf S A, Stancheva I. Methyl-CpG binding protein MBD1 couples histone H3 methylation at lysine 9 by SETDB1 to DNA replication and chromatin assembly [J]. Mol Cell, 2004,15(4): 595-605.

[102] Kimura H, Shiota K. Methyl-CpG-binding protein, MeCP2, is a target molecule for maintenance DNA methyltransferase, Dnmt1 [J]. J Biol Chem, 2003,278(7): 4806-4812.

[103] Hashimoto H, Horton J R, Zhang X, et al. The SRA domain of UHRF1 flips 5-methylcytosine out of the DNA helix [J]. Nature, 2008,455(7214): 826-829.

[104] Hashimoto H, Horton J R, Zhang X, et al. UHRF1, a modular multi-domain protein, regulates replication-coupled crosstalk between DNA methylation and histone modifications [J]. Epigenetics, 2009,4(1): 8-14.

[105] Sharif J, Muto M, Takebayashi S, et al. The SRA protein Np95 mediates epigenetic inheritance by recruiting Dnmt1 to methylated DNA [J]. Nature, 2007,450(7171): 908-912.

[106] Bostick M, Kim J K, Esteve P O, et al. UHRF1 plays a role in maintaining DNA methylation in mammalian cells [J]. Science, 2007,317(5845): 1760-1764.

[107] Achour M, Jacq X, Ronde P, et al. The interaction of the SRA domain of ICBP90 with a novel domain of DNMT1 is involved in the regulation of VEGF gene expression [J]. Oncogene, 2008, 27(15): 2187-2197.

[108] Muto M, Kanari Y, Kubo E, et al. Targeted disruption of Np95 gene renders murine embryonic stem cells hypersensitive to DNA damaging agents and DNA replication blocks [J]. J Biol Chem, 2002,277(37): 34549-34555.

[109] Prokhortchouk A, Hendrich B, Jorgensen H, et al. The p120 catenin partner Kaiso is a DNA

methylation-dependent transcriptional repressor [J]. Genes Dev, 2001,15(13): 1613-1618.

[110] Filion G J, Zhenilo S, Salozhin S, et al. A family of human zinc finger proteins that bind methylated DNA and repress transcription [J]. Mol Cell Biol, 2006,26(1): 169-181.

[111] Daniel J M, Spring C M, Crawford H C, et al. The p120(ctn)-binding partner Kaiso is a bimodal DNA-binding protein that recognizes both a sequence-specific consensus and methylated CpG dinucleotides [J]. Nucleic Acids Res, 2002,30(13): 2911-2919.

[112] Sasai N, Nakao M, Defossez P A. Sequence-specific recognition of methylated DNA by human zinc-finger proteins. Nucleic Acids Res, 2010,38(15): 5015-5022.

[113] Yoon H G, Chan D W, Reynolds A B, et al. N-CoR mediates DNA methylation-dependent repression through a methyl CpG binding protein Kaiso [J]. Mol Cell, 2003,12(3): 723-734.

[114] Lopes E C, Valls E, Figueroa M E, et al. Kaiso contributes to DNA methylation-dependent silencing of tumor suppressor genes in colon cancer cell lines [J]. Cancer Res, 2008,68(18): 7258-7263.

[115] Fuks F, Hurd P J, Deplus R, et al. The DNA methyltransferases associate with HP1 and the SUV39H1 histone methyltransferase [J]. Nucleic Acids Res, 2003,31(9): 2305-2312.

[116] Fuks F, Burgers W A, Brehm A, et al. DNA methyltransferase Dnmt1 associates with histone deacetylase activity [J]. Nat Genet, 2000,24(1): 88-91.

[117] Geiman T M, Sankpal U T, Robertson A K, et al. DNMT3B interacts with hSNF2H chromatin remodeling enzyme, HDACs 1 and 2, and components of the histone methylation system [J]. Biochem Biophys Res Commun, 2004,318(2): 544-555.

[118] Dhayalan A, Rajavelu A, Rathert P, et al. The Dnmt3a PWWP domain reads histone 3 lysine 36 trimethylation and guides DNA methylation [J]. J Biol Chem, 2010,285(34): 26114-26120.

[119] Li B Z, Huang Z, Cui Q Y, et al. Histone tails regulate DNA methylation by allosterically activating de novo methyltransferase [J]. Cell Res, 2011,21(8): 1172-1181.

[120] Ooi S K, Qiu C, Bernstein E, et al. DNMT3L connects unmethylated lysine 4 of histone H3 to de novo methylation of DNA [J]. Nature, 2007,448(7154): 714-717.

[121] Zhang Y, Jurkowska R, Soeroes S, et al. Chromatin methylation activity of Dnmt3a and Dnmt3a/3L is guided by interaction of the ADD domain with the histone H3 tail [J]. Nucleic Acids Res, 2010,38(13): 4246-4253.

[122] Lee J H, Skalnik D G. CpG-binding protein (CXXC finger protein 1) is a component of the mammalian Set1 histone H3-Lys4 methyltransferase complex, the analogue of the yeast Set1/COMPASS complex [J]. J Biol Chem, 2005,280(50): 41725-41731.

[123] Thomson J P, Skene P J, Selfridge J, et al. CpG islands influence chromatin structure via the CpG-binding protein Cfp1 [J]. Nature, 2010,464(7291): 1082-1086.

[124] Cervoni N, Szyf M. Demethylase activity is directed by histone acetylation [J]. J Biol Chem, 2001,276(44): 40778-40787.

[125] D'Alessio A C, Weaver I C, Szyf M. Acetylation-induced transcription is required for active DNA demethylation in methylation-silenced genes [J]. Mol Cell Biol, 2007, 27 (21): 7462-7474.

[126] Ficz G, Branco M R, Seisenberger S, et al. Dynamic regulation of 5-hydroxymethylcytosine in mouse ES cells and during differentiation [J]. Nature, 2011,473(7347): 398-402.

[127] Wu H, Zhang Y. Tet1 and 5-hydroxymethylation: a genome-wide view in mouse embryonic stem cells [J]. Cell Cycle, 2011,10(15): 2428-2436.

［128］ Citterio E，Papait R，Nicassio F，et al. Np95 is a histone-binding protein endowed with ubiquitin ligase activity［J］. Mol Cell Biol，2004，24(6)：2526-2535.

［129］ Karagianni P，Amazit L，Qin J，et al. ICBP90，a novel methyl K9 H3 binding protein linking protein ubiquitination with heterochromatin formation［J］. Mol Cell Biol，2008，28(2)：705-717.

［130］ Jones P L，Veenstra G J，Wade P A，et al. Methylated DNA and MeCP2 recruit histone deacetylase to repress transcription［J］. Nat Genet，1998，19(2)：187-191.

［131］ Berezikov E. Evolution of microRNA diversity and regulation in animals［J］. Nat Rev Genet，2011，12(12)：846-860.

［132］ Han L，Witmer P D，Casey E，et al. DNA methylation regulates MicroRNA expression［J］. Cancer Biol Ther，2007，6(8)：1284-1288.

［133］ Lujambio A，Calin G A，Villanueva A，et al. A microRNA DNA methylation signature for human cancer metastasis［J］. Proc Natl Acad Sci U S A，2008，105(36)：13556-13561.

［134］ Benetti R，Gonzalo S，Jaco I，et al. A mammalian microRNA cluster controls DNA methylation and telomere recombination via Rbl2-dependent regulation of DNA methyltransferases［J］. Nat Struct Mol Biol，2008，15(9)：998.

［135］ Sinkkonen L，Hugenschmidt T，Berninger P，et al. MicroRNAs control de novo DNA methylation through regulation of transcriptional repressors in mouse embryonic stem cells［J］. Nat Struct Mol Biol，2008，15(3)：259-267.

［136］ Mayer W，Niveleau A，Walter J，et al. Demethylation of the zygotic paternal genome［J］. Nature，2000，403(6769)：501-502.

［137］ Oswald J，Engemann S，Lane N，et al. Active demethylation of the paternal genome in the mouse zygote［J］. Curr Biol，2000，10(8)：475-478.

［138］ Santos F，Hendrich B，Reik W，et al. Dynamic reprogramming of DNA methylation in the early mouse embryo［J］. Dev Biol，2002，241(1)：172-182.

［139］ Santos F，Dean W. Epigenetic reprogramming during early development in mammals［J］. Reproduction，2004，127(6)：643-651.

［140］ Hajkova P，Ancelin K，Waldmann T，et al. Chromatin dynamics during epigenetic reprogramming in the mouse germ line［J］. Nature，2008，452(7189)：877-881.

［141］ Wossidlo M，Arand J，Sebastiano V，et al. Dynamic link of DNA demethylation，DNA strand breaks and repair in mouse zygotes［J］. EMBO J，2010，29(11)：1877-1888.

［142］ Gu T P，Guo F，Yang H，et al. The role of Tet3 DNA dioxygenase in epigenetic reprogramming by oocytes［J］. Nature，2011，477(7366)：606-610.

［143］ Iqbal K，Jin S G，Pfeifer G P，et al. Reprogramming of the paternal genome upon fertilization involves genome-wide oxidation of 5-methylcytosine［J］. Proc Natl Acad Sci U S A，2011，108(9)：3642-3647.

［144］ Wossidlo M，Nakamura T，Lepikhov K，et al. 5-Hydroxymethylcytosine in the mammalian zygote is linked with epigenetic reprogramming［J］. Nat Commun，2011，2：241.

［145］ Payer B，Saitou M，Barton S C，et al. Stella is a maternal effect gene required for normal early development in mice［J］. Curr Biol，2003，13(23)：2110-2117.

［146］ Nakamura T，Arai Y，Umehara H，et al. PGC7/Stella protects against DNA demethylation in early embryogenesis［J］. Nat Cell Biol，2007，9(1)：64-71.

［147］ Nakamura T，Liu Y J，Nakashima H，et al. PGC7 binds histone H3K9me2 to protect against conversion of 5mC to 5hmC in early embryos [J]. Nature, 2012, 486(7403): 415-419.

[148] Santos F, Peters A H, Otte A P, et al. Dynamic chromatin modifications characterise the first cell cycle in mouse embryos [J]. Dev Biol, 2005, 280(1): 225-236.

[149] Hajkova P, Jeffries S J, Lee C, et al. Genome-wide reprogramming in the mouse germ line entails the base excision repair pathway [J]. Science, 2010, 329(5987): 78-82.

[150] Polanski Z, Motosugi N, Tsurumi C, et al. Hypomethylation of paternal DNA in the late mouse zygote is not essential for development [J]. Int J Dev Biol, 2008, 52(2-3): 295-298.

[151] Fulka H, Mrazek M, Tepla O, et al. DNA methylation pattern in human zygotes and developing embryos [J]. Reproduction, 2004, 128(6): 703-708.

[152] Park J S, Jeong Y S, Shin ST, et al. Dynamic DNA methylation reprogramming: active demethylation and immediate remethylation in the male pronucleus of bovine zygotes [J]. Dev Dyn, 2007, 236(9): 2523-2533.

[153] Abdalla H, Yoshizawa Y, Hochi S. Active demethylation of paternal genome in mammalian zygotes [J]. J Reprod Dev, 2009, 55(4): 356-360.

[154] Branco M R, Oda M, Reik W. Safeguarding parental identity: Dnmt1 maintains imprints during epigenetic reprogramming in early embryogenesis [J]. Genes Dev, 2008, 22(12): 1567-1571.

[155] Hirasawa R, Chiba H, Kaneda M, et al. Maternal and zygotic Dnmt1 are necessary and sufficient for the maintenance of DNA methylation imprints during preimplantation development [J]. Genes Dev, 2008, 22(12): 1607-1616.

[156] Howell C Y, Bestor T H, Ding F, et al. Genomic imprinting disrupted by a maternal effect mutation in the Dnmt1 gene [J]. Cell, 2001, 104(6): 829-838.

[157] Ratnam S, Mertineit C, Ding F, et al. Dynamics of Dnmt1 methyltransferase expression and intracellular localization during oogenesis and preimplantation development [J]. Dev Biol, 2002, 245(2): 304-314.

[158] Li E, Beard C, Jaenisch R. Role for DNA methylation in genomic imprinting [J]. Nature, 1993, 366(6453): 362-365.

[159] Carlson L L, Page A W, Bestor T H. Properties and localization of DNA methyltransferase in preimplantation mouse embryos: implications for genomic imprinting [J]. Genes Dev, 1992, 6 (12B): 2536-2541.

[160] Cirio M C, Ratnam S, Ding F, et al. Preimplantation expression of the somatic form of Dnmt1 suggests a role in the inheritance of genomic imprints [J]. BMC Dev Biol, 2008, 8: 9.

[161] Fan G, Martinowich K, Chin M H, et al. DNA methylation controls the timing of astrogliogenesis through regulation of JAK-STAT signaling [J]. Development, 2005, 132 (15): 3345-3356.

[162] Teter B, Rozovsky I, Krohn K, et al. Methylation of the glial fibrillary acidic protein gene shows novel biphasic changes during brain development [J]. Glia, 1996, 17(3): 195-205.

[163] Nguyen S, Meletis K, Fu D, et al. Ablation of de novo DNA methyltransferase Dnmt3a in the nervous system leads to neuromuscular defects and shortened lifespan [J]. Dev Dyn, 2007, 236 (6): 1663-1676.

[164] Fan G, Beard C, Chen R Z, et al. DNA hypomethylation perturbs the function and survival of CNS neurons in postnatal animals [J]. J Neurosci, 2001, 21(3): 788-797.

[165] Golshani P, Hutnick L, Schweizer F, et al. Conditional Dnmt1 deletion in dorsal forebrain disrupts development of somatosensory barrel cortex and thalamocortical long-term potentiation

[J]. Thalamus Relat Syst，2005,3(3)：227-233.

[166] Hutnick L K, Golshani P, Namihira M, et al. DNA hypomethylation restricted to the murine forebrain induces cortical degeneration and impairs postnatal neuronal maturation [J]. Hum Mol Genet，2009,18(15)：2875-2888.

[167] Feng J, Zhou Y, Campbell S L, et al. Dnmt1 and Dnmt3a maintain DNA methylation and regulate synaptic function in adult forebrain neurons [J]. Nat Neurosci, 2010,13(4)：423-430.

[168] Kishi N, Macklis J D. MECP2 is progressively expressed in post-migratory neurons and is involved in neuronal maturation rather than cell fate decisions [J]. Mol Cell Neurosci, 2004,27 (3)：306-321.

[169] Martin Caballero I, Hansen J, Leaford D, et al. The methyl-CpG binding proteins Mecp2, Mbd2 and Kaiso are dispensable for mouse embryogenesis, but play a redundant function in neural differentiation [J]. PLoS One, 2009,4(1)：e4315.

[170] LaSalle J M, Goldstine J, Balmer D, et al. Quantitative localization of heterogeneous methyl-CpG-binding protein 2 (MeCP2) expression phenotypes in normal and Rett syndrome brain by laser scanning cytometry [J]. Hum Mol Genet, 2001,10(17)：1729-1740.

[171] Shahbazian M D, Antalffy B, Armstrong D L, et al. Insight into Rett syndrome: MeCP2 levels display tissue-and cell-specific differences and correlate with neuronal maturation [J]. Hum Mol Genet，2002,11(2)：115-124.

[172] Zhou Z, Hong E J, Cohen S, et al. Brain-specific phosphorylation of MeCP2 regulates activity-dependent Bdnf transcription, dendritic growth, and spine maturation [J]. Neuron, 2006,52 (2)：255-269.

[173] Chen R Z, Akbarian S, Tudor M, et al. Deficiency of methyl-CpG binding protein-2 in CNS neurons results in a Rett-like phenotype in mice [J]. Nat Genet, 2001,27(3)：327-331.

[174] Moretti P, Levenson J M, Battaglia F, et al. Learning and memory and synaptic plasticity are impaired in a mouse model of Rett syndrome [J]. J Neurosci, 2006,26(1)：319-327.

[175] Asaka Y, Jugloff D G, Zhang L, et al. Hippocampal synaptic plasticity is impaired in the Mecp2-null mouse model of Rett syndrome [J]. Neurobiol Dis, 2006,21(1)：217-227.

[176] Nelson E D, Kavalali E T, Monteggia L M. MeCP2-dependent transcriptional repression regulates excitatory neurotransmission [J]. Curr Biol, 2006,16(7)：710-716.

[177] Cohen S, Gabel H W, Hemberg M, et al. Genome-wide activity-dependent MeCP2 phosphorylation regulates nervous system development and function [J]. Neuron, 2011,72(1)：72-85.

[178] Li H, Zhong X, Chau K F, et al. Loss of activity-induced phosphorylation of MeCP2 enhances synaptogenesis, LTP and spatial memory [J]. Nat Neurosci, 2011,14(8)：1001-1008.

[179] Goto K, Numata M, Komura J I, et al. Expression of DNA methyltransferase gene in mature and immature neurons as well as proliferating cells in mice [J]. Differentiation, 1994,56(1-2)：39-44.

[180] Inano K, Suetake I, Ueda T, et al. Maintenance-type DNA methyltransferase is highly expressed in post-mitotic neurons and localized in the cytoplasmic compartment [J]. J Biochem, 2000,128(2)：315-321.

[181] Klein C J, Botuyan M V, Wu Y, et al. Mutations in DNMT1 cause hereditary sensory neuropathy with dementia and hearing loss [J]. Nat Genet，2011,43(6)：595-600.

[182] Weaver I C, Cervoni N, Champagne F A, et al. Epigenetic programming by maternal behavior [J]. Nat Neurosci, 2004,7(8)：847-854.

[183] McGowan P O, Sasaki A, D'Alessio A C, et al. Epigenetic regulation of the glucocorticoid receptor in human brain associates with childhood abuse [J]. Nat Neurosci, 2009,12(3): 342-348.

[184] Mill J, Tang T, Kaminsky Z, et al. Epigenomic profiling reveals DNA-methylation changes associated with major psychosis [J]. Am J Hum Genet, 2008,82(3): 696-711.

[185] Ladd-Acosta C, Pevsner J, Sabunciyan S, et al. DNA methylation signatures within the human brain [J]. Am J Hum Genet, 2007,81(6): 1304-1315.

[186] Ghosh S, Yates A J, Fruhwald M C, et al. Tissue specific DNA methylation of CpG islands in normal human adult somatic tissues distinguishes neural from non-neural tissues [J]. Epigenetics, 2010,5(6): 527-538.

[187] Johannes F, Porcher E, Teixeira F K, et al. Assessing the impact of transgenerational epigenetic variation on complex traits [J]. PLoS Genet, 2009,5(6): e1000530.

[188] Painter R C, Osmond C, Gluckman P, et al. Transgenerational effects of prenatal exposure to the Dutch famine on neonatal adiposity and health in later life [J]. BJOG, 2008,115(10): 1243-1249.

[189] Li X, Ito M, Zhou F, et al. A maternal-zygotic effect gene, Zfp57, maintains both maternal and paternal imprints [J]. Dev Cell, 2008,15(4): 547-557.

[190] Messerschmidt D M, de Vries W, Ito M, et al. Trim28 is required for epigenetic stability during mouse oocyte to embryo transition [J]. Science, 2012,335(6075): 1499-1502.

[191] Kelly W G, Aramayo R. Meiotic silencing and the epigenetics of sex [J]. Chromosome Res, 2007,15(5): 633-651.

[192] Remy J J. Stable inheritance of an acquired behavior in Caenorhabditis elegans [J]. Curr Biol, 2010,20(20): R877-R878.

[193] Rechavi O, Minevich G, Hobert O. Transgenerational inheritance of an acquired small RNA-based antiviral response in C. elegans [J]. Cell, 2011,147(6): 1248-1256.

[194] Seong K H, Li D, Shimizu H, et al. Inheritance of stress-induced, ATF-2-dependent epigenetic change [J]. Cell, 2011,145(7): 1049-1061.

[195] Daxinger L, Whitelaw E. Understanding transgenerational epigenetic inheritance via the gametes in mammals [J]. Nat Rev Genet, 2012,13(3): 153-162.

[196] Linnen C R, Poh Y P, Peterson B K, et al. Adaptive evolution of multiple traits through multiple mutations at a single gene [J]. Science, 2013,339(6125): 1312-1316.

[197] Leitch H G, Tang W W, Surani M A. Primordial germ-cell development and epigenetic reprogramming in mammals [J]. Curr Top Dev Biol, 2013,104: 149-187.

[198] Hyldig S M, Croxall N, Contreras D A, et al. Epigenetic reprogramming in the porcine germ line [J]. BMC Dev Biol, 2011,11: 11.

[199] Law J A, Jacobsen S E. Establishing, maintaining and modifying DNA methylation patterns in plants and animals [J]. Nat Rev Genet, 2010,11(3): 204-220.

[200] Molaro A, Hodges E, Fang F, et al. Sperm methylation profiles reveal features of epigenetic inheritance and evolution in primates [J]. Cell, 2011,146(6): 1029-1041.

[201] Borgel J, Guibert S, Li Y, et al. Targets and dynamics of promoter DNA methylation during early mouse development [J]. Nat Genet, 2010,42(12): 1093-1100.

[202] Jiang L, Zhang J, Wang J J, et al. Sperm, but not oocyte, DNA methylome is inherited by zebrafish early embryos [J]. Cell, 2013,153(4): 773-784.

［203］ Brunner A M, Nanni P, Mansuy I M. Epigenetic marking of sperm by post-translational modification of histones and protamines ［J］. Epigenetics Chromatin, 2014,7(1): 2.

［204］ Brykczynska U, Hisano M, Erkek S, et al. Repressive and active histone methylation mark distinct promoters in human and mouse spermatozoa ［J］. Nat Struct Mol Biol, 2010,17(6): 679-687.

［205］ Deal R B, Henikoff S. Histone variants and modifications in plant gene regulation ［J］. Curr Opin Plant Biol, 2011,14(2): 116-122.

［206］ Faast R, Thonglairoam V, Schulz T C, et al. Histone variant H2A. Z is required for early mammalian development ［J］. Curr Biol, 2001,11(15): 1183-1187.

［207］ Banaszynski L A, Allis C D, Lewis P W. Histone variants in metazoan development ［J］. Dev Cell, 2010,19(5): 662-674.

［208］ Puschendorf M, Terranova R, Boutsma E, et al. PRC1 and Suv39h specify parental asymmetry at constitutive heterochromatin in early mouse embryos ［J］. Nat Genet, 2008,40(4): 411-420.

［209］ Zhou L Q, Dean J. Reprogramming the genome to totipotency in mouse embryos ［J］. Trends Cell Biol, 2015,25(2): 82-91.

［210］ Hales C N, Barker D J. Type 2 (non-insulin-dependent) diabetes mellitus: the thrifty phenotype hypothesis. 1992 ［J］. Int J Epidemiol, 2013,42(5): 1215-1222.

［211］ Veenendaal M V, Painter R C, de Rooij S R, et al. Transgenerational effects of prenatal exposure to the 1944-45 Dutch famine ［J］. BJOG, 2013,120(5): 548-553.

［212］ Carone B R, Fauquier L, Habib N, et al. Paternally induced transgenerational environmental reprogramming of metabolic gene expression in mammals ［J］. Cell, 2010,143(7): 1084-1096.

［213］ Radford E J, Isganaitis E, Jimenez-Chillaron J, et al. An unbiased assessment of the role of imprinted genes in an intergenerational model of developmental programming ［J］. PLoS Genet, 2012,8(4): e1002605.

［214］ Ferguson-Smith A C, Patti M E. You are what your dad ate ［J］. Cell Metab, 2011,13(2): 115-117.

［215］ Rando O J. Daddy issues: paternal effects on phenotype ［J］. Cell, 2012,151(4): 702-708.

［216］ Hammoud S S, Nix D A, Zhang H, et al. Distinctive chromatin in human sperm packages genes for embryo development ［J］. Nature, 2009,460(7254): 473-478.

3

DNA 甲基化的化学
与生物学基础

    DNA 甲基化是表观遗传调控的重要方式,普遍存在于原核生物与真核生物中。细菌基因组中,甲基化主要发生在腺嘌呤(adenine)的 N^6 位和胞嘧啶(cytosine)的 C^5 位、N^4 位。真核生物中的 DNA 甲基化主要以胞嘧啶第 5 位碳原子甲基化(5mC)的形式存在于 CpG 双核苷酸位点,近几年 6mA 的发现丰富了真核生物中 DNA 甲基化的形式。

    5mC 被认为是 DNA 分子的第 5 种碱基,也是研究最为广泛和透彻的。在调控基因表达、X 染色体失活、基因印记、转座子和内源反转录病毒等寄生 DNA 的沉默及维持染色质结构的稳定性等诸多生理过程中发挥着重要的作用。哺乳动物细胞中,起始性 DNA 甲基转移酶 DNMT3A 与 DNMT3B 负责 DNA 甲基化谱式的建立,维持性 DNA 甲基转移酶 DNMT1 负责甲基化谱式的维持。维持性甲基转移酶与起始性甲基转移酶的共同作用保证了甲基化谱式的正确建立与稳定遗传。

    长期以来,人们一直认为发生在哺乳动物基因组 DNA 中胞嘧啶 5 位碳原子上的甲基化修饰是稳定存在的,并且随着 DNA 的复制而遗传。但是大量研究显示这种修饰并不是完全静态的。在哺乳动物的个体发育中,DNA 甲基化谱式主要经历了两次大规模的重编程过程:一次发生在从受精至着床的早期胚胎发育时期;另一次发生在配子发生过程中。这两次重编程都涉及了基因组范围的主动去甲基化(active demethylation)。相对于基因组范围内的大规模主动去甲基化,在体细胞中会发生局部的、高度位点特异性的主动去甲基化。DNA 的去甲基化与甲基化这两个过程相互平衡,维持了 DNA 甲基化谱式的稳定。任何一方的失调都会导致 DNA 甲基化谱式的紊乱,进而引起多种神经退行性疾病、免疫系统疾病及癌症。

近几年,一系列令人兴奋的研究成果使参与 DNA 去甲基化(DNA demethylation)的 TET 蛋白的功能得到了初步阐述。人们逐渐认识到 DNA 甲基化修饰的动态性,以及新的、可能的去甲基化发生机制。本章将对 DNA 甲基化与去甲基化进行较为详细的阐述。

3.1　DNA 甲基化

3.1.1　DNA 甲基化的概念

DNA 甲基化是 DNA 序列的一种共价修饰,普遍存在于所有的脊椎动物和开花植物中,还存在于部分无脊椎动物、真菌和原生动物中[1]。一般来说,两种形式的 DNA 甲基化被广泛研究,分别称作甲基化损伤和甲基化修饰。甲基化损伤,如 N^3-甲基胞嘧啶(N^3-methylcytosine,3mC)、O^6-甲基鸟嘌呤(O^6-methylguanine,O^6-MeG)、N^1-甲基腺嘌呤(N^1-methyladenine,1mA)和 N^3-甲基腺嘌呤(N^3-methyladenine,3mA),由内源或者外源的甲基化试剂产生。因为在一定程度上阻止或者影响了经典的 Watson-Crick 碱基配对而对细胞产生一定的毒性[2]。甲基化修饰,包括 5-甲基胞嘧啶(5-methylcytosine,5mC)、N^6-甲 基 腺 嘌 呤 (N^6-methyladenine, 6mA) 和 N^4-甲 基 胞 嘧 啶 (N^4-methylcytosine,4mC),广泛存在于原核生物、古细菌和真核生物中。这些甲基化的碱基被证明是由特定 DNA 甲基转移酶(DNA methyltransferase,DNMT)介导的 DNA 复制后修饰的产物[2]。

在原核生物中,DNA 甲基化主要发生在腺嘌呤的 N^6 位和胞嘧啶的 N^4 位、C^5 位,在细菌的限制-修饰系统、DNA 复制后的错配修复及基因转录调控中发挥着重要作用。具体来说,5mC 和 4mC 保护细菌基因组不被自身的限制-修饰系统降解。这些限制-修饰系统用于降解外源的没有甲基化修饰的 DNA,以达到防止噬菌体侵染的目的。除了上述功能外,6mA 还参与了 DNA 复制、错配后修复和基因表达等的调控[3]。

在高等真核生物基因组中,6mA 的含量极低,受此局限,高等真核生物中有关 6mA 修饰的研究一直被忽视。2015 年,*Cell* 杂志在同一期刊登了 3 个不同实验室的研究工作,研究人员分别在线虫、果蝇和莱茵衣藻中检测到了 6mA 的存在。由于在线虫中检测不到 5mC，人们一直认为线虫中缺乏 DNA 甲基化修饰，直到研究人员通过多种方法证实了 6mA 的存在。他们还鉴定到了 DNA 去甲基化酶 NMAD-1 和可能的 DNA 甲基转移酶 DAMT-1，同时发现 6mA 和组蛋白甲基化有可能通过协同作用传递遗传信息[4]。在果蝇中，6mA 修饰在胚胎发育的早期阶段受到去甲基化酶 DMAD 的精确调控。研究者利用 CRISPR/Cas9 技术制备了 Dmad 的一系列突变体，发现 DMAD 对于果蝇的生长发育是必需的，同时证明 DMAD 在体内具有催化果蝇基因组 6mA 的去甲基化功能。体外实验也表明 DMAD 具有直接催化 6mA 去甲基化的活性。此外，该研究还对果蝇卵巢中 DMAD 调控 6mA 去甲基化的过程及功能进行了分析。通过进一步对 Dmad 突变体及野生型果蝇卵巢基因组 DNA 进行 MeDIP（methylated DNA immunoprecipitation）高通量测序，发现果蝇卵巢基因组中的 6mA 修饰经常发生于转座子区域，特别是在 Dmad 突变体中位于转座子区域的修饰显著增加。上述结果表明 DMAD 可能通过降低转座子区域的 6mA 修饰调控转座子的表达[5]。在衣藻中，研究人员利用针对 6mA 的抗体开发了 6mA-IP-Seq 技术，揭示出 6mA 主要以 ApT 双核苷形式分布在活化基因的转录起始位点附近。随后，研究人员又通过更为精确的方法绘制了整个莱茵衣藻基因组的 6mA 图谱。他们发现 6mA 主要存在于核小体之间的连接区，表明 6mA 在核小体定位方面发挥功能[6]。2016 年，科研人员第一次在哺乳动物细胞中发现了 6mA 的存在。他们开发出一种结合染色质免疫沉淀（chromatin immunoprecipitation，ChIP）与 SMRT 测序（single molecule real-time sequencing）的新方法，在特异的组蛋白突变体 H2A.X 区域检测到了相对丰富的 6mA 修饰。进一步研究表明 Alkbh1 是 6mA 的去甲基化酶，敲除 Alkbh1 的小鼠胚胎干细胞中 6mA 的水平显著升高，并且约有 550 个基因表达下调，这暗示 6mA 很可能具有抑制基因表达的功能。更有意思的是，6mA 的沉积与 LINE-1 转座子的进化时期呈负相关，并且富集在年轻的而不是古老的 LINE-1 上，其分布与 LINE-1 转座子以及周围的增强子和基因的表观遗传沉默相关。总的来说，研究人员证明 6mA 在哺乳动物进化中行使表观遗传沉默的功能[7]。

真核生物中，DNA 甲基化主要指的是胞嘧啶第 5 位碳原子上的甲基化，作为研究最多并且分布最广的表观遗传学修饰将在这一节中重点介绍。在 DNMT 的作用下，甲基基团添加在 DNA 分子中的碱基上，这样可以在不改变核苷酸顺序及组成的情况下，改变其基因表达模式。DNA 发生甲基化时，胞嘧啶从 DNA 双螺旋突出，进入能与酶结合的裂隙中,在 DNMT 催化下,有活性的甲基从 S-腺苷甲硫氨酸(S-adenosylmethionine, SAM)转移至胞嘧啶第 5 位碳原子上,形成 5mC(见图 3-1)。

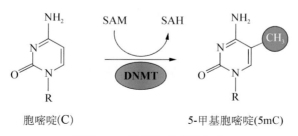

胞嘧啶(C)   5-甲基胞嘧啶(5mC)

图 3-1　5-甲基胞嘧啶的生成

3.1.2　DNA 甲基化的分布与功能

真核生物中已发现的 DNA 甲基化主要存在于胞嘧啶第 5 位碳原子上。哺乳动物中,其主要对称地存在于 CpG 双核苷酸上,含量占全基因组的 1% 左右,占所有胞嘧啶的 4%～5%,60%～80% 的 CpG 都以甲基化的形式存在。这些甲基化的胞嘧啶广泛分布于真核基因组中的转座子、重复序列及大多数功能基因的编码区(coding region),在调控基因表达、X 染色体失活、基因印记、转座子和内源反转录病毒等寄生 DNA 的沉默以及维持染色质结构的稳定性等诸多生理过程中发挥着重要的作用。但在植物中,5mC 可以出现在多种序列背景中,除了 CpG 双核苷酸的胞嘧啶甲基化,还存在对称的 CpNpG 三核苷酸的胞嘧啶甲基化以及非对称的胞嘧啶甲基化。

在真核生物基因组中,甲基化的胞嘧啶并不是随机分布的,而是有规律地分布在基因组的特定区域。这些有规律分布的甲基化胞嘧啶构成了特定的甲基化谱式。这种甲基化谱式可以在细胞的有丝分裂过程中稳定地遗传下去,但是同一个体不同细胞类型的甲基化谱式是不同的。甲基化谱式的正确建立与稳定维持对于真核生物的生长发育是不可或缺的,甲基化谱式的紊乱通常导致严重的疾病甚至个体的死亡,如 ICF 综合征、Rett 综合征、ATRX 综合征和脆性 X 染色体综合征等。很多肿瘤细胞表现为基因组水平的低甲基化,主要是一些重复序列发生了去甲基化,同时伴随着一些特定基因启动子的高甲基化。重复序列的去甲基化导致整个基因组的不稳定,而抑癌基因启动子的高甲基化导致其转录被抑制从而促使癌症的发生。

3.2 DNA 甲基化谱式的建立及维持

3.2.1 DNA 甲基转移酶

DNA 的甲基化是通过 DNA 甲基转移酶将甲基基团从甲基供体 S-腺苷甲硫氨酸转移到 DNA 上完成的。根据 C 端催化结构域的序列同源性,真核生物中的大部分 DNA 甲基转移酶可以归入以下几个家族中[1]。第一类以哺乳动物的维持性 DNA 甲基转移酶 DNMT1 与拟南芥中的甲基转移酶 MET1 为代表。DNMT1 对半甲基化的 DNA 具有偏好性。在 DNA 复制时,DNMT1 通过可特异性结合半甲基化 DNA 的 UHRF1 (ubiquitin-like, containing PHD and RING finger domains 1)蛋白的介导,结合于复制叉上,在 DNA 新生链上拷贝亲代链的甲基化谱式[8]。正是由于它的维持性功能,特定的 DNA 甲基化谱式才得以在细胞有丝分裂中得到稳定的遗传。第二类是 DNMT3 家族的蛋白质,包括哺乳动物中的 DNMT3A 和 DNMT3B。它们都具有起始性 DNA 甲基转移酶的活性,在未甲基化的 DNA 双链上催化生成新的甲基化位点,负责在配子发生过程中和胚胎发育早期阶段建立甲基化谱式。DNMT3L 虽然在蛋白质序列上与 DNMT3A 和 DNMT3B 具有较高的同源性,但它本身并没有甲基转移酶活性,而是作为辅助因子调节 DNMT3A 与 DNMT3B 的甲基转移酶活性。第三类是 DNA 甲基转移酶 DNMT2,它被证明是 tRNA 的甲基转移酶。第四类是 DRM 家族的蛋白质,目前只在开花植物中发现,以拟南芥的 DRM1 和 DRM2 为代表。

3.2.2 哺乳动物 DNA 甲基转移酶的表达分布及功能研究

哺乳动物中有两种类型的 DNA 甲基化,即起始性甲基化(*de novo* methylation)和维持性甲基化(maintenance methylation),前者由起始性甲基转移酶 DNMT3A 和 DNMT3B 催化完成,在未甲基化的 DNA 双链上催化生成新的甲基化,负责配子发生过程和胚胎发育早期阶段 DNA 甲基化谱式从无到有的建立;后者由维持性甲基转移酶 DNMT1 催化完成,在 DNA 复制过程中,负责使新生成的子链具有与母链相同的甲基化,从而使细胞类型特异的 DNA 甲基化谱式能够在亲代与子代之间稳定传递(见图 3-2)。

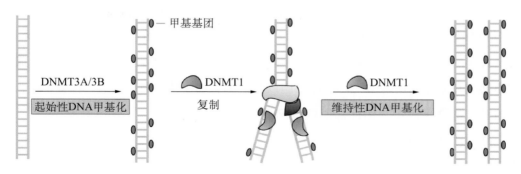

图 3-2　起始性甲基化和维持性甲基化

在早期胚胎发育及配子形成过程中,甲基转移酶的定位及表达谱式会发生动态变化,这为理解其在生长发育中的作用提供了线索。研究表明,由 DNA 甲基转移酶所介导的 DNA 甲基化动态调节对小鼠正常的生长发育和生理功能至关重要。起始性甲基转移酶 DNMT3A 和 DNMT3B 在体细胞中表达量很低,但在生殖细胞及胚胎干细胞(embryonic stem cell,ESC)中高表达。DNMT3A 对于配子形成过程中父本及母本印记的建立和维持、早期胚胎中 X 染色体失活及主卫星 DNA 序列(major satellite DNA)的甲基化具有重要的作用;DNMT3B 则更倾向于甲基化次卫星 DNA 序列(minor satellite DNA);但两者都可以独立甲基化脑池内 A 颗粒(intracisternal A particle,IAP)序列及内源 C 型反转录病毒重复序列。免疫荧光染色结果显示,DNMT3A 在未成熟期(GV 期)卵细胞的生发泡、1-细胞期受精卵的两个原核及 2-细胞期胚胎的细胞核中均有表达。在雄性配子发生起始性甲基化的精原细胞中,DNMT3A 以截短 DNMT3A2 的形式存在,可能与两者具有不同的亚细胞定位有关。在早期胚胎中,DNMT3B 的表达开始于 4-细胞期。

Dnmt3a 基因敲除的小鼠可以出生,但发育不完全,表现出精子缺陷、早衰等表型,并在出生 4 周后死亡;Dnmt3b 基因敲除的小鼠在 E9.5(阴道见栓后的第 9 天)后出现神经管发育及多种胚胎生长缺陷,并在 E13.5 死亡;Dnmt3a 和 Dnmt3b 双敲除的小鼠则有更严重的发育缺陷,胚胎发育终止于 E8.5 左右。在生殖系中特异性条件敲除 Dnmt3a 后,雌鼠的后代在出生前死亡,母本印记基因的甲基化丢失,并出现表达异常;雄鼠的精子发生过程被破坏,精原细胞中某些父本印记的起始性甲基化受阻,成年雄鼠表现出无精子症。而在生殖系中特异性条件敲除 Dnmt3b 后,小鼠及其后代没有明显的表型异常。

维持性甲基转移酶 DNMT1 广泛分布于各种组织中,其对半甲基化的 DNA 具有 5～30 倍的偏好性。在 DNA 复制时,DNMT1 在 UHRF1 蛋白的介导下,定位在复制叉上,将亲代链的甲基化谱式复制到新生链上,发挥甲基化维持的活性。DNMT1 在未成熟期卵细胞和体外成熟期(M Ⅱ期)卵细胞以及 1-细胞期受精卵中高表达。在整个植入前胚胎发育阶段,DNMT1 活性都很高,但亚细胞定位有所不同。

Dnmt1 基因敲除后,小鼠在胚胎 E10.5 天死亡,伴随着严重的基因组去甲基化;绝大多数印记基因同时在双亲来源的一对等位基因上表达或沉默;IAP 反转录转座子发生去甲基化,表达异常升高;并且雌性胚胎在早期发育过程中两条 X 染色体均失活,说明 DNA 甲基化的维持在哺乳动物个体生长发育中发挥重要作用。此外,*Dnmt1*、*Dnmt3a* 和 *Dnmt3b* 三敲除的胚胎干细胞(embryonic stem cell,ESC)无法发生分化。

3.2.3　起始性 DNA 甲基化的发生机制

起始性甲基转移酶自身对 DNA 序列并没有偏好性,至今尚不清楚它们是如何定位到特定的靶序列并催化其发生甲基化,这也是表观遗传领域的一个研究热点。最近的研究进展认为起始性甲基化的靶向可能存在多种机制,不同的生理过程可能利用不同的机制[9]。第一种机制是起始性甲基转移酶可以识别特定状态的染色质,比如特定的组蛋白修饰或者特定的染色质高级结构;第二种机制是能够识别特定 DNA 序列或者特定染色质状态的蛋白因子将起始性甲基转移酶招募到靶序列;第三种机制是利用 RNA 与 DNA 的互补配对,通过 RNAi 通路介导特定 DNA 序列的起始性甲基化。

1) 重复序列诱发的起始性甲基化

真核生物基因组中绝大多数胞嘧啶甲基化发生在重复序列。粗糙脉孢菌中所有的胞嘧啶甲基化都发生于突变的转座子。脊椎动物及开花植物基因组中 90% 以上的胞嘧啶甲基化位于串联重复序列。

如果转座子能够在宿主中传播,那么它们的拷贝数一定会增加。所以宿主需要进化出一套基因组扫描机制来识别并抑制拷贝数不断增加的转座子。粗糙脉孢菌中存在这样一种独特的宿主防御机制,称为重复序列诱导的点突变(repeat-induced point mutation,RIP)。只增多一份拷贝就足以引发重复序列的甲基化及主动的突变,这与序列本身并没有关系。哺乳动物中依赖于重复序列的甲基化发生在生殖细胞中。小鼠雄性生殖细胞中重复序列的起始性甲基化依赖于 DNMT3L。但 *Dnmt3l* 敲除的卵细胞中重复序列的甲基化是正常的,其所需要的蛋白因子还有待鉴定。

早在 1996 年 Bestor 就提出了依赖于重复序列的起始性甲基化机制[10]。在同源搜寻过程中散在重复序列进行 DNA 链交换反应,这时会形成同源-异源交叉(homology-heterology junctions)。形成交叉的速率遵从一级反应动力学,速率增加倍数与拷贝数的平方成比例。因此可能存在阈效应,即当重复序列的拷贝数增加至一定值时,会诱发起始性甲基化的发生,沉默所有的重复序列拷贝。

2) 组蛋白 H3 的甲基化调控胞嘧啶甲基化

粗糙脉孢菌中的 DNA 甲基化与其他生物是截然不同的。粗糙脉孢菌中所有胞嘧啶都是甲基化的,并且起始性甲基化与维持性甲基化都是由甲基转移酶 DIM-2 介导的。*Dim-2* 基因的敲除导致粗糙脉孢菌基因组 DNA 去甲基化。

Tamaru 等研究人员利用正向遗传学手段筛选粗糙脉孢菌的去甲基化突变体时鉴定到另一个基因 *Dim-5*。重组的 DIM-5 蛋白能够特异地甲基化组蛋白 H3 第 9 位赖氨酸。当把组蛋白 H3 第 9 位赖氨酸突变成亮氨酸或者精氨酸时,粗糙脉孢菌产生了基因组 DNA 去甲基化的表型。这些结果提供了一个强有力的证据,DIM-5 介导的组蛋白 H3K9 甲基化在粗糙脉孢菌营养细胞的 DNA 甲基化过程中发挥着不可或缺的作用。

哺乳动物中存在着多个 H3K9 甲基转移酶,已经鉴定的包括 SUV39H1、SUV39H2、G9A 和 GLP。SUV39H1/SUV39H2 主要负责旁着丝粒异染色质 H3K9 的三甲基化。*Suv39h1/Suv39h2* 双敲除对基因组胞嘧啶甲基化影响很小,只是导致旁着丝粒卫星 DNA 的甲基化谱式发生了改变。与之相对的是,*Dnmt1* 单敲除或者 *Dnmt3a/Dnmt3b* 双敲除的 ESC 中旁着丝粒异染色质区域的 H3K9 甲基化并没有发生异常。G9A 主要负责常染色质区域 H3K9 的单甲基化与二甲基化。*G9a* 敲除小鼠表现出严重的发育迟滞,死于 E9.5 天。G9A 缺失的 ESC 中反转录转座子、主卫星 DNA 及高度甲基化的富含 CpG 的启动子的甲基化水平明显降低。此外,G9A 缺失的 ESC 在体外诱导分化时全能性基因 *Oct4* 的转录不再被沉默,其启动子的甲基化也不再发生。

很显然,H3K9 甲基化对于粗糙脉孢菌营养细胞中胞嘧啶的甲基化是必需的。但是哺乳动物中,多个 H3K9 甲基转移酶的存在增加了研究 H3K9 甲基化与 CpG 甲基化之间相互关系的难度。不同的 H3K9 甲基转移酶可能参与了不同序列的 DNA 甲基化。或许,H3K9 甲基化与 DNA 甲基化并没有必然的因果关系。

3) SWI2/SNF2 解旋酶同源蛋白与胞嘧啶甲基化

SWI2/SNF2 家族是一类 ATP 依赖的染色质重塑蛋白,它们在胞嘧啶的甲基化中发挥着重要的作用,但确切的机制尚未阐明。早在 1993 年,Vongs 等研究人员利用正向遗传学手段筛选着丝粒重复序列低甲基化的拟南芥突变株时鉴定到一个基因 *Ddm1*,它编码了 SWI2/SNF2 样的蛋白质。*Ddm1* 突变植株中 5mC 的总量降低了 70%,主要是重复序列的胞嘧啶甲基化严重丢失。突变植株是可以存活且是可育的,但后续的子代植株表现出越来越严重的发育缺陷,形态学的表型异常也变得明显。LSH (lymphoid-specific helicase)是 DDM1 的哺乳动物同源蛋白。*Lsh* 敲除小鼠死于围生期,伴随外周 T 细胞缺陷及肾脏发育异常。*Lsh* 敲除也会导致小鼠总体基因组 DNA 甲基化水平的显著降低。发生去甲基化的位点主要是重复序列,也包括单拷贝基因。

4) RNA 介导的 DNA 甲基化

RNA 介导的 DNA 甲基化(RNA directed DNA methylation,RdDM)最先是在转基因烟草中发现的。马铃薯纺锤块茎类病毒的 cDNA 转染烟草并整合进烟草基因组后被甲基化,而整合位点的转移 DNA(transfer DNA,T-DNA)与烟草基因组 DNA 都没有被甲基化。类病毒复制周期中并没有 DNA 相,那么很可能是类病毒的 RNA 介导了其 cDNA 的起始性甲基化。该研究首次在 RNA 与 DNA 甲基化调控之间建立了联系。拟南芥中 RNA 介导的 DNA 甲基化是由 DRM 甲基转移酶完成的,并且依赖于 RNAi 通路中的诸多成员。RNA 介导的 DNA 甲基化只限于与 RNA 序列相似的 DNA 位点,提示 RNA 是通过碱基互补配对机制将 DNA 甲基化定位至特定的位点。

目前尚不清楚 RdDM 在真核生物中是不是介导起始性甲基化的一个主要机制。至少在粗糙脉孢菌中,RdDM 对于 DNA 甲基化没有什么特别的作用。哺乳动物缺少拟南芥 RdDM 通路所必需的蛋白——RdRP(RNA dependent RNA polymerase)与染色质重塑蛋白 DRD1。除了 C 端催化结构域,DRM 与哺乳动物的 DNMT3 的差异很大。两项独立的研究工作报道在哺乳动物细胞中也存在类似的 RNAi 介导的起始性甲基化。当将对应于某一基因启动子序列的双链 RNA 分子导入哺乳动物细胞,靶基因被有效地沉默,同时伴随着相应启动子序列的起始性甲基化。对于这个现象是否具有普遍性还存有争议,因为其他一些研究报道,在没有 DNA 甲基化的情况下 RNAi 介导的基因沉默还是正常发生的。

对于 Dicer 的研究使得这种不确定性变得更加复杂。Dicer 是 RNAi 系统中的一个必要蛋白。*Dicer* 基因的敲除导致原本沉默的着丝粒卫星 DNA 发生转录，这表明 RNAi 系统对于这些元件的沉默状态是必需的。此外，*Dicer* 敲除细胞中着丝粒重复元件的胞嘧啶甲基化水平降低了，这暗示 RNAi 机制参与维持性甲基化谱式。与之相对的是，*Dicer* 敲除的 ESC 中卫星 DNA 的甲基化并没有改变。需要进一步研究证明在哺乳动物中是否确实存在 RNAi 介导的 DNA 甲基化。

5）特异蛋白因子介导的起始性甲基化

最初有人推测起始性甲基转移酶可能是通过识别特定序列的 DNA 结合蛋白而定位到靶序列发挥功能的。但是研究结果表明，序列特异的 DNA 结合蛋白，如 MeCP2（methylcytosine binding protein 2）和 MBD2（methyl-CpG-binding protein 2），并不参与基因组甲基化谱式的建立及维持过程。而在白血病发生的研究中却发现 PML-RAR 融合蛋白能够诱发靶基因发生高度甲基化。PML-RAR 融合蛋白将 DNA 甲基转移酶招募到靶位点，通过甲基化靶基因的启动子而使之沉默。用全反式视黄酸处理白血病细胞时，全反式视黄酸与 RAR 结合，改变了融合蛋白 PML-RAR 的构象，使之脱离靶位点。靶基因的启动子发生去甲基化，基因重新表达，逆转了癌变表型。

Brenner 等人证明 MYC 蛋白与 DNA 甲基转移酶之间存在功能联系。MYC 的靶基因 *p21cip1* 的有效抑制依赖于 DNMT3A 与 MYC 蛋白之间直接的相互作用。染色质沉淀实验显示 DNMT3A 通过 MYC 蛋白募集到 *p21cip1* 的启动子区域，并导致 *p21cip1* 启动子的起始性甲基化。DNMT3A 的甲基转移酶活性对于 *p21cip1* 的沉默是必需的。DNMT3A 催化结构域的点突变可以削弱这种沉默作用。DNMT3A 在调控 *p21cip1* 基因的表达过程中所起的确切作用还有待进一步阐释，但该研究模型揭示了起始性甲基化可以由转录抑制因子来介导。

Santoro 等人的研究则显示 DNA 甲基化在抑制 rRNA 基因的表达方面发挥作用。rRNA 基因的沉默依赖于启动子区域单个 CpG 的起始性甲基化。这提示核仁重塑复合物（nucleolar remodeling complex，NoRC 复合物）介导的 rRNA 基因的沉默与 DNA 甲基化之间存在一定的关联。染色质沉淀实验显示 DNMT 甲基转移酶被活跃地招募到 rRNA 基因的启动子区域。

此外，GCNF 参与了 ESC 分化过程全能性基因 *Oct4* 和 *Sox2* 的启动子甲基化。上述这些研究结果提示蛋白-蛋白相互作用是介导起始性甲基化发生的重要因素。

3.2.4　维持性 DNA 甲基化的发生机制

维持性 DNA 甲基化的发生伴随着 DNA 的复制。DNMT1 具有以下几个结构域。DMAP1 蛋白结合区域,DMAP1 蛋白可以与多种蛋白质形成复合物,介导基因的抑制或者激活。PBD 结构域(PCNA binding domain),是增殖细胞核抗原(proliferating cell nuclear antigen,PCNA)的结合位点,早先的研究表明哺乳动物中维持性 DNA 甲基化酶 DNMT1 通过 PCNA 和其他因子的介导被招募到复制位点。RFTS(replication foci targeting sequence)结构域,可以通过抑制催化结构域对半甲基化 DNA 的识别抑制 DNMT1 的酶活性。当 DNMT1 需要发挥活性时,RFTS 发生位移使催化位点暴露出来。CXXC 结构域,可特异地识别并结合非甲基化的 DNA,又可以将其屏蔽在催化中心之外,保证其对半甲基化底物的专一性。两个 BAH 结构域 BAH1 和 BAH2 在结构和序列上都比较保守。C 端为催化结构域,可以进一步细分为两部分,结合 SAM 的催化结构域和 TRD 结构域(target recognition domain)。晶体结构表明,催化结构域通过碱基翻转机制将未甲基化的胞嘧啶翻转至催化口袋内,在 SAM 提供甲基和半胱氨酸的攻击下,将甲基加在嘧啶环第 5 位碳原子上。TRD 结构域识别甲基化的一条链,将未甲基化的另一条链呈递到催化中心。DNMT1 蛋白结构的研究表明 DNMT1 介导的维持性 DNA 甲基化的发生是十分精确的。

随后的研究表明,PCNA 不足以招募 DNMT1[11]。2007 年,UHRF1 被发现参与了 DNA 的维持性甲基化。有证据显示,*Uhrf1* 的敲除导致了 DNA 甲基化的下降,与敲除 *Dnmt1* 的表型非常相似,这表明 UHRF1 对于 DNMT1 的功能来说是必需的[12]。在 DNA 半保留复制中,UHRF1 蛋白可招募 DNMT1 至半甲基化 DNA 位点,完成新合成 DNA 链上的甲基化修饰,对维持基因组 DNA 的甲基化图谱和水平起至关重要的作用[13]。UHRF1 也是一个包含多个结构域的多功能蛋白,其中的 SRA 结构域(Set and Ring finger-associated domain)通过识别半甲基化 DNA,帮助 DNMT1 定位在半甲基化 CpG 位点区域,完成新生链上的甲基化修饰。此外,有研究指出,UHRF1 是目前哺乳动物细胞中所知的唯一一个能特异结合甲基化 H3 和甲基化 CpG 的蛋白质,能通过与 H3K9me2/H3K9me3 或半甲基化的 CpG 结合,靶向 DNMT1,用以维持 DNA 甲基化。UHRF1 在 DNA 甲基化维持水平上,参与了 H3K9 甲基化和 DNA 甲基化之间的通信。

3.2.5 DNA 甲基化的分析方法

鉴于 DNA 甲基化在正常生命活动调控及疾病发生中的关键作用,对 5mC 在基因组上进行定量并确定其分布有利于进一步理解表观遗传调控机制。在过去的十几年中,新的 DNA 甲基化检测方法不断涌现,从只能分析特定位点的甲基化,发展到可在基因组整体水平上进行检测,并能精确到单碱基分辨率。

虽然用免疫荧光染色的方法可以对基因组上的 DNA 甲基化进行半定量分析,但这种方法并不能检测特定序列的甲基化,并且 5mC 的抗体更倾向于吸附在 5mC 密集的区域,几乎不能反映 CpG 稀疏区域的甲基化[14]。由于基因组上 40% 的序列是由转座子相关元件组成,只有 2%~3% 是基因序列,所以免疫荧光信号大部分反映的是与转座子相关元件的甲基化。而直接用其他标准的分子生物学技术,如 PCR 和分子克隆,去分析甲基化的 DNA 时,会造成甲基化信息的丢失。由于甲基基团位于 DNA 双螺旋的大沟内,因此基于氢键共价连接进行碱基互补配对的核酸杂交方法也无法直接分析甲基化。为了解决这些问题,检测 DNA 的甲基化通常分 2 步:先将 DNA 进行甲基化依赖的预处理;然后再通过标准生物学技术,如 PCR 扩增、分子探针杂交和测序,读出预处理的结果,判断出原始 DNA 上是否存在甲基化。不同的 DNA 预处理方法再结合不同的读出方法,产生了多种 DNA 甲基化分析的技术[15]。目前,有 4 种主要的 DNA 预处理方法:亚硫酸氢盐转化(bisulfite conversion)、限制性核酸内切酶消化(restriction endonuclease digestion)、吸附富集(affinity enrichment)和 SMRT 测序。

1) 亚硫酸氢盐转化

亚硫酸氢钠对胞嘧啶碱基的脱氨速率远大于对甲基胞嘧啶的脱氨速率,这一发现促使基于亚硫酸氢盐转化的 DNA 甲基化检测方法建立。经过一定时长的亚硫酸氢盐处理后,变性后的单链 DNA 上的胞嘧啶脱氨生成尿嘧啶,但 5mC 却不受影响。再经过 PCR 扩增后,原先的胞嘧啶以胸腺嘧啶的形式读出,而 5mC 仍然以胞嘧啶的形式读出,以此将 5mC 与胞嘧啶(C)进行区分。

亚硫酸氢盐转化能够在单碱基分辨率水平上检测 CpG 双核苷酸及非 CpG 的甲基化,并且适用于多种样品,如经甲醛(福尔马林)固定或经石蜡包埋的样品。保证脱氨的充分性是亚硫酸氢盐处理的关键。经过亚硫酸氢盐处理后,DNA 序列复杂性降低,冗余性升高,因而与探针杂交的特异性变弱,不适合通过芯片杂交(array hybridization)的方法分析基因组水平上 5mC 的分布。近年来,将 DNA 进行亚硫酸氢盐转变后再进行 PCR 扩增和测序(BS-Seq)已成为检测 DNA 甲基化的"金标准"。此外,将亚硫酸氢盐转化的样品进行 PCR 扩增后,再结合限制性酶切的方法(combined bisulfate restriction analysis, COBRA)可以从样本整体水平上分析切割位点处 CpG 的甲基化。

目前,在基因组上进行高通量 BS-Seq 的方法主要有全基因组亚硫酸氢盐测序(whole-genome bisulfite sequencing,WGBS)以及覆盖率低于 WGBS 但测序深度更容易提高的简化代表性亚硫酸氢盐测序(reduced representation bisulfite sequencing,RRBS)技术。由于基因组上大部分区域中 CpG 的密度很低(每 100 bp 长度范围内平均含有不到 1 个 CpG),并且 CpG 在基因组上不同类型区域中的分布不均匀及二代高通量测序的读长很短,使得 WGBS 花费昂贵,尤其不适用于对多个大基因组真核生物样本进行平行比较分析。RRBS 则能较好地弥补这些缺陷。通过不断发展,RRBS 所需的模板量已从 10~300 ng 降低到只需单细胞基因组的 DNA 量。但在起始样本量很低的情况下,会调整其中几个处理步骤。例如,将 PCR 富集前的所有反应均限定在同一个 Eppendorf 管内。用限制性酶 Msp Ⅰ 或 Taq Ⅰ 消化基因组 DNA 后,产生两侧酶切末端均为 CpG 的片段,通过测序读出的结果至少包含一个有效的 CpG 甲基化信息。因此,通过酶切可以达到富集含有高密度 CpG 的 DNA 区域的目的,并且使得在只有较少读段(read)数的情况下也可获得对同一个片段较高的测序深度。RRBS 方法很突出的一个优点就是它只需要中等水平的测序深度即可广泛覆盖到基因组上各种重要的区域。测序深度和覆盖率因限制性酶及酶切片段长度的不同而异。与 WGBS 昂贵的花费相比,RRBS 尤其适合于比较多个样本间 DNA 甲基化的差异。需要注意的是,RRBS 虽然能够广泛覆盖基因组上不同类型的区域,但更多反映的是 CpG 双核苷酸比较富集的 CpG 岛和启动子区域的甲基化情况。

2) 限制性核酸内切酶消化

有些限制性核酸内切酶的活性会被识别序列内 CpG 的甲基化所抑制,或只在识别序列内的 CpG 被甲基化时才有切割能力。前者称为甲基化敏感性限制性内切酶(methylation-sensitive restriction enzymes),如 Hpa Ⅱ,可以富集甲基化的 DNA 片段;后者称为甲基化修饰依赖性限制性内切酶(methylation-dependent restriction enzymes),如 McrBC,可以富集非甲基化的 DNA 片段。通过平行比较不同限制酶的切割谱式可以判断出原始序列中切割位点处 CpG 的甲基化情况,但限制酶切割的完全性是关键。

3）吸附富集

与 ChIP 的方法类似,对 DNA 的吸附富集可通过用特异性针对 5mC 的抗体或甲基结合蛋白与 DNA 进行孵育来完成,前者称为 MeDIP,后者包括具有 MBD(methyl CpG-binding domain)结构域的 MeCP2 和 MBD2 蛋白。富集得到的 DNA 可通过芯片杂交或高通量测序,如 MeDIP-Seq、MethylCap-Seq 和 MBD-Seq,检测 5mC 在基因组上的分布。需要注意的是,5mC 的密度会影响吸附富集的效率,吸附更容易发生在 5mC 密度比较高的区域。

4）SMRT 测序

DNA 甲基化检测的方法虽然有很多,但是大多离不开亚硫酸氢盐的转化,这一过程操作较为烦琐,并且极端的反应条件可能造成 DNA 的损伤。目前,薄层层析、高效液相色谱(HPLC)和质谱等方法能直接检测甲基化。但是还没有一种高通量方法,能对 DNA 序列进行直接的甲基化测定。2010 年,*Nature Methods* 杂志上发表了美国 Pacific Biosciences 公司的研究成果,他们开发了一种 SMRT 技术,对 DNA 聚合酶扩增 DNA 时的工作状态进行实时监测。在 SMRT 测序中,DNA 聚合酶催化荧光标记的核苷酸掺入互补的核苷酸链中。荧光标记核苷酸的掺入可以以荧光脉冲的形式被检测出来,当聚合酶切断连接在核苷酸末端的荧光基团时,脉冲终止。荧光脉冲的到达时间和持续时间构成了聚合酶的动力学信息,因此可以直接检测 DNA 模板链中带有修饰的核苷酸,包括 6mA、5mC 和 5-羟甲基胞嘧啶(5hmC)。聚合酶的动力学测定不会对 DNA 一级序列的测定产生不利影响。每种修饰对聚合酶动力学的影响是不一样的,因此能够将它们区分开来。

3.3 DNA 去甲基化

人们一直认为 DNA 甲基化是稳定存在的,大量研究却显示这种修饰并不是完全静态的。DNA 甲基化的丢失,即 DNA 去甲基化可以通过两条途径实现:被动去甲基化(passive demethylation)和主动去甲基化(见图 3-3)。被动去甲基化是指在 DNA 复制过程中,如果维持性甲基转移酶 DNMT1 失活或不表达,DNA 甲基化随着细胞的不断分裂而逐渐被稀释;而主动去甲基化是指由酶催化的、将甲基基团从 5-甲基胞嘧啶上切除的过程。

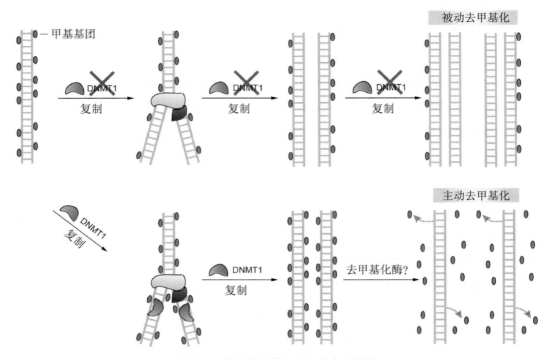

图 3-3　被动去甲基化与主动去甲基化

3.3.1　小鼠胚胎发育过程中的 DNA 甲基化重编程

在哺乳动物胚胎发育过程中,基因组的甲基化谱式会经历两次大规模的重编程过程[16,17]。一次发生在受精至着床前的早期胚胎发育阶段(见图 3-4)。成熟的精子和卵细胞具有不同的 5mC 表观遗传修饰。其中,精子具有很高的甲基化程度,平均水平为 90%,而卵子的甲基化程度则较低,平均水平为 40%。精子特异的甲基化主要存在于重复序列和基因间区域,很少发生在 CpG 岛(CpG islands,CGI);而卵子中则有很多甲基化的 CpG 岛,有超过 1 300 个 CpG 岛在卵子中是甲基化的,但在精子中却未被甲基化。受精发生后,通过利用特异性针对 5mC 的抗体进行免疫荧光染色及利用亚硫酸氢盐测序对特定基因位点和重复序列进行甲基化检测,间接证明在受精后很短时间内,紧随着包裹在父本基因组上的鱼精蛋白被卵胞质中的组蛋白置换完成,雄原核(male pronucleus)会发生迅速的大规模去甲基化,并且去甲基化在复制起始前即开始发生。由于受精卵中 DNA 只复制一次,理论上不足以引起雄原核 5mC 信号如此快速地丢失,更重要的是,在加入 DNA 复制抑制剂后,这种大规模的 DNA 去甲基化仍会发生。因此认为,雄原核很可能发生了主动去甲基化[18, 19];与此同时,雌原核(female pronucleus)则以相对较慢的速度在卵裂过程中随着 DNA 复制发生被动的去甲基化(事实上,随着测序深度的增加,研究人员发现雌原核中也会发生主动去甲基化,见下文)。

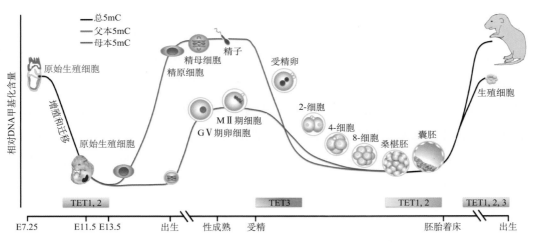

图 3-4　小鼠发育过程中基因组甲基化谱式的动态变化

二倍体基因组的甲基化水平在着床前降至最低。但这一过程中有一些序列仍然保持着甲基化,如着丝粒及其周围的异染色体、IAP 反转录转座子以及亲本甲基化印记基因。另外,在植入前的囊胚中,大部分卵细胞特异的和一部分精子特异的甲基化 CpG 岛仍然维持着比预期水平要高的甲基化。着床后,随着各个组织器官的发生,不同类型的细胞在 DNA 甲基转移酶的作用下重新建立起相应的甲基化谱式。

另一次重编程发生在配子形成过程中。原始生殖细胞最初来源于着床后的上胚层细胞,这一类群的细胞在胚胎 E6.5—E7.5 天时期受到来自滋养外胚层的 BMP4 信号和来自脏内内胚层的 BMP2 信号的调控。从 E8.5 天起,PGC 开始向生殖嵴迁移,并通过有丝分裂使 PGC 数量显著升高。在 E11.5 天 PGC 到达生殖嵴前后,通过对特定位点以及基因组整体水平的亚硫酸氢盐测序分析发现,包括印记基因在内的很多位点处都发生了显著的去甲基化,PGC 基因组整体甲基化水平低于 10%,而在此阶段,整个胚胎的甲基化水平大于 70%。另外,与早期胚胎一致,IAP 位点仍然保持着高度甲基化。

在 E12.5 天性别决定发生后,雌、雄生殖细胞发生非对称的起始性甲基化,并最终建立成熟的卵子和精子特异的甲基化谱式。在雄性胚胎中,起始性甲基化开始于减数分裂前处于有丝分裂阻滞的前精原细胞中，并在出生前建立完整的甲基化谱式。在雌性胚胎中，初级卵母细胞阻滞在第一次减数分裂前期，起始性甲基化在小鼠出生后开始于卵母细胞生长过程中，并在性成熟前建立完整的甲基化谱式[20]。另外，在红细胞的分化和形成过程中，也会发生基因组大规模的 DNA 去甲基化。虽然抑制 DNA 的复制会显著阻碍该过程中去甲基化的发生，但并不能排除有主动去甲基化机制参与其中。

除了基因组上大规模的 DNA 去甲基化外，一些特定类型的体细胞也会快速响应环境因素的刺激，发生位点特异性的 DNA 主动去甲基化。例如，在受到环境刺激后的 20 分钟内，激活的 T 细胞会在白细胞介素-2（interleukin-2）的启动子和增强子区域发生去甲基化，并且这种去甲基化不依赖 DNA 的复制。又如，处于有丝分裂停止的神经元细胞在接受 KCl 刺激后（去极化），原本被甲基化的 *BDNF*（brain-derived neurotrophic factor）启动子会发生去甲基化，同时伴随着 *BDNF* 基因表达的上调及原本结合在甲基化启动子上的 MeCP2 蛋白因子的释放。

3.3.2　DNA 去甲基化的可能途径

理论上来讲，DNA 主动去甲基化存在多种发生机制，可通过间接和直接两种方式完成（见图 3-5）。间接的方式包括：①通过糖苷酶切除 5mC，激活碱基切除修复（base excision repair，BER）途径，完成胞嘧啶对 5mC 的替换；②通过核苷酸切除修复（nucleotide

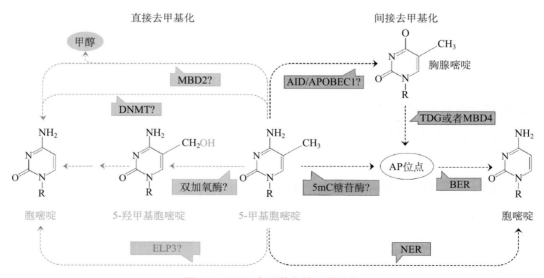

图 3-5　DNA 去甲基化的可能途径

excision repair，NER)途径切除包含 5mC 的短的 DNA 片段，之后以互补链为模板进行修复；③5mC 脱氨形成胸腺嘧啶(T)，之后再通过 BER 途径修复 G/T 错配。直接移除甲基或甲基的修饰产物，是真正意义上的去甲基化，包括：①通过酶活反应，直接打断胞嘧啶第 5 位碳原子与甲基基团之间的 C—C 键；②甲基基团发生氧化性修饰，自发从胞嘧啶环上脱离；③筛选与去甲基化相关的蛋白因子，根据其结构特征，推测在化学上可行的去甲基化反应机制。下面将对这些可能的去甲基化途径进行详细介绍。

(1) 5mC 糖苷酶-碱基切除修复途径。植物采用此机制实现 DNA 的去甲基化。DME/ROS1 等存在于开花植物中的 DNA 糖苷酶能够直接切除 5mC 碱基，激活 BER 途径，实现 DNA 修复[21-23]。在哺乳动物中，没有鉴定出 DME/ROS1 的同源蛋白，虽然参与 G/T 碱基错配修复的两个糖苷酶 TDG（thymine DNA glycosylase）和 Mbd4（methyl-CpG binding protein 4）在体外条件下被发现具有切除 5mC 碱基的酶活力，但它们切除 5mC 的活性比切除 G/T 或 G/U 错配中 T 或 U 的活性低 30～40 倍，而且 MBD4 敲除的卵细胞仍然可以使雄原核发生去甲基化，Mbd4 敲除的小鼠可以存活，在发育过程中甲基化谱式正常。目前还没有证据表明在体内条件下，这两个糖苷酶通过直接切除 5mC 碱基发挥去甲基化作用。

(2) 核苷酸切除修复途径。当 DNA 受到化学试剂或辐射诱变造成多个核苷酸位点损伤时，一般采用此种修复机制。修复时将包含损伤位点在内的一段 24～32 个核苷酸的片段移除，然后以互补链为模板，填补空缺并在连接酶的作用下与基因组缝合，完成修复。显然，当 5mC 包含在被移除的短核苷酸片段内时，会引起 DNA 去甲基化。研究发现，GADD45A 会参与 NER 过程[24，25]，而在哺乳动物细胞内过表达 GADD45A 则会引起位点特异性甚至全基因组的去甲基化。进一步的研究表明，去甲基化的发生需要 NER 途径中 XPG 内切酶的参与，它与 GADD45A 存在相互作用，提示 NER 途径介导 DNA 去甲基化的可能性。然而，Gadd45a 基因敲除小鼠的位点特异性及整体的甲基化水平并未发生改变。最近的研究表明，GADD45A 是通过 TDG 参与到 DNA 的去甲基化过程中。研究人员发现 GADD45A 蛋白与 TDG 蛋白存在着相互作用。GADD45A 可以促进细胞中的 5-羧基胞嘧啶(5-carboxylcytosine，5caC)向胞嘧啶转换，而在 TDG 敲除的细胞中，GADD45A 则不能促进 5caC 的消除。GADD45A 家族的另一成员 GADD45B 参与了成体神经发生过程中关键基因的去甲基化，但对于受精卵父本基因组的去甲基化并没有影响。

（3）5mC 脱氨-碱基切除修复途径。5mC 脱氨生成 T，造成 G/T 错配，之后通过糖苷酶 TDG 或 MBD4 起始的 BER 途径替换成胞嘧啶。脱氨酶 AID 和载脂蛋白 B mRNA 编辑酶催化亚基 1（apolipoprotein B mRNA editing enzyme catalytic subunit 1，APOBEC1）通过将胞嘧啶脱氨生成尿嘧啶，造成 DNA 或 RNA 突变，在抗体多样性、RNA 编辑和病毒防御等生物学过程中发挥重要作用[26]。在体外生化实验和大肠杆菌中，AID/APOBEC1 能够将 5mC 脱氨生成 T，但其对 5mC 的脱氨能力远低于胞嘧啶，两者相差 10～20 倍，而且 AID 主要作用于单链 DNA。尽管 AID 缺失的小鼠 PGC 基因组甲基化有 4%～13% 的升高，但整体甲基化水平仍然很低（约 20%），这说明 AID 并没有介导 PGC 中主要的去甲基化过程。Arioka 等发现，AID 与 TET 蛋白存在相互作用，并能调控 TET 的核定位，所以 AID 缺失的 PGC 基因组去甲基化部分受阻可能并不是由于 AID 脱氨作用丧失引起的，而可能是由于 TET 蛋白的功能受阻所致。

（4）直接移除甲基基团。这是最简单直接的去甲基化方式，通过打断胞嘧啶环与甲基基团之间的 C—C 键，直接将甲基基团移除，但这个反应需要很大的能量，在热动力学上不易发生。曾有实验室报道，MBD2 能够催化此反应，并且不需要任何辅助因子，在打断 C—C 键的同时，释放出甲醇。然而，MBD2 同时被发现能够稳定地结合甲基化的 DNA，如果 MBD2 能够很有效地移除甲基基团，其对甲基化 DNA 的牢固结合似乎不太可能发生；其次，*Mbd2* 基因敲除小鼠可以存活，并且各组织中 DNA 甲基化水平正常。最近，Chen 等发现，在体外条件下，当不存在甲基供体 SAM 时，人源的 DNMT 能够将 5mC 直接脱甲基，生成未修饰的胞嘧啶，但在体内条件下，活细胞不可能完全去除甲基供体 SAM，客观上不具备 DNMT 发挥去甲基化酶活性的环境，在细胞内是否存在此反应还有待研究。

（5）5mC 氧化去甲基化途径。受细菌中 1mA 和 3mC 的氧化去甲基化机制启发而做出的猜想。在大肠杆菌中，ALKB 蛋白能够修复受到烷化损伤的基因组 DNA，其在 O_2、Fe^{2+} 和 α-酮戊二酸（2-oxoglutarate，2OG）等因子的辅助下能够将 1mA 和 3mC 的 N-甲基基团氧化生成 N-羟甲基基团，后者随后以甲醛的形式自发从嘌呤或嘧啶环上释放，同时得到未甲基化的腺嘌呤或胞嘧啶[27, 28]。虽然 C—C 键断裂比 N—C 键断裂需要更多的能量，但在真菌中确实存在着前一种反应。在真菌的核苷酸代谢中存在一种胸腺嘧啶补偿途径，即胸腺嘧啶-7-羟化酶（thymine-7-hydroxylase，THase）在 O_2、Fe^{2+} 和 α-酮戊二酸等辅助因子的帮助下，将 T 连续氧化为 5-羟甲基尿嘧啶（5hmU）、5-醛基尿嘧啶

（5fU）和 5-羧基尿嘧啶（5caU），后者在异乳清酸脱羧酶（iso-orotate decarboxylase，IDCase）的作用下转变为尿嘧啶（U），最初的甲基基团以 CO_2 的形式被释放[29,30]。虽然哺乳动物中没有发现 THase 的同源蛋白，但在锥虫中，JBP1 和 JBP2 蛋白有类似于THase 的酶活性。随着 5hmC 及 JBP1/JBP2 在哺乳动物中的同源蛋白 TET 的发现，确证了 5mC 连续氧化途径的存在，极大地促进了去甲基化机制的研究。

（6）S-腺苷甲硫氨酸（SAM）自由基酶催化反应途径。在筛选与受精卵父本基因组去甲基化相关的因子时，发现了 ELP3 蛋白（elongator complex protein 3），该蛋白含有的四铁四硫簇基团可对 SAM 进行还原，生成高活性的脱氧腺苷自由基，从而引发 5mC甲基基团的转化及去除反应，推测 ELP3 可能通过这种方式参与了 DNA 的去甲基化[31]。但是此反应需要在无氧条件下进行，在细胞内 ELP3 是否可通过 SAM 自由基酶催化反应介导 5mC 的去甲基化，还需要更多生化和遗传实验数据的支持。

3.4　TET 蛋白与 DNA 氧化去甲基化

3.4.1　TET 蛋白和 5hmC 的发现

1993 年，研究人员在锥虫的核 DNA 中发现了一种新的碱基，命名为 J，即 β-D-葡萄糖基羟甲基脱氧尿嘧啶（β-D-glucosylhydroxymethyluracil）。与 5mC 的功能类似，J 在基因沉默中发挥重要作用。碱基 J 的发生有两步反应，先是胸腺嘧啶第 5 位碳原子的甲基被氧化为羟甲基，然后进一步被糖基化，其中第一步反应由 α-酮戊二酸和 Fe^{2+} 依赖的两个酶催化完成，即 JBP1 和 JBP2[32]。

2009 年 4 月，*Science* 杂志报道了 Anjana Rao 实验室一项重要的研究成果。利用生物信息学技术，Tahiliani 等研究人员找到了锥虫 JBP1 和 JBP2 在哺乳动物中的同源蛋白，即 TET1、TET2 和 TET3。与 JBP1 和 JBP2 相同，TET1～TET3 属 α-酮戊二酸和 Fe^{2+} 依赖的加氧酶家族，在多细胞动物、真菌和藻类中都有表达[33,34]。一系列的体外、体内实验均证明，以 TET1 为代表的 TET 家族蛋白具有将 5mC 氧化为 5hmC 的酶活性，并且此催化活性是 α-酮戊二酸和 Fe^{2+} 依赖的[34]。RNAi 抑制 TET1 的表达时，5hmC 在基因组内的含量也会随之降低。同一期杂志上还发表了 Kriaucionis 等的工作，他们发现在小鼠脑部组织，特别是浦肯野细胞（Purkinje cell）内也存在着胞嘧啶的羟甲基化修饰，其含量接近 ESC 细胞中 5hmC 含量的 20 倍。

3.4.2　5hmC 在基因组上的分布

5hmC 分布于 ESC 中，ESC 细胞分化后 5hmC 的含量降低，因此，5hmC 被认为是一种与多能性相关的表观遗传修饰。5hmC 稳定存在于小鼠 ESC 的基因组 DNA 中，大约占核苷酸总量的 0.032%，ESC 自发分化时 5hmC 的含量降低 40% 左右；在成体各组织中，与 5mC 相对稳定的含量不同，5hmC 的含量具有组织特异性，在神经系统中相对富集。脑组织中 5hmC 占胞嘧啶总量的 0.3%～0.7%，大脑皮质和海马中含量相对较高；5hmC 在成熟的神经元中含量很高，而在神经前体细胞、未成熟的神经元、神经母细胞瘤和一些胶质细胞系中则含量很低或检测不到，如在小脑浦肯野细胞中 5hmC 占核苷酸总量的 0.6%，在颗粒细胞中约含 0.2%，在成体神经干细胞（adult neural stem cell，aNSC）中含 0.036%；而且，在神经系统的发育中，5hmC 的含量随着小鼠年龄的增长而逐渐升高，衰老小鼠的小脑中 5hmC 显著增多。

3.4.3　TET 蛋白介导的 DNA 去甲基化

上文已经提到，粗糙脉孢菌中存在一种尿嘧啶代谢补偿途径。那么，TET 蛋白是否具有类似于 THase 的功能，通过多步氧化反应将 5mC 转变成 5caC 呢？徐国良课题组在这个假说的推动下开始了哺乳动物 DNA 主动去甲基化机制的研究[35]。高效液相色谱（high performance liquid chromatography，HPLC）及薄层层析（TLC）技术的研究结果显示 5mC 被转变成一种新的形式。经质谱鉴定，这种新的修饰形式为 5caC。接下去的问题是 5caC 如何转变成非甲基化的胞嘧啶的呢？是存在类似于 IDCase 5caC 脱羧途径，还是其他途径，如碱基切除修复途径呢？2010 年，英国剑桥大学 Azim Surani 实验室的研究工作显示碱基切除修复途径参与了小鼠生殖系的重编程。糖苷酶是 BER 途径最上游的蛋白质分子。在这个实验结果的启发下，徐国良实验室纯化了目前已知的 4 种针对 G/U 错配的糖苷酶，即 TDG、MBD4、UNG1 及 SMUG1，并检测这些糖苷酶是否可以特异性地切除 5caC，结果显示这 4 种糖苷酶中只有 TDG 可以特异性地切除 5caC。用抗-TDG 抗体免疫去除 ESC 核抽提物中内源的 TDG 蛋白导致核抽提物中 5caC 切除活性大大降低。而共转染 TDG 和 TET2 则可以消除基因组中 TET 催化产生的 5caC，丧失酶活的 TDG 突变体蛋白则没有这种作用。*Tdg* 敲除的 ESC 或者 *Tdg*

敲除的诱导性多能干细胞(induced pluripotent stem cells，iPSC)的核抽提物中 5caC 切除活性基本消失，同时在这两种细胞中均可以检测到 5caC 的积累。上述结果证明 5mC 可在双加氧酶 TET 的催化下转变成 5caC，而 5caC 则进一步通过 TDG 介导的 BER 途径转变成未甲基化的胞嘧啶。同时，著名华人科学家张毅教授实验室也发现了同样的生化机制。他们发现 TET 蛋白可以在体外将 5hmC 顺序氧化成 5-醛基胞嘧啶(5-formylcytosine，5fC)和 5caC，并用质谱方法在 ESC 及多种小鼠组织中检测到 5fC 和 5caC 的存在[36]。但他们没有继续深入研究 5caC 如何转变成未修饰的胞嘧啶。

最近的一系列研究确证了 TDG 作为 TET 的下游蛋白，在氧化去甲基化过程中发挥作用。在 Tdg 敲除的神经干细胞分化过程中，也检测到了 5fC/5caC 的积累。在成纤维细胞重编程为 iPSC 的过程中，在 TET 的下游，TDG 直接介导了对此过程极为关键的 miRNA 基因的去甲基化。将 3 个 Tet 或 Tdg 敲除后，一些重要的 miRNA 的去甲基化受阻，致使间质-上皮转化(mesenchymal-to-epithelial transition，MET)的中间过程无法完成，最终导致重编程的失败[37]。TET-TDG 偶联 BER 的氧化去甲基化途径的发现推动了人们对主动去甲基化机制的认识。

3.4.4　TET 蛋白介导的氧化去甲基化的其他途径

5mC 的 3 种氧化产物 5hmC、5fC 和 5caC 都可作为去甲基化过程的中间产物，参与到一种或多种去甲基化途径中(见图 3-6)。除了 TET-TDG-BER 去甲基化途

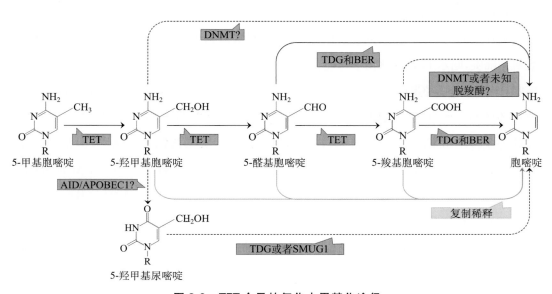

图 3-6　TET 介导的氧化去甲基化途径

径外，TET 蛋白介导的氧化去甲基化机制可能还包括：①5hmC 脱氨-碱基切除修复途径；②5mC 甲基基团氧化产物的直接移除；③5mC 氧化产物依赖 DNA 复制的被动稀释。

（1）5hmC 脱氨-碱基切除修复途径。与 5mC 脱氨类似，AID/APOBEC1 理论上可以介导 5hmC 的脱氨，生成 5hmU。Guo 等发现，在体外培养的细胞及小鼠脑中存在此反应[38]，形成的 G/5hmU 碱基错配进一步被糖苷酶 TDG 或 SMUG1 切除，激活 BER 途径，完成修复。然而，在体外反应中，并没有检测到 AID/APOBEC1 对 5hmC 有脱氨活性，在 AID/APOBEC1 过表达的细胞中，也没有发现 5hmU 含量的升高。Guo 等提出的 AID/APOBEC1 将 5hmC 脱氨后偶联 TDG 或 SMUG1 的去甲基化途径，还需要慎重考量。

（2）5mC 甲基基团氧化产物的直接移除。当 DNMT 发挥甲基转移酶活性时，其催化结构域中保守的半胱氨酸残基首先亲核攻击胞嘧啶环上第 6 号碳原子，造成相邻的第 5 号碳原子被激活，然后再将甲基基团从供体 SAM 上转移至激活后的 C5 上[39]。基于这种化学催化反应上的可行性以及甲基基团的直接去除也需要胞嘧啶的 C5 被激活，人们猜测 DNMT 是否在一定条件下会发挥去甲基化酶的活性。有两个实验室对此进行了研究，发现在体外条件下，当不存在甲基供体 SAM 或 SAM 含量很低时，细菌和哺乳动物的甲基转移酶会将 5hmC 脱羟甲基，将 5caC 脱羧基生成未修饰的胞嘧啶。但正如上文所述，在体内条件下，活细胞中存在高浓度的 SAM，DNMT 如何从催化甲基化的模式转换到发挥去甲基化的功能还需进一步研究。有研究报道，将寡核苷酸链上 5caC 碱基嘧啶环上的两个 N 用 ^{15}N 同位素标记，并与 ESC 裂解物进行孵育后，检测到少量 $[^{15}N_2]$-脱氧胞嘧啶，暗示 ESC 裂解物中可能存在某种活性，会将 5caC 直接转变成未经修饰的胞嘧啶，但究竟是哪种蛋白质发挥了这种脱羧活性有待确定。上文提到，在真菌中 THase 能够将 T 进行三步连续氧化形成 5caU，随后 IDCase 将 5caU 脱羧转变为 U。Xu 等发现，在体外条件下 IDCase 也能够将 5caC 碱基单体脱羧生成未修饰的胞嘧啶，但是还未发现能够将 DNA 链上的 5caC 进行脱羧的酶活性。通过序列比对发现，ACMSD 是 IDCase 在哺乳动物中同源性最高的蛋白质，也是一种脱羧酶，但其底物是氨基酸。

（3）5mC 氧化产物依赖于 DNA 复制的被动稀释。虽然 TET 介导的 5mC 的氧化很可能与主动去甲基化有关，但 5mC 氧化产物的存在使得 DNMT1 无法发挥活性，从而在 DNA 复制的过程中引发被动去甲基化。虽然没有明确实验数据支持 DNMT1 不能催化半醛基化和半羧基化的 CpG 二核苷酸对,但已有研究证实,人源的 DNMT1 对半羟甲基化的 CpG 二核苷酸对的催化活性远低于其对半甲基化的 CpG 二核苷酸对的催化活性。免疫荧光染色结果显示,在 2-细胞期、4-细胞期等植入前胚胎中,父本基因组上的 5hmC、5fC 和 5caC 非对称地分布在一对姐妹染色单体上,并且随着 DNA 复制的进行,在单个胚胎卵裂球中,包含这些氧化碱基的姐妹染色单体的数目逐渐减少,表明 5mC 的氧化产物发生了依赖于复制的被动丢失。故而推测,由于 DNMT1 无法识别半羟甲基(或半醛基、半羧基)化的胞嘧啶,5mC 氧化产物介导的被动去甲基化是通过加速 5mC 的丢失而发挥作用的。研究表明在受精卵和 PGC 中存在 5hmC 介导的被动去甲基化,抑制受精卵 DNA 的复制也会显著影响父本基因组甲基化程度导致其降低,其中一个原因可能是产生的一部分 5hmC 无法被动稀释。基于以上证据,这种主动氧化偶联被动稀释的去甲基化途径很有可能在生物体中发挥去甲基化的作用。

3.4.5　TET 蛋白及其介导的 5mC 氧化在发育过程中的功能

人源和鼠源的 TET 蛋白家族成员均具有较大的分子量,彼此之间只有 C 端催化结构域相对保守,由 DSBH 结构域和紧接着其 N 端的半胱氨酸富集区(cysteine-rich region)构成(见图 3-7)。TET1 和 TET3 在 N 端还各含有一个 CXXC 锌指结构域,介

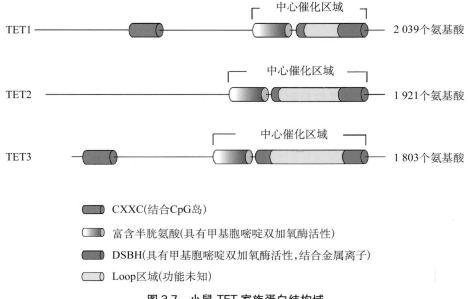

图 3-7　小鼠 TET 家族蛋白结构域

导了 TET 蛋白与 DNA 的结合,而 TET2 则不含 CXXC,其在进化过程中发生了染色体倒位,原先编码 CXXC 结构域的外显子部分分离出来,形成了一个单独的基因 *IDAX*,TET2 可以在 IDAX 的介导下与 DNA 结合[40-42]。此外,TET1 蛋白的 CXXC 结构域,可结合未甲基化、甲基化和羟甲基化的 CpG 二核苷酸,并且相对于其他含有 CXXC 的蛋白(如 MLL、DNMT1、JHDM1a),TET1 的 CXXC 结构域因缺少典型的 KFCC 基序,其对甲基化 CpG 有更高的结合能力。

TET 蛋白 3 个成员具有不同的细胞和组织表达谱式,暗示它们各自在特定的生物学背景下发挥功能。TET1 在小鼠 ESC 中特异性高表达,随着 ESC 的分化,表达水平降低。此外,在神经干细胞和 E11.5—E13.5 天的 PGC 中也有一定程度的表达。TET2 在 ESC、PGC 及各组织中均有较高水平的表达,TET1 和 TET2 共同维持了 ESC 基因组中 5hmC 的水平。TET3 在 3 个 TET 成员中唯一高表达于卵母细胞和受精卵中,在 ESC 和 PGC 中表达量很低[43-46]。

1) TET1

TET1 直接调控小鼠 ESC 中 *Nanog* 的表达,通过对抗甲基转移酶 DNMT 的作用,维持 *Nanog* 启动子的未甲基化状态,对 ESC 的自我更新和维持有重要作用。*Tet1* 敲除的小鼠发育正常,具有繁殖能力,某些小鼠体型略小,但其他方面未见异常。而进一步的研究则发现,一方亲本缺失 TET1 的后代小鼠中,一些与生长发育相关的印记基因的表达下调,DMR 区甲基化升高,小鼠会出现胎盘发育异常,胚胎或出生后生长缺陷,甚至早期胚胎致死的表型,其原因则是由于缺失 TET1 的亲本小鼠本身在其 PGC 中相关印记基因的甲基化擦除被破坏,生殖系基因去甲基化受阻造成的影响在后代小鼠中才会表现出来。此外,TET1 在成年小鼠大脑神经前体细胞的增殖中发挥重要作用。在成年小鼠神经系统中条件性敲除 *Tet1* 后,一些与成体神经发生相关的基因启动子区域甲基化升高,同时基因表达下调。

2) TET2

TET 家族成员在不同组织中有不同的表达模式,和 TET1 相比,TET2 和 TET3 在造血细胞中的表达量更高。在所有的造血细胞亚系中,TET2 在粒细胞中的表达水平最高,在早幼粒细胞系中诱导粒细胞分化可观察到 TET2 的表达上调。

TET2 在骨髓形成过程中起着十分重要的作用,在血液系统恶性肿瘤中的高频率突变表明 TET2 可能是造血的生理调节因子。在一些患有血液疾病的患者中,如骨髓增生异常综合征(myelodysplastic syndromes，MDS)、骨髓增生性疾病(myeloproliferative disorders，MPD)、急性髓细胞性白血病(acute myeloid leukemia，AML)、慢性粒单核细胞白血病(chronic myelomonocytic leukemia，CMML)及淋巴瘤等,常发现 *Tet2* 基因都有着不同程度的突变[47-50]。

研究者们通过在小鼠体内条件性敲除 *Tet2*,研究 TET2 的生理功能。研究发现 *Tet2* 的敲除会使小鼠产生类似血液疾病的表型变化[51-55],并且认为骨髓增生异常综合征中 *Tet2* 的突变多为获得性突变,而且出现在疾病发生的早期阶段,很有可能是血液疾病发生的早期事件;TET2 在血液系统中负调控造血干细胞的分化,敲除造血干细胞内源 *Tet2*,会在提高造血干细胞自我更新能力的同时,改变造血干细胞的分化方向,使其更多地向单核细胞或巨噬细胞分化,扰乱血液系统的内环境稳态,导致疾病的发生;*Tet2* 的酶活性缺失突变,会引起骨髓细胞中基因组甲基化的改变,促进髓系肿瘤的发生。

3) TET3

作为唯一高表达于卵子中的 TET 家族蛋白,卵细胞来源的 TET 在 GV 期卵细胞以及 2-细胞期胚胎中均定位在胞质中,却在受精后的卵细胞内特异性富集在雄原核中,在随后的 2-细胞期胚胎中含量明显降低,暗示 TET3 可能参与了雄原核内特定的生物学过程。如前文所述,在受精后,雄原核会发生迅速的去甲基化。TET1 蛋白及其氧化产物 5hmC 在 ESC 和神经元细胞中的发现也提示人们,是否有可能 TET 催化的 5mC 向 5hmC 的转变参与受精卵的 DNA 去甲基化过程。利用特异性针对 5hmC 的抗体,几个实验室均检测到了从 PN3 时期开始,雄原核基因组上 5hmC 信号的显著升高[43,56,57],同时伴随着 5mC 信号的降低。

小鼠遗传学实验证明,正是 TET3 介导了雄原核 5mC 的丢失和 5hmC 的生成[43,57]。在 TET3 母源缺失的受精卵中,雄原核 5mC 维持恒定,5mC 向 5hmC 的转变无法正常发生。TET3 的缺失使早期胚胎发育全能性基因 *Oct4* 和 *Nanog* 的去甲基化受阻,早期胚胎 *Oct4* 激活延迟。此外,在体细胞核移植(somatic cell nuclear transfer，SCNT)实验中,移入卵细胞的体细胞核内也有 5hmC 的生成和 TET3 蛋白的富集,TET3 缺失的卵细胞对体细胞核的重编程能力显著下降。与 TET 可连续氧化 5mC 的功能相一致,在受精卵中,TET3 也介导了 5hmC 到 5fC/5caC 的转变。从 1-细胞期至 4-细胞期阶段的卵裂胚胎中,均可检测到父本来源的基因组上这 3 种氧化产物的存在,也提示了受精卵发生氧化去甲基化的可能性。但初始的 5mC 是否会发生彻底的去甲基化,即 5fC/5caC 是否会进一步转变成未经修饰的胞嘧啶? Guo 等研究人员分别分离了受精卵中的雌、雄原核,利用最近发展的 RRBS、发夹 DNA 甲基化测序(hairpin bisufite sequencing)以及测定 5fC/5caC 的 MAB Sanger-Seq(M. SssI-assisted bisulfite Sanger sequencing)等单碱基分辨率的 DNA 甲基化分析技术,结合 *Tet3* 和 *Tdg* 生殖系条件性敲除的小鼠模型,对受精卵中母本和父本基因组 DNA 去甲基化的分子机制进行了系统的分析[58]。他们发现,受精卵中的母本和父本基因组除了通过 DNA 复制这一途径进行被动去甲基化外,母本基因组和父本基因组一样,也会发生全基因组范围的主动去甲基化。在发生主动去甲基化的区域,5mC 会被未修饰的胞嘧啶取代,而几乎没有高级氧化产物 5fC/5caC 的残留。虽然 DNA 双加氧酶 TET3 介导了这一主动去甲基化过程的发生,但 5fC/5caC 的清除并不依赖于糖苷酶 TDG,暗示在 TET3 介导的 5mC 氧化途径的下游存在着其他蛋白质负责 5fC/5caC 等氧化产物的清除,实现 DNA 的主动去甲基化[58]。

母源 TET3 缺失的杂合子小鼠胚胎在着床前发育正常,但在着床后,有一半胚胎在 E11.5—E14.5 天发育终止,无法正常发育成完整个体,而另一半活着出生的小鼠又有近一半死于出生后第一天;全身性 *Tet3* 敲除的小鼠则在出生后一天内死亡,新生致死原因部分是由于吸奶行为的缺失;杂合子小鼠交配所产生的 TET3 缺失的纯合子出生率低于正常的孟德尔比例,推测部分纯合子可能在胚胎期死亡。此外,在爪蟾眼睛和神经的早期发育阶段,TET3 作为转录因子,其 CXXC DNA 结合结构域和双加氧酶催化活性共同调控了此过程中关键基因的表达。

3.5　小结

总之,DNA 甲基化作为表现遗传调控的重要方式,是研究最为广泛和透彻的,在调控基因表达、X 染色体失活、基因印记、转座子和内源反转录病毒等的寄生 DNA 的沉默及维持染色质结构的稳定性等诸多生理过程中发挥着重要的作用。本章以哺乳动物基因组中胞嘧啶第 5 位碳原子上的甲基化为例,重点介绍了 DNA 甲基化的动态变化以及新的、可能的去甲基化发生机制。DNA 的去甲基化与甲基化这两个过程相互平衡,维持了 DNA 甲基化谱式的稳定,任何一方的失调都会导致 DNA 甲基化谱式的紊乱。

参考文献

[1] Goll M G, Bestor T H. Eukaryotic cytosine methyltransferases [J]. Annu Rev Biochem, 2005,

74：481-514.

［2］ Sun Q M，Huang S J，Wang X N，et al. N-6-methyladenine functions as a potential epigenetic mark in eukaryotes［J］. Bioessays，2015,37(11)：1155-1162.

［3］ Carell T，Brandmayr C，Hienzsch A，et al. Structure and function of noncanonical nucleobases［J］. Angew Chem Int Ed Engl，2012,51(29)：7110-7131.

［4］ Greer E L，Blanco M A，Gu L，et al. DNA methylation on N6-adenine in C. elegans［J］. Cell，2015,161(4)：868-878.

［5］ Zhang G Q，Huang H，Liu D，et al. N6-methyladenine DNA modification in Drosophila［J］. Cell，2015,161(4)：893-906.

［6］ Fu Y，Luo G Z，Chen K，et al. N6-methyldeoxyadenosine marks active transcription start sites in Chlamydomonas［J］. Cell，2015,161(4)：879-892.

［7］ Wu T P，Wang T，Seetin M G，et al. DNA methylation on N(6)-adenine in mammalian embryonic stem cells［J］. Nature，2016,532(7599)：329-333.

［8］ Liu X，Gao Q，Li P，et al. UHRF1 targets DNMT1 for DNA methylation through cooperative binding of hemi-methylated DNA and methylated H3K9［J］. Nat Commun，2013,4：1563.

［9］ Klose R J，Bird A P. Genomic DNA methylation：the mark and its mediators［J］. Trends Biochem Sci，2006,31(2)：89-97.

［10］ Bestor T H，Tycko B. Creation of genomic methylation patterns［J］. Nat Genet，1996,12(4)：363-367.

［11］ Schermelleh L，Haemmer A，Spada F，et al. Dynamics of Dnmt1 interaction with the replication machinery and its role in postreplicative maintenance of DNA methylation［J］. Nucleic Acids Res，2007,35(13)：4301-4312.

［12］ Bostick M，Kim J K，Esteve P O，et al. UHRF1 plays a role in maintaining DNA methylation in mammalian cells［J］. Science，2007,317(5845)：1760-1764.

［13］ Sharif J，Muto M，Takebayashi S I，et al. The SRA protein Np95 mediates epigenetic inheritance by recruiting Dnmt1 to methylated DNA［J］. Nature，2007,450(7171)：908-912.

［14］ Suzuki M M，Bird A. DNA methylation landscapes：provocative insights from epigenomics［J］. Nat Rev Genet，2008,9(6)：465-476.

［15］ Laird P W. Principles and challenges of genome-wide DNA methylation analysis［J］. Nat Rev Genet，2010,11(3)：191-203.

［16］ Reik W，Dean W，Walter J. Epigenetic reprogramming in mammalian development［J］. Science，2001,293(5532)：1089-1093.

［17］ Wu S C，Zhang Y. Active DNA demethylation：many roads lead to Rome［J］. Nat Rev Mol Cell Biol，2010,11(9)：607-620.

［18］ Kishigami S，Van Thuan N，Hikichi T，et al. Epigenetic abnormalities of the mouse paternal zygotic genome associated with microinsemination of round spermatids［J］. Dev Biol，2006,289(1)：195-205.

［19］ Mayer W，Niveleau A，Walter J，et al. Demethylation of the zygotic paternal genome［J］. Nature，2000,403(6769)：501-502.

［20］ Smallwood S A，Kelsey G. De novo DNA methylation：a germ cell perspective［J］. Trends Genet，2012,28(1)：33-42.

［21］ Agius F，Kapoor A，Zhu J K. Role of the Arabidopsis DNA glycosylase/lyase ROS1 in active DNA demethylation［J］. Proc Natl Acad Sci U S A，2006,103(31)：11796-11801.

［22］ Gehring M，Huh J H，Hsieh T F，et al. DEMETER DNA glycosylase establishes MEDEA polycomb gene self-imprinting by allele-specific demethylation ［J］. Cell，2006,124(3)：495-506.

［23］ Morales-Ruiz T，Ortega-Galisteo A P，Ponferrada-Marin M I，et al. DEMETER and REPRESSOR OFSILENCING 1 encode 5-methylcytosine DNA glycosylases ［J］. Proc Natl Acad Sci U S A，2006,103(18)：6853-6858.

［24］ Smith M L，Chen I T，Zhan Q，et al. Interaction of the p53-regulated protein Gadd45 with proliferating cell nuclear antigen ［J］. Science，1994,266(5189)：1376-1380.

［25］ Smith M L，Kontny H U，Zhan Q M，et al. Antisense GADD45 expression results in decreased DNA repair and sensitizes cells to uv-irradiation or cisplatin ［J］. Oncogene，1996,13(10)：2255-2263.

［26］ Conticello S G. The AID/APOBEC family of nucleic acid mutators ［J］. Genome Biol，2008,9(6)：229.

［27］ Falnes P O，Johansen R F，Seeberg E. AlkB-mediated oxidative demethylation reverses DNA damage in Escherichia coli ［J］. Nature，2002,419(6903)：178-182.

［28］ Trewick S C，Henshaw T F，Hausinger R P，et al. Oxidative demethylation by Escherichia coli AlkB directly reverts DNA base damage ［J］. Nature，2002,419(6903)：174-178.

［29］ Smiley J A，Kundracik M，Landfried D A，et al. Genes of the thymidine salvage pathway：Thymine-7-hydroxylase from a Rhodotorula glutinis cDNA library and iso-orotate decarboxylase from Neurospora crassa ［J］. Biochim Biophys Acta，2005,1723(1-3)：256-264.

［30］ Warncramer B J，Macrander L A，Abbott M T. Markedly different ascorbate dependencies of the sequential alpha-ketoglutarate dioxygenase reactions catalyzed by an essentially homogeneous thymine 7-hydroxylase from Rhodotorula glutinis ［J］. J Biol Chem，1983,258(17)：551-557.

［31］ Okada Y，Yamagata K，Hong K，et al. A role for the elongator complex in zygotic paternal genome demethylation ［J］. Nature，2010,463(7280)：554-558.

［32］ Borst P，Sabatini R. Base J：discovery，biosynthesis，and possible functions ［J］. Annu Rev Microbiol，2008,62：235-251.

［33］ Loenarz C，Schofield C J. Oxygenase catalyzed 5-methylcytosine hydroxylation ［J］. Chem Biol，2009,16(6)：580-583.

［34］ Tahiliani M，Koh K P，Shen Y，et al. Conversion of 5-methylcytosine to 5-hydroxymethylcytosine in mammalian DNA by MLL partner TET1 ［J］. Science，2009,324(5929)：930-935.

［35］ He Y F，Li B Z，Li Z，et al. Tet-mediated formation of 5-carboxylcytosine and its excision by TDG in mammalian DNA ［J］. Science，2011,333(6047)：1303-1307.

［36］ Ito S，Shen L，Dai Q，et al. Tet proteins can convert 5-methylcytosine to 5-formylcytosine and 5-carboxylcytosine ［J］. Science，2011,333(6047)：1300-1303.

［37］ Hu X，Zhang L，Mao S Q，et al. Tet and TDG mediate DNA demethylation essential for mesenchymal-to-epithelial transition in somatic cell reprogramming ［J］. Cell Stem Cell，2014,14(4)：512-522.

［38］ Guo J U，Su Y，Zhong C，et al. Hydroxylation of 5-methylcytosine by TET1 promotes active DNA demethylation in the adult brain ［J］. Cell，2011,145(3)：423-434.

［39］ Wu J C，Santi D V. Kinetic and catalytic mechanism of Hhal methyltransferase ［J］. J Biol Chem，1987,262(10)：4778-4786.

［40］ Iyer L M，Abhiman S，Aravind L. Natural history of eukaryotic DNA methylation systems ［J］. Prog Mol Biol Transl Sci，2011,101：25-104.

［41］ Iyer L M, Tahiliani M, Rao A, et al. Prediction of novel families of enzymes involved in oxidative and other complex modifications of bases in nucleic acids ［J］. Cell Cycle, 2009,8(11): 1698-1710.

［42］ Ko M, An J, Bandukwala H S, et al. Modulation of TET2 expression and 5-methylcytosine oxidation by the CXXC domain protein IDAX ［J］. Nature, 2013,497(7447): 122-126.

［43］ Gu T P, Guo F, Yang H, et al. The role of Tet3 DNA dioxygenase in epigenetic reprogramming by oocytes ［J］. Nature, 2011,477(7366): 606-610.

［44］ Hajkova P, Jeffries S J, Lee C, et al. Genome-wide reprogramming in the mouse germ line entails the base excision repair pathway ［J］. Science, 2010,329(5987): 78-82.

［45］ Ito S, D'alessio A C, Taranova O V, et al. Role of Tet proteins in 5mC to 5hmC conversion, ES-cell self-renewal and inner cell mass specification ［J］. Nature, 2010,466(7310): 1129-1133.

［46］ Koh K P, Yabuuchi A, Rao S, et al. Tet1 and Tet2 regulate 5-hydroxymethylcytosine production and cell lineage specification in mouse embryonic stem cells ［J］. Cell Stem Cell, 2011,8(2): 200-213.

［47］ Delhommeau F, Dupont S, Della Valle V, et al. Mutation in TET2 in myeloid cancers ［J］. N Engl J Med, 2009,360(22): 2289-2301.

［48］ Quivoron C, Couronne L, Della Valle V, et al. TET2 inactivation results in pleiotropic hematopoietic abnormalities in mouse and is a recurrent event during human lymphomagenesis ［J］. Cancer Cell, 2011,20(1): 25-38.

［49］ Solary E, Bernard O A, Tefferi A, et al. The Ten-Eleven Translocation-2 (TET2) gene in hematopoiesis and hematopoietic diseases ［J］. Leukemia, 2014,28(3): 485-496.

［50］ Yamazaki J, Taby R, Vasanthakumar A, et al. Effects of TET2 mutations on DNA methylation in chronic myelomonocytic leukemia ［J］. Epigenetics, 2012,7(2): 201-207.

［51］ Ko M, Bandukwala H S, An J, et al. Ten-Eleven-Translocation 2 (TET2) negatively regulates homeostasis and differentiation of hematopoietic stem cells in mice ［J］. Proc Natl Acad Sci U S A, 2011,108(35): 14566-14571.

［52］ Li Z, Cai X, Cai C L, et al. Deletion of Tet2 in mice leads to dysregulated hematopoietic stem cells and subsequent development of myeloid malignancies ［J］. Blood, 2011,118(17): 4509-4518.

［53］ Moran-Crusio K, Reavie L, Shih A, et al. Tet2 loss leads to increased hematopoietic stem cell self-renewal and myeloid transformation ［J］. Cancer Cell, 2011,20(1): 11-24.

［54］ Quivoron C, Couronne L, Della Valle V, et al. TET2 inactivation results in pleiotropic hematopoietic abnormalities in mouse and is a recurrent event during human lymphomagenesis ［J］. Cancer Cell, 2011,20(1): 25-38.

［55］ Kunimoto H, Fukuchi Y, Sakurai M, et al. Tet2 disruption leads to enhanced self-renewal and altered differentiation of fetal liver hematopoietic stem cells ［J］. Sci Rep, 2012,2: 273.

［56］ Iqbal K, Jin S G, Pfeifer G P, et al. Reprogramming of the paternal genome upon fertilization involves genome-wide oxidation of 5-methylcytosine ［J］. Proc Natl Acad Sci U S A, 2011,108(9): 3642-3647.

［57］ Wossidlo M, Nakamura T, Lepikhov K, et al. 5-hydroxymethylcytosine in the mammalian zygote is linked with epigenetic reprogramming ［J］. Nat Commun, 2011,2: 241.

［58］ Guo F, Li X L, Liang D, et al. Active and passive demethylation of male and female pronuclear DNA in the mammalian zygote ［J］. Cell Stem Cell, 2014,15(4): 447-458.

4 DNA 甲基化与 肿瘤的精准诊疗

在疾病表观遗传学基础和转化研究领域中,DNA 甲基化是研究历史最为悠久、最为深入,应用前景最被看好的表观遗传调控机制之一。本章以最新的研究理念、技术和发现为依据,全面系统评述 DNA 甲基化研究及其在疾病精准诊治实践中所面临的挑战和机遇。

4.1 概述

DNA 的共价修饰包括腺嘌呤(adenine)的 N^6 位以及胞嘧啶(cytosine)的 C^5 位和 N^4 位的甲基化。就高等生物,尤其是哺乳动物而言,CpG 二联体中胞嘧啶核苷酸(C)的嘧啶环第 5 位碳原子的甲基化最为常见。在早期胚胎发育细胞以外的哺乳动物细胞基因组中,非 CpG 序列中的胞嘧啶甲基化水平很低;而在植物和真菌基因组 DNA 上,非 CpG 序列中胞嘧啶甲基化的频率可高达 1/3[1]。这提示此类胞嘧啶甲基化在动植物生长发育中有重要但又有所不同的生物学功能。起始性 DNA 甲基转移酶(DNMT3A 和 DNMT3B)和(或)维持性 DNA 甲基转移酶(DNMT1)在 DNA 甲基化过程中起到重要的作用。哺乳动物胚胎发育早期阶段的基因组 5-甲基胞嘧啶(5mC)主动去甲基化是由 α-酮戊二酸(2-oxoglutarate,2OG)和 Fe^{2+} 依赖性酶(TET1/TET2/TET3)介导的[2]。早期胚胎细胞和中枢神经细胞是修饰性胞嘧啶[包括 5-羟甲基胞嘧啶(5hmC)、5-醛基胞嘧啶(5fC)和 5-羧基胞嘧啶(5caC)]含量最高的细胞类型。尽管如此,在小鼠早期胚胎细胞基因组中,5hmC 也仅是 5mC 含量的 1/20,5mC、5hmC、5fC 和 5caC 含量的比例为 3 000∶150∶20∶5[3]。随着组学图谱绘制技术的完善[3-6],近年来对 5hmC 在正常细胞发育和肿瘤等重大疾病发病中的作用和分子机制的研究已取得了很大的进展[7]。鉴于对 5hmC 和非 CpG 的 5mC 在肿瘤发生、发展中的作用和机制仍知之甚少及篇幅所限,本章仅对 5mC 在肿瘤发生、发展中的作用和机制及其在肿瘤精准诊治中的应用现状和前景进行阐述。

健全的 DNA 甲基化调控机制是高等生物生长发育的必要条件。DNA 甲基化调控机制参与遗传印记、X 染色体失活、重复序列转录/转座性抑制和生物节律调控[8]等正常生理过程,而此机制的异常是导致衰老和包括肿瘤在内的疾病发生、发展的重要原因 (https://en. wikipedia. org/wiki/DNA_methylation)。CpG 甲基化可对核心组蛋白复合物的结合模式/核小体位相排列(phasing/positioning)[9]、转录因子与 DNA 的特异性结合[10]、基因转录起始[11]/延长/剪接[11, 12]等状态产生深刻影响,继而改变染色质结构水平/基因转录/表型。作为基因组转录长期记忆的信息载体,DNA 甲基化状态是以与 DNA 序列半保留复制类似的机制,完成细胞世代间的高保真传递[13, 14]。人类细胞基因组中 CpG 二联体有 2 870 万个[15]。其中 2% 的 CpG 二核苷酸成簇地以均长为 500 bp 的"CpG 岛"的形式存在,并且多具有启动子的功能[16]。包括管家基因和组织分化相关基因在内的 70% 以上蛋白编码基因的启动子区域均存在 CpG 岛,提示启动子 DNA 甲基化状态的改变可参与这些基因的转录调控。正常成体细胞基因组中,除了那些谱系特异性转录沉默基因的启动子呈现高甲基化状态,绝大多数基因的启动子区处于低甲基化状态。基因组 DNA 的甲基化谱式也会随着个体生命周期的演进而发生规律性的变化[17]。对不同年龄个体多个组织的 DNA 甲基化组学谱式研究已确立了组织 DNA 甲基化状态和受检个体年龄间的高度相关性[18-20]。例如,通过对 365 个 CpG 甲基化状态的综合分析可以判定受试者的生理年龄,误差小于 5 年[21]。进一步研究证明:老龄化进程的加速是包括肿瘤和神经退行性疾病的重要标志[22, 23]。病变细胞的基因组中[10] DNA 甲基化异常进一步加剧:全基因组 DNA 甲基化(散在的 CpG)水平降低和局部区域 DNA 甲基化(CpG 岛)水平升高广泛发生在肿瘤[24]、神经系统疾病[25, 26]、自身免疫病[27]和肥胖等疾病中[28]。启动子 DNA 的甲基化状态与相关基因的转录状态有一定的负相关性。抑癌基因启动子区域高甲基化使该基因转录沉默,是独立于突变而驱动肿瘤发生的重要机制[29][见图 4-1(a)和(b)]。正常细胞基因组中的 CpG 大多处于高甲基化状态,以确保占基因组总量 50%～60% 的高度重复序列处于转座静息/基因组结构稳定状态[见图 4-1(a)和(b)]。另一促进肿瘤发生、发展的机制涉及 98% 散在的 CpG 二联体

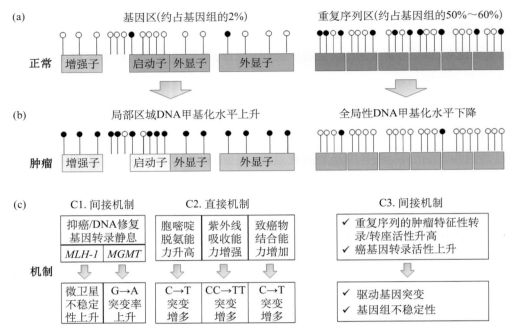

图 4-1   DNA 甲基化异常可通过直接和间接的机制驱动肿瘤基因组 DNA 序列/基因组结构异常

正常(a)与肿瘤(b)基因组的 DNA 甲基化(CpG)水平差别表现为后者的局部(启动子和增强子)的 DNA 甲基化水平的上升和全局性的 DNA 甲基化水平的降低。前者发生于约占基因组总量 2% 的基因区域,而后者发生于约占基因组总量 50%～60% 的重复区域。DNA 甲基化改变以直接(C2)或间接(C1)的机制加速 DNA 序列的突变。启动子区域高甲基化可导致抑癌基因/DNA 损伤修复基因的转录静息,致使受累细胞的 DNA 损伤修复能力减弱。由此所致的 MLH-1 和 MGMT 基因去表达分别引起肿瘤细胞基因组的微卫星不稳定和 G→A 突变上升(C1)。甲基化可提高胞嘧啶(C)脱氨、紫外线吸收增多以及结合致癌物的能力加强,继而分别提高 C→T 突变、CC→TT 突变和 G→T 突变的速率(C2)。这是 DNA 甲基化促进 DNA 序列突变的直接机制。去甲基化是导致重复序列的肿瘤特征性转录/转座活性和癌基因转录活性上升,继而驱动基因突变和基因组不稳定性(genome instability)的另一间接机制(C3)

DNA 甲基化状态的降低[30]。遗传印记基因现象涉及母本和父本来源的等位基因表达及 DNA 甲基化状态的排他性,是确保高等动物个体发生得以正常进行的必要前提。源于 DNA 甲基化状态排他性的丧失所致的印记基因表达异常不仅是贝-维综合征(Beckwith-Wiedemann syndrome)和普拉德-威利综合征/天使综合征(Prader-Willi syndrome/Angelman syndrome)的发病机制[31],也在机制上参与肿瘤的发生和发展进程[32]。

疾病组织样本的可获取性是开展疾病发病机制研究的关键因素,也是肿瘤的基础研究和转化医学研究较其他重大疾病研究先行一步的根源。下面将从历史和发展的视角,以肿瘤为疾病模型,阐述 DNA 甲基化异常的肿瘤生物学和病理学作用、机制及其在肿瘤精准诊治实践中的潜在应用前景。

4.1.1 肿瘤特征性 DNA 甲基化异常的遗传学根源

肿瘤是广泛受累于遗传和表观遗传机制缺陷的疾病,这两个机制间的相互作用共同导致肿瘤的发生和发展[33]。包括 DNA 元件百科全书(ENCODE, https://www.genome.gov/encode/)计划、肿瘤基因组计划(TCGA、ICCG)和国际表观基因组计划(IHEC)在内的国际肿瘤研究计划,为研究人员提供了优质的组学研究平台和数十种类型数万例肿瘤与非肿瘤组织样本,包括突变和拷贝数异常(遗传)、DNA 甲基化异常(表观遗传)和基因表达谱等在内的海量信息(https://cancergenome.nih.gov/)[34-36]。这为深入从遗传和表观遗传视角诠释肿瘤等重大疾病的生物学和病理学行为,更有效地开展高质量临床研究打下了扎实的基础。

肿瘤组织样本启动子区域 DNA 甲基化异常基因数目的均值高达 2 000~3 000 种[37],而受到驱动突变影响的蛋白编码基因数目仅在个位至两位数之间[38, 39]。这高度提示基因组 DNA 甲基化层面的异常在肿瘤发生、发展驱动过程中,至少起着不亚于 DNA 序列改变所产生的作用。肿瘤特征性 DNA 甲基化异常可在相当程度上归结于高达 74%(520/702)的表观遗传调控的基因发生肿瘤特征性的驱动性突变、基因融合或拷贝数改变[40]。参与 DNA 甲基化状态调控的 36 个基因中有 24 个基因(66.7%)的序列异常广泛见于多种血液系统肿瘤和恶性胶质瘤。典型的范例有 DNA 甲基转移酶 DNMT3A[41]、参与 5mC 去甲基化的 TET1~TET3 和 DNA 去甲基化过程所需的辅助因子 IDH1 及 IDH2[42]的基因突变。不仅在染色质高级结构和转录调控的远程控制中起重要作用的 CTCF 蛋白的基因突变[43],而且绝缘子(insulator)中 CTCF 识别序列的突变[44]或甲基化状态的异常,也可通过活化癌基因转录的方式驱动肿瘤的发生、发展[45]。新近的体外实验研究表明,抑癌基因(*TP53*)的突变失活或癌基因(*IDH1*、*BRAF* 和 *KRAS*)的突变活化是肿瘤特征性启动子高甲基化状态高频发生的机制之一[46]。CpG 岛甲基化表型(CpG island methylation phenotype, CIMP)类肿瘤表现为多个启动子 CpG 岛高甲基化状态与 *RAS*、*BRAF* 等癌基因突变相伴出现。处于活化状态的 BRAF(V600E)[47]和 KRAS[48]可分别直接激活关键转录因子 MAFG 和锌指蛋白 ZNF304,进而将含有 DNA 甲基转移酶在内的抑制复合体募集到目标基因的启动子区域,引起该区域高甲基化和抑癌基因的转录沉默,促进肿瘤的发生和发展[49]。另外,肿瘤微环境中的低氧状态可抑制 TET 酶介导的氧化去甲基化进程,继而导致肿瘤特征性启动子高甲基化状态[50]。

4.1.2 DNA 甲基化异常是肿瘤基因组 DNA 序列改变的机制之一

除了影响基因和重复序列的转录状态以外,DNA 甲基化还可以通过以下 3 个途径改变受累细胞的基因组结构性遗传信息——DNA 序列,驱动正常细胞的癌性转化[见图 4-1(b)和(c)]。

1) 启动子高甲基化介导的抑癌基因和 DNA 损伤修复基因的转录静息

70% 的抑癌基因和 DNA 损伤修复基因属于启动子 CpG 岛类的基因。启动子高甲基化状态引起的基因转录减弱或静息是独立于此类基因驱动性结构遗传突变和确实地促进肿瘤发生、发展的机制。在高达 30%～100% 的结直肠癌样本中,下列 DNA 损伤修复基因的启动子处于 DNA 高甲基化状态: *MGMT1*、*BRCA1*、*WRN*、*FANCB*、*FANCF*、*MGMT*、*MLH1*、*MSH2*、*MSH4*、*ERCC1*、*XPF*、*NEIL1* 和 *ATM*[51]。另外,在细胞增殖和分化过程中起重要作用的非编码 RNA(长链非编码 RNA 和微 RNA)启动子区域 DNA 甲基化异常所介导的表达异常,也在肿瘤的发生、发展过程中起驱动作用[52,53]。离基因本体很远的富含转录因子结合序列、H3k27 位点、高乙酰化、染色质结构疏松的增强子[54,55]是基因转录正向调控元件之一。由多个增强子构成的超级增强子(super-enhancer),不仅参与个体发生过程中细胞谱系专一化基因转录的调控,还在肿瘤发生、发展相关促癌基因的转录调控中起着关键的作用[56,57]。最新研究表明,增强子 DNA 的甲基化状态比启动子 DNA 的甲基化状态与相关基因转录状态间的负相关性更强[58-60]。因而,进一步加强对肿瘤特征性启动子和增强子 DNA 甲基化状态异常及其调控机制的研究有望提高人们对肿瘤发生、发展机制的认知水平和临床控制肿瘤的能力。

2) 胞嘧啶甲基化的致畸效应

DNA 甲基化过程中胞嘧啶(C)脱氨成为尿嘧啶(U)/胸腺嘧啶(T)核苷酸,不仅是人类基因组单核苷酸多态性(SNP)CG→TG 替代形式产生的主要原因(该 SNP 形式约占总量的 1/3, http://www.gwascentral.org/),也是肿瘤细胞中最为普遍的核苷酸改变类型(https://cancergenome.nih.gov/)的主要机制[61]。以抑癌基因 *TP53* 为例,CG→TG 替代型突变占肿瘤特征性突变总数的 50% 以上[62](http://p53.iarc.fr/)。这一机制也可很好地解释人类基因组(https://www.ncbi.nlm.nih.gov/projects/

genome/guide/human/）中 CpG 频率仅是预期值的 21%[63] 以及人类免疫缺陷病毒（human immunodeficiency virus，HIV）基因组中 CpG 频率远远低于预期值[64]的现象（CpG 缺乏，CpG depletion）。另外，甲基化显著提高了含有胞嘧啶核苷酸的 DNA 与苯并芘二醇环氧化物类致癌物的结合能力和对紫外线的吸收能力，提高 CG、CA 和嘧啶二聚体中胞嘧啶核苷酸突变的倾向[见图 4-1(c)中 C2]，参与肺癌或皮肤癌的发生、发展[24,61]。最新的有力支持性证据来自于 Saunderson 等的报道。他们使用 CRISP-Cas9 介导的基因组编辑手段强行赋予原代乳腺细胞的 CDKN2A、RASSF1、HIC1 和 PTEN 基因高甲基化/转录静息，继而可促使乳腺细胞持续增殖[65]。

3）DNA 低甲基化介导有转录/转座潜力的重复序列和癌基因异常活化引起基因组不稳定性

在正常细胞中，构成基因组序列 50%～60% 的高度重复序列中 80% 以上的 CpG 二联体处于高甲基化、转录/转座静息的状态。肿瘤细胞基因组出现全局性甲基化水平降低伴随着重复序列的转录/转座活性大幅增加，以及突变、拷贝数改变、融合、缺失乃至包括非整倍体核型在内的基因组异常[66]。肿瘤细胞基因组中高达 1/3 的区域是由平均长度为 28 kb～10 Mb 的高度重复序列和单拷贝序列组成的低甲基化区段[67]，这被认为是肿瘤特征性染色质高级结构紊乱状态的机制之一。另外，促进细胞增殖的基因——前列腺癌中的尿激酶基因和乳腺癌中的 S100A4、间皮素（mesothelin）、密封蛋白 4（claudin 4）、三叶因子 2（trefoil factor 2）、乳腺丝氨酸蛋白酶抑制剂（maspin）、蛋白基因产物 9.5（PGP9.5、阿黑皮素原（POMC）和肝素酶（heparinase）基因[68]的表达升高也被归结于其启动子区域的甲基化水平降低[见图 4-1(b)和(c)中 C2]。

4.1.3 DNA 甲基化异常是肿瘤形成进程中的早发和频发事件

相对于基因组序列携带的遗传结构信息，对环境因素应答更为敏捷的基因组表观遗传信息不仅对前者的完整性，还对基因表达/细胞表型产生更为深刻的影响。在肿瘤发生、发展进程中，驱动性 DNA 甲基化状态的改变是先于驱动基因突变的早期事件，有作为肿瘤早期诊断生物标志物的巨大潜力[69]。另外，有证据表明启动子高甲基化介导的转录静息是比突变更为常见的导致肿瘤抑癌基因失活的机制[38,39]。小儿室管膜瘤（ependymoma）是一种没有或罕有驱动性基因突变的儿科肿瘤。在对 47 例小儿室管膜瘤患者的多组学研究中唯一显著的发现是多梳蛋白抑制复合体 2（polycomb repressive complex 2，PRC2)调控的基因群 DNA 甲基化状态的规律性升高。这为去 DNA 甲基化治疗的临床有效性提供了理论依据[70]。Jaenisch 等开展的核卵母细胞移植实验证实，卵母细胞质能够使植入的白血病、淋巴瘤或乳腺癌细胞核进入正常的胚胎发育过程，甚至所产生的胚胎干细胞仍具有向黑色素细胞、淋巴细胞或成纤维细胞分化的潜能[71]。这为包括 DNA 甲基化在内的表观遗传机制在正常和肿瘤发生、发展中的关键作用提供了最有力的支持。新近完成的对突变负荷低的急性髓细胞性白血病治疗前后样本的突变和 DNA 甲基化谱式的比较研究，进一步确立了 DNA 甲基化水平，尤其是启动子甲基化谱式的变化是独立于突变存在的、有更高预后价值的生物标志物[72]。

4.1.4　DNA 甲基化是优点突出、应用潜力巨大的肿瘤诊断生物标志物

驱动性生物标志物(driven or functional biomarker)基因参与疾病的起始、形成或发展，不仅比疾病关联(associated)性生物标志物有更高的诊断价值，还可作为抗肿瘤治疗的靶点。生物标志物分为以下 3 类。①遗传性的：基因组 DNA 序列的改变(突变、拷贝数和基因融合等)。②表观遗传性的(DNA 甲基化)：基因组 CpG 等序列中 C 的甲基化状态。③表达性的：蛋白质、RNA 和小分子代谢物等水平。在受检的临床样本中生物标志物的生化和生物学稳定性是决定其价值的关键。理想的生物标志物应该在进行临床样本检测时，不仅没有或少有降解，而且仍能如实反映活体内肿瘤的状态。显然，DNA 分子所携带的序列(遗传性)和 DNA 甲基化(表观遗传性)有远高于 RNA 和蛋白质(表达性)的生化稳定性和生物稳定性(可遗传性)。

自 20 世纪 80 年代，确立抑癌基因——TP53 基因的突变是最常见的肿瘤驱动性突变以来，人们就致力于发展以 DNA 序列异常和基因表达类的生物标志物为靶点的肿瘤诊断技术。原癌基因的驱动性突变以高度聚集性为特征，针对部分此类高频突变发展起来的诊断方法已在肿瘤诊断和指导靶向性药物使用方面起关键作用。EGFR 蛋白激酶功能域的突变、BRAF 的 V600F 突变和异柠檬酸脱氢酶 1(IDH1)的 A132H 突变等(http://cancer. sanger. ac. uk/cosmic/)是 3 个最为典型的范例。针对 EGFR 或 BRAF 的高频突变发展起来的靶向药物可显著延长部分遗传匹配肿瘤患者的生存期。然而，由于癌基因驱动性突变的成药潜力有限，现今靶向药物研发的成功率和投入/回报比都远远低于预期[73]。驱动性突变导致的致癌基因(抑癌基因和癌基因)在肿瘤中的平均出现率为 20 个以下，而仅作为基因组不稳定性表征的伴随突变

（passenger mutation）的基因则数以万计（https：//cancergenome. nih. gov/）[74]。导致抑癌基因失活的驱动性核苷酸突变散在地分布于整个基因区[73]，大大限制了针对这些突变的诊断手段或靶向药物的研发。以抑癌基因 *TP53* 为例，散在分布于长度为 20 kb 基因群的 29 000 个突变中，频率最高的前 100 个驱动性突变的总数仅占突变总量的 1%[75]。显然，在没有对全部或绝大多数突变进行检验之前，无法确认受检样本中是否发生了抑癌基因的驱动性突变。遗传性生物标志物所特有的"单基因多靶点性"不仅限制了肿瘤生物学和病理学复核性研究的有效开展，还是其临床应用所面临的最大挑战。与遗传性生物标志物不同，和基因转录状态呈负相关的启动子区（以及增强子和绝缘子）DNA 甲基化异常涉及该区的一批，而不是单个的 CpG 二联体。因此，可以通过检验一个或少数几个相关的 CpG 甲基化状态判定目标基因调控区的甲基化状态（单基因单靶点性）。从 DNA 甲基化的视角对结直肠癌开展的组学、机制和临床相关性研究已充分表明，肿瘤驱动性的启动子高甲基化事件的群体发生率高达 30%～100%[51]，这提示肿瘤固有的 DNA 甲基化异常的时空异质性[76, 77]远比突变和表达性生物标志物低。另外，鉴于 DNA 甲基化是细胞谱系特征性基因转录的关键机制，根据组织及体液中游离 DNA 的甲基化变异谱，还可望为确定肿瘤的组织类型提供依据[78]。

近数十年来，发展以表达性生物标志物（蛋白质、RNA 和代谢分子等）为靶点的肿瘤早期诊断、临床分期和分型及治疗指导手段的努力从未间断。虽已有海量文献发表，但美国食品药品监督管理局（U. S. Food and Drug Administration，FDA）在过去 30 余年中没有批准一项基于血液基因或蛋白表达谱相关生物标志物的肿瘤早期诊断技术（http：//www. fda. gov/）。此外，已经在临床多年用于前列腺癌早期诊断和普查的血清 PSA 蛋白含量分析技术，也备受业内质疑。这一令人失望的状况与表达性生物标志物的生化/生物学稳定性和临床表征性都不高有很大关系。此外，现行样本采集和质量控制的不足也难辞其咎。例如，被手术切断血供的肿瘤组织很快进入缺氧状态，导致缺氧状态敏感基因群的转录水平大幅上调。因而，术后组织采集/速冻保存的滞后时间标准可极大地影响此类研究的科学性和临床相关性。另外，高达 10%～15% 基因的转录状态是受生物钟节律调控的[79]。这意味着，肿瘤表达谱中高达 10%～15% 基因的 RNA 水平会因患者接受手术时间的不同而差异显著。因此，在上述变数的负面影响没有得到很好掌控的情况下，针对表达性生物标志物（RNA、蛋白质和小分子代谢物）的肿瘤转化医学研究的临床相关性将继续受到质疑。

综上所述，就其在肿瘤精准诊断领域中的应用前景而言，DNA 甲基化比遗传性生物标志物（DNA 序列的改变）和表达性生物标志物（RNA、蛋白质和代谢物）有更多的优点（见表 4-1）。德国 Epigenomics AG 公司（http://www.epigenomics.com/en/company.html）研发的用于结直肠癌（*SEPT9* 基因）和肺癌（*SHOX2b* 基因）的 DNA 甲基化诊断方法先后获得欧洲和美国药监部门的批准用于临床实践，应是业内专家对其在肿瘤临床实践中价值认可的具体体现。

表 4-1　生物标志物的关键特征

生　物　标　志　物	遗传性（DNA 序列变化）	表观遗传性（DNA 甲基化）	表达性（RNA/蛋白质/代谢物）
稳定性（生化）[a]	高	高	低
稳定性（生物）[b]	高	高	低
肿瘤表征性[c]	低	高	低
靶点性/基因[d]	高	单一	单一或高
肿瘤类型特异性[e]	无	高	有
受到肿瘤异质性负面影响[f]	高	中等	高
检测的难易程度	中等	中等	低或高
近 30 年来获得 FDA 认可的早期诊断方法	无	有	无
近 30 年来获得 FDA 认可的预后、治疗方案选择和治疗进程监控方法	有	有	有

注：a，在临床样本中降解速度的快慢。b，标志物生物学内涵的稳定性，包括：①可遗传性；②取样后是否改变。c，标志物与活体内成瘤性行为的关联（因果）性。d，以基因为单位，分析的靶点个数。e，标志物有无肿瘤类型特异性。f，标志物在瘤灶中异质性越高，分析该标志物的临床价值越低

4.1.5　DNA 甲基转移酶抑制剂与抗肿瘤治疗

考虑到 DNA 甲基化状态有远较 DNA 序列更高的可改变性，多年来人们已尝试使用 DNA 甲基转移酶抑制剂下调肿瘤细胞的 DNA 甲基化水平，活化抑癌基因的转录，达到治疗肿瘤的目的[80, 81]。目前已获准进入临床实践的 DNA 甲基转移酶抑制类药物有 5-氮杂胞苷（阿扎胞苷）和 5-氮杂-2′-脱氧胞嘧啶核苷（地西他滨）。正在临床试验中的 5′-氮杂环胞嘧啶脱氧核糖核酸-腺苷脱氧核糖核酸（SGI-110）（临床试验编号为

02348489，https：//clinicaltrials. gov）的活体内半衰期较地西他滨显著增长，是一种更被看好的抗肿瘤药物[82]。除了替代胞嘧啶掺入新合成的 DNA 分子，引起 DNA 损伤，此类药物还可通过抑制 DNA 甲基转移酶活性或促其降解，使受累细胞 DNA 甲基化水平大幅降低及原本转录受抑的基因转录活化[83, 84]。使用低于细胞毒性剂量药物的基础和临床研究发现，处理过的肿瘤细胞在其终末分化去向、对化疗和免疫抑癌效应的易感性和增殖潜力方面均大幅提升[85]。去甲基化治疗的临床有效性已明确的同时[81]，业内对此疗法的安全性仍有疑虑：非特异性地降低肿瘤和正常细胞基因组 DNA 甲基化水平，可能会活化"有害"基因或重复序列的转录/转座，进而诱发肿瘤。为此，人们早已尝试用靶向性去甲基化技术复活单个抑癌基因的表达：用锌指[86]、转录激活因子样效应物核酸酶（transcription activator-like effector nucleases，TALEN）等转录因子的 DNA 序列特异性结合域，将增强甲基化（DNA 甲基转移酶）或降低甲基化的蛋白质分子（TET）导向目标区域，逆转该区域的 DNA 甲基化状态。Jaenisch 等使用 CRISPR/Cas9 体系，将融合的 *TET1* 基因产物导向目标序列，实现了对不再分裂的神经元细胞中 *BNDF* 启动子Ⅳ或成纤维细胞中 *MyoD* 远端增强子的去甲基化，导致相关基因的转录活化，实现了预期的表型[87]。因此，通过基因组编辑技术靶向性改变调控区的 DNA 甲基化状态，有望选择性引起抑癌基因的转录/表达，抑制肿瘤细胞的生长增殖，甚至杀死肿瘤细胞（本书第 6 章对肿瘤去甲基化治疗有更为详细的阐述）。

4.2　发现肿瘤驱动性 DNA 甲基化的组学研究

发展以 DNA 甲基化分析为核心的疾病精准诊断方法涉及三个技术阶段：①以发现肿瘤特征性 DNA 甲基化异化基因为目的，对正常和肿瘤样本进行 DNA 甲基化组学比较研究；②在临床样本中对所发现候选基因的肿瘤特征性 DNA 甲基化异常状态进行复核的同时，开展深入的机制实验研究，以确定 DNA 甲基化介导的表达异常机制在肿瘤发生、发展以及对肿瘤治疗的应答模式中的贡献（驱动性或相关性）；③以大幅提升对肿瘤精准诊治的能力为目的，发展和使用适合于临床实践的 DNA 甲基化分析技术平台。虽然，近年来高通量测序技术的迅速成熟催生了在单核苷酸分辨率水平上对全基因组范围内 DNA 甲基化组学图谱的绘制，但是相对于基因组学和转录组学研究，DNA 甲基化组学图谱的数据获取和生物信息学分析方法仍处于快速完善的阶段。现有的 DNA 甲基化分析平台高达 20 种之多[88]，可供人们根据需求和可操作性选择最为适合的方法。

DNA 甲基化分析包括以下 2 个关键的环节：①将基因组中高甲基化 DNA 与低甲基化的序列区别开；②使用包括 PCR、测序、质谱和芯片分析在内的方法判定目标序列的甲基化状态[89]。根据甲基化程度高低将基因组 DNA 序列区别开的方法包括：①依据 5mC 与 C 能否转化为 U(T)的巨大差别所发展起来的亚硫酸氢盐转化法；②DNA甲基化敏感性限制性内切酶消化介导的方法；③以抗体和 DNA 甲基化结合蛋白对含有甲基化 C 的 DNA 片段的显著富集方法；④以单分子荧光测序（http://www. pbrc. hawaii. edu/）或纳米孔单分子测序（nanopore single-molecule sequencing，https://nanoporetech. com/）技术为代表的第三代测序平台为基础的方法。这些平台的选择决定了所获得的 DNA 甲基化谱式的规模（全基因组、亚基因组或单个基因）和分辨率（单核苷酸或数百碱基对水平）。鉴于第 2 章和第 3 章中已对 DNA 甲基化分析技术有较为详细的介绍，在此仅以列表方式（见表 4-2）呈现现今最为常用的 DNA 甲基化组学分析平台的最新进展。

表 4-2　常见高通量甲基化检测技术的比较

技术类型	方法名称	发表年份	原理总结	参考文献	基因组DNA样本量	碱基分辨率	CpG 覆盖度（或 CpG 个数）
位点特异性甲基化分析技术	EpiTYPER	2005	将待测 DNA 经过亚硫酸氢盐处理，通过 PCR 扩增过程引入 T7-启动子序列，经 T7 DNA 聚合酶的体外转录过程得到各样本的 RNA 产物。经过碱基特异性酶切处理，得到 RNA 小片段，并用飞行质谱检测每个片段的分子量，最后利用 EpiTYPER 程序完成数据的自动化处理并报告每个检测片段的甲基化程度	[90]	—	—	—
	MethyLight	2000	荧光定量法，此方法利用 TaqMan 探针和 PCR 引物区分甲基化和未甲基化的 DNA。首先用亚硫酸氢盐处理 DNA 片段，针对甲基化和未甲基化片段各设计一个探针，用不同的荧光标记，随后开展实时荧光定量 PCR。如果探针与 DNA 杂交则释放出荧光信号，根据荧光信号的比值计算甲基化水平	[91]	—	—	—

（续表）

技术类型	方法名称	发表年份	原 理 总 结	参考文献	基因组DNA样本量	碱基分辨率	CpG 覆盖度（或 CpG 个数）
	pyro-sequencing	2007	样本前期也是经过亚硫酸氢盐处理，然后设计引物扩增出片段，将PCR 产物上机检测，根据特定位点 T/T＋C 的比值计算出甲基化的水平	[92]	—	—	—
基于电泳展示的甲基化分析技术	COBRA	1997	DNA 样本经亚硫酸氢盐处理后，利用 PCR 扩增。扩增产物纯化后用限制性内切酶（BstUI）消化。这样酶切产物再经电泳分离、探针杂交、扫描定量后即可得出原样本中甲基化的比例	[93]	—	—	—
	methylation-specific PCR（MSP）	1996	样本前期先经过亚硫酸氢盐处理，针对处理后的片段设计两对引物，一对扩增发生甲基化的片段，而另一对扩增未发生甲基化的片段。若第一对引物能扩增出片段，则说明该检测位点存在甲基化。若第二对引物能扩增出片段，则说明该检测位点不存在甲基化	[94]	—	—	—
	MS-SNuPE	1997	快速定量每一个 CpG 位点甲基化状态的技术	[95]	—	—	—
	Sanger BS	1987	快速识别、定位和定性每一个CpG 位点甲基化状态的技术	[96]	—	—	—
基于基因芯片的甲基化分析技术	Golden Gate	2003	一种用于 DNA 甲基化检测的高通量 SNP 分型技术	[97]	1 μg	单碱基	NA
	Infinium 450K array	2011	亚硫酸氢盐处理基因组 DNA 后，采用 Infinium 探针技术，特异性识别人类基因组中 450 000 个CpG 位点的甲基化水平	[98]	500 ng	单碱基	2%（6×10⁵）
	Infinium 850K array	2016	亚硫酸氢盐处理基因组 DNA 后，采用 Infinium 探针技术，特异性识别人类 853 307 个 CpG 位点的甲基化状态	[99]	500 ng	单碱基	4%（1.2×10⁶）
	MeDIP-chip	2005	利用 DNA 甲基化结合蛋白MeCP2、MBD1、MBD2 和 MBD3LI等抗体进行免疫沉淀，富集甲基化的 DNA，结合基因芯片技术分析富集的 DNA 甲基化水平	[100]	500 ng～1 μg	峰高	NA

（续表）

技术类型	方法名称	发表年份	原理总结	参考文献	基因组DNA样本量	碱基分辨率	CpG覆盖度（或CpG个数）
基于高通量测序的甲基化分析技术	MeDIP-Seq	2008	利用 DNA 甲基化结合蛋白 MeCP2、MBD1、MBD2 和 MBD3LI 等抗体进行免疫沉淀,富集甲基化的 DNA,结合二代测序技术分析富集的 DNA 甲基化水平	[101]	50 ng~5 μg	峰高	85%（2.4×10⁶）
	RRBS	2005	通过酶切的方式产生不同大小的基因组片段降低基因组代表性,然后结合亚硫酸氢盐处理进行高通量测序,进而分析所富集的 DNA 甲基化水平	[102]	10 ng~2 μg	单碱基	13%（4.0×10⁶）
	WGBS	2009	亚硫酸氢盐处理后进行高通量全基因组测序,分析 DNA 甲基化水平	[103]	10 ng	单碱基	>90%（>2.6×10⁷）
	BSPP	2009	利用锁式探针(padlock probe)富集基因组的选定部分。这些线性的寡核苷酸探针经过专门设计,每一端都与目标基因组的一侧杂交,DNA 聚合酶随后在捕获区域延伸,经过最后的连接步骤,扩增得到环状的 DNA 并测序	[104,105]	200 ng	单碱基	（<10 000）
	scRRBS	2015	单细胞简化代表性亚硫酸氢盐测序技术,改良了原始的 RRBS 的方法,在 PCR 扩增之前将所有实验步骤整合到单管反应中完成。这样的改良使得 scRRBS 能够以单碱基分辨率提供单个人类细胞内约 100 万个 CpG 位点的数字化甲基化信息。相比于单细胞亚硫酸氢盐测序(scBS)技术,scRRBS 覆盖的 CpG 位点少一些,但它更好地覆盖了 CpG 岛	[106]	单个细胞	单碱基	（>1×10⁶）
	MCTA-Seq	2015	甲基化 CpG 短串联扩增与测序。通过选择性扩增外周血血浆中游离 DNA 的甲基化 CpG 短串联 CGCGCGG 序列,然后进行高通量测序分析。MCTA-Seq 可以在一个反应中同时检测到近 9 000 个 CpG 岛;检测下限可低至 1~2 个细胞的基因组 DNA	[107]	10 pg~100 ng	单碱基	（<10 000）

注：NA 表示文章中没有相关数据

  Illumina 公司研发出第二代甲基化状态分析技术(Illumina 450K 芯片),该芯片含 45

万个 CpG 位点,覆盖了人类基因组 95% 的 CpG 岛和部分 CpG 岛以外的 CpG 位点。这些 CpG 位点包含了多种癌症组织中的差异甲基化位点、miRNA 启动子区域和全基因组关联分析(genome-wide association study, GWAS)所发现的部分疾病相关区域的位点。与转录组学数据整合分析相结合,人们可全面评估这些位点的肿瘤细胞差异甲基化状态对基因表达水平的影响。这一平台已广泛用于多个大规模组学研究计划中的 DNA 甲基化组学研究。该平台的第三代产品 Illumina Infinium Methylation EPIC BeadChip(Illumina 850K)于 2017 年进入市场。在此平台的 853 307 个 CpG 位点中,除了 450K 芯片中 90% 的位点以外,还新增了从 ENCODE(https://www.encodeproject.org/)和 FANTOM5(http://fantom.gsc.riken.go.jp/)计划中发现的位于增强子区的 333 265 个 CpG 位点[108]。凭借着其在性价比和可操作性上的优势,这一芯片平台已成为现今 DNA 甲基化组学研究的首选平台之一。

除了分辨率达到单核苷酸水平以外,对亚硫酸氢盐处理过的基因组 DNA 进行全基因组深度测序还能发现新的差异 DNA 甲基化序列和区域[1, 109]。人们最初使用 5′-甲基胞嘧啶抗体富集高甲基化的 DNA 片段(如 MeDIP-Seq),继而使用芯片杂交捕获和高通量测序技术[110]检测受试样本中的 DNA 甲基化状态。基于相同原理的甲基化 DNA 结合蛋白介导的捕获技术 MethylCap-Seq[111, 112]有望提供质量更高的 DNA 甲基化组学数据。通过对捕获到的 CpG 岛或蛋白质编码区域的 DNA 序列开展亚硫酸氢盐处理的深度测序,可将原本在数百个碱基对水平的 DNA 甲基化谱式分辨率提高到单核苷酸分辨率的水平[113, 114]。对 CpG 岛区 Msp I 酶切片段进行亚硫酸氢盐处理后的深度测序(reduced representation bisulfite sequencing, RRBS)是另一个绘制特定基因组区 DNA 甲基化图谱的方法[115, 116]。针对人类基因组中 CpG 岛区域的商业化服务——基因捕获/亚硫酸氢盐测序技术平台[SeqCap Epi(罗氏公司)等],已得到广泛应用[117]。国际表观基因组计划中承担 DNA 甲基化组学绘制任务的研究组先后在 2010 年和 2016 年报告了对 DNA 甲基化组学分析平台价值的评估[118, 119],为业内提供平台选择的指导。

随着测序技术的微量化和高保真扩增技术[120]的快速进步,绘制单个高等哺乳动物细胞的单一 DNA 甲基化组学图谱[121, 122]及包括基因组学、DNA 甲基化组学和转录组学在内的三重图谱[123]已成为可能。为了克服二代测序所必需的测序前扩增和读长有限所带来的基因组序列组装上的困难,人们发展了以单分子实时测序技术——Pacific Biosciences 的 SMRT 技术平台和纳米孔单分子测序(Oxford Nanopore Technologies 的 MinION 等)为代表的第三代测序技术，其所产生的长读长数据为组装更为完整的人类基因组[124]提供了极大的便利。尤为重要的是，SMRT 测序技术使直接绘制单核苷酸分析精度的 DNA 分子上 DNA 胞嘧啶甲基化和腺嘌呤甲基化谱式[125, 126]成为可能。5-羟甲基胞嘧啶（5hmC）是 TET 介导的 5mC 氧化去甲基化过程中稳定并且丰度最高的中间产物。除了抗 5hmC 抗体介导的技术以外，可用于克服亚硫酸氢盐无法将其与 5mC 区别开来的技术还有氧化-亚硫酸氢盐测序（oxidative bisulfite sequencing，oxBS-Seq）[127]和 TET 辅助的亚硫酸氢盐测序[5]。值得强调的是，采用单分子实时测序技术，人们已经能够获得单核苷酸分辨率水平的 5hmC 甲基化谱式[6, 128]。另外，绘制单核苷酸分辨率水平的 5fC 和 5caC 组学图谱技术平台也已经问世[129]。

4.3　肿瘤特征性 DNA 甲基化谱式的异常

在获取和分析数据能力快速大幅提升的组学绘制平台的支持下，以国际表观基因组计划（IHEC）、美国 DNA 元件百科全书计划（ENCODE）和癌症基因组图谱计划（TCGA）为主要完成者的推动下，2 万多例肿瘤样本包括 DNA 甲基化组学图谱在内的多重组学图谱的数据已在相应的网站上公开（见表 4-3）。

表 4-3　5 个国际计划已公布的 20 883 个 DNA 甲基化组学数据

项　　目	网　　址	组学方法	DNA 甲基化组学数据（个数）	参考文献
美国国立卫生研究院的表观基因组学路线图计划	http://www. roadmapepigenomics. org/	MeDIP-Seq、MRE-Seq、WGBS、RRBS	367	[130]
"蓝图"计划（BLUEPRINT）	http://www. blueprint-epigenome. eu/	WGBS	58	[131]
DNA 元件百科全书计划（ENCODE）	https://www. encodeproject. org/	HM450K、RRBS	206	[132]
国际癌症基因组计划（ICGC）	https://icgc. org/	HM450K、WGBS	9 216	[133]
癌症基因组图谱计划（TCGA）	http://cancergenome. nih. gov/		11 036	
总数			20 883	

注：信息显示为 2016 年 1 月 10 日以前的数据（表中数据来自参考文献[134]）

总计 2 870 万个 CpG 位点在人类基因组中呈散在相间和聚集成簇的分布模式,其比例为 98%:2%[16]。相对于正常细胞,肿瘤细胞的基因组以全局性 DNA 甲基化水平降低和局部性 DNA 甲基化水平升高共处的状态为特征。构成基因组序列 50%~60% 的高度重复序列 [tandem centromeric satellite α, juxtacentromeric (centromere-adjacent) satellite 2, the interspersed Alu and long interspersed elements (LINE)-1 repeats] 中 80% 以上的 CpG 在正常细胞中处于甲基化状态。肿瘤细胞所特有的全局性甲基化水平降低使重复序列转录/转座活性大幅增加,继而导致以序列和染色体水平巨变为特征的基因组稳定性丧失(genome instability)[66]。肿瘤细胞基因组中 1/3 以上的区域是由平均长度为 28 kb~10 Mb 的重复序列和单拷贝序列构成的低甲基化区域[67]。这被认为是 DNA 甲基化调控机制失常导致肿瘤特征性基因组稳定性丧失的重要证据之一。另外,启动子区的局部性低甲基化也可能参与促进细胞增殖基因的肿瘤特征性表达上调,如前列腺癌中的尿激酶基因和乳腺癌中的 S100A4、间皮素、密封蛋白 4、三叶因子 2、乳腺丝氨酸蛋白酶抑制剂、蛋白基因产物 9.5、阿黑皮素原和肝素酶基因[68]。

肿瘤特异性启动子高甲基化介导的转录静息可替代遗传突变,致使受累细胞的抑癌基因功能丧失[38]。高达 5%~10% 的基因(蛋白编码和非编码基因)表现为肿瘤特征性启动子高甲基化状态[24](https://cancergenome.nih.gov/)。在正常细胞和肿瘤细胞中,CpG 岛附近 CpG 密度依次降低的 CpG 岛岸(CpG shore, 2 kb 以内)、CpG 大陆架(CpG shelves, 2~4 kb 区域之中)中[135]的 DNA 甲基化状态与基因表达状态之间呈显著的负相关性[136-138]。除了启动子以外,对于离基因本体很远的顺式作用元件——增强子,当其染色质结构处于高度开放状态和高度 H3K27 乙酰化状态时,受调控的基因处于转录活动状态[54, 55]。多项新近的研究表明,增强子的 DNA 甲基化状态与相关基因的转录状态间的负相关性更强[58-60]。因此,应努力发展针对增强子 DNA 甲基化状态的肿瘤诊断方法[139]。作为细胞特化过程中基因转录状态长期记忆的关键机制[140],基因启动子的 DNA 甲基化谱式也参与细胞谱系特异性转录调控[84]。例如,结直肠癌特有的启动子高甲基化基因群[141]与肺癌[142]和肝癌[143]都不相同。这一特征为通过对这些区域的 DNA 甲基化分析确定肿瘤的组织起源提供了理论上的依据[134, 144]。

以新一代测序技术为基础的大规模肿瘤多组学研究明确地揭示了瘤灶中包括遗传[77]和表观遗传[145]水平上的时空四维异质性。虽然组织样本是肿瘤基础研究和诊断最为重要的临床样本,但是其应用价值大大受制于低可获取性[146]和肿瘤异质性的干扰[77]。而体液样本有多次取样性、疾病状态表征性及抗肿瘤异质性干扰高的优点。因此,对体液样本的分析在肿瘤诊断实践中已占有重要的地位[147, 148]。体液样本分析的适用范围与其来源的解剖学属性密切相关,如尿样本的分析可用于膀胱癌的临床诊断,粪便的分析适用于结直肠癌的临床诊断,而口腔洗液分析适用于口腔肿瘤的临床诊断。肿瘤患者外周血中含有循环肿瘤细胞(circulating tumor cells,CTC)以及肿瘤细胞来源的循环游离肿瘤 DNA(circulating cell-free tumor DNA,ctDNA)。对 CTC 和 ctDNA 的肿瘤特征性 DNA、突变和拷贝数异常进行检测在肿瘤临床实践中具有重要的应用前景。但受限于其半衰期短、含量低及分离技术的低通量和低效率等不利因素,从 DNA 甲基化的视角对离开原发灶和转移瘤灶进入血液的 CTC 进行系统的基础和转化研究才刚刚起步[149, 150]。鉴于肿瘤组织和 ctDNA[7] 的 DNA 甲基化谱式高度相似,针对 ctDNA 中的目标基因启动子进行 DNA 甲基化分析在肿瘤诊断、用药指导和疗效评估等方面有着极高的价值[108, 151]。新近的研究结果表明,通过使用定制芯片分析亚硫酸氢盐处理血浆循环游离 DNA(circulating cell-free DNA,cfDNA)中 5 800个 CpG 的甲基化状态[152] 或数个呈现组织特异性甲基化基因启动子区的连续多个 CpG 的甲基化状态[153],有望确定受检者 ctDNA 的组织来源。Xu 等对比分析了 1 098例肝癌患者和 835 例正常对照者血液中 ctDNA 的甲基化水平,结果证实 ctDNA 甲基化水平可用于肝细胞癌的诊断、疗效监测和预后判断[154]。

4.4　DNA 甲基化与肿瘤的精准诊断

深入探讨肿瘤相关 DNA 甲基化状态异常是阐明肿瘤发病机制和开发新型临床诊断和治疗技术的关键步骤。微滴式数字 PCR(droplet digital PCR)[152]、质谱分析技术(MALDI-TOF mass spectrometry)[153]、挂锁探针捕获测序(capture sequencing with padlock probes)[114] 以及 CpG 串联扩展测序[155] 等技术,可以满足研究者针对数以千计靶点 DNA 甲基化的临床前研究需求。随着以新一代测序技术为基础的 DNA 甲基化组学分析和验证技术的快速发展及成本降低,针对越来越多 DNA 甲基化靶点的临床前和临床研究已经开展。显然,现阶段 DNA 甲基化诊断技术研发的主要任务,应该是针对已知少量有效靶点的 DNA 甲基化检测技术进行流程优化,而不是单纯提高靶点数目和分析通量。

有关 DNA 甲基化分析技术的评论已有很多[7, 88, 156-159]，第 2、3 章也有较为详细的介绍。在此，仅讨论 DNA 甲基化分析在肿瘤的精准诊断实践中的挑战，并为读者提供一份值得阅读的文献目录。DNA 甲基化分析方法分为亚硫酸氢盐法和非亚硫酸氢盐法两大类（见表 4-4）。通过亚硫酸氢盐处理区分甲基化和非甲基化 CpG 的方法是 DNA 甲基化分析的"金标准"。亚硫酸氢盐处理能引起 DNA 分子降解，限制了此方法在微量或小片段 DNA 样本甲基化分析中的应用。为此，人们也在努力发展包括 DNA 甲基化敏感性限制性内切酶酶切介导的方法在内的非亚硫酸氢盐类的 DNA 甲基化分析方法。

表 4-4　DNA 甲基化生物标志物的检测和验证方法

方法	商业化产品	亚硫酸氢盐处理	DNA 的使用量（ng）	单个 CpG 分辨率	重复性	通量	仪器设备	动态范围	定量
亚硫酸氢盐-PCR（bisulfite sequencing PCR，BSP）	MethyLight（Qiagen）	是	10～100		中等	＋	实时荧光定量 PCR 仪	3	标准曲线
甲基化敏感性限制性内切酶-PCR（MSRE-PCR）	SA (Biosciences/Qiagen)	否	10～100		高[a]	＋＋＋	实时荧光定量 PCR 仪	3	标准曲线
焦磷酸测序（pyrosequencing）	PyroMark CpG assays（Qiagen）	是	10～100	＋＋	无	＋＋	Pyromark Q96ID/MD, Q24	2	直接定量（%）
深度测序（deep sequencing）	MethylSeq（Raindance）	是		＋＋＋（以及单个扩增子）	高[b]	＋	NGS	4	直接定量（读数）
基于 MALDI 的 DNA 甲基化检测（MALDI-based DNA methylation detection）	EpiTYPER（Sequenom）	是	10	＋	无	＋＋＋	MALDI-TOF	3	直接定量（%）
甲基化结合域捕获技术（MBD）	多种[c]	否	1～100	－	中等	＋＋	多种[d]	3	比率

注：a 为多重预扩增和单重实时荧光定量 PCR 读数（对 SA Biosciences 试剂盒无效）；b 为单 PCR-合并测序；c 包括 MethylMagnet (RiboMed)、MethylQuest (Millipore)、MethylCap (Diagenode)、MethylMiner (Life Technologies) 和 MethylCollector (Active Motif)；d 包括 LC-MS、实时荧光定量 PCR（表中数据来自参考文献[155]）

4.4.1 亚硫酸氢盐处理类的技术

1) 亚硫酸氢盐-PCR 测序

亚硫酸氢盐-PCR 测序（bisulfite sequencing PCR，BSP）使用与 CpG 甲基化状态无关的特异引物，以亚硫酸氢盐处理过的 DNA 为模板，继而对由此产生的 PCR 扩增产物进行克隆/测序分析。对 PCR 产物进行直接测序，有操作简便、耗时较短的优点，但有背景高、DNA 甲基化量化判定不准的缺点。将 PCR 片段克隆后进行双脱氧链终止法（又称桑格法）测序，虽可获得较为明确的结果，但有操作步骤多、耗时较长，且会出现 PCR 反应偏差性较大的干扰[160]。如果将其中一条 PCR 引物利用生物素进行标记，然后将 PCR 产物片段进行焦磷酸测序（pyrosequencing），可以将 PCR 产物片段中的 CpG 甲基化程度进行定量分析[161]。这一技术已在临床样本的 DNA 突变和 DNA 甲基化状态分析中得到广泛的应用[156, 157]。

2) 定量甲基化特异性 PCR

定量甲基化特异性 PCR（quantitative methylation-specific PCR，MSP）针对局部 DNA 序列中的甲基化或非甲基化 CpG 设计特异引物，结合 PCR 技术对亚硫酸氢盐处理过的 DNA 模板进行定量扩增。对目标 CpG 甲基化程度进行 MethyLight 定量分析（ThermoFisher Scientific）[162]，是目前临床研究中最为常用的方法。它能够在 10 000 个非甲基化的模板背景下，检测出 1 个甲基化分子，特别适用于复杂度极高的临床样本的检测。引入斑点杂交技术（methylation specific dot blot assay，MSP-DB），也有可能同时对多个目标区的 DNA 甲基化水平进行评估[163]。将非甲基化模板的寡核苷酸竞争物引入 MethyLight 体系，可大幅提高在成分复杂的临床样本中检出甲基化模板的特异性和敏感性[164]。获得美国食品药品监督管理局（U. S. Food and Drug Administration，FDA）批准的诊断结直肠癌的"Epi proColon"试剂盒[165]和诊断肺癌的"Epi proLung"试剂盒（Epigenomics AG 公司）[166]，就是采用了 MethyLight 技术。Ushijiama 团队使用该检测方法对胃癌高危人群血清 cfDNA 中的目标基因 DNA 甲基化状态进行了 5 年的前瞻性研究，结果提示 miR-124a-3、EMXI 及 NKX6-1 的甲基化水平对异时性胃癌（metachronous gastric cancer）的发生有一定的预警价值[167]。

3) 甲基化敏感性高分辨率熔解曲线分析

通过甲基化敏感性高分辨率熔解曲线分析（methylation-sensitive high-resolution melting，MS-HRM）可检测亚硫酸氢盐处理后获得的甲基化与未甲基化 DNA 序列间的差异，解决由于亚硫酸氢盐转化不完全或错误起始而造成的假阳性，以及同源和异源甲基化结果的干扰等问题[168]。

4）以靶向性测序为基础的 DNA 甲基化组学分析技术

以靶向性测序为基础的 DNA 甲基化组学分析技术[113]是根据碱基互补配对原理，用核酸探针捕获基因组中的目标序列，继而进行单分子亚硫酸氢盐测序。使用这一方法，人们已经绘制出高质量的健康和疾病状态下基因组 CpG 岛区域和功能区的单核苷酸分辨率水平的 DNA 甲基化图谱[114, 169]。使用称为亚硫酸氢盐锁式探针（bisulfite padlock probe，BSPP）的技术，用挂锁式（padlock）探针富集目标区域和优化之后 PCR 介导的建库，可进一步提高图谱的质量和绘制流程的效率[170, 171]。使用商业化定制的特异探针，人们能够在200 ng DNA 的微量样本中获取多达 85 万个 CpG 位点的 DNA 甲基化状态的数据，用于后续的临床转化研究[172]。

5）甲基化 CpG 短串联扩增靶向测序技术

Wen 等发展了甲基化 CpG 短串联扩增与测序（methylated CpG tandem amplification and sequencing，MCTA-Seq）技术，可用 7.5 pg（2.5 个细胞基因组量）血浆 cfDNA，绘制单核苷酸分辨率水平上人类基因组中 34.2% 的 CpG 岛的 DNA 甲基化谱式[155]。有临床应用前景的 DNA 甲基化分析技术还有微滴式数字 PCR[152]、质谱分析技术（MALDI-TOF mass spectrometry）[153]等。

4.4.2　非亚硫酸氢盐处理类的技术

甲基化敏感性限制性内切酶-PCR 分析方法（methylation-sensitive restriction endonuclease-PCR，MSRE-PCR）是利用甲基化敏感性限制性内切酶[Hpa Ⅱ（酶切位点为 CCGG）或 Hha Ⅰ（酶切位点为 CGCG）等]无法切割含有处于甲基化状态 CpG 的识别序列的特性，选择性切割非甲基化的靶点区域，继而可以通过定量 PCR 分析酶切和未酶切样品中目标片段的相对丰度，从而对目标 CpG 的甲基化状态进行定量[173]。使用不同荧光标记的探针有望开展同时针对多个靶点的多重定量 PCR 分析，进一步提高检测结果的特异性、敏感性及可重复性。

4.5　DNA 甲基化分析与肿瘤精准诊断：机遇和挑战

近年来，人们利用多组学研究，发现很多肿瘤特征性 DNA 甲基化状态异常与临床诊疗密切相关。部分基因的 DNA 甲基化异常状态仅见于一种或少数几种肿瘤类型,而另一些基因的 DNA 甲基化异常出现在大多数类型的肿瘤中[49]。分析受检者的临床样本,尤其是血液样本中第一类基因的 DNA 甲基化状态,有望用于鉴别受检者所患肿瘤的组织类型。DNA 甲基化分析已在肿瘤早期诊断[174, 175]、分期分型和预后预期[49]、治疗方案指导[176]和疗效评估[177, 178],乃至高危人群肿瘤发展倾向的风险评估[179-181]等多个方面发挥着或者将发挥重要作用。

在临床诊断中,甲醛固定的石蜡包埋组织样本的使用远较冷冻组织样本更为常见。DNA 降解和甲醛所致的 DNA 交联相关的序列改变与样本保存时间呈高度的正相关[182]。因此,能否克服这些不利影响是确保在 DNA 序列和甲基化水平上诊断结果准确的关键[183]。有证据表明,组织 DNA 的甲基化谱式和血液 cfDNA 的吻合度高达80%以上[184-186]。这确立了对血液为主的多种体液样本如全血[187]、血浆[165]、循环肿瘤细胞[188]、血清[189]、唾液[190]、晨尿[191]、支气管洗液[192]、痰[193]、粪便[194]和活检组织[195]等进行 DNA 甲基化分析在肿瘤诊断中的价值。

迄今,FDA 和实验室开发诊断试剂监管模式/临床实验室改进修正案(LDT/CLIA)已批准了多个 DNA 甲基化分析类的肿瘤诊断技术用于肿瘤临床(见表 4-5、表 4-6)。其中,Epigenomics AG 公司提供的通过分析血浆 cfDNA 的 *SEPT9* 基因启动子甲基化状态诊断结直肠癌技术在欧洲使用多年之后,已获准在包括美国和中国在内的多个国家和地区使用。下面以此为例,对 DNA 甲基化诊断技术在肿瘤临床实践的前景和挑战展开讨论。

表 4-5　商业化 DNA 甲基化生物标志物的检测(Ⅰ)

生物标志物	应用	疾病	样本	敏感度/特异度(%)	商业化检测	参考文献
SEPT9	早期诊断	结直肠癌	血液	70~80/89~99	EpiproColon® 2.0(Epigenomics)、ColoVantage™(Quest Diagnostics)、Real-Time mS9(Abbott)	[196]
VIM	早期诊断	结直肠癌	粪便	92/97	Cologuard™(Exact sciences)	[197]
SHOX2	早期诊断	肺癌	痰液	81/95	Epi prolung® BL 1.0(Epigenomics)	[198]
GSTP1＋APC＋RASSF1	确认活检阴性结果	前列腺癌	前列腺活检组织	74/63	ConfirmMDx(MdxHealth)	[199]

（续表）

生物标志物	应用	疾病	样本	敏感度/特异度(%)	商业化检测	参考文献
GSTP1	早期诊断	前列腺癌	尿液	—	Predictive Biosciences	[200]
MGMT	预测	脑癌	肿瘤	—	PredictDx™ Brain Cancer（MDxHealth）	[201]
TWIST2＋NID2	预测	膀胱癌	尿液	87.9/99.9	CerNDx™ Bladder Cancer Assay Hematuria Assessment（Predictive Biosciences）	[202]
VIM＋NID2	复发监控	膀胱癌	尿液	90.5/95.5	CerNDx™ Bladder Cancer Assay Recurrence Monitoring（Predictive Biosciences）	[203]

（表中数据来自参考文献[156]）

表 4-6　商业化 DNA 甲基化生物标志物的检测(Ⅱ)

产品	公司/上市年份	疾病	样本	表观遗传靶标	管理机构
Cologuard	Exact sciences/2014	结直肠癌	粪便	*NDRG4*、*BMP3* 及其遗传标记的 DNA 甲基化状态	FDA
ConfirmMDx	MDxHealth/2012	前列腺癌	组织	*GSTP1*、*RASSF1*、*APC* 的甲基化状态	LDT/CLIA
AssureMDx	MDxHealth/2016	膀胱癌	尿液	*TWIST*、*ONECUT2*、*OTX1* 及其他遗传标记的 DNA 甲基化状态	LDT/CLIA

　　虽然对 *SEPT9* 基因(编码 GTP-结合蛋白家族成员之一)在结直肠癌发生、发展中的作用及机制知之甚少,但 Epigenomics AG 公司研发的通过定量 MSP 方法判定组织[165]和血浆 cfDNA[204]中 *SEPT9* 基因启动子区的高甲基化状态用于诊断结直肠癌的方法,已获准在欧洲和美国使用。报批时的数据表明,此方法检出结直肠癌的敏感度和特异度分别高达 72％和 90％[205]。虽然敏感度和特异度低于文献报道,新近完成的总病例数高达 9 416 例的荟萃分析依然肯定了此诊断方法在结直肠癌诊断中的价值[206]。最近,科研人员利用 Epi proColon2.0 版本的试剂盒在包括中国结直肠癌患者在内的人群中开展了较大规模的临床研究,结果提示将其与粪便隐血试验联合应用,有望提高对结直肠癌早期诊断的检出率和准确性[207]。

　　显然,将多靶点 DNA 甲基化分析与包括致癌基因的驱动性突变在内的其他诊断方法联合使用是值得尝试的。为此,Cologuard 公司推出了以粪便 DNA 作为样本,分析

NDRG4 和 *BMP3* 基因启动子甲基化及 *KRAS* 突变状态的诊断技术，用于无症状者的结直肠癌筛查[208]。在已完成的包括 9 989 名受检者的实验研究中，此方法对结直肠癌及癌前病变的检出率都显著高于粪便隐血试验。

4.6 展望

考虑到样本的可获取性和对异质性干扰的承受能力，人们对液体活检（liquid biopsy），尤其是血液样本的生物标志物类型和丰度分析在肿瘤精准诊断中的价值认可度显著提升。确定 cfDNA 中 ctDNA 所携带的肿瘤特征性突变、拷贝数改变和基因结构重排已在肿瘤患者的治疗方案选择、疗效监测，以及复发预测等方面发挥重要作用[209]。继在欧盟地区获批使用后，美国 FDA 也根据患者 ctDNA 中高频存在的 *SPET9* 基因和 *SHOX2* 基因的启动子区高甲基化状态，批准相应的诊断方法分别用于结直肠癌和肺癌诊断和疗效监测的临床实践。另外，通过针对 3 个基因的启动子 DNA 甲基化分析技术诊断结直肠癌、前列腺癌和膀胱癌的试剂新近获准，可在第三方检验室使用（见表 4-6）。可以预期，DNA 甲基化分析，尤其是以 ctDNA 为对象的甲基化分析技术将在肿瘤诊断领域有广泛的应用前景。

然而，为实现以 ctDNA 为对象的液体活检在肿瘤诊断中的巨大潜力，人们必须成功地应对理念和技术上的多个挑战。

4.6.1 基因的转录状态与 ctDNA 为样本的肿瘤诊断

cfDNA 是高度片段化的单核小体片段大小的 DNA[210]。转录起始点分布图谱与表达谱相关性研究表明，受测样本 cfDNA 序列谱式含有目标基因的组织来源[211]及转录状态的信息[212, 213]。肿瘤细胞中处于转录活跃状态的癌基因的驱动性突变是 ctDNA 为样本的肿瘤诊断的靶点。处于转录活跃状态的基因的染色质结构远比处于静息状态的抑癌基因的暴露度高并优先降解，致使前者在 ctDNA 中的丰度显著低于后者。所以，突变检测阴性（假阴性）也可以解释为对肿瘤临床行为有影响的突变基因处于高度转录活跃的状态，突变检测阳性（假阳性）也可归结于突变基因在肿瘤样本中处于转录静息/致密的染色质状态。显然，在无法克服此类干扰之前，根据目标基因的突变存在与否对受检者进行临床干预是有误诊风险的。与遗传性异常的检测相反，DNA 甲基化分析是针对其启动子的高甲基化状态,将处于转录静息和染色质致密状态的抑癌基因作为指标,所以,以 ctDNA 中抑癌基因的高甲基化状态为目标的分析应该在检出率和特异性方面都优于以原癌基因突变为目标的分析(见表 4-7)。

表 4-7 以血浆游离 DNA 为样本的突变和 DNA 甲基化分析特点的比较

	驱动性突变	DNA 甲基化
受累基因的转录状态	活跃的癌基因	静息的抑癌基因[a]
染色质结构	开放	致密
降解速率	高	低
在血浆游离 DNA 中的相对量	低	高

注:a 指局部性高甲基化导致抑癌基因失活,是 DNA 甲基化分析的主要靶点

有充分证据表明,驱动性突变的出现频率与受检者的年龄呈显著正相关[214, 215],因此在判定无症状突变阳性的受检者是否患病时需更为谨慎。出于同样的考虑,在建立以肿瘤驱动性抑癌基因启动子局部高甲基化状态作为指标的肿瘤诊断方法时,应该加上与年龄相关性小或无相关性的目标基因的对照。

4.6.2 ctDNA 的 DNA 甲基化分析方法的优化

对大样本肝癌的 cfDNA 的深度测序结果表明,肝癌细胞来源的 ctDNA 片段的平均长度在 132～145 bp,明显短于均长为 165 bp 的对照组 DNA[210]。因而,使用可导致 DNA 片段降解的亚硫酸氢盐处理为基础的 DNA 甲基化分析方法难以准确地获取 132～145 bp 长度 ctDNA 中目标基因的 DNA 甲基化状态信息。在短 DNA 片段的甲基化分析方面,DNA 甲基化敏感性限制性内切酶酶切方法的优势明显,应予以重视。

4.7 小结

通过近几年的努力,人们不仅对 DNA 甲基化机制在生理和病理状态下发挥重要作用的认知有了大幅提升,而且在将这些知识转化为肿瘤临床诊治实践中的可用技术方面取得了初步进展。携带遗传功能信息的 DNA 甲基化的表观遗传学机制与携带遗传结构信息的 DNA 序列的遗传学机制之间的相互作用是生命活动正常运转的关键机制,

包括肿瘤在内的多种重大疾病的发生和发展与基因组的这两个层面机制，以及两者之间相互作用的异常密切相关。因此，人们应该从 DNA 序列和 DNA 甲基化状态两个视角入手，进一步深入研究其在包括肿瘤在内的重大疾病发生、发展中的作用及分子机制，研发高精度、适用于临床实践的诊疗技术，提高人们征服以肿瘤为代表的重大疾病的能力。

参考文献

[1] Lister R. Human DNA methylomes at base resolution show widespread epigenomic differences [J]. Nature, 2009,462(7271): 315-322.

[2] Kohli R M, Zhang Y. TET enzymes, TDG and the dynamics of DNA demethylation [J]. Nature, 2013,502(7472): 472-479.

[3] Wu H, D'Alessio A C, Ito S, et al. Genome-wide analysis of 5-hydroxymethylcytosine distribution reveals its dual function in transcriptional regulation in mouse embryonic stem cells [J]. Genes Dev, 2011,25(7): 679-684.

[4] Li W, Zhang X, Lu X, et al. 5-Hydroxymethylcytosine signatures in circulating cell-free DNA as diagnostic biomarkers for human cancers [J]. Cell Res, 2017,27(10): 1243-1257.

[5] Yu M, Hon G C, Szulwach K E, et al. Base-resolution analysis of 5-hydroxymethylcytosine in the mammalian genome [J]. Cell, 2012,149(6): 1368-1380.

[6] Song C X, Clark T A, Lu X Y, et al. Sensitive and specific single-molecule sequencing of 5-hydroxymethylcytosine [J]. Nat Methods, 2011,9(1): 75-77.

[7] Stirzaker C, Taberlay P C, Statham A L, et al. Mining cancer methylomes: prospects and challenges [J]. Trends Genet, 2014,30(2): 75-84.

[8] Stevenson T J. Epigenetic regulation of biological rhythms: an evolutionary ancient molecular timer [J]. Trends Genet, 2018,34(2): 90-100.

[9] Chodavarapu R K, Feng S, Bernatavichute Y V, et al. Relationship between nucleosome positioning and DNA methylation [J]. Nature, 2010,466(7304): 388-392.

[10] Zhu H, Wang G, Qian J. Transcription factors as readers and effectors of DNA methylation [J]. Nat Rev Genet, 2016,17(9): 551-565.

[11] Neri F, Rapelli S, Krepelova A, et al. Intragenic DNA methylation prevents spurious transcription initiation [J]. Nature, 2017,543(7643): 72-77.

[12] Shukla S, Kavak E, Gregory M, et al. CTCF-promoted RNA polymerase Ⅱ pausing links DNA methylation to splicing [J]. Nature, 2011,479(7371): 74-79.

[13] Blake G E, Watson E D. Unravelling the complex mechanisms of transgenerational epigenetic inheritance [J]. Curr Opin Chem Biol, 2016,33: 101-107.

[14] Szyf M. Nongenetic inheritance and transgenerational epigenetics [J]. Trends Mol Med, 2015,21 (2): 134-144.

[15] Consortium E P, Birney E, Stamatoyannopoulos J A, et al. Identification and analysis of functional elements in 1% of the human genome by the ENCODE pilot project [J]. Nature, 2007,447(7146): 799-816.

［16］Illingworth R S，Bird A P．CpG islands- 'a rough guide' ［J］．FEBS Lett，2009,583(11)：1713-1720．

［17］Lopez-Otin C，Blasco M A，Partridge L，et al．The hallmarks of aging ［J］．Cell，2013,153(6)：1194-1217．

［18］Goel N，Karir P，Garg V K．Role of DNA methylation in human age prediction ［J］．Mech Ageing Dev，2017,166：33-41．

［19］Stubbs T M，Bonder M J，Stark A K，et al．Multi-tissue DNA methylation age predictor in mouse ［J］．Genome Biol，2017,18(1)：68．

［20］Wagner W．Epigenetic aging clocks in mice and men ［J］．Genome Biol，2017,18(1)：107．

［21］Horvath S．DNA methylation age of human tissues and cell types ［J］．Genome Biol，2013,14(10)：R115．

［22］Marioni R E，Shah S，McRae A F，et al．DNA methylation age of blood predicts all-cause mortality in later life ［J］．Genome Biol，2015,16：25．

［23］Gensous N，Bacalini M G，Pirazzini C，et al．The epigenetic landscape of age-related diseases：the geroscience perspective ［J］．Biogerontology，2017,18(4)：549-559．

［24］Baylin S B，Jones P A．Epigenetic determinants of cancer ［J］．Cold Spring Harb Perspect Biol，2016,8(9)．doi：10.1101/cshperspect.a019505．

［25］Grzybek M，Golonko A，Walczak M，et al．Epigenetics of cell fate reprogramming and its implications for neurological disorders modelling ［J］．Neurobiol Dis，2017,99：84-120．

［26］Sanchez-Mut J V，Heyn H，Vidal E，et al．Human DNA methylomes of neurodegenerative diseases show common epigenomic patterns ［J］．Transl Psychiatry，2016,6：e718．

［27］Zhang Z，Zhang R．Epigenetics in autoimmune diseases：Pathogenesis and prospects for therapy ［J］．Autoimmun Rev，2015,14(10)：854-863．

［28］Wahl S，Drong A，Lehne B，et al．Epigenome-wide association study of body mass index，and the adverse outcomes of adiposity ［J］．Nature，2017,541(7635)：81-86．

［29］Fenouil R，Cauchy P，Koch F，et al．CpG islands and GC content dictate nucleosome depletion in a transcription-independent manner at mammalian promoters ［J］．Genome Res，2012,22(12)：2399-2408．

［30］Deaton A M，Bird A．CpG islands and the regulation of transcription ［J］．Genes Dev，2011,25：1010-1022．

［31］Perez J D，Rubinstein N D，Dulac C．New perspectives on genomic imprinting，an essential and multifaceted mode of epigenetic control in the developing and adult brain ［J］．Annu Rev Neurosci，2016,39：347-384．

［32］Cui H，Cruz-Correa M，Giardiello F M，et al．Loss of IGF2 imprinting：a potential marker of colorectal cancer risk ［J］．Science，2003,299(5613)：1753-1755．

［33］Hanahan D，Weinberg R A．Hallmarks of cancer：the next generation ［J］．Cell，2011,144(5)：646-674．

［34］Timp W，Feinberg A P．Cancer as a dysregulated epigenome allowing cellular growth advantage at the expense of the host ［J］．Nat Rev Cancer，2013,13(7)：497-510．

［35］Flavahan W A，Gaskell E，Bernstein B E．Epigenetic plasticity and the hallmarks of cancer ［J］．Science，2017,357(6348)：eaal2380．

［36］Smith Z D，Shi J，Gu H，et al．Epigenetic restriction of extraembryonic lineages mirrors the somatic transition to cancer ［J］．Nature，2017,549(7673)：543-547．

[37] Smiraglia D J, Rush L J, Fruhwald M C, et al. Excessive CpG island hypermethylation in cancer cell lines versus primary human malignancies [J]. Hum Mol Genet, 2001,10(13): 1413-1419.

[38] Schuebel K E, Chen W, Cope L, et al. Comparing the DNA hypermethylome with gene mutations in human colorectal cancer [J]. PLoS Genet, 2007,3(9): 1709-1723.

[39] Esteller M, Corn P G, Baylin S B, et al. A gene hypermethylation profile of human cancer [J]. Cancer Res, 2001,61(8): 3225-3229.

[40] Plass C, Pfister S M, Lindroth A M, et al. Mutations in regulators of the epigenome and their connections to global chromatin patterns in cancer [J]. Nat Rev Genet, 2013,14(11): 765-780.

[41] Hamidi T, Singh A K, Chen T. Genetic alterations of DNA methylation machinery in human diseases [J]. Epigenomics, 2015,7(2): 247-265.

[42] Dang L, Yen K, Attar E C. IDH mutations in cancer and progress toward development of targeted therapeutics [J]. Ann Oncol, 2016,27(4): 599-608.

[43] Ghirlando R, Felsenfeld G. CTCF: making the right connections [J]. Genes Dev, 2016,30(8): 881-891.

[44] Katainen R, Dave K, Pitkanen E, et al. CTCF/cohesin-binding sites are frequently mutated in cancer [J]. Nat Genet, 2015,47(7): 818-821.

[45] Bradner J E, Hnisz D, Young R A. Transcriptional addiction in cancer [J]. Cell, 2017,168(4): 629-643.

[46] Chen Y C, Gotea V, Margolin G, et al. Significant associations between driver gene mutations and DNA methylation alterations across many cancer types [J]. PLoS Comput Biol, 2017,13(11): e1005840.

[47] Fang M, Ou J, Hutchinson L, et al. The BRAF oncoprotein functions through the transcriptional repressor MAFG to mediate the CpG Island Methylator phenotype [J]. Mol Cell, 2014,55(6): 904-915.

[48] Serra R W, Fang M, Park S M, et al. A KRAS-directed transcriptional silencing pathway that mediates the CpG island methylator phenotype [J]. Elife, 2014,3: e02313.

[49] Miller B F, Sanchez-Vega F, Elnitski L. The emergence of pan-cancer CIMP and its elusive interpretation [J]. Biomolecules, 2016,6(4). pii:E45. doi:10.3390/biom6040045.

[50] Thienpont B, Steinbacher J, Zhao H, et al. Tumour hypoxia causes DNA hypermethylation by reducing TET activity [J]. Nature, 2016,537(7618): 63-68.

[51] Facista A, Nguyen H, Lewis C, et al. Deficient expression of DNA repair enzymes in early progression to sporadic colon cancer [J]. Genome Integr, 2012,3(1): 3.

[52] Kumegawa K, Maruyama R, Yamamoto E, et al. A genomic screen for long noncoding RNA genes epigenetically silenced by aberrant DNA methylation in colorectal cancer [J]. Sci Rep, 2016,6: 26699.

[53] Lujambio A, Portela A, Liz J, et al. CpG island hypermethylation-associated silencing of non-coding RNAs transcribed from ultraconserved regions in human cancer [J]. Oncogene, 2010,29(48): 6390-6401.

[54] Grossman S R, Zhang X, Wang L, et al. Systematic dissection of genomic features determining transcription factor binding and enhancer function [J]. Proc Natl Acad Sci U S A, 2017,114(7): E1291-E1300.

[55] Melnikov A, Murugan A, Zhang X, et al. Systematic dissection and optimization of inducible enhancers in human cells using a massively parallel reporter assay [J]. Nat Biotechnol, 2012,30

(3)：271-277.

[56] Pott S, Lieb J D. What are super-enhancers? [J]. Nat Genet, 2015,47(1)：8-12.

[57] Loven J, Hoke H A, Lin C Y, et al. Selective inhibition of tumor oncogenes by disruption of super-enhancers [J]. Cell, 2013,153(2)：320-334.

[58] Qu Y, Siggens L, Cordeddu L, et al. Cancer specific changes in DNA methylation reveal aberrant silencing and activation of enhancers in leukemia [J]. Blood, 2017,129(7)：e13-e25.

[59] Heyn H, Vidal E, Ferreira H J, et al. Epigenomic analysis detects aberrant super-enhancer DNA methylation in human cancer [J]. Genome Biol, 2016,17：11.

[60] Bell R E, Golan T, Sheinboim D, et al. Enhancer methylation dynamics contribute to cancer plasticity and patient mortality [J]. Genome Res, 2016,26(5)：601-611.

[61] Pfeifer G P, Tang M, Denissenko M F. Mutation hotspots and DNA methylation [J]. Curr Top Microbiol Immunol, 2000,249：1-19.

[62] Pfeifer G P. p53 mutational spectra and the role of methylated CpG sequences [J]. Mutat Res, 2000,450(1-2)：155-166.

[63] Lander E S, Linton L M, Birren B, et al. Initial sequencing and analysis of the human genome [J]. Nature, 2001,409(6822)：860-921.

[64] Alinejad-Rokny H, Anwar F, Waters S A, et al. Source of CpG depletion in the HIV-1 genome [J]. Mol Biol Evol, 2016,33(12)：3205-3212.

[65] Saunderson E A, Stepper P, Gomm J J, et al. Hit-and-run epigenetic editing prevents senescence entry in primary breast cells from healthy donors [J]. Nat Commun, 2017,8(1)：1450.

[66] Ehrlich M, Lacey M. DNA hypomethylation and hemimethylation in cancer [J]. Adv Exp Med Biol, 2013,754：31-56.

[67] Bert S A, Robinson M D, Strbenac D, et al. Regional activation of the cancer genome by long-range epigenetic remodeling [J]. Cancer Cell, 2013,23(1)：9-22.

[68] Ehrlich M. DNA hypomethylation in cancer cells [J]. Epigenomics, 2009,1(2)：239-259.

[69] Verma M, Srivastava S. Epigenetics in cancer：implications for early detection and prevention [J]. Lancet Oncol, 2002,3(12)：755-763.

[70] Mack S C, Witt H, Piro R M, et al. Epigenomic alterations define lethal CIMP-positive ependymomas of infancy [J]. Nature, 2014,506(7489)：445-450.

[71] Hochedlinger K, Blelloch R, Brennan C, et al. Reprogramming of a melanoma genome by nuclear transplantation [J]. Genes Dev, 2004,18(15)：1875-1885.

[72] Li S, Garrett-Bakelman F E, Chung S S, et al. Distinct evolution and dynamics of epigenetic and genetic heterogeneity in acute myeloid leukemia [J]. Nat Med, 2016,22(7)：792-799.

[73] Vogelstein B, Papadopoulos N, Velculescu V E, et al. Cancer genome landscapes [J]. Science, 2013,339(6127)：1546-1558.

[74] Welch D R. Tumor heterogeneity-a 'contemporary concept' founded on historical insights and predictions [J]. Cancer Res, 2016,76(1)：4-6.

[75] Bouaoun L, Sonkin D, Ardin M, et al. TP53 variations in human cancers：new lessons from the IARC TP53 database and genomics data [J]. Hum Mutat, 2016,37(9)：865-876.

[76] Sansregret L, Swanton C. The role of aneuploidy in cancer evolution [J]. Cold Spring Harb Perspect Med, 2017,7(1). doi：10.1101/cshperspect.a028373.

[77] McGranahan N, Swanton C. Clonal heterogeneity and tumor evolution：past, present, and the future [J]. Cell, 2017,168(4)：613-628.

［78］ Shiratori H，Feinweber C，Knothe C，et al. High-throughput analysis of global DNA methylation using methyl-sensitive digestion ［J］. PLoS One，2016，11(10)：e0163184.

［79］ Papazyan R，Zhang Y，Lazar M A. Genetic and epigenomic mechanisms of mammalian circadian transcription ［J］. Nat Struct Mol Biol，2016，23(12)：1045-1052.

［80］ Jones P A，Taylor S M. Cellular differentiation，cytidine analogs and DNA methylation ［J］. Cell，1980，20(1)：85-93.

［81］ Ahuja N，Sharma A R，Baylin S B. Epigenetic therapeutics：a new weapon in the war against cancer ［J］. Annu Rev Med，2016，67：73-89.

［82］ Tsai H C，Li H，Van Neste L，et al. Transient low doses of DNA-demethylating agents exert durable antitumor effects on hematological and epithelial tumor cells ［J］. Cancer Cell，2012，21 (3)：430-446.

［83］ Kelly T K，De Carvalho D D，Jones P A. Epigenetic modifications as therapeutic targets ［J］. Nat Biotechnol，2010，28(10)：1069-1078.

［84］ Lokk K，Modhukur V，Rajashekar B，et al. DNA methylome profiling of human tissues identifies global and tissue-specific methylation patterns ［J］. Genome Biol，2014，15(4)：r54.

［85］ Roulois D，Loo Yau H，Singhania R，et al. DNA-demethylating agents target colorectal cancer cells by inducing viral mimicry by endogenous transcripts ［J］. Cell，2015，162(5)：961-973.

［86］ Xu G L，Bestor T H. Cytosine methylation targeted to pre-determined sequences ［J］. Nat Genet，1997，17(4)：376-378.

［87］ Liu X S，Wu H，Ji X，et al. Editing DNA methylation in the mammalian genome ［J］. Cell，2016，167(1)：233-247.

［88］ Plongthongkum N，Diep D H，Zhang K. Advances in the profiling of DNA modifications：cytosine methylation and beyond ［J］. Nat Rev Genet，2014，15(10)：647-661.

［89］ Laird P W. Principles and challenges of genomewide DNA methylation analysis ［J］. Nat Rev Genet，2010，11(3)：191-203.

［90］ Ehrich M，Nelson M R，Stanssens P，et al. Quantitative high-throughput analysis of DNA methylation patterns by base-specific cleavage and mass spectrometry ［J］. Proc Natl Acad Sci U S A，2005，102(44)：15785.

［91］ Eads C A，Danenberg K D，Kawakami K，et al. MethyLight：a high-throughput assay to measure DNA methylation ［J］. Nucleic Acids Res，2000，28(8)：E32.

［92］ Tost J，Gut I G. DNA methylation analysis by pyrosequencing ［J］. Nature Protocol，2007，2 (2)：2265-2275.

［93］ Xiong Z，Laird P W. COBRA：a sensitive and quantitative DNA methylation assay ［J］. Nucleic Acids Res，1997，25(12)：2532-2534.

［94］ Herman J G，Graff J R，Myöhänen S，et al. Methylation-specific PCR：a novel PCR assay for methylation status of CpG islands ［J］. Proc Natl Acad Sci U S A，1996，93(18)：9821-9826.

［95］ Gonzalgo M L，Jones P A. Rapid quantitation of methylation differences at specific sites using methylation-sensitive single nucleotide primer extension (Ms-SNuPE) ［J］. Nucleic Acids Res，1997，25(12)：2529-2531.

［96］ Gardinergarden M，Frommer M. CpG islands in vertebrate genomes ［J］. J Mol Biol，1987，196 (2)：261-282.

［97］ Fan J B，Oliphant A，Shen R，et al. Highly parallel SNP genotyping ［J］. Cold Spring Harb Symp Quant Biol，2003，68(2)：69-78.

［98］ Tsan C. High density DNA methylation array with single CpG site resolution ［J］. Genomics, 2011,98(4): 288.

［99］ Mccartney D L, Walker R M, Morris S W, et al. Identification of polymorphic and off-target probe binding sites on the Illumina Infinium MethylationEPIC BeadChip ［J］. Genom Data, 2016,9: 22-24.

［100］ Weber M, Davies J J, Wittig D, et al. Chromosome-wide and promoter-specific analyses identify sites of differential DNA methylation in normal and transformed human cells ［J］. Nat Genet, 2005,37(8): 853-862.

［101］ Jacinto F V, Ballestar E, Esteller M. Methyl-DNA immunoprecipitation (MeDIP): hunting down the DNA methylome ［J］. Biotechniques, 2008,44(1): 35,37,39 passim.

［102］ Meissner A, Gnirke A, Bell G W, et al. Reduced representation bisulfite sequencing for comparative high-resolution DNA methylation analysis ［J］. Nucleic Acids Res, 2005,33(18): 5868-5877.

［103］ Lister R, Pelizzola M, Dowen R H, et al. Human DNA methylomes at base resolution show widespread epigenomic differences ［J］. Nature, 2009,462(7271): 315.

［104］ Deng J, Shoemaker R, Xie B, et al. Targeted bisulfite sequencing reveals changes in DNA methylation associated with nuclear reprogramming ［J］. Nat Biotechnol, 2009,27(4): 353-360.

［105］ Ball M P, Li J B, Gao Y, et al. Targeted and genome-scale strategies reveal gene-body methylation signatures in human cells ［J］. Nat Biotechnol, 2009,27(4): 361.

［106］ Guo H, Zhu P, Guo F, et al. Profiling DNA methylome landscapes of mammalian cells with single-cell reduced-representation bisulfite sequencing ［J］. Nat Protoc, 2015,10(5): 645-659.

［107］ Wen L, Li J, Guo H, et al. Genome-scale detection of hypermethylated CpG islands in circulating cell-free DNA of hepatocellular carcinoma patients ［J］. Cell Res, 2015, 25 (11): 1376.

［108］ Moran S, Arribas C, Esteller M. Validation of a DNA methylation microarray for 850,000 CpG sites of the human genome enriched in enhancer sequences ［J］. Epigenomics, 2016,8(3): 389-399.

［109］ Lister R, O'Malley R C, Tonti-Filippini J, et al. Highly integrated single-base resolution maps of the epigenome in Arabidopsis ［J］. Cell, 2008,133(3): 523-536.

［110］ Deaton A M, Bird A. CpG islands and the regulation of transcription ［J］. Genes Dev, 2011,25 (10): 1010-1022.

［111］ Baylin S B, Jones P A. Epigenetic determinants of cancer ［J］. Cold Spring Harb Perspect Biol, 2016,8(9). doi: 10.1101/cshperspect.a019505.

［112］ Brinkman A B, Simmer F, Ma K, et al. Whole-genome DNA methylation profiling using MethylCap-seq ［J］. Methods, 2010,53(2): 232-236.

［113］ Lee E J, Luo J, Wilson J M, et al. Analyzing the cancer methylome through targeted bisulfite sequencing ［J］. Cancer Lett, 2013,340(2): 171-178.

［114］ Hodges E, Smith A D, Kendall J, et al. High definition profiling of mammalian DNA methylation by array capture and single molecule bisulfite sequencing ［J］. Genome Res, 2009, 19(9): 1593-1605.

［115］ Kucuk C, Hu X, Jiang B, et al. Global promoter methylation analysis reveals novel candidate tumor suppressor genes in natural killer cell lymphoma ［J］. Clin Cancer Res, 2015,21(7): 1699-1711.

[116] Meissner A, Gnirke A, Bell G W, et al. Reduced representation bisulfite sequencing for comparative high-resolution DNA methylation analysis [J]. Nucleic Acids Res, 2005,33(18): 5868-5877.

[117] Ziller M J, Stamenova E K, Gu H, et al. Targeted bisulfite sequencing of the dynamic DNA methylome [J]. Epigenetics Chromatin, 2016,9: 55.

[118] BLUEPRINT consortium. Quantitative comparison of DNA methylation assays for biomarker development and clinical applications [J]. Nat Biotechnol, 2016,34(7): 726-737.

[119] Bock C, Tomazou E M, Brinkman A B, et al. Quantitative comparison of genome-wide DNA methylation mapping technologies [J]. Nat Biotechnol, 2010,28(10): 1106-1114.

[120] Ni X, Zhuo M, Su Z, et al. Reproducible copy number variation patterns among single circulating tumor cells of lung cancer patients [J]. Proc Natl Acad Sci U S A, 2013,110(52): 21083-21088.

[121] Guo H, Zhu P, Wu X, et al. Single-cell methylome landscapes of mouse embryonic stem cells and early embryos analyzed using reduced representation bisulfite sequencing [J]. Genome Res, 2013,23(12): 2126-2135.

[122] Guo H, Zhu P, Guo F, et al. Profiling DNA methylome landscapes of mammalian cells with single-cell reduced-representation bisulfite sequencing [J]. Nat Protoc, 2015,10(5): 645-659.

[123] Hou Y, Guo H, Cao C, et al. Single-cell triple omics sequencing reveals genetic, epigenetic, and transcriptomic heterogeneity in hepatocellular carcinomas [J]. Cell Res, 2016, 26(3): 304-319.

[124] Seo J S, Rhie A, Kim J, et al. De novo assembly and phasing of a Korean human genome [J]. Nature, 2016,538(7624): 243-247.

[125] Wu T P, Wang T, Seetin M G, et al. DNA methylation on N(6)-adenine in mammalian embryonic stem cells [J]. Nature, 2016,532(7599): 329-333.

[126] Flusberg B A, Webster D R, Lee J H, et al. Direct detection of DNA methylation during single-molecule, real-time sequencing [J]. Nat Methods, 2010,7(6): 461-465.

[127] Booth M J, Marsico G, Bachman M, et al. Quantitative sequencing of 5-formylcytosine in DNA at single-base resolution [J]. Nat Chem, 2014,6(6): 435-440.

[128] Rand A C, Jain M, Eizenga J M, et al. Mapping DNA methylation with high-throughput nanopore sequencing [J]. Nat Methods, 2017,14(4): 411-413.

[129] Peng J, Xia B, Yi C. Single-base resolution analysis of DNA epigenome via high-throughput sequencing [J]. Sci China Life Sci, 2016,59(3): 219-226.

[130] Roadmap Epigenomics Consortium, Kundaje A, Meuleman W, et al. Integrative analysis of 111 reference human epigenomes [J]. Nature, 2015,518(7539): 317-330.

[131] Adams D, Altucci L, Antonarakis S E, et al. BLUEPRINT to decode the epigenetic signature written in blood [J]. Nat Biotechnol, 2012,30(3): 224-226.

[132] Consortium E P. An integrated encyclopedia of DNA elements in the human genome [J]. Nature, 2012,489(7414): 57-74.

[133] International Cancer Genome Consortium, Hudson T J, Anderson W, et al. International network of cancer genome projects [J]. Nature, 2010,464(7291): 993-998.

[134] Yang X, Shao X, Gao L, et al. Comparative DNA methylation analysis to decipher common and cell type-specific patterns among multiple cell types [J]. Brief Funct Genomics, 2016,15(6): 399-407.

[135] Irizarry R A, Ladd-Acosta C, Wen B, et al. The human colon cancer methylome shows similar hypo-and hypermethylation at conserved tissue-specific CpG island shores [J]. Nat Genet, 2009,41(2): 178-186.

[136] Turner J D, Pelascini L P, Macedo J A, et al. Highly individual methylation patterns of alternative glucocorticoid receptor promoters suggest individualized epigenetic regulatory mechanisms [J]. Nucleic Acids Res, 2008,36(22): 7207-7218.

[137] Rauch T A, Wu X, Zhong X, et al. A human B cell methylome at 100-base pair resolution [J]. Proc Natl Acad Sci U S A, 2009,106(3): 671-678.

[138] Maunakea A K, Nagarajan R P, Bilenky M, et al. Conserved role of intragenic DNA methylation in regulating alternative promoters [J]. Nature, 2010,466(7303): 253-257.

[139] Clermont P L, Parolia A, Liu H H, et al. DNA methylation at enhancer regions: Novel avenues for epigenetic biomarker development [J]. Front Biosci (Landmark Ed), 2016,21: 430-446.

[140] Varley K E, Gertz J, Bowling K M, et al. Dynamic DNA methylation across diverse human cell lines and tissues [J]. Genome Res, 2013,23(3): 555-567.

[141] Okugawa Y, Grady W M, Goel A. Epigenetic alterations in colorectal cancer: emerging biomarkers [J]. Gastroenterology, 2015,149(5): 1204-1225. e12.

[142] Vargas A J, Harris C C. Biomarker development in the precision medicine era: lung cancer as a case study [J]. Nat Rev Cancer, 2016,16(8): 525-537.

[143] Qiu J, Peng B, Tang Y, et al. CpG methylation signature predicts recurrence in early-stage hepatocellular carcinoma: results from a multicenter study [J]. J Clin Oncol, 2017,35(7): 734-742.

[144] Yang X, Gao L, Zhang S. Comparative pan-cancer DNA methylation analysis reveals cancer common and specific patterns [J]. Brief Bioinform, 2017,18(5): 761-773.

[145] Mazor T, Pankov A, Song J S, et al. Intratumoral heterogeneity of the epigenome [J]. Cancer Cell, 2016,29(4): 440-451.

[146] Overman M J, Modak J, Kopetz S, et al. Use of research biopsies in clinical trials: are risks and benefits adequately discussed? [J]. J Clin Oncol, 2013,31(1): 17-22.

[147] Wan J C, Massie C, Garcia-Corbacho J, et al. Liquid biopsies come of age: towards implementation of circulating tumour DNA [J]. Nat Rev Cancer, 2017,17(4): 223-238.

[148] Siravegna G, Marsoni S, Siena S, et al. Integrating liquid biopsies into the management of cancer [J]. Nat Rev Clin Oncol, 2017,14(9): 531-548.

[149] Lianidou E S. Gene expression profiling and DNA methylation analyses of CTCs [J]. Mol Oncol, 2016,10(3): 431-442.

[150] Pixberg C F, Raba K, Müller F, et al. Analysis of DNA methylation in single circulating tumor cells [J]. Oncogene, 2017,36(23): 3223-3231.

[151] Chan A K, Chiu R W, Lo Y M, et al. Cell-free nucleic acids in plasma, serum and urine: a new tool in molecular diagnosis [J]. Ann Clin Biochem, 2003,40(Pt 2): 122-130.

[152] Li M, Chen W D, Papadopoulos N, et al. Sensitive digital quantification of DNA methylation in clinical samples [J]. Nat Biotechnol, 2009,27(9): 858-863.

[153] Coolen M W, Statham A L, Gardiner-Garden M, et al. Genomic profiling of CpG methylation and allelic specificity using quantitative high-throughput mass spectrometry: critical evaluation and improvements [J]. Nucleic Acids Res, 2007,35(18): e119.

[154] Xu R H, Wei W, Krawczyk M, et al. Circulating tumour DNA methylation markers for diagnosis and prognosis of hepatocellular carcinoma [J]. Nat Mater, 2017,16(11): 1155-1161.

[155] Wen L, Li J, Guo H, et al. Genome-scale detection of hypermethylated CpG islands in circulating cell-free DNA of hepatocellular carcinoma patients [J]. Cell Res, 2015,25(11): 1250-1264.

[156] Noehammer C, Pulverer W, Hassler M R, et al. Strategies for validation and testing of DNA methylation biomarkers [J]. Epigenomics, 2014,6(6): 603-622.

[157] Chatterjee A, Rodger E J, Morison I M, et al. Tools and strategies for analysis of genome-wide and gene-specific DNA methylation patterns [J]. Methods Mol Biol, 2017,1537: 249-277.

[158] Marzese D M, Hoon D S. Emerging technologies for studying DNA methylation for the molecular diagnosis of cancer [J]. Expert Rev Mol Diagn, 2015,15(5): 647-664.

[159] Hernandez H G, Tse M Y, Pang S C, et al. Optimizing methodologies for PCR-based DNA methylation analysis [J]. Biotechniques, 2013,55(4): 181-197.

[160] Rong C, Cui X, Chen J, et al. DNA methylation profiles in placenta and its association with gestational diabetes mellitus [J]. Exp Clin Endocrinol Diabetes, 2015,123(5): 282-288.

[161] Tost J, Gut I G. Analysis of gene-specific DNA methylation patterns by pyrosequencing technology [J]. Methods Mol Biol, 2007,373: 89-102.

[162] Eads C A, Danenberg K D, Kawakami K, et al. MethyLight: a high-throughput assay to measure DNA methylation [J]. Nucleic Acids Res, 2000,28(8): E32.

[163] Lan V T, Trang N T, Van D T, et al. A methylation-specific dot blot assay for improving specificity and sensitivity of methylation-specific PCR on DNA methylation analysis [J]. Int J Clin Oncol, 2015,20(4): 839-845.

[164] Cottrell S E, Distler J, Goodman N S, et al. A real-time PCR assay for DNA-methylation using methylation-specific blockers [J]. Nucleic Acids Res, 2004,32(1): e10.

[165] Lofton-Day C, Model F, Devos T, et al. DNA methylation biomarkers for blood-based colorectal cancer screening [J]. Clin Chem, 2008,54(2): 414-423.

[166] Schmidt B, Liebenberg V, Dietrich D, et al. SHOX2 DNA methylation is a biomarker for the diagnosis of lung cancer based on bronchial aspirates [J]. BMC Cancer, 2010,10: 600.

[167] Maeda M, Nakajima T, Oda I, et al. High impact of methylation accumulation on metachronous gastric cancer: 5-year follow-up of a multicentre prospective cohort study [J]. Gut, 2017,66(9): 1721-1723.

[168] Amornpisutt R, Proungvitaya S, Jearanaikoon P, et al. DNA methylation level of OPCML and SFRP1: a potential diagnostic biomarker of cholangiocarcinoma [J]. Tumour Biol, 2015,36(7): 4973-4978.

[169] Nautiyal S, Carlton V E, Lu Y, et al. High-throughput method for analyzing methylation of CpGs in targeted genomic regions [J]. Proc Natl Acad Sci U S A, 2010, 107(28): 12587-12592.

[170] Ball M P, Li J B, Gao Y, et al. Targeted and genome-scale strategies reveal gene-body methylation signatures in human cells [J]. Nat Biotechnol, 2009,27(4): 361-368.

[171] Deng J, Shoemaker R, Xie B, et al. Targeted bisulfite sequencing reveals changes in DNA methylation associated with nuclear reprogramming [J]. Nat Biotechnol, 2009,27(4): 353-360.

[172] Diep D, Plongthongkum N, Gore A, et al. Library-free methylation sequencing with bisulfite padlock probes [J]. Nat Methods, 2012,9(3): 270-272.

［173］ Hashimoto K，Kokubun S，Itoi E，et al. Improved quantification of DNA methylation using methylation-sensitive restriction enzymes and real-time PCR ［J］. Epigenetics，2007，2（2）：86-91.

［174］ Hulbert A，Jusue-Torres I，Stark A，et al. Early detection of lung cancer using DNA promoter hypermethylation in plasma and sputum ［J］. Clin Cancer Res，2017，23（8）：1998-2005.

［175］ Vatandoost N，Ghanbari J，Mojaver M，et al. Early detection of colorectal cancer：from conventional methods to novel biomarkers ［J］. J Cancer Res Clin Oncol，2016，142（2）：341-351.

［176］ Hegi M E，Diserens A C，Gorlia T，et al. MGMT gene silencing and benefit from temozolomide in glioblastoma ［J］. N Engl J Med，2005，352（10）：997-1003.

［177］ Flanagan J M，Wilson A，Koo C，et al. Platinum-based chemotherapy induces methylation changes in blood DNA associated with overall survival in patients with ovarian cancer ［J］. Clin Cancer Res，2017，23（9）：2213-2222.

［178］ Shih A H，Meydan C，Shank K，et al. Combination targeted therapy to disrupt aberrant oncogenic signaling and reverse epigenetic dysfunction in IDH2-and TET2-mutant acute myeloid leukemia ［J］. Cancer Discov，2017，7（5）：494-505.

［179］ FitzGerald L M，Naeem H，Makalic E，et al. Genome-wide measures of peripheral blood DNA methylation and prostate cancer risk in a prospective nested case-control study ［J］. Prostate，2017，77（5）：471-478.

［180］ Baglietto L，Ponzi E，Haycock P，et al. DNA methylation changes measured in pre-diagnostic peripheral blood samples are associated with smoking and lung cancer risk ［J］. Int J Cancer，2017，140（1）：50-61.

［181］ Hattori N，Ushijima T. Epigenetic impact of infection on carcinogenesis：mechanisms and applications ［J］. Genome Med，2016，8（1）：10.

［182］ Do H，Dobrovic A. Sequence artifacts in DNA from formalin-fixed tissues：causes and strategies for minimization ［J］. Clin Chem，2015，61（1）：64-71.

［183］ Bak S T，Staunstrup N H，Starnawska A，et al. Evaluating the feasibility of DNA methylation analyses using long-term archived brain formalin-fixed paraffin-embedded samples ［J］. Mol Neurobiol，2018，55（1）：668-681.

［184］ Diaz L A，Jr.，Bardelli A. Liquid biopsies：genotyping circulating tumor DNA ［J］. J Clin Oncol，2014，32（6）：579-586.

［185］ Patel K M，Tsui D W. The translational potential of circulating tumour DNA in oncology ［J］. Clin Biochem，2015，48（15）：957-961.

［186］ Gerlinger M，Rowan A J，Horswell S，et al. Intratumor heterogeneity and branched evolution revealed by multiregion sequencing ［J］. N Engl J Med，2012，366（10）：883-892.

［187］ Hsiung D T，Marsit C J，Houseman E A，et al. Global DNA methylation level in whole blood as a biomarker in head and neck squamous cell carcinoma ［J］. Cancer Epidemiol Biomarkers Prev，2007，16（1）：108-114.

［188］ Chimonidou M，Strati A，Tzitzira A，et al. DNA methylation of tumor suppressor and metastasis suppressor genes in circulating tumor cells ［J］. Clin Chem，2011，57（8）：1169-1177.

［189］ Mori T，O'Day S J，Umetani N，et al. Predictive utility of circulating methylated DNA in serum of melanoma patients receiving biochemotherapy ［J］. J Clin Oncol，2005，23（36）：9351-9358.

［190］ Righini C A，de Fraipont F，Timsit J F，et al. Tumor-specific methylation in saliva：a promising biomarker for early detection of head and neck cancer recurrence [J]. Clin Cancer Res，2007,13(4)：1179-1185.

[191] Yu J，Zhu T，Wang Z，et al. A novel set of DNA methylation markers in urine sediments for sensitive/specific detection of bladder cancer [J]. Clin Cancer Res，2007,13(24)：7296-7304.

[192] Ahrendt S A，Chow J T，Xu L H，et al. Molecular detection of tumor cells in bronchoalveolar lavage fluid from patients with early stage lung cancer [J]. J Natl Cancer Inst，1999,91(4)：332-339.

[193] Belinsky S A，Nikula K J，Palmisano W A，et al. Aberrant methylation of p16(INK4a) is an early event in lung cancer and a potential biomarker for early diagnosis [J]. Proc Natl Acad Sci U S A，1998,95(20)：11891-11896.

[194] Glockner S C，Dhir M，Yi J M，et al. Methylation of TFPI2 in stool DNA：a potential novel biomarker for the detection of colorectal cancer [J]. Cancer Res，2009,69(11)：4691-4699.

[195] Jeronimo C，Costa I，Martins M C，et al. Detection of gene promoter hypermethylation in fine needle washings from breast lesions [J]. Clin Cancer Res，2003,9(9)：3413-3417.

[196] Devos T，Tetzner R，Model F，et al. Circulating methylated SEPT9 DNA in plasma is a biomarker for colorectal cancer [J]. Clin Chem，2009,55(7)：1337-1346.

[197] Itzkowitz S，Brand R L，Durkee K，et al. A simplified, noninvasive stool DNA test for colorectal cancer detection [J]. Am J Gastroenterol，2008,103(11)：2862-2870.

[198] Kneip C，Schmidt B，Seegebarth A，et al. SHOX2 DNA methylation is a biomarker for the diagnosis of lung cancer in plasma [J]. J Thorac Oncol，2011,6(10)：1632-1638.

[199] Neste L V，Bigley J，Toll A，et al. A tissue biopsy-based epigenetic multiplex PCR assay for prostate cancer detection [J]. BMC Urol，2012,12(1)：16.

[200] Nakayama M，Bennett C J，Hicks J L，et al. Hypermethylation of the human glutathione S-transferase-pi gene (GSTP1) CpG island is present in a subset of proliferative inflammatory atrophy lesions but not in normal or hyperplastic epithelium of the prostate：a detailed study using laser-capture microdissection [J]. Am J Pathol，2003,163(3)：923-933.

[201] Hegi M E，Diserens A C，Gorlia T，et al. MGMT gene silencing and benefit from temozolomide in glioblastoma [J]. N Engl J Med，2005,352(10)：997-1003.

[202] Renard I，Joniau S，Van C B，et al. Identification and validation of the methylated TWIST1 and NID2 genes through real-time methylation-specific polymerase chain reaction assays for the noninvasive detection of primary bladder cancer in urine samples [J]. Eur Urol，2010,58(1)：96-104.

[203] Reinert T，Borre M，Christiansen A，et al. Diagnosis of bladder cancer recurrence based on urinary levels of EOMES, HOXA9, POU4F2, TWIST1, VIM, and ZNF154 hypermethylation [J]. PLoS One，2012,7(10)：e46297.

[204] Toth K，Wasserkort R，Sipos F，et al. Detection of methylated septin 9 in tissue and plasma of colorectal patients with neoplasia and the relationship to the amount of circulating cell-free DNA [J]. PLoS One，2014,9(12)：e115415.

[205] Grutzmann R，Molnar B，Pilarsky C，et al. Sensitive detection of colorectal cancer in peripheral blood by septin 9 DNA methylation assay [J]. PLoS One，2008,3(11)：e3759.

[206] Yan S，Liu Z，Yu S，et al. Diagnostic value of methylated septin9 for colorectal cancer screening：a meta-analysis [J]. Med Sci Monit，2016,22：3409-3418.

[207] Lamb Y N，Dhillon S. Epi proColon® 2. 0 CE：a blood-based screening test for colorectal cancer

［J］. Mol Diagn Ther，2017,21(2)：225-232.

［208］ Souverijn J H. Multitarget stool DNA testing for colorectal-cancer screening ［J］. N Engl J Med，2014,371(2)：187-188.

［209］ Butler T M，Spellman P T，Gray J. Circulating-tumor DNA as an early detection and diagnostic tool ［J］. Curr Opin Genet Dev，2017,42：14-21.

［210］ Mouliere F，Rosenfeld N. Circulating tumor-derived DNA is shorter than somatic DNA in plasma ［J］. Proc Natl Acad Sci U S A，2015,112(11)：3178-3179.

［211］ Snyder M W，Kircher M，Hill A J，et al. Cell-free DNA comprises an in vivo nucleosome footprint that informs its tissues-of-origin ［J］. Cell，2016,164(1-2)：57-68.

［212］ Ulz P，Thallinger G G，Auer M，et al. Inferring expressed genes by whole-genome sequencing of plasma DNA ［J］. Nat Genet，2016,48(10)：1273-1278.

［213］ Ivanov M，Baranova A，Butler T，et al. Non-random fragmentation patterns in circulating cell-free DNA reflect epigenetic regulation ［J］. BMC Genomics，2015,16 Suppl 13：S1.

［214］ Genovese G，Kahler A K，Handsaker R E，et al. Clonal hematopoiesis and blood-cancer risk inferred from blood DNA sequence ［J］. N Engl J Med，2014,371(26)：2477-2487.

［215］ Alexandrov L B，Jones P H，Wedge D C，et al. Clock-like mutational processes in human somatic cells ［J］. Nat Genet，2015,47(12)：1402-1407.

5 组蛋白修饰的化学与生物学基础

表观遗传调控是一类超越 DNA 序列本身的基因调控机制，包括 DNA 甲基化、组蛋白修饰和非编码 RNA 等，本章将着重讨论组蛋白修饰介导的表观遗传调控机制。组蛋白的翻译后修饰（post-translational modification，PTM）种类多样，目前研究较为深入的主要包括甲基化、乙酰化、磷酸化和泛素化等修饰。这些修饰及其组合被认为构成一类泛义的"组蛋白密码"（histone code），参与调控了包括基因表达、细胞生长和分化在内的诸多生物学事件[1,2]。为了精确调控"组蛋白密码"，细胞采用了一系列酶或结合蛋白来产生、消除或识别这些翻译后修饰：负责产生各类组蛋白修饰的酶通常被称作"书写器"（writer）；负责消除各类组蛋白修饰的酶通常被称作"擦除器"（eraser）；而负责识别这些修饰并介导下游生物学事件的蛋白质或结构域则被称作"阅读器"（reader）。这些组蛋白的书写器和擦除器往往具有修饰位点、修饰类型乃至修饰程度的特异性，而阅读器对于组蛋白修饰的识别也往往有着同样的精度和特异性。这些复杂且精确的酶促调控和修饰识别构成了组蛋白修饰介导的表观遗传调控的生化分子基础。

5.1 组蛋白修饰概述

组蛋白的修饰类型大致可以分为小化学基团修饰和大化学基团修饰两种。其中，小化学基团修饰主要包括甲基化、乙酰化、磷酸化、糖基化、丙酰化、丁酰化、巴豆酰化和丙二酰化等；大化学基团修饰主要包括泛素化、SUMO 化、生物素化、ADP 核糖基化等[3]。其中各种酰基化修饰主要发生在赖氨酸残基侧链上，此外，乙酰化也可以发生在组蛋白

H4 和 H2A 的主链氨基端；磷酸化修饰则主要发生在丝氨酸、苏氨酸和酪氨酸残基；甲基化修饰发生的位点最为多样，包括赖氨酸、精氨酸及谷氨酰胺在内的氨基酸残基均可发生甲基化修饰，组蛋白变体 CENP-A 的氨基端也可以发生甲基化修饰。组蛋白甲基化修饰还存在修饰程度的差异，如赖氨酸残基可以发生单甲基化、二甲基化和三甲基化修饰，精氨酸残基可以发生单甲基化、对称二甲基化和非对称二甲基化修饰。常见的组蛋白修饰类型分子式如图 5-1 所示。目前，超过 30 种不同化学基团类型的组蛋白修饰被鉴定出，如果再考虑修饰位点则仅单修饰的组蛋白类型就达到 400 种以上[4]。由于存在组蛋白类型、修饰位点、修饰类型和修饰程度的差异，目前组蛋白修饰多采用统一的 Brno 命名法表示，其命名规则为组蛋白名称＋氨基酸残基缩写及位点＋修饰类型。例如，H3K4me3 表示组蛋白 H3 第 4 位的赖氨酸残基的三甲基化修饰；H3K9me3S10ph 表示组蛋白 H3 第 9 位的赖氨酸残基发生了三甲基化修饰，同时 H3 第 10 位的丝氨酸残基发生了磷酸化修饰。

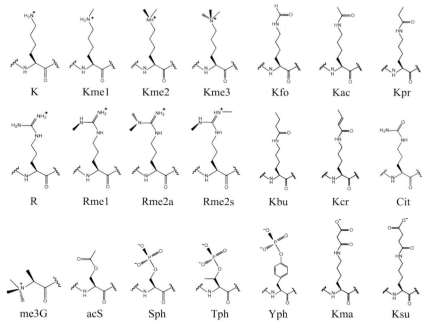

图 5-1　小基团组蛋白化学修饰

K，赖氨酸；Kme1，单甲基化赖氨酸；Kme2，二甲基化赖氨酸；Kme3，三甲基化赖氨酸；Kfo，甲酰化赖氨酸；Kac，乙酰化赖氨酸；Kpr，丙酰化赖氨酸；R，精氨酸；Rme1，单甲基化精氨酸；Rme2a，非对称二甲基化精氨酸；Rme2s，对称二甲基化精氨酸；Kbu，丁酰化赖氨酸；Kcr，巴豆酰化赖氨酸；Cit，瓜氨酸；me3G，氨基端三甲基化甘氨酸；acS，氨基端乙酰化丝氨酸；Sph，磷酸化丝氨酸；Tph，磷酸化苏氨酸；Yph，磷酸化酪氨酸；Kma，丙二酰化赖氨酸；Ksu，琥珀酰化赖氨酸。其中 me3G 主要发生在组蛋白 H3 变体 CENP-A 的氨基端，acS 主要发生在组蛋白 H2A 和 H4 的氨基端在单一组蛋白修饰的层次之上，各种组蛋白修饰的组合及组蛋白变体的存在使得这一调控更加多样性。越来越多的证据表明，染色质状态的"开"和"关"不仅仅只由一种组蛋白修饰所表征。例如，尽管 H3K9me3 修饰在异染色质区高度富集并同转录抑制密切相关，在基因组范围内的一项研究发现这一修饰可以在转录活跃的区域存在[5]。类似地，尽管 H3K4me3 修饰被认为是活跃染色质区域的标志，该修饰的识别蛋白却并不是只包含转录激活因子，而是涵盖了 10 余种功能复合物、逾 30 种蛋白质[6]。因此，H3K4me3 的识别也有着诸多生物学后果，包括转录激活、染色质重塑、mRNA 剪接甚至是转录抑制（如通过招募 Sin3/HDAC 复合物抑制转录）。单一的组蛋白修饰往往会配合其他修饰一起招募蛋白因子或影响染色质状态来实现某一特定的生物学功能。因此，组蛋白修饰的"多价态识别"受到越来越多的关注。在此基础上，组蛋白变体的存在更是引入了另一层调控信息。例如，组蛋白变体 H3.1 和 H3.3 之间仅有一个氨基酸残基的差异，肿瘤抑制因子 ZMYND11 对于 H3.3K36me3 的结合能力比 H3.1K36me3 的结合能力要强近 7 倍[7]。组蛋白书写器同样也可以区分不同的组蛋白变体，如 ATXR5/ATXR6 可以特异性地催化组蛋白 H3.1 而非 H3.3 变体的第 27 位赖氨酸甲基化[8]。

组蛋白修饰在从分子识别到细胞功能乃至许多人类疾病中都发挥了重要的作用，其中研究人员对组蛋白修饰同基因表达、信号转导、染色质重塑和 DNA 修复等生理过程的联系进行了深入的研究。"致癌组蛋白（oncohistone）"的相关研究更是将组蛋白及其修饰直接同癌症发生联系在一起。一些针对组蛋白修饰相关因子的小分子药物也已经上市或正在临床试验阶段，第 6 章中将对组蛋白修饰相关的疾病及药物进行更加详细的介绍。本章主要讨论组蛋白修饰相关因子（书写器、擦除器、阅读器）的生化研究和结构机制以及组蛋白修饰参与调节的各种分子及细胞生物学过程。

5.2　组蛋白修饰的产生——书写器

目前，主要组蛋白修饰类型的书写器已陆续被鉴定出来并采用了统一的标准名称进行命名。常见的组蛋白书写器包括组蛋白乙酰转移酶（histone acetyltransferase，HAT）、组蛋白赖氨酸甲基转移酶（histone lysine methyltransferase，HKMT）、蛋白质精氨酸甲基转移酶（protein arginine methyltransferase，PRMT）、组蛋白激酶、组蛋白泛素连接酶、组蛋白 SUMO 连接酶和组蛋白 poly-ADP 核糖连接酶等。下面将对组蛋白乙酰化和甲基化的书写器进行较为详细的介绍。

组蛋白乙酰化修饰主要发生在赖氨酸侧链上,同时组蛋白 H2A 和 H4 的氨基端也可以发生乙酰化修饰;最近的研究更是把组蛋白赖氨酸乙酰化扩展到以巴豆酰化、丙酰化和琥珀酰化等修饰为代表的广义酰基化修饰上(见图 5-1)。组蛋白乙酰转移酶的功能性发现对现代表观遗传学的发展有着奠基性作用。1996 年,C. David Allis 研究组在四膜虫中发现转录共激活因子 Gcn5 可以催化组蛋白 H3 发生乙酰化修饰,首次揭示出组蛋白乙酰化修饰的重要转录调控功能[9]。这使人们意识到构成染色质的组蛋白上的修饰可以相对独立于 DNA 序列调节基因的表达,标志了现代表观遗传学的兴起。鉴于组蛋白修饰可以直接或间接影响基因表达调控,在此之后的研究逐渐揭示了各种与组蛋白修饰相关的蛋白因子并发现了其与人类疾病的密切联系。目前已经发现的组蛋白乙酰转移酶大致可以分为 3 个家族:以 Gcn5 为代表的 GNAT 家族,主要以组蛋白为底物;MYST 家族(Moz,Ybf2,Sas2 and Tip60 family),主要以组蛋白 H4 为底物;p300/CBP 家族,可以以组蛋白 H3 或 H4 为底物。此外,p300/CPB 也被发现可以催化包括丙酰化、丁酰化、巴豆酰化等修饰在内的非乙酰组蛋白酰基化修饰。

现在 3 个主要组蛋白乙酰转移酶家族的结构和催化机制都已被阐明,四膜虫 Gcn5 同底物组蛋白 H3 及辅酶 A 的复合物结构揭示了其对于组蛋白"GKXP"基序催化的结构基础和辅酶 A 在催化过程中的重要作用[10]。反应的中间态被一个谷氨酸残基和主链的氨基所稳定。H3S10ph 则可以结合到 Gcn5 的一个富含正电的浅沟中介导更多的相互作用,从而促进了底物的结合和 H3K14 的乙酰化(见图 5-2、图 5-3)。对于组蛋白乙酰转移酶来说,它往往同许多其他蛋白质形成一个大的蛋白复合物来行使催化功能,蛋白复合物的形成还可以影响催化位点的特异性。例如,Hat1p 单独存在时可以在体外催化 H4K5 和 H4K12 的乙酰化反应,而 Hat1p/Hat2p 复合物则仅能催化 H4K12 的乙酰化反应。结构研究表明,组蛋白 H4 在 Hat1p 和 Hat2p 的交界面形成了广泛的相互作用,其中 Hat2p 特异识别了组蛋白 H4 的第 16 位及其后的氨基酸残基并将组蛋白 H4 呈递给 Hat1p,这使得复合物的形成决定了 Hat1p 对 H4K12 催化的特异性(见图 5-2、图 5-3)[11]。

组蛋白氨基端乙酰化修饰主要由氨基端乙酰转移酶(N-terminal acetyltransferase,NAT)家族成员 NatD 催化完成。研究表明,超过 90% 的组蛋白 H4 和 H2A 的氨基端存在乙酰化修饰,而组蛋白 H3 和 H2B 则基本不发生类似修饰。近年来的一些工作表

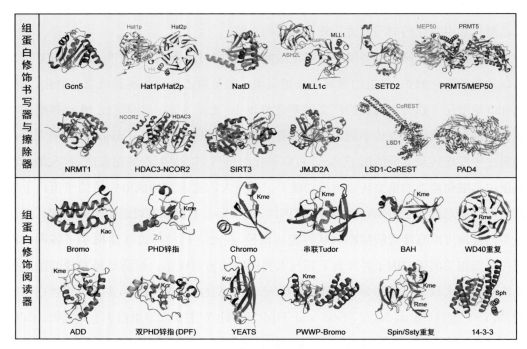

图 5-2　代表性组蛋白修饰催化与识别因子

组蛋白修饰酶包括书写器和擦除器两大类。其中 Gcn5、Hat1p/Hat2p 为组蛋白赖氨酸乙酰转移酶，NatD 为组蛋白氨基端乙酰转移酶；MLL1 复合物（MLL1c）、SETD2 为组蛋白赖氨酸甲基转移酶，PRMT5/MEP50 为组蛋白精氨酸甲基转移酶，NRMT1 为组蛋白氨基端甲基转移酶；HDAC3-NCOR2 和 SIRT3 为组蛋白去乙酰化酶；JMJD2A 和 LSD1-CoREST 为组蛋白去甲基化酶；PAD4 为组蛋白精氨酸脱亚胺酶。组蛋白阅读器（reader）结构域中，Bromo、双 PHD 锌指（DPF）和 YEATS 是组蛋白酰基化修饰识别因子；PHD 锌指、BAH、WD40 重复、ADD 及皇室家族结构域成员（包括 Chromo、Tudor、PWWP、Spin/Ssty 等）是组蛋白甲基化修饰识别因子；14-3-3 等结构域是组蛋白磷酸化识别因子

明，组蛋白 H4 的氨基端乙酰化可以通过抑制 H4R3 的非对称二甲基化上调 rDNA 表达。但总体而言，组蛋白氨基端乙酰化的生物学功能目前仍不清楚，有待进一步深入研究。组蛋白 H4 和 H2A 的氨基端拥有相同的"Ser-Gly-Arg-Gly-Lys"序列，乙酰化则发生在第 1 位丝氨酸残基的 α-氨基上。复合物结构研究表明，NatD 的多肽底物识别口袋呈现漏斗状闭合，只能允许组蛋白以"钻洞"方式把线性多肽末端插入活性中心，进而实现末端氨基而非肽段中间赖氨酸侧链的乙酰化。NatD 催化的序列特异性由对"Ser-Gly-Arg-Gly-Lys"基序的特异识别实现，类似的序列并不存在于组蛋白 H3 和 H2B 的氨基端，这也是 H3 和 H2B 不能被 NatD 催化发生氨基端乙酰化的分子基础[12]。

对于组蛋白甲基化而言，其书写器主要包括赖氨酸残基的甲基转移酶和精氨酸残基的甲基转移酶，此外还有组蛋白氨基端甲基转移酶。组蛋白赖氨酸甲基转移酶一般

组蛋白修饰位点特异性

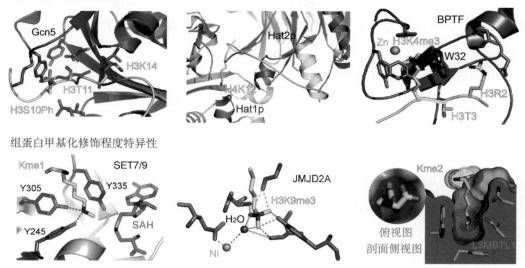

组蛋白甲基化修饰程度特异性

图 5-3 组蛋白修饰位点、类型、程度特异性催化与识别

上图：左，组蛋白乙酰转移酶 Gcn5 通过特异结合侧边序列包括磷酸化的组蛋白 H3 第 10 位丝氨酸（H3S10ph）促进 H3K14 的位点特异性乙酰化。中，Hat1p/Hat2p 乙酰转移酶复合物通过对组蛋白 H4 的氨基端肽段的广泛识别，促进了 H4K12 的位点特异性乙酰化。右，BPTF 的 PHD 锌指结构域利用一个芳香笼和对氨基侧边序列的识别，如第 2 位精氨酸（H3R2），实现组蛋白 H3 第 4 位赖氨酸三甲基化（H3K4me3）的识别

下图：左，组蛋白 H3K4 甲基转移酶 SET7/9 催化赖氨酸单甲基化修饰，Y245 和 Y305 与单甲基化赖氨酸形成的氢键限制了赖氨酸侧链旋转和进一步甲基化。中，组蛋白去甲基化酶 JMJD2A 活性中心通过一系列碳-氧氢键网络稳定了对三甲基化底物的识别。右，甲基化阅读器蛋白 L3MBTL1 拥有一个窄而深的阅读器口袋，只能识别赖氨酸单甲基化和二甲基化修饰

都包含 SET 结构域来行使催化功能，例外的是 H3K79 的甲基化由非 SET 结构域的 DOT1L 产生。HKMT 可以催化将 S-腺苷甲硫氨酸（SAM）的甲基转移至赖氨酸残基的 ε-氨基上，产生赖氨酸残基的单甲基化、二甲基化或三甲基化修饰。HKMT 主要包括 6 个家族，即 KMT1～6 家族。其中，KMT1 家族催化产生 H3K9me3；KMT2 家族催化产生 H3K4me3；KMT3 家族催化产生 H3K36me3；KMT4 家族催化产生 H3K79me3；KMT5 家族催化产生 H4K20me3；KMT6 家族催化产生 H3K27me3。对于 SET 结构域来说，柔性的组蛋白尾巴结合到 SET 结构域的催化区并被诱导形成一段短的 β-折叠片。对于被催化位点的特异性往往是由催化位点周围氨基酸残基的共识别所决定的。例如，对于 SET7/9 这一 H3K4 的甲基转移酶来说，它可以和组蛋白 H3 的 R2、T3 和 Q5 形成氢键网络介导 K4 的特异性识别。类似地，DIM-5 这一 H3K9 的甲基转移酶可以同 H3 的 R8、S10 和 T11 形成广泛的相互作用（见图 5-2、图 5-3）[13]。在很多情况下，核小体结构本身也可以调节位点特异性的甲基转移反应，尤其是当被修饰

位点位于核小体核心区的时候。例如,当以核小体八聚体为底物时,NSD2 可以催化 H3K36 和 H4K44 在体外发生甲基化,但当以单核小体为底物时 NSD2 仅可以催化 H3K36 的甲基化。

　　赖氨酸残基可以被单甲基化、二甲基化或三甲基化,同一位点不同程度的甲基化修饰都会介导不同的功能性结果。比如,H3K4 的单甲基化修饰标记了增强子区域,而其三甲基化修饰则多在转录起始位点处存在。对于不同状态赖氨酸甲基化修饰的调节可以通过 Y/F 转变(Y/F switch)机制很好地解释,在催化位点处的一个酪氨酸残基(Y)或苯丙氨酸残基(F)可以有效地决定催化产生底物的甲基化修饰程度。以 H3K4 的单甲基化酶 SET7/9 为例,SET7/9 的 Y245 与 Y305 可以通过影响底物在活性中心处的氢键网络和立体位阻调节程度特异性的修饰。对于 SET7/9 来说,其活性中心处的 Y245 与 Y305 的酚羟基同底物赖氨酸残基侧链的 ε-N 形成了氢键并通过空间位阻限制了底物侧链的自由旋转,使之无法转动到继续进行甲基化的正确位置,使得 SET7/9 只能完成单甲基化修饰(见图 5-3)[13]。而在另外一类 H3K9 三甲基化转移酶 DIM-5 中,对应于 Y305 的残基被替换成 F281。由于苯丙氨酸侧链少了一个酚羟基基团导致其不能与赖氨酸残基侧链形成氢键,DIM-5 的活性中心允许底物赖氨酸侧链围绕 ε-N 自由旋转,以至底物赖氨酸可以从单甲基化继续被催化进行二甲基化和三甲基化。相应地,DIM-5 的 F281Y 突变可以使该酶失去三甲基化能力,只能完成单甲基化修饰。

　　组蛋白精氨酸残基的甲基化是通过蛋白质精氨酸甲基转移酶(PRMT)催化产生的。PRMT 蛋白分为两大类,其中 Ⅰ 型的 PRMT 催化精氨酸残基的单甲基化和非对称二甲基化修饰,Ⅱ 型的 PRMT 则催化精氨酸残基的单甲基化和对称二甲基化修饰。PRMT 往往包含 2 个结构域,一个为 SAM 结合结构域,另一个为羧基端的桶状结构域。其催化口袋位于两个结构域的中间,并且参与催化的关键残基在 PRMT 家族中高度保守。精氨酸甲基化的程度也可以被其书写器精准调控。例如,在布氏锥虫的 PRMT7 同组蛋白 H4 的复合物结构中可以发现,PRMT7 这一精氨酸残基的单甲基化酶有一个非常狭窄的催化口袋,这使得更高程度的甲基化无法继续发生[14]。

　　人体中组蛋白甲基化也可以发生在氨基端的 α-氨基上。例如,2013 年 Foltz 研究组发现着丝粒组蛋白 CENP-A(一种在着丝粒区特异富集的组蛋白 H3 变体)氨基端可以被甲基转移酶 NRMT1 修饰产生三甲基化,并促进 CENP-A 在着丝粒处 α 卫星 DNA

区域的分布,在有丝分裂过程中对于维持染色质的正常凝聚和分离有着重要作用[15]。人源 NRMT1 是真核生物中第一个被鉴定出的 α-氨基甲基转移酶,可以催化包括 CENP-A、CENP-B 和 RCC1 在内的多种组蛋白和非组蛋白底物[16]。结构研究发现,NRMT1 根据底物氨基端前 3 位残基序列"Xaa-Pro-Lys/Arg"(Xaa 表示为小侧链残基)选择性识别并催化底物发生氨基端甲基化。另外,结构分析还表明,NRMT1 与其他 SAM 依赖的组蛋白甲基转移酶家族成员,如 DOT1L(组蛋白 H3K79 甲基转移酶)和 PRMT7(组蛋白精氨酸甲基转移酶)等的核心催化结构域高度相似,但与常见的 SET 结构域家族组蛋白甲基转移酶差异很大[17]。

5.3　组蛋白修饰的消除——擦除器

对于表观遗传调控而言,一个显著的特点就是修饰的可逆性,与书写器相对应的去除组蛋白修饰的酶被称为组蛋白修饰的擦除器。其中一类比较特殊的擦除器称为"编辑器"(editor)。它的特点是将原来的一种化学基团转变为另一种化学基团,如 PAD4 可以将精氨酸残基脱亚胺形成瓜氨酸残基。常见的组蛋白擦除器包括组蛋白去乙酰化酶(HDAC)、组蛋白赖氨酸去甲基化酶(HKDM)、蛋白质磷酸酶(PPase)、去泛素化酶(Dub)和去 SUMO 化酶(SUMOlase)等。下面将对组蛋白乙酰化和甲基化的擦除器进行较为详细的介绍。

根据辅酶和序列同源性不同,HDAC 可以分为四大类。其中第 1、2、4 类 HDAC(class Ⅰ,Ⅱ,Ⅳ HDAC)同属于锌依赖型 HDAC,活性中心存在一个保守的锌指结构催化酰胺键的水解和乙酰化基团的去除。而第 3 类 HDAC(class Ⅲ HDAC)需要烟酰胺腺嘌呤二核苷酸(NAD^+)作为辅酶介导催化,在结构上与其他 3 类 HDAC 完全不同。第 3 类 HDAC 又被称为沉默信息调控因子(sirtuin),包含一个大的由罗斯曼折叠(Rossmann fold)构成的结构域和一个小的锌指结构域,NAD^+ 则结合在两个结构域之间的口袋里。人体内的 sirtuin 包括 SIRT1~SIRT7 共 7 个家族成员,它们通过把乙酰基从赖氨酸转移到 NAD^+ 的糖环上实现乙酰基的去除。sirtuin 对 NAD^+ 的严格依赖性揭示了能量代谢和基因调控的密切联系。此外,大量研究提示 sirtuin 家族成员在饮食热量限制和长寿的关联上扮演着重要角色[18]。并非所有的 sirtuin 家族成员都拥有最适的去乙酰化能力。最近的研究表明,在 sirtuin 家族中,SIRT3 除拥有去除乙酰基修饰的能力外，也表现出较强的去巴豆酰化修饰能力，其中对巴豆酰化的识别被一类"π-π堆垛作用"所稳定；SIRT5 则被鉴定为蛋白质赖氨酸的去丙二酰化酶和去琥珀酰化酶，其晶体结构显示，与乙酰基相比带负电的羧基基团可以更好地同 SIRT5 的 Y102 和 R105 残基结合，从而有强的催化活性；而 SIRT6 因为拥有较大的疏水内腔，表现出去除豆蔻酰化、棕榈酰化等长脂烃链酰基化修饰的能力[19]。有趣的是，对于非 NAD+ 依赖的 HDAC 来说，四磷酸肌醇对酶活性调控发挥了重要的作用。体外单独表达的第 1 类 HDAC——HDAC3 是没有酶活性的，而转录共抑制因子、磷酸肌醇及其激酶被发现是 HDAC3 重要的转录调节因子。一项关于 HDAC3 的研究精彩地解释了这一原因：在 HDAC3 和其转录共抑制因子 NCOR2 的复合物结构中可以发现一个有序的小分子的电子密度，这一密度同 1，4，5，6-四磷酸肌醇的电子密度完全吻合[20]。生化研究也证实了富含负电基团的四磷酸肌醇可以作为重要的调控分子贴合在 HDAC3 和 SMRT 形成的正电性口袋，一方面促进 HDAC3-SMRT 酶复合物对碱性组蛋白多肽底物的有效识别，另一方面别构调控锌指结构酶活性中心来正调控催化活性。

组蛋白赖氨酸去甲基化酶（HKDM）包括 LSD 和 JmjC 两大家族。组蛋白的甲基化修饰能否被酶去除曾经一度受到怀疑，并且其去甲基化酶也一直未被发现。最先发现的 HKDM 是 H3K4 的去甲基化酶 LSD1，它可以有效地去除组蛋白 H3K4 的单甲基化和二甲基化修饰[21]。LSD1 发挥酶活性需要 FAD 作为辅酶发挥功能。它含有一个氨基端的 SWIRM 结构域和一个羧基端的胺氧化酶结构域（AOD），其催化活性口袋位于 AOD 结构域。由于胺氧化反应中间产物亚胺的形成需要一个质子化的氮，因而三甲基化赖氨酸不能作为 LSD 家族去甲基化酶的底物。随后，一大家族 JmjC 去甲基化酶被发现，可以去除赖氨酸残基的三甲基化修饰，其催化活性需要 α-酮戊二酸和亚铁离子的参与[22]。当氧气分子存在时，JmjC 结构域可以催化甲基化赖氨酸形成羟甲基化赖氨酸，并进一步催化释放甲醛。JmjC 结构域都含有一个由 β 果冻卷（β-jelly roll）组成的核心，其催化口袋位于这一核心的内部。在这一核心外部会有一些额外的结构元件介导对于不同多肽底物的特异性识别。

HKDM 对于甲基化程度的去除也存在精准的调控，如 JmjC 家族中二甲基化和三甲基化的去甲基化酶 JMJD2A 及单甲基化的去甲基化酶 PHF8。JMJD2A 有一个深且窄的口袋识别 H3K9me3，这一相互作用被一个氢键网络进一步稳定住（见图 5-3）[23]。这些相互作用使得整个 H3K9me3 被固定住，其中一个甲基基团指向了

亚铁离子和 α-酮戊二酸而被有效催化。而进一步发生二甲基化的去除时第 2 个甲基方向已经有所指偏,催化效率大为减弱。当只有单甲基化存在时整个赖氨酸侧链会完全被氢键网络束缚住,无法接近催化中心,因而无法发生单甲基化修饰的擦除。而 PHF8 则由于立体化学位阻的原因不能发生三甲基化的去除,只能发生低甲基化状态的去除[24]。对于 LSD 家族的蛋白来说,其催化依赖于赖氨酸 ε-N 原子上的质子,因此无法去除三甲基化,只能发生赖氨酸单甲基化和二甲基化的去除。LSD1-CoREST 的复合物结构显示,在 LSD1 的催化结构域和 CoREST 的 DNA 结合 SANT2 结构域之间有一段很长的连接,使得整个复合物刚好能够与核小体契合,这提示 LSD1 的有效酶活性依赖核小体作为底物[25]。

HKDM 的催化位点特异性还可以被邻近的组蛋白阅读器结构域调节。例如,PHF8 和 KIAA1718 的 JmjC 催化结构域旁有一个识别 H3K4me3 的 PHD 锌指结构域[24]。在没有这一 PHD 锌指结构域时,PHF8 和 KIAA1718 的 JmjC 结构域可以催化 H3K9me2 或 H3K27me2 的去甲基化反应。而在 PHD 锌指结构域存在时,PHF8 会更倾向于催化 H3K9me2,KIAA1718 则更倾向于催化 H3K27me2。这一催化调控的分子机制在于 PHF8 的 PHD-JmjC 有一个弯曲的构象,当 PHD 结构域结合 H3K4me3 时,JmjC 结构域仍然可以接触到 H3K9me2;而 KIAA1718 则采用了一个伸展的构象,当 PHD 结构域结合在 H3K4me3 时,其 JmjC 结构域无法接触到 H3K9me2。

目前,领域内公认的组蛋白精氨酸去甲基化酶还有待进一步研究。JMJD6 曾被报道具有去除组蛋白 H3R2 和 H4R3 单甲基化和二甲基化的能力,但后来的研究表明,JMJD6 的酶活性具有双功能性,其赖氨酸羟化酶的活力更高。有趣的是,2016 年的一项研究结果表明,当把组蛋白特定位点的赖氨酸突变成甲基化精氨酸后,该赖氨酸所对应的特异 JmjC 家族去甲基化酶可以很好地去除精氨酸甲基化[26]。这表明 JmjC 结构域拥有内在的去除精氨酸甲基化的催化能力,但这一化学催化能力如何在体内实现生物学功能性,仍有待深入探讨。另一种"变通"的精氨酸去甲基化途径是精氨酸脱亚胺化(deimination)。蛋白质精氨酸脱亚胺酶(PAD)家族成员 PAD4 被发现可以催化组蛋白精氨酸(如 H3R8、H3R17 和 H4R3 等位点)发生去亚胺化反应,在组蛋白中产生瓜氨酸(Cit)[27]。PAD4 是一个钙离子依赖的蛋白质,钙离子可以诱导 PAD4 的构象发生变化从而产生活性催化口袋,实现精氨酸脱亚胺反应[28]。PAD4 还可以将单甲基化状态的精氨酸残基脱亚胺形成瓜氨酸，从而实现组蛋白单甲基化精氨酸的变通性去除。结构研究表明，PAD4 催化口袋的大小和性质刚好可以容纳单甲基化精氨酸多出的甲基，通过去除一个甲基亚胺基团，实现单甲基化精氨酸的甲基消除。由于底物识别口袋大小的限制，PAD4 不能催化二甲基化精氨酸的去除。

5.4　组蛋白修饰的识别——阅读器

识别特定组蛋白修饰并介导下游生物学事件的蛋白质称作组蛋白修饰的阅读器，目前发现包括甲基化、乙酰化、巴豆酰化、磷酸化在内的修饰都有相应的阅读器存在。另外，组蛋白修饰的组合也可以被相应的阅读器识别，构成组蛋白多价态修饰（multivalent modification）的"组合识别"（combinatorial readout），从而使得组蛋白修饰介导的表观遗传调控更加精准。

参与组蛋白甲基化修饰识别的结构域种类最为多样，也最为复杂，主要分为"皇室家族"和"PHD 锌指"两大类家族的蛋白质，另外还有 BAH、WD40 重复等结构域（见图 5-2）。其中"皇室家族"蛋白包含 Chromo、Tudor、PWWP 和 MBT 结构域等，另外还有一个植物中特有的 Agenet 结构域[29]。所有"皇室家族"阅读器都有一个 3～4 个反向平行的 β-折叠片构成的桶状核心，对于赖氨酸和精氨酸残基的甲基化修饰均有相应的"皇室家族"阅读器识别。HP1 蛋白的 Chromo 结构域是最早被鉴定出来的组蛋白甲基化识别结构域，可特异性地识别 H3K9me3 修饰[30]。三甲基化的赖氨酸残基会插入 Chromo 结构域中由 3 个芳香族残基组成的"芳香笼（aromatic cage）"，赖氨酸残基与芳香族残基之间的阳离子-π 相互作用介导了识别过程。对于 Chromo 结构域蛋白的系统研究表明，人体内大量的 Chromo 结构域蛋白参与了对于 H3K9me3 和 H3K27me3 修饰的识别。因此，Chromo 结构域是体内一类体量很大的阅读器蛋白。Tudor 结构域和类 Tudor 结构域是"皇室家族"中唯一对于甲基化赖氨酸残基和甲基化精氨酸残基都有识别的结构域[31]。除此之外，Tudor 结构域还对 piRNA 通路中一些调控蛋白的甲基化修饰有识别和调控作用。PWWP 的特点在于除了可以识别组蛋白之外还具有识别 DNA 的能力。例如，PWWP 结构域蛋白 MSH6 和 BRPF 对于 DNA 都有一定的识别能力。另外，PWWP 结构域对于 H3K36me3 修饰有一定的偏好性。而 MBT 结构域识别的不同之处在于它对于修饰发生位点没有太大的偏好性，但对于修饰的程度非常敏感，MBT 只能识别单甲基化或二甲基化状态的赖氨酸残基。比如，L3MBTL1 的 MBT 结构域识别甲基化是通过口袋插入的方式实现（见图 5-3），三甲基化基团因为体积过大导致空间位阻效应，因此不能被识别[32]。"皇室家族"蛋白的结构域还可以串联形成一个整体来识别组蛋白修饰。例如，CHD1 的双 Chromo 结构域和 JMJD2A 的双 Tudor 结构域都可以识别 H3K4me3[33, 34]。

PHD 锌指是体量最大的结构域之一。人体中有 90 多种蛋白质含有 PHD 锌指，PHD 锌指结构域总数达到 200 余个。PHD 锌指为"Cys_4-His-Cys_3"形式的锌指，含有一个由两条反向平行的 β-折叠片组成的核心。作为对多种转录事件产生广泛影响的一大类阅读器，PHD 锌指识别的组蛋白修饰类型也最为多样，包括非修饰的组蛋白、高甲基化状态修饰的赖氨酸残基和酰基化修饰的赖氨酸残基。对于不同的组蛋白肽段和修饰类型，其结合到 PHD 锌指的表面也不一样，如 α 表面、β1 表面、β2 表面和氨基端表面[35]。PHD 锌指蛋白识别甲基化修饰的分子机制也是通过芳香笼产生阳离子-π 相互作用。例如，BPTF 和 ING2 的锌指结构域都可以识别 H3K4me3 修饰。目前唯一的一个例外是 X 连锁伴 α-珠蛋白生成障碍性贫血（地中海贫血）的智力低下综合征（ATRX）蛋白的 ADD 结构域（一种 PHD 锌指变体）对 H3K9me3 修饰的结合，它并未采用芳香笼机制识别三甲基化赖氨酸修饰，而是在一个极性阅读器口袋中，通过一类独特的"N（＋）—C—H…O"氢键实现三甲基化赖氨酸的特异识别[36]。通常情况下，碳-氧氢键是一类弱氢键，但当其邻近出现正离子时，该氢键可以被大大强化。三甲基化赖氨酸是一个季铵盐阳离子，ATRX 利用"阳离子强化的碳-氧氢键"这一方式实现 H3K9me3 修饰的特异识别，彰显了组蛋白修饰识别分子机制的复杂多样性。除了 PHD 锌指蛋白外，CW 型锌指蛋白也被发现是一类组蛋白修饰阅读器，如 ZCWPW1 的 CW 锌指可以识别 H3K4me3 修饰[37]。近期，一项系统性针对 CW 锌指的结构研究表明，体内有多种 CW 锌指蛋白可以识别 H3K4me3 修饰[38]。

阅读器蛋白对于不同的组蛋白位点、不同的修饰类型和不同的修饰程度也有着精准的识别。例如，BPTF 的 PHD 结构域可以特异性识别 H3K4me3，对于修饰位点和修饰程度都有着很好的区分能力[39]。组蛋白 H3 同 BPTF 结合时会被诱导形成一段 β-折叠片占据 PHD 锌指的表面沟，形成了主链间最基础的相互作用。组蛋白 H3 的氨基端也可以被 BPTF 很好识别，BPTF 的第 2 个环区的 A45～D49 会和组蛋白 H3 的氨基端形成氢键网络。组蛋白 H3 的 R2 和 K4me3 则分别被 BPTF 上两个相邻的口袋识别：

识别 R2 的口袋是更靠近组蛋白氨基端的一个酸性口袋,可以同精氨酸残基形成氢键和盐桥介导识别;识别 K4me3 的口袋则是一个芳香笼,同 K4me3 形成了阳离子-π 相互作用。值得注意的是,这两个口袋之间由一个色氨酸残基分割开,因此要求被识别的 R2 和 K4me3 之间也要隔开一个残基才能分别插入对应的口袋中。有趣的是,组蛋白中不同位点赖氨酸残基的周围残基分别是"RTK$_4$QT"、"ARK$_9$ST"、"ARK$_{27}$SA",也就是说只有 H3K4 满足 K 和 R 之间有一个残基的间隔,所以 BPTF 只能识别 H3K4me3。阅读器对于不同修饰程度甲基化赖氨酸修饰的识别则可以通过在识别口袋处引入酸性残基实现。比如,Pygo 蛋白的 PHD 锌指中芳香笼由"YDW"3 个残基组成,其中天冬氨酸残基和二甲基化的赖氨酸残基间形成了一对氢键,这使得 Pygo 蛋白更偏好赖氨酸残基的二甲基化修饰而非三甲基化修饰[40]。

组蛋白乙酰化修饰阅读器主要包括 Bromo 结构域(Bromo domain)、双 PHD 锌指和 YEATS 结构域。Bromo 结构域是最早被发现,也是最主要的一类乙酰化识别结构域,含有一个左手方向的四 α-螺旋束(αZ、αA、αB、αC)组成的核心[41]。有两段名为 ZA 和 BC 的环区分别连接了 αZ、αA 和 αB、αC。在两段环区上有一些疏水残基和芳香族残基组成的疏水口袋,识别乙酰化赖氨酸残基的口袋便位于此。除了口袋本身产生的相互作用之外,乙酰化修饰的赖氨酸残基还被口袋中一个高度保守的天冬酰胺残基所识别,其乙酰基中的羰基氧同天冬酰胺侧链中的氮原子形成了一对氢键介导识别。单一的 Bromo 结构域除了可以识别单一的组蛋白乙酰化修饰外,一些 Bromo 结构域蛋白(如 BRDT)被发现可以通过单一的 Bromo 结构域识别组蛋白的双乙酰化修饰[42]。部分 Bromo 结构域除了识别组蛋白乙酰化修饰外,还具有识别其他酰基化修饰的能力,提示该结构域可能在多种酰基化修饰介导的生物学过程中都起到了一定的作用。一般而言,Bromo 结构域对丙酰化、丁酰化、巴豆酰化等的识别相比于乙酰化要弱,而且随着酰基烃链延长,弱化程度也逐步增强。这一特性与下面提及的双 PHD 锌指和 YEATS 结构域对巴豆酰化等修饰的偏好性识别形成鲜明对比。

一些 PHD 锌指也被发现具有识别乙酰化赖氨酸的能力,如 MOZ 和 DPF3b 的双 PHD 锌指(DPF)可以识别 H3K14 的乙酰化修饰[43]。在 DPF3b 的双锌指结构域中,第 2 个 PHD 锌指有一个酸性的表面沟识别了组蛋白 H3 氨基端的前 4 个残基"ARTK",并且同组蛋白 H3 的 R2 及 K4 残基形成了氢键网络。H3K14ac 的识别则是由第 1 个 PHD 锌指所完成,H3 的"K4~T11"被诱导形成了一段 α-螺旋,H3 中"G12-G13"的二甘氨酸铰链发生构象改变,使得 K14ac 正好插入 PHD 锌指的识别口袋中。DPF 锌指最近被发现除了乙酰化识别外,还对 H3K14 的巴豆酰化修饰有更强能力的识别,其识别强度比相应乙酰化提高了 4～8 倍以上。结构研究表明,MOZ 的 DPF 结构域对组蛋白 H3K14cr 的识别诱导组蛋白 H3 的柔性尾巴形成了两个刚性的 α-螺旋,同时平面性的巴豆酰化基团舒适而紧密地插入一个位于 DPF 中心的疏水口袋被识别。相对于 2 个碳烃链的乙酰基和 3 个碳烃链的丙酰基,DPF 结构域口袋大小更加适合由 4 碳烯烃链组成的巴豆酰基。丁酰基虽然也是 4 个碳的烃链,但是由于丁酰基的烷烃链没有双键,相对于巴豆酰基多了 2 个氢原子,而恰恰是多出的氢原子可以产生空间位阻,使得 DPF 口袋不能以能量最优方式识别丁酰化修饰。这一发现解释了 DPF 结构域偏好识别巴豆酰化修饰的原因[44]。

YEATS 结构域是第三大类可以识别组蛋白乙酰化修饰的阅读器,如 AF9 蛋白可以识别 H3K9ac 修饰[45]。YEATS 结构域的核心是免疫球蛋白(Ig)折叠,而其对于乙酰化赖氨酸残基的识别则是通过环区残基形成的一个"三明治"型芳香口袋实现的。在识别机制上,AF9 并没有 Bromo 结构域中保守的天冬酰胺残基,其口袋由一个丝氨酸残基和 3 个芳香族氨基酸残基组成,丝氨酸侧链羟基和酪氨酸主链 NH 基团同乙酰化赖氨酸形成了接力氢键相互作用;同时,YEATS 阅读器口袋中芳香环形成一个狭长而扁平的疏水腔,把整个乙酰化赖氨酸夹在中间,并借 CH-π 和芳香-π 等作用稳定。YEATS 修饰位点特异性主要通过对修饰赖氨酸一侧的多肽基序的特异识别决定。比如,AF9 可以识别 H3 的 9、18、27 位赖氨酸乙酰化,是因为 3 个位点均具有"R-Kac"的识别序列特征。值得注意的是,YEATS 结构域也被发现除了乙酰化识别外还对巴豆酰化修饰有更强能力的识别。其中 AF9 对组蛋白 H3 的 9、18 和 27 位赖氨酸巴豆酰化(H3K9cr、H3K18cr 和 H3K27cr)的识别能力比相应乙酰化提高 2～3 倍。利用内毒素脂多糖(LPS)刺激下的巨噬细胞基因表达体系,结合染色质免疫沉淀、荧光定量 PCR、深度测序等技术,研究人员进一步证实 AF9 蛋白 YEATS 结构域依赖的组蛋白巴豆酰化识别可以激发内毒素诱导的炎症应答基因表达[46]。另一种 YEATS 结构域蛋白 YEATS2 的 YEATS 结构域是一个位点特异性的组蛋白 H3K27cr 阅读器。该结构域对巴豆酰化的识别比对乙酰化识别强约 7 倍,而且还可以容忍识别分枝状的 H3K27hib 修饰(比乙酰化识别强约 2 倍)[47]。结构研究表明,两类 YEATS 结构域拥有一个保守的末端开放式"芳香三明治"口袋,通过"π-芳香环"相互作用实现对巴豆酰酰胺基团的偏好识别。这一识别特征与拥有侧面开放式口袋的 Bromo 结构域完全不同。有趣的是，在复合物结构中，AF9 和 YEATS2 所结合的多肽底物走向相反，进而从分子结构层面证实不同 YEATS 结构域对组蛋白巴豆酰化的识别存在序列特异性。

除了单一的组蛋白修饰之外，阅读器还可以识别一种或多种修饰之间的组合，形成组蛋白多价态修饰的组合识别（见图 5-4）[48]。同一种阅读器结构域或不同种阅读器结构域可以彼此串联形成一个阅读盒来识别同一种或不同种修饰类型。例如，BPTF 的 PHD 锌指结构域和 Bromo 结构域串联可以在核小体水平识别 H3K4me3 和 H4 乙酰化修饰的组合[48]。两个串联的阅读器结构域可以识别同一种修饰，如 JMJD2A 的双 Tudor 结构域共同参与识别了 H3K4me3[34]；两个串联的阅读器结构域还可以识别不同种修饰，如 TRIM33 的 PHD-Bromo 结构域识别了 H3K9me3K18ac 这一双修饰组蛋白[49]。不同的阅读器结构域还可以存在于同一蛋白复合物的多个亚基之中，如 Rpd3 复合物包含多个组蛋白阅读器，分别存在于不同的亚基中。有时非修饰的残基也可以被认为是组合识别中的一种修饰类型，如"me0"修饰。例如，TRIM33 识别了"H3K4me0K9me3K18ac"这一修饰，其中 PHD 锌指结构域识别的就是 H3K4me0，该位点的甲基化修饰反而会打破识别。从组合识别的层次上来看，阅读器可以识别同一条组蛋白尾巴的修饰组合；识别同一核小体内不同组蛋白尾巴的修饰组合；识别不同核小体间组蛋白尾巴的修饰组合；以及识别更大尺度的邻近染色质区域组蛋白尾巴的修饰组合等。

从对于分子识别的影响来看，组蛋白的多价态修饰的组合后果可以分为三大类：亲和效应、开关效应和容忍效应（见图 5-4）。亲和效应是指当多修饰共存时会显著提高阅读器的结合强度。例如，H4K5ac 或 H4K8ac 的单修饰都不能结合 BRDT 的第 1 个 Bromo 结构域，但当 H4K5acK8ac 共存时结合可以达到 $K_d = 22\ \mu\text{mol/L}$[42]。开关效应则与之恰恰相反，当一个修饰引入时会打破原有另一个修饰的结合。例如，HP1 的 Chromo 结构域同 H3K9me3 的结合能力可以达到 $K_d = 5.7\ \mu\text{mol/L}$，但是当 H3K9me3 邻近的 H3S10 发生磷酸化时会打破 H3K9me3 同 HP1 的结合[50]。这种拮抗识别的修饰模式有时有着重要的生理作用，因为这是一种高效影响阅读器招募的方式。容忍效应是指另一种修饰的引入不会对原有的识别造成太大的影响。例如，ATRX 的 ADD 结构域对于 H3K9me3 和 H3K9me3S10ph 两种多肽的识别只有不到 1 倍的差别[51]。

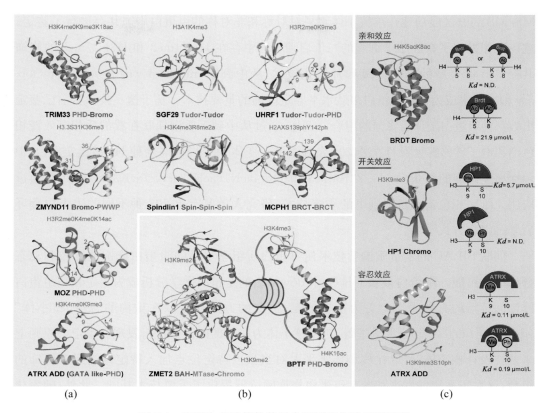

图 5-4　组蛋白多价修饰的组合识别及多价识别后果

（a）组蛋白多肽水平的修饰组合识别举例；（b）核小体水平组蛋白修饰组合识别举例；（c）组蛋白修饰多价态识别的 3 类后果。结构图中，组蛋白多肽均以黄色飘带图展示；阅读器结构域及其组合以其他对应颜色飘带图展示。N. D. 表示未检测到

5.5　组蛋白修饰及识别蛋白的发现与鉴定

　　基于组蛋白修饰的特异性抗体技术和质谱技术是发现组蛋白修饰的两大主要方法。随着高通量表观组学和定量质谱学的发展，更多方法学被应用于系统性地发现组蛋白修饰及其识别对。例如，染色质免疫共沉淀-测序（chromatin immunoprecipitation followed by sequencing，ChIP-Seq）技术可以在基因组水平提供组蛋白修饰分布的信息。由于目前大量基因组规模的组蛋白修饰数据库建立，生物信息学手段可以对组蛋白修饰在基因组上的分布进行分析[52]。ChIP-reChIP 则是一种串联的染色质免疫沉淀技术用于直接检测共存的多种组蛋白修饰。在一项研究中，通过 ChIP-reChIP 偶联 LC-

MS/MS 的方法成功地在单核小体水平对对称和非对称的组蛋白修饰共存进行了鉴定。这一工作发现了在胚胎干细胞的二价启动子区中存在 H3K4me3 和 H3K27me3 的修饰共存[53]。配合新的样品分级和片段化技术，从中到下（middle-down）和从上到下（top-down）的质谱成为在单组蛋白多肽水平鉴定修饰的重要技术。基于这一技术目前已鉴定出数百种组蛋白翻译后修饰的组合。例如，通过从中到下质谱偶联在线的反相高效液相色谱和电子转移解吸附的方法，200 余种组蛋白变体 H3.2 和 70 余种 H4 被鉴定出，其中包括高度修饰的组蛋白 H3.2"K4me3K9acK14acK18acK23acK27acK36me3"[54]。通过应用二维液相色谱和从上到下的质谱技术，研究人员鉴定出 708 种不同的组蛋白翻译后修饰组合方式[55]。

偶联 SILAC 的定量质谱学技术使得蛋白质组学水平的组蛋白修饰的比较和动态分析成为可能。组蛋白多肽下拉（pull-down）后的定量质谱学分析成为鉴定新型组蛋白修饰阅读器的有效手段。更为重要的是，类似的方法还可以在重构的"设计核小体"（designer nucleosome）水平进行，对以核小体为底物的阅读器进行发现和鉴定。原则上来说，"设计核小体"可以在核小体水平上对组蛋白特定位点加入特定修饰或者修饰的组合，这对于系统性发现和鉴定组蛋白修饰阅读器提供了重要技术基础。此外，随着化学生物学的发展，以生物正交化学为代表的特异标记和检测技术手段，也被越来越多地应用到组蛋白修饰识别与调控因子的鉴定过程中。

除了以上体内基于细胞和半体内（semi *in vivo*）的组蛋白修饰及识别蛋白的鉴定技术外，基于体外的多肽或蛋白芯片筛选也被用于系统性发现和分析组蛋白修饰相互作用对。将预先合成好的多肽阵列或纯化好的蛋白阵列固定于芯片上，再通过基于荧光或表面等离子共振成像（SPRi）等读出方法对结合进行分析，可以高通量鉴定组蛋白修饰相互作用对的结合信息。类似地，将"设计核小体"的库进行固定或加入 DNA 条形码进行筛选测序可以在核小体水平上对组蛋白修饰相互作用对进行体外筛选和鉴定。

另外，基于蛋白结构的分析预测也多次被成功用于组蛋白修饰相互作用对的发现。例如，应用这一策略发现了 TAF1 的双 Bromo 结构域识别 H4K5acK12ac 修饰，BPTF 的 PHD-Bromo 结构域识别 H3K4me3-H4K16ac 修饰，TRIM33 的 PHD-Bromo 结构域识别 H3K4me0K9me3K18ac 修饰，Spindlin1 的 Spin/Ssty 重复识别 H3K4me3R8me2a 修饰以及 ZMYND11 的 Bromo-PWWP 结构域识别 H3.3S31K36me3 修饰。随着组蛋白修饰阅读器的结构被更多解析，研究人员对于组蛋白修饰阅读器的识别口袋和识别的分子机制也愈发了解。因此,基于结构的预测和验证也成为发现新型组蛋白修饰相互作用对的有效手段。

5.6　组蛋白修饰的调控

组蛋白修饰对于诸多生物学过程有着重要的调控作用。有时修饰本身就可以造成染色质性质(如电荷性质)的改变,有些修饰还可以招募识别蛋白或大复合物。组蛋白修饰间还存在交叉对话,形成修饰间有次序的产生或消除。目前,大量分子结构机制和细胞生理机制的研究揭示了组蛋白修饰在基因表达调控、染色质重塑和 DNA 修复等生理过程中的重要作用。

5.6.1　组蛋白修饰间的交叉对话

组蛋白修饰间存在彼此的交叉对话,各种修饰间的配合决定了染色质"开"或"关"的不同状态。各种组蛋白修饰相关的蛋白因子如书写器、擦除器和阅读器对组蛋白修饰的交叉对话也存在响应机制。例如,当染色质要采取"开"的状态时,在信号刺激下,组蛋白 H2BK123ub 修饰会首先被建立起来,进而促进 H3K4 和 H3K79 甲基化的发生。研究揭示,芽殖酵母中组蛋白 H2BK123 的泛素化修饰是 H3K79 和 H3K4 发生甲基化修饰的上游事件,H2BK123ub 的消除会完全抑制住 H3K79 和 H3K4 甲基化的发生,而相比之下 H3K79 和 H3K4 甲基化的消除则不会明显影响 H2BK123 的泛素化修饰[56]。类似地,H3K4 甲基化可以通过招募 Sgf29 促进 SAGA 乙酰转移酶复合物对 H3K9 位点的乙酰化修饰,进而遏制 H3K9 发生甲基化修饰。H3K9 上甲基化修饰的缺失和乙酰化修饰的增加会拮抗异染色质相关蛋白 HP1 的结合,避免该区域形成异染色质;而 H3K9ac 同时还促进了 H3K14 上乙酰化修饰的发生,进一步开启了染色质的状态。

MOZ 复合物的工作机制则很好地阐明了书写器和阅读器在组蛋白修饰交叉对话中的作用[57]:组蛋白乙酰化 MOZ 复合物包含一个书写器"MOZ 蛋白的 MYST 结构域"和 5 个阅读器元件。其中第 1 个阅读器——ING5 的 PHD 锌指识别 H3K4me3;第 2 个阅读器——MOZ 的双锌指识别 H3K14ac;后 3 个阅读器——BPRF1 的 PHD-Zinc knuckle-PHD 结构域、Bromo 结构域、PWWP 结构域分别是非修饰 H3、位点非特异乙酰化修饰、H3K36me3 修饰的阅读器。这一复合物的功能是催化蛋白质乙酰化修饰的发生。在这一过程中,ING5 的 PHD 锌指首先识别 H3K4me3,并将整个复合物招募至 H3K4me3 附近,使 MOZ 的 MYST 结构域行使乙酰转移酶功能。MYST 结构域催化产生的乙酰化修饰则被 MOZ 的双锌指结构域和 BPRF1 的 Bromo 结构域识别,稳定了整个复合物在该染色质区域的存在。而 BPRF1 中另外两个结构域对于非修饰 H3 和 H3K36me3 的识别则促进了 MOZ 复合物在这一染色质区域的蔓延,使得 H3K4me3 附近的染色质区域被广泛乙酰化。

5.6.2 组蛋白修饰对基因表达的影响

组蛋白修饰与基因表达有着密切的联系。一些组蛋白修饰还被认为是转录激活或抑制的标志。大体而言,与转录激活密切联系的组蛋白修饰主要包括各位点的乙酰化修饰、H3S10 的磷酸化修饰、H3K4/H3K36/H3K79 的甲基化修饰和 H2BK123 的泛素化修饰等;与转录抑制密切联系的组蛋白修饰主要包括 H3K9/H3K27/H4K20 的甲基化修饰和 H2AK119 的泛素化修饰。

乙酰化修饰本身可以在组蛋白上引入额外的负电荷。这在一定程度上减弱了带正电的组蛋白和带负电的 DNA 间的相互作用,使得 DNA 更容易被转录机器接触到。乙酰化修饰的存在还可以招募其他蛋白因子,如 TFIID 复合物的 TAF1 就含有 Bromo 结构域识别乙酰化修饰。甲基化修饰虽然本身不改变组蛋白的电性,但是它招募的蛋白质种类更加多样。例如,H3K9me3 可以招募异染色质因子 HP1,促进抑制性修饰在异染色质区域的蔓延。类似地,兼性异染色质标志 H3K27me3 可以通过 EED 亚基的识别招募 PRC2 复合物,促进染色质的局部异染色质化。除了以上两种抑制性的组蛋白修饰标记外,激活型的 H3K4me3 修饰也可以招募相应的识别蛋白影响基因表达。例如,RNA 聚合酶 Ⅱ 复合物 TFIID 亚基中 TAF3 蛋白的 PHD 锌指结构域可以识别 H3K4me3 修饰。这一识别可以将 TFIID 招募至激活的启动子区域。这对于缺乏 TATA 盒的启动子的转录激活可能有着重要的调控作用[58]。

值得注意的是,组蛋白修饰的识别蛋白与转录因子间也存在直接的相互作用。例如,组蛋白修饰阅读器 Spindlin1 不仅可以高效识别 H3K4me3 和 H3R8me2a 修饰组合,还可以特异性地结合 Wnt 通路核心转录因子 TCF4 的一段羧基端肽段,利用等温量热法测得约 3.9 μmol/L 的结合力。在结肠癌细胞系 HCT116 中敲低 Spindlin1 和 PRMT2

（一种 H3R8 精氨酸非对称二甲基化酶）基因都会导致 Wnt 靶基因的转录下调,并且 Spindlin1 作用于 PRMT2 的下游激活基因转录。染色质免疫沉淀实验表明 Spindlin1 在 Wnt 信号下游靶基因启动子区富集。这一结果表明,Spindlin1 作为一种重要的组蛋白修饰阅读器,很可能作为转录因子和组蛋白密码间的桥梁,调控 Wnt 信号下游靶基因的表达[59]。

5.6.3 组蛋白修饰与染色质重塑

组蛋白修饰可以直接招募 ATP 依赖的染色质重组复合物并介导染色质的重塑。组蛋白乙酰化可以被 Bromo 结构域识别,而 SWI/SNF 复合物中的 Bromo 结构域就介导了其与乙酰化核小体的识别。SWR1 复合物中 Bdf1 亚基也含有 Bromo 结构域,可以识别乙酰化修饰。

CHD 家族的蛋白质将组蛋白甲基化修饰同染色质重塑联系在一起,CHD 中 C (Chromo)代表的 Chromo 结构域是一类重要的组蛋白甲基化阅读器,H(helicase)代表的解旋酶结构域是一类 ATP 酶,调节了染色质的重塑过程,D(DNA binding domain)则指的是 DNA 结合结构域。CHD1 的 Chromo 结构域可以识别 H3K4me3,Chromo 结构域的敲除会影响核小体的结合和 CHD 家族蛋白的染色质重塑活力。染色质重组复合物 NURF 的 BPTF 亚基含有一个 PHD 锌指结构域,可以特异性识别 H3K4me3。H3K4me3 的缺失会部分影响 NURF 复合物在 HOXC8 启动子处的富集[60]。由于 H3K4me3 同转录起始密切相关,这一相互作用表明 NURF 复合物被序列特异的转录因子和 H3K4me3 同时招募至启动子区域,并通过 ATP 酶活性调节核小体滑动影响转录起始。

5.6.4 组蛋白修饰与 DNA 修复

对于 DNA 损伤修复来说,组蛋白修饰不仅标志了损伤的染色质区域,而且参与招募了损伤修饰蛋白。其中,磷酸化修饰在 DNA 修复中起重要的作用。当 DNA 双链断裂损伤发生时,H2A. X 羧基端的 S139 会发生磷酸化修饰,这一修饰也称作 γH2A. X。γH2A. X 可以招募 DNA 修复复合物中的许多蛋白质,其中 MDC1 蛋白的串联 BRCT 结构域参与了对磷酸化修饰组蛋白的识别[61]。这些蛋白质会参与 DNA 损伤修复并激活细胞周期检查点,避免在完成 DNA 修复前使细胞进入下一个周期。另外,γH2A. X

的 Y142 残基也被发现可以发生磷酸化修饰[62]。这一修饰与 S139 的磷酸化相拮抗并与细胞凋亡相联系,这表明组蛋白修饰可能参与决定了 DNA 损伤发生时细胞是采取修复机制还是凋亡机制。

组蛋白甲基化修饰也与 DNA 损伤修复有着密切的联系。例如,H3K36me3 在 DNA 错配修复中发挥了重要的作用[63]。DNA 错配修复基因的突变会导致 DNA 微卫星不稳定性,但是存在微卫星不稳定性的细胞却并不总是有 DNA 错配修复基因的突变。这一矛盾在 H3K36me3 的研究中得到了解释:错配识别蛋白 MSH6 含有一个 PWWP 结构域,这一结构域是组蛋白 H3K36me3 的阅读器。在细胞周期的 G1 期和 S 期早期,丰富的 H3K36me3 修饰会招募 MSH6 并介导 DNA 错配修复。而 H3K36me3 的书写器 SETD2 发生突变时,DNA 错配修复受到影响会造成 DNA 微卫星不稳定性。这表明不仅是 DNA 错配修复基因,组蛋白修饰因子也参与了微卫星不稳定性。除了 H3K36me3 修饰之外,H4K20 的甲基化也在 DNA 损伤中参与了修复因子的招募,已知 H4K20me2 可以被 53BP1 的串联 Tudor 结构域所识别。

5.7　组蛋白修饰与 DNA 修饰的交叉对话

组蛋白修饰与 DNA 修饰之间也存在着密切的交叉对话,在早期对于粗糙链孢霉和拟南芥的研究中就发现 H3K9me3 修饰对于 DNA 甲基化是必需的[64, 65]。另外,在缺失 H3K9me3 书写器 Suv39h1、Suv39h2 的小鼠胚胎干细胞中可以发现近着丝粒卫星 DNA 上甲基化的缺失[66]。这些研究使得人们意识到 H3K9 的甲基化修饰是 DNA 甲基化修饰的先决条件。

DNA 起始性甲基化的建立依赖于 DNMT3A 和 DNMT3B 以及调节蛋白 DNMT3L。DNMT3L 的 ADD 结构域是 PHD 锌指结构域的一个变体,这一结构域可以识别 H3K4me0 这一标志。H3K4 发生任何程度的甲基化修饰都会打破同 DNMT3L 的 ADD 结构域的结合,而这一 ADD 结构域对于 H3K9 的甲基化修饰并不敏感,因此它不能容忍活跃染色质标志性组蛋白修饰(如 H3K4me3)而可以容忍沉默染色质标志性修饰(如 H3K9me3)[67, 68]。类似地,在 DNMT3A 和 DNMT3B 中也都存在 ADD 结构域,其对于组蛋白修饰的识别性质同 DNMT3L 类似。这一识别特点表明 DNA 起始性甲基转移酶更倾向于靶向有沉默组蛋白修饰标记的基因组区域。DNMT3A 的 ADD 结构域对于组蛋白 H3 的识别还会大大提高 DNMT3A 本身的酶活性,这一别构调节在胚胎干细胞中对于 DNA 起始性甲基化的建立有着重要的作用。当没有组蛋白 H3 存在时,DNMT3A 的 ADD 结构域中一段酸性肽段会和其催化结构域中的一块碱性区域相互作用从而阻碍了 DNA 的结合,这使得 DNMT3A 被自抑制。而当 ADD 结构域结合组蛋白 H3 时,DNMT3A 会发生一个很大的构象改变,使得底物 DNA 可以接触到催化位点,别构激活 DNA 甲基转移酶[69]。

类似的别构调控机制在维持 DNA 甲基化的酶 DNMT1 中也同样存在。DNMT1 的氨基端复制位点结构域(RFD)在结构上同其活性状态下 DNA 结合位点的位置有重叠,这表明在 DNMT1 中也存在自抑制的现象[70, 71]。值得注意的是,DNMT1 的相互作用蛋白 UHRF1 含有 Tudor、PHD 锌指和 SRA 结构域,这使得 DNMT1 的功能也与组蛋白修饰有着密切的联系。UHRF1 的 Tudor-PHD 锌指结构域共同识别了组蛋白 H3R2me0K9me3 这一修饰,而其 SRA 结构域则识别了甲基化状态的 DNA[72, 73]。UHRF1 中 SRA 结构域同 DNMT1 的 RFD 结合则增强了 DNMT1 在 DNA 甲基化维持过程中的酶活性,UHRF1 在这一过程中衔接了 H3K9me3 修饰和 DNA 的半甲基化修饰[74]。

以上提及的 DNA 甲基化均为经典的 5mC 位点的甲基化修饰。近期,人体中 6mA 位点的甲基化也被鉴定出,并被认为在发育早期维持以 LINE-1 为代表的转座子元件沉默过程中起到了重要作用。值得注意的是,人体内 6mA 是在对组蛋白变体 H2A. X 的 SMRT-ChIP 实验中被鉴定出来的,DNA 的 6mA 修饰被发现同 H2A. X 位点有高置信度的重合,这一结果暗示了 DNA 的 6mA 修饰也同组蛋白修饰有着密切的联系[75]。

5.8　小结

表观遗传调控关注染色质层面的遗传信息组织和解读,其主要生化分子基础是修饰依赖的识别与催化。作为表观遗传调控的核心机制之一,丰富多样的组蛋白修饰被认为构成一类超越基因序列的"组蛋白密码",调控着细胞内遗传信息的组织层次。这类"组蛋白密码"的产生、维持与识别在基因调控和细胞命运决定等生命过程中发挥着至关重要的作用。值得期待的是,现代生命科学的迅猛发展为组蛋白修饰介导的表观遗传调控不断提供着新内容和新视角。组蛋白修饰调控异常与人类疾病发生、发展密切相关,组蛋白修饰在人类疾病及药物研发中的作用也得到广泛的重视和深入的研究。

随着组蛋白修饰调控的生化分子、细胞机制得到越来越清晰的阐明，人们将更好地理解和破译"组蛋白密码"并揭示其与人类疾病和健康的关系。组蛋白修饰调控靶向的创新药物发现和诊疗手段研发必将在疾病的现代精准医疗过程中大放异彩。

参考文献

［1］Strahl B D，Allis C D. The language of covalent histone modifications［J］. Nature，2000，403(6765)：41-45.

［2］Jenuwein T，Allis C D. Translating the histone code［J］. Science，2001，293(5532)：1074-1080.

［3］Taverna S D，Li H，Ruthenburg A J，et al. How chromatin-binding modules interpret histone modifications：lessons from professional pocket pickers［J］. Nat Struct Mol Biol，2007，14(11)：1025-1040.

［4］Huang H，Sabari B R，Garcia B A，et al. SnapShot：histone modifications［J］. Cell，2014，159(2)：458.

［5］Vakoc C R，Sachdeva M M，Wang H，et al. Profile of histone lysine methylation across transcribed mammalian chromatin［J］. Mol Cell Biol，2006，26(24)：9185-9195.

［6］Vermeulen M，Eberl H C，Matarese F，et al. Quantitative interaction proteomics and genome-wide profiling of epigenetic histone marks and their readers［J］. Cell，2010，142(6)：967-980.

［7］Wen H，Li Y，Xi Y，et al. ZMYND11 links histone H3. 3K36me3 to transcription elongation and tumour suppression［J］. Nature ，2014，508(7495)：263-268.

［8］Jacob Y，Bergamin E，Donoghue M T，et al. Selective methylation of histone H3 variant H3. 1 regulates heterochromatin replication［J］. Science 2014，343(6176)：1249-1253.

［9］Brownell J E，Zhou J，Ranalli T，et al. Tetrahymena histone acetyltransferase A：a homolog to yeast Gcn5p linking histone acetylation to gene activation［J］. Cell，1996，84(6)：843-851.

［10］Rojas J R，Trievel R C，Zhou J，et al. Structure of Tetrahymena GCN5 bound to coenzyme A and a histone H3 peptide［J］. Nature，1999，401(6748)：93-98.

［11］Li Y，Zhang L，Liu T，et al. Hat2p recognizes the histone H3 tail to specify the acetylation of the newly synthesized H3/H4 heterodimer by the Hat1p/Hat2p complex［J］. Genes Dev，2014，28(11)：1217-1227.

［12］Magin R S，Liszczak G P，Marmorstein R. The molecular basis for histone H4-and H2A-specific amino-terminal acetylation by NatD［J］. Structure，2015，23(2)：332-341.

［13］Zhang X，Yang Z，Khan S I，et al. Structural basis for the product specificity of histone lysine methyltransferases［J］. Mol Cell，2003，12(1)：177-185.

［14］Wang C，Zhu Y，Caceres T B，et al. Structural determinants for the strict monomethylation activity by trypanosoma brucei protein arginine methyltransferase 7［J］. Structure，2014，22(5)：756-768.

［15］Bailey A O，Panchenko T，Sathyan K M，et al. Posttranslational modification of CENP-A influences the conformation of centromeric chromatin［J］. Proc Natl Acad Sci U S A，2013，110(29)：11827-11832.

［16］Tooley C E，Petkowski J J，Muratore-Schroeder T L，et al. NRMT is an alpha-N-methyltransferase that methylates RCC1 and retinoblastoma protein［J］. Nature，2010，466(7310)：1125-1128.

[17] Wu R, Yue Y, Zheng X, et al. Molecular basis for histone N-terminal methylation by NRMT1 [J]. Genes Dev, 2015,29(22): 2337-2342.

[18] Wu X, Cao N, Fenech M, et al. Role of sirtuins in maintenance of genomic stability: relevance to cancer and healthy aging [J]. DNA Cell Biol, 2016,35(10): 542-575.

[19] Du J, Zhou Y, Su X, et al. Sirt5 is a NAD-dependent protein lysine demalonylase and desuccinylase [J]. Science, 2011,334(6057): 806-809.

[20] Watson P J, Fairall L, Santos G M, et al. Structure of HDAC3 bound to co-repressor and inositol tetraphosphate [J]. Nature, 2012,481(7381): 335-340.

[21] Shi Y, Lan F, Matson C, et al. Histone demethylation mediated by the nuclear amine oxidase homolog LSD1 [J]. Cell, 2004,119(7): 941-953.

[22] Tsukada Y, Fang J, Erdjument-Bromage H, et al. Histone demethylation by a family of JmjC domain-containing proteins [J]. Nature, 2006,439(7078): 811-816.

[23] Ng S S, Kavanagh K L, McDonough M A, et al. Crystal structures of histone demethylase JMJD2A reveal basis for substrate specificity [J]. Nature, 2007,448(7149): 87-91.

[24] Horton J R, Upadhyay A K, Qi H H, et al. Enzymatic and structural insights for substrate specificity of a family of jumonji histone lysine demethylases [J]. Nat Struct Mol Biol, 2010,17 (1): 38-43.

[25] Yang M, Gocke C B, Luo X, et al. Structural basis for CoREST-dependent demethylation of nucleosomes by the human LSD1 histone demethylase [J]. Mol Cell, 2006,23(3): 377-387.

[26] Walport L J, Hopkinson R J, Chowdhury R, et al. Arginine demethylation is catalysed by a subset of JmjC histone lysine demethylases [J]. Nat Commun, 2016,7: 11974.

[27] Wang Y, Wysocka J, Sayegh J, et al. Human PAD4 regulates histone arginine methylation levels via demethylimination [J]. Science, 2004,306(5694): 279-283.

[28] Arita K, Hashimoto H, Shimizu T, et al. Structural basis for Ca^{2+}-induced activation of human PAD4 [J]. Nat Struct Mol Biol, 2004,11(8): 777-783.

[29] Maurer-Stroh S, Dickens N J, Hughes-Davies L, et al. The Tudor domain 'Royal Family': Tudor, plant Agenet, Chromo, PWWP and MBT domains [J]. Trends Biochem Sci, 2003,28 (2): 69-74.

[30] Bannister A J, Zegerman P, Partridge J F, et al. Selective recognition of methylated lysine 9 on histone H3 by the HP1 chromo domain [J]. Nature, 2001,410(6824): 120-124.

[31] Sikorsky T, Hobor F, Krizanova E, et al. Recognition of asymmetrically dimethylated arginine by TDRD3 [J]. Nucleic Acids Res, 2012,40(22): 11748-11755.

[32] Li H, Fischle W, Wang W, et al. Structural basis for lower lysine methylation state-specific readout by MBT repeats of L3MBTL1 and an engineered PHD finger [J]. Mol Cell, 2007,28 (4): 677-691.

[33] Flanagan J F, Mi L Z, Chruszcz M, et al. Double chromodomains cooperate to recognize the methylated histone H3 tail [J]. Nature, 2005,438(7071): 1181-1185.

[34] Huang Y, Fang J, Bedford M T, et al. Recognition of histone H3 lysine-4 methylation by the double tudor domain of JMJD2A [J]. Science, 2006,312(5774): 748-751.

[35] Li Y, Li H. Many keys to push: diversifying the 'readership' of plant homeodomain fingers [J]. Acta Biochim Biophys Sin, 2012,44(1): 28-39.

[36] Iwase S, Xiang B, Ghosh S, et al. ATRX ADD domain links an atypical histone methylation recognition mechanism to human mental-retardation syndrome [J]. Nat Struct Mol Biol, 2011,18

(7)：769-776.

[37] He F，Umehara T，Saito K，et al. Structural insight into the zinc finger CW domain as a histone modification reader [J]. Structure，2010,18(9)：1127-1139.

[38] Liu Y，Tempel W，Zhang Q，et al. Family-wide characterization of histone binding abilities of human CW domain-containing proteins [J]. J Biol Chem，2016,291(17)：9000-9013.

[39] Li H，Ilin S，Wang W，et al. Molecular basis for site-specific read-out of histone H3K4me3 by the BPTF PHD finger of NURF [J]. Nature，2006,442(7098)：91-95.

[40] Wang Z，Song J，Milne T A，et al. Pro isomerization in MLL1 PHD3-bromo cassette connects H3K4me readout to CyP33 and HDAC-mediated repression [J]. Cell，2010,141(7)：1183-1194.

[41] Dhalluin C，Carlson J E，Zeng L，et al. Structure and ligand of a histone acetyltransferase bromodomain [J]. Nature，1999,399(6735)：491-496.

[42] Moriniere J，Rousseaux S，Steuerwald U，et al. Cooperative binding of two acetylation marks on a histone tail by a single bromodomain [J]. Nature，2009,461(7264)：664-668.

[43] Zeng L，Zhang Q，Li S，et al. Mechanism and regulation of acetylated histone binding by the tandem PHD finger of DPF3b [J]. Nature，2010,466(7303)：258-262.

[44] Xiong X，Panchenko T，Yang S，et al. Selective recognition of histone crotonylation by double PHD fingers of MOZ and DPF2 [J]. Nat Chem Biol，2016,12(12)：1111-1118.

[45] Li Y，Wen H，Xi Y，et al. AF9 YEATS domain links histone acetylation to DOT1L-mediated H3K79 methylation [J]. Cell，2014,159(3)：558-571.

[46] Zhao D，Zhang X，Guan H，et al. The BAH domain of BAHD1 is a histone H3K27me3 reader [J]. Protein Cell，2016,7(3)：222-226.

[47] Zhao D，Guan H，Zhao S，et al. YEATS2 is a selective histone crotonylation reader [J]. Cell Res，2016,26(5)：629-632.

[48] Ruthenburg A J，Li H，Patel D J，et al. Multivalent engagement of chromatin modifications by linked binding modules [J]. Nat Rev Mol Cell Biol，2007,8(12)：983-994.

[49] Xi Q，Wang Z，Zaromytidou A I，et al. A poised chromatin platform for TGF-beta access to master regulators [J]. Cell，2011,147(7)：1511-1524.

[50] Fischle W，Tseng B S，Dormann H L，et al. Regulation of HP1-chromatin binding by histone H3 methylation and phosphorylation [J]. Nature，2005,438(7071)：1116-1122.

[51] Noh K M，Maze I，Zhao D，et al. ATRX tolerates activity-dependent histone H3 methyl/phos switching to maintain repetitive element silencing in neurons [J]. Proc Natl Acad Sci U S A，2015,112(22)：6820-6827.

[52] Cieslik M，Bekiranov S. Combinatorial epigenetic patterns as quantitative predictors of chromatin biology [J]. BMC Genomics，2014,15：76.

[53] Voigt P，LeRoy G，Drury W J 3rd，et al. Asymmetrically modified nucleosomes [J]. Cell，2012,151(1)：181-193.

[54] Young N L，DiMaggio P A，Plazas-Mayorca M D，et al. High throughput characterization of combinatorial histone codes [J]. Mol Cell Proteomics，2009,8(10)：2266-2284.

[55] Tian Z，Tolic N，Zhao R，et al. Enhanced top-down characterization of histone post-translational modifications [J]. Genome Biol，2012,13(10)：R86.

[56] Sun Z W，Allis C D. Ubiquitination of histone H2B regulates H3 methylation and gene silencing in yeast [J]. Nature，2002,418(6893)：104-108.

[57] Klein B J，Lalonde M E，Cote J，et al. Crosstalk between epigenetic readers regulates the MOZ/

MORF HAT complex [J]. Epigenetics，2014，9(2)：186-193.

[58] Vermeulen M，Mulder K W，Denissov S，et al. Selective anchoring of TFIID to nucleosomes by trimethylation of histone H3 lysine 4 [J]. Cell，2007，131(1)：58-69.

[59] Su X，Zhu G，Ding X，et al. Molecular basis underlying histone H3 lysine-arginine methylation pattern readout by Spin/Ssty repeats of Spindlin1 [J]. Genes Dev，2014，28(6)：622-636.

[60] Wysocka J，Swigut T，Xiao H，et al. A PHD finger of NURF couples histone H3 lysine 4 trimethylation with chromatin remodelling [J]. Nature，2006，442(7098)：86-90.

[61] Lee M S，Edwards R A，Thede G L，et al. Structure of the BRCT repeat domain of MDC1 and its specificity for the free COOH-terminal end of the gamma-H2AX histone tail [J]. J Biol Chem，2005，280(37)：32053-32056.

[62] Xiao A，Li H，Shechter D，et al. WSTF regulates the H2A. X DNA damage response via a novel tyrosine kinase activity [J]. Nature，2009，457(7225)：57-62.

[63] Li F，Mao G，Tong D，et al. The histone mark H3K36me3 regulates human DNA mismatch repair through its interaction with MutSalpha [J]. Cell，2013，153(3)：590-600.

[64] Tamaru H，Selker E U. A histone H3 methyltransferase controls DNA methylation in Neurospora crassa [J]. Nature，2001，414(6861)：277-283.

[65] Jackson J P，Lindroth A M，Cao X，et al. Control of CpNpG DNA methylation by the KRYPTONITE histone H3 methyltransferase [J]. Nature，2002，416(6880)：556-560.

[66] Lehnertz B，Ueda Y，Derijck A A，et al. Suv39h-mediated histone H3 lysine 9 methylation directs DNA methylation to major satellite repeats at pericentric heterochromatin [J]. Curr Biol，2003，13(14)：1192-1200.

[67] Otani J，Nankumo T，Arita K，et al. Structural basis for recognition of H3K4 methylation status by the DNA methyltransferase 3A ATRX-DNMT3-DNMT3L domain [J]. EMBO Rep，2009，10(11)：1235-1241.

[68] Zhang Y，Jurkowska R，Soeroes S，et al. Chromatin methylation activity of Dnmt3a and Dnmt3a/3L is guided by interaction of the ADD domain with the histone H3 tail [J]. Nucleic Acids Res，2010，38(13)：4246-4253.

[69] Guo X，Wang L，Li J，et al. Structural insight into autoinhibition and histone H3-induced activation of DNMT3A [J]. Nature，2015，517(7536)：640-644.

[70] Song J K，Teplova M，Ishibe-Murakami S，et al. Structure-based mechanistic insights into DNMT1-mediated maintenance DNA methylation [J]. Science，2012，335(6069)：709-712.

[71] Syeda F，Fagan R L，Wean M，et al. The replication focus targeting sequence (RFTS) domain is a DNA-competitive inhibitor of Dnmt1 [J]. J Biol Chem，2011，286(17)：15344-15351.

[72] Rothbart S B，Krajewski K，Nady N，et al. Association of UHRF1 with methylated H3K9 directs the maintenance of DNA methylation [J]. Nat Struct Mol Biol，2012，19 (11)：1155-1160.

[73] Hashimoto H，Horton J R，Zhang X，et al. The SRA domain of UHRF1 flips 5-methylcytosine out of the DNA helix [J]. Nature，2008，455(7214)：826-829.

[74] Bashtrykov P，Jankevicius G，Jurkowska R Z，et al. The UHRF1 protein stimulates the activity and specificity of the maintenance DNA methyltransferase DNMT1 by an allosteric mechanism [J]. J Biol Chem，2014，289(7)：4106-4115.

[75] Wu T P，Wang T，Seetin M G，et al. DNA methylation on N(6)-adenine in mammalian embryonic stem cells [J]. Nature，2016，532(7599)：329-333.

6

表观遗传药物与疾病
的精准治疗

表观遗传调控的异常和许多疾病，如肿瘤、心血管疾病、眼科疾病、神经系统疾病的发生有着密切的关系。本章首先介绍表观遗传和疾病的关系，包括 DNA 甲基化紊乱、组蛋白修饰异常、致癌组蛋白、染色质重塑因子紊乱和疾病发生的可能作用机制；其次在此基础上，进一步介绍针对表观遗传修饰和调控相关靶点的药物研发进展及其在临床医学中的应用；最后简要阐述表观遗传在精准医疗中应用的现状和展望。希望在不久的将来，表观遗传重编程药物和分子诊断的结合可以指导临床精准用药，使人类最终将致死性癌症控制或转化成慢性疾病。

6.1　表观遗传调控异常与疾病

生物体的遗传信息是由 DNA 上的核苷酸序列决定的。基因是指携带有遗传效应的 DNA 片段，是控制生物性状的遗传物质的结构与功能的基本单位。基因突变、基因融合丢失等会引起基因的核苷酸序列改变，从而导致基因表达水平和生物学功能的改变，这也是遗传学的本质。然而，不同类型的细胞之间存在着基因表达模式的差异，而且基因表达模式在细胞世代之间的遗传并不完全依赖细胞内 DNA 的序列信息。因此把 DNA 序列不发生变化但基因的表达水平与功能发生可遗传变化的生物现象称为表观遗传(epigenetic inheritance)[1]。表观遗传学是研究不涉及 DNA 序列改变的基因表达和调控的可遗传变化的一门遗传学分支学科，主要内容包括 DNA 甲基化、组蛋白共价修饰、长非编码 RNA 和染色质重塑(chromatin remodeling)等调控机制。和 DNA 序列改变引起的遗传疾病不同的是，表观遗传的改变是可逆的。表观遗传调控的异常会引起基因表达的改变,以及机体结构和功能的变异[2]。因此,表观遗传的变化和许多疾病,包括肿瘤、心血管疾病、眼部疾病、神经系统疾病等相关疾病的发生有着密切的关系。

6.1.1 DNA甲基化紊乱

DNA甲基化型在DNA复制中的维持机制是表观遗传学的重要基础。DNA甲基化就是在DNA甲基转移酶(DNMT)包括DNMT1、DNMT3A和DNMT3B的作用下将S-腺苷甲硫氨酸(SAM)的甲基基团共价结合到胞嘧啶的第5位碳原子上,生成5-甲基胞嘧啶的过程,是最常见的基因组DNA的后天修饰方式[见图6-1(a)]。不同的DNA甲基转移酶发挥的生物学功能也不一样。DNMT1在细胞中含量最高,其主要功能是维持DNA复制后的甲基化状态,并负责将甲基化模式传递给子代,而DNMT3A和DNMT3B主要负责胚胎发育过程中在CpG岛形成新的甲基化[3]。DNA甲基化是动态可逆的,甲基基团能够被DNA去甲基化酶通过一系列酶促反应去除。DNA的甲基化和去甲基化过程对许多生物功能发挥重要的调节作用,如基因印记、细胞分化、

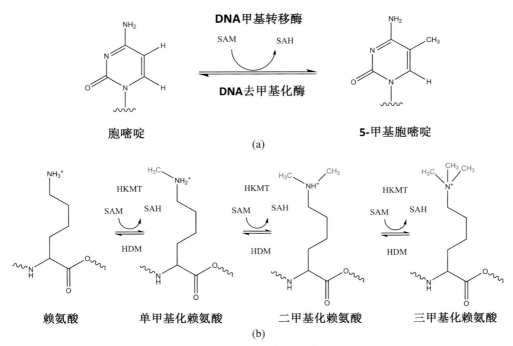

图 6-1 基因组 DNA 和组蛋白的常见表观遗传修饰

(a) DNA 的甲基化和去甲基化反应;(b) 组蛋白赖氨酸的甲基化和去甲基化反应。HKMT,组蛋白赖氨酸甲基转移酶;HDM,组蛋白赖氨酸去甲基化酶

X 染色体失活及启动子区域甲基化修饰等[4]。DNA 甲基化对基因表达的调节主要通过 3 种机制：第 1 种是通过甲基化直接阻碍转录因子与靶基因的结合；第 2 种是直接和转录抑制因子结合；第 3 种是通过和修饰组蛋白的效价结合。

过去几十年的研究发现，多种肿瘤细胞的 DNA 甲基化行为和正常细胞有显著差别。在正常细胞中，抑癌基因没有被甲基化，而癌基因一般处于高度甲基化状态。在癌细胞中，情况刚好相反。因此，DNA 甲基化模式的变化被公认为是癌变的重要指标。

6.1.2　组蛋白修饰异常

核小体是组成染色质的最基本的结构单元，由 4 种核心组蛋白 H2A、H2B、H3、H4 形成八聚体，外围被 146 个核苷酸碱基对组成的 DNA 序列缠绕大约 1.65 圈[5]。组蛋白的氨基端氨基酸残基序列在晶体结构中是看不到的，但能够通过翻译后共价修饰调节基因表达功能，从而实现细胞正常的复制和转录进程。组蛋白的化学修饰包括对组蛋白末端氨基酸的乙酰化、甲基化、磷酸化、泛素化及 ADP 核糖基化等，而这些修饰都会影响基因的转录活性[6]。

组蛋白乙酰化主要受组蛋白乙酰转移酶（HAT）和组蛋白去乙酰化酶（HDAC）的共同调控。一般来说，组蛋白乙酰化促进基因转录，而组蛋白去乙酰化则抑制转录[7]。组蛋白乙酰转移酶分为 A、B 两类，前者修饰核内组蛋白，而后者负责对胞内组蛋白的乙酰化修饰。组蛋白乙酰转移酶的功能异常与疾病发生有密切的关系。例如，在实体瘤和血液疾病患者中发现组蛋白乙酰转移酶的基因有遗传性状的改变，如 *CBP-MLL*、*MOZ-TIF2* 染色质的融合及 *p300/CBP* 基因的失活突变等[8]。目前，对于组蛋白乙酰转移酶变异是否会导致癌症的发生还不是特别清楚。在动物实验中，*MOZ-TIF* 基因融合会造成白血病发生，该过程和组蛋白乙酰转移酶的活性密切相关。最近的研究结果表明，组蛋白乙酰转移酶还能够乙酰化非组蛋白包括促癌因子，如 MYC 和抑癌因子 P53、PTEN，这进一步说明组蛋白乙酰转移酶发挥活性的分子机制对癌症发生有着直接的影响。*p300* 的表达水平还有可能是表征肺癌或前列腺癌恶性程度的分子标志物。同时，组蛋白乙酰转移酶的异常活性还表现在其他疾病如自闭症和肺气肿，这也提示组蛋白乙酰转移酶可能与多种疾病发生有密切的联系。

人体共有 18 个组蛋白去乙酰化酶，依据蛋白序列的同源性、酶催化机制的不同、在细胞中的分布以及组织特异性它们被归为 4 类。第 1 类包括 HDAC1、HDAC2、

HDAC3、HDAC8，第 2 类包括 HDAC4、HDAC5、HDAC6、HDAC7、HDAC9、HDAC10，第 4 类为 HDAC11，这 3 类的共同属性是其催化活性受到位于活性中心的锌离子调控。和这 3 类显著不同，第 3 类组蛋白去乙酰化酶 sirtuins 的活性依赖于辅酶 NAD[9]。sirtuins 的组蛋白去乙酰化酶活性和许多疾病包括癌症发生、衰老有关。过去十多年的一个研究热点就是寻找能够激活 sirtuins 的小分子药物，希望以此延缓衰老并借此治疗和衰老密切相关的疾病。同时，依赖锌离子的组蛋白去乙酰化酶在疾病发生，特别是在癌症发生中也发挥着重要的作用。第 1 类和第 2 类组蛋白去乙酰化酶的表达水平在不同的癌细胞不同。HDAC1 在前列腺癌和胃癌中高表达，并且其高表达水平和预后不良有显著相关性。同时，HDAC1 在肺癌、食管癌、结肠癌和乳腺癌中也呈现高表达。HDAC2 被发现在结肠癌、宫颈癌和胃癌中高表达。而 HDAC3 在胃癌、前列腺癌和结肠癌中高表达。HDAC8 在神经母细胞瘤细胞和乳腺癌细胞有高表达，其表达水平和癌症转移及预后不良相关。此外，HDAC6 在乳腺癌中高表达。除实体瘤外，组蛋白乙酰转移酶还在血液肿瘤中有异常表达，如 HDAC1、HDAC2、HDAC6 在弥漫性大 B 细胞淋巴瘤（DLBCL）和外周 T 细胞淋巴瘤中显著过表达[10]。

在人体中，至少存在 60 种组蛋白甲基转移酶（HMT），包括组蛋白赖氨酸甲基转移酶（HKMT）和组蛋白精氨酸甲基转移酶（PRMT）[11]。这些酶同时也可以甲基化非组蛋白底物[12]。和 DNMT 一样，HMT 能够催化必需的复合因子 SAM 的甲基基团发生转移，使之共价结合到赖氨酸或精氨酸侧链的氨基基团上。HKMT 能够单甲基化、双甲基化和三甲基化赖氨酸［见图 6-1(b)］，而 PRMT 能够单甲基化、不对称双甲基化或对称双甲基化精氨酸[12]。组蛋白赖氨酸甲基化主要发生在组蛋白的 H3 和 H4 残基上，包括 H3K4、H3K9、H3K27、H3K36 和 H4K20 的甲基化。这几个位点的甲基转移酶的共同特点是含有一个氨基酸序列高度相似并且结构也类似的 SET 催化结构域。有趣的是，这些酶对特定的组蛋白赖氨酸修饰会表现出一定的特异性。目前广泛研究的 PKMT 有负责 H3K4 甲基化的 MLL 酶复合物、负责 H3K9 甲基化的 G9A、负责 H3K27 甲基化的 PRC2 酶复合物和负责 H3K36 甲基化的 NSD2。负责 H3K79 甲基化的酶只有 DOT1L，而它的活性结构域和 SET 是不一样的，但和 RNA 甲基转移酶（RNA methyltransferase，RNMT）在结构上有一定的相似度。

甲基化位点不同所呈现的基因表达的生物学效应也会不同。H3K4、H3K36 和 H3K79 的甲基化一般被认为是基因表达激活的表观遗传指标，而 H3K9 和 H3K27 的甲基化则和基因表达的沉默相关[13]。越来越多的证据表明 HMT 的功能和疾病发生也是密切相关的。在正常细胞中,MLL 的 H3K4 甲基化活性是维系许多基因的转录所必需的。而在部分急性髓细胞性白血病中,*MLL* 基因发生变异,会通过迁移和其他基因形成染色质嵌合体。*MLL* 基因的这种变异会导致 H3K4 的高度甲基化,并可能因此改变正常功能必需的基因表达,并诱导促癌基因的表达,由此促进血液细胞分化异常。*DOT1L* 的过表达也和白血病有关。MLL 嵌合蛋白复合体能够结合 DOT1L 并促进后者对 *MLL* 下游基因进行 H3K79 过甲基化,从而通过导致这些基因表达的变化促进白血病的发生,而 G9A 和与其高度相似的 GLP1 在细胞内可以以异二聚体形式存在。G9A 参与许多生物学功能的发挥,其中包括生殖细胞发育和分裂、胚胎发育、DNA 复制和细胞增殖[14]。G9A 还可能与肿瘤发生有关。在许多肿瘤如前列腺癌、肝癌、结肠癌、肺癌和淋巴细胞白血病等都观察到 G9A 过度表达。与此相一致,用 RNA 干扰(RNA interference,RNAi)的方法降低 G9A 的表达,会有效抑制肿瘤细胞如膀胱癌细胞和肺癌细胞的生长。PRC2 复合物是目前疾病发生,特别是血液肿瘤的研究热点。PRC2 复合物的核心组成蛋白包含 EZH2/EZH1、EED、SUZ12、RBAP48 和 AEBP2。EZH2/EZH1 自身没有催化活性,必须和 EED、SUZ12 结合之后才具有 H3K27 的甲基化活性。*EZH2* 在许多癌症细胞中是过度表达的。此外,EZH2 位于 SET 催化结构域的 Y641 点突变在一些恶性淋巴瘤中占据一定的比例[15]。此类突变造成 PRC2 催化活性的变化,能够更加有效地二甲基化和三甲基化 H3K27[16],并通过对后者的过度甲基化沉默受 PRC2 调控的下游基因,从而导致淋巴瘤细胞的增殖。

与 HKMT 相比,尽管 PRMT 对疾病发生的研究还处于相对早期阶段,但越来越多的研究指出,PRMT 的失调表现在许多疾病包括心血管疾病、代谢失调、炎症,特别是癌症的发生中。PRMT 在许多种类的癌症细胞中是过度表达的[12],如 *PRMT1* 过表达对乳腺癌中癌细胞的生存和侵入起促进作用。PRMT1 和 MLL1 形成复合物并参与急性白血病的发生[17]。最近的研究表明,PRMT5 对 B 细胞淋巴瘤的发生及其恶性化有重要调节意义[18]。最近的研究还表明,通过利用短发夹 RNA(shRNA)对癌细胞系进行筛选发现,5-甲基硫代腺苷磷酸化酶(MTAP)缺失的癌细胞系的生长受组蛋白精氨酸甲基转移酶 PRMT5 缺失的影响[19, 20]。MTAP 是甲硫氨酸补救合成途径的关键酶,它的基因和肿瘤抑制基因 *CDKN2A* 在染色质上的位置相邻,并经常在癌细胞中缺失。由于 MTAP 缺失会导致癌细胞中甲基硫代腺苷(MTA)的积累,后者对 PRMT5 的活性有抑制作用。另外，PRMT5 还通过对雄激素受体（AR）761 位精氨酸的甲基化参与调控 AR 相关基因的转录[21]，而此种作用仅限于 *TMPRSS2-ERG* 融合基因阳性的前列腺癌细胞。这些数据表明，PRMT5 可能是一个潜在的肿瘤治疗的靶位点[22]。

6.1.3　致癌组蛋白

致癌组蛋白是指组蛋白中赖氨酸到甲硫氨酸的突变体。这样的突变会引起特定的甲基化标记的缺失，代表了由 DNA 序列改变引起的表观遗传调控异常，可能导致机体癌变的新机制[23]。最近的外显子测序研究发现，组蛋白 H3 在儿童癌症中有较高频率的位于编码区的单位点突变。大约 80% 的扩散型内因性脑桥神经胶质瘤患者携带 H3-K27M 突变。之前的研究表明 H3-K27M 能够抑制体外重组 PRC2 的酶活性，最新的 PRC2 晶体结构也揭示 H3-K27M 肽片段确实是结合到 EZH2 的 SET 催化结构域底物结合部位[24-26]。这种抑制作用也是和 H3-K27M 的生理功能相符合的。如前所述，H3K27me3 是维持基因转录沉默的重要表观遗传标记。在细胞中过表达 H3-K27M 蛋白能够抑制 PRC2 的活性，从而降低 H3K27me3 的水平。与此对应，在 DPIG 中的 H3-K27M 突变体能够有效地抑制体内 PRC2 的酶活性[24, 27]。其生理结果是携带 H3-K27M 突变的肿瘤细胞中 H3K27me3 含量低，并且伴随异常的基因表达特征。另外，通过对 77 例软骨母细胞瘤样本进行全基因组测序发现，95% 的肿瘤细胞含有 H3K36M 突变体，该突变位于 H3 组蛋白变异体的 *H3.1* 或 *H3.3* 基因上。目前已知的能够甲基化 H3K36 的酶有 SETD2、NSD1、NSD2、NSD3 和 ASH1L。含有 H3K36M 突变的核小体能够抑制 H3K36 甲基转移酶的活性，包括 NSD2 和 SETD2[28]。而含有 H3K36M 突变体的母细胞瘤中 H3K36 甲基化含量显著降低[23]。敲除细胞内的 H3K36 甲基转移酶，或者引入抑制甲基转移酶活性的 H3K36 突变体，在细胞中有相似的表征[28]。还有，在细胞内 H3-K9M 基因替代野生 H3 中的相应基因会导致 H3K9me2 和 H3K9me3 水平降低[24]。在体外，H3-K9M 肽段能够有效抑制 G9A 的活性，其半抑制浓度（IC50）约为 2.3 μmol/L。有趣的是，SAM 能够进一步稳定 G9A 和 H3-K9M 抑制剂的结合[29]。尽管其生理学意义还需要进一步研究，但可以推测，这样的协同结合可能是致癌组蛋白能够有效抑制目的 HMT 的机制之一。总之，致癌组蛋白代表了表观遗传研究的一个新领域，可能是表观遗传异常导致癌变的重要机制之一，也为通过基因治疗方法治疗由致癌组蛋白导致的癌症提供了进一步的理论依据[30]。

6.1.4　染色质重塑因子紊乱

染色质重塑是指通过对染色质中核小体的定位动态地改变染色质结构,并因此调节基因表达的分子机制[31]。染色质重塑因子在组蛋白伴侣的帮助下,将核小体沿着DNA双链进行再定位,从而达到重塑染色质结构的目的。这一过程同时也包含对核小体中组蛋白的去除、存储和与新合成组蛋白的交换。染色质的动态重构使得负责转录的分子能够结合到通常固缩的基因组DNA上,从而达到控制基因表达及生物过程如DNA复制和修复等的目的。除了对组蛋白的共价修饰以外,另一个重要的染色质重塑机制是通过依赖ATP的染色质重塑蛋白复合物完成的。基于亚基组成及核小体重塑模式的不同,染色质重塑蛋白复合物大致分为四大类:SWI/SNF、ISWI、NURD和INO80。其共同特征是都含有腺苷三磷酸酶亚基,后者通过消耗ATP分子水解产生的能量重组核小体位置,以便能够进入染色质中的目的基因位点。染色质重塑蛋白复合物能够通过对染色质的动态重构积极调节基因表达,从而在细胞分化、细胞凋亡、DNA复制和修复等生物学过程中发挥重要的功能,因此染色质重塑蛋白复合物的功能改变甚至丧失和人类疾病的发生密切相关[32]。

SWI/SNF复合物(也称为BAF复合物)是目前被广泛研究的染色质重塑蛋白复合物,由10～15个蛋白质亚基组成。负责腺苷三磷酸酶催化活性的两个亚基BRG1(也称为SMARCA4)和BRM(也称为SMARCA2)具有高度的序列同源性,但是不能共存于同一个复合物中,而是分别负责不同亚型的复合物酶催化活性[31]。大部分的蛋白质亚基具有和DNA直接结合的能力并以此调控下游基因的转录。和SWI/SNF不同,ISWI的核心催化亚基是SNF2,包括SNF2H和SNF2L,它们分别与其他蛋白质结合再形成ISWI的不同亚型。如NURF和CHRAC的核心由SNF2L、BPTF和RbAP46/RBAP48组成,其中RbAP46/RBAP48是参与组蛋白伴侣复合物CAF1的重要组成蛋白,也是PRC2 H3K27甲基转移酶的主要成员[31]。而ACF由SNF2H和ACF1组成。有趣的是,NURD复合物同时具有腺苷三磷酸酶催化活性和组蛋白去甲基化酶活性,前者由CHD3和CHD4完成,而后者由HDAC1/HDAC2负责。INO80的催化亚基是INO80,在功能上主要通过其重塑活性把组蛋白变异体H2A. Z和核小体中的H2A进行置换。

6.2 分子病因分类举例

综上所述,表观遗传调控包括 DNA 甲基化、组蛋白翻译后修饰和染色质重塑,通过对基因表达的调控,调节细胞生长和分化、器官形成、个体发育并维持机体正常的功能。因此,表观遗传的异常不可避免会影响组织和器官的正常功能,并和许多疾病的发生有必然的联系。目前已知和表观遗传疾病相关的分子表型主要有以下几类。

6.2.1 DNA 甲基化修饰的调控异常

目前发现,DNMT1、DNMT3A、DNMT3B 以及负责识别 DNA 甲基化位点的 MBD 的基因突变出现于各种不同的疾病中[33]。12%～35% 的急性髓细胞性白血病(AML)患者有 *DNMT3A* 突变。其中绝大部分突变发生在编码 DNMT3A 蛋白第 882 位精氨酸残基(R882)的密码子突变,该氨基酸残基位于 DNMT3A 的催化结构域。该突变位点只出现在染色体的一个等位基因。研究发现,AML 患者中较常见的 R882H 突变体能够与野生型 DNMT3A 和 DNMT3B 结合,使得后者不能形成具有催化活性的四聚体,从而导致甲基转移酶活性的抑制[34]。进一步的动物实验也表明,R882H 突变体能够诱导造血干/祖细胞和小鼠白血病细胞的异常增殖,进一步支持了 R882H 突变体对 DNMT3A/DNMT3B 的显性负面效应[35]。编码 R882 精氨酸残基的密码子突变对 5mC 的总体含量没有显著影响,但在特定基因位点的 CpG 岛发现有过低甲基化的情况。*DNMT3A* 还在其他血液系统肿瘤如骨髓增生异常综合征(MDS)、骨髓增生性疾病(MPD)、T 细胞急性淋巴细胞白血病(T-ALL)和血管免疫母细胞 T 细胞淋巴瘤(AITL)等有突变发生。其中大部分为点突变,部分为错义突变或无义突变[33]。在某些中枢神经系统和周围神经系统疾病中发现有 DNMT1 的突变体。比如,在遗传性感觉和自主神经病变、阿尔茨海默病和听力损失疾病中[33],DNMT1 的点突变发生在位于氨基端的负责调控 DNMT1 结合染色质的 RFTS 结构域[33]。晶体结构表明 RFTS 和 DNMT1 的催化结构域结合,这也解释了它为什么也对 DNMT1 的正常结构和酶活性的维持起重要作用[36]。此外,面部异常综合征(ICF)是一种罕见的常染色体隐性遗传病,其特点是免疫缺陷、着丝粒不稳定和面部异常。大约有 60% 的 ICF 患者携带 *DNMT3B* 的单位点突变。这些突变一般位于 DNMT3B 的催化结构域或者位于其氨基端和 DNMT3L 结合的区域，而且同时出现在两个等位基因中[33]。这些突变会导致 DNMT3B 的酶活性降低，也有可能使得 DNMT3B 在患者体内失去对底物特定序列的识别[37]。尽管在 ICF 患者中没有观察到全基因组的甲基化变化，在一些特定的位点，包括免疫应答和神经发育基因，的确有 DNA 甲基化变化。另外一个非常热点的研究是 *MBD* 的突变。其中最典型的例子是在 Rett 综合征（RTT）中 *MeCP2* 的突变。RTT 常发现于女性、儿童的进行性神经系统疾病中。其特征是患者会出现类似孤独症的行为、运动控制能力丧失、呼吸不规律及骨骼发育问题。超过 90％ 的 RTT 患者被发现有 *MeCP2* 的突变[33]。目前有超过 600 个不同类型的 *MeCP2* 突变，包括缺失、插入、重复、错义突变和无义突变，所有这些都导致 MeCP2 功能的损失。MeCP2 含有一个负责结合甲基-CpG 的结构域（MBD），RTT 中几个常见的突变均集中在 MBD 结构域，这些突变导致 MBD 失去结合甲基化 DNA 的活性。动物模型实验也表明，敲除或者引入失活的突变包括 MBD 结构域内的 MeCP2 突变会导致小鼠产生类似 RTT 的症状[38]，相应的小鼠大部分基因改变也和发生在 RTT 的突变及细胞类型相关[39]，这说明 MBD 的甲基-CpG 结合功能丧失与 RTT 疾病的发展密切相关。除了 DNA 甲基化和疾病有关，最近也发现在癌症患者中有去甲基化酶突变，包括 TET1、TET2 和 TET3。TET1 和 MLL 在 AML 中被发现有嵌合体，TET2 在一些血液系统肿瘤中有突变，而 TET3 可能在结肠癌中有突变[40]。关于去甲基化酶和疾病关系的研究目前还处于早期阶段。研究清楚 TET 和疾病的发生机制会为该家族能否作为治疗疾病的新靶点提供生物学基础。

6.2.2　组蛋白共价修饰的调控异常

如前所述，组蛋白修饰是调控基因表达并因此影响机体生物学功能的重要表观遗传机制。组蛋白修饰和去修饰的酶及其复合物、识别修饰后位点的组蛋白结合蛋白及其参与转录调控的复合物都有可能参与其中。一个重要的现象是由于它们自身的突变或者上游信号通路的异常有可能引起其功能发挥的改变，从而直接影响基因表达和染色质结构的协调性，进而引发或加速疾病的发生。

一个典型的例子是在鲁宾斯坦-泰比综合征（Rubinstein-Taybi syndrome，RTSD）中发现组蛋白乙酰转移酶 p300/CBP 失活的突变体[41]，其中约 55％ 患者的 *CBP* 有突变，约 3％ 的患者存在 *p300* 的突变。p300/CBP 是含有多个功能结构域的共激活因子，能够乙酰化组蛋白上 H2A、H2B、H3 和 H4 的特定赖氨酸。携带一个 *CBP* 基因的融合小鼠其 H2A

的乙酰化程度较正常小鼠降低约30％,并伴随有RTSD典型的神经紊乱表征。小鼠p300/CBP突变体胚胎发育受到影响,并且成体小鼠的大脑和正常小鼠的乙酰化程度不同。上述结果说明,p300/CBP的活性丧失可能与RTSD的发生有直接关系。p300/CBP还和神经退行性疾病如阿尔茨海默病、亨廷顿病(Huntington disease,HD)及帕金森病(Parkinson disease,PD)有关[42],尽管p300/CBP在这些疾病中发挥的功能不尽相同,但是这些疾病的发生都可能和p300/CBP活性降低甚至失活引起的基因调控紊乱有关。

如前所述,HDAC在许多癌症中是过度表达的,基因表达水平和肿瘤的预后不良有相关性。因此,HDAC的过度活跃和癌症的发生、发展有密切的关系[43]。尽管不同亚型HDAC在不同肿瘤中发挥的功能可能不尽相同,但它们都可能会促进肿瘤细胞的增殖和生存。与此对应,HDAC的抑制剂在临床能够对多种癌症包括多发性骨髓瘤、肺癌及淋巴癌有一定的治疗效果,能够缩小肿瘤,并延长患者的生存期[44]。

与HDAC相对应,最近几年的研究揭示了一类识别并结合组蛋白赖氨酸乙酰化位点的蛋白质——Bromo结构域(Bromo domain,BRD)。此类蛋白质广泛存在于和染色质结合的表观调控因子中,包括组蛋白乙酰转移酶、组蛋白甲基转移酶、染色质重塑复合物等[45]。BRD由约110个氨基酸残基组成4个α-螺旋的左手型结构,其识别乙酰基的口袋位于4个α-螺旋交汇的顶端。人体46个蛋白质含有BRD结构域,根据序列和结构一致性这些BRD可分为8个亚家族,共61个。在这些BRD中最大的一类是BET蛋白家族,该家族包含组织广泛表达的BRD2、BRD3、BRD4及睾丸特异表达的BRDT。BET含有2个连续的BRD结构域,负责和乙酰化的H3、H4末端结合。BET结合到乙酰化的染色质后能够进一步结合其他复合物来调控基因表达。比如,BRD4能够直接和基因的转录因子(如 *p53*、*c-Jun*、*CEBP* 和 *c-Myc* 的转录因子等)结合调节基因的转录功能[46]。BRD4也和P-TEFb直接结合,并以此调节RNA聚合酶Ⅱ的活性。*BRD4* 和其他基因融合导致NUT-中线癌的低乙酰化和转录抑制[47]。这是NUT-中线癌的一个典型特征。*BRD4* 在白血病中也是过表达的,而且和疾病发展相关[48]。BRD4还能够调节人乳头瘤病毒促癌基因的表达。此外,BRD还能够通过调控转录因子调节基因(如 *NF-κB*、*FOXP3*、*IRF* 和 *STAT*)的表达和相关的信号通路,因此可能会调节抗炎性细胞因子和促炎性细胞因子在体内的平衡,以及体细胞的分化[49]。基于BRD与疾病的广泛联系,针对这一家族的靶向药物研发已经取得很大进展,下节将对此进行详细介绍。

和组蛋白乙酰化一样,组蛋白的甲基化也与疾病发生密切相关。除了前述H3K9

甲基化和癌症发生相关以外，在其他疾病如 Kleefstra 综合征中 GLP1 的缺失使其失去 H3K9 甲基化。与此相对应，敲除 *GLP1* 的小鼠会出现类似人 Kleefstra 综合征的症状，说明 GLP1 的失活和该病发病有必然联系。而在 Weaver 综合征中，*EZH2* 的突变会导致 H3K27 的甲基化水平下降[50]。小鼠中 T 细胞 *EZH2* 的缺失会使促炎性细胞因子如 IFN-γ、IL-13 和 IL-17 的表达升高，而且在 T 细胞分化的不同时期表达水平不同，说明 EZH2 还和免疫缺陷病相关。同样，EZH2 的小分子抑制剂也会使促炎性细胞因子如 IFN-γ 的表达升高，抑制 EZH2 的活性；免疫检查点抑制剂如抗 CTLA-4 免疫检查点抗体能够协同抑制黑色素瘤生长[51]。这说明，抑制 EZH2 的酶活性可能不但对一些特定癌症的治疗有效，而且也可能是某些免疫缺陷病的潜在治疗手段。

由于 t(5；11)(q35；p15.5)染色质易位而形成的 *NUP98-NSD1* 融合基因是急性髓细胞性白血病儿童在细胞遗传学上出现的最重要的遗传改变之一。而具有 FLT3/ITD酪氨酸激酶活化能力的突变体出现在超过 70％的具有 *NUP98-NSD1* 融合基因的患者中。*FLT3/ITD* 是急性髓细胞性白血病中最常见的分子表型之一，出现在大约 25％的成人和 12％的儿童患者中。对患者的跟踪研究进一步发现，同时具有 *FLT3/ITD*和 *NUP98-NSD1* 融合基因的患者较只有 *NUP98-NSD1* 融合基因的患者预后差，而且生存率也低很多。*NUP98-NSD1* 在小鼠中的表达导致其骨髓祖细胞具有异常的自我更新潜力，而共表达 *FLT3/ITD* 则会增加体外细胞的增殖和维持自我更新的能力。将含有 *NUP98-NSD1* 和 *FLT3/ITD* 基因的永生祖细胞移植到小鼠中会导致急性髓细胞性白血病，而单独表达 *NUP98-NSD1* 或者 *FLT3/ITD* 则不会导致急性髓细胞性白血病[52]。这说明 NUP98-NSD1 和 FLT3/ITD 可能存在某种协同作用而加剧急性髓细胞性白血病的发生。另外，*NUP98-NSD1* 基因融合会促使原癌基因如 *HoxA7*、*HoxA9*、*HoxA10* 和 *Meis1* 等的表达增加。同时，NSD1 H3K36 甲基化酶失活突变使得 NUP98-NSD1 失去和 *HoxA* 基因位点的结合。该结果提示 NSD1 的酶活性可能与急性髓细胞性白血病的发生相关[53]。尽管 FLT3 的激酶抑制剂能够抑制白血病细胞的生长，和其他激酶抑制剂一样，FLT3 也可能会产生耐药性突变[54]。也许将来将 NSD1 甲基化酶抑制剂与 FLT3 抑制剂联合使用会是一个有潜力的此类疾病治疗手段。另外，在 Sotos 综合征中有 *NSD1* 的点突变，生化实验表明这些突变使得 NSD1 的 H3K36 甲基化活性显著降低或失活[54]。NSD1 和 Sotos 的致病机制还需要进一步深入研究。

与甲基转移酶相对应，去甲基化酶在疾病发生中也有重要作用。其中广泛研究的是

LSD1,它也是首先被发现的能够可逆去除赖氨酸甲基化的酶[55]。LSD1 和许多蛋白质能够直接结合,并参与这些复合物的功能调节。比如,LSD1 是 MLL1 复合物的一个亚基,可对 H3K4me2 和 H3K9me2 进行动态可逆的催化,MLL1 融合导致的 AML 中,伴随着 LSD1 的活性增加。因此,LSD1 抑制剂能够有效抑制 AML 的血液肿瘤干细胞生长,并诱导正常血液细胞的分化[56]。LSD1 还可以以 HDAC/LSD1/CoREST/REST(HLCR)复合物的形式对病毒如 HSV 的侵入起促进作用。另一大类去甲基化酶中许多蛋白质都和疾病相关,如在 X 连锁智力障碍(X-linked mental retardation,XLMR)类神经疾病有 H3K9 去甲基化酶 PHF8 的失活突变。而另一个 H3K9 去甲基化酶 KDM4C 最近也被发现和负责 H4R3 甲基化的 PRMT1 协同作用通过介导表观遗传修饰促进白血病的转化[17]

6.2.3 染色质重塑的调控异常

由于基因组学技术的飞速发展,通过大规模样品数据的分析,使人们能够更深入地理解遗传学和表观遗传变化与特定疾病的相关性[57]。越来越多的证据表明,组成染色质重塑复合物的重塑因子的功能变异,特别是氨基酸突变或缺失引起的变异和许多疾病特别是癌症和神经性疾病密切相关。SWI/SNF 的许多亚基在癌细胞中都有突变或缺失导致该复合物失去染色质重塑活性[31]。恶性横纹肌样瘤(MRT)是一种罕见的多发于儿童的肿瘤,其分子特征是 BRG1 和 BAF47(又称 SMARCB1)的等位双基因缺失。而 BAF47 基因缺失在其他癌症如神经鞘瘤、肌上皮癌及慢性白血病等之中都存在。这种基因缺失可能是导致癌症发生的重要驱动因素。一个直接的证据是,在 BAF47 缺失的动物模型中致癌基因的表达模式发生变化,特别是 INK4b-ARF-INK4a 抑癌基因所在位点处于稳定的沉默状态[58]。同时,受 PRC2 调控的 H3K27me3 信号模式也发生了显著改变。PRC2 小分子抑制剂能够有效杀死 BAF47 缺失的肿瘤细胞,并抑制小鼠 MRT 移植瘤的生长。现在发现,BRG1 基因的等位缺失也出现在其他癌症中,如乳腺癌、肺癌及前列腺癌等。PRC2 小分子抑制剂也能够有效抑制 BRG1 基因缺失的肺癌细胞生长[59],这意味着抑制 PRC2 活性可能是治疗 SWI/SNF 活性丧失引起癌症的潜在手段。此外,发现 SWI/SNF 的其他亚基包括 BAF250A、BAF57、BAF180 及 ARID2 在各种类型的癌症中都有导致 SWI/SNF 失活的突变[31]。

CHD4 是 NURD 复合物的一个蛋白质,含有和甲基化组蛋白结合的染色质结合域、解旋酶结构域和 DNA 结合结构域。CHD4 失活突变体存在于子宫内膜癌、胃癌和大肠癌。有趣的是,最新的动物模型实验表明,特异性敲除心脏 CHD4 基因会触发骨骼肌的异常表达程序，从而引发心肌病和猝死[60]。这提示 $CHD4/NIRD$ 的染色质重塑功能对心肌和骨骼肌肉结构的维持起着重要的作用。另外一个有典型意义的和染色质重塑相关的疾病是先天性聋哑的 CHARGE 综合征[61]。$CHD7$ 在 90％以上的此类患者中有突变，而且患者的染色质重塑也因此受影响。$CHD7$ 的染色质域能够识别甲基化的 H3K4，进而引导染色质重塑活性以加强相应基因的转录。$CHD7$ 还有体外依赖 ATP 的核小体重塑活性，其大部分与疾病相关的突变体会影响核小体体外重塑活性。CHD7 和 CHARGE 综合征的致病机制还需要更多的试验来揭示。

6.3　表观遗传因子靶向药物的研发历史与现状

传统的靶向药物研发是基于信号通路及遗传因素的改变同特定疾病的关联进行的。目前知道，动态可逆的表观遗传机制的正常运行对机体生物功能起着非常重要的调节作用。如前所述，该机制的异常，包括 DNA 甲基化、组蛋白修饰及染色质重塑，都有可能引起和疾病有关的基因表达调控异常或信号通路的改变，从而导致疾病的发生或者加速恶化。因此，表观遗传为药物研发提供了一个全新的靶向家族[62]。在过去的十多年里，以表观遗传因子作为靶点的药物研发取得了长足的进展。目前被批准用于临床治疗的药物是 DNA 甲基转移酶和组蛋白去乙酰化酶抑制剂（histone deacetylase inhibitor，HDACI）。而第二代的表观遗传药物如组蛋白甲基转移酶和去甲基化酶的抑制剂，以及抑制 BRD4 结合乙酰化组蛋白的抑制剂已经进入后期临床试验。更多的表观遗传药物还处于先导化合物的发现、优化或临床前的动物实验验证阶段[12]。相信在不久的将来，会有更多的表观遗传药物应用到临床治疗中。有关表观遗传药物研发已经有大量的述评文章，本节主要论述相关药物研发的历史沿革和现状。

6.3.1　DNA 甲基转移酶抑制药物

阿扎胞苷（azacitidine，别名为 5-氮杂胞苷，商品名为 Vidaza）在 2004 年 5 月被美国 FDA 批准用于治疗骨髓增生异常综合征（myelodysplastic syndrome，MDS）［见图 6-2（a）］。地西他滨（decitabine，别名为 5-氮杂-2′-脱氧胞苷，商品名为 Dacogen），随后在 2006 年 5 月也被 FDA 批准用于治疗 MDS。两种药物都被欧洲药品管理局（EMA）批准用于治疗 DNA 高度甲基化表征的 AML。阿扎胞苷和地西他滨都属于胞苷类小分子化学药物,和胞嘧啶高度相似[63]。前者在结构上和胞嘧啶唯一的不同是含氮杂环上氮原子取代了第 5 位的碳原子,而地西他滨和阿扎胞苷不同的是没有糖基第 2 位的羟基。由于它们的氮杂环具有化学结构的不稳定性,因此在临床上都是通过不间断输液的方式给药[见图 6-2(a)]。两者的作用机制都是通过插入处于细胞增殖期的 DNA 序列,之后和所有 DNA 甲基转移酶形成共价结合的中间体[64]。其直接结果一是阻塞 DNA 甲基转移酶的活性中心,二是引发 DNA 甲基转移酶的快速降解,最终抑制下一个复制周期 DNA 的甲基化。因此,这两个抑制剂会诱导由于 DNA 甲基化而沉默的基因的再表达。

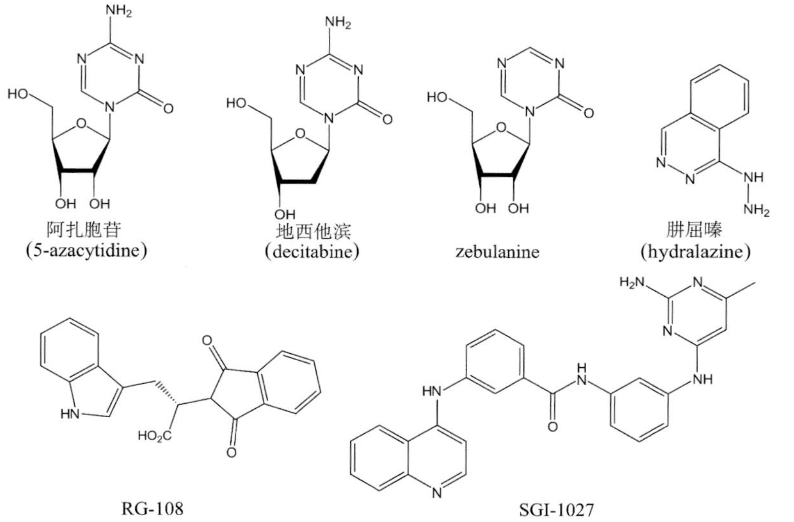

阿扎胞苷
(5-azacytidine)　　地西他滨
(decitabine)　　zebulanine　　肼屈嗪
(hydralazine)

RG-108　　　　　　　SGI-1027

(a)

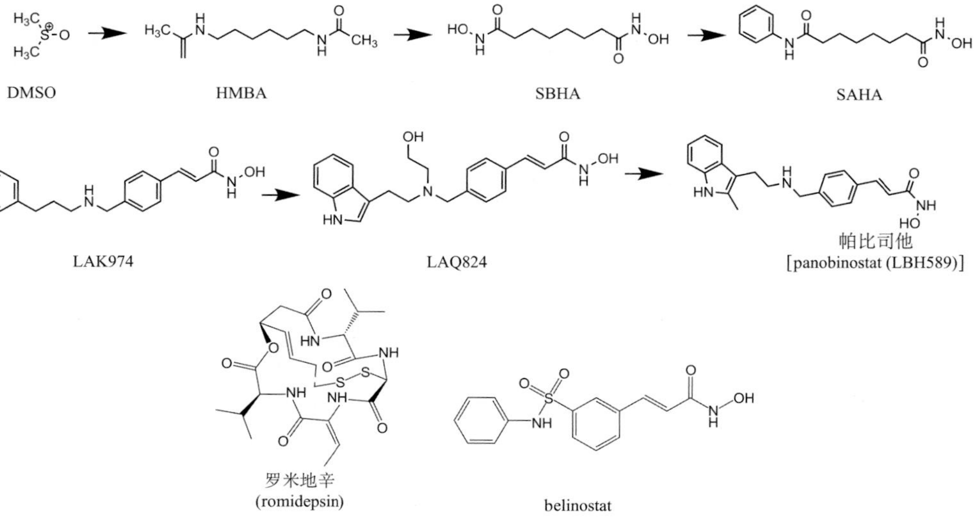

DMSO　　HMBA　　SBHA　　SAHA

LAK974　　LAQ824　　帕比司他
[panobinostat (LBH589)]

罗米地辛
(romidepsin)　　belinostat

(b)

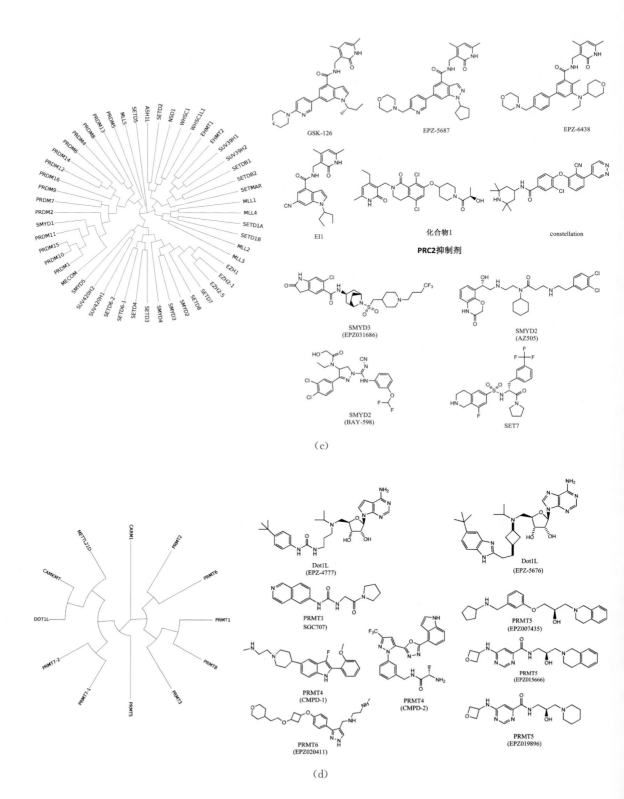

（c）

PRC2抑制剂

（d）

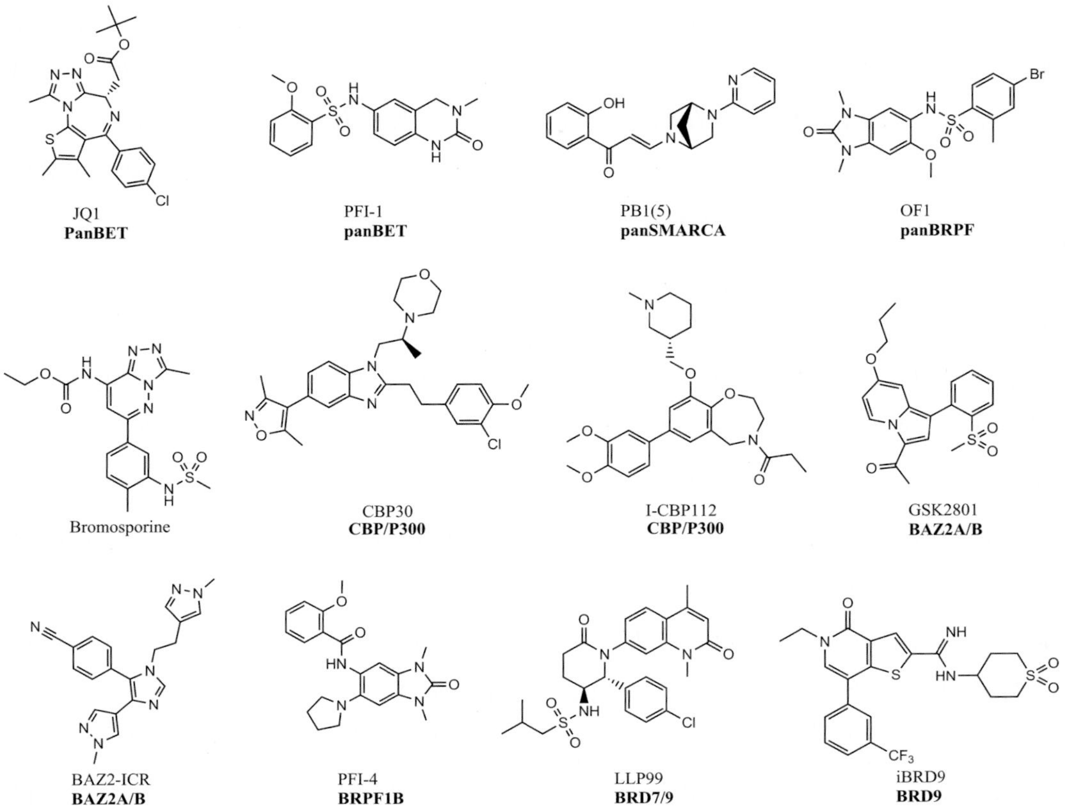

| JQ1 | PFI-1 | PB1(5) | OF1 |
| **PanBET** | **panBET** | **panSMARCA** | **panBRPF** |

| Bromosporine | CBP30 | I-CBP112 | GSK2801 |
| | **CBP/P300** | **CBP/P300** | **BAZ2A/B** |

| BAZ2-ICR | PFI-4 | LLP99 | iBRD9 |
| **BAZ2A/B** | **BRPF1B** | **BRD7/9** | **BRD9** |

（e）

图 6-2　常见表观遗传修饰抑制类药物

（a）DNA 甲基转移酶抑制剂；（b）组蛋白乙酰转移酶抑制剂；（c）组蛋白赖氨酸甲基转移酶抑制剂，左边为此类酶的同源性树状图，右边为具代表性的小分子抑制剂；（d）组蛋白赖氨酸甲基转移酶抑制剂，左边为此类酶的同源性树状图，右边为具代表性的小分子抑制剂；（e）具代表性的组蛋白乙酰化识别抑制小分子工具化合物

　　阿扎胞苷和地西他滨最早于 1964 年由当时的捷克斯洛伐克化学家合成。由于这类药物的严重不良反应，早期对 AML 患者的临床试验并没有取得成功。这可能和当时采用高剂量的药物有关。直到 1980 年，阿扎胞苷和地西他滨被发现能够诱导小鼠胚胎细胞分化并抑制新合成 DNA 的甲基化。随后，地西他滨在 1981 年进行了对儿童急性白血病治疗的临床Ⅰ期试验。之后的临床试验表明，地西他滨对一些血液恶性肿瘤如 AML、MDS 和慢性粒细胞白血病（CML）有临床治疗效果，而对实体瘤没有效果。低剂量的地西他滨尤其对高风险的 MDS 患者（指可能从白血病前的症状发展到白血病）有显著的疗效。2002 年，地西他滨开始了 MDS 治疗的Ⅲ期临床试验。FDA 于 2006 年正式批准地西他滨用于 MDS 和慢性粒单核细胞白血病（chronic myelomonocytic leukemia，CMML)的临床治疗。而阿扎胞苷首先被发现具有基因表达调控作用而且有临床效应是在血红蛋白病中动物实验发现，阿扎胞苷能够提高胎儿血红蛋白（fetal hemoglobin，HbF）的表达。在 1982 年和 1983 年，阿扎胞苷被报道对血红蛋白病患者有部分的临床治疗效果。在患者的骨髓 DNA 近 *HBG2* 基因启动子区域发现有低甲基化，同时发现 γ-血红蛋白的信使 RNA 水平提高[65]。但是由于严重的不良反应和潜在的致癌性，阿扎胞苷对血红蛋白病的临床试验被终止。尽管如此，临床试验证实阿扎胞苷具有抑制 DNA 甲基化的作用，并可能调控基因表达。试验发现一些恶性肿瘤，尤其是血液肿瘤患者如 MDS 中 DNA 表现出过度甲基化的表型。因此，在 1993 年报道了阿扎胞苷单次低剂量治疗 MDS 的 Ⅱ 期临床试验结果。共有 45% 的患者对治疗有反应，其中 12% 的患者骨髓和血细胞恢复正常，25% 的患者部分恢复正常。第 2 次 Ⅱ 期临床试验取得和第 1 次类似的结果。基于 Ⅱ 期临床试验结果，2002 年展开对阿扎胞苷治疗 MDS 的 Ⅲ 期双盲多中心临床试验。结果显示，有 7% 的患者彻底恢复，16% 部分恢复，而 37% 的患者血液表型有显著改善。基于阿扎胞苷的临床数据，FDA 于 2005 年正式批准其用于 MDS 的临床治疗。但是目前还不清楚除了抑制 DNA 甲基化之外，这两种药物是否还有其他功能，如在免疫应答和信号转导中。它们和其他药物，如激酶抑制剂（如 EGFR、BCL-ABI）、免疫调节剂（如抗 PD-1 抗体）的联合用药可能为实体瘤治疗提供更有益的治疗手段[66]。

　　尽管阿扎胞苷和地西他滨有良好的治疗效果，但由于许多患者也出现严重的不良反应，加上其化学结构的不稳定性及不能口服给药的不便利，因此有必要研发更有效、更安全、可口服的下一代 DNA 甲基转移酶抑制剂[63]。zebularine 是一个新的胞嘧啶类似物，在结构上没有胞嘧啶杂环 4 位的氨基和糖基第 2 位的羟基，因此它具有更稳定的化学结构[67]，不良反应小，而且能口服。zebularine 能够抑制许多实体瘤细胞如肝外胆管癌和肺癌细胞等。另一大类 DNA 甲基转移酶抑制剂为非胞苷类的化合物。和上述胞苷类不同，这些化合物是通过和 DNA 甲基转移酶的直接可逆结合抑制其活性。其中盐酸肼屈嗪（hydralazine，1-肼基-2，3-二氮杂萘盐酸盐）是一线降血压药，能够抑制 DNA 甲基转移酶的活性，并且临床实验证实其有治疗 MDS 的效果［见图 6-2（a）］[68]。但是，目前该药并没有被正式批准。比较有趣的是，目前已有的这类非胞苷类化合物对激活受 DNA 甲基化而沉默的相关基因的活性较胞苷类化合物要低，这也说明有必要进一步了解它们的作用机制，并对其进行活性和药理性质优化，以达到或超过胞苷类药物的效用，这也许需要很长时间。

6.3.2 组蛋白去乙酰化酶抑制药物

另一大类表观遗传药物为组蛋白去乙酰化酶抑制剂［图 6-2（b）］。伏立诺他（vorinostat，又名辛二酰苯胺异羟肟酸，SAHA）在 2006 年 10 月首先被 FDA 批准用于治疗皮肤 T 细胞淋巴瘤（CTCL）[69]。伏立诺他能够抑制Ⅰ类和Ⅱ类组蛋白去乙酰化酶的活性（IC50 约为 50 nmol/L），并且在 $2\sim5$ μmol/L 的浓度下能抑制各类分化细胞的生长。晶体结构显示，其作用机制是通过其肟酸基团和组蛋白去乙酰化酶活性中心的锌离子结合而阻止了去乙酰化酶的催化反应。伏立诺他的发现历程非常有趣。早在 1971 年，研究人员偶然发现二甲基亚砜（DMSO）能够抑制转化细胞的生长和终末分化。这种现象使研究者展开关于其机制的一系列研究，后来发现这可能和化合物的极性基团有关。将 2 个极性功能基团通过 6 个亚甲基连接而合成的六亚甲基二乙酰胺（HMBA）也发现具有类似 DMSO 的细胞活性。但是 HMBA 在 AML 和 MDS 临床Ⅱ期并没有成功。研究者推测，此类化合物可能结合到某个特定受体的金属离子，或者通过氢键结合到活性口袋，而其肟酸基团可能发挥此结合作用。因此，研究者合成了一系列含有肟酸的化合物，其中 SBHA 的活性较 HMBA 高出 100 倍。研究者进一步推测，可能只有 SBHA 一边的肟酸是和金属离子结合所必需的。有必要将另一端的肟酸添加疏水性基团以增加和受体的疏水结合作用。经过一系列的优化，最终于 1996 年发现 SAHA 抑制转化细胞生长和终末分化的活性较 SBHA 提高约 6 倍。

临床前 SAHA 抑癌机制的研究发现，SAHA 不但能够增加细胞内组蛋白的乙酰化水平，而且对许多其他蛋白质如转录因子 TFIIB 和 E2F-1、抑癌因子 P53 和 RB 等的乙酰化水平也有影响。因此，SAHA 的抑癌活性可能与其去乙酰化酶抑制活性和有选择的基因表达调控活性有密切关系。SAHA 在 2000 年据报道可以抑制裸鼠中异种移植的人前列腺癌细胞，可喜的是也没有明显的不良反应[70]。为了加快该化合物的临床研究，以及解决研究所需经费，研究者们于 2001 年共同成立了 Aton 药物公司，并成功地得到投资人资助。随后，临床Ⅱ期试验证实皮肤 T 细胞淋巴瘤患者对 SAHA 有显著的临床反应。由于良好的临床结果，Aton 公司于 2004 年被 Merck 成功收购。最终，在 2006 年 10 月伏立诺他（SAHA）被批准，成为用于皮肤 T 细胞淋巴瘤治疗的三线药物。

帕比司他（panobinostat，Faryda，LBH589）是由诺华公司研发的一种新型、广谱组蛋白去乙酰化酶强抑制剂[图 6-2(b)][71]。其体外 IC50 对大部分的第 1 类、第 2 类和第 4 类组蛋白去乙酰化酶(HDAC)都低于 13 nmol/L,而对 HDAC4、HDAC8 的抑制常数为 203～531 nmol/L,具有较伏立诺他和其他在研组蛋白去乙酰化酶抑制剂更高的活性。在结构上帕比司他和伏立诺他一样也含有一个肟酸基团。其作用机制是通过阻断组蛋白去乙酰化酶的活性调控多种信号通路,最终使癌细胞进入程序性细胞死亡,而健康细胞则不受此影响。利用高通量筛选的方法,诺华于 20 世纪 90 年代末期找到了能够抑制体外组蛋白去乙酰化酶活性的起始化合物 LAK974,但是该化合物对 HCT116 异种移植小鼠模型并没有效果。因此,研究者通过药物化学的方法对该化合物进行了一系列的优化,并于 2003 年首次报道了优化后的带有肟酸基团的化合物 LAQ824[72]。LAQ824 能够诱导乳腺癌、淋巴母细胞瘤和慢性粒细胞性白血病细胞发生程序性细胞死亡。而且,该化合物能够抑制对常规药物产生拮抗的多发性骨髓瘤细胞,动物模型试验也证实了 LAQ824 的多发性骨髓瘤抑制活性[73]。由于 LAQ824 在药理性质上的缺陷如溶解性差,并有明显的钾离子通道蛋白(hERG)活性,研究者又进一步对其进行优化,最终合成了化合物 LBH589。和 LAQ824 相比较,LBH589 保持了组蛋白去乙酰化酶的抑制活性,但溶解性有显著提高,并且没有 hERG 活性。LBH589 在体外对许多癌细胞都有强烈的抑制生长、复制的作用,而在动物模型中对 CTCL、多发性骨髓瘤、直肠癌、乳腺癌、肺癌和前列腺癌等也表现出强烈的抑癌作用[71]。因此,诺华对 LBH589 在不同的癌症患者进行了一系列的临床验证试验,包括 CTCL、霍奇金淋巴瘤、AML、多发性骨髓瘤等。LBH589 联合米尔法兰对复发/难治性多发性骨髓瘤患者进行治疗的 Ⅰ 期/Ⅱ 期临床试验显示,该治疗方案有一定的疗效,但也伴随着部分患者对剂量的不耐受。而在 LBH589 联合硼替佐米(bortezomib,Velcade)和地塞米松(dexamethasone)对既往接受至少 2 种治疗方案[包括硼替佐米和一种免疫调节(IMiD)药物]治疗失败的 45 位多发性骨髓瘤患者群体进行治疗的 Ⅱ 期临床试验中,34.5% 的患者对该治疗有反应[74],其中 1 例有彻底反应,18 例有部分反应,患者无进展生存期为 5.4 个月。在之后的有 768 位患者的双盲、多中心 Ⅲ 期临床试验中,同样的 LBH589 联合治疗结果显示治疗组中位肿瘤无进展生存期较只有硼替佐米和地塞米松的对照组有显著的增加(前者为 11.99 个月,后者为8.08个月)。但部分患者有严重的不良反应风险,如腹泻和心律不齐。基于上述临床试验结果,FDA 于 2015 年 2 月批准 Faryda(LBH589 联合硼替佐米和地塞米松)用于治疗既往接受至少 2 种治疗方案[包括硼替佐米和一种免疫调节

(IMiD)药物]治疗失败的多发性骨髓瘤患者群体。

和上述带肟酸基团的组蛋白去乙酰化酶抑制剂不同,罗米地辛(romidepsin,商品名为 Istodax 注射液)是由日本科学家于 1994 年从紫色菌中分离得到的一种天然有机化合物[见图 6-2(b)]。在结构上它属于双环缩酚酸肽,通过二硫键及酯键形成双环结构。早期的体外试验发现,罗米地辛没有抗菌活性,但对癌细胞具有强烈的杀伤作用。后来,日本科学家发现罗米地辛具有抑制组蛋白去乙酰化酶的活性,其 IC50 为 1.1 nmol/L。罗米地辛是一种前体药物,在体内其二硫键被还原后的巯基基团和组蛋白去乙酰化酶活性中心的锌离子结合,从而产生对组蛋白去乙酰化酶的抑制作用[75]。此后,对罗米地辛进行了针对不同癌症的临床研究。其中,它对 CTCL 和其他外周 T 细胞淋巴瘤(PTCL)的临床效果尤为明显[76]。FDA 于 2009 年正式批准了罗米地辛用于 CTCL 的治疗,之后于 2011 年批准了罗米地辛用于其他外周 T 细胞淋巴瘤的治疗。

FDA 也于 2014 年 7 月批准了另一个带肟酸基团的组蛋白去乙酰化酶抑制剂 belinostat 用于其他外周 T 细胞淋巴瘤的治疗[见图 6-2(b)][77]。值得一提的是,西达本胺(chidamide,商品名为爱谱沙/epidaza)是由中国的微芯生物公司自主研发的组蛋白去乙酰化酶抑制剂的一类新药[78],能够选择性抑制第 1 类的 HDAC1、HDAC2、HDAC3 和第 2 类的 HDAC10,在功能上和携带其他种类酸基团的组蛋白去乙酰化酶抑制剂类似。国家食品药品监督管理总局于 2015 年批准西达本胺用于中国患者其他外周 T 细胞淋巴瘤的治疗,该药在日本也获得了孤儿药(又称罕见病药)的批文。这或许标志着中国新药研发已经进入一个快速通道,并向着国际化方向迈进。

除了上述已被批准的临床药物,还有诸多组蛋白去乙酰化酶抑制剂处于临床试验阶段,既有肟酸类的,也有全新的化合物。它们的结构尽管不同,但是抑癌机制大体相同。另外的趋势是,组蛋白去乙酰化酶抑制剂和其他药物联合用药治疗实体瘤[44]。罗米地辛在多种肺肿瘤动物模型中能显著增加肿瘤对 PD-1 免疫阻断抑制剂治疗的应答,联合使用罗米地辛和 PD-1 抑制剂也显著增强了对肿瘤浸润 T 细胞的激活[79]。相信在不远的将来,组蛋白去乙酰化酶抑制剂会在癌症治疗中发挥更大的作用。

6.3.3 组蛋白甲基转移酶和去甲基化酶抑制药物

组蛋白甲基转移酶抑制剂及组蛋白去甲基化酶抑制剂是近来表观遗传药物研发的另一个热点。组蛋白甲基转移酶 EZH2、Dot1L、G9A、SMYD2、SMYD3、PRMT5、

PRMT3 以及去甲基化酶 LSD1、KDM4 等的抑制剂都有广泛的报道[12, 63]。

几个不同的药物公司包括诺华在内相继于 2012 年报道了具有高选择性的 EZH2 抑制剂 GSK126、EPZ005687 和 EI1〔见图 6-2(c)〕[16, 80, 81]，UNC 和 Constellation 公司也随后发表了各自的 EZH2 抑制剂。这些 EZH2 抑制剂在结构上都属于含有吡啶酮活性基团的类似物，在机制上是通过和 SAM 的竞争对组蛋白甲基转移酶起抑制作用。最新的人 PRC2 和含吡啶酮抑制剂的复合物晶体结构也证实该类抑制剂结合位点与 SAM 有部分叠合[82]。这些化合物能够有效抑制 H3K27me3 在癌细胞中的水平，并且能够诱导受 PRC2 活性影响而沉默的下游基因的表达。同时，在动物模型中，能够抑制人癌细胞如淋巴癌细胞的增长[81]。值得一提的是，这种抑制似乎在停药后也会持续。这暗示表观遗传的调节可能对基因表达的重新启动/关闭有长时效性。目前处于针对复发性或难治性非霍奇金淋巴瘤进行治疗的 II 期临床试验药物是 Epizyme 公司的 tazemetostat(EPZ-6438)，它具有 EZH2 的超强抑制活性和对其他组蛋白甲基转移酶的选择性，并且可口服，药代动力学理想。tazemetostat 也可能用于某些有遗传缺陷的实体瘤的治疗。EED 蛋白是 PRC2 复合物行使其甲基转移酶活性的必需亚基。它能够识别组蛋白 H3 的 27 位三甲基化赖氨酸，进而促进 PRC2 对染色质的进一步甲基化。诺华和艾伯维最近相继发表了能特异结合 EED 的全新小分子化合物，通过阻断 EED 和组蛋白 H327 位甲基化赖氨酸的结合，并通过异构作用抑制 PRC2 的酶活性。此类新型化合物在动物肿瘤模型表现出很强的抑制肿瘤生长活性，而且对 EZH2 抑制剂耐受的肿瘤仍然具有抑制活性[83, 84]。诺华的 EED 抑制剂已进入人体临床试验。

EPZ004777 是首先由 Epizyme 公司报道的具有 DOT1L 特异抑制活性的抑制剂（体外酶 IC50 为 0.3 nmol/L）〔见图 6-2(d)〕[85]。它是由对 SAM 的结构优化而来的，因此在机制上和 SAM 是竞争关系。在动物模型中，EPZ004777 能够抑制携带 MLL1 融合基因的 AML 肿瘤细胞。尽管在 I 期临床试验中，EPZ004777 对部分携带 MLL1 融合基因的 AML 患者有一定的疗效，但令人困惑的是 EPZ004777 对没有 MLL1 融合基因的 AML 患者也有效。因此，EPZ004777 的具体作用机制还有待进一步研究。此外，EPZ004777 不能口服，只能通过不间断输液的方式给药，因此其临床应用非常不便利，有必要寻找下一代的 DOT1L 抑制剂。

其他甲基转移酶抑制剂如 G9A、PRMT5、PRMT3 已有诸多文献述评，所以在此不逐一介绍[12]。此类化合物还没有应用到临床，但作为小分子的化学探测器，能被有效运用于这些靶点和潜在疾病的机制研究。值得一提的是,诺华公司和多伦多大学(University of Toronto)及北卡罗莱纳州立大学(North Carolina State University)合作通过高通量筛选的方法找到了 PRMT3 的起始化合物,并通过一系列的药物化学优化最终获得了高活性、高选择性而且有细胞活性的抑制剂[86],是一个公司和学术机构合作的好的成功案例。

最早发现单胺氧化酶(monoamine oxidase,MAO)的抑制剂如反-2-苯基环丙胺盐酸盐(2-PCPA)也能够抑制 LSD1 的 H3K4me2 去甲基化活性[87]。2-PCPA 能够和辅酶 FAD 结合形成共价化合物,从而阻止 LSD1 的去甲基化反应,因此它是一类自杀性的不可逆抑制剂。基于此,Oryzon 开发了 LSD1 的抑制剂 ORY-1001,其 IC50 为 20 nmol/L,具有对其他胺氧化酶的高度选择性[88]。2014 年,Oryzon 和 Roche 达成协议共同开发 ORY-1001。目前该药物处于治疗复发或难治性急性白血病的 I 期临床试验中,并于 2016 年初获西班牙政府批准开始对阿尔茨海默病进行治疗的 I 期临床试验。此外,葛兰素史克公司(GSK)也开发了类似的 LSD1 自杀性小分子抑制剂,但并没有进行临床试验[89]。另外,许多实验室和药物公司也在开发 LSD1 的可逆抑制剂。其中最具代表性的是 GSK 于 2013 年开发的 GSK354。它是迄今为止发表的所有可逆抑制化合物中生化活性最好的化合物,其结合特异性也优于其他化合物,更为重要的是它具有一定的细胞活性而且细胞毒性非常低。因此,GSK354 被认为是可逆抑制化合物中最为优良的工具小分子。尽管有许多类似化合物的报道,但总体上可逆性抑制剂的活性没有自杀性的不可逆抑制剂强[88]。这也非常值得进一步探索。

6.3.4　组蛋白乙酰化识别抑制药物

如上所述,能识别并结合组蛋白赖氨酸乙酰化位点的一类蛋白质 BRD 对于染色质重塑、基因表达及癌症发生有重要的作用。自 Ming-ming Zhou 等第 1 次解析到 p/CAF 的 BRD 结构后[90],就陆续有关于 BRD 抑制剂的报道,特别是 Ming-ming Zhou 的实验室在此有很多工作报道[91]。哈佛大学的研究者们注意到,Mitsubishi 药物公司的噻烯杂䓬类化合物对 BRD4 有抑制活性[47],而此类化合物最早是通过抗炎表型的筛选方法获得的,如对 CD28 共刺激信号的抑制。它们在结构上和临床药物如 alprazolam 和 triazolam 有相似性。基于此,研究者们首次得到了针对 BET 家族的 BRD 抑制剂 JQ1[47]。JQ1 对 BET 家族的 BRD 有较高的结合特异性,并和乙酰化赖氨酸直接竞争。

JQ1 在细胞内能够竞争性去除促癌因子如 *c-Myc* 和 BRD 蛋白的结合,并能够抑制 BRD4 高表达相关的癌细胞的增殖和分化。JQ1 在动物模型中能有效抑制 NUT 中线癌细胞的生长,后者是一种罕见的由 *NUT* 基因重组引起的恶性肿瘤。由于 JQ1 在体内被快速分解,其本身并不能作为药物候选物。但它的开创性发现引导了药物公司和学术机构对 BRD 家族进行进一步研究。目前,已经有 BRD 抑制剂进入治疗癌症的临床试验,并在尝试对其他疾病的治疗探索。同时,针对 BRD 的小分子探针已经开发,也取得了非常显著的进展[见图 6-2(e)][31, 92]。这些工具探针的面世,会进一步加快 BRD 和疾病联系的研究,从而有可能找到利用对 BRD 抑制治疗更广泛疾病的方向。最近的研究结果表明,癌细胞如白血病和乳腺癌细胞有可能会对 BRD 小分子抑制剂产生耐药性,这也提示将来将此类潜在药物应用于临床可能有不小的困难要克服。

6.4　工具小分子和药物研发流程简介

新药研发是一个漫长而复杂的过程。以小分子化学药物为例,它的基本研发流程包括:药物靶点的确定、实验模型的建立、活性化合物的筛选和优化、临床前药理作用的评估、临床试验和最终的批准上市[见图 6-3(a)]。其中,活性化合物的筛选和优化是非常关键的一环,可以细化为:起始化合物的筛选、确认,作用机制分析,先导化合物的甄别、表征与优化。

起始化合物的筛选是指从含有非常大量的化合物样品库中筛选出针对某一靶点有活性作用的一些化合物的过程。这些被筛选出的化合物称为起始化合物。大型制药公司的化合物样品库包含大约 200 万个化合物,因此必须通过高通量筛选(high-throughput screening, HTS)手段才能快速有效地从这 200 万个化合物中筛选出合适的起始化合物。一套完备的高通量药物筛选体系包括微量筛选模型的创建、化合物样品库的管理、样品的自动化操作、高灵敏度的数据采读与批量化计算处理。通过体外生化方法的药物筛选是微量筛选模型中比较常用的一种筛选模型。该筛选模型操作成本较低,相对简单快速,并且实验结果易于分析,尤其适用于针对已知靶点为蛋白质的筛选,如酶或者蛋白-蛋白相互作用。生化药物筛选常用的技术手段有均相时间分辨荧光(HTRF)和荧光偏振(FP)。虽然两者的检测原理不尽相同,检测的灵敏度也受许多因素的影响,但都能实现对化合物与蛋白质结合的检测。生化方法的药物筛选需要已知

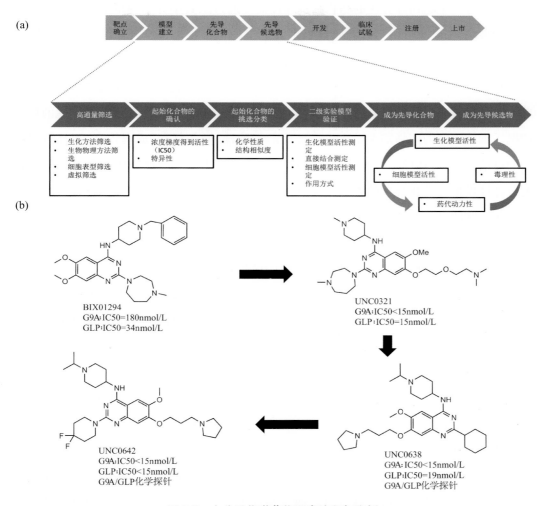

图 6-3　小分子化学药物研发流程与实例

（a）药物研发的基本流程以及先导小分子化合物发现的一般过程；（b）G9A 工具小分子化合物发现实例

靶点蛋白的结合底物，并以此建立实验方法。生化方法的筛选不确定因素较多，靶点蛋白体外提纯的质量和检测方法的选择都会直接影响筛选结果的准确性。基于生物理方法的药物筛选也是比较常用的一种筛选模型，但是与生化药物筛选相比，其缺点是难以实现高通量化对大规模的化合物库进行筛选，所需要的靶点蛋白较多，非特异性地筛选出化合物的概率较高[93]。生物物理方法的药物筛选更适合于通过一些直接结合的监测手段从片段化的化合物样品库中进行片段化筛选（fragment based screening，FBS）[94]。常用的直接结合监测手段有表面等离子共振（SPR）、核磁共振（NMR）和 X

线晶体衍射。生物物理方法的药物筛选往往需要通过工具小分子的帮助建立更为准确的实验方法,工具小分子可以有效地甄别筛选出的化合物是否符合标准。基于细胞表型的药物筛选是在更接近生理的条件下对化合物进行筛选[95]。细胞表型的药物筛选与其他筛选方法相反,往往是先筛选出化合物,然后再追寻该化合物的作用靶点。最为简单的一种模式是运用细胞株,加入化合物后监测细胞的某一项特定指标,如细胞的死亡情况。细胞表型的药物筛选需要建立准确的细胞株,操作复杂,成本较高,而且数据结果的可信性较差,然而该方法筛选出的化合物可信性更高。虚拟药物筛选是另外一种通过计算模拟筛选化合物的方法。此方法需要已知靶点蛋白质的三维结构,然后将小分子化合物的结构模拟对接到靶点蛋白质的目的口袋。该方法筛选出的初始化合物需要通过实验加以验证。虚拟药物筛选只能针对靶点蛋白的特定口袋进行筛选,结合在靶点蛋白异构位区域的化合物将被错过[96]。尽管通过体外生化或生物物理的方法进行药物筛选无论过去还是现在都是早期起始化合物发现的主要手段,但有趣的是,统计发现,在 1999—2008 年间美国 FDA 批准的一类小分子新药中,有 28 个是通过细胞表型筛选发现的,只有 17 个来自基于靶蛋白的筛选[95]。尽管受统计样本量小、年份跨度短的限制,这些数据仍能说明和疾病机制联系更加紧密的细胞表型筛选也许是一种效能较高的筛选方法。与此相对应,一些药物公司加大了在细胞表型筛选上的投入,以期能够加快新药发现的速度。

通过高通量初选起始化合物之后,起始化合物需要经过同一个或者同一类型的筛选模型被确认。用于确认用途的实验一般会采取化合物浓度梯度的方法测定出化合物的活性(IC50)。此步骤可以甄别出高通量筛选出的假阳性化合物并加以剔除。同时,可以运用另外一种类型的模型,如直交实验对化合物进行进一步确认,并可以挽救一些在前期被认为是假阴性的化合物。被确认后的起始化合物将根据化学结构被归类整理,成为先导化合物的潜在候选物。从化学的角度上,分子量特别大和亲脂性很高的化合物会首先被去除掉,已经拥有专利的同类化合物也会被去除,被选出的化合物还须要通过相对分子质量的鉴定排查。二级实验模型,如生物物理模型和细胞模型可以更进一步验证筛选出的化合物。从被选出的化合物中挑选先导化合物可以遵循一定的规则,如著名的《里宾斯基五规则》[97]:化合物的相对分子质量<500;化合物结构中氢键给体的数量≤5 个;化合物中氢键受体的数量≤10 个;化合物脂水分配系数的对数值为−2～5;化合物中可旋转键的数量≤10 个。符合这 5 个规则的化合物会有较高的可能

性被优化成药物。在某一化合物成为先导化合物之后，其活性、特异性、药代动力性、毒理性等一系列方面将在体内外被反复优化，最终成为先导候选药物。

先导候选药物可以被用作工具小分子重新进行靶点的选择确定（亦即建立靶点功能和疾病联系）和建立分析模型（亦即优化筛选和优化实验模型）。工具小分子并不一定要满足先导候选物的所有条件，它大体上只需要满足如下要求：生化模型的活性＜100 nmol/L；细胞模型的活性＜1 000 nmol/L；活性相对特异性＞30 倍[98]。目前，越来越多的工具小分子被开发并不受专利限制而广为应用，因此催生了开放式的药物研发这一概念[99]。这不但为药物研发提供了有效的实验手段，而且加速了药物公司和学术研究机构的合作，从而可能缩短新药从靶点确定到临床批准的时间。

G9A 是一种组蛋白甲基转移酶，它可以催化组蛋白的 H3K9 生成 H3K9me1 和 H3K9me2。G9A 在表观遗传学领域被认为是可能的药物靶点。在 2007 年，制药公司勃林格殷格翰运用高通量生化实验的筛选模型，从 125 000 个化合物中筛选出了可以抑制 G9A 酶活性的 7 个化合物［图 6-3（b）］[100]。通过后续确认实验发现，其中 2 个化合物（BIX-01259、BIX-01271）的活性＞10 μmol/L，1 个化合物（BIX-01258）不能被实验确认，1 个化合物（BIX-01291）没有足够的量进行实验，2 个化合物（BIX-01338、BIX-01337）在结构上归属同一类，但是同时抑制其他的组蛋白甲基转移酶，只有 1 个化合物（BIX-01294）具有相对的特异性并抑制 G9A 的酶活性。因此，BIX-01294 成为唯一一个先导化合物。随后的作用机制实验表明，BIX-01294 不与 G9A 的辅助因子（SAM）竞争，而与 G9A 的底物竞争。细胞模型实验证实，BIX-01294 抑制了 G9A 的活性并且降低了 H3K9me2 的体内水平。三维结构解析证明，BIX-01294 的确结合在 G9A 的底物口袋[101]，为 BIX-01294 作为先导化合物得以被优化提供了关键的结构支持。2010 年，艾默里大学（Emory University）的科研人员通过结构分析，找到了可能进一步提高该先导化合物活性的 G9A 区域，根据该区域口袋加以设计合成了 8 个化合物，取名为 E56、E62、E63、E67、E69、E70、E71 和 E72[102]。通过与先导化合物 BIX-01294 相比较发现，E72 的结合特异性比 BIX-01294 更为优异。对所测试的 3 种细胞，E72 的细胞毒性极低，而同浓度的 BIX-01294 则几乎杀死了所有的细胞。然而从活性角度看，E72 在细胞模型上的活性与 BIX-01294 相比并没有改善。2011 年，多伦多大学和北卡罗来纳州立大学的研究人员在 E72 和 BIX-01294 的基础上继续优化获得了优于它们的化合物 UNC0638。通过结构分析，研究人员首先设计了 UNC0321，通过对比发现 UNC0321 虽然在生化模型上优于 BIX-01294,但在细胞模型上却差于 BIX-01294。细胞模型的差异可能来源于弱化的细胞膜通透性,因此可以通过改善化合物的脂溶性提高其细胞膜通透性,经过持续多轮的改善最终得到了 UNC0638。在生化模型上,UNC0638 的活性更强并且拥有 100 倍以上的结合特异性。在细胞模型上,UNC0638 在抑制 H3K9 的二甲基化上有了显著的提高,并且它的细胞毒性更低。UNC0638 的开发过程很好地证明,通过结构解析—设计合成化合物—生化细胞模型分析的这种循环反复的研究方法,可以准确快速地优化先导化合物成为工具小分子。通过运用 BIX 这个工具小分子科研人员发现:BIX 工具小分子也可以抑制组蛋白去甲基化酶,如 KIAA1718;BIX 工具小分子抑制肺动脉平滑肌细胞(PASMC)的生长、移动和伸缩,将组蛋白甲基化关联到肺动脉平滑肌细胞;BIX 工具小分子抑制疟原虫(malaria parasite)组蛋白甲基转移酶的活性并导致疟原虫的快速死亡[103];BIX 工具小分子通过抑制 G9a 的酶活性预防耳毒性和毛细胞的凋亡;BIX 工具小分子通过抑制 G9a 的酶活性激发口腔鳞状细胞癌(OSCC)细胞的自噬与凋亡。运用 BIX 工具小分子寻找靶点与疾病的关联还有许多重大发现,在此不一一列举。

　　Epizyme 公司和葛兰素史克公司在 2012 年几乎同时发布了 EZH2 的工具小分子:EPZ005687 和 GSK126[16, 80]。Epizyme 公司运用高通量生化水平的筛选模型从 175 000 个化合物中筛选出一些化合物,并根据结构相似性加以归类。筛选出的绝大多数化合物化学特性较差,不适宜继续优化,只有含吡啶酮(pyridone)的化合物被选作先导化合物。这类先导化合物的溶解度首先被优化,然后活性得到改善,最终成为 EPZ005687。跟其他组蛋白甲基转移酶相比,EPZ005687 与 EZH2 的结合具有 500 倍以上的结合特异性。在细胞模型上,EPZ005687 可以有效地阻止 H3K27 的甲基化,并且因此抑制带有两个 EZH2 突变的淋巴瘤细胞的生长。同样,葛兰素史克公司也运用高通量生化水平的筛选模型从化合物样品库里筛选归类并优化成化合物 GSK126。GSK126 同样含有吡啶酮且结构上非常类似 EPZ005687,并且有着很高的 EZH2 结合特异性。在细胞模型上,GSK126 显著降低 H3K27me3 并抑制带有 *EZH2* 基因突变的弥散性大 B 细胞淋巴瘤的细胞生长。更为重要的是,在小鼠模型中 GSK126 可以抑制弥散性大 B 细胞淋巴瘤的生长。随后在 2015 年,制药公司 Constellation 通过高通量筛选的方法也找到结构类似的化合物并优化成工具小分子化合物 22。化合物 22 同样含有吡啶酮作用基团,该化合物在生化模型和细胞模型上的活性极高,并且显著地抑制了小鼠中淋巴瘤细胞的生长。综上所述,EPZ005687、GSK126 和化合物 22 可以作为工具小分子继续研究 EZH2 在淋巴瘤的作用机制,并更有效地研究其他疾病与 EZH2 的关联性。

SMYD2 是一种既可甲基化组蛋白,又可甲基化非组蛋白的甲基转移酶,如甲基化肿瘤抑制蛋白 P53 的 K370 位点。制药公司 AstraZeneca 于 2011 年运用高通量生化模型在 1 230 000 个化合物中筛选 SMYD2 的结合化合物,随后在第 2 种生化模型中通过浓度梯度的方法进行确认。所得到的化合物通过结构相似性被归类成 25 个系列,然后生化活性优良的化合物被挑出进行生物物理模型结合测定,最终得到起始化合物 AZ505。三维结构的解析证实,AZ505 是通过结合在 SMYD2 的底物结合口袋抑制 SMYD2 的酶活性。基于 AZ505,AbbVie 公司通过三维结构进一步研究该化合物的结构活性关系,开发出了化合物 A-893。A-893 比 AZ505 生化活性更为优良,并且结合特异性显著提高。在细胞模型上,A-893 明显地降低了肿瘤抑制蛋白 P53-K370 位点的甲基化水平。另外,制药公司礼来(Lilly)和拜耳(Bayer)分别于 2015 年和 2016 年开发出了针对 SMYD2 的化合物 LLY-507 和 BAY-598[104]。同样,这两种化合物都具有作为工具小分子的特性:生化模型水平的活性高,结合特异性强,并且细胞模型水平上降低了肿瘤抑制蛋白 P53-K370 位点的甲基化水平,显著抑制细胞生长。这些工具小分子为研究 SMYD2 与食管鳞状细胞癌(ESCC)、肌肉萎缩等疾病提供了有效的办法。

另外一个药物研发的里程碑式例子是诺华的格列卫(glivec)。格列卫小分子药物通过阻止 BCR-ABL 的激酶活性用于对慢性髓细胞性白血病的治疗。该化合物结合在 BCR-ABL 激酶的辅酶(ATP)口袋抑制酶活性,从而导致 BCR-ABL 变异细胞的凋亡。然而病情严重的患者往往会对格列卫产生抗药性,该抗药性来自于 BCR-ABL 激酶的突变体 T315I,它可以激发激酶的活性,因此迫切需要找到新的一代药物阻止带有 T315I 突变的 BCR-ABL 激酶活性[105]。GNF 的研究人员于 2006 年运用基于细胞表型的药物筛选方法从 60 000 个化合物中进行筛选[106],他们使用了带有 BCR-ABL 的 T315I 突变的变异细胞株、非突变细胞株用于特异性筛查。筛出的化合物经过细胞模型活性测定发现,有些化合物类似于之前发现的结合在 ATP 口袋的化合物,有些化合物结合分子伴侣 HSP90,有些化合物的表现则不同于以上的两种。这种表现不同的化合物被挑出继续优化得到化合物 GNF-2。随后大量的研究证明,GNF-2 结合在 BCR-ABL 激酶的异构位点,通过改变激酶的构象阻止其活性,但是它对于 T315I 突变的活性抑制效果较差。随后药物动力学更好的化合物 GNF-5 被优化得到。尽管 GNF-5 对于 T315I 突变的活性抑制还不是很优异,但是它作为工具小分子为这类化合物的进一步研发创造了有利条件。在它的基础上，ABL001 已被开发并与已知药物如格列卫联合用药，对 T315I 突变的活性进行抑制，效果显著，并且已经进行临床试验。

6.5　表观遗传在精准医疗中应用的现状和展望

尽管表观遗传的异常和疾病如癌症和神经退行性疾病的发生、发展密切相关，但是表观遗传调控的药物如 DNA 甲基转移酶抑制剂和组蛋白去乙酰化酶抑制剂只对部分患者有效。这是因为致病的原因在分子水平是多样化的，其中部分疾病同遗传的不均一和表观遗传的表型异常有关。近来，由于基因组学、蛋白质组学、转录组学、代谢组学等组学技术和其他前沿科学的飞速发展，使得利用这些技术快速地对患者进行全方位诊断成为现实。再通过系统生物学信息的分析，结合临床结果，能够对疾病在分子水平上进行更加精细的诊断和分类。从而能够有针对性地使用某种靶向药物，或者联合用药对疾病进行个体化精准治疗。这就诞生了精准医疗的概念[107]。

尽管精准医疗开展的时间不长，但已经在疾病治疗中获得不少成功案例，特别是在肿瘤治疗领域。肿瘤的精准医疗就是以组学技术得到患者的海量数据，通过系统生物信息分析去伪存真，获得对患者可能致病因素的分子水平分析结果，制订有针对性的个体化药物治疗方案。

通过基因组学分析，现在知道在一些晚期非小细胞肺癌患者中含有 *ALK* 的重组基因，大约占肺癌患者的 5%。而传统药物对此类患者的治疗效果不明显。对此，辉瑞开发了 crizotinib，一种能够抑制 ALK 和 ROS1 激酶的抑制剂，专门治疗肺癌中有 *ALK* 重组基因的患者[108]。crizotinib 的确对此类患者有明显的治疗效果，能够显著提高患者的总生存时间。但同时患者也产生了对药物的拮抗突变[109]。对此，诺华公司又研发了能够抑制 ALK 突变体酶活性的抑制剂，进一步能够对此类有药物耐受性患者的治疗发挥精确治疗作用，从而显著延长患者的存活时间，提高其生活质量。这个成功的案例也说明精准医疗的临床应用结果会促进人们对疾病的认识，并能够因此有针对性地开发新药。这种源源不断的正向循环，催生更多药物靶蛋白的发现，最终保证精准医疗的不断完善。基因组大数据分析结果还表明，致癌基因突变在不同癌症中出现的概率不尽相同。现在人们也知道肺癌和其他基因的突变也有关系，有约 41% 的肺癌患者含有各类致癌突变体，如在患者中可能同时存在 *BRAF* 的突变和 *ALK* 的重组基因。那么，就能够对此类患者展开 BRAF 和 ALK 抑制剂的联合用药,相关的研究目前还处于临床试验中。另外,约 30% 的乳腺癌患者含有过表达的表皮生长因子受体 HER2。而针对 HER2 的 transtuzumab 结合化疗能够使超过 52% 的此类患者有治疗反应。transtuzumab 单抗和其他药物的联合使用,如知名的首个开创小分子靶蛋白药物治疗癌症的伊马替尼、DNA 甲基转移酶抑制剂 azacitidine 等对其他不同类型的单独给药无反应的癌症(包括血液肿瘤和实体瘤)都可能有意想不到的治疗效果。

随着免疫疗法在肿瘤疾病中的良好治疗效果,有必要对肿瘤发生机制从当初的遗传致病、表观和遗传失控,再加入免疫机制失调。因此,联合表观遗传、信号通路和免疫调节药物对癌症进行更精确的治疗,是将来肿瘤治疗的一个重要方向[110, 111]。T 细胞幼淋巴细胞白血病(T-cell prolymphocytic leukemia,T-PLL)是一种罕见的恶性特征明显的成熟 T 细胞瘤。许多化疗药物如嘌呤类似物克拉屈滨(cladribine)对 T-PLL 的疗效都不明显。目前最有效的治疗是抗 CD52 的单克隆抗体药物阿仑单抗(alemtuzumab)。但是如果不进行同种异体移植,T-PLL 患者的复发不可避免。最近,Hasanali 等首次报道了阿仑单抗联合 vorinostat 可以显著提高复发性 T-PLL 患者的生存时间[112]。vorinostat 能够诱导 CD30 的表达和染色质重塑,并可能通过抑制组蛋白去甲基化酶的活性激活免疫细胞——自然杀伤(NK)细胞和 T 细胞或粒细胞,促进阿仑单抗发挥免疫活性。总之,通过对个体患者的分子信息分析,能够指导临床精准用药,有望使人类最终将致死性癌症控制或转化成慢性疾病。

6.6　小结

表观遗传通过对组氨酸和 DNA 的修饰调控基因表达,进而影响生物机体的功能。表观遗传调控功能的失调和许多疾病密切相关。因此,在过去十多年,针对 DNA 甲基化和去甲基化,组蛋白乙酰化和去乙酰化,组蛋白乙酰化识别,组蛋白甲基化和去甲基化等和疾病异常相关的酶和蛋白复合物等靶点的药物研发已经取得了非常显著的进展。很多小分子药物都进入治疗癌症等疾病的临床试验中。结合表观遗传基因组学、蛋白质组学等现代技术,对疾病进行大数据分析,有望精确诊断个体患者的可能发病机制,从而有可能进行精准治疗。相信表观遗传相关潜在药物通过单独或联合用药会发挥重要作用。对表观遗传疾病相关蛋白复合物的抑制剂发现,以及和其他药物可能的联合应用的转化医学研究,会是今后在疾病治疗上的研究热点。

参考文献

［1］ Berger S L，Kouzarides T，Shiekhattar R，et al. An operational definition of epigenetics ［J］. Genes Dev，2009，23(7)：781-783.

［2］ Heerboth S，Lapinska K，Snyder N，et al. Use of epigenetic drugs in disease：an overview ［J］. Genet Epigenet，2014，6：9-19.

［3］ Jia D，Jurkowska R Z，Zhang X，et al. Structure of Dnmt3a bound to Dnmt3L suggests a model for de novo DNA methylation ［J］. Nature，2007，449(7159)：248-251.

［4］ Wu H，Zhang Y. Reversing DNA methylation：mechanisms，genomics，and biological functions ［J］. Cell，2014，156(1-2)：45-68.

［5］ Luger K，Mader A W，Richmond R K，et al. Crystal structure of the nucleosome core particle at 2. 8 Å resolution ［J］. Nature，1997，389(6648)：251-260.

［6］ Strahl B D，Allis C D. The language of covalent histone modifications ［J］. Nature，2000，403 (6765)：41-45.

［7］ Verdin E，Ott M. 50 years of protein acetylation：from gene regulation to epigenetics，metabolism and beyond ［J］. Nat Rev Mol Cell Biol，2015，16(4)：258-264.

［8］ Richters A，Koehler A N. Epigenetic modulation using small molecules-targeting histone acetyltransferases in disease ［J］. Curr Med Chem，2017. doi：10. 2174/0929867324666170223 153115.

［9］ Blander G，Guarente L. The Sir2 family of protein deacetylases ［J］. Annu Rev Biochem，2004，73：417-435.

［10］ Lee S H，Yoo C，Im S，et al. Expression of histone deacetylases in diffuse large B-cell lymphoma and its clinical significance ［J］. Int J Med Sci，2014，11(10)：994-1000.

［11］ Liu Y，Liu K，Qin S，et al. Epigenetic targets and drug discovery：part 1：histone methylation ［J］. Pharmacol Ther，2014，143(3)：275-294.

［12］ Hu H，Qian K，Ho M C，et al. Small molecule inhibitors of protein arginine methyltransferases ［J］. Expert Opin Investig Drugs，2016，25(3)：335-358.

［13］ Shilatifard A. Chromatin modifications by methylation and ubiquitination：implications in the regulation of gene expression ［J］. Annu Rev Biochem，2006，75：243-269.

［14］ Casciello F，Windloch K，Gannon F，et al. Functional role of G9a histone methyltransferase in cancer ［J］. Front Immunol，2015，6：487.

［15］ Varambally S，Dhanasekaran S M，Zhou M，et al. The polycomb group protein EZH2 is involved in progression of prostate cancer ［J］. Nature，2002，419(6907)：624-629.

［16］ McCabe M T，Ott H M，Ganji G，et al. EZH2 inhibition as a therapeutic strategy for lymphoma with EZH2-activating mutations ［J］. Nature，2012，492(7427)：108-112.

［17］ Cheung N，Fung T K，Zeisig B B，et al. Targeting aberrant epigenetic networks mediated by PRMT1 and KDM4C in acute myeloid leukemia ［J］. Cancer Cell，2016，29(1)：32-48.

［18］ Tarighat S S，Santhanam R，Frankhouser D，et al. The dual epigenetic role of PRMT5 in acute myeloid leukemia：gene activation and repression via histone arginine methylation ［J］. Leukemia，2016，30(4)：789-799.

［19］ Mavrakis K J，McDonald E R 3rd，Schlabach M R，et al. Disordered methionine metabolism in MTAP/CDKN2A-deleted cancers leads to dependence on PRMT5 ［J］. Science，2016，351 (6278)：1208-1213.

［20］ Kryukov G V，Wilson F H，Ruth J R，et al. MTAP deletion confers enhanced dependency on the PRMT5 arginine methyltransferase in cancer cells ［J］. Science，2016，351（6278）：1214-1218.

［21］ Mounir Z，Korn J M，Westerling T，et al. ERG signaling in prostate cancer is driven through PRMT5-dependent methylation of the androgen receptor ［J］. ELife，2016，5(pii)：e13964.

［22］ Kaushik S，Liu F，Veazey K J，et al. Genetic deletion or small-molecule inhibition of the arginine methyltransferase PRMT5 exhibit anti-tumoral activity in mouse models of MLL-rearranged AML ［J］. Leukemia，2018，32(2)：499-509.

［23］ Fang D，Gan H，Lee J H，et al. The histone H3.3K36M mutation reprograms the epigenome of chondroblastomas ［J］. Science，2016，352(6291)：1344-1348.

［24］ Lewis P W，Muller M M，Koletsky M S，et al. Inhibition of PRC2 activity by a gain-of-function H3 mutation found in pediatric glioblastoma ［J］. Science，2013，340(6134)：857-861.

［25］ Jiao L，Liu X. Structural basis of histone H3K27 trimethylation by an active polycomb repressive complex 2 ［J］. Science，2015，350(6258)：aac4383.

［26］ Justin N，Zhang Y，Tarricone C，et al. Structural basis of oncogenic histone H3K27M inhibition of human polycomb repressive complex 2 ［J］. Nat Commun，2016，7：11316.

［27］ Bender S，Tang Y，Lindroth A M，et al. Reduced H3K27me3 and DNA hypomethylation are major drivers of gene expression in K27M mutant pediatric high-grade gliomas ［J］. Cancer Cell，2013，24(5)：660-672.

［28］ Lu C，Jain S U，Hoelper D，et al. Histone H3K36 mutations promote sarcomagenesis through altered histone methylation landscape ［J］. Science，2016，352(6287)：844-849.

［29］ Jayaram H，Hoelper D，Jain S U，et al. S-adenosyl methionine is necessary for inhibition of the methyltransferase G9a by the lysine 9 to methionine mutation on histone H3 ［J］. Proc Natl Acad Sci U S A，2016，113(22)：6182-6187.

［30］ Weinberg D N，Allis C D，Lu C. Oncogenic mchanisms of histone H3 mutations ［J］. Cold Spring Harb Perspect Med，2017，7(1)：a026443.

［31］ Kumar R，Li D Q，Muller S，et al. Epigenomic regulation of oncogenesis by chromatin remodeling ［J］. Oncogene，2016，35(34)：4423-4436.

［32］ Mirabella A C，Foster B M，Bartke T. Chromatin deregulation in disease ［J］. Chromosoma，2016，125(1)：75-93.

［33］ Hamidi T，Singh A K，Chen T. Genetic alterations of DNA methylation machinery in human diseases ［J］. Epigenomics，2015，7(2)：247-265.

［34］ Kim S J，Zhao H，Hardikar S，et al. A DNMT3A mutation common in AML exhibits dominant-negative effects in murine ES cells ［J］. Blood，2013，122(25)：4086-4089.

［35］ Xu J，Wang Y Y，Dai Y J，et al. DNMT3A Arg882 mutation drives chronic myelomonocytic leukemia through disturbing gene expression/DNA methylation in hematopoietic cells ［J］. Proc Natl Acad Sci U S A，2014，111(7)：2620-2625.

［36］ Zhang Z M，Liu S，Lin K，et al. Crystal structure of human DNA methyltransferase 1 ［J］. J Mol Biol，2015，427(15)：2520-2531.

［37］ Moarefi A H，Chedin F. ICF syndrome mutations cause a broad spectrum of biochemical defects in DNMT3B-mediated de novo DNA methylation [J]. J Mol Biol, 2011,409(5): 758-772.

[38] Collins A L, Levenson J M, Vilaythong A P, et al. Mild overexpression of MeCP2 causes a progressive neurological disorder in mice [J]. Hum Mol Genet, 2004,13(21): 2679-2689.

[39] Johnson B S, Zhao Y T, Fasolino M, et al. Biotin tagging of MeCP2 in mice reveals contextual insights into the Rett syndrome transcriptome [J]. Nat Med, 2017,23(10): 1203-1214.

[40] Seshagiri S, Stawiski E W, Durinck S, et al. Recurrent R-spondin fusions in colon cancer [J]. Nature, 2012,488(7413): 660-664.

[41] Petrij F, Giles R H, Dauwerse H G, et al. Rubinstein-Taybi syndrome caused by mutations in the transcriptional co-activator CBP [J]. Nature, 1995,376(6538): 348-351.

[42] Valor L M, Viosca J, Lopez-Atalaya J P, et al. Lysine acetyltransferases CBP and p300 as therapeutic targets in cognitive and neurodegenerative disorders [J]. Curr Pharm Des, 2013,19 (28): 5051-5064.

[43] Falkenberg K J, Johnstone R W. Histone deacetylases and their inhibitors in cancer, neurological diseases and immune disorders [J]. Nat Rev Drug Discov, 2014,13(9): 673-691.

[44] Ansari J, Shackelford R E, El-Osta H. Epigenetics in non-small cell lung cancer: from basics to therapeutics [J]. Transl Lung Cancer Res, 2016,5(2): 155-171.

[45] Filippakopoulos P, Knapp S. Targeting bromodomains: epigenetic readers of lysine acetylation [J]. Nat Rev Drug Discov, 2014,13(5): 337-356.

[46] Wu S Y, Lee A Y, Lai H T, et al. Phospho switch triggers Brd4 chromatin binding and activator recruitment for gene-specific targeting [J]. Mol Cell, 2013,49(5): 843-857.

[47] Filippakopoulos P, Qi J, Picaud S, et al. Selective inhibition of BET bromodomains [J]. Nature, 2010,468(7327): 1067-1073.

[48] Dawson M A, Prinjha R K, Dittmann A, et al. Inhibition of BET recruitment to chromatin as an effective treatment for MLL-fusion leukaemia [J]. Nature, 2011,478(7370): 529-533.

[49] Bhatt D, Ghosh S. Regulation of the NF-kappaB-mediated transcription of inflammatory genes [J]. Front Immunol, 2014,5: 71.

[50] Cohen A S, Yap D B, Lewis M E, et al. Weaver syndrome-associated EZH2 protein variants show impaired histone methyltransferase function in vitro [J]. Hum Mutat, 2016,37(3): 301-307.

[51] Zingg D, Arenas-Ramirez N, Sahin D, et al. The histone methyltransferase Ezh2 controls mechanisms of adaptive resistance to tumor immunotherapy [J]. Cell Rep, 2017, 20 (4): 854-867.

[52] Thanasopoulou A, Tzankov A, Schwaller J. Potent co-operation between the NUP98-NSD1 fusion and the FLT3-ITD mutation in acute myeloid leukemia induction [J]. Haematologica, 2014,99(9): 1465-1471.

[53] Wang G G, Cai L, Pasillas M P, et al. NUP98-NSD1 links H3K36 methylation to Hox-A gene activation and leukaemogenesis [J]. Nat Cell Biol, 2007,9(7): 804-812.

[54] Hatcher J M, Weisberg E, Sim T, et al. Discovery of a highly potent and selective indenoindolone type 1 pan-FLT3 inhibitor [J]. ACS Med Chem Lett, 2016,7(5): 476-481.

[55] Shi Y, Lan F, Matson C, et al. Histone demethylation mediated by the nuclear amine oxidase homolog LSD1 [J]. Cell, 2004,119(7): 941-953.

[56] Feng Z, Yao Y, Zhou C, et al. Pharmacological inhibition of LSD1 for the treatment of MLL-rearranged leukemia [J]. J Hematol Oncol, 2016,9: 24.

[57] Bernstein B E, Stamatoyannopoulos J A, Costello J F, et al. The NIH Roadmap Epigenomics

Mapping Consortium [J]. Nat Biotechnol，2010，28(10)：1045-1048.

[58] Wilson B G，Wang X，Shen X，et al. Epigenetic antagonism between polycomb and SWI/SNF complexes during oncogenic transformation [J]. Cancer Cell，2010，18(4)：316-328.

[59] Fillmore C M，Xu C，Desai P T，et al. EZH2 inhibition sensitizes BRG1 and EGFR mutant lung tumours to Topo Ⅱ inhibitors [J]. Nature，2015，520(7546)：239-242.

[60] Gomez-Del Arco P，Perdiguero E，Yunes-Leites P S，et al. The chromatin remodeling complex Chd4/NuRD controls striated muscle identity and metabolic homeostasis [J]. Cell Metab，2016，23(5)：881-892.

[61] Basson M A，van Ravenswaaij-Arts C. Functional insights into chromatin remodelling from studies on CHARGE syndrome [J]. Trends Genet，2015，31(10)：600-611.

[62] Arrowsmith C H，Bountra C，Fish P V，et al. Epigenetic protein families：a new frontier for drug discovery [J]. Nat Rev Drug Discov，2012，11(5)：384-400.

[63] Jin P，Chen X. Current status of epigenetics and anticancer drug discovery [J]. Anticancer Agents Med Chem，2016，16(6)：699-712.

[64] Chuang J C，Yoo C B，Kwan J M，et al. Comparison of biological effects of non-nucleoside DNA methylation inhibitors versus 5-aza-2′-deoxycytidine [J]. Mol Cancer Ther，2005，4(10)：1515-1520.

[65] O'Dwyer K，Maslak P. Azacitidine and the beginnings of therapeutic epigenetic modulation [J]. Expert Opin Pharmacother，2008，9(11)：1981-1986.

[66] Terranova-Barberio M，Thomas S，Munster P N. Epigenetic modifiers in immunotherapy：a focus on checkpoint inhibitors [J]. Immunotherapy，2016，8(6)：705-719.

[67] Lemaire M，Momparler L F，Raynal N J，et al. Inhibition of cytidine deaminase by zebularine enhances the antineoplastic action of 5-aza-2′-deoxycytidine [J]. Cancer Chemother Pharmacol，2009，63(3)：411-416.

[68] Candelaria M，Herrera A，Labardini J，et al. Hydralazine and magnesium valproate as epigenetic treatment for myelodysplastic syndrome. Preliminary results of a phase-Ⅱ trial [J]. Ann Hematol，2011，90(4)：379-387.

[69] Duvic M，Talpur R，Ni X，et al. Phase 2 trial of oral vorinostat (suberoylanilide hydroxamic acid，SAHA) for refractory cutaneous T-cell lymphoma (CTCL) [J]. Blood，2007，109(1)：31-39.

[70] Marks P A，Breslow R. Dimethyl sulfoxide to vorinostat：development of this histone deacetylase inhibitor as an anticancer drug [J]. Nat Biotechnol，2007，25(1)：84-90.

[71] Atadja P. Development of the pan-DAC inhibitor panobinostat (LBH589)：successes and challenges [J]. Cancer Lett，2009，280(2)：233-241.

[72] Remiszewski S W. The discovery of NVP-LAQ824：from concept to clinic [J]. Curr Med Chem，2003，10(22)：2393-2402.

[73] Atadja P，Gao L，Kwon P，et al. Selective growth inhibition of tumor cells by a novel histone deacetylase inhibitor，NVP-LAQ824 [J]. Cancer Res，2004，64(2)：689-695.

[74] Richardson P G，Schlossman R L，Alsina M，et al. PANORAMA 2：panobinostat in combination with bortezomib and dexamethasone in patients with relapsed and bortezomib-refractory myeloma [J]. Blood，2013，122(14)：2331-2337.

[75] Cole K E，Dowling D P，Boone M A，et al. Structural basis of the antiproliferative activity of largazole，a depsipeptide inhibitor of the histone deacetylases [J]. J Am Cheml Soc，2011，133(32)：12474-12477.

[76] Coiffier B，Pro B，Prince H M，et al. Romidepsin for the treatment of relapsed/refractory

peripheral T-cell lymphoma: pivotal study update demonstrates durable responses [J]. J Hematol Oncol, 2014,7: 11.

[77] O'Connor O A, Horwitz S, Masszi T, et al. Belinostat in patients with relapsed or refractory peripheral T-cell lymphoma: results of the pivotal phase Ⅱ BELIEF (CLN-19) study [J]. J Clin Oncol, 2015,33(23): 2492-2499.

[78] Shi Y, Dong M, Hong X, et al. Results from a multicenter, open-label, pivotal phase Ⅱ study of chidamide in relapsed or refractory peripheral T-cell lymphoma [J]. Ann Oncol, 2015,26(8): 1766-1771.

[79] Zheng H, Zhao W, Yan C, et al. HDAC inhibitors enhance T-cell chemokine expression and augment response to PD-1 immunotherapy in lung adenocarcinoma [J]. Clin Cancer Res, 2016, 22(16): 4119-4132.

[80] Knutson S K, Wigle T J, Warholic N M, et al. A selective inhibitor of EZH2 blocks H3K27 methylation and kills mutant lymphoma cells [J]. Nat Chem Biol, 2012,8(11): 890-896.

[81] Qi W, Chan H, Teng L, et al. Selective inhibition of Ezh2 by a small molecule inhibitor blocks tumor cells proliferation [J]. Proc Natl Acad Sci U S A, 2012,109(52): 21360-21365.

[82] Brooun A, Gajiwala K S, Deng Y L, et al. Polycomb repressive complex 2 structure with inhibitor reveals a mechanism of activation and drug resistance [J]. Nat Commun, 2016, 7: 11384.

[83] He Y, Selvaraju S, Curtin M L, et al. Erratum: The EED protein-protein interaction inhibitor A-395 inactivates the PRC2 complex [J]. Nat Chem Biol, 2017,13(4): 389-395.

[84] Qi W, Zhao K, Gu J, et al. An allosteric PRC2 inhibitor targeting the H3K27me3 binding pocket of EED [J]. Nat Chem Biol, 2017,13(4): 381-388.

[85] Daigle S R, Olhava E J, Therkelsen C A, et al. Selective killing of mixed lineage leukemia cells by a potent small-molecule DOT1L inhibitor [J]. Cancer Cell, 2011,20(1): 53-65.

[86] Kaniskan H U, Szewczyk M M, Yu Z, et al. A potent, selective and cell-active allosteric inhibitor of protein arginine methyltransferase 3 (PRMT3) [J]. Angew Chem Int Ed Engl, 2015,54(17): 5166-5170.

[87] Schmidt D M, McCafferty D G. Trans-2-Phenylcyclopropylamine is a mechanism-based inactivator of the histone demethylase LSD1 [J]. Biochemistry, 2007,46(14): 4408-4416.

[88] Przespolewski A, Wang E S. Inhibitors of LSD1 as a potential therapy for acute myeloid leukemia [J]. Expert Opin Investig Drugs, 2016,25(7): 771-780.

[89] Mohammad H P, Smitheman K N, Kamat C D, et al. A DNA hypomethylation signature predicts antitumor activity of LSD1 inhibitors in SCLC [J]. Cancer Cell, 2015,28(1): 57-69.

[90] Dhalluin C, Carlson J E, Zeng L, et al. Structure and ligand of a histone acetyltransferase bromodomain [J]. Nature, 1999,399(6735): 491-496.

[91] Mujtaba S, He Y, Zeng L, et al. Structural mechanism of the bromodomain of the coactivator CBP in p53 transcriptional activation [J]. Mol Cell, 2004,13(2): 251-263.

[92] Hohmann A F, Martin L J, Minder J L, et al. Sensitivity and engineered resistance of myeloid leukemia cells to BRD9 inhibition [J]. Nat Chem Biol, 2016,12(9): 672-679.

[93] Rishton G M. Nonleadlikeness and leadlikeness in biochemical screening [J]. Drug Discov Today, 2003,8(2): 86-96.

[94] Erlanson D A. Introduction to fragment-based drug discovery [J]. Top Curr Chem, 2012,317: 1-32.

［95］ Eder J, Sedrani R, Wiesmann C. The discovery of first-in-class drugs: origins and evolution ［J］. Nat Rev Drug Discov, 2014,13(8): 577-587.

［96］ Kitchen D B, Decornez H, Furr J R, et al. Docking and scoring in virtual screening for drug discovery: methods and applications ［J］. Nat Rev Drug Discov, 2004,3(11): 935-949.

［97］ Lipinski C A, Lombardo F, Dominy B W, et al. Experimental and computational approaches to estimate solubility and permeability in drug discovery and development settings ［J］. Adv Drug Deliv Rev, 2001,46(1-3): 3-26.

［98］ Arrowsmith C H, Audia J E, Austin C, et al. The promise and peril of chemical probes ［J］. Nat Chem Biol, 2015,11(8): 536-541.

［99］ Munos B. Can open-source R&D reinvigorate drug research ［J］. Nat Rev Drug Discov, 2006,5 (9): 723-729.

［100］ Kubicek S, O'Sullivan R J, August E M, et al. Reversal of H3K9me2 by a small-molecule inhibitor for the G9a histone methyltransferase ［J］. Mol Cell, 2007,25(3): 473-481.

［101］ Chang Y, Zhang X, Horton J R, et al. Structural basis for G9a-like protein lysine methyltransferase inhibition by BIX-01294 ［J］. Nat Struct Mol Biol, 2009,16(3): 312-317.

［102］ Chang Y, Ganesh T, Horton J R, et al. Adding a lysine mimic in the design of potent inhibitors of histone lysine methyltransferases ［J］. J Mol Biol, 2010,400(1): 1-7.

［103］ Malmquist N A, Moss T A, Mecheri S, et al. Small-molecule histone methyltransferase inhibitors display rapid antimalarial activity against all blood stage forms in Plasmodium falciparum ［J］. Proc Natl Acad Sci U S A, 2012,109(41): 16708-16713.

［104］ Eggert E, Hillig R C, Koehr S, et al. Discovery and characterization of a highly potent and selective aminopyrazoline-based in vivo probe (BAY-598) for the protein lysine methyltransferase SMYD2 ［J］. J Med Chem, 2016,59(10): 4578-4600.

［105］ Gray N S, Fabbro D. Discovery of allosteric BCR-ABL inhibitors from phenotypic screen to clinical candidate ［J］. Methods Enzymol, 2014,548 173-188.

［106］ Adrian F J, Ding Q, Sim T, et al. Allosteric inhibitors of Bcr-abl-dependent cell proliferation ［J］. Nat Chem Biol, 2006,2(2): 95-102.

［107］ Collins F S, Varmus H. A new initiative on precision medicine ［J］. N Engl J Med, 2015,372 (9): 793-795.

［108］ Ou S H, Bartlett C H, Mino-Kenudson M, et al. Crizotinib for the treatment of ALK-rearranged non-small cell lung cancer: a success story to usher in the second decade of molecular targeted therapy in oncology ［J］. Oncologist, 2012,17(11): 1351-1375.

［109］ Tucker E R, Danielson L S, Innocenti P, et al. Tackling crizotinib resistance: the pathway from drug discovery to the pediatric clinic ［J］. Cancer Res, 2015,75(14): 2770-2774.

［110］ Byrne A T, Alferez D G, Amant F, et al. Interrogating open issues in cancer precision medicine with patient-derived xenografts ［J］. Nat Rev Cancer, 2017,17(4): 254-268.

［111］ Ali M A, Matboli M, Tarek M, et al. Epigenetic regulation of immune checkpoints: another target for cancer immunotherapy ［J］. Immunotherapy, 2017,9(1): 99-108.

［112］ Hasanali Z S, Saroya B S, Stuart A, et al. Epigenetic therapy overcomes treatment resistance in T cell prolymphocytic leukemia ［J］. Sci Transl Med, 2015,7(293): 293ra102.

7

染色质的高级结构（一）：核小体与 30 nm 染色质纤维

在真核生物细胞中，遗传信息 DNA 是以染色质的形式存储于细胞核中。一切有关 DNA 的生命活动都是在染色质这个结构平台上进行的。染色质结构变化为表观遗传提供一个重要的信息整合平台。作为染色质的基本结构单元——核小体和染色质的二级结构——30 nm 染色质纤维，它们结构的建立、它们在基因组上的定位及其高度动态调控在基因转录沉默和激活过程中发挥着非常重要的作用，并与个体发育和肿瘤发生、发展等息息相关。本章将阐述核小体与 30 nm 染色质纤维的结构及其受各种表观遗传因子调控的机制与功能，并重点阐述细胞核内核小体和染色质纤维结构及其动态调控的研究进展，以及它们在肿瘤及其他疾病发生、发展中的作用机制等。

7.1 染色质结构概述

真核生物细胞中，遗传信息是以染色质的形式存储于细胞核中。染色质最早由德国生物学家 Flemming 于 1879 年提出，用以描述细胞核内能被碱性染料染色的物质。其中，着色浅并且呈现伸展状态的区段称为常染色质，着色较深且呈凝缩状态的称为异染色质。染色体是细胞分裂中期染色质高度凝缩的表现形态。根据染色质的电镜研究，Kornberg 等人于 1974 年提出染色质结构的念珠模型，认为染色质的基本结构单元是形状类似于扁珠状的核小体[1]。核小体由一段长度为 147 bp 的 DNA 缠绕组蛋白八聚体形成[2]。核小体由连接 DNA 串联形成 11 nm 的核小体串珠结构，即染色质的一级结构。核小体串珠结构在连接组蛋白作用下进一步折叠形成直径约为 30 nm 的染色质纤维，即染色质的二级结构[3]。染色质纤维进一步螺旋化和蜷缩形成直径大约为 400 nm

的超螺线体,超螺线体再次螺旋折叠形成染色体。通过这种方式,基因组 DNA 被高度有序地折叠压缩了大约 8 400 倍,形成染色体。

作为真核细胞遗传信息的载体,一切有关 DNA 的生命活动都是在染色质这个结构平台上进行的。染色质结构的高度动态变化在基因转录沉默和激活过程中起重要作用,为表观遗传提供一个重要的信息整合平台。一方面,染色质的高度凝聚形成异染色质结构,从而导致基因沉默。另一方面,基因激活过程中的关键步骤则是染色质的解聚,使各种转录因子及转录机器可以接近 DNA。染色质结构受到各种调控因子的调控,包括 DNA 修饰、组蛋白修饰、组蛋白变体和染色质重塑等。过去 30 多年来,染色质的结构与功能研究一直是国际上的研究热点和前沿。虽然早在 20 世纪 90 年代,染色质结构单元——核小体的高精度结构已经通过 X 射线晶体学的方法得到解析,人们对于核心组蛋白如何相互作用形成组蛋白八聚体以及 DNA 如何缠绕组蛋白八聚体形成核小体已经有了比较清晰的认识,但是对于各种调控因子如何识别核小体并对其结构进行调控的研究仍然是目前染色质结构研究的一个热点问题。而且,核小体如何排列组装、相互作用形成更高级的染色质结构？各种调控因子又是如何对染色质高级结构进行调控以实现它们的生物学功能？研究染色质结构及功能对于理解各种 DNA 相关生命活动,以及了解人类健康相关的一些重要疾病包括肿瘤和衰老的分子机制及治疗具有十分重要的意义。

7.2　核小体的结构：染色质结构的基本结构单元

核小体是染色质的基本结构单元。核小体的结构从酵母到多细胞后生动物都相对保守,是由一段 146 bp 长度的 DNA 以左手螺旋方式缠绕组蛋白八聚体 1.65 圈形成一个直径约 11 nm、高度约 5.5 nm 的圆盘结构[2](见图 7-1)。组蛋白八聚体是由相对分子质量为 $(11\sim15)\times10^3$、在真核生物中高度保守的 4 对核心组蛋白 H2A、H2B、H3、H4 组成。4 种组蛋白的结构类似,都具有稳定的由 3 个 α-螺旋组成的组蛋白折叠结构域。其中 H2A 和 H2B、H3 和 H4 分别通过组蛋白折叠结构域的相互作用形成异二聚体。两对 H3/H4 异二聚体首先通过 H3 与 H3 的相互作用形成稳定的异四聚体,然后两对 H2A/H2B 二聚体再通过 H2B 与 H4 的相互作用与 H3/H4 四聚体形成八聚体结构。在组蛋白八聚体中,H3 与 H3 的相互作用要远强于 H2B 与 H4 的相互作用。因此,

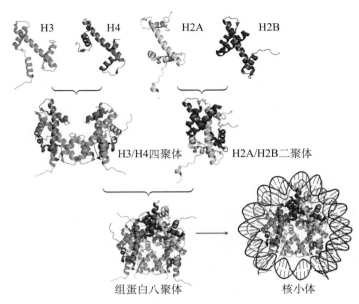

图 7-1　核小体的基本结构组成

在低盐条件下，组蛋白八聚体是以 H3/H4 异四聚体和 H2A/H2B 异二聚体的形式存在。

在核小体中，组蛋白八聚体和缠绕它的 146 bp 双螺旋 DNA 每 10 个碱基对即有一个结合位点，由组蛋白折叠结构域中的主链酰胺氮以及赖氨酸和精氨酸侧链与 DNA 磷酸基相互作用形成。组蛋白的非折叠域结构，包括组蛋白末端区域等与 DNA 的相互作用在核小体结构的形成中也发挥着非常重要的作用。组蛋白末端区域，包括 4 种组蛋白的氨基端和 H2A 的羧基端，富含赖氨酸和精氨酸，属于天然无序序列，在溶液中不能形成稳定的结构。这些末端区域游离于核小体的核心结构，较易被各种修饰酶识别，是组蛋白翻译后修饰的主要区域，对于核小体结构的稳定性及其识别以及染色质高级结构中核小体-核小体相互作用等都具有非常重要的作用[4, 5]。

7.3　核小体的动态调控

核小体结构的形成可以阻断核小体 DNA 与那些负责基本生命过程的蛋白质，包括转录因子、RNA 聚合酶、DNA 复制酶和修复酶等的接触机会，从而抑制 DNA 上遗传信息的表达和传递。核小体的动态调控包括核小体的组装/去组装、核小体结构重塑、核小体移位以及组蛋白变体置换等。核小体结构受到各种因子的动态调控,包括组蛋白化学修饰、组蛋白变体、DNA 化学修饰和其他核小体作用蛋白等[6]。这些因子可以通过改变核小体内部的组蛋白-组蛋白相互作用、组蛋白与 DNA 的相互作用及核小体与其他作用蛋白的相互作用等调控核小体的结构及其稳定性,释放/保护核小体 DNA,控制 DNA 的可接触机会。

目前发现的组蛋白化学修饰包括乙酰化、甲基化、磷酸化和泛素化等(见图 7-2)。组蛋白化学修饰可以通过改变核小体结构或调控核小体的识别机制行使其生物学功能。组蛋白的末端结构域富含赖氨酸和精氨酸,是组蛋白翻译后修饰的主要区域,对基因的表达调控具有非常重要的作用。目前研究认为,组蛋白氨基端的赖氨酸乙酰化可以中和末端正电荷,破坏组蛋白与 DNA 的相互作用,释放核小体 DNA,使其更容易被其他作用因子结合,提高基因转录的活性。组蛋白甲基化虽然不能改变末端电荷性质,对核小体本身结构的影响不大,却可能通过调控其他作用蛋白对核小体的识别,从而对核小体功能调控发挥非常重要的作用。目前认为,H3K9 位的三甲基化修饰是组成异染色质的一个重要标志,H3K27 位三甲基化可以沉默基因表达,而 H3K4 和 H3K36 位的三甲基化则被认为是转录活跃区域的重要标志。H2A 和 H2B 的羧基端位点单泛素化也是目前研究的一个重要热点。有研究表明,H2BK123 位点的单泛素化可以稳定单个核小体,使染色质处于开放的状态,并能与组蛋白伴侣 FACT 协同作用促进转录延伸过程,但是其作用机制目前仍然不清楚[7]。

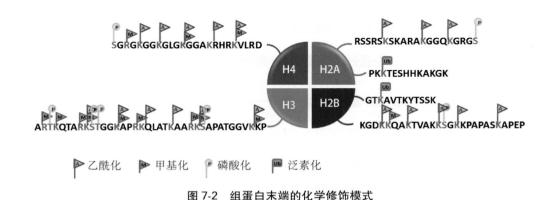

图 7-2 组蛋白末端的化学修饰模式

组蛋白变体置换是核小体动态调控的一个重要机制。组蛋白特别是 H2A 和 H3 有多种不同的变体,其中 H2A 有 H2A. X、H2A. Z、macroH2A 和 H2A. Bbd 四种变体,H3 有 H3.1、H3.3 和 CENP-A 三种变体(见图 7-3)。不同的组蛋白变体在染色体上的分布和功能各不相同,其中研究最多的是组蛋白变体 H2A.Z。H2A.Z 高度保守,存在于几乎所有的真核生物中。晶体结构揭示,H2A.Z 的存在不影响核小体的结构和稳定性,但是在核小体表面可形成一个比常规核小体更加伸展的酸性氨基酸残基富集区[8]。这个酸性氨基酸残基富集区可以更强地作用于邻近核小体上 H4 的氨基端头部上的一个突出正电荷区域(第 16～23 位氨基酸残基),从而影响染色质高级结构的折叠和稳定性。生物化学和生物物理技术研究发现,H2A.Z 可以增强核小体的稳定性,但是变体 H3.3 可以拮抗 H2A.Z 对核小体的稳定作用[9]。含有 H2A.Z 和 H3.3 的核小体稳定性较差,具有较高的置换率。H3.3 与常规组蛋白 H3 非常类似,只有 5 个氨基酸的区别。研究发现,H3.3 主要分布在常染色质中,可能与基因激活相关。在多细胞生物个体发育的早期,H3.3 置换了 H3.1 进入染色质,进而可能使胚胎干细胞的染色质维持一种相对松散的结构[10]。此外,研究发现 H2A.Z 还可能会影响 DNA 甲基转移酶对核小体 DNA 的甲基化来调控基因转录活性。相反,DNA 甲基化可能也会影响 H2A.Z 的替换[11]。变体 H2A.X 同样高度保守,广泛分布于基因组中。H2A.X 相对于常规 H2A 的最大差异存在于羧基端,含有一个高度保守的 SQ 模体。γ-H2A.X 是 SQ

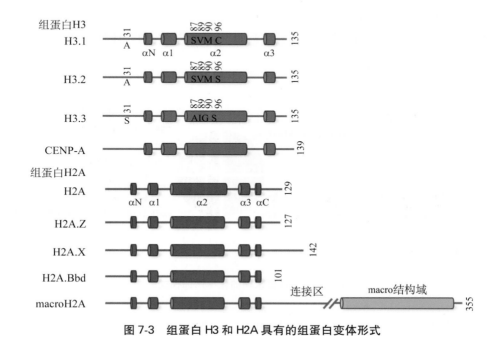

图 7-3　组蛋白 H3 和 H2A 具有的组蛋白变体形式

模体中的丝氨酸被磷酸化的 H2A. X,广泛存在于细胞中双链 DNA 损伤的区域,被认为是双链 DNA 损伤的早期响应信号和标记信号,并进一步招募后续双链 DNA 损伤修复相关因子[12]。

组蛋白 H2A 的另外两个变体 H2A. Bbd 和 macroH2A 则对核小体的结构具有更明显的调控作用。H2A. Bbd 与常规 H2A 仅有 48% 的序列相似性,缺少常规 H2A 的羧基端区域和一大部分在组蛋白八聚体中与 H3 相互作用的结合域[13]。体外研究发现 H2A. Bbd 不能和其他核心组蛋白组装形成稳定的八聚体结构。MNase 酶切技术研究发现含有 H2A. Bbd 的核小体只能保护 118 bp 的 DNA,而不是常规组成核小体的 146 bp的 DNA。研究发现,相对于常规组成核小体的进出口 DNA 呈现稳定的关合状态,含有 H2A. Bbd 核小体的进出口 DNA 呈现开放状态,并且稳定性较差。H2A. Bbd 标记转录激活的染色质状态,常与组蛋白 H4 的乙酰化形式同时出现。macroH2A 富集在失活的 X 染色体中,在 X 染色体的灭活中起非常重要的作用[14]。macroH2A 是常规 H2A 的 3 倍大小,具有比常规 H2A 更加庞大的羧基端区域——macro 结构域。晶体结构研究发现,macroH2A 的 loop 1 结构之间更强的相互作用会进一步增强组蛋白八聚体的稳定性。macroH2A 核小体可以抑制染色质重塑复合物 SWI/SNF 和 ACF 对染色质的作用,并抑制转录因子的结合。同时有研究发现,macroH2A 能够通过其 macro 结构域干扰 RNA 聚合酶Ⅱ(PolⅡ)转录的起始和组蛋白乙酰化,抑制基因转录。

CENP-A 是组蛋白 H3 在着丝粒上的特异变体,作为鉴别着丝粒及其功能的最重要的表观遗传标记,对真核生物中动粒组装和染色体准确分离有着至关重要的作用[15]。CENP-A 与常规组蛋白 H3 有 60% 以上的序列相似性。CENP-A 的组蛋白折叠结构域高度保守,其内部由 loop 1 和 α2 组成的 CATD 结构域对 CENP-A 的结构和功能至关重要,不仅能够使 CENP-A 靶向导入着丝粒,影响核小体的结构,还能为着丝粒染色体上动粒复合物的组装提供平台[16]。结构域交换实验研究发现,这个结构域与 CENP-A 靶向导入着丝粒密切相关,被称为 CENP-A 着丝粒靶向结构域[17]。氢-氘交换实验和晶体结构研究发现,CENP-A-H4 四聚体比常规的 H3-H4 四聚体更加紧凑,并具有更强的刚性[18]。同时研究发现,相对于常规核小体,CENP-A 核小体的进出口 DNA 在核小体两端具有更强的柔性,它可以固定的 DNA 长度也略小于常规核小体[19]。

还有很多不同的染色质结合蛋白包括各种染色质修饰酶等,可以与核小体相互作用,对核小体的状态及结构进行动态调控。从目前的结构及生物物理技术研究发现,核小体的组蛋白界面、核小体 DNA 和组蛋白末端域是核小体被各种作用蛋白识别的 3 个主要位点。很多重要的染色质作用因子被发现特异性结合于核小体组蛋白界面的 H2A/H2B 酸性区域,包括 LANA、RCC1、Sir3、CENP-C、PRC1 和 HMGN2 等[20]。同时,H2A/H2B 酸性区域在染色质高级结构形成过程的核小体-核小体相互作用中也发挥着非常重要的作用。核小体 DNA 和组蛋白末端域是蛋白质结合的另两个非常重要的作用位点。连接组蛋白 H1/H5 被发现特异性结合在核小体的进出口 DNA 处。另外一些蛋白质被发现可以协同结合核小体 DNA 和组蛋白,包括 PSIP1、LSD 1-CoREST、RCC1、DNTTIP1 等。以组蛋白 H3K36me3 的识别蛋白 PSIP1 为例,它可以先通过和核小体 DNA 作用结合到核小体上,再进一步特异性结合于带有甲基化标记的组蛋白 H3 末端。而 RCC1 蛋白则通过协同结合核小体 DNA 和 H2A/H2B 酸性区域,与核小体形成稳定的复合物。

7.4　染色质纤维的结构:30 nm 染色质的高精度结构

串珠结构中的核小体与核小体之间通过相互作用,排列组织形成紧密的染色质二级结构——30 nm 染色质纤维。早期,科学家们从细胞核中分离纯化出天然染色质纤维,并利用大量的生物化学和生物物理技术,包括电子显微成像、中子/小角度 X 射线散射和圆二色谱等进行研究,提出了两大类主要的 30 nm 染色质纤维结构模型:螺线管(solenoid)结构和"Z"字(Zig-Zag)结构[21-23](见图 7-4)。其中螺线管结构模型认为核小体以 5～6 个核小体为一圈,以螺线管形式盘旋缠绕形成 30 nm 染色质纤维,其中核小体之间的连接 DNA 呈弯曲状态,相邻核小体相连;螺线管结构模型认为染色质纤维的直径和连接 DNA 的长度变化没有直接关系。而"Z"字结构模型认为核小体以"Z"字形前后折叠后扭转形成 30 nm 染色质纤维,连接 DNA 呈拉直状态,且相隔核小体相连;"Z"字结构模型认为染色质的直径和连接 DNA 的长度变化密切相关。这些研究开启了 30 nm 染色质纤维结构研究的先河,但是由于这些技术方法本身的分辨率限制,以及天然染色质结构的高度异质性,在复杂生理条件下染色质结构可以被多种因子调控,包括 DNA 序列、连接 DNA 长度、连接组蛋白 H1、组蛋白修饰和组蛋白变体等,这些限制都导致人们无法揭示染色质纤维的精细结构,甚至难以辨别核小体在染色质纤维中的组装模式以及 DNA 的具体走向。

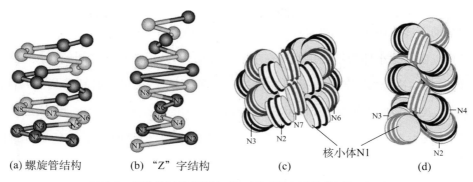

(a) 螺旋管结构　　(b) "Z"字结构　　　(c)　　　　　　　(d)

图 7-4　螺线管结构模型(a 和 c)和"Z"字结构模型(b 和 d)

为了解决天然染色质纤维高度异质性的问题,近期科学家们研究发展了染色质体外重构体系,获得了结构均一的染色质纤维。在这个体系中,科学家们利用重组 DNA 技术将相同核小体定位序列(如 5S rDNA 或 601 DNA 序列等)首尾串联形成 DNA 重复序列模板,用纯化的组蛋白组分体外重建染色质用于 30 nm 染色质纤维结构的研究。利用这样的研究体系,Richmond 实验室用电镜观察到了 30 nm 染色质纤维在高镁离子浓度和化学交联条件下采用"Z"字构象。他们进一步利用 X 射线晶体学方法对 167 bp 长度的 601 DNA 重复序列组成的四聚核小体结构进行研究,得到了大约 9 Å 分辨率的四聚核小体晶体结构,并进一步构建了 30 nm 染色质纤维的结构模型,也支持"Z"字构象[24]。但是剑桥大学的 Rhodes 实验室利用类似的染色质体外组装方法,在加入连接组蛋白 H1 条件下对不同长度 601 重复序列 DNA(以每 10 bp 为间隔从 177 bp 到 237 bp)进行体外组装形成 30 nm 染色质纤维,并用电镜研究推测 30 nm 染色质纤维并非"Z"字构象,而是一种更加紧密的螺线管结构[25]。但是他们的电镜方法分辨率不高,不能直接观察到核小体在染色质中的排列组装情况。需要说明的是,Richmond 实验室观察到的 30 nm 染色质纤维由较短的 DNA 序列(167 bp)组装形成,且不含连接组蛋白 H1,而且是在高浓度 $MgCl_2$(100 mmol/L)的条件下得到的。早期已有大量研究表明,连接组蛋白 H1 在 30 nm 染色质纤维结构的建立和维持中起关键作用,并且核小体之间连接 DNA 的长度也可能影响 30 nm 染色质纤维精细结构的建立和维持。因此,Richmond 等观察到的"Z"字构象也可能不能真实地反映生理条件下 30 nm 染色质纤维的结构。

利用相同的体外染色质重构技术并结合冷冻电子显微镜技术,由 12 个核小体组织形成的 30 nm 染色质纤维的冷冻电镜结构被成功解析,分辨率为 11 Å(见图 7-5)[26]。

这个较长染色质纤维高精度冷冻电镜结构的解析为理解染色质的二级折叠模式提供了很大的帮助。冷冻电镜的三维结构显示,在连接组蛋白 H1 的作用下,30 nm 染色质纤维是一个以四聚核小体为结构单元的左手双螺旋结构,其中核小体之间的连接 DNA 呈拉直状态,基本符合"Z"字结构模型的特征。两种不同长度 601 重复序列(177 bp 和 187 bp)DNA 组装形成的 30 nm 染色质纤维精细结构的组织模式基本一致,表明不同长度连接 DNA 并没有影响 30 nm 染色质纤维的整体结构,但是改变了染色质纤维的直径。四聚核小体作为结构单元存在于 30 nm 染色质纤维结构中。这个结构单元的组织模式与之前 Richmond 实验室解析的四聚核小体 X 射线晶体结构基本一致,主要依靠相隔的 H2A-α2 螺旋和 H2B-α1/αC 螺旋之间的相互作用介导。结构单元与结构单元之间则依靠对应核小体之间 H2A/H2B 酸性区域与 H4 的氨基端相互作用以及核小体上 H1-H1 相互作用介导。连接组蛋白 H1 以 1 : 1 的比例非对称性地结合到核小体上,而 H1 的这种非对称性的定位使四聚核小体结构单元内部的 H1-H1 没有相互接触,而结构单元之间的 H1-H1 相互作用,使结构单元之间以固定的角度相互扭转形成左手双螺旋结构。

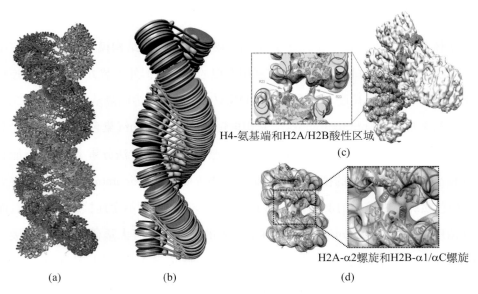

H4-氨基端和H2A/H2B酸性区域

(c)

H2A-α2螺旋和H2B-α1/αC螺旋

(d)

(a)   (b)

图 7-5 30 nm 染色质纤维的冷冻电镜左手双螺旋结构模型

30 nm 染色质纤维的冷冻电镜左手双螺旋结构模型包括假原子模型(a)和卡通模型(b)及其四聚核小体结构单元之间 H4 氨基端区域和 H2A/H2B 酸性区域相互作用模式(c)和结构单元内部 H2A 的 α2 螺旋和 H2B 的 α1/αC 螺旋相互作用模式(d)

7.5　染色质纤维结构的动态调控

　　染色质结构的高度动态变化在基因转录沉默和激活过程中起重要作用，为表观遗传提供一个重要的信息整合平台。一方面，核小体折叠形成结构紧密的高级结构——30 nm 染色质纤维，导致基因沉默；另一方面，基因激活过程中的关键步骤是 30 nm 染色质纤维的解聚和重塑，从而使各种转录因子及转录机器可以接近 DNA。30 nm 染色质纤维结构的动态变化，受各种表观遗传机制的调控，包括连接组蛋白 H1、组蛋白变体、组蛋白/DNA 化学修饰和各种染色质结合蛋白的作用等[27]（见图 7-6）。

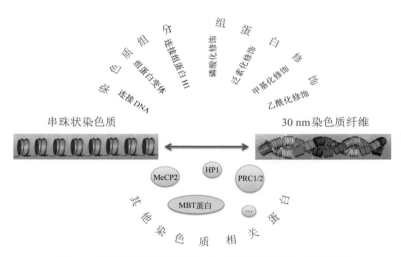

图 7-6　染色质纤维结构受各种表观遗传机制的动态调控

7.5.1　连接组蛋白 H1

　　大量研究表明，连接组蛋白结合在核小体上，稳定核小体结构，并对 30 nm 染色质纤维的形成和其结构稳定性的维持起到了至关重要的作用。连接组蛋白以 1∶1 的比例结合在核小体外端，相对于核小体的 4 种核心组蛋白，它能够在较低盐浓度的条件下从天然染色质中洗脱，在细胞核中具有更高的活动性。荧光漂白恢复实验研究发现，融合有荧光蛋白 GFP 的 H1 在染色质上的停留时间为 3~4 分钟，而核心组蛋白的停留时间在小时量级[28]。在多细胞动物中，连接组蛋白具有 3 个典型的结构域：无结构的氨基端尾巴、中间球状结构域和具有大量赖氨酸的无结构羧基端尾巴。连接组蛋白在高等真核生物中具有多种变体,变体间的序列差异大部分集中在羧基端区域。相对于核心组蛋白,连接组蛋白及其变体在真核生物中的保守性较差。哺乳动物中有 11 种连接组蛋白 H1 变体存在,其中 5 种变体 H1.1~H1.5 广泛分布在体细胞中,其余几种都具有组织特异性,如 H1.0 只存在于终末分化细胞中[29]。

虽然连接组蛋白 H1 被认为是染色质高级结构形成的重要组成成分,但是目前对于 H1 在核小体上的定位及其在染色质高级结构形成中的作用等仍然是研究的热点问题。早期微球菌核酸酶消化研究发现,H1 结合到核小体上可以保护约 168 bp 长度的 DNA,比没有 H1 结合时多保护 20 bp 长度的 DNA。电镜研究发现,H1 主要结合在核小体连接 DNA 的进出口处。进一步研究发现,相对于全长蛋白,H1 的中间球状结构就足以保护核小体两端 20 bp 长度的 DNA[30]。虽然 H1 全长蛋白的保守性较差,它的中间球状结构高度保守,由 3 个 α-螺旋结构和 1 个 β-发夹结构组成[31]。除了中间球状结构域,高等真核生物中的 H1 通常还含有一个小的氨基端域和一个较长的羧基端域。H1 的氨基端包含两个小区域,一个富含脯氨酸和丙氨酸,一个靠近中间球状结构的高碱性小区域。H1 的氨基端并不是染色质高级结构形成所必需的,但是对 H1 定位到核小体上以及对保护核小体进出口 DNA 有帮助。H1 的羧基端域较长,一般由 100 多个氨基酸残基组成。其中,约 40% 为赖氨酸残基,均匀分布在羧基端域;20%~35% 为丙氨酸残基。H1 的羧基端为不折叠的无序蛋白区域,能够稳定 H1 在染色质上的结合,对染色质高级结构的形成至关重要。但是在一些低等真核生物中,H1 的结构域会有一些变化。比如,在酿酒酵母中只有一个 H1 类似蛋白——Hho1p,它含有两个球状结构域;而在四膜虫中的 H1 没有球状结构域[32, 33]。

除了变体以外,H1 的末端域和中间球状结构域同时还存在着大量的翻译后修饰模式,包括磷酸化、乙酰化、甲基化和泛素化等,对 H1 的功能进行调控[34]。H1 的磷酸化修饰多发生在羧基端,与基因转录激活密切相关[35]。目前认为,H1 磷酸化可以减弱 H1 在染色质上的结合,利于 H1 从基因活性区域的移除。同时,H1 的磷酸化程度随着细胞周期变化,调控不同细胞周期中染色质结构的紧密程度。大部分 H1 的甲基化修饰则发生在 H1 的氨基端。比如,H1.4 的 K26 位甲基化被发现可以为 HP1 异染色质蛋白和 L3MBTL1 蛋白提供一个结合平台,在异染色质形成中发挥重要作用,而其相邻的 S27 位如果同时发生磷酸化则会阻碍 HP1 的结合[36]。H1 的乙酰化可以发生在末端域或球状结构域。发生在球状结构域上的乙酰化修饰可以影响 H1 与 DNA 的相互作用,协助 H1 的去除。而 H1 的氨基端位点 K34 乙酰化可以减弱 H1 与染色质的结合作用,招募 TAF1,从而激活转录[37]。还有一些 H1 的其他修饰模式也被陆续发现,包括 H1 的单泛素化修饰和 H1 的瓜氨酸化等,可能对 H1 与染色质的相互作用进行调控,发挥重要的生物学功能。

多年来,人们对于连接组蛋白 H1 和核小体的作用模式进行了深入的研究,目前主要存在 2 种模型,包括对称结合模型和非对称结合模型。在对称结合模型中,组蛋白 H1 处于核小体的对称中心轴线上,在核小体连接 DNA 进出口处中心帮助连接 DNA 形成交叉,稳定核小体结构;而在非对称结合模型中,组蛋白 H1 处于核小体 DNA 进出口处的一侧,偏离核小体对称轴。最近有研究认为,不同的连接组蛋白变体与核小体的相互作用可能有不同的作用模式,从而对染色质高级结构具有不同的调控作用。目前解析的含有 H1 的较长 30 nm 染色质纤维的冷冻电镜三维结构显示,连接组蛋白 H1.4 以 1:1 的比例结合在核小体连接 DNA 进出口处。但是,H1.4 在核小体上的结合具有明显的不对称性,使得核小体上原来对称的两个组蛋白界面具有不对称性。H1.4 的这种非对称性的定位使四聚核小体结构单元内部 H1-H1 没有相互接触,而结构单元之间的 H1-H1 的球状结构域相互接触,维持结构单元之间稳定扭转形成左手双螺旋结构[26]。而 X 射线晶体结构研究发现 H5 的球状结构域对称性地结合在核小体对称轴上,可能会促使染色质形成不一样的高级结构[38]。

7.5.2 组蛋白变体

除了连接组蛋白 H1 在染色质结构调控中的重要作用以外,染色质核心组分的变化,包括组蛋白变体与化学修饰、DNA 化学修饰等都可能会参与对染色质结构的动态调控。组蛋白变体不仅能够影响核小体,对染色质高级结构也有重要的调控作用。含有组蛋白变体 H2A.Z 的核小体具有比常规组蛋白酸性更强的 H2A.Z/H2B 酸性区域,这使得染色质折叠形成更为紧密的高级结构,参与基因转录的调控过程。并且 H2A.Z 还能进一步与 HP1 协同作用,紧密染色质高级结构[39];而有趣的是,变体 H3.3 可以拮抗 H2A.Z 对染色质结构的紧密作用,使染色质结构处于较为松散的状态,利于基因转录激活[9]。组蛋白变体 H2A.Bbd 则与 H2A.Z 相反,它与 H2B 形成的酸性区域相较常规组蛋白酸性更弱,形成的染色质结构比较松散,参与基因转录的激活过程。结构研究已经表明,核小体表面上的组蛋白 H2A/H2B 酸性区域与相邻核小体组蛋白 H4 的氨基端的相互作用对染色质纤维高级结构的形成和维持起到至关重要的作用。macroH2A 对失活 X 染色体中异染色质的形成非常重要,但是它在高级结构形成中的作用目前仍不清楚。CENP-A,作为着丝粒区域染色质的组蛋白 H3 的特异变体,对着丝粒区域染色质高级结构的形成至关重要。相对常规组成核小体,含有 CENP-A 的核小体两端进出口 DNA 具有更强的柔性,对 H1 的结合能力也较弱,但是有研究发现 CENP-A 可以使染色质折叠形成更为紧密的高级结构[40]。

7.5.3 染色质修饰

染色质修饰包括 DNA 和组蛋白的化学修饰。DNA 甲基化是基因沉默的一个重要表观遗传标志,但是 DNA 甲基化如何导致基因沉默是研究的一个热点问题。DNA 甲基化可能通过直接阻碍转录因子在 DNA 上的结合抑制基因转录,也可能通过招募其他作用蛋白如 H1、MeCP2 等,促进染色质形成紧密结构,抑制基因转录。组蛋白化学修饰是染色质高级结构的一个重要调控因素。组蛋白乙酰化能抑制染色质折叠形成高级结构。研究发现 H4 的氨基端 K16 位乙酰化修饰会使染色质结构更加开放,在基因转录激活过程中发挥重要作用[41];而 H3 的 K56 位乙酰化虽然可以加快核小体进出口 DNA 的动态开合过程,但是对染色质折叠形成高级结构影响不大。组蛋白的各种甲基化修饰对核小体整体结构没有很大的影响,却可能调控核小体的作用界面,影响其他染色质结合蛋白的结合,从而对染色质高级结构产生调控作用。组蛋白单泛素化修饰对染色质结构也能进行调控。H2B 的单泛素化修饰被发现可以抑制染色质高级结构的形成。而 H2A 的单泛素化修饰可以稳定核小体,增强连接组蛋白 H1 的结合,可能对染色质高级结构的形成产生影响[42]。

7.5.4 染色质结合蛋白

除了连接组蛋白 H1,一些其他的染色质结合蛋白也会动态参与染色质高级结构的调控。高迁移率家族蛋白 HMG 可以和 H1 竞争性结合在核小体连接 DNA 进出口处,阻碍染色质高级结构形成,使染色质处于开放的状态[43]。多梳复合物家族蛋白 PRC1/PRC2 在细胞发育分化过程中起重要作用[44]。目前研究发现,PRC1 可以泛素化 H2A 的 K119 位,并可以通过结合核小体促进染色质形成紧密结构,从而抑制基因转录的发生。而 PRC2 可以催化组蛋白 H3 的 K27 位甲基化,其 Ezh1 亚基可以使染色质形成紧密的高级结构,抑制基因转录。MeCP2 是一种 DNA 甲基化位点结合蛋白,它的突变会导致雷特(Rett)综合征[45]。与连接组蛋白 H1 类似,MeCP2 结合在核小体 DNA 进出口处,可以与 H1 竞争结合核小体。MeCP2 可以在甲基化 DNA 不存在的情况下,使染色质折叠形成高级结构。有趣的是,神经细胞里富含 MeCP2,其丰度基本与组蛋白八聚体相当;在神经细胞中 MeCP2 缺陷会导致染色质结构整体变化,说明 MeCP2 在神经细胞染色质结构形成中发挥非常重要的作用。异染色质蛋白 HP1 和恶性脑肿瘤蛋白 MBT 可以特异性识别组蛋白甲基化,并通过与甲基化修饰的核小体结合使染色质结构更加紧密,从而导致基因沉默[46]。MBT 蛋白主要通过结合甲基化组蛋白 H4 的 K20 位使染色质形成比较紧密的结构;HP1 的同源蛋白 Rhina(果蝇)和 Swi6(酵母)等都可以识别并结合甲基化组蛋白 H3 的 K9 位。除此之外,HP1 更易与含有组蛋白变体 H2A. Z的染色质结合,形成结构紧密的异染色质[39]。

7.6　细胞核内染色质纤维结构与功能

细胞核内染色质的三维空间结构在基因表达调控中起着十分重要的作用。细胞类型或组织特异性的转录程序主要受基因组上远端调控元件的控制。这些转录调控元件可以和它们的靶基因之间建立一个动态的远距离相互作用。而这些远距离的相互作用主要发生在隔离的基因区域之间,而且受染色质三维空间组织结构的限制和调控,为基因转录提供一个更高层次的调控方式。在肿瘤和疾病中的基因变异可能会导致染色质三维空间结构的破坏,从而导致基因转录表达的异常。

7.6.1　细胞核内 30 nm 染色质纤维结构

长期以来,由于存在技术难度,活细胞核内染色质纤维的高分辨率成像还无法实现。人们对 30 nm 染色质纤维在细胞核内是否真实存在仍然有较大争议。早期对从不同生物细胞中抽提的天然染色质纤维进行的一系列系统性生物化学和生物物理学研究支持 30 nm 染色质纤维的存在[47, 48]。随着冷冻电镜技术的发展,最近对鸡血红细胞的细胞核内染色质的冷冻切片进行断层成像分析发现鸡血红细胞的染色质主要是以 30 nm 纤维形式存在。这些染色质纤维主要形成"Z"字螺旋结构,每个螺旋的一圈由大约 6.7 个核小体面对面排列组成,但核小体之间并不完全平行紧密排列,而是相互沿着它们超螺旋的对称轴偏离 3.4 nm,并相互旋转大约 54°角[49]。对分离的鸡血红细胞染色质纤维进行冷冻电镜电子断层成像分析同样发现,染色质纤维中的核小体主要以面对面的成对方式进行堆积。虽然目前这些冷冻电镜研究的分辨率不足以看清染色质纤维中 DNA 链的具体走向,但是这些研究发现鸡血红细胞内染色质纤维中成对堆积的核小体沿着它们的二重对称轴相互扭转形成双螺旋结构,与体外解析的高精度染色质纤维冷冻电镜结构(左手双螺旋结构)非常类似。除了鸡血红细胞外,科学家们也对具有更长核小体重复长度的海星精子染色质[核小体重复长度(NRL)约为 222 bp]进行分析,发现海星精子染色质纤维中核小体也主要以"Z"字形式排列并相互扭转形成双螺旋结构,核小体的面对面堆积作用仍然是染色质纤维折叠和压缩的重要形式,但是核小体之间具有更大的方位角旋转角度[50]。除上述的鸡血红细胞和海星精子外,在小鼠视杆细胞的兼性异染色质中也发现了 30 nm 染色质纤维结构存在的证据[51],这表明不管是在体外还是在体内的染色质纤维中核小体-核小体间的面对面堆积作用都是染色质折叠和压缩的重要机制之一。

核酸酶 DNase Ⅰ 被广泛用来研究真核细胞核内染色质的高级结构。早期 DNase Ⅰ 的酶切分析显示,连接 DNA 和连接组蛋白 H1 被埋藏在染色质纤维内部[52]。对细胞核染色质进行核酸酶 DNase Ⅰ 和 DNase Ⅱ 酶切后会产生一系列双核小体长度整数倍大小的 DNA 片段,这一现象在多种来源的细胞中(如鸡血红细胞和海胆精子等)得到重现[53, 54]。这种双核小体周期性 DNase Ⅰ 酶切模式提示,细胞核内染色质纤维中存在至少由 2 个或 4 个核小体组成的结构单元,与体外 30 nm 染色质纤维冷冻电镜结构揭示的四核小体是染色质纤维的基本结构单元相符。有趣的是,这种周期性双核小体的 DNase Ⅰ/DNase Ⅱ 酶切模式并不依赖于核小体重复长度[53, 54]。此外,DNase Ⅰ/DNase Ⅱ 酶切实验也发现细胞核内核小体的不对称性保护现象,这表明在细胞核内染色质中的大多数核小体具有交替/交叉取向和不对称性的排列形式。核小体的这种交替取向可能是由于染色质纤维中连接 DNA 的纵横交错产生的。体外 30 nm 染色质纤维三维冷冻电镜结构显示,连接 DNA 和连接蛋白位于染色质纤维的内部,核小体之间交替倾斜,连接 DNA 也是相互纵横交错,这些结果与体内 DNase Ⅰ/DNase Ⅱ 酶切实验的结果相符。

但是除了上述少数未分化细胞外,现在关于 30 nm 染色质是否在其他细胞内存在仍有很大的争议。利用现在已有的各种光学成像和电镜成像技术,在各类哺乳动物细胞核内还没有观察到 30 nm 染色质纤维结构[55]。此外,利用小角度 X 射线散射技术(SAXS),在哺乳动物细胞分裂期染色体中也没有发现高于 11 nm 的有规则的染色质高级结构特征[56]。最新研究提示,在酵母和 HeLa 细胞间期中染色质并非无规则地折叠,研究者分别利用类似于 Hi-C 全基因组测序方法和电镜直接观察方法揭示这些细胞内的染色质纤维中相间隔的核小体之间有非常强的相互作用,表明细胞核内染色质纤维可能主要以"Z"字方式折叠[57,58]。与体外重构的染色质纤维不同,细胞核内的天然染色质纤维具有天生固有的局部差异性,如核小体重复长度、组蛋白化学修饰和变体交换、DNA 的甲基化修饰等,因此核内天然染色质可能具有更多形式和更加动态的三维结构。尽管如此,冷冻电镜断层成像分析和 DNase Ⅰ酶切实验结果都表明,细胞核内的天然染色质纤维也具有和体外重构染色质非常类似的结构特征。

7.6.2　细胞核内染色质纤维结构的动态调控

虽然细胞核内染色质的精细结构还不是十分清楚,但是染色质结构的动态变化在各种基因组相关的生命活动中均起十分重要的调控功能。在每个细胞中组成基因组的 60 亿个碱基中只有小部分具有生物学活性,能与转录元件结合合成 RNA,而剩下不活跃的 DNA 则被包装成高度凝聚的染色质而隐藏起来。因此,染色质像一个"守门员"控制着转录因子、增强子等元件的活性,它不是静态的,而是在多个水平上动态变化着。基因组上"开放"或者"可接近"的区域是转录因子和重要转录元件的结合位点,一般用它对核酸酶的高敏感性进行界定。核小体的占位可以保护基因组 DNA 不被核酸酶酶切,核小体定位信号通常利用核酸酶酶切实验通过定量分析测定被保护的 DNA 片段来实现。此外,染色质结构也会影响核酸酶的可接近性,因此,以 MNase 和 DNase 为代表的各类核酸酶很早就被用来研究细胞核内的染色质结构。早期在果蝇中,利用 DNase Ⅰ和 MNase 酶切实验,首次发现转录活跃基因的调控区域和基因组上的核酸酶超敏位点(也就是开放性染色质区域)高度吻合[59,60]。随后研究发现,在几乎所有真核细胞中,启动子和增强子区域核小体的去除可以使组织特异性转录因子结合到这些区域,从而激活靶基因的转录。参与基因转录调控的开放性染色质区域,常常都富含基因转录调控元件,而这些开放性的染色质调控区域也是核酸酶超敏位点[61]。随后大量研究发现,开放性染色质区域就像基因组上的窗口,在所有基因组相关的生命活动中均起非常关键的调控作用[62]。

随着高通量测序技术的发展,全基因组范围染色质可接近性分析的方法已经在多种细胞类型中被证明在调控元件的鉴定过程和度量基因表达的激活及抑制方面极其有效。常见的测定开放性染色质区域的方法主要有以下几种:MNase-Seq、DNase-Seq、ATAC-Seq、FAIRE-Seq 和 MPE-Seq 等(见图 7-7)[62]。通过绘制群体细胞全基因组范围"开放染色质"的图谱和调控元件的图谱揭示出不同类型细胞的染色质结构的多样性,尤其是位于远端的调控区域。同时值得注意的是,这些开放性染色质区域结构的动态变化与癌症和其他许多疾病密切相关。比如,在许多癌症中染色质重塑因子/表观遗传调控因子的突变会导致核小体定位和染色质开放程度的变化。

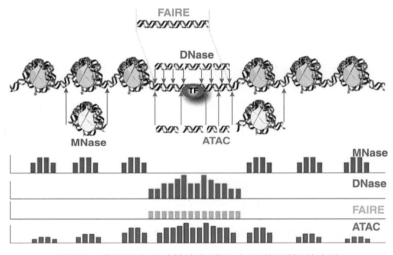

图 7-7　常见测定开放性染色质区域(可接近性)的方法

MNase/DNase-Seq

如前所述,用它对早期基因组上开放区域的核酸酶高敏感性进行界定。染色质结构会影响核酸酶(如 DNase 和 MNase 等)的可接近性,因此以 MNase 和 DNase 为代表的各类核酸酶很早就被用来研究细胞核内的染色质结构[59, 60]。核酸酶 MNase 能够优先酶切两个相邻核小体之间的连接 DNA,MNase 充分酶切后会产生单个核小体的核心颗粒[63],这些核小体的核心颗粒被广泛用来测定和鉴定全基因组上核小体的占位、分布、构成和全基因组表观遗传修饰等信息[64, 65]。DNase I 优先切割核小体缺失性基因组位点也就是调控元件,如启动子、增强子、绝缘子和转录因子结合位点。DNase-Seq 以碱基对分辨率对 DNase I 酶切位点进行鉴定,提供了一种与 MNase-Seq 逆向的方法,它推断了 DNA 咬合颗粒(亚核小体颗粒)在过敏性位点之间的存在,而 MNase 也对这样的颗粒所保护的区域进行了作图。尽管 MNase 已经初步用于核小体研究,其作用模式提示它将被任何阻碍物如 DNA 结合蛋白沿 DNA 进行阻滞,从而可以确定被非组蛋白性蛋白质保护的基因组区域。作为 MNase 酶切的读出结果和表观基因组学的基本方法,匹配端测序技术的基本局限性在于,标准短读出测序文库制备方法的最优化水平只达到了核小体大小(接近 150 bp)或更大一些的 DNA 片段,而由转录因子保护的 DNA 区域经常比核小体 DNA 片段小得多。为了解决这种局限性,研究者引入了一种修正了的文库构建方法来加速 DNA 片段的匹配端测序,小到接近 25 bp。另外,通过将调整 MNase 酶切时间点或 MNase 酶浓度与作图片段大小范围(从接近 25 bp 到大于 200 bp)相结合,可以分析核小体和非组蛋白性蛋白质的分布和动力学。值得注意的是,亚核小体颗粒和核小体颗粒可以分布于细胞群体内的同一基因组位点上,这提示在核小体和其他染色质相关因子之间存在着高度动态性的相互作用。MNase-Seq 方法组合匹配端测序方法为表观基因组学表达谱分析提供了几种优势。比如,使用一种测序过的样品对不同大小的基因组片段进行作图,可以对核小体和大量非组蛋白性蛋白质的基因组分布进行评估。

DNase-Seq 被广泛应用于研究细胞内全基因组染色质结构(开放染色质区域)和鉴别组织特异性细胞类型[66-68]。由于序列特异性的转录因子结合到顺式作用元件后可以改变 DNase Ⅰ 酶切的程度和效率,产生印记,因而 DNase-Seq 技术也可以被用来定量和定性地分析全基因组转录因子的结合位点[69]。深度的 DNase-Seq 也被广泛用于研究和发现鉴别细胞组织特异的转录因子结合基序(motif),极大地扩展了人们对基因转录调控网络以及转录因子结合与染色质结构、基因表达和细胞分化等之间相互关系的认识[66]。

在表观基因组学分析中,DNase-Seq 和 MNase-Seq 技术不依赖于抗体或表位标签,可以用来在一次实验中分析大量蛋白质的基因组分布,适用于一系列细胞类型。但是,它们也存在较大的局限性:不同的内切酶对酶切的 DNA 序列具有各自的偏好性,这会影响和限制它们作为转录因子结合位点检测和鉴定方法的可靠性[68, 69];此外,还包括需要的细胞量较多、样品的制备步骤繁多以及酶量和酶切条件难于确定等。总之,DNase-Seq 是一种可信赖的全基因组水平检测和鉴别活跃调控元件的好方法,但作为转录因子印记用于鉴定转录因子其可靠性还有待进一步改善。最近,利用改进的低细胞用量的

DNase-Seq(low-input DNase-Seq)，美国哈佛大学张毅实验室描绘了小鼠着床前早期胚胎发育从单细胞到桑椹胚期过程中的开放染色质图谱及其动态变化，结果发现在小鼠胚胎早期发育过程中，开放染色质特征是逐步建立起来的，并在 8-细胞期显著升高，结果也发现父本的开放染色质特征在受精后很快被重编程成和母本染色质类似的模式。此外，他们的研究结果还发现了一些对哺乳动物胚胎中 DNase Ⅰ 超敏位点的建立极为重要的关键转录因子[70]。

MPE-Seq

为了消除 MNase 和 DNase Ⅰ 酶切的 DNA 序列偏好性，Widom 实验室利用化学修饰的组蛋白 H4 结合化学交联方法测定了酵母的核小体定位[71]。这个方法的分辨率高，可以非常精确地测定核小体的定位，但需要对组蛋白 H4 进行遗传改造，很难用于高等真核生物细胞如哺乳动物细胞。为了克服这些局限，最近加州大学的研究团队发展了一种全新的化学切割 DNA 方法——MPE-Seq(methidiumpropyl-EDTA sequencing)，对染色质结构(核小体定位)进行全基因组分析[72]。MPE-Seq 主要是利用甲锭丙基乙二胺四乙酸(methidium propyl，EDTA)和亚铁离子结合形成 MPE-Fe(Ⅱ)复合物，并能通过甲锭结合到 DNA 上，在氧气作用下，亚铁发生氧化产生自由基使 DNA 发生单链和双链断裂，然后通过二代基因测序分析就可以测定全基因组上核小体的定位信息。同 MNase 一样，MPE-Fe(Ⅱ)也优先切割核小体之间的连接 DNA，不过 MPE-Fe(Ⅱ)切割 DNA 几乎没有序列偏好性。研究结果显示，MPE-Seq 可以用于测定全基因组上的核小体定位，但是 MPE-Fe(Ⅱ)和 MNase 切割细胞核染色质具有一定的差异，在活跃的启动子区域差异尤为明显。MPE-Seq 能检测到核小体大小(141～190 bp)和亚核小体大小(如 101～140 bp)的染色质片段，可以揭示活跃启动子区域的非经典核小体结构。作为一种直观的染色质结构分析法，MPE-Seq 可以成为 MNase/DNase-Seq 的重要补充，揭示在基因表达调控中具有重要意义的染色质结构。

FAIRE-Seq/Sono-Seq

除了上述的酶切方法(MNase-Seq 和 DNase-Seq)和化学切割方法(MPE-Seq)外，另外两个更加简单的方法 FAIRE-Seq(FAIRE：formaldehyde-assisted isolation of regulatory elements)和 Sono-Seq 也已经被常规地用来对"开放"性染色质区域进行全基因组分析[62]。FAIRE-Seq 和 Sono-Seq 这两种技术都基于这样的事实：当细胞用甲醛处理后，基因组 DNA 更易于与核小体上的组蛋白交联，而不是与 DNA 结合蛋白交联。

用甲醛处理细胞后蛋白质、DNA 相互交联，然后对细胞或分离的细胞核进行超声波处理剪切染色质。之后，将样品用酚-氯仿进行抽提使核小体结合 DNA 与游离 DNA 分离，然后运用实时荧光定量 PCR、微阵列杂交/DNA 芯片或高通量测序等方法对不同的 DNA 片段进行分析。

FAIRE-Seq 方法最先用于鉴定酵母基因组上的可接近调控元件[73]，随后 FAIRE-Seq 也在其他各种真核生物细胞基因组上得到应用。研究表明，FAIRE-Seq 信号与基因组核小体定位信号呈负相关性，并且与各种组织特异性的活性染色质标签信号重合[74]。另外，FAIRE-Seq 也广泛用于检测鉴别正常和疾病细胞基因组上开放染色质区域，分析特异染色质状态和已知疾病易感 DNA 变异的相关性，检测等位基因特异的染色质标记，以及阐明转录因子结合后对染色质结构的调控等[75-79]。FAIRE-Seq 的峰值主要富集在活跃基因的启动子和增强子区域，FAIRE-Seq 和 DNase-Seq 用于鉴定真核细胞内的基因调控元件，并根据这些结果鉴定细胞类型[75]。

FAIRE-Seq 方法快速简单，具有一些自身的优点。比如，丰富了直接检测开放染色质结构的手段，不需要酶切核小体，核小体去除区域的 DNA 片段没有被降解，可用于任何类型的细胞和组织，不需要烦琐的前期细胞核制备及一些费时费力的酶切条件摸索等。同时，FAIRE-Seq 也鉴定出了一些 DNase-Seq 没有覆盖的远端调控元件，虽然这些区域的生物学功能仍不清楚[75]。此外，FAIRE-Seq 方法也克服了 DNase-Seq 和 MNase-Seq 中核酸酶的 DNA 序列偏好性。但是 FAIRE-Seq 也有一些自身的缺陷，如 FARIE-Seq 实验的成功还非常依赖于甲醛交联的效率，而细胞的通透性、构成结构和其他许多生理因子等都会对甲醛交联的效率产生影响。与 DNase-Seq 相比，FAIRE-Seq 在鉴定高表达基因启动子区域开放染色质时分辨率较低，另外，FAIRE-Seq 最大的缺陷是信噪比低，从而使后面的数据计算分析和解读非常困难[80]。

ATAC-Seq

前面介绍的方法如 MNase-Seq、FAIRE-Seq 和 DNase-Seq 等可以帮助人们在大量的细胞系和组织样本中鉴定出转录因子的结合位点、转录活性开始的位置、核小体和核小体修饰、增强子和绝缘子，但是一般都涉及多个实验流程，操作复杂，并且需要数万个细胞作为研究样本，样本准备过程非常烦琐，并且最终得到的是细胞群体的平均结果。样本量需求如此之大，使得人们没办法用这些方法研究罕见的细胞亚群。为了解决这些问题，Greenleaf 实验室的 Buenrostro 等发展了一项整合的、多维的遗传学分析方法——ATAC-Seq。ATAC 的基本原理主要是根据极度活跃的 Tn5 转座酶能够携带一段外源 DNA 片段整合到活跃基因的调控区域[81]。这种方法通过 Tn5 转座酶将测序的标签插入基因组上的"可接近"区域来标记调控的区域。一般情况下,在 ATAC-Seq 试验中,500～50 000 个细胞核可以用于纯化的 Tn5 转座酶把测序标签整合到细胞核基因组上。由于染色质的位阻作用,绝大多数测序标签都被整合到开放染色质区域,被标记的 DNA 片段用 PCR 扩增建库并进行二代双端测序。ATAC-Seq 方法最近被用于检测真核细胞中全基因组开放染色质区域、核小体定位和转录因子结合印记等[81]。研究发现 ATAC-Seq 检测到的一些易接近区域与启动子和增强子等调控元件广泛共定位。这种转座酶可接近性染色质的 ATAC-Seq 研究方法最少只利用 500 个细胞就可以快速得到调控的多维信息,比其他方法节省 3～5 个数量级的细胞。并且,由于 ATAC-Seq 的实验流程中没有片段选择的步骤,所以这种方法可以同时获得"开放"染色质的位置、转录因子的结合位点、核小体的调控区域和染色质状态等信息。

尽管目前科学家们的大部分研究是在群体细胞中探寻其相关的表观遗传学平均特征,但是极其复杂和富有异质性的组织更能引起科学家的兴趣,因此单细胞表观遗传学研究得以受到关注和发展。将 ATAC-Seq 的方法与单细胞平台 C1 整合,科学家们通过简单的程序利用微流控芯片完成捕获、裂解、转座、PCR 等实验过程,建立了自动化的单细胞染色质可接近性图谱研究方法单细胞 ATAC-Seq（single-cell ATAC-Seq, scATAC-Seq）[82]。另外,利用改进的 ATAC-Seq 方法结合 CRISPR/Cas9 辅助线粒体 DNA 去除技术,我国清华大学颉伟实验室研究绘制出了哺乳动物(小鼠)着床前胚胎早期发育过程中全基因组开放性染色质图谱及其动态变化[83]。他们发现尽管在 DNA 甲基化组中呈现广泛的亲代不对称,在主要合子基因组激活(ZGA)后亲代基因组之间的染色体易接近性在总体上相当。通过整合顺式调控元件和单细胞转录组图谱,他们构建出了早期发育的调控网络,帮助确定了一些重要的谱系专向分化调控因子。最后,研究人员发现在主要合子基因组激活之前一些顺式调控元件及相关开放染色质的活性下降。令人惊讶的是,他们观察到在次要合子基因组激活过程中许多位点显示在整个转录单位上有一些非典型的大开放染色质结构域,这支持了存在一种不同寻常的松散的染色质状态。这些研究数据揭示出伴随早期哺乳动物发育的一种独特的时空染色质结构动态变化[83]。

7.7　染色质结构与精准医学

通过遗传关联研究和与临床医学紧密接轨来实现人类疾病的精准治疗和有效预警,推动个体化基因组学和表观遗传组学的研究,依据个人基因信息和表观遗传信息为癌症及其他疾病患者制订个体化治疗方案,给恰当的人在恰当的时间内使用恰当的治疗,继续引领医学进入全新精准医学的时代。基因测序的广泛应用意味着科学家可以检测大量的癌症基因组序列,然而到目前为止,研究表明大部分的癌症基因突变被归为表观遗传修饰,这使得基因测序在疾病诊断中的局限性越来越明显。由于真核基因组被精确组装进染色质,所以这些"组装"信息在 DNA 相关的生物学过程中如转录、DNA修复和复制等占据核心的作用,与个体发育和肿瘤发生等息息相关,因此染色质结构是外界环境通过表观遗传机制调控基因表达的窗口。同时,肿瘤基因组的测序工作为了解人类各种体细胞中基因组突变率的差异性提供了直接信息[62]。通过对各种遗传学和表观遗传学特征的差异性分析研究者发现,肿瘤细胞基因组的突变率与染色质组织方式存在显著的相关性,而且这种基因组突变率和染色质组织结构的紧密相关性在不同组织样本和不同类型的基因组突变中都有发现。这暗示染色质的结构形式很可能是人类体细胞突变率的主要影响因素[84]。所以,测定这些表观遗传或染色质状态变化可以前所未有地深入了解在个体患者中起作用的疾病机制,这对于更好地诊断及制订特定患者特异性的治疗方案具有重要意义。

7.7.1　染色质结构与肿瘤和其他疾病的诊断

研究人员利用染色质可接近性分析技术,鉴别出了所有慢性淋巴细胞白血病患者很有可能共享的一种特殊基因网络,进一步证实开放染色质特征图谱分析在慢性淋巴细胞白血病疾病亚型的识别、预后预测方面具有实用性,这表明染色质可接近性可以作为疾病的表观遗传学生物标志物,尤其是对具有广泛异质性的疾病具有重要的临床应用价值[85]。同时,研究人员通过对比透明细胞性肾细胞癌(clear cell renal cell carcinoma,ccRCC)样本中染色质可接近性分析的数据和 DNA 甲基化分析的数据发现,有很多位点的染色质可接近性下降而 DNA 甲基化水平并未发生变化,并且鉴定出一些染色质可接近性下降的区域位于透明细胞性肾细胞癌相关的基因上[86]。同样,利用优化的

FAIRE-Seq 技术,研究人员分析了透明细胞性肾细胞癌临床样本中肿瘤细胞的染色质可接近性和 DNA 甲基化的特异性变异。研究结果发现,在许多基因位点,DNA 甲基化水平没有发生变化,但是染色质可接近性发生了显著的降低。此外,FAIRE-Seq 分析还鉴定出正常细胞和肿瘤细胞特异性的基因表达调控元件,在肿瘤相关的一些基因中,染色质可接近性发生明显的下降[86]。利用类似的技术方法,研究人员也研究了透明细胞性肾细胞癌中染色质可接近性变化与表观遗传调控因子之间的关系,发现组蛋白修饰酶 SETD2 的突变可以导致肿瘤细胞中染色质可接近性的变异及 RNA 可变剪接的功能缺陷[87]。通过比较神经干细胞和胶质母细胞瘤细胞中的 DNA 甲基化和染色质可接近性,研究人员发现在肿瘤细胞群体中存在异质性,这些肿瘤细胞的异质性可能是由不同类型肿瘤细胞中表观遗传性质和染色质结构的差异决定的[88]。除了肿瘤患者外,研究人员通过 ATAC-Seq 技术,在 T 细胞中全面分析了调控序列的活性,揭示了调控组(regulome)惊人的个体差异,并发现开关模式存在个体差异的基因大多与自身免疫疾病有关,而且许多免疫系统基因的开关情况存在显著的性别差异[89]。利用 FAST-ATAC-Seq 技术(一种针对血液细胞的优化的 ATAC-Seq 方法),通过对 13 种人源的原代血细胞(这些细胞覆盖了整个造血系统的各个层次)进行研究,科学家鉴定了各种指导血细胞分化的调控因子,并进一步揭示了与各种人类疾病发生相关的遗传因素的细胞谱系的个体发生、发育过程,在急性白血病中染色质可接近分析揭示肿瘤细胞面临逐渐增大的突变压力。这一研究揭示这种调控元件的异质性可以鉴别肿瘤细胞特异的变异,同时发现 HOX 因子是白血病前期造血干细胞特定的核心调控因子,为以后设计药物在白血病发生早期阻断这个调控程序打下基础[90]。在另外一项研究中,全基因组关联分析表明,90%以上的 2 型糖尿病相关 DNA 变异发生在非编码区域;对骨骼肌细胞进行 ATAC-Seq 分析发现骨骼肌中组织特异性基因调控区域主要富集在肌肉特异的增强子,其中一些和 2 型糖尿病全基因组关联分析得到的一些变异位点重合[91]。因此,通过对各种人类肿瘤患者的染色质状态和表观遗传组学的变异进行大规模分析,可以鉴别出各类肿瘤特异性的染色质和表观遗传学改变,从而为后期有效区分疾病类型或开发更多针对患者的个体化疗法等提供新思路,也证实了表观遗传分析在临床诊断和精准医学中的可行性[85]。

如上所述,DNase Ⅰ超敏位点可以为哺乳动物细胞中转录调控元件和开放染色质状态提供重要信息,但传统的 DNase-Seq 需要上百万的细胞量。在最近的一项研究中,科学家发展了一种全新的超灵敏的单细胞 DNase-Seq(single-cell DNase sequencing, scDNase-Seq)技术来检测单细胞水平上全基因组的 DNase 超敏位点。利用这一新技术进行研究发现,在不同的单细胞中,高表达基因的启动子和增强子富含多个与基因活跃相关的组蛋白化学修饰,同时这些区域的染色质呈现组成性染色质开放状态,但是对于那些带有较少组蛋白化学修饰的染色质区域则呈现出较大的染色质开放状态差异。另外,单细胞染色质开放状态可以预测调控细胞特异性基因表达程序的增强子,而细胞间染色质开放状态的差异性则可以用来预测细胞间基因表达的差异。利用 scDNase-Seq 对正常细胞和肿瘤细胞(可以从癌症患者的组织切片中获得)进行仔细分析,发现了几千个肿瘤细胞特异的染色质开放状态,其中许多染色质开放状态和肿瘤发生相关的启动子和增强子密切相关。因此,scDNase-Seq 技术极大地扩展了染色质开放状态/DNase-Seq 分析在基础科学研究和转化医学上的应用,也为个体化医学中的临床诊断和个体化治疗提供了有用信息[92]。同样,通过建立自动化单细胞染色质可接近性图谱的研究方法(scATAC-Seq),研究人员对淋巴母细胞瘤和其他多种肿瘤细胞系进行了染色质可接近性图谱分析,发现将这些单细胞数据合并分析后得到的结果与用 DNase-Seq 或者 ATAC-Seq 从细胞群体中得到的可接近性图谱具有很高的相关性[82]。研究人员还发现,处于不同复制期的结构域染色质可接近性的变异性增加,不同的转录因子可以通过协同或者竞争性结合的作用促进或者抑制染色质可接近性中位点与位点的可变性,与高可变性相关的转录因子是细胞类型特异的,以及在单细胞中染色质状态与组蛋白修饰也与染色质可接近性变化相关[82]。因此,单细胞的可接近性图谱分析可以帮助人们明确转录因子协同作用最终是促进还是抑制了细胞与细胞之间的调控变化。

7.7.2　染色质结构与肿瘤起源和转移

　　一些基因突变是癌症背后的推动力,但它们并非均等地分布在癌细胞的基因组中。有 2%～5% 的癌症患者并不清楚其癌症的原发部位。起源不明的癌症给制订治疗决策提出了挑战。"突变特征"的这种变化有可能受到了染色质结构和表观基因组学的影响,后者在不同细胞类型之间显示出很大的差异。通过检测不同种类癌症患者的基因组序列如何对应特定肿瘤的独特染色质结构和表观基因组图谱(从 100 多种细胞类型中收集来的数据资源),可以预测这种肿瘤的起源细胞类型,或许还会为研究人员提供一些关于癌症形成早期的新见解[93]。

在发育及疾病进展过程中发生的表型改变是由基因表达变化所驱动,后者自身则由编码区染色质结构状态支配调控。近期的一些研究工作已开始在探讨正常细胞与癌细胞之间的染色质状态改变,以确定几种癌细胞系的染色质特征。驱动肿瘤细胞侵袭、转移、散播和定居的基因表达程序发生广泛的改变,这或许是一些转移相关表型改变的必要条件。但当前对于驱动原发肿瘤转变为具有转移扩散能力的癌细胞的特异调控改变仍知之甚少。在许多癌症中,癌细胞的扩散才是最致命的威胁。科学家们一直在尝试阻断癌细胞的转移途径,但目前成效并不理想。小细胞肺癌是一种高分级的神经内分泌癌症,小细胞肺癌细胞能够离开原发肿瘤,建立手术无法治愈的转移病灶,这是导致患者死亡和治疗难以取得成功的一个重要原因。研究人员从人类小细胞肺癌遗传工程小鼠模型中分离出了来自原发肿瘤和转移病灶的纯癌细胞群,研究了驱动这一致命癌症转移的分子机制[94]。通过分析全基因组的染色质可接近性特征,他们鉴定了在癌症转移进程中整个基因组许多远端调控元件的开启。这些改变与 NFIB 基因位点拷贝数扩增相关联,而且 NFIB 的转录因子结合位点高度富集在这些差异性可接近位点。NFIB 激活了促进转移的神经元特异的基因表达,并驱动了小细胞肺癌细胞的转移能力[94]。因此,了解癌细胞中染色质结构状态突变的机制,可以推动研究人员了解最初导致癌症的事件,以及癌症如何随时间发生演化(如侵袭、转移、散播和定居等)。

7.7.3　染色质结构与肿瘤的治疗

染色质重塑因子和转录因子的突变常常会导致多种肿瘤的发生。通过获得或丧失功能,这些突变可能会导致细胞内开放染色质独特的变化,表示细胞基因组上基因表达调控元件特征的变化。通过高通量的筛选,是否可以鉴定、可以可逆地纠正这些疾病相关的染色质接近性变异的一些小分子,从而开发一些小分子化学探针或潜在的治疗药物。最近,利用 FAIRE-Seq 方法,科学家设计了一种全新的高通量筛选方法,从一个表观遗传学靶标的小分子库中,鉴定出在骨尤因肉瘤中起重要作用的由嵌合转录因子EWSR1-FLI1 介导异常核小体丢失的小分子化合物[95]。研究结果发现,在筛选出来的活性分子中组蛋白去乙酰化酶抑制剂代表了其中最重要的一类。这些活性分子可以通过破坏转录因子 EWSR1-FLI1 的转录,显著地降低其对靶位点染色质的可接近性[95]。这一研究为今后以染色质可接近性为靶标和平台的药物筛选和开发进行了开创性的探索。

7.7.4　核小体定位指纹与肿瘤自身免疫病的临床诊断

为了能够装进细胞核内,基因组 DNA 必须卷曲缠绕及折叠成相当紧密的染色质。当体内组织发生病变和细胞死亡时,染色质不会消失得无影无踪,可在血液中找到其微小的 DNA 片段。近年来对于血浆游离 DNA(cell-free DNA,cfDNA)的研究促成了一种叫作"液体活检"的测试方法,通过简单的采血方法可以诊断及监测某些癌症和其他疾病,鉴别胎儿异常及评估移植器官的健康情况等。尽管这些测试方法显示出巨大的前景,但当前它们的测试范围仍然有限。在最近的一项研究中,研究人员证实采用一种方法有可能克服这些限制,即利用创新技术捕捉血液中游离 DNA 的核小体指纹信息,鉴别出生成这些 cfDNA 的细胞类型[96]。这种新方法有可能扩大液体活检的范围,新方法依赖于分析个体 cfDNA 中看到的碎裂模式,将其与各种医学或生理状况相关的细胞死亡预期情况进行比较。这一研究通过检测 cfDNA 中的碎裂模式,而不是寻找 DNA 中特异的突变或 DNA 甲基化,有可能鉴别出生成这些 cfDNA 的组织,这种测试方法主要检测了每个 DNA 片段的末端,设法鉴别出热点区(相比其他区域更频繁切割的 DNA 部分)。

机体每一种类型的细胞中 DNA 序列是一样的,但是各种类型细胞中 DNA 上的核小体定位方式都略有不同。这些 DNA 上核小体定位方式的差异在生成的 cfDNA 中会留下指纹(指纹标记)。利用来自癌症患者的血液样本,研究人员证实不同类型的癌症在 cfDNA 中留下了不同的核小体指纹。在一些癌症中,研究者能够鉴别出肿瘤的解剖学起源。新测试的优点在于:即使在细胞间遗传完全相同时,它也可以起作用。这种方法有可能用于确诊采用液体活检尚无法检测的杀死细胞的各种各样的疾病,如心脏病、脑卒中(中风)和一些自身免疫病[96]。通过挖掘活性和非活性转录位点的核小体定位信号差异,研究人员开发出了一种方法,即根据 cfDNA 的读取深度模式估计基因表达[97]。之前的 MNase 分析表明,在基因转录起始位点上游,无核小体的 DNA 片段的长度与基因转录活性呈正相关。因此在这项最新的研究中,研究人员首先着手研究与基因表达相关的核小体占位信息是否可通过 cfDNA 进行检测以及 cfDNA 能否反映基因转录活性,之后研究人员进一步扩展了分析,他们获取基因表达谱以便从癌症患者的血液样本中搜索癌症驱动基因。研究人员从 50 名健康男性和 54 名健康女性采集到 179 个血液样本,开展双端测序以鉴定血浆中与核小体相关的核 DNA,用它来评估转录起始位点周围的读取深度模式。研究人员证明，对 2 名乳腺癌患者的循环肿瘤 DNA 进行全基因组测序可获得一致的基因表达和拷贝数图谱。这种方法似乎特别适合检测影响癌症驱动基因的扩增，但它可能不适合在微小残留病的背景下评估循环肿瘤 DNA[97]。

7.8　小结

近年来，表观遗传学和染色质生物学成为研究热点，有望成为肿瘤、糖尿病、炎症、发育障碍、代谢性疾病、心血管疾病、自身免疫病、疼痛、神经系统疾病的诊断和药物研发的基础。表观遗传调控主要包括 DNA 的一些化学修饰以及独立于遗传密码控制基因表达的组蛋白修饰和替换等，而这些表观遗传学修饰决定了每个人类细胞中 2 m 长的 DNA 如何折叠成复杂的染色质结构，从而压缩包装在微米级的细胞核内。在许多疾病中，包括所有的癌症，基因组的表观遗传调控很令人费解，测量表观遗传/染色质状态变化可为特定疾病提供详细的分析，这往往是识别疾病亚型或确定合适治疗的关键信息，因此表观遗传学和染色质结构分析在提高疾病诊断和治疗决策水平上将大有作为。同时，表观遗传学和染色质结构分析克服了基因检测的一些重要的局限性，有助于确保患者在正确的时间得到正确的诊断和正确的药物治疗。

作为基因信息的载体，染色质高级结构的高精度解析为阐明染色质的功能及其表观遗传调控提供了一个重要的研究平台。现有的 11 Å 分辨率的 30 nm 染色质纤维左手双螺旋冷冻电镜结构并不能完全阐释 30 nm 染色质纤维的所有结构细节，包括 H1 与 H1 之间相互作用和核小体-核小体之间相互作用的细节等。随着冷冻电子显微镜技术的发展，冷冻电子显微镜解析的结构已经可以达到接近 X 射线晶体学的水平（≤4 Å）。作为超大生物大分子复合物，更高分辨率染色质纤维结构的解析以及含有不同染色质结合因子包括 MeCP2、MBT 蛋白和 HP1 等的染色质纤维结构的解析无疑是阐释染色质高级结构及其表观遗传调控作用机制的最佳途径，对理解表观遗传调控的分子机制具有重大意义。近年来，各种单分子技术也被应用于研究染色质高级结构的动态变化，单分子力谱（磁镊和光镊）技术可以精确测量 30 nm 染色质高级结构形成和解聚时结构和能量的变化，为研究不同表观遗传学因子对 30 nm 染色质结构建立和维持的调控也提供了有利条件。另外，细胞核内 30 nm 染色质纤维结构的解析还存在挑战。由于细胞核内复杂的调控环境（如组蛋白变体、组蛋白化学修饰、染色质重塑因子、连接 DNA 序列和长度等)，染色质纤维的结构一直处于高度动态变化的状态，以应对不同的功能需求，因此 30 nm 染色质纤维在这种环境下很可能因为高度的动态变化而不易捕捉，这使得研究细胞核内 30 nm 染色质纤维的精细结构变得异常困难。一些新技术的发展为解决这个问题带来希望。Frangakis 等人利用冷冻电子断层扫描技术观察鸡血红细胞，发现细胞核内存在较短的"Z"字构象 30 nm 染色质。利用相干 X 射线衍射成像可以获得细胞中染色质纤维的三维结构，结合冷冻制样技术和 X 射线自由电子激光技术，图像的分辨率可达到 10 nm 左右。还有软 X 射线断层扫描技术和冷冻荧光共聚焦扫描成像等超高分辨率成像技术的发展，都为解析细胞内染色质纤维的高级结构提供了新的技术方法。

参考文献

[1] Kornberg R D. Chromatin structure：a repeating unit of histones and DNA [J]. Science，1974，184(4139)：868-871.

[2] Luger K，Mader A W，Richmond R K，et al. Crystal structure of the nucleosome core particle at 2. 8 Å resolution [J]. Nature，1997,389(6648)：251-260.

[3] Thoma F，Koller T，Klug A. Involvement of histone H1 in the organization of the nucleosome and of the salt-dependent superstructures of chromatin [J]. J Cell Biol，1979,83(2 Pt 1)：403-427.

[4] Bonisch C，Nieratschker S M，Orfanos N K，et al. Chromatin proteomics and epigenetic regulatory circuits [J]. Expert Rev Proteomics，2008,5(1)：105-119.

[5] Andrews A J，Luger K. Nucleosome structure(s) and stability：variations on a theme [J]. Annu Rev Biophys，2011,40：99-117.

[6] Campos E I，Reinberg D，New chaps in the histone chaperone arena [J]. Genes Dev，2010,24(13)：1334-1338.

[7] Fleming A B，Kao C F，Hillyer C，et al. H2B ubiquitylation plays a role in nucleosome dynamics during transcription elongation [J]. Mol Cell，2008,31(1)：57-66.

[8] Suto R K，Clarkson M J，Tremethick D J，et al. Crystal structure of a nucleosome core particle containing the variant histone H2A. Z [J]. Nat Struct Biol，2000,7(12)：1121-1124.

[9] Chen P，Zhao J C，Wang Y，et al. H3. 3 actively marks enhancers and primes gene transcription via opening higher-ordered chromatin [J]. Genes Dev，2013,27(19)：2109-2124.

[10] Szenker E，Ray-Gallet D，Almouzni G. The double face of the histone variant H3. 3 [J]. Cell Res，2011,21(3)：421-434.

[11] Zilberman D，Coleman-Derr D，Ballinger T，et al. Histone H2A. Z and DNA methylation are mutually antagonistic chromatin marks [J]. Nature，2008,456(7218)：125-129.

[12] Redon C，Pilch D，Rogakou E，et al. Histone H2A variants H2AX and H2AZ [J]. Curr Opin Genet Dev，2002,12(2)：162-169.

[13] Chadwick B P，Willard H F. A novel chromatin protein, distantly related to histone H2A, is

largely excluded from the inactive X chromosome [J]. J Cell Biol，2001,152(2)：375-384.

[14] Costanzi C，Pehrson J R. Histone macroH2A1 is concentrated in the inactive X chromosome of female mammals [J]. Nature，1998,393(6685)：599-601.

[15] Henikoff S，Dalal Y. Centromeric chromatin：what makes it unique [J]. Curr Opin Genet Dev，2005,15(2)：177-184.

[16] Black B E，Foltz D R，Chakravarthy S，et al. Structural determinants for generating centromeric chromatin [J]. Nature，2004,430(6999)：578-582.

[17] Black B E，Jansen L E，Maddox P S，et al. Centromere identity maintained by nucleosomes assembled with histone H3 containing the CENP-A targeting domain [J]. Mol Cell，2007,25(2)：309-322.

[18] Black B E，Brock M A，Bedard S，et al. An epigenetic mark generated by the incorporation of CENP-A into centromeric nucleosomes [J]. Proc Natl Acad Sci U S A，2007，104（12）：5008-5013.

[19] Tachiwana H，Kagawa W，Shiga T，et al. Crystal structure of the human centromeric nucleosome containing CENP-A [J]. Nature，2011,476(7359)：232-235.

[20] Kalashnikova A A，Porte-Goff M E，Muthurajan U M，et al. The role of the nucleosome acidic patch in modulating higher order chromatin structure [J]. J R Soc Interface，2013，10（82）：20121022.

[21] McGhee J D，Nickol J M，Felsenfeld G，et al. Higher order structure of chromatin：orientation of nucleosomes within the 30 nm chromatin solenoid is independent of species and spacer length [J]. Cell，1983,33(3)：831-841.

[22] Woodcock C L，Frado L L，Rattner J B. The higher-order structure of chromatin：evidence for a helical ribbon arrangement [J]. J Cell Biol，1984,99(1 Pt 1)：42-52.

[23] Williams S P，Athey B D，Muglia L J，et al. Chromatin fibers are left-handed double helices with diameter and mass per unit length that depend on linker length [J]. Biophys J，1986,49(1)：233-248.

[24] Schalch T，Duda S，Sargent D F，et al. X-ray structure of a tetranucleosome and its implications for the chromatin fibre [J]. Nature，2005,436(7047)：138-141.

[25] Robinson P J，Fairall L，Huynh V A，et al. EM measurements define the dimensions of the "30-nm" chromatin fiber：evidence for a compact，interdigitated structure [J]. Proc Natl Acad Sci U S A，2006,103(17)：6506-6511.

[26] Song F，Chen P，Sun D，et al. Cryo-EM study of the chromatin fiber reveals a double helix twisted by tetranucleosomal units [J]. Science，2014,344(6182)：376-380.

[27] Li G，Reinberg D. Chromatin higher-order structures and gene regulation [J]. Curr Opin Genet Dev，2011,21(2)：175-186.

[28] Misteli T，Gunjan A，Hock R，et al. Dynamic binding of histone H1 to chromatin in living cells [J]. Nature，2000,408(6814)：877-881.

[29] Happel N，Doenecke D. Histone H1 and its isoforms：contribution to chromatin structure and function [J]. Gene，2009,431(1-2)：1-12.

[30] Syed S H，Goutte-Gattat D，Becker N，et al. Single-base resolution mapping of H1-nucleosome interactions and 3D organization of the nucleosome [J]. Proc Natl Acad Sci U S A，2010,107（21）：9620-9625.

[31] Ramakrishnan V，Finch J T，Graziano V，et al. Crystal structure of globular domain of histone

H5 and its implications for nucleosome binding [J]. Nature，1993，362(6417)：219-223.

[32] Hayashi T，Hayashi H，Iwai K. Tetrahymena histone H1. Isolation and amino acid sequence lacking the central hydrophobic domain conserved in other H1 histones [J]. J Biochem，1987，102 (2)：369-376.

[33] Patterton H G，Landel C C，Landsman D，et al. The biochemical and phenotypic characterization of Hho1p，the putative linker histone H1 of Saccharomyces cerevisiae [J]. J Biol Chem，1998，273(13)：7268-7276.

[34] Wisniewski J R，Zougman A，Kruger S，et al. Mass spectrometric mapping of linker histone H1 variants reveals multiple acetylations，methylations，and phosphorylation as well as differences between cell culture and tissue [J]. Mol Cell Proteomics，2007，6(1)：72-87.

[35] Koop R，Di Croce L，Beato M. Histone H1 enhances synergistic activation of the MMTV promoter in chromatin [J]. EMBO J，2003，22(3)：588-599.

[36] Daujat S，Zeissler U，Waldmann T，et al. HP1 binds specifically to Lys26-methylated histone H1.4，whereas simultaneous Ser27 phosphorylation blocks HP1 binding [J]. J Biol Chem，2005，280(45)：38090-38095.

[37] Kamieniarz K，Izzo A，Dundr M，et al. A dual role of linker histone H1.4 Lys 34 acetylation in transcriptional activation [J]. Genes Dev，2012，26(8)：797-802.

[38] Zhou B R，Jiang J，Feng H，et al. Structural mechanisms of nucleosome recognition by linker histones [J]. Mol Cell，2015，59(4)：628-638.

[39] Fan J Y，Rangasamy D，Luger K，et al. H2A.Z alters the nucleosome surface to promote HP1alpha-mediated chromatin fiber folding [J]. Mol Cell，2004，16(4)：655-661.

[40] Fang J，Liu Y，Wei Y，et al. Structural transitions of centromeric chromatin regulate the cell cycle-dependent recruitment of CENP-N [J]. Genes Dev，2015，29(10)：1058-1073.

[41] Dang W，Steffen K K，Perry R，et al. Histone H4 lysine 16 acetylation regulates cellular lifespan [J]. Nature，2009，459(7248)：802-807.

[42] Jason L J，Finn R M，Lindsey G，et al. Histone H2A ubiquitination does not preclude histone H1 binding，but it facilitates its association with the nucleosome [J]. J Biol Chem，2005，280 (6)：4975-4982.

[43] Rochman M，Malicet C，Bustin M. HMGN5/NSBP1：a new member of the HMGN protein family that affects chromatin structure and function [J]. Biochim Biophys Acta，2010，1799 (1-2)：86-92.

[44] Simon J A，Kingston R E. Mechanisms of polycomb gene silencing：knowns and unknowns [J]. Nat Rev Mol Cell Biol，2009，10(10)：697-708.

[45] Georgel P T，Horowitz-Scherer R A，Adkins N，et al. Chromatin compaction by human MeCP2. Assembly of novel secondary chromatin structures in the absence of DNA methylation [J]. J Biol Chem，2003，278(34)：32181-32188.

[46] Trojer P，Li G，Sims R J，et al. L3MBTL1，a histone-methylation-dependent chromatin lock [J]. Cell，2007，129(5)：915-928.

[47] Woodcock C L. Chromatin fibers observed in situ in frozen hydrated sections. Native fiber diameter is not correlated with nucleosome repeat length [J]. J Cell Biol，1994，125(1)：11-19.

[48] Horowitz R A，Agard D A，Sedat J W，et al. The three-dimensional architecture of chromatin in situ：electron tomography reveals fibers composed of a continuously variable zig-zag nucleosomal ribbon [J]. J Cell Biol，1994，125(1)：1-10.

[49] Scheffer M P, Eltsov M, Frangakis A S. Evidence for short-range helical order in the 30-nm chromatin fibers of erythrocyte nuclei [J]. Proc Natl Acad Sci U S A, 2011, 108 (41): 16992-16997.

[50] Scheffer M P, Eltsov M, Bednar J, et al. Nucleosomes stacked with aligned dyad axes are found in native compact chromatin in vitro [J]. J Struct Biol, 2012, 178(2): 207-214.

[51] Kizilyaprak C, Spehner D, Devys D, et al. In vivo chromatin organization of mouse rod photoreceptors correlates with histone modifications [J]. PLoS One, 2010, 5(6): e11039.

[52] Graziano V, Gerchman S E, Schneider D K, et al. Histone H1 is located in the interior of the chromatin 30-nm filament [J]. Nature, 1994, 368(6469): 351-354.

[53] Arceci R J and Gross P R. Sea urchin sperm chromatin structure as probed by pancreatic DNase I: evidence for a noval cutting periodicity [J]. Dev Biol, 1980, 80(1): 210-224.

[54] Khachatrian A T, Pospelov V A, Svetlikova S B, et al. Nucleodisome-a new repeat unit of chromatin revealed in nuclei of pigeon erythrocytes by DNase I digestion [J]. FEBS Lett, 1981, 128(1): 90-92.

[55] Maeshima K, Imai R, Tamura S, et al. Chromatin as dynamic 10-nm fibers [J]. Chromosoma, 2014, 123(3): 225-237.

[56] Nishino Y, Eltsov M, Joti Y, et al. Human mitotic chromosomes consist predominantly of irregularly folded nucleosome fibres without a 30-nm chromatin structure [J]. EMBO J, 2012, 31(7): 1644-1653.

[57] Hsieh T H, Weiner A, Lajoie B, et al. Mapping nucleosome resolution chromosome folding in yeast by micro-C [J]. Cell, 2015, 162(1): 108-119.

[58] Grigoryev S A, Bascom G, Buckwalter J M, et al. Hierarchical looping of zigzag nucleosome chains in metaphase chromosomes [J]. Proc Natl Acad Sci U S A, 2016, 113(5): 1238-1243.

[59] Weintraub H, Groudine M. Chromosomal subunits in active genes have an altered conformation [J]. Science, 1976, 193(4256): 848-856.

[60] Wu C, Wong Y C, Elgin S C, The chromatin structure of specific genes: II. Disruption of chromatin structure during gene activity [J]. Cell, 1979, 16(4): 807-814.

[61] Gross D S, Garrard W T. Nuclease hypersensitive sites in chromatin [J]. Annu Rev Biochem, 1988, 57: 159-197.

[62] Tsompana M, Buck M J. Chromatin accessibility: a window into the genome [J]. Epigenetics Chromatin, 2014, 7(1): 33.

[63] Noll M, Subunit structure of chromatin [J]. Nature, 1974, 251(5472): 249-251.

[64] Schones D E, Cui K, Cuddapah S, et al. Dynamic regulation of nucleosome positioning in the human genome [J]. Cell, 2008, 132(5): 887-898.

[65] Valouev A, Johnson S M, Boyd S D, et al. Determinants of nucleosome organization in primary human cells [J]. Nature, 2011, 474(7352): 516-520.

[66] Neph S, Vierstra J, Stergachis A B, et al. An expansive human regulatory lexicon encoded in transcription factor footprints [J]. Nature, 2012, 489(7414): 83-90.

[67] Thurman R E, Rynes E, Humbert R, et al. The accessible chromatin landscape of the human genome [J]. Nature, 2012, 489(7414): 75-82.

[68] Boyle A P, Davis S, Shulha H P, et al. High-resolution mapping and characterization of open chromatin across the genome [J]. Cell, 2008, 132(2): 311-322.

[69] Hesselberth J R, Chen X, Zhang Z, et al. Global mapping of protein-DNA interactions in vivo by

digital genomic footprinting [J]. Nat Methods, 2009,6(4): 283-289.

[70] Lu F, Liu Y, Inoue A, et al. Establishing chromatin regulatory landscape during mouse preimplantation development [J]. Cell, 2016,165(6): 1375-1388.

[71] Brogaard K, Xi L, Wang J P, et al. A map of nucleosome positions in yeast at base-pair resolution [J]. Nature, 2012,486(7404): 496-501.

[72] Ishii H, Kadonaga J T, Ren B. MPE-seq, a new method for the genome-wide analysis of chromatin structure [J]. Proc Natl Acad Sci U S A, 2015,112(27): E3457-E3465.

[73] Nagy P L, Cleary M L, Brown P O, et al. Genomewide demarcation of RNA polymerase Ⅱ transcription units revealed by physical fractionation of chromatin [J]. Proc Natl Acad Sci U S A, 2003,100(11): 6364-6369.

[74] Giresi P G, Kim J, McDaniell R M, et al. FAIRE (Formaldehyde-Assisted Isolation of Regulatory Elements) isolates active regulatory elements from human chromatin [J]. Genome Res, 2007,17(6): 877-885.

[75] Song L, Zhang Z, Grasfeder L L, et al. Open chromatin defined by DNase I and FAIRE identifies regulatory elements that shape cell-type identity [J]. Genome Res, 2011,21(10): 1757-1767.

[76] Gaulton K J, Nammo T, Pasquali L, et al. A map of open chromatin in human pancreatic islets [J]. Nat Genet, 2010,42(3): 255-259.

[77] Yang C C, Buck M J, Chen M H, et al. Discovering chromatin motifs using FAIRE sequencing and the human diploid genome [J]. BMC Genomics, 2013,14: 310.

[78] Hurtado A, Holmes K A, Ross-Innes C S, et al. FOXA1 is a key determinant of estrogen receptor function and endocrine response [J]. Nat Genet, 2011,43(1): 27-33.

[79] Eeckhoute J, Lupien M, Meyer C A, et al. Cell-type selective chromatin remodeling defines the active subset of FOXA1-bound enhancers [J]. Genome Res, 2009,19(3): 372-380.

[80] Hogan G J, Lee C K, Lieb J D. Cell cycle-specified fluctuation of nucleosome occupancy at gene promoters [J]. PLoS Genet, 2006,2(9): e158.

[81] Buenrostro J D, Giresi P G, Zaba L C, et al. Transposition of native chromatin for fast and sensitive epigenomic profiling of open chromatin, DNA-binding proteins and nucleosome position [J]. Nat Methods, 2013,10(12): 1213-1218.

[82] Buenrostro J D, Wu B, Litzenburger U M, et al. Single-cell chromatin accessibility reveals principles of regulatory variation [J]. Nature, 2015,523(7561): 486-490.

[83] Wu J, Huang B, Chen H, et al. The landscape of accessible chromatin in mammalian preimplantation embryos [J]. Nature, 2016,534(7609): 652-657.

[84] Schuster-Bockler B, Lehner B. Chromatin organization is a major influence on regional mutation rates in human cancer cells [J]. Nature, 2012,488(7412): 504-507.

[85] Rendeiro A F, Schmidl C, Strefford J C, et al. Chromatin accessibility maps of chronic lymphocytic leukaemia identify subtype-specific epigenome signatures and transcription regulatory networks [J]. Nat Commun, 2016,7: 11938.

[86] Buck M J, Raaijmakers L M, Ramakrishnan S, et al. Alterations in chromatin accessibility and DNA methylation in clear cell renal cell carcinoma [J]. Oncogene, 2014,33(41): 4961-4965.

[87] Simon J M, Hacker K E, Singh D, et al. Variation in chromatin accessibility in human kidney cancer links H3K36 methyltransferase loss with widespread RNA processing defects [J]. Genome Res, 2014,24(2): 241-250.

［88］ Nabilsi N H，Deleyrolle L P，Darst R P，et al. Multiplex mapping of chromatin accessibility and DNA methylation within targeted single molecules identifies epigenetic heterogeneity in neural stem cells and glioblastoma ［J］. Genome Res，2014，24(2)：329-339.

［89］ Qu K，Zaba L C，Giresi P G，et al. Individuality and variation of personal regulomes in primary human T cells ［J］. Cell Syst，2015，1(1)：51-61.

［90］ Corces M R，Buenrostro J D，Wu B，et al. Lineage-specific and single-cell chromatin accessibility charts human hematopoiesis and leukemia evolution ［J］. Nat Genet，2016，48(10)：1193-1203.

［91］ Scott L J，Erdos M R，Huyghe J R，et al. The genetic regulatory signature of type 2 diabetes in human skeletal muscle ［J］. Nat Commun，2016，7：11764.

［92］ Jin W，Tang Q，Wan M，et al. Genome-wide detection of DNase I hypersensitive sites in single cells and FFPE tissue samples ［J］. Nature，2015，528(7580)：142-146.

［93］ Polak P，Karlic R，Koren A，et al. Cell-of-origin chromatin organization shapes the mutational landscape of cancer ［J］. Nature，2015，518(7539)：360-364.

［94］ Denny S K，Yang D，Chuang C H，et al. Nfib Promotes Metastasis through a Widespread Increase in Chromatin Accessibility ［J］. Cell，2016，166(2)：328-342.

［95］ Pattenden S G，Simon J M，Wali A，et al. High-throughput small molecule screen identifies inhibitors of aberrant chromatin accessibility ［J］. Proc Natl Acad Sci U S A，2016，113(11)：3018-3023.

［96］ Snyder M W，Kircher M，Hill A J，et al. Cell-free DNA comprises an in vivo nucleosome footprint that informs its tissues-of-origin ［J］. Cell，2016，164(1-2)：57-68.

［97］ Ulz P，Thallinger G G，Auer M，et al. Inferring expressed genes by whole-genome sequencing of plasma DNA ［J］. Nat Genet，2016，48(10)：1273-1278.

8

染色质的高级结构(二)：
三维基因组学与精准医学

三维基因组学是一个崭新的研究领域,是指在综合考虑基因组序列和基因结构的情况下,研究基因组在细胞(核)内的三维空间结构,以及其对 DNA 复制、DNA 损伤修复、基因转录等生物功能的影响。增强子和启动子之间的远程交互作用可以调控基因的转录,是一个典型的三维基因组学例子。近几年,随着显微技术和染色体构象捕获技术的进步,尤其是在美国国立卫生研究院(NIH)于 2015 年启动了四维细胞核组学(4D nucleome)计划后,三维基因组学有了很大的发展。本章将介绍三维基因组学的背景、研究基因组三维结构的实验方法和数据分析方法、基因组三维结构和功能的关系及三维基因组学在人类疾病研究中的进展,以期为精准医学的发展和应用提供理论依据和实践参考。

8.1 基因组结构和功能的联系

自然界中,"结构决定功能"是一个普遍规律;同时,一定的功能要求具有相应的结构来适应。比如,在化学中具体体现为分子的结构决定分子的物理化学性质,进而决定其功能。在生物学中这个规律也不例外。蛋白质的结构决定其性质,进而决定其功能。例如,诺贝尔奖获得者安芬森(Christian Boehmer Anfinsen)在 1960 年研究发现,核糖核酸酶的去折叠和重折叠过程由其一级序列决定,而核糖核酸酶的三维空间结构是其执行功能的基础。这项工作表明,蛋白质的一级序列对其三维结构和功能具有重要的影响,是一个很好的"结构决定功能"的例子。目前在生物学中已经有大量蛋白质结构和功能方面的研究。但人们对基因组序列与其三维结构之间的关系,更进一步的基因组结构与功能之间的关系知之甚少。以人类基因组为例,人们对其三维结构和功能之间的关系了解更少[1]。

目前已知,人类参考基因组由 30 亿个核苷酸组成,如果将一个人类细胞中的染色体拉成直线的话可以长达约 2 m;这样长的基因组序列需要经过上万倍的压缩,才能包裹在微米数量级的细胞核中,同时还要保证具有一定的可接触性来实现 DNA 复制、DNA 损伤修复、基因转录等生物学功能。在这一压缩过程中,直径为 2 nm 的双螺旋 DNA 先缠绕在由组蛋白 H2A、H2B、H3 和 H4 组成的八聚体上形成核小体,多个核小体连接在 DNA 序列上形成"串珠"形式的染色质纤维,其压缩比为 6～7∶1,此为 DNA 的一级结构,其直径为 10 nm 左右。进而,这些核小体进一步压缩形成螺旋状排列、直径为 30 nm 的染色质纤维,其压缩比约为 40∶1。随后,这些 30 nm 的染色质纤维进一步压缩形成直径为 700 nm、压缩比为 700∶1 左右的高级结构。最后,这些 700 nm 的高级结构进一步压缩形成 1.4 μm 左右、压缩比为 10 000∶1 左右的异染色质和压缩比为 1 000∶1左右的常染色质[2]。在形成核小体的组蛋白中,氨基端(N 端)和羧基端(C 端)的多种氨基酸残基能够进行多种翻译后修饰(post-translational modification,PTM),如甲基化、乙酰化、磷酸化、泛素化和 ADP 核糖基化等。这些修饰作用能够调节核小体与 DNA 间的相互作用,进而调控 DNA 的可接触性,招募不同的转录因子,从而调控基因的表达,影响基因组的三维结构。要维持人体各种细胞的基本功能,基因组在细胞核内必定有精细的三维结构,从而通过协同作用,完成细胞内 DNA、RNA 和蛋白质等各种分子参与的多种生物化学反应过程。

目前,研究人员对 2 nm 的 DNA 双螺旋结构和 10 nm 的核小体结构已经有了详细的研究,对 30 nm 染色质纤维有了新的发现[3],对 700 nm 以上的高级结构可以在显微镜下进行观察。然而,对于 30～700 nm 之间的基因组结构及其功能知之甚少。当前的很多工作就是集中在 30～700 nm 之间的基因组结构及其功能的研究。

随着几个大的国际合作项目如人类基因组计划(Human Genome Project,HGP)[4, 5]、DNA 元件百科全书计划(Encyclopedia of DNA Elements,ENCODE)[6]、癌症基因组图谱计划(The Cancer Genome Atlas,TCGA)[7]和国际癌症基因组联盟计划(International Cancer Genome Consortium,ICGC)[8]、表观基因组学路线图计划(Roadmap Epigenomics Project)[9]以及国际人类表观基因组联盟计划(International Human Epigenome Consortium,IHEC)[10]的部署和完成,越来越多的新基因和调控元

件被发现。人类基因组计划研究结果表明,蛋白质编码基因仅占人类全基因组的 2％左右。ENCODE 的研究表明,80％以上的人类基因组序列可以被转录,说明这些序列可能参与了生物学过程并具有相应的生物学功能。大量调控元件的发现和全基因组关联分析(genome-wide association study,GWAS)的研究结果表明,大部分调控元件和 GWAS 发现的功能性单碱基变异都在基因组的非编码区。如何找到这些调控元件的目标基因,成为目前研究人员面临的一个重要任务。

已有的研究结果表明,很多调控元件是通过染色质远程交互作用调控目标基因的转录。这些结果使研究人员对基因组的认识已经不仅仅局限于一维的线性 DNA 序列,而是延展到基因组的三维结构及表观遗传特征如染色质的交互作用等层面进行探索。现在研究人员知道,除了基因组的遗传密码外,表观基因组特征对基因组的三维结构具有重要影响,进而在基因的调控上发挥了极其重要的作用。例如,从 DNA 线性距离来看,顺式作用元件如增强子可以调控在序列上与其邻近的基因,同时也可以调控在线性序列上距离很远的基因,因为即使增强子和其所调控基因的线性距离很远,也能在转录因子的协同作用下被带到空间距离上很近的目标基因处发挥作用。Visel 和 Rubin 等对全基因组增强子的远程调控情况进行了研究,发现增强子参与的远程调控在细胞、组织的发育及疾病的发生、发展过程中具有重要作用,如 *limb* 增强子能够调控在 DNA 序列上与其相距 1 Mb(million bases,1×10^6 个碱基)的 *SHH* 基因[11]。不仅如此,DNA 调控元件更能将不同染色体上的两个基因在三维空间拉得很近,进而达到同时调控不同染色体上基因功能的目的。这一新的认识将给未来的相关研究带来深远影响。因此,为了探究细胞核内这些精细的三维结构及其相关功能,美国国立卫生研究院于 2015 年启动了作为重点探索项目的四维细胞核组学(4D Nucleome)计划,将在 5 年内投资1.5 亿美元,系统地研究基因组在细胞核内部的三维空间结构(3D)及其在细胞分裂和发育过程中的动态变化,即时间作为第四维(4D)。

8.2 基因组结构简介

三维基因组学是指在综合考虑基因组线性序列和基因结构的情况下,研究基因组三维结构对 DNA 复制、DNA 损伤修复、基因转录等生物功能的调控和影响[12]。基因组的三维折叠形式对基因的转录具有重要作用,原因在于 DNA 元件和它们的靶基因在线性基因组上并不总是相互邻近的[13]。在发育过程中，同一来源的胚胎干细胞逐渐分化，基因组在时间和空间上进行基因的选择性表达，通过不同基因表达的开启或关闭，最终产生差异性的蛋白质组，从而形成形态、结构、功能特征各不相同的细胞类群。在正常的细胞周期过程中，结构迥异的常染色质和异染色质之间存在着相互转化的现象[14]。这一过程中的基因选择性表达，涉及微妙且精确的基因组三维结构的动态变化。下面从不同角度介绍基因组的结构。

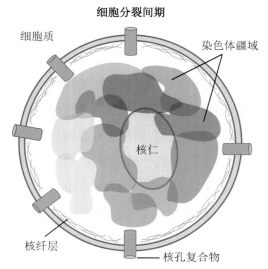

细胞分裂间期

图 8-1　人类基因组在细胞核内的三维空间结构图

此图显示的是人类细胞分裂间期染色体疆域的结构。核孔复合物显示为穿透核膜的孔结构。核仁显示为淡黄色。核纤层表示为双层核膜内丝状物。在核膜和核仁之间的不同颜色区域，表示不同染色体在细胞核内所处的空间。每条染色体所处的空间，称为染色体疆域

从影像学角度来看，真核生物的基因组包含在细胞核内，双层膜结构的核膜将细胞核和细胞质分离为独立的部分，细胞核中有基因组的 DNA 复制机器和基因转录机器，细胞质中有蛋白质组的翻译机器。这种隔离结构实现了基因组和蛋白质组调控的相对独立性。一般来说，细胞核的结构是由核内的几个子（亚）结构组成，包括核膜（nuclear envelope）、核孔复合物（nuclear pore complex）和核仁（nucleolus）（见图 8-1）[15]。其中核膜主要由外层核膜（outer nuclear membrane）、内层核膜（inner nuclear membrane）及核纤层结构（nuclear lamina）组成。染色质与核纤层相互作用形成长度为 0.1～10 Mb 的核纤层结合域（lamina-associated domains），这一结构域通常包含非活性基因所在的异染色质区域。核纤层结合域在序列上通常具有保守、低 GC 含量和包含较少基因等特性。也有少量的核纤层结合域具有细胞和组织特异性，它们通常具有高 GC 含量并与特异表达的基因相关联[16]。核孔复合物在基因的表达调控方面具有重要的作用。核孔复合物周围通常是异染色质排斥区（heterochromatin exclusion zones），并具有进化保守性且调控着细胞核和细胞质之间的物质运输[15]。最里层的是核仁，它是 rRNA 合成和前体组装发生的部位，通常具有高度压缩的性质，能够在显微镜下观察到。最近的单细胞动力学研究表明，核仁存在着核仁

相关结构域(nucleolus-associated domains)，它与核纤层结合域具有显著的重叠性，在序列上通常具有保守、低 GC 含量和包含较少基因的特性[17]。

根据分辨率从低到高(对应于从宏观结构到微观结构，同时对应于不同的实验方法；见图 8-2)来看，全基因组的各个染色体首先折叠占据不同的核内区域并和核内其他染色体相互作用。比如，人类的 19 号染色体是一条较小(约 59 Mb)且富含基因的染色体，倾向居于细胞核内更靠中心的位置；而 18 号染色体(约 80 Mb)虽然比 19 号染色体大，但含有的基因数目比较少，更多地处于靠近细胞核膜的位置[18]。针对不同染色体在细胞核所处的空间不同，研究人员提出了染色体疆域(chromosome territories)的概念[19]。单条染色体折叠形成区室结构(compartments)A 和 B，A 区室结构表示开放活性区域，而 B 区室结构表示关闭沉默区域。区室结构内部由拓扑结构域(topologically associated domain，TAD)组成，拓扑结构域通常在不同的细胞和组织中具有一定的保守性。在拓扑结构域内部，进一步可以区分为亚拓扑结构域，亚拓扑结构域是由染色质远程交互作用和 DNA 缠绕在核小体上形成的基本结构单元组成。染色质区室、拓扑结构域和亚拓扑结构域相互嵌套的结构是由交互作用的两个 DNA 片段的动态作用调控的。对于不同分辨率的基因组三维结构，相对应的实验技术在图 8-2 的右边标出，下节将详细介绍。

从基因组的角度来看，目前的研究表明基因组结构具有层次性[20]，根据各个层次中单位结构的基因组序列长度从小到大分为以下类别[21]：近程调控染色质交互作用(cis-regulatory chromatin interaction loops)，长度在 5～300 kb；亚拓扑结构域(sub-TAD)，长度在 0.1～1 Mb；拓扑结构域，长度在 1 Mb 左右；超级拓扑结构域(meta-TAD)，长度在 1～5 Mb 之间；A 区室和 B 区室(compartments)，长度在 5 Mb 左右；染色体疆域(chromosome territories)，长度在 50～250 Mb 之间。这几个不同的基因组层次结构如图 8-2 所示。

从发育过程中是否改变的角度来看，拓扑结构域可以分为兼性(facultative)和组成性(constitutive)两种子结构，具体如图 8-3 所示[22]。兼性和组成性子结构分别含有一个抑制和一个活性的区域，兼性子结构中拓扑结构域的内部结构和大小均会在发育过程中发生改变；组成性子结构的拓扑结构域在发育过程中仅涉及拓扑结构域内部结构的改变，而拓扑结构域的大小保持不变。

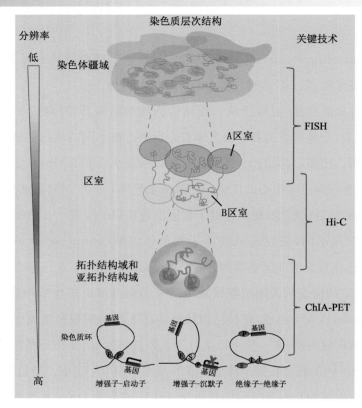

图 8-2 不同尺度的染色质层次结构及相关实验方法

染色质结构可以表示为 4 个不同的层次：染色体疆域、区室结构、拓扑结构域和染色质交互作用。图中从上到下表示染色质结构的分辨率依次从小到大，对应的实验研究方法依次为荧光原位杂交技术(FISH，分辨率低)、高通量染色体构象捕获技术(Hi-C，分辨率居中)和基于配对末端标签测序的染色质交互作用分析技术(ChIA-PET，分辨率高)。染色体及其疆域用粉色标注，A 区室/B 区室结构单独突出显示，然后是拓扑结构域和亚拓扑结构域，最后是染色质交互作用。目前没有直接证据表明 A 区室/B 区室结构与拓扑结构域在分辨率上存在较大差异。染色质交互作用的结构有 3 种形式，分别表示为：增强子-启动子、增强子-沉默子和绝缘子-绝缘子(图片修改自参考文献[15])

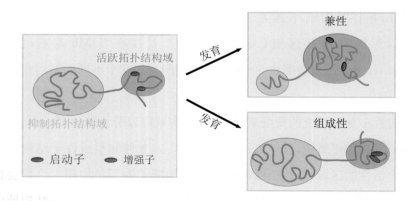

图 8-3 调节发育基因表达程序的兼性和组成性拓扑结构域模型

活跃的拓扑结构域用粉红色表示，非活跃的拓扑结构域用黄绿色表示。右上图表示兼性的拓扑结构域，在发育过程中拓扑结构域的大小发生了变化；右下图表示组成性拓扑结构域，在发育过程中拓扑结构域的大小保持不变(图片修改自参考文献[22])

这些大小各异的基因组层次结构均在不同程度上体现了细胞的功能,但这些不同层次的基因组结构又是怎样调控基因在正确的时间(细胞周期和发育过程)和空间(细胞和组织)上表达,进而实现基因的不同功能的呢? 目前已经有几款工具,从高通量染色体构象捕获(high-throughput chromosome conformation capture,Hi-C)[23]技术产生的DNA测序数据中解析这种层次结构。比如,Weinreb和Raphael开发的TADtree[24]方法,Filippova和PatroRarmatus等开发的armatus[25]方法,王小滔和彭城等开发了HiTAD[26]软件。Fraser和Ferrai等的研究表明,基因组的层次结构和细胞的分化、组蛋白与转录因子的结合及基因的转录密切相关[27]。Phillips-Cremins和Sauria等研究了细胞发育过程中基因组三维结构的改变与Smc1、Med12和CTCF等几种转录因子之间的关系[28]。进一步的基因组结构与细胞功能、基因组结构与疾病,以及基因型和其相关表型、物种形成之间的具体关系是当前和今后基因组学,尤其是三维基因组学研究的重点。

8.3　研究基因组三维结构的方法

目前,研究基因组三维结构的方法分为两大类:第一类是基于光学显微技术和DNA探针技术的成像方法,可以观测单个细胞中特定DNA序列在细胞核内的共定位信息;第二类方法是基于染色质序列在空间中邻近连接的原理,并结合DNA测序技术,对大量DNA片段间的共定位进行分析。两类方法的分辨率已经在图8-2中给出,下面分别对这两类方法进行介绍。

8.3.1　基因组三维构象捕获的荧光显微实验方法

生物学家对细胞核三维结构的研究是从显微实验观察开始的。1885年,Rabl就观察到细胞核中存在不同的染色体区域[19]。随着现代荧光染色技术和显微技术的发展,研究人员发现细胞核中存在不同的结构。确定细胞核内的组织和染色质构象的显微方法主要是荧光原位杂交技术(fluorescence *in situ* hybridization,FISH)。FISH技术的基本原理是,将用荧光素或生物素等标记的核苷酸探针与变性后的染色体、细胞或组织中的核酸按照碱基互补配对原则进行杂交,形成杂交体,通过免疫荧光系统检测,从而对待测DNA或RNA进行定性、定量或相对定位分析。这种细胞遗传学方法被广泛应用到生物学及其相关领域中。研究人员利用光学显微技术和 DNA 探针技术观察到了细胞间期染色体的分布和构象，以及单个基因与基因之间的空间相对位置，并发现染色体结构重组与细胞类型和疾病发生、发展等生物过程相关[19, 29]。在临床上，FISH 技术可以用来对染色体数目变化或基因组结构变异引起的疾病进行诊断。FISH 还可用于检测和定位细胞、循环肿瘤细胞和组织样品中特异性的 RNA 靶标[mRNA、长非编码 RNA（lncRNA）和微 RNA（microRNA）]，帮助定义细胞和组织内基因表达的空间-时间模式。

敏感性和分辨率是 FISH 方法首要考虑的两个问题。敏感性主要依赖于特定显微镜的光捕获能力。由于探针的大小与光信号强度成正相关，同时与分辨率成反相关，因而如何确定探针的大小是 FISH 实验需要考虑的重要因素。例如，质粒探针的大小通常用来度量染色质的压缩性或用来对远程交互作用的两个基因在三维空间进行共定位。而 FISH 探针的大小通常为 40 kb，可测量基因组距离不小于 100 kb 的染色质远程交互作用。为突破这一分辨率限制，研究人员开发出大小为几万个碱基对的基于寡聚核苷酸的探针，能对比 100 kb 更小的染色质空间构象进行定位[30]。

在 FISH 基本实验方法的基础上，研究人员开发出了各种改进的方法，如二维 FISH（2D-FISH）、三维 FISH（3D-FISH）和 cryo-FISH 等。与传统 FISH 方法相比，2D-FISH 增加了将细胞在低渗缓冲液中溶胀并用甲醇和乙酸固定的步骤，以使核平整，从而允许进行二维显微镜检查（在 Z 方向上不调节焦点）。2D-FISH 能够对比较松散的染色质构象进行捕获，能对核外围和核中心的基因进行共定位。Williamson 和 Eskeland 等[31]对发育过程中细胞的染色质构象进行了观测，分辨率达到百万碱基以下。但 2D-FISH 只能对基因组三维构象映射后的二维平面进行观察，不能对三维空间中的两个点进行直接观测，因此 3D-FISH 应运而生。3D-FISH 通过甲醛对细胞进行固定，同时采用去污剂如 Triton X-100 维持细胞形态，然后在不同平面上采集细胞的二维图像，通过这些不同焦平面的二维图像重构细胞的三维图像。3D-FISH 技术已经与活体细胞成像技术融合以实现对染色质的拓扑结构进行观测。Lomvardas 实验室应用 3D-FISH 技术对三维空间中的增强子与嗅觉受体基因进行了共定位研究[32]。Williamson 等研究了 B 细胞发育过程中免疫球蛋白的重链构象和区室结构的动态变化，揭示了免疫球蛋白中相互作用的蛋白结构域的空间限制是 Igh 编码元件之间基因组相互作用的主要驱动力[33]。cryo-FISH 是指对薄（厚约 150 nm）的且用蔗糖处理并固定的冰冻切片的细胞或组织采用的 FISH 方法。cryo-FISH 主要用来对细胞间期染色质构象的空间位置进行定位研究。

华人科学家庄小威课题组进一步使用超分辨率成像(super-resolution imaging)方法对单细胞中转录活性染色质状态、非转录活性染色质状态和多梳抑制染色质状态的空间组织进行了比较分析,发现它们具有不同的空间结构,如"多梳抑制区域"在空间上与其他区域分离且具有高度压缩的紧凑组织特性,进而导致在这种状态下的基因表达受到强烈的抑制[34]。此外,基于 Oligopaint FISH(一种通过改进 FISH 探针,使用寡聚文库作为可再生 FISH 探针,从而增强荧光信号的 FISH 方法)技术,他们开发了新的成像方法,建立了大量基因组区域在细胞分裂间期染色体(20、21、22 或 X 染色体)上的超分辨率图谱。他们发现,拓扑结构域以极化的方式组成染色质 A 区室和 B 区室,分别富含活跃和非活跃的染色质[35]。

传统的荧光各向异性显微成像技术往往只能观察简单样本的荧光偏振。对于复杂样本,由于阿贝衍射极限的存在,荧光的偏振会受到众多荧光团的影响,从而只能观察到平均效果。Zhanghao 等人从荧光强度和荧光各向异性方面进行考虑,利用荧光的偏振特性(fluorescence polarization),解析出超分辨荧光偶极子取向,并提出了一种新的超分辨技术——SDOM[36]。SDOM 技术不仅提升了成像的空间分辨率,也提升了探测荧光团偶极子方向的精度,同时非常适用于活细胞观察。该技术可以对哺乳动物细胞中核孔复合体的一些特定蛋白质进行成像,以更好地了解核孔复合体某些蛋白质的旋转和动力学是怎样影响基因组三维结构的。核孔复合体对于染色体在细胞核内的定位及基因组的三维结构非常重要。因此,Zhanghao 等利用 SDOM 技术对酵母细胞的核孔复合体进行了 SDOM 成像,得到了世界上第一张核孔的偏振超分辨图像[36]。

8.3.2 染色体构象捕获技术

由于显微成像技术采用的方法存在衍射极限,导致分辨率较低,限制了从更精细的角度观察基因组的三维空间结构,因而,基于细胞核内染色质空间邻近连接[37]的染色体构象捕获(chromosome conformation capture,3C)技术[38]应运而生,从而可以精准地在分子水平上检测基因位点之间的交互作用。随着新一代测序技术的高速发展,研究人员基于 3C 技术研发出了更强大的新方法用来研究染色质交互作用和基因组的结构,代表性的方法包括环状染色体构象捕获或者基于芯片的染色体构象捕获(circular chromosome conformation capture, or chromosome conformation capture-on-chip, 4C)[39,40]、染色体构象捕获碳拷贝(chromosome conformation capture carbon copy,5C)[41]、高通量染色体构象捕获技术(high-throughput chromosome conformation capture,Hi-C)[23]和基于配对末端标签测序的染色质交互作用分析(chromatin interaction analysis by paired-end tag sequencing,ChIA-PET)[42]等。

3C 技术是由 Dekker 和同事在 2002 年开发的用于检测染色质邻近空间位点交互作用的捕获技术[38]。一般而言,3C 技术的实验步骤包括细胞核交联,染色质酶切,然后将空间距离近的不同染色质片段邻近连接,最后进行 PCR 扩增和检测等。3C 技术及其衍生实验方法的假设是:在三维空间邻近的染色质位点比空间距离远的两个位点之间更容易被交联在一起,其交互作用的频率在实验测量的细胞群体中也高。相比较而言,FISH 及其衍生实验可以直接观察染色质不同位点在单个细胞核内的共定位;而 3C 及其衍生技术测量的是染色质不同位点在细胞群体中的平均交互作用频率,这些交互作用频率需要进一步转换为三维空间距离。目前也有一些单细胞 3C 及其衍生技术出现,但由于细胞数量的限制,其分辨率通常都比较低[43]。

3C 技术一经问世,研究人员就大量应用此方法研究染色质不同位点的空间构象。比如,在研究 β-球蛋白基因表达和细胞核区室结构在红细胞发育和分化过程的变化中,发现增强子和启动子形成的环状交互结构(loops)对基因表达具有重要的调节作用[44]。同时,研究也发现在全基因组上存在着大量的增强子和启动子间的顺式(cis)和反式(trans)交互作用,这种交互作用对基因的表达、沉默、印记和 X 染色体的失活等生物学功能均具有重要的作用[45]。

值得注意的是,3C 技术主要用来捕获染色质上两个特定的限制性酶切片段位点和位点间的交互作用(one-to-one),通量不高,同时分辨率较低。由于这种限制,研究人员基于染色质邻近连接的思路,开发出了各种高通量的染色体构象捕获技术,图 8-4 是相关技术的总结。与 3C 技术相比,4C 技术[39, 40]可以检测特定目标区域与全基因组其他所有位点交互作用的染色体构象(one-to-all)。5C 技术[41]对目标区域的限制性位点设计一系列引物,进而在基因组上一定的范围内对染色质进行剪切,捕获多个给定位点之间的交互作用(many-to-many)。Hi-C 技术[23],直接在全基因组水平上对邻近连接的片段进行高通量测序,能检测全基因组范围内所有交互作用的染色体构象(all-to-all)。in situ Hi-C 技术[46]在原来的 Hi-C 技术上进行了改进,一是在细胞核内进行原位交联,降低了随机连接的噪声;二是应用四碱基酶进行酶切,有效地提高了分辨率(最高分辨率可以达到 1 kb)。Hi-C 技术问世后,被广泛应用于相关的各个研究领域。例如,基因

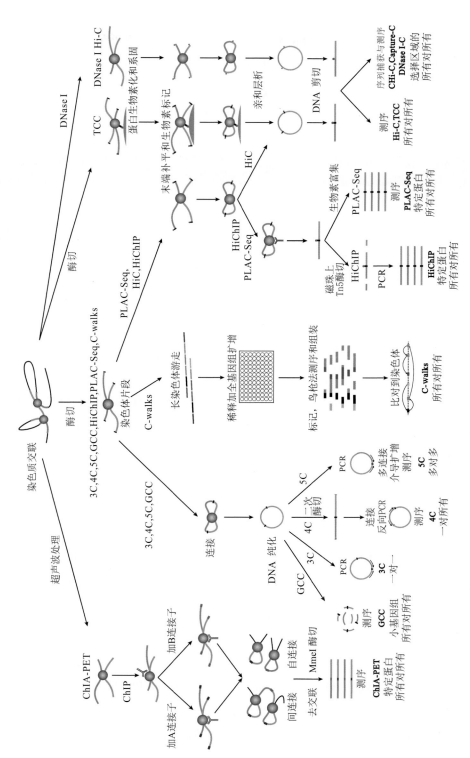

图 8-4 染色体构象捕获技术及其衍生技术

(图片修改自参考文献[47])

组的空间结构与基因组的特性（如复制时间）紧密关联[48]；染色质空间结构的区室变化与细胞的发育和分化相关[49]；染色体内部的交互作用和不同染色体之间的交互作用与由 DNA 双链断裂产生的转座子相关[50]，同时还与物种的选择和进化相关联[51]。表 8-1 列出了部分已经发表的来自不同物种的 Hi-C 研究文章。

表 8-1　部分已经发表的 Hi-C 研究

物　种　名　称		实验方法	参考文献
新月柄杆菌	*C. crescentus*	Hi-C	[52]
酿酒酵母	*S. cerevisiae*	Hi4C	[53]
裂殖酵母	*S. pombe*	Hi-C	[54]
恶性疟原虫	*P. fulciparum*	Hi-C	[55]
拟南芥	*A. thaliana*	Hi-C	[56-59]
黑腹果蝇	*D. melanogaster*	Hi-C	[60]
小鼠	*M. musculus*	Hi-C	[61,62]
人	*H. sapiens*	Hi-C *in situ* Hi-C	[61] [46]

Hi-C 方法能从全基因组的角度对染色质空间构象的交互作用位点进行捕获，而且可以通过增加细胞的数量，如将细胞数量从数百万提高到数千万甚至数十亿，在一定程度上提高全基因组水平捕获的 DNA 片段之间交互作用的分辨率。但是它仍然存在着对特定区域捕获的特异性不足、分辨率不够等问题，同时也不能提供染色质交互作用位点间的具体信息。因此基于传统的 3C 和 Hi-C 方法，最近有一些改进方法出现，如限制构象捕获（tethered conformation capture，TCC）[63]、捕获 Hi-C（Capture Hi-C）[64]、连接产物富集（enrichment of ligation products，ELP）[65]、唯一分子标识–环状染色体构象捕获（unique molecular identifier-circular chromosome conformation capture，UMI-4C）[66]、Micro-C[67]、基于微球菌核酸酶的远程连接染色体折叠分析（micrococcal nuclease-based analysis of chromosome folding using long x-linkers，Micro-C XL）[68]、CATCH-Seq[69]、染色体游走（chromosomal walks，C-walks）[70]、原位 Hi-C（*in situ* Hi-C）[46]、DNase Hi-C[71]、启动子捕获 Hi-C（promoter capture Hi-C，PC Hi-C）[72]、桥接 Hi-C（Bridge Linker Hi-C，BL Hi-C）[73]等。TCC 是 Hi-C 方法的改进，在连接步骤之前，加入链霉抗生物素蛋白包被的磁珠降低生物素标记蛋白质-DNA 相互作用复合物的含量，以达到降低染色体间的 DNA 片段随机交互作用的目的，从而提高检测信号的信

噪比[63]。UMI-4C[66]是对 4C 技术的改进，主要是对交互作用进行了过滤，仅捕获唯一分子标记的交互作用对，提高了交互作用片段的敏感性和特异性。Micro-C[67]和 Micro-C XL[68]则是以核小体为基本单位研究染色体 DNA 片段间的交互作用，提高了信噪比。电离辐射诱导的空间相关 DNA 测序(ionizing radiation-induced spatially correlated cleavage of DNA with sequencing，RICC-Seq)方法[74]以核小体为基本单位对 DNA 片段间的交互作用进行测序，精度达到了 1～3 个核小体。与传统的 Hi-C 方法相比，Capture Hi-C[64]主要是多了对靶向区域进行富集这一步，如对启动子进行富集而改进的 Promoter Capture Hi-C 等[72]。Capture Hi-C 具有提高 Hi-C 方法的特异性并降低实验成本等优点，但也存在忽略了小片段间交互作用的不足[75]。

前面基于 Hi-C 的方法，都是对两个 DNA 片段之间的染色质交互作用进行检测。根据生物学知识研究人员认为，可能存在多个 DNA 片段在细胞核中共定位，对特定基因的转录进行调控。最近，Olivares-Chauvet 和合作者利用三代测序的长片段测序技术开发了染色体游走方法[70]，对由多个 DNA 片段邻近连接形成的 DNA 片段进行全长测序，这样可以发现多个 DNA 位点的交互作用。该研究发现，染色体之间的交互作用相对较少，仅占所有交互作用的 7%～10%；约有一半的交互作用局限在同一染色体的拓扑结构域内部；4 个及以上片段的交互作用约占所有交互作用的 48%；8 个及以上片段的交互作用约占所有交互作用的 14%。

虽然 Hi-C[23]及其衍生实验在不同物种中均得到了广泛的应用，但其对特定区域的特异性不足、分辨率不够等问题仍无法得到有效的解决。在 Hi-C 技术开发的同时期，阮一骏教授团队开发了 ChIA-PET 技术[42, 76]。ChIA-PET 是包含了染色质免疫沉淀(ChIP)在内的全基因组染色质远程交互作用检测技术，可以在基因组范围富集特定蛋白介导的染色质交互作用和空间结构。这种实验技术的步骤是：首先对交互作用的 DNA 片段进行交联和超声波裂解，然后用与 DNA 交互作用的蛋白质如转录因子 CTCF 和雌激素受体 ER 等对 DNA 片段进行富集，接着加入不同的连接子(linker)对邻近的交互作用片段进行环化，最后进行 PCR 扩增和测序分析。与 Hi-C 实验一样，ChIA-PET 也是对细胞群体的基因组三维结构进行测量，不同的是 ChIA-PET 利用特定抗体对参与染色质交互作用的蛋白质和 DNA 片段进行富集，增强了信号的特异性，降低了噪声。因此采用何种蛋白抗体对 DNA 片段进行富集是 ChIA-PET 实验成功的一个重要考虑因素。

目前利用 ChIA-PET 方法研究的转录因子和组蛋白有绝缘子结合蛋白 CTCF[77]、

RNA 聚合酶Ⅱ（RNAP Ⅱ）[78]、雌激素受体（ER）[42]、黏连蛋白（cohesin）[79]、糖皮质激素受体（GR）[80]和 H3K4me2[81]等。其中通用转录因子 CTCF 和 RNAP Ⅱ介导的染色质交互作用分别描绘了基因组的三维空间构象和基因转录结构上的机制，从而能够很好地阐述基因组空间结构和功能的关系。具体地说，CTCF 被认为是"结构蛋白"[82]，是维持基因组基本结构必不可少的转录因子；而 RNAP Ⅱ直接参与了所有蛋白编码基因和许多非编码基因的转录表达，其作用是维持基因的正常功能。部分已经发表的 ChIA-PET 数据和相关蛋白如表 8-2 所示。

表 8-2　部分已发表的 ChIA-PET 数据及相关蛋白质和细胞

细胞系或组织	蛋白质	物种	参考文献
MCF7	ER-α	人类	[42]
ESC	CTCF	小鼠	[83]
MCF7，K562，HeLa，HCT116，NB4	RNAP Ⅱ	人类	[78]
CD4+T 细胞	H3K4me2	人类	[81]
HUVEC	RNAP Ⅱ	人类	[84]
11.5 天的小鼠胚胎肢芽	黏连蛋白（SMC1A）	小鼠	[85]
ESC，B 细胞	RNAP Ⅱ	小鼠	[86]
ESC，NSC，NPC	RNAP Ⅱ	小鼠	[87]
K562，GM12878	H3K4me1，H3K4me2，H3K4me3，H3K27ac，RNAP Ⅱ，RAD21	人类	[79]
ESC	黏连蛋白（SMC1）	小鼠	[88]
GM12878	CTCF	人类	[77]
HeLa	RNAP Ⅱ，p300	人类	[80]
ESC	黏连蛋白（SMC1）	人类	[89]

注：ESC，embryonic stem cell，胚胎干细胞；GM12878，人 B 细胞系；HCT116，人结肠癌细胞系；HeLa，人宫颈癌细胞系；HUVEC，人脐静脉内皮细胞系；K562，人慢性髓细胞性白血病细胞系；MCF7，人乳腺癌细胞系；NB4，急性早幼粒细胞白血病细胞系；NSC，neural stem cell，神经干细胞；NPC，neural progenitor cell，神经祖细胞

最近，Chang 团队和 Ren 团队在 Hi-C 技术的基础上，增加了 ChIP 的步骤，分别开发了功能类似的 HiChIP[90]和 PLAC-Seq[91]方法。这两个方法是在传统的 Hi-C 实验完成后，用特定的抗体富集感兴趣蛋白质所参与的染色质远程交互作用。与 ChIA-PET 技术一样，用这两种方法检测到的染色质远程交互作用有特定蛋白质参与，便于功能验证，同时可以降低总的测序量，减少测序成本。然而，由于 Hi-C 技术中要使用酶切，所

以这两类技术产生数据的分辨率受到酶切位点的限制。

在这些方法中，应用最广、影响力最大的是 ChIA-PET[42, 76] 和 Hi-C[23]。ChIA-PET 和 Hi-C 方法都应用染色质空间邻近连接技术，并对连接的 DNA 片段进行测序分析，检测全基因组范围的染色质交互作用，由此可以推断 DNA 片段间的空间距离，从而有可能模拟出基因组的三维空间构象。从操作上讲，Hi-C 技术较简单易行；但在数据质量上，ChIA-PET 具有 Hi-C 所没有的绝对优势，如数据的高特异性、高分辨率以及数据的多面性和包容性，因此具有更广阔的应用前景。

8.4 三维基因组数据处理、结构识别以及三维建模

应用上述高通量的实验方法捕获到交互作用的 DNA 片段之后，后续的分析包括如何将其比对到相应的基因组并转换成 DNA 片段交互作用的频率。表 8-3 列出了近几年出现的三维基因组数据处理软件，总结了目前大部分基因组三维数据处理方法及其特点，如处理的实验对象、输入数据、分析的基本特点、所采用的计算机语言等。这些方法的步骤大致包括[92]：①对测序得到的交互作用 DNA 读段(reads)进行去接头(linker filtering)；②将参与交互作用的 DNA 片段分别比对到参考基因组；③对比对到参考基因组上的读段依据 DNA 交互作用的类型进行片段分类，包括来自单一 DNA 片段的自连接和不同 DNA 片段的交互作用，需要过滤掉自连接的 DNA 片段和不同的噪声，保留不同 DNA 片段间的交互作用；④对保留的交互作用读段的分布情况进行统计，计算出交互作用的峰值(peak)及其位置，并对不同 DNA 片段间的交互作用频率进行校正和归一化。下面将对各步骤进行详细介绍。

Hi-C 测序数据处理过程主要包括序列比对、去除噪声和偏好校正等步骤，得到各个 DNA 片段的交互作用频率矩阵(简称为互作矩阵或交互矩阵)。序列比对通常是将双端测序的读段分别比对到参考基因组。需要注意的是，经过酶切和连接步骤产生的新 DNA 片段中间会产生特定的 DNA 序列位点，称为接合位点(ligation junction)，因此读段可能会跨过这种结合位点而导致其不能比对到参考基因组。不同软件采用不同的策略处理这个问题。HiC-Inspector[93]、HiCdat[94] 和 HIPPIE[95] 等软件未考虑接合位点，直接将读段比对到参考基因组上，取唯一比对读段进行后续分析。Hiclib[96] 采用了一种迭代的比对策略，从 25 bp 开始，每轮取原始读段的前一小部分进行比对，未被唯一

表 8-3 部分基因组三维数据处理方法和可视化

软 件	适用数据类型	输 入 文 件	软件分析范围	计算机语言或平台	参考文献
3D Genome Browser	Hi-C, ChIA-PET, Capture Hi-C, PLAC-Seq	多组学数据	染色质交互作用数据可视化	基于互联网	[97]
3DG	5C	引物群和交互矩阵	(1) 设计 5C 引物群; (2) 可视化	基于互联网	[98]
Basic4Cseq	4C	比对文件	(1) 生成限制酶切片段文库; (2) 过滤 4C 数据和比对; (3) 可视化; (4) 质量控制	R	[99]
ChiaSig	ChIA-PET	交互矩阵	基于非中心化的超几何分布,检测显著的交互作用	Python/R	[100]
ChIA-PET Tool	ChIA-PET	原始测序文件	(1) 接头过滤; (2) 数据比对到参考基因组; (3) 检测染色质远程交互作用和转录因子结合位点	Python/Java	[92]
ChIA-PET2	ChIA-PET	原始测序文件	(1) 接头过滤; (2) 数据比对到参考基因组; (3) 检测染色质远程交互作用和转录因子结合位点	C++, R 和 Shell Script	[101]
CytoHiC	HiC	交互矩阵	用 Cytoscape 插件进行 Hi-C 数据可视化比较	Cytoscape	[102]
DiffHiC	HiC	比对文件	差异交互分析	R	[103]
Fit-Hi-C	HiC	交互矩阵	—	Python	[104]
fourSig	4C	比对文件	(1) 4C 数据过滤,数据比对到参考基因组; (2) 检测显著的交互作用; (3) 可视化	Perl/R	[105]

（续表）

软 件	适用数据类型	输 入 文 件	软件分析范围	计算机语言或平台	参考文献
GOTHiC	HiC	原始测序文件	通过二项式检验检测交互作用	R	[106]
HiBrowse	HiC, TCC	比对文件	—	Python	[107]
HiCdat	HiC	原始测序文件	—	R	[94]
HiC-inspector	HiC, TCC	原始测序文件	(1) 数据比对到参考基因组；(2) 基于酶切位点的数据过滤；(3) 交互计数；(4) 热图可视化	Perl/R	[93]
HiCNorm	HiC, TCC	交互矩阵	交互矩阵归一化	R	[108]
HiCorrector	HiC, TCC	交互矩阵	交互矩阵归一化	C	[109]
Hi-Cpipe	HiC, TCC	比对文件	估计 Hi-C 数据偏差，交互矩阵归一化	Perl/R	[110]
HiC-Pro	HiC, TCC	原始测序文件	(1) 数据比对到参考基因组；(2) 交互计数；(3) 可视化	C++/Python/Bash	[111]
HiCa0t	Hi-C, TCC	比对文件	(1) 4C数据过滤，数据比对到参考基因组；(2) 交互矩阵归一化；(3) 检测显著的交互作用；(4) 可视化	C 和 R	[58]
HiCUP	Hi-C, TCC	原始测序文件	(1) 数据比对到参考基因组；(2) 数据过滤；(3) 质量控制；(4) 生成 BAM/SAM 文件，便于其他软件的后续分析	Perl, R	[112]

（续表）

软　件	适用数据类型	输入文件	软件分析范围	计算机语言或平台	参考文献
HiFive	5C, HiC	比对文件	(1) 4C数据过滤，数据比对到参考基因组； (2) 交互矩阵归一化； (3) 检测显著的交互作用、结构域边界； (4) 三维建模	Python	[113]
HIPPIE	HiC, TCC	原始测序文件	(1) 数据比对到参考基因组； (2) 质量控制； (3) 检测显著的交互作用； (4) 整合表观遗传数据进行增强子-基因相互作用预测	Shell	[95]
HOMER	HiC, TCC	比对文件	(1) 交互矩阵归一化； (2) 检测显著的交互作用； (3) 亚接区间分析； (4) 交互矩阵分析； (5) 可视化	Perl	[114]
ICE	HiC, TCC	原始测序文件	(1) 数据比对到参考基因组； (2) 应用迭代法进行交互矩阵归一化	Python	[96]
Juicer	HiC	原始测序文件	将原始测序文件转化为交互矩阵和远程交互	Java	[115]
Juicebox	HiC	交互矩阵	可视化	Java	[116]
TADLib	HiC	交互矩阵	检测拓扑结构域内部结构和层次结构	Python、R	—
LACHESIS	HiC, TCC	比对文件	基于 Hi-C 基因组从头组装	Perl/Shell/C/R	[117]
Mango	ChIA-PET	原始测序文件	(1) 接头过滤； (2) 数据比对到参考基因组； (3) 检测染色质远程交互作用和转录因子结合位点	R	[118]

（续表）

软　　件	适用数据类型	输　入　文　件	软件分析范围	计算机语言或平台	参考文献
MICC	ChIA-PET	原始测序文件	(1) 接头过滤； (2) 数据比对到参考基因组； (3) 检测染色质远程交互作用和转录因子结合位点	R	[119]
my5c	5C	交互矩阵	—	Php	[98]
QuIN	HiC、ChIA-PET	多组学数据	染色质交互数据可视化	基于互联网	[120]
r3Cseq	4C	比对文件	(1) 4C数据过滤，数据比对到参考基因组； (2) 交互矩阵归一化； (3) 检测显著的交互作用； (4) 可视化	R	[121]
R3CPET	ChIA-PET	交互矩阵	检测相互作用因子复合物	R	[122]
WashU Epigenome Browser	HiC、TCC、3C、4C、5C、ChIA-PET	多组学数据	染色质交互数据可视化	基于互联网	[123]

比对上的读段进入下一轮比对环节，延伸 5 bp 后重新比对，直到延伸至读段全长，最后整合各轮比对得到的唯一比对读段作为最终结果。HiCUP[112] 和 HiC-Pro[111] 则直接扫描读段中是否存在接合位点，如果有，则将序列从接合位点分开，将接合位点前后的序列分别进行序列比对。

Hi-C 测序读段中有很多噪声序列，常见的噪声序列包括未连接序列、自连接序列、PCR 重复序列及其他噪声序列，噪声序列类型的详细介绍可见参考文献[96]。目前常用的 Hi-C 数据处理软件均支持噪声过滤。

由于限制性内切酶酶切、DNA 片段连接、PCR 扩增和比对等过程均有一定的偏好性，原始 Hi-C 数据具有较强的偏好性，不同软件使用了不同模型对 Hi-C 数据的偏好性进行校正和归一化。常见的归一化主要从以下 3 个方面考虑：①对相关的实验影响因素进行校正和归一化，这些因素主要包括 DNA 片段的 GC 含量、酶切片段的长度和比对的能力等[124]；②根据交互作用对 DNA 片段的概率分布偏好进行校正，如均匀分布、泊松分布和超几何分布等；③联合校正方法，综合考虑实验影响因素和交互作用 DNA 片段的分布偏好性进行校正。Yaffe 和 Tanay 首先明确分析了 Hi-C 数据偏好性的来源并提出了概率模型进行校正[124]，但是该方法需要大量计算且参数估计复杂。HiCNorm[108] 则采用了参数化的泊松回归模型简化问题，大幅度提高了 Hi-C 数据偏好性校正的计算速率。Hiclib[96] 使用了基于矩阵平衡(matrix balancing)的计算方法对交互作用频率矩阵进行校正，使得这类方法不需要额外参数且校正速度快。Hi-Corrector[109] 也采用了矩阵平衡策略，但一次仅需要将矩阵的部分内容读进内存，具有速度快和内存占用低的特点，甚至可以在普通计算机上运行。HiC-Pro[111] 也是基于矩阵平衡策略，但采用了稀疏矩阵存储，极大降低了内存占用。HiFive[113] 提供了"Binning"、"Express"和"Probability"3 种校正模型供用户选择。"Binning"基于一种组合概率模型，"Express"可以认为是一种考虑了基因组距离的矩阵平衡方法，"Probability"是一种相乘概率模型。

经过处理后的 Hi-C 数据能够用来寻找显著性交互作用(通常称为峰，peak)、识别结构域和重建染色质三维空间结构。Hi-C 实验得到的 DNA 片段交互作用大致可以分为背景交互作用和显著性交互作用。背景交互作用通常来源于染色质三维空间结构引起的 DNA 片段之间的随机连接，它反映了染色质的总体结构信息。峰是指交互作用频率显著高于同等条件下背景交互作用的 DNA 连接，它们通常在决定染色质高级结构或影响转录调控方面具有重要功能。目前寻找峰的算法通常采用参数化模型检验交互作用频率显著高于背景交互作用的那些 DNA 交互作用。例如，Fit-Hi-C[104] 采用二项分布对同等基因组距离的 DNA 交互作用进行建模，并应用多重检验得到显著性交互作用。HiCCUPS[47, 115] 则采用了泊松分布，它在考虑基因组距离的基础上进一步采用每个待考察对象周边的 DNA 交互作用作为背景交互作用，然后进行多重检验和校正。由于不同算法采用的统计模型、背景交互作用及一些计算细节存在差异，最后寻找到的峰也会存在一定差异。目前人们对峰定位的方法进行了比较，研究它们性能的差异[125]。然而，由于没有"金标准"数据用于系统全面地评价这些方法，对于方法的选取可以根据 Hi-C 实验方案、数据质量和算法特点等因素综合考虑。

Hi-C 研究表明，染色质中存在着拓扑结构域(topologically associating domain，TAD)，这些结构域是组成染色质高级结构的基本单元之一，在生物功能上也起着重要作用。研究人员开发了不同算法来识别拓扑结构域。Dixon 等首先提出了方向性指数(directionality index，DI)来衡量基因组上每个 DNA 片段与其上、下游 DNA 片段间的交互作用偏好，并将方向性指数作为隐马尔科夫模型的输入来识别拓扑结构域边界[61]。基于方向性指数的方法是目前广泛使用的方法之一。TopDom 软件[126] 使用了一个固定大小的窗口在交互作用频率矩阵上沿对角线滑动，计算窗口内的平均交互作用强度，然后将平均交互作用强度的极小值位置定义为结构域的潜在边界，该方法识别的边界具有很好的可重复性和细胞间保守性。随着测序深度和测序质量的提高，研究人员发现不同结构域的内部具有不同的组织模式甚至亚结构域，即层次化结构域。arrowhead 方法[47, 115] 将交互作用频率矩阵进行一种自定义的 arrowhead 转换，根据结构域在变换矩阵中的特征计算自定义的分数，超过一定阈值的分数点即被认为是潜在的结构域顶点。由于 arrowhead 算法直接保留矩阵的二维特征，它可以识别重叠的层次化结构域，这也导致其计算速度较慢。TADtree[24] 和 CaTCH[127] 也能够识别层次化结构域，其思想均为逐层识别不同的层次结构，但是采用顺序不同。TADtree 采用自顶向下的策略，即首先使用与方向性指数相似的方法识别外层结构域，然后再逐步识别内层的亚结构域。CaTCH 则采用自底向上的策略，首先使用小窗口识别底层结构域，然后逐步扩大窗口，识别更高层次的结构域。CaTCH 识别了各种层次结构，没有明确指出哪个层次为拓扑结构域。最近，Wang 等将拓扑结构域进一步约束为全局最优的染色质划分，并在此基础上开发了 HiTAD 软件识别层次化结构域[26]。相比于其他方法，HiTAD 在敏感性、可重复性和细胞间保守性等多个指标上表现更优。此外，Wang 等还提出了聚集偏好性（aggregation preference）来量化结构域内部 DNA 交互作用的分布模式，从而深入分析结构域内部的组织模式，但是其结构域识别依赖于其他算法[128]。研究人员对不同拓扑结构域识别方法也进行了比较，发现不同方法识别出来的拓扑结构域在大小、绝缘性和敏感性等指标上具有差异，建议使用人员根据实际问题使用合适软件，或者使用多个软件进行分析，得到对数据更全面的认识[125, 129]。

基因组三维结构重构（也称为染色质三维建模）通常依据 DNA 片段之间的交互作用频率与其空间距离成反比这一假定，将 DNA 交互作用频率转换为三维空间中的距离，然后应用这些 DNA 位点间的距离重构染色质在三维空间中的结构。表 8-4 列出了部分基因组三维结构建模的方法。目前，已经有综述详细介绍了各种染色质三维空间结构重建的方法及其特征[130, 131]。

表 8-4　部分基因组三维结构重构的方法及其发表年份

方法名称	发表时间	参考文献
ChromSDE	2013 年	[132]
AutoChrom3D	2013 年	[133]
BACH	2013 年	[134]
ShRec3D	2014 年	[135]
InfMod3DGen	2015 年	[136]
3dgnome	2016 年	[137,138]
HSA	2016 年	[139]
LorDG	2016 年	[140]

8.5　三维基因组学的初步应用

自 Hi-C 和 ChIA-PET 实验技术问世以来，研究人员已经将它们大量应用于各个生物相关领域中，发现了很多先前没有发现的现象，近两年更是获得了大批的优秀成果。

8.5.1　Hi-C 技术的应用：区室结构和拓扑结构域

A 区室结构和 B 区室结构：Lieberman-Aiden 等在第一篇 Hi-C 文章[23]中，应用染色质交互作用频率矩阵表示基因组上不同 1 Mb 区间的交互作用强度。通过不同区间的交互强度相关性分析,他们发现基因组可以分为两大类区室结构：A 区室结构和 B 区室结构。A 区室结构表示开放活性区域,富含活跃的基因,很大程度对应于常染色质；而 B 区室结构表示关闭沉默区域,更多包含非活跃的基因,很大程度对应于异染色质。

拓扑结构域：Dixon 等[61]增加测序深度,以更高的分辨率分析了 Hi-C 数据。他们发现人和小鼠的基因组可以分为百万碱基大小的拓扑结构域。这些拓扑结构域与常染色质和异染色质对应,在不同细胞类型和不同物种中相对保守,可能是哺乳动物基因组的一个固有特征。拓扑结构域的边界富集了绝缘子结合蛋白 CTCF、管家基因(housekeeping gene)、tRNA、SINE(短散布元件反转录转座子)等因子,说明这些因子可能在基因组拓扑结构域的形成中起到了一定的作用。

Ulianov 和 Khrameeva 等应用 Hi-C 技术对果蝇(*Drosophila melanogastera*)的四个细胞系(S2、Kc167、DmBG3-c2 和 OSC)进行研究[141],发现拓扑结构域之间的区域,如拓扑结构域间区及拓扑结构域的邻近区,富集较少的绝缘子蛋白 CTCF,富集较多的活性染色质和管家基因,而拓扑结构域内部富集较多的另一种绝缘子蛋白 su(Hw)。通过聚合物模拟结果发现,拓扑结构域是由活性和非活性染色质状态的核小体间相互作用介导形成的。

Battulin 等对小鼠精子细胞和成纤维细胞中的染色质交互作用进行了研究,发现这两种细胞间的染色体三维结构具有高度的相似性,基因组三维结构在形成生殖细胞的过程中并没有发生巨变。两种细胞间约有 30% 的交互作用在交互频率上存在差异,主要是在染色体特定区域存在交互作用增强或丢失的现象。与成纤维细胞相比,精子细胞中富集大量的远程交互作用从而具有更紧致的结构。该研究同时发现,这两种细胞与之前报道的小鼠胚胎干细胞的染色体三维结构也具有高度的相似性,尤其是 A 区室结构、B 区室结构及拓扑结构域在精子和成纤维细胞中的位置是一致的,只是交互作用频率在统计学上存在显著性差异[142]。

Stevens、Lando 和 Basu 等在小鼠上进行了单细胞的 Hi-C 实验,结果表明拓扑结构域和环状交互结构在细胞间具有较大差异,而 A 区室/B 区室结构和核纤层结合域在全基因组上具有相对的保守性[143]。

颉伟实验室对小鼠卵细胞受精前后的发育过程进行了研究[144],结果发现：卵细胞有丝分裂中Ⅱ期的染色质显示出均匀的折叠状态且缺乏明显的拓扑结构域(TAD)和染色质区室结构；受精后，染色质的高级结构减少，随着发育的进行，逐渐形成新的染色质高级结构；合子中来自亲本的两套染色体在空间上彼此分离并显示出不同的区室结构。这种等位基因分离和等位基因区室化现象可以在 8-细胞后期阶段发现。这些结果表明，植入前胚胎中的染色质压缩过程是一个多层次的分级过程，可以在没有合子转录的情况下部分进行。研究人员推测[144]，受精后染色质可能存在一个明显的松弛状态，接着伴随着受精卵的早期发育成熟，染色质高级结构逐渐形成。

刘江实验室对小鼠卵细胞受精前后的发育过程进行研究[145]，结果发现：成熟的卵细胞有丝分裂中 II 期的染色质不存在拓扑结构域结构；精子中超长距离（>4 Mb）的交互作用和染色体间的相互作用更为频繁；合子中父本和母本基因组的高级结构开始是模糊的，在随后的发育过程中逐渐形成；拓扑结构域结构的形成需要 DNA 复制，而不是合子基因组激活；胚胎发育过程中，未甲基化的 CpG 岛在 A 区室中富集，且其甲基化水平降低的程度比 B 区室结构更多。这些结果表明，哺乳动物早期胚胎发育过程中伴随着染色质结构的全局重编程。

Bing Ren 实验室[146]对干细胞分化过程中基因组三维结构的研究发现，尽管拓扑结构域在发育过程中是相对保守的，但仍有大量拓扑结构域内部及拓扑结构域之间的交互作用发生了改变，约有 36% 的活性和非活性的染色质区室结构发生了改变，并且这种改变与等位基因染色质状态的偏好性相关，而这些染色质状态又与启动子和远程增强子的交互作用相关。最近，他们对人类的 21 种组织和细胞的基因组三维结构进行了全面研究，发现那些频繁交互作用的区域富集了超级增强子且与邻近的基因相关联，并具有一定特异性[147]。

Deng 和 Ma 等对雌性小鼠的 X 染色体进行研究[148]，发现两条 X 染色体具有完全不同的三维结构。非活性的 X 染色体具有两个超级结构域，其内部交互作用频繁，并由一个邻近区隔开。这两个超级结构域具有物种的特异性，它们与人类的非活性 X 染色体的两个超级结构域具有较大的差别，但是在 DXZ4 基因的邻近区具有一定的保守性。那些 X 染色体失活逃逸的基因主要分布在染色体三维结构外围的富集 CTCF 和 RNAP II 的结合区域。失活 X 染色体上的非活性等位基因与活性等位基因（X 染色体失活逃逸基因）相比具有较少的染色体内部交互作用。

Giorgetti 和 Lajoie 等[149]对小鼠 X 染色体失活的基因组三维结构进行研究发现，失活的 X 染色体缺少活性或非活性的区室结构和拓扑结构域。逃逸（兼性逃逸和组成性逃逸)基因形成基因簇并显示出类拓扑结构域,从而保留其邻近的启动子和 CTCF 结合位点的 DNA 可接触性。Crane 和 Bian 等[150]对 XX 雌雄同体和 XO 雄性线虫(*Caenorhabditis elegans*)的 X 染色体剂量平衡与基因组三维结构的研究表明,剂量补偿复合物(dosage compensation complex,DCC)通过 X 染色体上的特异性序列(*rex* 位点)结合雌雄同体的两条 X 染色体,以达到将染色体上的基因表达量减少一半的目的。与常染色体相比,X 染色体上的拓扑结构域边界的交互作用更强,同时具有更规则的结构。含有 DCC 的拓扑结构域边界上的 *rex* 位点通常具有更多的交互作用,同时 *rex* 位点参与了 DCC 介导的远程交互作用。DCC 通过加强具有高结合能力的 DNA 片段间的交互作用来增强弱边界的强度,从而形成新的拓扑结构域边界来调控 X 染色体的结构。

最近,Tanizawa 和 Kim 等对裂殖酵母细胞周期中基因组结构的变化进行了研究[151]。结果表明,在有丝分裂期中,大小为 300 kb~1 Mb 的结构主要由凝缩蛋白(condensin)介导形成,并且这种结构不会突然消失,而是逐渐减少直至下一个有丝分裂过程,而 30~40 kb 的小结构主要由黏连蛋白(cohesin)介导形成,并且在整个细胞周期中相对稳定;凝缩蛋白和黏连蛋白分别介导形成长程和短程的交互作用,形成大的和小的结构域,它们在细胞周期中独立形成且反向调节。他们还发现了染色体大小结构域的振荡结构,即染色体结构域的形成和衰变,并预测凝缩蛋白介导的结构域是染色体压缩的基本单元。

Rao 和 Huang 等通过黏连蛋白的降解和恢复实验对细胞的基因组三维结构及其动态进行了研究[152]。结果表明,随着黏连蛋白的降解,所有的环状(loop)结构消失,但区室结构和组蛋白信号不受影响。环状结构的消失没有引起异位基因的激活,但会显著地影响少数活性基因;同时也会导致超级增强子聚集,形成数百个新的染色质内和染色质间的连接,影响其邻近的基因。黏连蛋白的恢复实验表明,结构恢复的速率差异较大,环状结构能在几分钟内形成,很多百万碱基级别的环状结构形成在 1 小时内能完成,表明环状挤出模型的速率是相当快的。

在这些研究中,前期结果发现拓扑结构域在不同细胞或物种中具有保守性,最近的结果则更多强调了拓扑结构域在不同条件下的差异,这些结果都从不同的层面说明拓扑结构域具有重要的生物学功能。

8.5.2 ChIA-PET 技术的应用

在第一篇报道的 ChIA-PET 研究文章[42]中,Fullwood 等对转录因子雌激素受体

ER 参与的染色质远程交互作用进行了富集。该研究显示，ER 与 DNA 的结合位点大多分布在远离基因启动子区的非编码区。Fullwood 等在 ChIA-PET 研究中发现 ER 的 DNA 结合位点更多地参与了染色质的远程交互作用，通过染色质远程交互作用对目标基因进行转录调控。

应用 ChIA-PET 技术，Li 等生成了 II 型 RNA 聚合酶（RNAP II）介导的全基因组染色质远程交互数据，首次发现了大规模启动子-启动子之间的远程交互作用[78]，说明参与这些交互作用的基因处在细胞核内相同的物理空间。这些交互作用基因的表达量在很多情况下呈正相关，为基因的共表达分析提供了分子层面的依据。在远程调控元件和启动子之间的交互作用中，有 40% 左右的远程调控元件没有调控与它们在基因组上线性距离最近的基因，说明目前在转录因子 ChIP-Seq 研究中"峰值最近的基因为目标基因"的假设是不完全正确的。更重要的是，研究人员不知道一个转录因子结合位点的目标基因应该属于 60% 的最近基因，还是 40% 的其他基因。所以，应用 ChIA-PET 技术是更好地研究转录因子结合位点目标基因的有效方法。

Zhang 等在 RNAP II 介导的 ChIA-PET 研究中发现[87]，在小鼠胚胎干细胞、神经干细胞、神经祖细胞的发育过程中，调控元件与启动子之间的交互作用存在较大的差异。虽然很多基因的表达量在不同细胞中的变化不大，但是它们的调控元件变化很大，提示在不同细胞的研究中，研究人员不但要研究差异表达的基因，而且还要研究基因调控元件的变化。

Tang 等在 CTCF 介导的 ChIA-PET 研究中发现，CTCF 介导的染色质远程交互作用可以主导形成保守的染色质接触结构域（CTCF contact domain，CCD）[77]，这些 CCD 联合组成了基因组的基本结构，长度主要分布在 0.1～1 Mb 之间。在 60% 的 CCD 中，两端的 CTCF 特征基序（motif）是相向排列的，指向 CCD 的中心。这些 CCD 和基于 Hi-C 数据发现的拓扑结构域基本吻合[46]，说明在哺乳动物的拓扑结构域中有 CTCF 的直接参与，形成染色质的空间结构。由 CTCF 确定的染色质拓扑结构可以是关闭的或是开放的。开放的染色质空间结构提供了基因转录所需要的物理空间从而允许 RNAP II 和各种转录因子聚集在一起，启动基因转录。这一现象阐明了染色质可能通过三维空间结构调节基因转录的机制。

最近，Richard A. Young 实验室[89]对 CTCF 在人类原始态（naïve）和始发态（primed）的多能细胞基因组三维结构中的动态作用进行了研究，发现 CTCF-CTCF 环构成了拓扑结构域结构形成的基础，并且拓扑结构域结构在细胞的两种状态中是保守的。

在细胞状态改变过程中,增强子和启动子交互作用的改变主要发生在 CTCF-CTCF 环内。同时发现,CTCF 的锚定区在物种间具有保守性,影响基因表达,并且在癌细胞中是突变频繁区。这些结果表明染色体结构和基因控制在发育和疾病过程中具有重要作用[89]。

研究表明,人类基因组中同源染色体之间等位基因的差别能导致不同的表型特征[153],因此等位基因之间的遗传差异如何影响基因组结构和基因表达是一个非常值得研究的科学问题。利用 ChIA-PET 技术,结合已有的父本和母本的单核苷酸多态性(single nucleotide polymorphism,SNP)信息,Tang 等[77]能够对 CTCF 和 RNAP Ⅱ 等转录因子介导的染色质交互作用进行单倍体定相分析,从而推断出来自父本和母本的染色体结构和差异(见图 8-5),以及由结构差异所导致的基因表达差异。通过进一步对

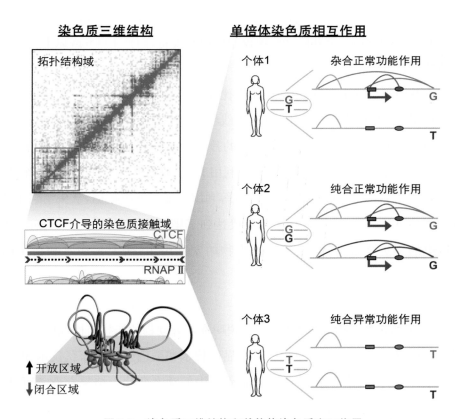

图 8-5　染色质三维结构和单倍体染色质交互作用

ChIA-PET 可以用来解析染色质的高级结构和转录因子 CTCF 及 RNAP Ⅱ 等介导的染色质交互作用的详细信息,并能达到单倍体特异和单核苷酸级别的分辨率。Tang 等发现 CTCF 等转录因子的染色质作用位点聚集,主导维持基因组的组成性空间结构,而 RNAP Ⅱ 在该空间结构中进一步介导染色质结构调控基因转录。单倍体变体在染色质结构、基因转录以及相关疾病发生中体现出等位效应。三维基因组模型揭示 CTCF 沿着染色体轴确定了染色质致密区域和开放区域的交界面从而起到结构和功能的调控作用(图片修改自参考文献[77]和[154])

ChIA-PET 数据进行定相分析,研究人员能够准确地预测 SNP 对染色质交互作用、基因组结构和基因调控的影响。

8.5.3　基因组三维结构与基因组组装

三维基因组的数据可以用于基因组辅助组装。随着测序技术的发展和测序价格的下降,研究人员已经提出将地球上所有物种的基因组进行测序。目前在基因组组装中,可以比较容易地用测序序列生成小的片段重叠群(contig)。如何在成本经济、简单高效的条件下,将这些片段重叠群连接起来组装成长序列片段(scaffold),甚至是染色体,是目前基因组组装中的巨大挑战。常用的一个思路是制作大片段的 DNA 文库,进行末端测序,通过大片段 DNA 文库(或者三代测序的长片段),将不同的片段重叠群连接起来。然而,受制于目前的技术,大片段文库不仅制作成本较高,而且 10 kb 或以上大片段文库的制作成功率较低。

在三维基因组数据中,基因组线性距离比较近的 DNA 片段之间存在较多的染色质远程交互作用,这些远程交互作用的基因组线性距离可以在 100 kb,甚至更长。这一信息可以用来进行基因组辅助组装,将不同的片段重叠群连接起来,形成长序列片段。2013 年,三个不同的课题组同期发表文章,利用 Hi-C 数据进行了基因组辅助组装,取得了很好的效果[117, 155, 156]。最近,Dudchenko 等利用三维基因组数据,从头组装了传播寨卡病毒的埃及伊蚊全部基因组,长序列片段达到了染色体水平[157]。Marbouty 等应用三维基因组的邻近连接数据,组装了微生物的宏基因组,研究了病毒和宿主的交互关系[158]。

8.5.4　基因组三维结构与功能

Marbouty 和 Gall 等人[159]将超分辨率显微技术和染色体构象捕获技术相结合,研究枯草芽孢杆菌的染色体高级结构在细胞周期中的动态变化。结果发现,染色体的高级结构是通过凝缩蛋白复合物调控交互作用的 DNA 片段,受调控的 DNA 交互作用片段分布在整个基因组,这些交互作用由 DNA 复制驱动(破坏或重建)。单细胞研究发现,细胞中染色质初始结构的亚细胞定位与早期的凝缩蛋白调控区域具有一致性,并且这种初始结构与 DNA 的复制起始和染色体的结构联系紧密。

Tjonga 和 Lia 等应用最大似然法对细胞群体的三维基因组数据进行分析,然后采用低温软物质 X 射线断层扫描实验(cryo soft X-ray tomography experiments，Cryo-SXT)方法对着丝粒区域进行验证，发现不同细胞着丝粒区域的三维结构及其稳定性存在明显差异[160]。

DNA 片段间的交互作用还与表型相关，如蛇没有脚是因为在进化过程中丢失了调控 *ZRS* 基因相关的增强子[51]。Kvon 和 Kamneva 等[51]发现调控肢体发育相关基因的增强子在脊椎动物中是高度保守的，该区域是 ETS1 转录因子的结合区。然而该增强子在蛇的进化过程中却发生了丢失，从而导致调控 *Hox* 基因的 *Shh* 增强子发生了异常，进而导致蛇的脚在进化过程丢失。该研究表明，单个增强子的改变引起染色质远程交互作用变化，足以改变表型。

最近的研究发现，*Sox9* 拓扑结构域及其内部的交互作用与性别的转换相关[161]。Franke 和 Ibrahim 等发现，将 *Sox9* 和 *Kcnj2* 基因区拓扑结构域内部的非编码 DNA 片段重复，能导致小鼠性别由雌性向雄性转换，原因在于拓扑结构域内部新增的非编码 DNA 片段增加了与其他区域 DNA 片段间的交互作用，从而导致一个新的拓扑结构域的形成[161]。该结果表明拓扑结构域作为基因组调控的功能单位具有高度的稳定性，同时也表明 DNA 拷贝数变异具有重要的功能。

Babaei 和 Mahfouz 等研究小鼠的染色质结构与基因表达间的关系，发现具有长程交互作用的两个基因倾向于共表达[162]。Engreitz 和 Haines 等发现 DNA 片段与长非编码 RNA 的启动子发生交互作用，对基因转录进行调控[163]。Cai 等最近的研究发现，长非编码 RNA 与 DNA 片段的远程交互作用也存在着关联[164]。Engreitz 和 Ollikainen 等[165]对长非编码 RNA，尤其是 *Xist* 如何协同调控蛋白质进而调控基因组的三维结构进行了综述，提示长非编码 RNA 在三维结构的调控中具有重要作用。

对特定的 DNA 交互作用片段，通常采用基因编辑方法如转录激活因子样效应物核酸酶(transcription activator-like effector nucleases，TALEN)[86]和 CRISPR/Cas9[166]等系统对目标位点进行相应的编辑操作，以观察相应位点与功能之间的关系，确定编辑位点的具体功能。Kieffer-Kwon等应用 TALEN 技术对 B 细胞中参与染色质远程交互作用的增强子进行剪切，发现原来的目标基因上 RNAP Ⅱ 的富集度大幅下降，说明所编辑的增强子的确对目标基因具有转录调控作用[86]。Guo 等利用 CRISPR/Cas9 的基因切割功能，将动物基因组 CTCF 结合位点(CTCF binding sites，CBS)的序列反转，从而改变 CTCF 与 CBS 的结合方式，进而造成了基因组拓扑结构的变化和相关基因表达量的变化[166]。该研究从全新的角度阐明了 CBS 序列在基因组三维拓扑结构形成中有决定性作用,同时也揭示基因组的线性序列信息决定着基因组三维结构的构象。

这些研究通过显微观测、共表达分析或基因编辑的方法,验证了染色质远程交互作用的功能,说明基因组三维结构对基因的转录调控、DNA 复制、进化等有重要的影响。

8.6 三维基因组学和精准医学

2015 年 1 月,美国总统奥巴马提出了将精准医学应用于癌症等疾病治疗的研究发展计划,把现代医学的研究推向了"精准"的新纪元。精准医学是将个体差异考虑在内,应用基因组大数据,对疾病进行精确地临床检测、预防和治疗的医学手段[167]。近年来,基因组测序技术高速发展,Illumina 公司于 2017 年 1 月 10 日宣布,该公司将于 2017 年推出 100 美元的人类全基因组测序服务。这样,人类个体基因组测序将更快普及,相关数据库将不断扩大,这将使得有针对性地精确防治疾病成为可能。特别是对人类基因组的认识,从线性的基因组序列、到二维的基因间交互作用网络、再到基因组的三维空间结构和功能,使研究人员意识到基因组结构对基因调控和疾病发生的重要作用。

8.6.1 基因组三维结构与疾病的关系

最近,Krijger 和 de Laat 对三维基因组中疾病相关的基因进行了综述,发现与三维基因组结构相关的突变和染色质重排能导致疾病的发生[168]。由于拓扑结构域可以调控基因的协同表达,很多研究集中在拓扑结构域或者其边界上。

Lupiáñez 和 Kraft 等[169]通过 CRISPR/Cas9 基因编辑技术改变跨越 *WNT6/IHH/EPHA4/PAX3* 等基因的拓扑结构域,进行拓扑结构域扰动实验。研究发现,在小鼠的肢体组织中,与疾病相关的结构变异通常导致启动子和非编码 DNA 之间交互作用的改变。其中,与 *Epha4* 基因相关联的肢体发育相关的增强子在拓扑结构域的边界发生了错误的交互作用,从而驱动了另一个肢体相关基因的表达,这揭示了拓扑结构域改变导致小鼠肢体畸形的可能机制。

Hnisz 和 Weintraub 等[170]结合国际癌症基因组联盟计划(International Cancer Genome Consortium,ICGC)项目中近 50 个癌症类型的 2 300 组癌症样本全基因组数据分析,通过将急性 T 淋巴细胞白血病 Jurkat 细胞系的三维结构与 GM12878 细胞、

K562 细胞进行比较，发现癌细胞通过微小的缺失改变或破坏绝缘区域(insulated neighborhood)的边界，影响拓扑结构域的边界，形成不同的拓扑结构域，从而激活原癌基因，导致癌症发生。

Taberlay 和 Achinger-Kawecka 等[171]在前列腺癌细胞中研究了染色质三维结构与拷贝数变异(copy number variation，CNV)之间的联系，结果发现前列腺癌细胞中存在着拷贝数差异，并且这种差异与基因组的三维结构、基因的异常表达相关。同时发现，癌细胞保留了将基因组划分为 1 Mb 左右拓扑结构域的能力，但这些拓扑结构域的尺寸通常变小，并且添加了额外的拷贝数变异到拓扑结构域边界，从而形成新的拓扑结构域或亚拓扑结构域。例如，前列腺癌细胞的 17p13.1 区域通常有一个片段缺失，导致含有 TP53 基因的拓扑结构域被重新划分为两个拓扑结构域。在原拓扑结构域内部新形成的癌细胞特异性交互作用区域通常富集有增强子、启动子和绝缘子，并伴随着基因表达的改变。

Weischenfeldt 和 Dubash 等[172]对泛癌症(pan-cancer)数据进行分析表明，癌细胞通过改变拷贝数劫持增强子，进而影响拓扑结构域并调控基因的表达，如肺癌中的 IRS4 基因和结肠直肠癌中的 IGF2 基因的增强子发生了劫持现象。

Javierre 等应用启动子捕获 Hi-C 技术，对 17 种类原代造血细胞的启动子和增强子之间的交互作用进行了系统研究[61]。他们发现启动子和增强子的交互作用具有一定的细胞谱系特性，活性基因的启动子与增强子之间的交互作用具有一定的细胞特异性；交互作用的区域富集了遗传突变，并且与基因的表达和疾病相关。

8.6.2 基因组三维结构与疾病相关全基因组关联分析位点的目标基因

目前，GWAS 的研究已经产生了大量的结果，发现了与人类疾病和动植物性状相关的 SNP 位点。然而，这些新发现的 SNP 绝大多数落在非编码区，它们所调控的目标基因还不清楚。应用 Hi-C 和 ChIA-PET 等三维基因组技术，研究人员可以将 GWAS 技术产生的 SNP 和它们的目标基因联系起来。

Martin 等[173]以 GWAS 数据为基础，应用 Capture Hi-C 技术对人类 6 号染色体 6q23 区域进行了研究，在 2.5 Mb 区域内发现 4 个疾病相关的变异位点参与了染色质远程交互作用，与人类多发性硬化症相关。这 4 个敏感位点基本可以分为两类：第一类为 rs11154801，与 AHI1 基因的表达相关，同时与 SGK1 和 BCLAF1 基因的启动子区域相关联；第二类为 rs17066096、rs7769192 和 rs67297943，这 3 个位点的交互作用，与 *IL20RA*、*IL22RA2*、*IFNGR1* 和 *TNFAIP3* 等免疫相关基因相关联。这两类位点间同时也存在交互作用，与多发性硬化症相关联[173]。

Martin 等在另外一个研究中应用 Capture Hi-C 技术，对 4 种自身免疫病（类风湿性关节炎、1 型糖尿病、银屑病关节炎和幼年型类风湿关节炎）患者的 T 细胞和 B 细胞的染色体三维结构进行研究，检测远程交互作用及与自身免疫风险相关的基因[174]。该研究发现，基于 GWAS 得到的复杂疾病相关位点大部分都在基因间区且在增强子区域有富集现象，通过启动子区域的交互作用分析表明，这 4 种自身免疫病共有的免疫相关基因有 *PTPRC*、*DEXI* 和 *ZFP36L1*。同时，尽管 T 细胞和 B 细胞均有大量的交互作用，但是它们之间只有极少数的交互作用是共有的，这表明 T 细胞和 B 细胞中的大部分交互作用是具有细胞特异性的。该研究还发现一些疾病相关的位点不与邻近的基因发生交互作用，而与距离几百万碱基外的基因有交互作用，如 *FOXO1* 和 *AZI2* 与不同免疫性疾病相关联的区域间存在交互作用。

大脑神经细胞的功能与基因组的三维空间结构也是相关的[175]。Won 和 de la Torre-Ubieta 等对大脑皮质细胞的染色质三维结构进行研究发现，数百个与增强子有交互作用的基因在人类进化过程中具有正向的选择压力且与人的认知功能相关。结合 GWAS 数据进一步分析显示[175]，与染色质交互作用相关的非编码变异在精神分裂症患者中具有重要的调节作用。例如，远端的非编码变异能调控 *FOXG1* 基因的表达，从而导致精神分裂症的发生。该研究揭示[175]，非编码调控元件对大脑的发育与认知的进化及神经精神疾病均具有重要的作用。

所有这些研究表明，基因组的三维空间结构与基因的表达和调控、调控元件的功能、细胞的发育和分化、细胞周期、疾病、物种的选择和进化等密切相关。GWAS 研究发现，DNA 变异（如单碱基变异）和疾病有关联，即特定位点的 DNA 突变将直接导致疾病发生或增加疾病发生的概率。通常，基因编码区变异的致病机制和调控机制相对简单，因此研究和防治起来较为容易。非编码区变异大多发生在远程调控元件中，通过影响正常的染色质交互作用导致疾病发生。非编码区变异导致疾病性状的机制复杂，其转录调控的分子机制就像在黑盒中，目前大多尚不清楚，这使得常规医学具有很大的盲目性、局限性和不确定性（见图 8-6）。基于对基因组三维结构的研究，研究人员知道非编码区可能是基因转录的调控元件，通过远程的染色质交互作用对一个或多个基因进行

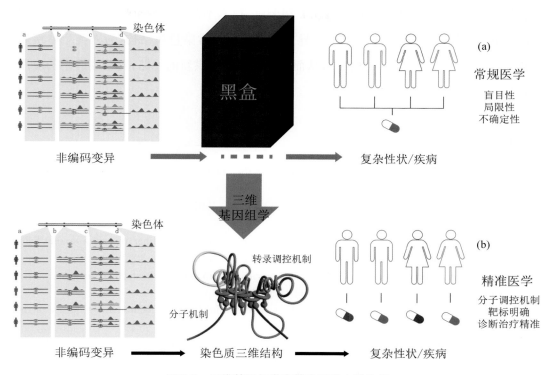

图 8-6　三维基因组学在精准医学中的作用

很多疾病由 DNA 变异引起。(a)常规医学对非编码区变异导致疾病的机制不清楚，就像在黑盒中，这使得常规医学具有很大的盲目性、局限性和不确定性。(b)应用三维基因组学，研究人员可以解析非编码区变异对基因进行转录调控的分子机制，发现非编码区变异导致疾病的机制，为精准地诊断和治疗疾病提供依据。四个人有不同的颜色，代表不同的疾病；不同颜色的药丸代表不同的个性化治疗方法

转录调控。更重要的是，一旦知道了疾病相关的 SNP 信息，研究人员就能将该疾病相关的基因组结构及基因转录表达等信息解析出来，为疾病的预防和治疗提供精确的科学指导。

8.7　小结

基因组的三维空间结构对基因的表达和调控有着重要的影响。随着新一代 DNA 测序技术和染色质交互作用检测技术的发展，基因组三维结构的研究已进入基因组和分子层面，可以将远程调控元件和它们的目标基因关联起来。目前已发现很多远程调控元件与疾病密切相关。通过基因组三维结构对分子转录机制影响的研究，人们可以解析疾病发生的个体差异，确定潜在靶标，精准地诊断和治疗疾病。作为最先进的三维

基因组结构分析技术的代表，ChIA-PET 和 Hi-C 技术不仅可以用于生物学基础机制的研究，更能解析出疾病相关的 DNA 变异及其介导的异常染色质结构，为人类个体疾病的防治提供更有针对性的科学依据，从而为精准医学提供新的思路，对精准医学的应用和发展贡献不可或缺的力量。

参考文献

［1］ Bonev B，Cavalli G. Organization and function of the 3D genome［J］. Nat Rev Genet，2016，17（772）：661-678.

［2］ 克雷布斯 J E,戈尔茨坦 E S,基尔帕特里克 S T. Lewin 基因 X［M］. 江松敏，译. 北京：科学出版社，2013：221-278.

［3］ Song F，Chen P，Sun D，et al. Cryo-EM study of the chromatin fiber reveals a double helix twisted by tetranucleosomal units［J］. Science，2014，344(6182)：376-380.

［4］ International Human Genome Sequencing Consortium. Initial sequencing and analysis of the human genome［J］. Nature，2001，409(6822)：860-921.

［5］ International Human Genome Sequencing Consortium. Finishing the euchromatic sequence of the human genome［J］. Nature，2004，431(7011)：931-945.

［6］ The ENCODE Project Consortium. An integrated encyclopedia of DNA elements in the human genome［J］. Nature，2012，489(7414)：57-74.

［7］ Cancer Genome Atlas Research Network，Weinstein J N，Collisson E A，et al. The Cancer Genome Atlas Pan-Cancer analysis project［J］. Nat Genet，2013，45(10)：1113-1120.

［8］ International Cancer Genome Consortium，Hudson T J，Anderson W，et al. International network of cancer genome projects［J］. Nature，2010，464(7291)：993-998.

［9］ Romanoski C E，Glass C K，Stunnenberg H G，et al. Epigenomics：Roadmap for regulation［J］. Nature，2015，518(7539)：314-316.

［10］ Stunnenberg H G，International Human Epigenome Consortium，Hirst M. The International Human Epigenome Consortium：a blueprint for scientific collaboration and discovery［J］. Cell，2016，167(7)：1897.

［11］ Visel A，Rubin E M，Pennacchio L A. Genomic views of distant-acting enhancers［J］. Nature，2009，461(7261)：199-205.

［12］ 李国亮,阮一骏,谷瑞升,等. 起航三维基因组学研究［J］. 科学通报，2014，59(13)：1165-1172.

［13］ Comfort N C. From controlling elements to transposons：Barbara McClintock and the Nobel Prize［J］. Trends Genet，2001，17：475-478.

［14］ Mattout A，Cabianca D S，Gasser S M. Chromatin states and nuclear organization in development—a view from the nuclear lamina［J］. Genome Biol，2015，16(1)：174.

［15］ Fraser J，Williamson I，Bickmore W A，et al. An overview of fenome organization and how we got there：from FISH to Hi-C［J］. Microbiol Mol Biol Rev，2015，79(3)：347-372.

［16］ Meuleman W，Peric-Hupkes D，Kind J，et al. Constitutive nuclear lamina-genome interactions are highly conserved and associated with A/T-rich sequence［J］. Genome Res，2013，23(2)：270-280.

［17］ Kind J，Pagie L，Ortabozkoyun H，et al. Single-cell dynamics of genome-nuclear lamina interactions［J］. Cell，2013，153(1)：178-192.

［18］ Cremer M，Küpper K，Wagler B，et al. Inheritance of gene density-related higher order chromatin arrangements in normal and tumor cell nuclei［J］. J Cell Biol，2003，162(5)：809-820.

［19］ Cremer T，Cremer M. Chromosome territories［J］. Cold Spring Harb Perspect Biol，2010，2(3)：a003889.

［20］ Schmitt A D，Hu M，Ren B. Genome-wide mapping and analysis of chromosome architecture［J］. Nat Rev Mol Cell Biol，2016，17(12)：743-755.

［21］ Rivera C M，RenB. Mapping human epigenomes［J］. Cell，2013，155(1)：39-55.

［22］ SextonT，Cavalli G. The role of chromosome domains in shaping the functional genome［J］. Cell，2015，160(6)：1049-1059.

［23］ Lieberman-Aiden E，van Berkum N L，Williams L，et al. Comprehensive mapping of long-range interactions reveals folding principles of the human genome［J］. Science，2009，326(5950)：289-293.

［24］ Weinreb C，Raphael B J. Identification of hierarchical chromatin domains［J］. Bioinformatics，2016，32(11)：1601-1609.

［25］ Filippova D，Patro R，Duggal G，et al. Identification of alternative topological domains in chromatin［J］. Algorithms Mol Biol，2014，9：14.

［26］ Wang X T，Cui W，Peng C. HiTAD：detecting the structural and functional hierarchies of topologically associating domains from chromatin interactions［J］. Nucleic Acids Res，2017，45(19)：e163.

［27］ Fraser J，Ferrai C，Chiariello A M，et al. Hierarchical folding and reorganization of chromosomes are linked to transcriptional changes in cellular differentiation［J］. Mol Syst Biol，2015，11(12)：852.

［28］ Phillips-Cremins J E，Sauria M E，Sanyal A，et al. Architectural protein subclasses shape 3D organization of genomes during lineage commitment［J］. Cell，2013，153(6)：1281-1295.

［29］ Cremer T，Cremer C. Chromosome territories，nuclear architecture and gene regulation in mammalian cells［J］. Nat Rev Genet，2001，2(4)：292-301.

［30］ Beliveau B J，Apostolopoulos N，Wu C T. Visualizing genomes with Oligopaint FISH probes［J］. Curr ProtocMol Biol，2014，105：Unit 14. 23.

［31］ Williamson I，Eskeland R，Lettice L A，et al. Anterior-posterior differences in HoxD chromatin topology in limb development［J］. Development，2017，139(17)：3157-3167.

［32］ Markenscoff-Papadimitriou E，Allen W E，Colquitt B M，et al. Enhancer interaction networks as a means for singular olfactory receptor expression［J］. Cell，2014，159(3)：543-557.

［33］ Williamson I，Berlivet S，Eskeland R，et al. Spatial genome organization：contrasting views from chromosome conformation capture and fluorescence in situ hybridization［J］. Genes Dev，2014，28(24)：2778-2791.

［34］ Boettiger A N，Bintu B，Moffitt J R，et al. Super-resolution imaging reveals distinct chromatin folding for different epigenetic states［J］. Nature，2016，529(7586)：418-422.

［35］ Wang S，Su J H，Beliveau B J，et al. Spatial organization of chromatin domains and compartments in single chromosomes［J］. Science，2016，353(6299)：598-602.

［36］ Zhanghao K，Chen L，Yang X，et al. Super-resolution dipole orientation mapping via polarization demodulation［J］. Light-Sci Appl，2016，5：e16166.

［37］ Cullen K E，Kladde M P，Seyfred M A. Interaction between transcription regulatory regions of prolactin chromatin［J］. Science，1993，261(5118)：203-206.

［38］ DekkerJ，RippeK，Dekker M，et al. Capturing chromosome conformation［J］. Science，2002，

295(5558)：1306-1311.

[39] Simonis M，Klous P，Splinter E，et al. Nuclear organization of active and inactive chromatin domains uncovered by chromosome conformation capture-on-chip (4C) [J]. Nat Genet，2006，38 (11)：1348-1354.

[40] Zhao Z，Tavoosidana G，Sjölinder M，et al. Circular chromosome conformation capture (4C) uncovers extensive networks of epigenetically regulated intra-and interchromosomal interactions [J]. Nat Genet，2006，38(11)：1341-1347.

[41] Dostie J，Richmond T A，Arnaout R A，et al. Chromosome Conformation Capture Carbon Copy (5C)：a massively parallel solution for mapping interactions between genomic elements [J]. Genome Res，2006，16(10)：1299-1309.

[42] Fullwood M J，Liu M H，Pan Y F，et al. An oestrogen-receptor-alpha-bound human chromatin interactome [J]. Nature，2009，462(7269)：58-64.

[43] Nagano T，Lubling Y，Stevens T J，et al. Single-cell Hi-C reveals cell-to-cell variability in chromosome structure [J]. Nature，2013，502(7469)：59-64.

[44] Palstra R J，Tolhuis B，Splinter E，et al. The beta-globin nuclear compartment in development and erythroid differentiation [J]. Nat Genet，2003，35(2)：190-194.

[45] Spector D L. The dynamics of chromosome organization and gene regulation [J]. Annu Rev Biochem，2003，72：573-608.

[46] Rao S S，Huntley M H，Durand N C，et al. A 3D map of the human genome at kilobase resolution reveals principles of chromatin looping [J]. Cell，2014，159(7)：1665-1680.

[47] Yao L，Berman B P，Farnham P J. Demystifying the secret mission of enhancers：linking distal regulatory elements to target genes [J]. Crit Rev Biochem Mol Biol，2015，50(6)：550-573.

[48] Pope B D，Ryba T，Dileep V，et al. Topologically associating domains are stable units of replication-timing regulation [J]. Nature，2014，515(7527)：402-405.

[49] Ryba T，Hiratani I，Lu J，et al. Evolutionarily conserved replication timing profiles predict long-range chromatin interactions and distinguish closely related cell types [J]. Genome Res，2010，20 (6)：761-770.

[50] Zhang Y，McCord R P，Ho Y J，et al. Spatial organization of the mouse genome and its role in recurrent chromosomal translocations [J]. Cell，2012，148(5)：908-921.

[51] Kvon E Z，Kamneva O K，Melo U S，et al. Progressive Loss of Function in a Limb Enhancer during Snake Evolution [J]. Cell，2016，167(3)：633-642.

[52] Le T B，Imakaev M V，Mirny L A，et al. High-resolution mapping of the spatial organization of a bacterial chromosome [J]. Science，2013，342(6159)：731-734.

[53] Duan Z，Andronescu M，Schutz K，et al. A three-dimensional model of the yeast genome [J]. Nature，2010，465(7296)：363-367.

[54] Mizuguchi T，Fudenberg G，Mehta S，et al. Cohesin-dependent globules and heterochromatin shape 3D genome architecture in S. pombe [J]. Nature，2014，516(7531)：432-435.

[55] Ay F，Bunnik E M，Varoquaux N，et al. Three-dimensional modeling of the P. falciparum genome during the erythrocytic cycle reveals a strong connection between genome architecture and gene expression [J]. Genome Res，2014，24(6)：974-988.

[56] Wang C，Liu C，Roqueiro D，et al. Genome-wide analysis of local chromatin packing in Arabidopsis thaliana [J]. Genome Res，2015，25(2)：246-256.

[57] Moissiard G，Cokus S J，Cary J，et al. MORC family ATPases required for heterochromatin

condensation and gene silencing [J]. Science，2012,336(6087)：1448-1451.

[58] Grob S，Schmid M W，Grossniklaus U. Hi-C analysis in Arabidopsis identifies the KNOT, a structure with similarities to the flamenco locus of Drosophila [J]. Mol Cell，2014,55(5)：678-693.

[59] Feng S，Cokus S J，Schubert V，et al. Genome-wide Hi-C analyses in wild-type and mutants reveal high-resolution chromatin interactions in Arabidopsis [J]. Mol Cell，2014,55(5),694-707.

[60] Sexton T，Yaffe E，Kenigsberg E，et al. Three-dimensional folding and functional organization principles of the Drosophila genome [J]. Cell，2012,148(3)：458-472.

[61] Dixon J R，Selvaraj S，Yue F，et al. Topological domains in mammalian genomes identified by analysis of chromatin interactions [J]. Nature，2012,485(7398)：376-380.

[62] Nora E P，Lajoie B R，Schulz E G，et al. Spatial partitioning of the regulatory landscape of the X-inactivation centre [J]. Nature，2012,485(7398)：381-385.

[63] Kalhor R，Tjong H，Jayathilaka N，et al. Genome architectures revealed by tethered chromosome conformation capture and population-based modeling [J]. Nat Biotechnol，2011,30(1)：90-98.

[64] Mifsud B，Tavares-Cadete F，Young A N，et al. Mapping long-range promoter contacts in human cells with high-resolution capture Hi-C [J]. Nat Genet，2015,47(6)：598-606.

[65] Tanizawa H，Iwasaki O，Tanaka A，et al. Mapping of long-range associations throughout the fission yeast genome reveals global genome organization linked to transcriptional regulation [J]. Nucleic Acids Res，2010,38(22)：8164-8177.

[66] Schwartzman O，Mukamel Z，Oded-Elkayam N，et al. UMI-4C for quantitative and targeted chromosomal contact profiling [J]. Nat Methods，2016,13(8)：685-691.

[67] Hsieh T H，Weiner A，Lajoie B，et al. Mapping nucleosome resolution chromosome folding in yeast by Micro-C [J]. Cell，2015,162(1)：108-119.

[68] Hsieh T S，Fudenberg G，Goloborodko A，et al. Micro-C XL：assaying chromosome conformation from the nucleosome to the entire genome [J]. Nat Methods，2016,13(12)：1009-1011.

[69] Bourgo R J，Singhal H，Greene G L. Capture of associated targets on chromatin links long-distance chromatin looping to transcriptional coordination [J]. Nat Commun，2016,7：12893.

[70] Olivares-Chauvet P，Mukamel Z，Lifshitz A，et al. Capturing pairwise and multi-way chromosomal conformations using chromosomal walks [J]. Nature，2016,540(7632)：296-300.

[71] Ma W，Ay F，Lee C，et al. Fine-scale chromatin interaction maps reveal the cis-regulatory landscape of human lincRNA genes [J]. Nat Methods，2015,12(1)：71-78.

[72] Javierre B M，Burren O S，Wilder S P，et al. Lineage-specific genome architecture links enhancers and non-coding disease variants to target gene promoters [J]. Cell，2016,167(5)：1369-1384.

[73] Liang Z，Li G，Wang Z，et al. BL-Hi-C is an efficient and sensitive approach for capturing structural and regulatory chromatin interactions [J]. Nat Commun，2017,8(1)：1622.

[74] Risca V I，Denny S K，Straight A F，et al. Variable chromatin structure revealed by in situ spatially correlated DNA cleavage mapping [J]. Nature，2017,541(7636)：237-241.

[75] Davies J O，Oudelaar A M，Higgs D R，et al. How best to identify chromosomal interactions：a comparison of approaches [J]. Nat Methods，2017,14(2)：125-134.

[76] Fullwood M J，Wei C L，Liu E T，et al. Next-generation DNA sequencing of paired-end tags (PET) for transcriptome and genome analyses [J]. Genome Res，2009,19(4)：521-532.

[77] Tang Z，Luo OvJ，Li X，et al. CTCF-mediated human 3D genome architecture reveals chromatin topology for transcription [J]. Cell，2015,163(7)：1611-1627.

［78］ Li G，Ruan X，Auerbach R K，et al. Extensive promoter-centered chromatin interactions provide a topological basis for transcription regulation ［J］. Cell，2012，148(2)：84-98.

［79］ Heidari N，Phanstiel D H，He C，et al. Genome-wide map of regulatory interactions in the human genome ［J］. Genome Res，2014，24(12)：1905-1917.

［80］ Kuznetsova T，Wang S Y，Rao N A，et al. Glucocorticoid receptor and nuclear factor kappa-b affect three-dimensional chromatin organization ［J］. Genome Biol，2015，16：264.

［81］ Chepelev I，Wei G，Wangsa D，et al. Characterization of genome-wide enhancer-promoter interactions reveals co-expression of interacting genes and modes of higher order chromatin organization ［J］. Cell Res，2012，22(3)：490-503.

［82］ Ong C T，Corces V G. CTCF：an architectural protein bridging genome topology and function ［J］. Nat Rev Genet，2014，15(4)：234-246.

［83］ Handoko L，Xu H，Li G，et al. CTCF-mediated functional chromatin interactome in pluripotent cells ［J］. Nat Genet，2011，43(7)：630-638.

［84］ Papantonis A，Kohro T，Baboo S，et al. TNFalpha signals through specialized factories where responsive coding and miRNA genes are transcribed ［J］. EMBO J，2012，31(23)：4404-4414.

［85］ DeMare L E，Leng J，Cotney J，et al. The genomic landscape of cohesin-associated chromatin interactions ［J］. Genome Res，2013，23(8)：1224-1234.

［86］ Kieffer-Kwon K R，Tang Z，Mathe E，et al. Interactome maps of mouse gene regulatory domains reveal basic principles of transcriptional regulation ［J］. Cell，2013，155(7)：1507-1520.

［87］ Zhang Y，Wong C H，Birnbaum R Y，et al. Chromatin connectivity maps reveal dynamic promoter-enhancer long-range associations ［J］. Nature，2013，504(7479)：306-310.

［88］ Dowen J M，Fan Z P，Hnisz D，et al. Control of cell identity genes occurs in insulated neighborhoods in mammalian chromosomes ［J］. Cell，2014，159(2)：374-387.

［89］ Ji X，Dadon D B，Powell B E，et al. 3D chromosome regulatory landscape of human pluripotent cells ［J］. Cell Stem Cell，2016，18(2)：262-275.

［90］ Mumbach M R，Rubin A J，Flynn R A，et al. HiChIP：efficient and sensitive analysis of protein-directed genome architecture ［J］. Nat Methods，2016，13(11)：919-922.

［91］ Fang R，Yu M，Li G，et al. Mapping of long-range chromatin interactions by proximity ligation-assisted ChIP-seq ［J］. Cell Res，2016，26(12)：1345-1348.

［92］ Li G，Fullwood M J，Xu H，et al. ChIA-PET tool for comprehensive chromatin interaction analysis with paired-end tag sequencing ［J］. Genome Biol，2010，11(2)：R22.

［93］ Castellano G，Le Dily F，Hermoso Pulido A，et al. Hi-Cpipe：a pipeline for high-throughput chromosome capture ［J］. BioRxiv，2015. doi：10.1101/020636.

［94］ Schmid M W，Grob S，Grossniklaus U. HiCdat：a fast and easy-to-use Hi-C data analysis tool ［J］. BMC Bioinformatics，2015，16：277.

［95］ Hwang Y C，Lin C F，Valladares O，et al. HIPPIE：a high-throughput identification pipeline for promoter interacting enhancer elements ［J］. Bioinformatics，2015，31(18)：1290-1292.

［96］ Imakaev M，Fudenberg G，McCord R P，et al. Iterative correction of Hi-C data reveals hallmarks of chromosome organization ［J］. Nat Methods，2012，9(10)：999-1003.

［97］ Wang Y，Zhang B，Zhang L，et al. The 3D Genome Browser：a web-based browser for visualizing 3D genome organization and long-range chromatin interactions ［J］. Biorxiv，2017. doi.org/10.1101/112268.

［98］ Lajoie B R，van Berkum N L，Sanyal A，et al. My5C：web tools for chromosome conformation capture studies ［J］. Nat Methods，2009，6(10)：690-691.

［99］ Walter C, Schuetzmann D, Rosenbauer F, et al. Basic4Cseq: an R/Bioconductor package for analyzing 4C-seq data ［J］. Bioinformatics, 2014, 30(22): 3268-3269.

［100］ Paulsen J, Rødland E A, Holden L, et al. A statistical model of ChIA-PET data for accurate detection of chromatin 3D interactions ［J］. Nucleic Acids Res, 2014, 42(18): e143.

［101］ Li G, Chen Y, Snyder M P, et al. ChIA-PET2: a versatile and flexible pipeline for ChIA-PET data analysis ［J］. Nucleic Acids Res, 2017, 45(1): e4.

［102］ Shavit Y, Lio P. CytoHiC: a cytoscape plugin for visual comparison of Hi-C networks ［J］. Bioinformatics, 2013, 29(9): 1206-1207.

［103］ Lun A T, Smyth G K. diffHic: a Bioconductor package to detect differential genomic interactions in Hi-C data ［J］. BMC Bioinformatics, 2015, 16: 258.

［104］ Ay F, Bailey T L, Noble W S. Statistical confidence estimation for Hi-C data reveals regulatory chromatin contacts ［J］. Genome Res, 2014, 24(6): 999-1011.

［105］ Williams R L, Jr., Starmer J, Mugford J W, et al. four Sig: a method for determining chromosomal interactions in 4C-Seq data ［J］. Nucleic Acids Res, 2014, 42(8): e68.

［106］ Mifsud B, Martincorena I, Darbo E, et al. GOTHiC, a simple probabilistic model to resolve complex biases and to identify real interactions in Hi-C data ［J］. PLoS One, 2017, 12(4): e017474.

［107］ Paulsen J, Sandve G K, Gundersen S, et al. HiBrowse: multi-purpose statistical analysis of genome-wide chromatin 3D organization ［J］. Bioinformatics, 2014, 30(11): 1620-1622.

［108］ Hu M, Deng K, Selvaraj S, et al. HiCNorm: removing biases in Hi-C data via Poisson regression ［J］. Bioinformatics, 2012, 28(23): 3131-3133.

［109］ Li W, Gong K, Li Q, et al. Hi-Corrector: a fast, scalable and memory-efficient package for normalizing large-scale Hi-C data ［J］. Bioinformatics, 2015, 31(6): 960-962.

［110］ Castellano G, Le Dily F, Hermoso Pulido A, et al. Hi-Cpipe: a pipeline for high-throughput chromosome capture ［J］. BioRxiv, 2015. doi: 10.1101/020636.

［111］ Servant N, Varoquaux N, Lajoie B R, et al. HiC-Pro: an optimized and flexible pipeline for Hi-C data processing ［J］. Genome Biol, 2015, 16: 259.

［112］ Wingett S, Ewels P, Furlan-Magaril M, et al. HiCUP: pipeline for mapping and processing Hi-C data ［J］. F1000Res, 2015, 4: 1310.

［113］ Sauria M E, Phillips-Cremins J E, Corces V G, et al. HiFive: a tool suite for easy and efficient HiC and 5C data analysis ［J］. Genome Biol, 2015, 16: 237.

［114］ Heinz S, Benner C, Spann N, et al. Simple combinations of lineage-determining transcription factors prime cis-regulatory elements required for macrophage and B cell identities ［J］. Mol Cell, 2010, 38(4): 576-589.

［115］ Durand N C, Shamim M S, Machol I, et al. Juicer provides a one-click system for analyzing loop-resolution Hi-C experiments ［J］. Cell Syst, 2016, 3(1): 95-98.

［116］ Durand N C, Robinson J T, Shamim M S, et al. Juicebox provides a visualization system for Hi-C contact maps with unlimited zoom ［J］. Cell Syst, 2016, 3(1): 99-101.

［117］ Burton J N, Adey A, Patwardhan R P, et al. Chromosome-scale scaffolding of de novo genome assemblies based on chromatin interactions ［J］. Nat Biotechnol, 2013, 31(12): 1119-1125.

［118］ Phanstiel D H, Boyle A P, Heidari N, et al. Mango: a bias-correcting ChIA-PET analysis pipeline ［J］. Bioinformatics, 2015, 31(19): 3092-3098.

［119］ He C, Zhang M Q, Wang X. MICC: an R package for identifying chromatin interactions from

ChIA-PET data [J]. Bioinformatics, 2015,31(23): 3832-3834.

[120] Thibodeau A, Márquez E J, Luo O, et al. QuIN: a web server for querying and visualizing chromatin interaction networks [J]. PLoS Comput Biol, 2016,12(6): e1004809.

[121] Thongjuea S, Stadhouders R, Grosveld F G, et al. r3Cseq: an R/Bioconductor package for the discovery of long-range genomic interactions from chromosome conformation capture and next-generation sequencing data [J]. Nucleic Acids Res, 2013,41(13): e132.

[122] Djekidel M N, Liang Z, Wang Q, et al. 3CPET: finding co-factor complexes from ChIA-PET data using a hierarchical Dirichlet process [J]. Genome Biol, 2015,16: 288.

[123] Zhou X, Lowdon R F, Li D, et al. Exploring long-range genome interactions using the Wash U Epigenome Browser [J]. Nat Methods, 2013,10(5): 375-376.

[124] Yaffe E, Tanay A. Probabilistic modeling of Hi-C contact maps eliminates systematic biases to characterize global chromosomal architecture [J]. Nat Genet, 2011,43(11): 1059-1065.

[125] Forcato M, Nicoletti C, Pal K, et al. Comparison of computational methods for Hi-C data analysis [J]. Nat Methods, 2017,14(7): 679-685.

[126] Shin H, Shi Y, Dai C, et al. TopDom: an efficient and deterministic method for identifying topological domains in genomes [J]. Nucleic Acids Res, 2016,44(7): e70.

[127] Zhan Y, Mariani L, Barozzi I, et al. Reciprocal insulation analysis of Hi-C data shows that TADs represent a functionally but not structurally privileged scale in the hierarchical folding of chromosomes [J]. Genome Res, 2017,27(3): 479-490.

[128] Wang X T, DongP F, Zhang H Y, et al. Structural heterogeneity and functional diversity of topologically associating domains in mammalian genomes [J]. Nucleic Acids Res, 2015,43(15): 7237-7246.

[129] Dali R, Blanchette M. A critical assessment of topologically associating domain prediction tools [J]. Nucleic Acids Res, 2017,45(6): 2994-3005.

[130] 彭城,李国亮,张红雨,等. 染色质三维结构重建及其生物学意义[J]. 中国科学：生命科学, 2014,44(8): 794-802.

[131] Serra F, Di Stefano M, Spill Y G, et al. Restraint-based three-dimensional modeling of genomes and genomic domains [J]. FEBS Lett, 2015,589(20): 2987-2995.

[132] Zhang Z, Li G, Toh K C, et al. 3D chromosome modeling with semi-definite programming and Hi-C data [J]. J Comput Biol, 2013,20(11): 831-846.

[133] Peng C, Fu L Y, Dong P F, et al. The sequencing bias relaxed characteristics of Hi-C derived data and implications for chromatin 3D modeling [J]. Nucleic Acids Res, 2013,41(19): e183.

[134] Hu M, Deng K, Qin Z, et al. Bayesian inference of spatial organizations of chromosomes [J]. PLoS Comput Bio, 2013,9(1): e1002893.

[135] Lesne A, Riposo J, Roger P, et al. 3D genome reconstruction from chromosomal contacts [J]. Nat Methods, 2014,11(11): 1141-1143.

[136] Wang S, Xu J, Zeng J. Inferential modeling of 3D chromatin structure [J]. Nucleic Acids Res, 2015,43(8): e54.

[137] Szalaj P, Tang Z, Michalski P, et al. An integrated 3-Dimensional Genome Modeling Engine for data-driven simulation of spatial genome organization [J]. Genome Res, 2016, 26 (12): 1697-1709.

[138] Szalaj P, Michalski P J, Wróblewski P, et al. 3D-GNOME: an integrated web service for structural modeling of the 3D genome [J]. Nucleic Acids Res, 2016,44(W1): W288-W293.

[139] Zou C，Zhang Y，Ouyang Z. HSA：integrating multi-track Hi-C data for genome-scale reconstruction of 3D chromatin structure [J]. Genome Biol，2016，17：40.

[140] Trieu T，Cheng J. 3D genome structure modeling by Lorentzian objective function [J]. Nucleic Acids Res，2017，45(3)：1049-1058.

[141] Ulianov S V，Khrameeva E E，Gavrilov A A，et al. Active chromatin and transcription play a key role in chromosome partitioning into topologically associating domains [J]. Genome Res，2016，26(1)：70-84.

[142] Battulin N，Fishman V S，Mazur A M，et al. Comparison of the three-dimensional organization of sperm and fibroblast genomes using the Hi-C approach [J]. Genome Biol，2015，16：77.

[143] Stevens T J，Lando D，Basu S，et al. 3D structures of individual mammalian genomes studied by single-cell Hi-C [J]. Nature，2017，544(7648)：59-64.

[144] Du Z，Zheng H，Huang B，et al. Allelic reprogramming of 3D chromatin architecture during early mammalian development [J]. Nature，2017，547(7662)：232-235.

[145] Ke Y，Xu Y，Chen X，et al. 3D chromatin structures of mature gametes and structural reprogramming during mammalian embryogenesis [J]. Cell，2017，170(2)：367-381. e320.

[146] Dixon J R，Jung I，Selvaraj S，et al. Chromatin architecture reorganization during stem cell differentiation [J]. Nature，2015，518(7539)：331-336.

[147] Schmitt A D，Hu M，Jung I，et al. A compendium of chromatin contact maps reveals spatially active regions in the human genome [J]. Cell Rep，2016，17(8)：2042-2059.

[148] Deng X，Ma W，Ramani V，et al. Bipartite structure of the inactive mouse X chromosome [J]. Genome Biol，2015，16：152.

[149] Giorgetti L，Lajoie B R，Carter A C，et al. Structural organization of the inactive X chromosome in the mouse [J]. Nature，2016，535(7613)：575-579.

[150] Crane E，Bian Q，McCord R P，et al. Condensin-driven remodelling of X chromosome topology during dosage compensation [J]. Nature，2015，523(7559)：240-244.

[151] Tanizawa H，Kim K D，Iwasaki O，et al. Architectural alterations of the fission yeast genome during the cell cycle [J]. Nat Struct Mol Biol，2017，24(11)：965-976.

[152] Rao S S P，Huang S C，Glenn St Hilaire B，et al. Cohesin loss eliminates all loop domains [J]. Cell，2017，171(2)：305-320.

[153] McDaniell R，Lee B K，Song L，et al. Heritable individual-specific and allele-specific chromatin signatures in humans [J]. Science，2010，328(5975)：235-239.

[154] 朱菊芬，李国亮，阮一骏. 人类三维基因组学的研究进展及其精准医学意义[M]//中国科学院. 2016 科学发展报告. 北京：科学出版社，2016：181-185.

[155] Selvaraj S，R Dixon J，Bansal V，et al. Whole-genome haplotype reconstruction using proximity-ligation and shotgun sequencing [J]. Nat Biotechnol，2013，31(12)：1111-1118.

[156] Kaplan N，Dekker J. High-throughput genome scaffolding from in vivo DNA interaction frequency [J]. Nat Biotechnol，2013，31(12)：1143-1147.

[157] Dudchenko O，Batra S S，Omer A D，et al. De novo assembly of the Aedes aegypti genome using Hi-C yields chromosome-length scaffolds [J]. Science，2017，356(6333)：92-95.

[158] Marbouty M，Baudry L，Cournac A，et al. Scaffolding bacterial genomes and probing host-virus interactions in gut microbiome by proximity ligation (chromosome capture) assay [J]. Sci Adv，2017，3(2)：e1602105.

[159] Marbouty M，Le Gall A，Cattoni D I，et al. Condensin-and replication-mediated bacterial

chromosome folding and origin condensation revealed by Hi-C and super-resolution imaging [J]. Mol Cell，2015,59(4)：588-602.

[160] Tjong H，Li W，Kalhor R，et al. Population-based 3D genome structure analysis reveals driving forces in spatial genome organization [J]. Proc Natl Acad Sci U S A，2016, 113 (12)：E1663-E1672.

[161] Franke M，Ibrahim D M，Andrey G，et al. Formation of new chromatin domains determines pathogenicity of genomic duplications [J]. Nature，2016,538(7624)：265-269.

[162] Babaei S，Mahfouz A，Hulsman M，et al. Hi-C Chromatin Interaction Networks Predict Co-expression in the Mouse Cortex [J]. PLoS Comput Biol，2015,11(5)：e1004221.

[163] Engreitz J M，Haines J E，Perez E M，et al. Local regulation of gene expression by lncRNA promoters，transcription and splicing [J]. Nature,2016,539(7629)：452-455.

[164] Cai L，Chang H，Fang Y，et al. G. A comprehensive characterization of the function of LincRNAs in transcriptional regulation through long-range chromatin interactions [J]. Sci Rep，2016,6：36572.

[165] Engreitz J M，Ollikainen N，Guttman M. Long non-coding RNAs：spatial amplifiers that control nuclear structure and gene expression [J]. Nat Rev Mol Cell Biol，2016,17(12)：756-770.

[166] Guo Y，Xu Q，Canzio D，et al. CRISPR inversion of CTCF sites alters genome topology and enhancer/promoter function [J]. Cell，2015,162(4)：900-910.

[167] Collins F S，Varmus H. A new initiative on precision medicine [J]. N Engl J Med，2015,372 (9)：793-795.

[168] Krijger P H，de Laat W. Identical cells with different 3D genomes：cause and consequences? [J]. Curr Opin Genet Dev，2013,23(2)：191-196.

[169] Lupiáñez D G，Kraft K，Heinrich V，et al. Disruptions of topological chromatin domains cause pathogenic rewiring of gene-enhancer interactions [J]. Cell，2015,161(5)：1012-1025.

[170] Hnisz D，Weintraub A S，Day D S，et al. Activation of proto-oncogenes by disruption of chromosome neighborhoods [J]. Science，2016,351(6280)：1454-1458.

[171] Taberlay P C，Achinger-Kawecka J，Lun A T，et al. Three-dimensional disorganization of the cancer genome occurs coincident with long-range genetic and epigenetic alterations [J]. Genome Res，2016,26(6)：719-731.

[172] Weischenfeldt J，Dubash T，Drainas A P，et al. Pan-cancer analysis of somatic copy-number alterations implicates IRS4 and IGF2 in enhancer hijacking [J]. Nat Genet，2017,49(1)：65-74.

[173] Martin P，McGovern A，Massey J，et al. Identifying causal genes at the multiple sclerosis associated region 6q23 using Capture Hi-C [J]. PLoS One，2016,11(11)：e0166923.

[174] Martin P，McGovern A，Orozco G,et al. Capture Hi-C reveals novel candidate genes and complex long-range interactions with related autoimmune risk loci [J]. Nat Commun，2015,6：10069.

[175] Won H，de la Torre-Ubieta L，Stein J L，et al. Chromosome conformation elucidates regulatory relationships in developing human brain [J]. Nature，2016,538(7626)：523-527.

9

基因组的暗物质：
长非编码 RNA

直到 21 世纪初，人们一直认为蛋白质是执行生命活动最重要的分子，而 RNA 是为了生成执行功能的蛋白质的一种短暂存在的过渡产物。然而，2012 年完成的 DNA 元件百科全书（Encyclopedia of DNA Elements，ENCODE）计划彻底改变了人们对 RNA 在体内重要性的认识[1]。该计划所发表的系列成果表明，人类基因组中约 80% 的序列会被转录成 RNA，但是其中仅有一小部分是编码蛋白质的信使 RNA（约 2%），而其余的序列则被转录成数以百万计形形色色的非编码 RNA（non-coding RNA，ncRNA）分子。自此，这些非编码 RNA 的功能和作用机制便成为生命科学研究中的一大谜团。这一问题如此重要，以致科学界把这些分子称为基因组的"暗物质"，与人类对宇宙中暗物质的研究相比拟。对真核细胞中非编码 RNA 的鉴定、功能和机制的研究，或许将揭示一个前所未知的由非编码 RNA 主导的调控和功能执行网络，该网络与目前所知的蛋白质调控和功能执行网络完美并行或交叉；同时，这些暗物质的研究将更深入地阐明生命活动及遗传与进化的本质，最终也为掌握生命规律，预防和治疗人类疾病提供新的手段和方法。

非编码 RNA 按照分子量的大小笼统地分为非编码小 RNA［长度＜200 个核苷酸（nucleotide，nt）］和长非编码 RNA（long non-coding RNA，lncRNA）（长度＞200 nt）[2]。近十年来，在人类和动植物甚至酵母中都已发现了大量的非编码小RNA，包括微 RNA（microRNA，miRNA）、内源干扰小 RNA（endogenous small interfering RNA，endo-siRNA）、*Piwi* 相互作用 RNA（Piwi-interacting RNA，piRNA）、启动子相关小 RNA（promoter-associated small RNA，PASR）、转录终止位点相关小 RNA（terminator-associated small RNA，TASR）、具有增强子类似功能的增强

子 RNA（enhancer RNA，eRNA）、应急诱导 tRNA 衍生的小 RNA（stress induced tRNA-derived RNA，sitRNA；tRNA-derived RNA fragment，tRF）、重复序列相关小 RNA（repeat-associated small RNA，rasRNA）等，它们一般具有调控基因表达的功能，在动植物的生理和病理过程以及遗传中发挥重要的作用。非小编码 RNA，特别是 miRNA 将在第 10 章详细介绍，这里不再赘述，本章将重点阐述长非编码 RNA 的研究。

长非编码 RNA 是指长度大于 200 个核苷酸的不编码多肽的 RNA。近年来越来越多的长非编码 RNA 被证实在细胞中行使不同的功能，特别是近年来陆续发现的许多长非编码 RNA 在细胞中行使功能，参与了包括干细胞维持、胚胎发育、细胞分化、凋亡、代谢、信号传导、感染及免疫应答等几乎所有生理和病理过程的调控。尽管已经取得了一定的进展，但迄今发现的长非编码 RNA 只是整体非编码 RNA 资源的冰山一角。有研究表明，长非编码 RNA 的数量有可能高达 20 万条。对新的非编码 RNA 的系统发现、分类、功能和机制的解析已经成为生命科学研究领域的关键科学问题。本章将首先总结和讨论长非编码 RNA 的分类与新非编码 RNA 的发现；其次，对已知的长非编码 RNA 的生物学功能进行阐述，集中在目前发现的非编码 RNA 起重要作用的生物学过程；再次，在此基础上进一步总结长非编码 RNA 的一般性作用机制，重点阐述其与蛋白质作用的异同性；最后，将对非编码 RNA 领域特有的研究技术进行重点介绍，为有志从事该领域研究的人员提供借鉴。

9.1　长非编码 RNA 的分类与新型非编码 RNA 的发现

长非编码 RNA 是一类长度大于 200 nt 且不具备编码功能蛋白质或多肽能力的 RNA 分子。早在 1989 年长非编码 RNA *H19* 就被发现，第 2 年长非编码 RNA *Xist* 又被发现。但是在随后的 10 多年时间里鲜有关于长非编码 RNA 的报道。直到 2003 年后，开始有零星长非编码 RNA 被发现，如 *MALAT1*、*NEAT1*、*HOTAIR* 等。随着"覆瓦式"芯片技术（tiling array）以及高通量测序技术，尤其是二代测序技术的发展和应用，人类基因组计划、DNA 百科全书计划和哺乳动物基因组功能注释计划（Functional Annotation of the Mammalian Genome，FANTOM）等项目的完成，人们发现了大量的长非编码 RNA [3]。

长非编码 RNA 是一个大家族，包括形成方式、结构、功能等各不相同的 RNA 分子。因此，系统科学地对长非编码 RNA 进行分类对于研究长非编码 RNA 的功能及发现新型长非编码 RNA 都具有十分重要的科学意义。由于细胞内存在大量含 poly(A) 尾的 RNA，早期的转录组测序都集中在含 poly(A) 尾的 RNA 上，只是最近由于技术的进步才使人们得以发现大量不含 poly(A) 尾的 RNA。对含 poly(A) 尾的 RNA 的转录组测序使人们发现了成千上万的含 poly(A) 尾的长非编码 RNA(见图 9-1)。

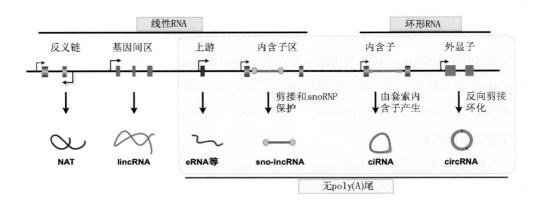

图 9-1　长非编码 RNA 的分类

NAT，天然反义转录本；lincRNA，基因间长非编码 RNA；eRNA，增强子 RNA；sno-lncRNA，小核仁 RNA 保护的长非编码 RNA；ciRNA，环形内含子 RNA；circRNA，环形 RNA

9.1.1　含有 poly(A) 尾的长非编码 RNA

这类含 poly(A) 尾的长非编码 RNA 与 mRNA 具有许多相似的特性。它们与普通 mRNA 一样，有独立的启动子，大部分是由 RNA 聚合酶Ⅱ(RNA polymerase Ⅱ)转录，经 5′加帽、剪接和 3′加 poly(A) 尾形成成熟的长非编码 RNA。但是它们缺乏可翻译的开放阅读框。除此之外，与 mRNA 相比，这类长非编码 RNA 通常含有少且长的外显子，平均长度比 mRNA 短，表达量相对较低，而且一级序列在物种间的保守性相对较低。

根据其在基因组中与蛋白编码基因的相对位置，可将 mRNA 样长非编码 RNA 进一步划分为基因间长非编码 RNA(long intergenic non-coding RNA，lincRNA)和天然反义转录本(natural antisense transcript，NAT)[4]。

9.1.1.1 基因间长非编码 RNA

基因间长非编码 RNA(lincRNA)是一类分布在基因组蛋白编码基因间且与已知蛋白编码基因无重叠的长非编码 RNA。近几年,利用大规模测序技术结合生物信息学分析,人们在哺乳动物中发现了大量的 lincRNA。2009 年,Guttman 等利用特定组蛋白修饰(H3K4me3 指示启动子,H3K36me3 指示转录区)指示能被 RNA 聚合酶 II 转录的基因,在小鼠和人的距离已知编码蛋白基因 5 kb 以上的基因间区域分别发现了约 1 600 个和 3 300 个新的转录本,并通过进一步分析确定这些新的转录本是 lincRNA。而且他们发现这些 lincRNA 在胚胎干细胞多能性与细胞增殖等过程中发挥重要的作用。2011 年,Cabili 等人利用 24 种组织和细胞的大量的转录组测序数据发现了超过 8 000 条 lincRNA,并且发现相对于蛋白编码基因,lincRNA 的表达更具有组织特异性,而且通常会与邻近基因共表达。

具有代表性的 lincRNA 有 *Xist*、*HOTAIR*、*HOTTIP*、*CCAT1* 等[4,5]。*Xist* 与雌性哺乳动物 X 染色体失活有关。由于雌性哺乳动物比雄性多一条 X 染色体,在胚胎发育早期,雌性哺乳动物的一条 X 染色体会失活,从而保证 X 染色体连锁基因的表达水平与雄性哺乳动物持平。失活的 X 染色体上的 lincRNA 基因 *XIST* 被激活,转录产生 *Xist* RNA。*Xist* 覆盖在 X 染色体上并招募大量与基因沉默相关的蛋白质,从而介导 X 染色体的失活。

HOTAIR 是 2007 年发现的转录自 *HOXC* 基因簇的长为 2.2 kb 的 lincRNA。研究发现,*HOTAIR* 能结合 PRC2 基因表达抑制复合物,通过反式调控(*trans*-regulation)方式促进组蛋白 H3K27 的三甲基化,进而抑制 *HOXD* 及其他基因的表达,从而调控胚胎发育与肿瘤细胞转移等。进一步的研究发现,*HOTAIR* RNA 以 5′端与 PRC2 结合,介导 H3K27 甲基化,而以 3′端与 LSD1/CoREST/REST 复合物结合,介导 H3K4 去甲基化,从而作为支架分子将不同的组蛋白修饰偶联到特定的基因上。

HOTTIP 转录自 *HOXA* 基因簇上游,通过招募 WDR5/MLL 复合物介导 *HOXA* 基因组蛋白 H3K4 三甲基化从而激活 *HOXA* 基因转录。与 *HOTAIR* 相反,*HOTTIP* 是通过顺式调控方式激活邻近蛋白基因的表达。

CCAT1 转录自 c-*Myc* 基因上游 515 kb 处,并在结肠癌细胞中高表达。*CCAT1* 有长、短 2 个异构体,短的 *CCAT1* 存在于细胞质中,而长的 *CCAT1* 即 *CCAT1-L* 主要定位在细胞核转录位点附近。研究发现,*CCAT1-L* 通过结合染色质结合蛋白 CTCF 促进

c-Myc 启动子与增强子的染色质远程交互作用，进而增强 *c-Myc* 基因的转录，从而促进结肠癌细胞增殖。

以上介绍的长非编码 RNA 是典型的 lincRNA，它们位于已知蛋白编码基因的基因间区域，与 mRNA 类似，经 RNA 聚合酶Ⅱ转录后由多个外显子剪接而成，并经过加 poly(A)尾，形成成熟的 lincRNA。它们多定位于细胞核中，招募相关蛋白质，调控染色质的表观遗传学修饰或者染色质的高级结构，进而调控相关基因的表达。

9.1.1.2　天然反义转录本

天然反义转录本是一类转录方向与已知蛋白编码基因相反的长非编码 RNA。已知的天然反义转录本可以和正向蛋白编码基因的内含子、外显子、启动子、增强子及非翻译区(untranslated region，UTR)等任何区域重叠。根据与正向编码基因的相对位置不同，天然反义转录本分为汇合型(convergent)、发散型(divergent)和重叠型(overlap)3种。2005 年，科学家利用 FANTOM3 数据分析小鼠基因组发现了大量的反向转录本，即天然反义转录本。经过实验验证发现，许多反向转录本与正向转录本存在相互促进或者前者抑制后者表达的关系。天然反义转录本和 lincRNA 在结构上与 mRNA 类似，两者的区别主要在于其与蛋白编码基因的相对位置有所不同。

具有代表性的天然反义转录本有 *Air*、*Kcnq1ot1* 等。*Air* 和 *Kcnq1ot1* 都转录自基因印记区域。它们从父源等位基因转录，并对相应基因印记区域的形成发挥重要作用。*Air*(*Airn*)转录自父源 *IGF2R* 基因第 2 个内含子区域并与 *IGF2R* 的转录方向相反。*Air* 能顺式沉默 *IGF2R*、*SLC22A2* 和 *SLC22A3* 基因的父源表达。研究发现，*Air* 通过将甲基转移酶 G9A 招募至靶基因的启动子区域，介导组蛋白 H3K9 的甲基化，进而沉默靶基因的表达。与 *Air* 类似，转录自父源 *KCNQ1* 基因第 10 个和第 11 个内含子区域的 *Kcnq1ot1*，通过招募 G9A 和 PRC2，顺式介导靶基因的组蛋白修饰，从而沉默靶基因的表达。

9.1.2　新型非编码 RNA 的发现：无 poly(A)尾的长非编码 RNA

除了上面提到的含有 poly(A)尾的长非编码 RNA，事实上，还有许多长非编码 RNA 没有 poly(A)尾巴。例如，核糖核酸酶 P(ribonuclease P，RNase P)切割形成特殊 3′尾巴的长非编码 RNA、增强子 RNA 等。2011 年，通过富集无 poly(A) RNA 的转录组测序，人们发现了大量具有新型结构的长非编码 RNA，包括两端以 snoRNA 结尾的

sno-lncRNA、环形 RNA(circular RNA，circRNA)等。无 poly(A)尾的长非编码 RNA 可根据其结构划分为线性和环形两种类型[4, 6]。

9.1.2.1 核糖核酸酶 P 切割形成特殊 3′尾的长非编码 RNA

虽然大多数长非编码 RNA 与 mRNA 类似，3′端利用多聚腺苷酸化形成 poly(A) 尾，但仍然有一部分长非编码 RNA 利用特殊的加工方式形成稳定的 3′尾。其中最典型的例子就是 *MALAT1* 和 *NEAT1_long*(*NEAT1* 的长异构体)。*MALAT1* 和 *NEAT1* 转录自 11 号染色体两个相邻的区域并在细胞核内大量富集，分别定位在核散斑(nuclear speckles)和旁斑(paraspeckles)两类细胞核亚结构中。*MALAT1* 和 *NEAT1_long* 并不是通过经典的多聚腺苷酸化加工成熟，而是由核糖核酸酶 P 切割其尾端的 tRNA 样结构并形成稳定的 U-A·U 三倍体螺旋结构。除此之外，卡波西肉瘤相关疱疹病毒(KSHV)表达的 *PAN* 长非编码 RNA 以及其他一些病毒表达的 RNA 中也存在着类似的三倍体螺旋结构，虽然它们并不是由核糖核酸酶 P 切割而成。除了核糖核酸酶 P 介导的长非编码 RNA 的 3′端加工外，有一部分含有 miRNA 的长非编码 RNA(lnc-pri-miRNA)经过核糖核酸酶Ⅲ(ribonuclease Ⅲ，RNase Ⅲ)切割终止转录，从而形成 3′尾不含有 poly(A)的不稳定的长非编码 RNA。

9.1.2.2 增强子 RNA

增强子 RNA 是一类由 RNA 聚合酶Ⅱ转录于基因增强子区域的长度小于 2 kb 的双向转录本。增强子 RNA 具有几个特点。①增强子 RNA 是由 RNA 聚合酶Ⅱ转录自增强子区域。增强子区域往往有组蛋白 H3K4 单甲基化和双甲基化富集，能转录增强子 RNA 的增强子区往往有组蛋白 H3K27 乙酰化的富集，而且结合有许多转录调控因子，并且结合转录起始复合物。②大部分双向转录的增强子 RNA 具有 5′帽子结构但不含 poly(A)尾，同时一般不经过剪接。③增强子 RNA 代谢快。与 mRNA 和普通的长非编码 RNA 相比，增强子 RNA 的半衰期较短，但是转录起始频率与 mRNA 相当。④增强子 RNA 的表达受到外界信号的动态调节，进而调控附近基因的表达。⑤增强子 RNA 会富集在增强子区域，加强增强子与附近基因启动子的染色质相互作用，从而促进基因表达。总的说来，增强子 RNA 是一类转录自增强子区域的具有类似增强子功能的长非编码 RNA。尽管目前还不清楚增强子 RNA 的 3′尾是什么结构，但是有研究表明，增强子 RNA 依赖于整合体(integrator)的切割终止转录。整合体与 RNA 聚合酶Ⅱ的羧基端结构域(CTD)结合，并且具有 RNA 内切酶活性。整合体主要参与了不含 poly

(A)尾的 snRNA 的 3′ 端加工。研究发现，在外界条件刺激下，整合体富集到增强子区参与增强子 RNA 的 3′ 端加工。敲低整合体会导致增强子 RNA 原始转录本累积并持续结合在 RNA 聚合酶 II 上。同时，转录产生的增强子 RNA 是 RNA 降解小体外泌体（exosome）的底物。

9.1.2.3 被剪接内含子来源的长非编码 RNA

大多数情况下，被剪接下来的内含子会被快速降解而不会稳定存在于细胞中。然而近几年的研究发现，有一部分被剪接的内含子可以形成稳定的长非编码 RNA。当一个内含子中存在两个核仁小 RNA（small nucleolar RNA，snoRNA）基因的时候，两个 snoRNA 形成稳定的结构并结合相关蛋白质形成核仁小核糖核蛋白（small nucleolar ribonucleoprotein，snoRNP）结构从而保护中间的序列不被降解，形成稳定的不含 5′ 帽子和 3′ 尾巴且两端以 snoRNA 结尾的 sno-lncRNA。目前已经在哺乳动物中发现了十几条 sno-lncRNA，而且其表达具有物种特异性。在人的普拉德-威利综合征（Prader-Willi syndrome，PWS）相关的 *PWS* 基因印记区域发现有 5 条 sno-lncRNA，研究发现这些 sno-lncRNA 可以作为分子海绵结合可变剪接调控因子 FOX2 蛋白，从而改变其在细胞核内的分布，进而调控可变剪接。

9.1.2.4 环形 RNA

环形 RNA 是一类不具有 5′ 帽子和 3′ poly(A)尾巴，并以共价键形成环形结构的单链环状 RNA 分子。早在 20 多年前，人们就在细胞中发现少量环形 RNA 分子的存在。但是由于其表达量低，而且发现的数目少，所以当时这些环形 RNA 分子被认为是错误剪接或者剪接过程中产生的副产物。然而，随着近年来高通量测序技术在无 poly(A) RNA 的转录组中的应用，人们发现环形 RNA 广泛存在于细胞中。

目前发现的环形 RNA 可根据其来源序列和形成方式的不同划分为两类：通过外显子反向剪接环化形成的环形 RNA 和被剪接下来的内含子套索（intron lariat）结构稳定存在而形成的环形内含子 RNA（circular intronic RNA，ciRNA）。其中，circRNA 又可以根据其加工成熟后是否含有内含子序列分为外显子来源的环形 RNA（exonic circRNA）与由外显子和内含子共同组成的环形 RNA（retained-intron circRNA）。

ciRNA 和 circRNA 分子都是经由 RNA 剪接成环的，但是两类环形 RNA 的产生方式完全不同。ciRNA 是由剪接过程所产生的内含子套索衍生而来的结构稳定的环形 RNA；而 circRNA 是一类通过反向剪接，即下游剪接位点反向与上游剪接位点连接所形成的闭合环状 RNA 分子。通常情况下,外显子按上下游顺序剪接形成成熟 mRNA,而 circRNA 则是通过外显子反向剪接形成的。外显子环化需要顺式调控元件和反式作用因子。顺式调控元件为可成环外显子两端的内含子间存在的反向重复序列形成 RNA 配对,而反式作用因子有 MBL、QKI 等 RNA 结合蛋白。在 pre-mRNA 剪接发生时,这些调控因子的作用可以拉近上游外显子的 5′ 端剪接位点(splice site)与下游外显子的 3′ 端剪接位点之间的距离,从而发生反向剪接。最近,陈玲玲等利用 4sUDRB 纯化新生转录本系统监测 circRNA 生成与 RNA 聚合酶 II 转录的动态偶联过程,首次证明细胞内反向剪接 RNA 成环与顺序剪接相比发生效率非常低,而且外显子 RNA 的成环效率与其所在基因的 RNA 聚合酶 II 转录速度相偶联。

近年来,对不含 poly(A)尾 RNA 的转录组及经核糖核酸酶 R 消化去除线性 RNA 的样品的测序,使人们发现了成千上万的 circRNA。人们在很多物种包括果蝇、线虫、小鼠、人等多细胞动物以及原生动物、植物和真菌中都发现了 circRNA 的存在。circRNA 闭合环状的特殊结构赋予其高稳定性的特点,使之成为一种半衰期极长的"不朽的环形 RNA(immortal circRNA)"。因此尽管 circRNA 在转录水平产生效率较低,但通过累积效应可以达到较高的表达水平。大部分 circRNA 存在于细胞质中。目前研究结果显示,circRNA 参与了多种生物学过程,包括作为 miRNA 的分子海绵调控 miRNA 的功能,参与特定基因的转录调控,改变宿主 mRNA 的可变剪接等。最近,研究发现哺乳动物基因组中蕴含 circRNA 来源的假基因。利用全新的计算分析流程(CIRCpseudo),人们在小鼠的基因组中发现至少 42 个 circRFWD2 来源的假基因序列。此外,circSATB1 来源的小鼠假基因序列可以与 CTCF/Rad21 结合,提示 circRNA 分子在逆转座插入到基因组中改变基因组遗传信息的同时,也存在调控基因表达的新潜能。

ciRNA 与前述 circRNA 在产生来源、加工生成、细胞内定位以及功能调控方面均有显著不同。ciRNA 来自于内含子序列,是由被剪接下来的内含子形成的。大部分内含子在经过剪接后形成套索结构,这种套索结构通常情况下会经过脱分支解开套索环,并被快速降解。然而有些含有特定核酸序列的内含子,在被剪接后不会被脱分支,而是将套索结构的游离端降解,从而形成稳定的环形 ciRNA。研究发现,位于 5′ 剪接位点的 7 个核苷酸序列和分支位点 5′ 端的 11 个核苷酸序列对于 ciRNA 的形成十分重要。circRNA 和 ciRNA 都是通过剪接形成的环形 RNA 分子,由于两者形成机制和来源序列不同，导致最大的结构区别在于前者是借助 $3',5'$-磷酸二酯键成环，而后者是借助 $2',5'$-磷酸二酯键成环。陈玲玲等利用不含 poly(A)尾 RNA 的转录组测序在人类转录组中发现了上百条 ciRNA。事实上，在爪蟾等生物中也发现了类似的环形 RNA。ciRNA 一般存在于细胞核中。研究发现，部分 ciRNA 定位在其转录位点附近，并通过和 RNA 聚合酶 Ⅱ 复合物的相互作用，顺式调节其本位基因的表达水平。

9.2 长非编码 RNA 的生物学功能

长久以来，研究主要集中在 DNA 遗传物质和蛋白质的功能上，而 RNA 一直被认为是遗传物质的传递者，隐藏在 DNA 和蛋白质的阴影下，其功能鲜为人知，对于它的生物学功能，相关报道也较为片面。但是随着高通量技术的发展和研究者们对于生命本质的探索，越来越多的证据显示 RNA 除了作为信使传递遗传信息以外，还能发挥与蛋白质相似的调控功能，为生物体的多样性和进化提供了基础。近年来，对于非编码 RNA 的研究发现，它们能够参与生物体活动的各个方面，包括基因表达调控，生长发育不同阶段的调节以及疾病的产生和发展等[7-9]。

9.2.1 基因表达调控

在早期的研究中，真核生物的基因表达调控被认为是 DNA 调控元件与一些 DNA 结合蛋白共同作用的结果。但近年来，研究者们发现长非编码 RNA 也能够与 DNA 和蛋白质相互作用，并具有高度的特异性和机动性，为基因调控网络的复杂和多样提供了新的基础。长非编码 RNA 不仅能够调控基因组上邻近的蛋白编码基因，也能够通过不同的分子机制激活或抑制远距离的基因表达[10]。

9.2.1.1 长非编码 RNA 调节邻近蛋白编码基因转录

根据 2012 年 ENCODE 项目发表的数据[1]，将近 62% 的人类基因组会进行转录，形成各种不同类型的 RNA，而能翻译成蛋白质的外显子序列仅占 1.5%，大量的 RNA 转录本都以 RNA 的形式行使功能。而长非编码 RNA 就是其中重要的一类。在人类和小鼠的基因组中，分别有 14 000 条和 6 000 条长非编码 RNA 被鉴定出来。研究发现，这些长非编码 RNA 在基因组上的分布并不是随机的，它们更倾向于定位在蛋白编码基因附近，并且一些组织特异性表达的长非编码 RNA 会与邻近的蛋白编码基因在时间和空间上共表达[11]。

针对长非编码 RNA 在基因组上的分布特点,研究者们对长非编码 RNA 进行了系统全面的分类,并且通过深入的实验验证发现,这类与蛋白编码基因定位相近,表达相似的长非编码 RNA 可能具有相似的功能,即能够调控邻近基因的时空表达水平[12]。例如,*Evxlas* 是蛋白编码基因 *EVX1* 的反义长非编码 RNA(divergent lncRNA)。它从 *EVX1* 的启动子区域反向转录,并在胚胎的发育早期与 *EVX1* 共表达。研究证明,*Evxlas* RNA 能够顺式结合在自身转录区域和下游增强子上,促进转录辅助因子的结合,改变染色质的结构和状态,从而顺式调控邻近蛋白编码基因 *EVX1* 的表达。

另一个例子是 *HOX* 基因群。在 *HOX* 基因组区域,聚集了大量的长非编码 RNA 转录本,已有的研究显示其中大部分能够调控周围的 *HOX* 基因表达,尤其是 *HOXA* 区域,包括 *HOTTIP*、*Mira*、*Hotairml* 等。lncRNA *HOTTIP*,由 *HOXA* 区域的5′端转录,可以通过与 *WDR5* 的相互作用,将 WDR5/MLL 复合体定位到 *HOXA* 区域,催化 H3K4me3 组蛋白修饰的建立,特异性地上调邻近基因 *HOXA9*、*HOXA10*、*HOXA11* 和 *HOXA13* 的表达。

长非编码 RNA 调控邻近蛋白编码基因的表达,这种基因组上位置关系的邻近,并不仅仅局限于序列的线性关系上,还包括基因的空间距离。一些相距几万个碱基甚至更远的长非编码 RNA 和蛋白编码基因,由于 DNA 高级结构的形成,在空间上距离很近,也有可能存在相似的调控作用,如 *Dum*、*LUNAR1*。

长非编码 RNA 对邻近蛋白编码基因的转录调控作用,依赖于其结合的蛋白复合体。长非编码 RNA 结合不同的蛋白复合体,其产生的作用可能截然相反,而这种长非编码 RNA 对蛋白复合体的选择性是由什么决定的呢?有以下两种假设:一种是由 RNA 序列的特异性决定,长非编码 RNA 可以通过二级结构或三级结构直接结合某个 RNA 结合蛋白或转录辅助因子,这种结合的特异性和亲和性较强,并且具有相似结合功能的长非编码 RNA 在结构上可能存在一定的相似性;另一种是由染色质状态或上游信号决定,对结合的蛋白复合体选择性较弱,长非编码 RNA 主要作为信号整合和蛋白组装的平台,在不同的细胞环境下,可能结合不同的蛋白复合体,高效并精确地调节基因转录。这两个假设都有可能存在,甚至可能同时发挥作用,对于长非编码 RNA 调节邻近基因转录的作用机制,目前的了解非常有限,缺乏直接有力的实验证据,还需要进一步的探索和研究。

9.2.1.2 长非编码 RNA 调控远距离基因转录

长非编码 RNA 还可以调控远距离的基因转录。最经典的例子是 *HOTAIR* 长非编码 RNA。研究发现，*HOTAIR* 在 *HOXC* 基因区域转录，但它的 RNA 可以结合在 *HOXD* 基因区域，并招募 PRC2 蛋白复合体，促进 H3K27me3 组蛋白修饰的建立，抑制部分 *HOXD* 基因的表达。另外，许多来自活跃的重复序列区域的非编码 RNA 也可以调节基因转录。例如，早期研究发现的小鼠 *B2* RNA，来源于 SINE 转座子重复序列，在热激后表达量显著上调并且通过结合 RNA 聚合酶 II 抑制大量基因转录；与之相对应的人类 *Alu* RNA 也具有相似的功能。

9.2.1.3 长非编码 RNA 调控蛋白编码基因 mRNA 的剪接、翻译、定位和降解

长非编码 RNA 还能够参与 mRNA 的转录后调控，包括剪接、翻译和降解等[13-15]。除此之外，一些长非编码 RNA 可以竞争性地结合 miRNA，调节 miRNA 的有效浓度，从而影响下游基因的表达水平。虽然目前长非编码 RNA 调控 mRNA 成熟过程的报道仍然较少，但随着研究的不断深入，可以预见会有更多长非编码 RNA 调控 mRNA 成熟的报道。

9.2.2 生长发育调控

大量实验证据显示，长非编码 RNA 能够参与生物体生长发育的各个阶段，包括但不限于胚胎早期的细胞命运决定、多能性细胞的维持和分化以及不同组织细胞的形成和发育等。

9.2.2.1 胚胎干细胞的干性维持和分化

胚胎干细胞具有分化成所有终端分化细胞的潜能，能够分化成基础三胚层细胞（即外胚层、中胚层和内胚层），而这种多能性的维持受到转录因子和细胞外信号严格调控，需要建立大量基因的精确时空表达网络，包括 *Oct4*、*Sox2* 和 *Nanog* 等重要因子。除了编码蛋白质的基因外，近年来，研究发现长非编码 RNA 也参与了这一重要调控过程。2011 年，Mitchell 等通过 RNA 干扰（RNA interference，RNAi）技术沉默了 147 个在小鼠胚胎干细胞中表达的长非编码 RNA[16]。在检测中，他们发现将近 90% 的长非编码 RNA 沉默会影响胚胎干细胞的基因表达，其中 26 个与胚胎干细胞的干性维持有关，30 个与胚胎干细胞的分化有关。更重要的是，这些长非编码 RNA 受到胚胎干细胞特异性转录因子的调控，并可能与一些重要的染色质修饰蛋白相互作用。2014 年，研究报道了

类似的 RNA 干扰筛选[17]，鉴定出 20 个长非编码 RNA 参与了小鼠胚胎干细胞的干性维持和分化，其中，*TUNA* 是一个高度保守的长非编码 RNA，能够调节胚胎干细胞的多能性和向神经方向分化的细胞命运决定。但是，在这两种筛选中，重叠的基因非常有限，可能各有一些局限性。此后，更多的研究发现一些长非编码 RNA，如 *Evx1as*、*Haunt* 能够调节胚胎干细胞向不同胚层的分化[12, 18]。总之，这些证据提示长非编码 RNA 参与了维持胚胎干细胞多能性的复杂调控网络。

9.2.2.2　生物体早期发育

长非编码 RNA 参与生物体的生长发育，早期的研究主要集中在 X 染色体失活和基因印记等生物体性别决定和生长控制相关的生物学过程[19]。敲除这些长非编码 RNA 的基因通常会导致发育致死或生长缺陷。例如，敲除 *Xist*、*Tsix* 或 *Jpx* 等 X 染色体失活相关的长非编码 RNA 基因会引起胚胎致死和 X 染色体基因表达缺陷；而敲除 *AIRN*、*Kcnqlot1* 或 *H19* 则会引起生长缺陷和部分区域的基因印记丢失。

另一个已知的参与生物体早期发育的长非编码 RNA 是 *Fendrr*[20]。它位于与心肺发育相关的重要转录因子 *Foxf1* 附近，两者转录方向相反，共用启动子区域。最近，有两项研究分别通过不同的方式对 *Fendrr* 进行了基因敲除，均发现它能够影响心肺功能的发育。其中一项研究中，通过插入转录终止信号抑制 *Fendrr* 的基因转录，导致胚胎由于心脏发育不全，体壁过薄而死亡；另外一项研究中，研究人员用 *lacZ* 报告基因替代 *Fendrr* 后，导致小鼠心脏、肺和胃肠道等发育缺陷，出生前后死亡。两种研究出现表型差异的一个可能的解释是敲除 *Fendrr* 的策略不同，但它们均表明 *Fendrr* 对心肺功能的早期发育起着重要的调控作用。除此之外，长非编码 RNA *Peril* 和 *Mdgt* 的基因敲除小鼠也表现为生长发育的不完全和缺陷，并导致出生后死亡。

9.2.2.3　组织细胞的形成和分化

肌细胞分化是一种被广泛研究的体细胞发育过程，受到许多重要的转录因子和 miRNA 的严格调控，包括肌细胞的生长、分化和形态改变。研究发现，长非编码 RNA 和 miRNA 的相互作用为肌细胞的分化提供了新层次的调控网络。例如，在肌细胞特异性表达的 *linc-MD1* 定位在细胞质中，通过结合两个重要的 miRNA——miR-133 和 miR-135，调节下游的基因表达水平，从而影响肌细胞的分化。由此提示，内源性的长非编码 RNA 可能能够通过竞争性结合 miRNA，敏感高效地控制 miRNA 的有效浓度，从而实现对下游基因的调控。

中枢神经系统主要从神经干细胞分化而来，由神经元和神经胶质细胞组成。近年来，一些实验证据表明长非编码 RNA 能够调节神经细胞的分化。利用 RNA 荧光原位杂交(RNA FISH)技术在不同的神经区域和细胞类型中，分析鉴定了大量特异性表达的长非编码 RNA。这提示这些长非编码 RNA 可能参与了多种神经系统相关的生物学过程。例如，过表达 *Nkx2.2as* 长非编码 RNA 会促进神经干细胞向少突胶质细胞分化；而 *Evf2* 长非编码 RNA 能够调节邻近基因 *Dlx5* 和 *Dlx6* 的表达，*Evf2* 长非编码 RNA 基因缺陷的小鼠表现为 GABA 能神经元在出生后海马早期发育中数量减少，成年后恢复正常，造成早期突触抑制的缺陷；*linc-Brn1b* 基因敲除的小鼠表现为大脑皮质发育缺陷。

除上述例子之外，长非编码 RNA 还被报道能够调节免疫系统、皮肤系统、造血系统、血管发育等生物学过程，因此对生物体的正常发育和功能均有十分重要的作用。

9.2.3 长非编码 RNA 与疾病

长非编码 RNA 在生物体生长发育的不同阶段发挥着重要的作用，相应地，它也参与了众多疾病的发生和发展。GWAS 分析显示，只有 7% 的疾病或性状相关的 SNP 位于基因外显子区域，而 43% 位于蛋白编码基因以外，落在基因间区域或非编码 RNA 基因上[21]。近年来，数十条长非编码 RNA 已经被证明在人类癌细胞中差异性表达，并调节致癌基因的表达和肿瘤抑制通路的激活，如 *p53*、*c-Myc*、*NF-κB* 等。

面肩肱型肌营养不良(facio scapulo humeral type muscular dystrophy，FSHD)是一种常见的肌营养不良病，主要由染色体 4q35 区域 D4Z4 重复序列的拷贝数减少引起。D4Z4 重复序列被一些抑制型组蛋白修饰覆盖，包括 H3K9me3 和 H3K27me3 等，但在 FSHD 患者中，这些修饰显著下降。研究发现，这一系列 D4Z4 重复序列能够招募多梳复合体催化抑制型染色体状态的形成，而 D4Z4 重复序列的缺失会解除长非编码 RNA *DBE-T* 的转录抑制，*DBE-T* 定位在 FSHD 区域，通过招募 *ASH1L*，建立活跃的染色质状态，激活 FSHD 区域。因此，FSHD 的发生是由于长非编码 RNA *DBE-T* 的启动子区域发生突变，扰乱 *DBE-T* 的表达引起的。

MALAT1 是一个核内高表达的长非编码 RNA，与其他蛋白质结合共同形成核内结构——旁斑。早期研究表明它对于生物体的生存是非必需的，因为敲除 *Malat1* 的小鼠并没有观察到明显的发育缺陷和形态异常，提示可能存在与 *Malat1* 互补的长非编码

RNA,它在 *Malat1* 敲除后能够发挥相似的功能。*Malat1* 敲除的小鼠在生理条件下没有明显的表型变化,可能是由于发育过程中功能冗余和代偿机制的存在。但研究发现,在压力或病理条件下,*MALAT1* 的表达与癌症的发展相关联。在癌细胞中,敲除 *MALAT1* 能够显著抑制癌细胞的恶化,这种对于肿瘤细胞的特异性调控使得 *MALAT1* 成为癌症治疗的新靶点[22]。

9.3　长非编码 RNA 的作用机制

如上所述,长非编码 RNA 本身不编码蛋白质,但参与诸如转录起始调控、转录及转录后调控等多个生物学进程;长非编码 RNA 在分子层面上如何达成其生物学功能是目前研究的热点,就目前已知的案例而言,其分子机制可以总结为以下 5 类[2, 23-25]。

9.3.1　长非编码 RNA 作为信号分子

多数长非编码 RNA 都是由 RNA 聚合酶Ⅱ转录的。长非编码 RNA 具有细胞特异性,并且能对各种刺激产生应答,这暗示其受到广泛而精确的转录调控。正因如此,长非编码 RNA 作为信号分子具有很强的时间和空间特异性,以应对发育及细胞的多种应激反应。长非编码 RNA 在转录调控中具有很大的优势,原因在于它不需要像蛋白质一样进行翻译就能够发挥作用。下面将分别阐述长非编码 RNA 发挥信号分子作用的具体机制。

目前研究证实,长非编码 RNA *Kcnqlot1* 和 *Air* 可以通过与染色质结合并招募染色质修饰元件,实现对多个基因的转录沉默。*Kcnqlot1* 首先与组蛋白甲基转移酶 G9A 和 PRC2 相互作用,形成一个抑制结构域(repression domain),顺式发挥转录沉默作用。同样地,*Air* 转录自 *Igf2r* 基因簇(gene cluster),它通过招募 G9A 到其目标靶点的启动子区介导基因沉默。

长非编码 RNA *Xist* 在 X 染色体失活中也扮演着重要的作用。它转录自母本两个 X 染色体中的一个。它的存在改变了整个染色质的构象,从而导致 X 染色体失活。更重要的是,*Xist* 通过 RepA 结构域与 PRC2 结合,从而引导 PRC2 定位在失活的染色体上。值得一提的是,另一个长非编码 RNA *Tsix* 能够顺式抑制 *Xist* 的转录,而长非编码 RNA *Jpx* 则可以在失活的 X 染色体上激活 *Xist*。

长非编码 RNA 不仅在生物发育中起重要作用，在应激中也发挥关键作用。在 DNA 损伤修复的过程中，*linc-p21* 在传统的 P53 通路起抑制转录的作用，诱发凋亡。它存在于 *CDKN1A* 基因的上游，转录受 P53 直接调控。P53 首先结合在 *linc-p21* 的启动子区，抑制 *linc-p21* 的转录。*linc-p21* 的减少又会增加受到 P53 抑制的转录本的表达。同样，在哺乳动物 *CDKN1A* 基因的启动子区，另一种名为 *PANDA* 的长非编码 RNA 也被认为是专门针对 DNA 损伤修复。它也是存在于 P53 依赖的调控中。在不存在 P53 的环境中，*PANDA* 不能被激活。一旦细胞经历 DNA 损伤，P53 则结合到 *CDKN1A* 的结合位点激活 *PANDA*。随后，*PANDA* 与转录因子 NF-YA 相互作用以停止正常细胞周期（cell cycle arrest）。这也是长非编码 RNA 在细胞生长控制中的典型案例。

作为信号分子的长非编码 RNA 同样来源于普遍意义的增强子，称为增强子 RNA。研究人员对体外培养的小鼠神经元进行研究，发现基因组中到处都出现了神经元去极化激活的增强子转录。而且，这些增强子 RNA 的水平与增强子附近基因的 mRNA 生成有关。这是人们首次观察到广泛的增强子转录。此后，科学家们又陆续在多种生物学系统中发现了增强子 RNA 的存在。增强子 RNA 相当短，长度在 0.5～5 kb 之间，大多数情况下是双向转录。对乳腺癌细胞进行研究发现，雌激素与其受体结合会诱导增强子 RNA 的转录，进而提高特定基因的表达。通过 RNA 干扰技术去除这些增强子 RNA，会减弱增强子上调基因表达的能力，同时减少增强子与启动子之间的染色质交互作用。

9.3.2 长非编码 RNA 作为诱饵分子

非编码区域的增强子和启动子的活跃转录暗示着长非编码 RNA 在调节转录中的重要作用。这类长非编码 RNA 被转录出来，仅用于结合上并牢牢固定住靶标，并不发挥其他的作用，所以它们被认为是负调节因子，抑制其靶标发挥作用。将这类长非编码 RNA 敲低，能够显现其靶标蛋白的获得性功能（gain-of-function）。

长非编码 RNA *Gas 5*（growth arrest-specific 5）就是一个典型的例子。它的参与可以使细胞变成抗糖皮质激素状态。*Gas 5* 通过自身二级结构形成的 RNA 基序（motif）抑制糖皮质激素受体发挥作用。这一作用机制类似于与糖皮质激素应答受体结合的 DNA 基序。*Gas 5* 的存在就是作为一个分子诱饵，竞争性地结合糖皮质激素受体，使其不能在下游发挥作用。同时，这也被认为是体内调控甾体激素机制的重要组成部分。

PANDA 除了可以作为 P53 依赖的信号分子之外（参见 9.3.1），还具有诱饵分子的作用。细胞 DNA 损伤会引起细胞凋亡与细胞周期停滞。在这个过程中，PANDA 对于环境的改变十分敏感，会先于 CDKN1A 转录并发挥作用。PANDA 会与激活凋亡进程的核转录因子 NF-YA 结合，进而抑制受 NF-YA 调控的促细胞凋亡基因的表达。实验证实，敲除 PANDA 能够显著提升 NF-YA 与其靶基因的结合，同时敲低 NF-YA 和 PANDA 会减弱促凋亡基因的功能和凋亡效应。值得注意的是，人类乳腺癌过量表达 PANDA，将其去除会使乳腺癌细胞对化疗试剂更加敏感，这些研究成果提示了一个潜在的肿瘤治疗新方向。

在细胞核中含量最丰富的一个长非编码 RNA 就是 MALAT1（metastasis-associated lung adenocarcinoma transcript 1）。MALAT1 定位在核散斑（nuclear speckles）上，作用是结合和招募一些丝氨酸/精氨酸（SR）剪接因子。研究结果表明，敲除 MALAT1 会改变剪接因子的定位及活力，从而影响 pre-mRNA 的可变剪接。在海马神经元细胞中，MALAT1 调控丝氨酸/精氨酸剪接因子对于突触形成至关重要。

综上，长非编码 RNA 以诱饵分子的形式出现，在细胞核亚结构域、染色质及细胞质中均有不同的作用。

9.3.3 长非编码 RNA 作为向导分子

如前所述，很多长非编码 RNA 的作用需要特定蛋白复合体的正确定位。参与剂量补偿与印记的长非编码 RNA（Xist、Kcnq1ot1、Air）就是通过等位基因特异的方式进行靶标基因沉默的。长非编码 RNA 作为向导分子的模式一般是：RNA 首先结合蛋白质（单个或多个），然后引导核糖核蛋白复合物定位到特定的靶标。目前的研究显示长非编码 RNA 的引导作用存在顺式（作用于相邻基因）和反式（作用于远端基因）作用，而具体是顺式还是反式，无法根据长非编码 RNA 的序列预测得知。比如，长非编码 RNA Air 和增强子 RNA 就是通过分别在启动子区和增强子顺式发挥转录调控作用；与此同时，HOTAIR 和 linc-p21 则是通过将相互作用因子定位到作用部位而进行远端转录调控。

进行顺式作用研究的长非编码 RNA 中，Xist 可能是研究最多的一类。Xist 调控雌性哺乳动物两条 X 染色体中的一条失活，从而达到性别上的剂量补偿效应。这一步骤开始于 PRC2 蛋白的招募，随后 Xist 5′端 1.6 kb 处的非编码 RNA RepA 顺式将

PRC2 正确定位。*RepA* 介导的 PRC2 招募与 H3K27 在 *Xist* 启动子区的甲基化使得异染色质化形成，促进了 *Xist* 的转录，从而对染色质进行修饰，导致 X 染色体失活。X 染色体失活是最重要的由长非编码 RNA 介导的染色质修饰功能的一环，也是经典的顺式调节机制之一。

同样的作用机制也出现在长非编码 RNA 的抑制转录活性中。长非编码 RNA *Air* 通过与位于启动子区的非编码 RNA 和染色质相互作用，对父本染色体上的靶基因进行沉默。富集的 *Air* 在启动子区招募 G9A，使得 H3K9 甲基化而导致靶标基因沉默。同样地，在酵母中，反义长非编码 RNA（antisense lncRNA）在很多基因位点是通过影响组蛋白乙酰化和甲基化的状态沉默正义转录。以上的例子说明，长非编码 RNA 可以通过与染色质的特异性相互作用顺式介导表观转录沉默。

不同于顺式调控的长非编码 RNA，很多长非编码 RNA 是通过染色体反式调控转录的。例如，长非编码 RNA *HOX* 转录反义 RNA *HOTAIR* 被发现在初期和转移期的乳腺癌中高水平表达。并且，将 *HOTAIR* 敲除后的癌细胞迁移能力减弱，PRC2 蛋白表达水平上升。这说明由非编码 RNA 介导的针对核心蛋白复合体的功能对于乳腺的癌变具有重要作用，而像 *HOTAIR* 这样的长非编码 RNA 能够通过反式靶向染色质修饰复合体的定位以及酶活性改变调控表观遗传状态。很多长非编码 RNA 在各种细胞系中都能够结合 PRC2。相反地，通过干扰小 RNA 将这些长非编码 RNA 沉默后，很多受到 PRC2 复合物抑制的基因表达量上升。

Jpx 就是这样的例子。*Jpx* 对于在失活的 X 染色体上激活 *Xist* RNA 至关重要。它在发育过程中进行基因调控，并且在 X 染色体失活状态下富集。*Jpx* 敲除后阻止了 X 染色体的失活（X-chromosome inactivation，XCI），转录后敲低 *Jpx* 重现了将其敲除后的表型。而反式提供 *Jpx* 又能够回复 *Jpx* 敲除后的表型。

9.3.4　长非编码 RNA 作为支架分子

传统意义上，作为分子支架复合物的往往是蛋白质。但最近的研究越来越多地证实，长非编码 RNA 也可以有类似的作用。长非编码 RNA 具有不同的结构域，可以结合特定的效应分子。一旦结合上效应分子，长非编码 RNA 也会将其效应分子带到特定部位发挥激活或抑制效应。对于长非编码 RNA 分子支架功能的研究，使人们能够在今后设计针对特定信号组分的方案从而调控细胞的行为与功能。

　　端粒在不同物种细胞中对于保持染色体稳定性和细胞活性有重要作用。端粒酶可将端粒 DNA 加至真核细胞染色体末端，负责端粒的延长。端粒酶的活性需要 2 个非常重要的组分：必需 RNA 组分端粒酶 RNA（telomerase RNA component，*TERC*）和催化蛋白组分端粒反转录酶（telomerase reverse transcriptase，*TERT*）。*TERC* 作为长非编码 RNA，其结构会促使 *TERT* 与其结合并发挥酶活性。所以现在的研究倾向于认为，*TERC* 首要的生物学功能就是作为分子支架，让发挥酶活性的蛋白质组分正确行使功能。

　　如前所述，长非编码 RNA *HOTAIR* 结合核心蛋白复合体 PRC2。后者甲基化组蛋白 H3 从而抑制基因转录。负责与 PRC2 结合的功能区段被认为是长非编码 RNA 5′端的前 300 个核苷酸。同时，*HOTAIR* 3′端的 700 多个核苷酸也被发现与 *LSD*、*CoREST* 和 *REST* 复合体结合，其作用也是通过长非编码 RNA 的分子支架功能实现的。

　　其他的例子还包括，长非编码 RNA *ANRIL* 结合 PRC2 和 PRC1；*Kcnqlot1* 与 PRC2 和 G9A 相互作用，促进两个组蛋白沉默标记 H3K27me3 和 H3K9me3 修饰。与此同时，随着研究的进一步深入，越来越多的长非编码 RNA 被认为会形成核酸-蛋白质相互作用而行使功能。

9.3.5　长非编码 RNA 通过 RNA-RNA 相互作用调控基因表达

　　近期研究发现，很多长非编码 RNA 能够在细胞质中调控 mRNA 的稳定性[15, 26]。mRNA 的 3′非翻译区（3′-untranslated region，3′-UTR）可以结合 *STAU1* 而降解。而 *STAU1* 上的 Alu 元件可以通过和长非编码 RNA——半 *STAU1* 结合位点 RNA（half-*STAU1*-binding site RNA，1/2-sbsRNA）结合，招募其他的蛋白质集合到 mRNA 上，进而调控其降解过程。反之，敲低半 *STAU1* 结合位点 RNA，*SERPINE1* 和 *FLJ21870* 的 mRNA 水平增加。与其发挥类似作用的还有 *Gadd7*。这是一个有 754 nt 的长非编码 RNA，当 DNA 损伤和生长抑制时会有高表达。在紫外线辐射的环境中，*Gadd7* 可以结合 TAR DNA 结合蛋白（TAR DNA-binding protein，TDP-43），从而使 TDP-43 与 *Cdk6* mRNA 的结合减弱，导致后者 mRNA 降解，细胞周期抑制。反之，还有一些长非编码 RNA 能够增加 mRNA 的稳定性。当 HEK-SW 细胞暴露于 β-淀粉样蛋白（1-42）[amyloid-β(1-42)]时，长非编码 RNA *BACE1-AS* 可以将 miR-485-5p 结合位点掩盖，竞争性地与 *BACE1* mRNA 结合，从而增加其稳定性。

有一些长非编码 RNA 含有多个 miRNA 的结合位点，称之为竞争性内源 RNA（competing endogenous RNA，ceRNA）[27]。竞争性内源 RNA 可以隔离 miRNA，从而保护它们的目标 mRNA 不被降解。肝癌高表达转录本（highly up-regulated in liver cancer，*HULC*）就是一个新型的长非编码 RNA。如它的名字一样，*HULC* 在肝癌细胞中高表达。*HULC* 本身是 miR-372 的海绵分子，一旦结合 miR-372，就能够减弱 miRNA 介导的对其靶标蛋白激酶 cAMP 依赖性催化亚单位 β（protein kinase cAMP-dependent catalytic subunit beta，PRKACB）的翻译抑制作用。PRKACB 可以诱导环磷腺苷效应元件结合蛋白（cAMP-response element binding protein，CREB）的磷酸化，又可以因此诱导 *HULC* 的生成，形成正调控通路。肌肉特异的长非编码 RNA *linc-MD1* 本身就是两个 miRNA——miR-133 和 miR-135 的诱饵分子，而这两个 miRNA 的靶标蛋白对于肌肉形成与分化具有重要的作用。

最近对于环形 RNA 的报道也是层出不穷。少数环形 RNA 存在于细胞核中，如外显子-内含子环 RNA（exon-intron circular RNA，EIciRNA），绝大部分的环形 RNA 都出现在细胞质中。目前已经有两种环形 RNA 被认为是 miRNA 的海绵分子：*CDR1as* 和 *circSry*。*CDR1as* 含有多达 74 个 miR-7 的结合位点，其中 63 个在哺乳动物中保守。*circSry* 含有 16 个 miR-138 的结合位点。不可否认的是，这类作为 miRNA 海绵（miRNA sponge）分子的环形 RNA 并不是普遍现象。

前段时间的研究揭示了一类新型环形 RNA，外显子-内含子环 RNA（EIciRNA）。它定位在细胞核中，由外显子和内含子组成。*EIciRNA* 与 U1 snRNA 相互作用，并且顺式促进其母基因的转录。这一研究揭示了环形 RNA 在细胞核中调控基因表达，并且利用 U1 snRNA 和 EIciRNA 这种特定的 RNA-RNA 相互作用方式发挥作用。

以上仅是目前研究中发现的长非编码 RNA 的 5 种作用机制，相信在今后的研究中还会有更多的机制被发现。人们确信，长非编码 RNA 本身可以作为与蛋白质或者亚细胞结构结合的 RNA 行使靶向性的功能。从这一层面来看，今后的研究可以关注长非编码 RNA 参与形成的复合物调控通路，这样可以更有利于理解单个长非编码 RNA 与其靶标间的系统性相互作用。

9.4 非编码 RNA 研究技术

在多年的开拓中,非编码 RNA 领域的科学家们发展了一些独特的研究手段[28]。以下将对非编码 RNA 领域的相关研究技术作一系列介绍,内容涵盖非编码 RNA 的鉴定、功能分析及机制研究[24](见图 9-2)。

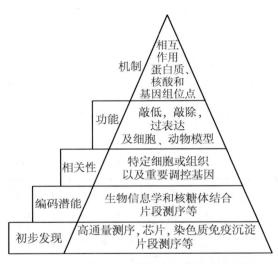

图 9-2 非编码 RNA 的研究流程及研究手段

9.4.1 非编码 RNA 的鉴定技术手段

9.4.1.1 高通量测序

非编码 RNA 的初步发现目前主要依赖于高通量测序技术。高通量测序(high-throughput sequencing)又称下一代测序(next generation sequencing,NGS)或深度测序(deep sequencing),可以一次对几十万到几百万条 DNA 分子进行序列测定。目前高通量测序平台的主要代表有罗氏公司(Roche)的 454 测序仪(Roch GS FLX sequencer)、Illumina 公司的 Solexa 基因组分析仪(Illumina Genome Analyzer)和 ABI 公司的 SOLiD 测序仪(ABI SOLiD sequencer)。高通量测序所得的基本信息是中短长度(长度<1 kb)的序列及其在文库中的条数,结合生物信息学分析,科学家可以重建整个转录本的序列并计算其表达量。正是由于这些技术的广泛应用,人们现在已知人类

基因组约 80％的区域被转录成 RNA，包括数以万计的长非编码 RNA。利用长非编码 RNA 在基因组上的位置，人们对其进行了初步的分类。通过研究人们还发现了长非编码 RNA 的一些特性，如在特定细胞和组织中表达，基因间长非编码 RNA 的启动子区域具有保守性，平均表达丰度较低，以及多数位于细胞核内等。经过巧妙的设计，高通量测序还可以被用来确定一个转录本 5′ 帽子的位置和 3′ 端的序列。尽管具有诸多优点，由于测序长度通常不能覆盖整个转录本，高通量测序在确定可变剪接转录本方面具有局限性，而这一局限随着测序长度可达 20 kb 的三代测序技术逐渐普及迎刃而解。除了高通量测序技术以外，科学家还利用定制的基因芯片和连续片段基因组芯片（tiling microarrays）对特定基因组区域的 RNA 序列进行分析，这些技术同时可以帮助对特定区域进行饱和靶向分析。

9.4.1.2　染色质免疫沉淀技术

染色质免疫沉淀技术一般用来研究特定蛋白质所结合的 DNA 序列。其一般流程为：首先把细胞内的蛋白质和 DNA 交联在一起，其次利用超声波将染色质打碎成为一定长度范围的小片段，再次通过目的蛋白质特异性抗体富集目的蛋白质结合的 DNA 片段，最后通过对目的 DNA 片段的纯化与检测，明确目的蛋白质与哪些 DNA 片段相结合。这一技术与基因组芯片或者高通量测序技术结合，可以在全基因组范围内确定转录因子的结合位点或者特定染色质标记所在的位置。利用这一技术可以明确长非编码 RNA 的调控因子，如在干细胞研究中发现超过一半的胚胎干细胞特异表达的长非编码 RNA 都受到至少一个多能性转录因子的调控。这一技术还广泛用于定义具有独立转录本的基因间长非编码 RNA。在 Guttman 等的研究中，利用转录的编码基因染色质特性，即启动子区域一般具有 H3K4 三甲基化标记，而转录区域具有 H3K36 三甲基化标记，定义了非编码 RNA 的转录单位，并在小鼠和人的细胞中发现了约 5 000 个基因间长非编码 RNA。进一步分析发现，这些长非编码 RNA 的序列比内含子或者基因组上非转录区的保守性要高，而且它们的启动子区域与编码蛋白质的基因的启动子区域保守性相当，研究结果有力地证明了这些长非编码 RNA 可能具有生物学功能，为后续研究提供了方向和借鉴。除了 lincRNA 之外，在对增强子 RNA 的鉴定中，多个研究利用了增强子区域特有的 H3K4 单甲基化标记以及 p300/CBP 结合的特性。鉴于上述研究，在未来的研究中或许将会发现更多的染色质标记用于长非编码 RNA 的鉴定和分类。

9.4.1.3 确定非编码 RNA 的特性

获得了一段转录本的序列后,要确定其是否是非编码 RNA 需要一系列的生物信息分析。现有的分析一般会对给定的序列提供一个编码潜能的分数用以判断是否编码蛋白质。目前,已经开发的计算编码潜能的工具有 CONC、PhyloCSF、CPC 等,通常这些分析会综合考虑多个因素,包括开放阅读框的长度、密码子使用频率、与已知蛋白质序列比对的保守性和碱基替换频率等。一般而言,非编码 RNA 的潜在开放阅读框的长度少于 50 个氨基酸,但是开放阅读框的长度少于 50 个氨基酸并不能保证该 RNA 完全没有编码多肽的潜能,如在果蝇和小鼠中均有以前认为是长非编码 RNA 却作为模板生成小肽的先例。为了排除长非编码 RNA 的蛋白质编码潜能,需要利用核糖体结合谱分析的实验技术。该技术将翻译活跃区域的核糖体印记获取技术与高通量测序相结合,从而得到全基因组范围内转录本的核糖体结合信息,包括结合的丰度。通过比较特定 RNA 与编码蛋白质的 RNA 上核糖体结合的特征,如核糖体解离分数,可以初步判定该 RNA 是否编码蛋白质。另外,还可以结合蛋白质质谱库的数据,与目的 RNA 上潜在的编码肽段进行比较,以判断该 RNA 是否有编码蛋白质的潜能。有趣的是,核糖体结合谱分析意外地发现大量非编码 RNA 与核糖体相结合,尽管结合不一定导致功能性肽段的产生,但为何两者之间有结合以及它们之间的结合是否有生物学意义还有待探明。

9.4.2 非编码 RNA 功能研究的技术手段

9.4.2.1 相关性分析

尽管大多数长非编码 RNA 的功能并不清楚,但是如同编码蛋白质的基因一样,人们可以从它们表达的模式或者与其相近及表达相关性高的基因初步猜测其功能。例如,一些长非编码 RNA 在胚胎干细胞中特异性高表达,或者与胚胎干细胞中重要的转录调控因子如 *Oct4*、*Nanog* 等的表达相关,抑或受到这些转录因子的直接调控,所有这些特征都暗示这些长非编码 RNA 可能与胚胎干细胞的多能性调控相关;以此类推,在其他组织或干细胞中也存在相同情况,如神经干细胞和脂肪干细胞。Mehler 实验室在神经元和神经胶质细胞分化的过程中鉴定出大量与分化相关的核内亚结构相结合的长非编码 RNA(包括 *Gomafu* 和 *Neat1*),而另外一些长非编码 RNA 与发育相关的增强子和转录因子相关联,这些结果暗示这些长非编码 RNA 调控神经元和神经胶质细胞的分化。除了直接和细胞状态相关联，也有研究利用长非编码 RNA 与已知有重要功能的基因或基因调控通路的相关性推测其功能。比如，研究发现有大量与 *p53* 的表达呈正相关的长非编码 RNA，细胞受激导致 *p53* 高表达时，长非编码 RNA 也会相应高表达，并且其自身的启动子就有 P53 的结合位点；同一研究还发现了受 *p53* 调控的长非编码 RNA *lincRNA-p21*，该长非编码 RNA 与 hnRNP-K 相结合形成一个 RNA-蛋白质复合物，抑制大量基因的表达，从而帮助促进 *p53* 介导的细胞凋亡。

9.4.2.2　功能缺失实验

尽管通过相关性分析可以猜测长非编码 RNA 潜在的功能，但实验的验证仍然是必需的。这些实验可以分为两类，即功能缺失和功能获得。随着遗传学技术的不断更新，这些实验技术也在不断地变化。早期用于长非编码 RNA 功能缺失研究的技术主要是 RNA 干扰和带有修饰的反义链 RNA，前者利用体内的 RNA 干扰系统，而后者利用 RNA 酶 H 将靶标 RNA 降解。由于其简便性，大规模的短发夹 RNA（short hairpin RNA，shRNA）筛选系统也开始被用于长非编码 RNA 的功能研究；Guttmann 等就利用 shRNA 对胚胎干细胞中富集表达的 226 个多外显子的 lincRNA 进行了敲低，并研究了其表型，发现了 20 多个与胚胎干细胞的多能性调控密切相关的 lincRNA；Lin 等也利用 shRNA 文库筛选得到了另外 20 个调控胚胎干细胞多能性的 lincRNA，并详细解析了 *TUNA* 在胚胎发育和神经分化过程中的功能及其作用机制。最近，传统的基因敲除方法也被运用到长非编码 RNA 的研究中。Rinn 等利用同源重组的方式将长非编码 RNA 基因整个替换为 *LacZ* 基因，从而敲除了 18 个 lincRNA，发现其中 3 个 lincRNA 有致死的表型，而另外 2 个 lincRNA 有生长放缓的表型。对这些数据的解析引发了很多争议，一些科学家乐观地认为很多 lncRNA 在体内都有功能，而另一些科学家却认为由于缺乏合适的对照，可能大部分 lncRNA 在体内都没有功能。人们认为这些争论将会促进更多更严格的实验验证。除了传统的基因敲除方法，以 CRISPR 和 TALEN 为代表的基因组编辑工具也在长非编码 RNA 的研究中大放异彩。沈晓骅等将转录终止序列敲入 Haunt 等 lincRNA 的转录起始位点附近，有效地终止了 Haunt 等 lincRNA 的转录，从而也达到了基因敲除的效果。而这一方法不同于简单的基因敲除，因为它并未破坏原有的其他 DNA 序列。这些序列极有可能具有其他的功能，如作为增强子调控基因表达。巧妙地利用 CRISPR 敲除或敲入技术将更有效地帮助厘清 lincRNA 自身的功能，而不受它所在的 DNA 位点功能的干扰。

9.4.2.3　功能获取实验

与功能缺失实验相对应，要确定一个长非编码 RNA 的功能通常还需要做功能获取实验，而这些实验因为长非编码 RNA 的作用机制不同应该采用的技术也有所不同。对于反式作用的长非编码 RNA，可以采用如同编码基因一样的过表达载体进行过表达。这样做当然是有一定风险的，由于过表达载体通常带有特定的 5′ 端-转录起始序列和 3′ 端终止序列，这些序列是否会影响长非编码 RNA 的功能仍然未知。与反式作用的长非编码 RNA 相比，顺式作用的长非编码 RNA 的过表达则要复杂一些。目前通用的方式有两种：第一种是在长非编码 RNA 的上游敲入一个较强的启动子，从而提高长非编码 RNA 的表达量；第二种比较有创新意义，Rinn 等利用改造的 dCas9 和 gRNA 将长度小于 4.8 kb 的长非编码 RNA 精确地带到目的 DNA 位点，并且可以同时对多个长非编码 RNA 进行操作，从而达到研究特定长非编码 RNA 在基因组上功能的目的。人们预见，今后的研究将更多利用第二种方法揭示长非编码 RNA 的顺式调控功能。

9.4.3　非编码 RNA 作用机制研究的技术手段

9.4.3.1　RNA 沉降技术

长非编码 RNA 通过与蛋白质或 DNA 结合发挥功能，因此机制解析的重点常常是找到长非编码 RNA 结合的蛋白质和染色质位点。最简单直接的鉴定长非编码 RNA 相互作用蛋白质的方法是将体外合成的 RNA 作为诱饵钓取蛋白质后用于质谱分析。例如，Rinn 等利用体外合成的 *HOTAIR* RNA 钓出了 PRC2 的成分 *Suz12* 和 *Ezh2*，从而提出了该长非编码 RNA 通过招募 PRC2 沉默 *HOXD* 位点的分子机制，这一机制似乎是长非编码 RNA 调控基因表达的常用机制，因为人们在后续对于其他长非编码 RNA 的研究中多次发现类似的现象。体外合成的 RNA 作为诱饵有明显的缺点，即浓度过高和脱离细胞内的原位所导致的假象，因此发展能够反映体内真实的蛋白质结合的方法十分必要。其中一个方法是在体内表达 MS2 标记的 RNA，然后利用 MS2 结合蛋白 MCP 吸附出长非编码 RNA 结合的复合物并用于质谱分析。除了 MS2/MCP 组合，类似的方法也应用了 PP7/PCP 或者 RNA 适配体/链霉抗生物素蛋白组合。由于需要加上 MS2 或者其他 RNA 序列，以及过表达等原因，这一方法仍然有较大可能产生假象。因此，科学家又开发出了杂交法捕获 RNA 靶标分析（capture hybridization analysis of RNA targets，CHART）和 RNA 纯化结合染色质分离技术（chromatin isolation by RNA purification，CHIRP)等利用修饰的反义核酸直接将长非编码 RNA 结合的复合物钓取出来的方法。以上这些方法稍加改变也可以用来分析长非编码 RNA 所结合的染色质部位。除此之外，Guttman 等发展了利用长链反义 RNA 钓取染色质的方法 RAP (RNA antisense purification)，并成功用此方法发现了 *Xist* 在 X 染色体沉默过程中结合的 DNA 的规律，即先结合离 *Xist* 基因组位点空间距离较近的位点，随即扩散至整个 X 染色体。

9.4.3.2　RNA 结合蛋白靶标分子的鉴定

紫外交联和免疫沉淀(ultraviolet crosslinking and immunoprecipitation，CLIP)技术的出现是为了研究与特定 RNA 结合蛋白相互结合的 RNA 分子。其基本的实验流程为：利用紫外线照射将活细胞内正处于结合状态的 RNA 结合蛋白与 RNA 共价交联，随后裂解细胞，用 RNA 酶降解 RNA 分子得到大小合适的片段，利用目的蛋白的抗体，从细胞裂解液中纯化得到蛋白质-RNA 复合物。接下来，用同位素或红外标记 RNA 分子并在 RNA 两端连接接头序列，利用 SDS-PAGE 电泳分离交联的 RNA-蛋白质复合物。降解复合物中的蛋白质，并通过反转录 PCR(reverse transcription PCR，RT-PCR)扩增相应的 cDNA，测序得到与目的蛋白结合的多种 RNA 分子的序列信息。

CLIP 技术最早是由 Robert Darnell 等在 2003 年发明的。他们利用 CLIP 技术鉴定出与神经元特异剪接因子 *Nova* 蛋白相结合的 34 个转录产物，从而证实了 *Nova* 蛋白调节一系列参与抑制性神经突触的重要 mRNA 的加工过程。CLIP 技术的出现帮助人们研究生物体内真实的蛋白质-RNA 的结合状态。随着测序手段的革新，CLIP 与高通量测序结合的 HITS-CLIP (high throughput sequencing-CLIP)技术出现，人们可以得到特定蛋白质结合的所有 RNA 在全基因组水平上的结合谱，通过深入的分析，获得结合位点以及结合丰度等重要信息。CLIP 技术在广泛应用的同时也在不断改进，在基本流程上相继出现了一些提高特异性和减少 RNA 损失的新的方法，其中光激活核糖核苷增强交联和免疫沉淀(photoactivatable ribonucleoside-enhanced crosslinking and immunoprecipitation，PAR-CLIP)技术是针对提高交联效率和精确捕捉交联位点的。此外，RNA 在结合位点存在的氨基酸残基有位阻效应导致大多数 cDNA 在 RT-PCR 时被截断，导致获得的有效 cDNA 非常少。对此，单核苷酸分辨率的紫外交联和免疫沉淀(individual-nucleotide-resolution CLIP，iCLIP)的发明引入了 cDNA 环化手段，不仅解决了此问题，还根据打断的 cDNA 打断的位置序列知道精确的交联位置。CLIP 技术的应用已经在 RNA 可变剪接、RNA 甲基化及稳定性等研究中取得了重要进展。随着在灵敏度和特异性方面的优化,可以肯定该技术的适用范围将大大扩展,尤其是将在非编码 RNA 的研究领域大放光彩。

9.4.3.3 RNA 结构分析技术

已有的研究表明,RNA 行使功能需要依赖于其特定的结构,包括二级结构和三维结构。比如,核糖核酸开关在配体的作用下通过碱基配对折叠成一定的二级结构如茎环结构才能调控基因表达,而核糖核酸酶也同样需要折叠成具有活性的构象才能起到催化作用。长非编码 RNA 因为其序列在种属之间的保守性不高,因此常常被人怀疑是否具有生物学功能。而支持长非编码 RNA 功能的一方通常认为虽然序列保守性不高,但是其二级结构具有很高的保守性。这一猜测并非全无根据,很多核糖核酸酶的茎环结构如果保持不变,则其碱基序列可以被改变而不至于影响它们的催化功能。最常用的预测 RNA 结构的软件是 mfold,由于其准确性不高,尤其无法预测较长 RNA 的结构,近来科学家们发展了多种在体内或体外鉴定全基因组 RNA 结构的方法,包括 DMS-Seq(硫酸二甲酯突变法测序)和 icSHAPE(活细胞选择性 2-羟基酰化位点分析技术)等。体内结构鉴定技术一般利用化学探针与处于单链上的碱基发生反应,反应后的碱基由于带有较大的化学基团,导致反转录反应在该碱基处被提前终止,通过测序和该碱基在测序反应中富集可以得出特定碱基位于单链还是双链的信息;而体外结构鉴定技术还可以利用单链和双链特异剪接的酶如 RNase S1(切单链)和 RNase V1(切双链)富集处于单链或双链中的碱基序列。虽然目前尚没有具体的应用到长非编码 RNA 上的案例,但随着长非编码 RNA 的功能不断被挖掘,加上机制研究的不断深入,未来人们必将见证上述这些 RNA 结构分析技术以及传统的晶体结构和冷冻电镜技术在长非编码 RNA 机制研究上的广泛应用。

9.5 小结

长非编码 RNA 的研究从最初的蹒跚起步到今天的逐渐成熟历时 20 多年[2, 5, 10]。数量繁多的长非编码 RNA 在各种生物学系统中陆续被发现,技术更新也导致不断挖掘出更多新的长非编码 RNA,如 polyA-lncRNA、sno-lncRNA 和环形 RNA。目前已有大量的案例和证据表明长非编码 RNA 在干细胞发育与疾病的发生和发展过程中起重要的作用。虽然长非编码 RNA 作用的主要模式是通过形成 RNA-蛋白质复合物在细胞核中调控基因组的表观遗传修饰及转录，但越来越多的案例表明长非编码 RNA 也可以与 RNA 结合蛋白、信号通路蛋白及 miRNA 结合，并调控相关过程。与已有发现相比，非编码 RNA 研究领域的潜力更加巨大。从更多新类型非编码 RNA 的鉴定，到已经发现的具有功能的非编码 RNA 作用机制的解析，无不需要更多新技术的开发。而数量巨大的长非编码 RNA 是否都具有功能（显然不是），以及哪些是具有功能的，还需要大量的科学家通过努力来解答。更重要的是，长非编码 RNA 在进化上的意义是什么？长非编码 RNA 是否最终能被用于改进人类健康？可以相信，随着越来越多的研究者加入这一领域，这些谜题的答案将逐渐揭晓，毕竟占有基因组 80% 左右的序列的作用不容小觑，也值得科学家们为此奋斗。

参考文献

［1］ ENCODE Project Consortium An integrated encyclopedia of DNA elements in the human genome ［J］. Nature, 2012, 489(7414)：57-74.

［2］ Rinn J L, Chang H Y. Genome regulation by long noncoding RNAs ［J］. Annu Rev Biochem, 2012, 81：145-166.

［3］ Djebali S, Davis C A, Merkel A, et al. Landscape of transcription in human cells ［J］. Nature, 2012, 489(7414)：101-108.

［4］ Zhang Y, Yang L, Chen L L. Life without A tail: new formats of long noncoding RNAs ［J］. Int J Biochem Cell Biol, 2014, 54：338-349.

［5］ Chen L L, Carmichael G G. Long noncoding RNAs in mammalian cells: what, where, and why ［J］. Wiley Interdiscip Rev RNA, 2010, 1(1)：2-21.

［6］ Chen L L. The biogenesis and emerging roles of circular RNAs ［J］. Nat Rev Mol Cell Biol, 2016, 17(4)：205-211.

［7］ Schmitz S U, Grote P, Herrmann B G. Mechanisms of long noncoding RNA function in development and disease ［J］. Cell Mol Life Sci, 2016, 73(13)：2491-2509.

［8］ Yang L, Froberg J E, Lee J T. Long noncoding RNAs: fresh perspectives into the RNA world ［J］. Trends Biochem Sci, 2014, 39(1)：35-43.

［9］ Batista P J, Chang H Y. Long noncoding RNAs: cellular address codes in development and disease ［J］. Cell, 2013, 152(6)：1298-1307.

［10］ Ponting C P, Oliver P L, Reik W. Evolution and functions of long noncoding RNAs ［J］. Cell, 2009, 136(4)：629-641.

［11］ Sigova A A, Mullen A C, Molinie B, et al. Divergent transcription of long noncoding RNA/mRNA gene pairs in embryonic stem cells ［J］. Proc Natl Acad Sci U S A, 2013, 110(8)：2876-2881.

［12］ Luo S, Lu J Y, Liu L, et al. Divergent lncRNAs regulate gene expression and lineage differentiation in pluripotent cells ［J］. Cell Stem Cell, 2016, 18(5)：637-652.

[13] Tripathi V, Ellis J D, Shen Z, et al. The nuclear-retained noncoding RNA MALAT1 regulates alternative splicing by modulating SR splicing factor phosphorylation [J]. Mol Cell, 2010,39(6): 925-938.

[14] Gong C, Maquat L E. lncRNAs transactivate STAU1-mediated mRNA decay by duplexing with 3′ UTRs via Alu elements [J]. Nature, 2011,470(7333): 284-288.

[15] Yoon J H, Abdelmohsen K, Gorospe M. Posttranscriptional gene regulation by long noncoding RNA [J]. J Mol Biol, 2013,425(19): 3723-3730.

[16] Guttman M, Donaghey J, Carey B W, et al. LincRNAs act in the circuitry controlling pluripotency and differentiation [J]. Nature, 2011,477(7364): 295-300.

[17] Lin N, Chang K Y, Li Z, et al. An evolutionarily conserved long noncoding RNA TUNA controls pluripotency and neural lineage commitment [J]. Mol Cell, 2014,53(6): 1005-1019.

[18] Yin Y, Yan P, Lu J, et al. Opposing roles for the lncRNA haunt and its genomic locus in regulating HOXA gene activation during embryonic stem cell differentiation [J]. Cell Stem Cell, 2015,16(5): 504-516.

[19] Lee J T, Bartolomei M S. X-inactivation, imprinting, and long noncoding RNAs in health and disease [J]. Cell, 2013,152(6): 1308-1323.

[20] Sauvageau M, Goff L A, Lodato S, et al. Multiple knockout mouse models reveal lincRNAs are required for life and brain development [J]. Elife, 2013,2: e01749.

[21] Hindorff L A, Sethupathy P, Junkins H A, et al. Potential etiologic and functional implications of genome-wide association loci for human diseases and traits [J]. Proc Natl Acad Sci U S A, 2009,106(23): 9362-9367.

[22] Gutschner T, Hammerle M, Eissmann M, et al. The noncoding RNA MALAT1 is a critical regulator of the metastasis phenotype of lung cancer cells [J]. Cancer Res, 2013, 73 (3): 1180-1189.

[23] Li Y P, Wang Y. Large noncoding RNAs are promising regulators in embryonic stem cells [J]. J Genet Genomics, 2015,42(3): 99-105.

[24] Bergmann J H, Spector D L. Long non-coding RNAs: modulators of nuclear structure and function [J]. Curr Opin Cell Biol, 2014,26: 10-18.

[25] Wang K C, Chang H Y. Molecular mechanisms of long noncoding RNAs [J]. Mol Cell, 2011,43 (6): 904-914.

[26] Guil S, Esteller M. RNA-RNA interactions in gene regulation: the coding and noncoding players [J]. Trends Biochem Sci, 2015,40(5): 248-256.

[27] Tay Y, Rinn J, Pandolfi P P. The multilayered complexity of ceRNA crosstalk and competition [J]. Nature, 2014,505(7483): 344-352.

[28] Chu C, Spitale R C, Chang H Y. Technologies to probe functions and mechanisms of long noncoding RNAs [J]. Nat Struct Mol Biol, 2015,22(1): 29-35.

10

非编码 RNA 与恶性
肿瘤的精准诊疗

恶性肿瘤发生、发展的分子机制十分复杂，涉及众多基因和多条信号通路。近年来，越来越多的研究表明非编码 RNA（non-coding RNA，ncRNA）在恶性肿瘤的发生、发展中发挥了重要的作用。2002 年，Calin 等发现微 RNA（microRNA，miRNA）miR-15a/16-1 的缺失在慢性淋巴细胞白血病十分常见，首次阐明了非编码 RNA 与恶性肿瘤的关系[1]。此后，众多的研究发现非编码 RNA，尤其是 miRNA，可调控恶性肿瘤发生、发展的多个步骤。非编码 RNA 在恶性肿瘤中的表达发生异常变化，而异常变化的非编码 RNA 可调控恶性肿瘤的增殖、凋亡、代谢、侵袭和转移。非编码 RNA 还可以参与调控基因组的稳定性和肿瘤干细胞的形成，参与调控恶性肿瘤的发生。非编码 RNA 在恶性肿瘤中的差异表达提示非编码 RNA 可作为肿瘤诊断的标志物。而非编码 RNA 对肿瘤干细胞的调控表明其可导致肿瘤耐药性的形成，因而开发针对非编码 RNA 的药物可为肿瘤的治疗提供新思路。本章将就非编码 RNA 在恶性肿瘤的发生、进展、分型、诊断、治疗中的意义及应用进行阐述，同时简单介绍目前非编码 RNA 常用的检测方法和技术。

10.1 非编码 RNA 在恶性肿瘤发生发展中的作用及分子机制

过去几十年的研究表明，恶性肿瘤可理解为一种遗传学异常和表观遗传异常的疾病。由于非编码 RNA 可以在转录水平、转录后水平及翻译水平调控基因的表达及翻译后修饰，因此非编码 RNA 主要在表观遗传学水平调控恶性肿瘤的发生、增殖、凋亡、代谢、侵袭和转移等。

10.1.1　非编码 RNA 在恶性肿瘤中异常表达

恶性肿瘤的基因组极不稳定，在其发生、发展过程中有众多基因发生遗传学或表观遗传学改变，从而导致基因表达的升高或者降低。近十年来对非编码 RNA，尤其是 miRNA 的大量研究发现，非编码 RNA 在恶性肿瘤组织中的表达与其在对应的正常组织中的表达相比较发生了显著的变化。不同肿瘤组织中发生变化的非编码 RNA 分子不尽相同，形成了独特的非编码 RNA 分子特征，这一特征可用于区分肿瘤的恶性程度，并与恶性肿瘤的一些临床特征具有相关性。

非编码 RNA 在恶性肿瘤中的异常表达主要由以下几个方面引起。①基因组水平发生异常变化。许多非编码 RNA 定位于染色体的脆性位点，而在恶性肿瘤中染色体重排、染色体扩增或者缺失经常发生，从而导致定位于这些位点的非编码 RNA 的表达发生异常变化。Calin 等发现定位于染色体 13q14 区的 miR-15a/miR-16-1 在慢性淋巴细胞白血病中表达下降，其下降是由该染色体区域的基因组片段缺失引起的[1]。Ding 等发现在肝癌中，一些位于染色体脆性位点的 miRNA 的异常表达与其定位的基因组片段的缺失和扩增成正比，这表明这些 miRNA 在肝癌组织中的异常表达是由于基因组水平的片段缺失或扩增引起的[2]。长非编码 RNA（long non-coding RNA，1ncRNA）*SAMMSON* 定位于染色体 3p13-3p14 区域。在约 10% 的黑色素瘤患者中该区域发生扩增，与患者预后差相关。相应地，*SAMMSON* 的表达在黑色素瘤患者中也显著升高[3]。②表观遗传学水平发生异常变化。抑癌基因启动子区域的甲基化在恶性肿瘤中十分常见，一些非编码 RNA 的启动子区也受到甲基化的调控，从而发生表达的改变。例如，在结直肠癌中，miR-124 的 3 个基因组位点均发生甲基化，而在正常结直肠组织中，miR-124 的 3 个基因组位点均未发生甲基化。相应地，miR-124 在结直肠癌中的表达也显著低于正常结直肠组织。除了 miRNA 外，长非编码 RNA 也受到甲基化的调控。在结直肠癌中，*ZNF582-AS1* 的启动子区发生甲基化，导致其在结直肠癌中表达降低，并且其启动子区高甲基化水平与结直肠癌患者预后差相关[4]。③转录水平发生异常变化。非编码 RNA 的转录受到转录因子的调控。在恶性肿瘤中，一些转录因子的表达变化影响到其下游的非编码 RNA 的表达水平。抑癌基因 *p53* 可在转录水平上调控 miR-34 家族的表达。在恶性肿瘤中，*p53* 经常发生缺失或者突变，导致其下游的

miR-34 家族的表达下降。除了抑癌基因,癌基因也可在转录水平调控非编码 RNA 的表达。例如,癌基因 c-*Myc* 可诱导 miR-17/92 的转录,导致其在恶性肿瘤中表达升高。④转录后调控。miRNA 的生物合成过程发生多次剪接,涉及多个核酸内切酶,包括 Dicer、Drosha 等。在一些恶性肿瘤中,Dicer 和 Drosha 的表达降低,可能导致 miRNA 在肿瘤中的表达下调。此外,一些蛋白质可以特异性调控某些 miRNA 的生物合成,导致其在肿瘤中的表达发生异常变化。例如,癌基因 *LIN28* 可以特异地结合在 let-7 的前体上,导致其前体发生末端尿苷化,阻止 Dicer 对其进行剪接。由于 *LIN28* 在多个肿瘤中表达升高,这可能导致 let-7 在肿瘤中的表达降低。

综上,非编码 RNA 在恶性肿瘤中的表达发生多个层面的调控异常,导致其在恶性肿瘤中表达异常,并具有明显的组织特异性。非编码 RNA 的异常表达与恶性肿瘤的发生、进展关系密切,使之成为恶性肿瘤诊断、治疗的潜在分子靶点。

10.1.2 非编码 RNA 在恶性肿瘤发生发展过程中的作用及分子机制

恶性肿瘤的发生是一个涉及多因素、多步骤的长期过程,近年来的研究表明非编码 RNA 在恶性肿瘤的发生中发挥了重要的作用。作为 miRNA 生物合成过程中重要的核酸内切酶,Dicer 对 miRNA 的生成十分重要。Kumar 等发现,在肺癌细胞系中敲除 miRNA 生成相关的 3 个蛋白质可促进细胞的转化,而在 K-Ras 诱导的肺癌模型中杂合性敲除 Dicer 后可促进肺癌的发生。而在肝细胞中条件性敲除 Dicer 可诱导一些胎肝基因的表达,促进肝细胞增殖,导致肝癌的发生[5]。另外一些研究也发现在老鼠体内敲除 Dicer 基因,可以促进视网膜母细胞瘤的发生[6]。这些结果说明 miRNA 在恶性肿瘤的发生中发挥十分重要的作用。在体内进行的一些 miRNA 分子在恶性肿瘤发生中的作用研究发现,单个 miRNA 分子在恶性肿瘤的发生中也可发挥重要作用。例如,miR-21 在多种恶性肿瘤中表达升高,在小鼠的肺癌模型中敲除 miR-21 可抑制肿瘤的发生,而在该模型中过表达 miR-21 则可促进肿瘤的发生[7]。同样,在淋巴瘤小鼠模型中,过表达 miR-21 可促进淋巴瘤的生成,而敲除 miR-21 可抑制淋巴瘤的生成[8]。此外,Ma 等发现在皮肤癌的小鼠模型中,敲除 miR-21 引起 ERK、AKT、JNK 磷酸化,诱导肿瘤细胞凋亡增加,从而降低肿瘤发生的概率[9]。Pineau 等发现,在肝细胞癌中多个 miRNA 的表达升高,其中 miR-221/miR-222 的上升倍数最高。在小鼠模型中过表达 miR-221 可促进肝细胞癌前体细胞的增殖,促进肝细胞癌的发生[10],说明 miR-221 在肝细胞癌的发生过程中有重要的作用。而另一个 miRNA——miR-122 是一个肝脏特异表达的 miRNA，在小鼠体内敲除 miR-122 基因后，小鼠肝脏出现脂肪性肝炎、肝纤维化并最终产生肝癌[11, 12]。miR-122 敲除的小鼠发生肝癌的病理过程很好地模拟了人肝细胞癌发生的病理过程，更重要的是在敲除 miR-122 的小鼠中回复 miR-122 的表达可以降低小鼠的肝癌发生率[11]。这些结果说明 miR-122 缺失是肝癌发生过程中的重要调控因素。

肿瘤干细胞假说认为恶性肿瘤起源自少部分肿瘤干细胞，这部分肿瘤干细胞具有自我更新能力，是恶性肿瘤形成的"种子"细胞。非编码 RNA 可以调控一些重要的肿瘤干细胞信号通路分子，从而调控肿瘤干细胞的形成，进而影响恶性肿瘤的发生。例如，在 EpCAM 和甲胎蛋白（α-fetoprotein, AFP）双阳性的肝癌干细胞中，miR-181 家族的几个 miRNA 分子表达升高，而在肝癌细胞中抑制 miR-181 导致 EpCAM 阳性的肝癌干细胞数量减少，肝癌干细胞的成瘤能力降低；反之，过表达 miR-181 可增加 EpCAM 阳性的肝癌干细胞数量[13]。对 miR-181 调控肝癌干细胞的机制研究发现，miR-181 主要是通过靶向调控肝细胞分化的转录因子，如 CDX2（caudal type homeobox transcription factor 2）和 GATA6（GATA binding protein 6），以及抑制 Wnt/β-catenin 信号通路的 NLK 等分子实现对肝癌干细胞的调控。一些研究认为，非干细胞的肿瘤细胞可通过发生上皮-间质转化（epithelial-mesenchymal transition，EMT）获得肿瘤干细胞的特性。调控肿瘤细胞发生上皮-间质转化的关键转录因子 ZEB1/ZEB2 可被 miR-200 家族的 miRNA 下调，使肿瘤细胞保持上皮细胞特性，而且 miR-200 家族的 miRNA 在肿瘤干细胞中的表达也发生下调[14]。

一些长非编码 RNA 也参与调控肿瘤的发生过程。例如，癌基因 c-Myc 在多种类型的细胞中上调长非编码 RNA H19 的表达，促进正常细胞的转化，而敲除 H19 可以降低乳腺癌细胞和肺癌细胞的克隆形成能力及生长能力[15]。另一些长非编码 RNA 通过调控肿瘤干细胞的形成，调控恶性肿瘤的发生。例如，在肝癌干细胞中，非编码 RNA DANCR 的表达升高。过表达 DANCR 可通过上调 CTNNB1 的表达促进肝癌干细胞的数量增加，进而促进肝癌的发生[16]。长非编码 RNA MALAT1 则通过调控胰腺癌细胞的上皮-间质转化增加胰腺癌干细胞的数量，保持干细胞的自我更新能力。对其机制进行研究发现，MALAT1 主要通过上调转录因子 Sox2 的表达实现其对胰腺癌干细胞的调控。

10.2　非编码 RNA 在恶性肿瘤诊断中的意义及应用

　　恶性肿瘤的早期诊断对患者的预后影响很大,目前尚缺少有效的早期诊断手段。理想的生物分子标志物需满足较高的特异性和敏感性,并且具备待检样品采集的非侵入性以及检测方法的可行性等条件。例如,临床上常用的 AFP 用于肝癌的诊断,前列腺特异抗原(prostate specific antigen,PSA)用于前列腺癌的诊断等。但以蛋白质为基础的生物标志物的检测还面临一定的挑战。越来越多的研究发现,非编码 RNA(特别是 miRNA)在肿瘤组织中存在着差异表达,并且可释放入血液中,预示着这些非编码RNA 可作为肿瘤诊断的生物标志物。

10.2.1　非编码 RNA 的特征及其在恶性肿瘤诊断中的意义

　　非编码 RNA 包括 miRNA、长非编码 RNA、核糖体 RNA(ribosomal RNA,rRNA)、转运 RNA(transfer RNA,tRNA)等,是一类不编码蛋白质的 RNA 分子,在基因转录调控中具有重要作用。研究发现非编码 RNA 在肿瘤发生、发展过程中起着关键作用,同时在肿瘤诊断中也具有良好的应用前景。非编码 RNA(主要指 miRNA)作为肿瘤诊断标志物具有以下几点特征。

　　(1) 在肿瘤组织中差异性或特异性表达。在肿瘤的发生、发展过程中伴随着很多非编码 RNA 表达的异常。miRNA 可以调节很多生理和病理过程,miRNA 在很多肿瘤组织中表达上调或者下调是肿瘤发生、发展的重要影响因素。人类很多 miRNA 位于癌症的脆性位点或基因组的不稳定区域。由于基因组扩增或缺失,相应的 miRNA 在肿瘤中可异常表达,起到肿瘤抑制基因或癌基因的作用。另外,表观遗传修饰的变化也可以导致 miRNA 在肿瘤中的表达变化,如 DNA 甲基化等。

　　(2) 可分泌到细胞外,存在于体液中。细胞中的非编码 RNA 可以分泌到细胞外的体液中。人的体液中存在一些丰度不同的非编码 RNA 分子,含量相对稳定。目前,对于肿瘤组织中的 miRNA 研究较多,循环 miRNA(circulating miRNA)在疾病诊断中的作用研究也引起了人们的关注。循环 miRNA 表达的变化与疾病的发生、发展具有密切的关系。在不同疾病状态下往往呈现不同的 miRNA 表达谱,特别是在肿瘤患者血液中存在着显著差异的循环 miRNA,它们可作为肿瘤诊断和预后判断的标志物。外泌体

(exosome)是由细胞分泌的双层膜结构的囊泡，其中包含核酸、蛋白质和脂质等生物分子，广泛存在于人的血液、尿液等体液中，发挥信息传递的作用。一些非编码 RNA 存在于外泌体中。

（3）高度稳定性。血清中存在着很多 RNA 酶，而研究显示循环 miRNA 分子可以在血液中稳定存在，长期低温冻存、反复冻融和酸碱环境等均不会造成血清 miRNA 的损失，这表明 miRNA 分子通过某些方式避免了被降解。有研究发现 miRNA 存在于外泌体中，从而免于被降解。也有研究发现 miRNA 与 Ago2 核糖核蛋白复合体结合，从而可以耐受 RNA 酶的降解，在体液中保持稳定。这一特点为将循环 miRNA 作为肿瘤分子标志物的可能提供了保障。

（4）检测方法简便灵敏。能够准确测定体液中的 miRNA 水平是 miRNA 作为肿瘤早期诊断标志物的重要方面。目前已经发展了多种有效的 miRNA 检测方法，包括 RNA 印迹法（Northern blotting）、基因芯片技术、表面增强拉曼光谱法（surface-enhanced Raman spectroscopy，SERS）和实时荧光定量 PCR 法等。实时荧光定量 PCR 是循环 miRNA 定量检测最常用的有效方法。血清中的 miRNA 分子较为稳定，采用常规 RNA 提取方法就可以获得满足实验需求的 miRNA。这些检测方法的简便快捷为循环 miRNA 进行大规模临床检测提供了可能。

非编码 RNA 的以上特征，预示着它们作为恶性肿瘤标志物的良好前景，特别是在血液中能够检测到肿瘤来源或差异的非编码 RNA，为液体活检（liquid biopsy）提供了丰富的潜在标志物，对恶性肿瘤的早期诊断或预后判断具有重要的意义。表 10-1 列举了一些非编码 RNA 作为恶性肿瘤诊断标志物的报道。

表 10-1　非编码 RNA 作为恶性肿瘤的诊断标志物

肿瘤类型	诊断目的	相关 miRNA	样本来源	相关文献
肺癌	早期诊断	13 miRNA 组合（"miR-Test"）	血清	[17]
肺癌	诊断	24 miRNA 组合	血浆	[18]
肺癌	诊断	miR-21、miR-31、miR-210	唾液	[19]
肺癌	鉴别诊断	miR-205	组织	[20]
肾癌	鉴别诊断	24 miRNA 组合	组织	[21]
未知肿瘤	肿瘤鉴别诊断	64 miRNA 组合	组织	[22]
未知肿瘤	肿瘤鉴别诊断	48 miRNA 组合	组织	[23]

（续表）

肿瘤类型	诊断目的	相关 miRNA	样本来源	相关文献
乳腺癌	诊断	20 miRNA 组合	血清	[24]
结直肠癌	早期诊断	miR-92	血浆	[25]
肝癌	早期诊断	7 miRNA 组合	血浆	[26]

10.2.2 非编码 RNA 在恶性肿瘤早期诊断中的应用

某些非编码 RNA（特别是 miRNA）在肿瘤组织及细胞中呈现异常表达，因此非编码 RNA 有潜力成为肿瘤诊断的生物标志物。非编码 RNA，特别是循环 miRNA 可以通过非侵入性方式获得，以及检测方法简便快捷使得循环 miRNA 在恶性肿瘤的早期诊断中具有良好的应用前景。研究发现循环 miRNA 在多种肿瘤诊断中均有重要的价值和意义。

循环 miRNA 的一个潜在的重要应用是肺癌的早期诊断。肺癌是目前发病率和病死率增长最快，对人群健康和生命威胁最大的恶性肿瘤之一。在我国，男性肺癌发病率和病死率均占所有恶性肿瘤的第 1 位，女性均占第 2 位。肺癌总体 5 年生存率<20%，但 I 期肺癌患者术后 5 年生存率超过 60%。通过早期诊断和治疗可以延长患者生存期，并达到很好的治疗效果。肺癌患者，尤其是早期肺癌患者常无明显症状，仅表现为一般呼吸系统疾病所共有的症状，由于症状不典型常导致患者被延误诊断。因此，有效的早期诊断对肺癌具有重要的意义。目前，采用低剂量的胸部 CT 筛查能够提高高危人群肺癌的检出率，研究显示年度低剂量胸部 CT 检出的肺癌有 80% 为早期肺癌，但是对这种检查手段也有争议，主要是由于过高的假阳性以及存在辐射可能诱发二次肿瘤的潜在风险。发展新型或互补的生物标志物是肺癌早期诊断的一个重要方向，循环 miRNA 被认为是一种有应用前景的肺癌诊断标志物。Montani[17] 等采用基于血清的 miRNA 表达谱（miR-Test）进行了超过 1 000 人的试验研究，受试人员主要为肺癌高风险人群，总体的准确率达到 74.9%，敏感性达到 77.8%，特异性为 74.8%。在一项多中心的意大利肺癌筛查随机试验中，Sozzi 等[18] 研究人员回顾性评估并比较了非侵入性血浆 miRNA 识别分类器和低剂量 CT 的诊断价值。总共有 939 位受试者参与了试验，其中包括 69 位肺癌患者和 870 位无病的受试者。652 人在低剂量 CT 组，287 人在观察

组。对于血浆 miRNA 的表达分析，研究人员采用实时荧光定量 PCR 方法检测了 24 个 miRNA，发现 miRNA 识别分类器对肺癌的诊断性能的敏感性为 87％，特异性为 81％，而低剂量 CT 组诊断性能的敏感性为 88％，特异性为 80％。在所有受试者中，miRNA 识别分类器检测的阴性预测值为 99％，疾病所致死亡的阴性预测值为 99.86％。低剂量 CT 检查在肺癌筛查的敏感性为 79％，特异性为 81％，假阳性率为 19.4％。miRNA 检测和 CT 检查同时使用与只用 CT 检查相比，假阳性率降低了 5 倍，仅为 3.7％。该研究表明，miRNA 识别分类器具有预测和诊断肺癌的价值，能够降低低剂量 CT 检查的假阳性率，提高肺癌筛查的效率。Xing 等[19]研究发现通过唾液中的 miRNA 可以鉴别低剂量 CT 检查到的孤立性肺结节（solitary pulmonary nodules，SPN）是否为肺癌。通过实时荧光定量 PCR 检测良性和恶性肺结节患者唾液中的 miRNA，发现可以用 3 个标志物（miR-21、miR-31 和 miR-210）从孤立性肺结节中鉴别出早期肺癌，敏感性为 82.93％，特异性为 87.84％。在另外两组独立样本中，这 3 个标志物的检测敏感性和特异性分别为 82.09％和 88.41％，80.52％和 86.08％。

肝癌在我国也是一种高发的恶性肿瘤，60％的患者在初次就诊时就已经处于中晚期，失去了根治性治疗的机会。肝癌的预后差，一部分原因是缺乏有效的早期诊断方法。目前临床上常用的肝癌诊断标志物为 AFP，但是 AFP 诊断肝癌的敏感性和特异性并不高。有研究报道，可以通过血浆中的 miRNA 诊断乙型肝炎病毒（hepatitis B virus，HBV）相关的肝细胞癌（hepatocellular carcinoma，HCC）[26]。通过检测一组血浆中的 miRNA（miR-122、miR-192、miR-21、miR-223、miR-26a、miR-27a 和 miR-801），可以在早期诊断肝癌，效果优于 AFP。该检测方法创伤小，简单快捷，成本低。

乳腺癌是女性最常见的恶性肿瘤，严重威胁着女性的健康。目前用于临床诊断乳腺癌的肿瘤标志物包括癌胚抗原（CEA）、乳腺癌相关黏蛋白抗原（CA29）、由分泌性上皮细胞分泌的乳腺癌相关抗原（CA153）和 CA27 等，但它们的检测敏感性和特异性均不高。因此，研究循环 miRNA 在乳腺癌早期诊断中的临床应用前景具有十分重要的意义。Chan[24]等报道，用芯片检测 32 例患者对应的乳腺癌组织、正常组织和血清样本中的 miRNA。有 20 个 miRNA 在乳腺癌组织中是差异表达的，而只有 7 个 miRNA 是同时在乳腺癌组织和血清中过表达的，说明 miRNA 进入到血清中是受到某些因素调控的。miR-1、miR-92a、miR-133a 和 miR-133b 可以作为一组诊断乳腺癌的标志物，联合受试者工作特征曲线（receiver operating characteristic curve，ROC）分析的曲线下面积

（area under curve，AUC）为 90％～91％。而在另一项研究中，Markou 等[27]报道 miR-21、miR-146a 和 miR-210 可以作为诊断乳腺癌的分子标志物。Shen 等[28]则发现 miR-148b 和 miR-133a 可以作为乳腺癌诊断的标志物。

目前可用于结直肠癌（colorectal cancer，CRC）早期诊断的手段也是有限的，如粪便隐血实验、内镜检查等，但是敏感性和特异性不高，因此进一步寻找结直肠癌的早期诊断标志物对于结直肠癌的早发现、早治疗尤为重要。Ng 等[25]用 miRNA 芯片在 5 例结直肠癌患者血浆及 5 例健康人血浆中筛查到 95 种 miRNA，通过分析发现有 5 种 miRNA（miR-17-3p、miR-135b、miR-222、miR-92 和 miR-95）在患者癌组织及血浆中的表达显著上调。通过在 25 例结直肠癌患者和 20 例健康人血浆中检测这 5 种 miRNA 的表达情况发现，miR-17-3p 和 miR-92 在患者血浆中呈显著性过表达，并且这 2 种 miRNA 在另外 10 例术后结直肠癌患者血浆中的表达水平较患者术前显著下调。最后，研究者在一组较大的独立样本，包括 90 例结直肠癌患者、20 例胃癌患者、20 例炎性肠病患者和 50 例健康人的血浆中检测了 miR-17-3p 和 miR-92 的表达水平，发现 miR-92 在结直肠癌患者血浆中的表达水平显著高于其他 3 组，ROC 分析的 AUC 达到 88.5％，敏感性和特异性分别达到 89％和 70％，这提示 miR-92 可以作为早期结直肠癌的诊断性标志物。

除了 miRNA，其他一些非编码 RNA 也被报道可以用于肿瘤的早期诊断。长非编码 RNA 是一类转录本长度超过 200 nt 的 RNA 分子，它们并不编码蛋白质，可以在转录或者转录后水平调控基因的表达。长非编码 RNA 起初被认为是基因组转录的"噪声"，是 RNA 聚合酶Ⅱ转录的副产物，不具有生物学功能。近年来的研究发现，长非编码 RNA 参与了转录激活、转录抑制和染色质修饰等多种重要生物学过程。肿瘤中长非编码 RNA 的表达也具有组织特异性，可以作为肿瘤早期诊断的标志物。与正常人相比，胃癌患者血浆中 H19 的水平明显升高，并且 H19 水平在手术后明显下降[29]。在另一项研究中，联合检测血浆中的 H19 和 CEA，ROC 分析的 AUC 达到 80.4％，有希望实现胃癌的早期诊断[30]。Xie 等[31]研究者发现长非编码 RNA HULC 在肝细胞癌患者血浆中上调，这可作为一种非侵入性的诊断肝癌的潜在标志物。环形 RNA（circular RNA，circRNA）是最近的研究热点，它是一种新型的闭合环状 RNA，在不同的物种中保守，同时存在组织及发育阶段的特异性。有研究表明，环形 RNA 作为一种非编码 RNA 可以起到 miRNA 海绵的作用，继而影响下游靶基因的表达[32]。最近的一项研究发现,在细胞外泌体中环形 RNA 大量存在并高度富集,环形 RNA 在外泌体中较为稳定,甚至在人的血清中也发现了大量环形 RNA,并且结直肠癌患者与正常人血清外泌体中的环形 RNA 也存在差异,这提示环形 RNA 有希望作为肿瘤诊断的标志物[33]。

10.2.3 非编码 RNA 在肿瘤鉴别诊断中的应用

肿瘤的鉴别诊断,特别是在原发灶不明的转移癌(cancer of unknown primary origin, CUP)中,具有重要的意义。原发灶不明的转移癌是一类经详细检查后肿瘤的原发部位仍不清楚的肿瘤,在美国占新发病例的 3%～5%。这些来源不明的转移癌,在临床上常表现为快速进展和播散,患者预后差;在病理特征上若与其假定来源的肿瘤相同,采用已知肿瘤的处理方案治疗某些原发灶不明的转移癌能够明显获益。因此,对来源不明转移癌的鉴别诊断是临床上的难点,对治疗方案选择起着关键的作用。由于非编码 RNA 具有明显的组织特异性,通过对特异表达谱分析有望对某些原发灶不明的转移癌明确诊断。在一项研究中[22],实验人员开发了一个基于 64 种 miRNA 表达谱的芯片,用于鉴别 42 种不同的肿瘤类型,用其对 509 例原发灶不明的转移癌患者进行检测,敏感性达到 85%,并在 52 例病理确认的患者中得到了 88% 的一致性验证。在另一项研究中[23],利用 253 例样本的 miRNA 芯片数据找到 48 种 miRNA,用这 48 种 miRNA 可以鉴别原发肿瘤的来源,并且在 2/3 的样本中这种方法的检测准确性都大于 90%,在独立样本中也都得以验证。

除了对转移灶的鉴别诊断外,非编码 RNA 对原位肿瘤的组织类型诊断也有潜在价值。例如,一项研究通过高通量 miRNA 芯片检测了肺鳞状细胞癌和非小细胞肺癌中的 miRNA 表达谱,鉴定了 miR-205 可作为肺鳞状细胞癌特异的标志物,敏感性和特异性分别达到 96% 和 90%,并在独立样本中得到了验证[20]。

肾癌占成人恶性肿瘤的 3%,每年仅在美国就造成 13 000 人死亡。肾癌最常见的 4 种类型为:肾透明细胞癌、乳头状肾细胞癌、肾嫌色细胞癌及肾嗜酸细胞瘤。有时很难从形态学和组织化学结果分辨出肾癌的具体类型。Spector 等[21]用 24 个 miRNA 鉴别 4 种类型的肾癌,并在 201 例肾癌独立样本中进行验证,发现在 92% 的肾癌样本中其准确率可达到 95%。

10.2.4 非编码 RNA 在恶性肿瘤诊断中的问题和展望

非编码 RNA 是近年来的研究热点,为阐明肿瘤的发生、发展又开辟了一片新的天地。非编码 RNA 作为肿瘤早期诊断的标志物也是一个新兴的研究领域。作为一种非侵入性、简便快捷的早期检测手段，循环 miRNA 检测在很多领域展现出了良好的应用前景。循环 miRNA 检测创伤小，可重复，在肿瘤的早期诊断及鉴别诊断等方面具有极大的潜力。

尽管如此，仍有很多问题需要科研工作者们去思考和解决。循环 miRNA 在血清或血浆中缺乏可靠的内对照，今后需要筛选出稳定可靠的内对照来更精确地量化血清或血浆中的 miRNA。目前的研究中所用的肿瘤患者或者正常人的血清或血浆的例数有限，应用于临床之前需要在大规模的肿瘤人群及健康人群中进行测试。通过一些文献也发现，不同研究小组的结果会有差异，这说明循环 miRNA 的提取、检测过程需要标准化，并且要不断改进检测技术，使其更加灵敏，同时降低检测成本，方便进行大规模检测。另外，非编码 RNA 如何进入到体液中，这个过程如何被调控，非编码 RNA 在体液中保持稳定的确切机制是什么，都需要进一步研究。

10.3　非编码 RNA 在恶性肿瘤进展预测中的意义及应用

恶性肿瘤患者的预后通常较差，即使经过手术治疗，部分患者仍会死于恶性肿瘤的转移和复发。恶性肿瘤发生转移和复发的分子机制十分复杂，有多条癌基因信号通路参与其中，如 ZEB1/ZEB2 信号通路等。近年来的研究发现，非编码 RNA 在恶性肿瘤的复发和转移过程中也起到十分重要的作用。例如，miRNA 分子可以通过靶向转移和复发过程中的重要节点蛋白激活恶性肿瘤的转移和复发。随着下一代测序技术的发展，检测恶性肿瘤转移和复发过程中差异表达的非编码 RNA 分子变得方便可行，使非编码 RNA 可应用于恶性肿瘤的进展预测。

10.3.1　非编码 RNA 在恶性肿瘤进展中的作用和分子机制

侵袭和转移是恶性肿瘤十大特征之一。肿瘤细胞首先侵袭周围的组织，然后侵入附近的淋巴管和血管，经由淋巴系统和血液系统运输，到达远端组织，形成转移灶。肿瘤细胞可通过调控自身与侵袭、转移相关基因的表达促进侵袭和转移，也通过与肿瘤微环境中的其他基质细胞相互作用调控肿瘤的侵袭和转移。

非编码 RNA 可以通过调控肿瘤细胞自身基因的表达促进恶性肿瘤的侵袭和转移。

例如,miR-21 在多种恶性肿瘤中均高表达,并可促进包括乳腺癌、结直肠癌和肝癌在内的多种恶性肿瘤的侵袭和转移[34-36]。对其机制进行研究发现,miR-21 可通过抑制重要的抑癌基因人 10 号染色体缺失的磷酸酶及张力蛋白同源的基因 *PTEN*(phosphatase and tensin homolog deleted on chromosome ten)的表达促进黏着斑激酶(focal adhesion kinase,FAK)的磷酸化,以及基质金属蛋白酶 2(matrix metalloproteases 2,MMP2)和基质金属蛋白酶 9(matrix metalloproteases 9,MMP9)的表达,从而促进恶性肿瘤细胞的侵袭和转移[35]。此外,miR-21 还可下调 Mapsin 和程序性细胞死亡因子 4(programmed cell death 4,PDCD4)的表达,导致促进转移的尿激酶型纤溶酶原激活物表面受体(urokinase plasminogen activator surface receptor,uPAR)基因的表达上调,从而促进乳腺癌和结直肠癌的侵袭和转移[34, 36]。Ding 等发现位于染色体脆性位点 8q24 区域的 miR-151 在肝癌中表达升高,并且其高表达与肝癌的肝内转移相关。一些 miRNA 可和其宿主基因共同调控恶性肿瘤细胞的侵袭和转移。例如,在肝癌中,miR-151 的表达与其宿主基因 *FAK* 有正相关性,而且 miR-151 可通过抑制 RhoGDIA 的表达,促进 *FAK* 下游基因 *Cdc42* 等的磷酸化,激活肝癌的侵袭和转移[2]。转移相关肺腺癌转录物 1(metastasis associated lung adenocarcinoma transcript 1,*MALAT1*)是一个在多个物种中序列保守的长非编码 RNA,其在多个恶性肿瘤中高表达。一项研究发现,*MALAT1* 可通过调控一批与转移相关基因的表达在体内、体外促进肺癌细胞的侵袭和转移[37]。另一条长非编码 RNA *HOTAIR* 主要通过染色体修饰调控基因的表达,它可作为染色体修饰复合物的支架,与组蛋白修饰复合物 PRC2 和 LSD 相互作用。在乳腺癌、肝癌、胰腺癌中,*HOTAIR* 的表达均升高,并且其在转移的肿瘤组织中表达更高[38-40]。干扰 *HOTAIR* 的表达可以抑制恶性肿瘤细胞的侵袭和转移,而过表达 *HOTAIR* 可以促进肿瘤的体内、体外侵袭和转移。其机制主要是通过在全基因组范围重新定位 PRC2 复合物,调控与侵袭和转移相关基因的表达[39]。

非编码 RNA 也可以抑制恶性肿瘤细胞的侵袭和转移。一些非编码 RNA 通过直接调控肿瘤内与侵袭、转移相关基因的表达抑制恶性肿瘤细胞的侵袭和转移。例如,Tarazoie 等通过体内乳腺癌转移模型筛选与转移相关的 miRNA,结果发现 miR-335 可以抑制乳腺癌细胞的肺转移,是一个抑制恶性肿瘤转移的 miRNA。miR-335 可调控乳腺癌细胞中多个与侵袭、转移相关基因的表达,如 SRY 盒转录因子 4(SRY-box containing transcription factor,SOX4)、肌腱蛋白 C(tenascin C,TNC)等[41],导致乳腺癌体内外侵袭、转移的降低。而另一些非编码 RNA 可通过抑制细胞的上皮-间质转化抑制恶性肿瘤细胞的侵袭和转移。例如,miR-200 家族的 miRNA 可以直接靶向上皮-间质转化过程中重要的转录因子 ZEB1、ZEB2,从而抑制肿瘤细胞的体内外侵袭和转移[14]。还有一些非编码 RNA 通过调控恶性肿瘤细胞中的炎症通路影响肿瘤的侵袭和转移。例如,在肝癌中,miR-195 表达降低,并可通过直接靶向炎症信号通路 NF-κB 中的 IKKα 和 TAB3 蛋白抑制肝癌的生长和体内外侵袭、转移。另一个 miRNA 分子 miR-26a 则是通过抑制 IL6-STAT3 炎症信号通路影响肝癌的生长和转移。

非编码 RNA 还可通过调控肿瘤细胞与周围微环境细胞的相互作用影响恶性肿瘤的侵袭和转移。在多个肿瘤组织中表达降低的 miR-126,可抑制转移的乳腺癌细胞招募内皮细胞,从而影响转移相关的血管新生和乳腺癌细胞的远端转移。转移的乳腺癌细胞可分泌 IGFBP2,IGFBP2 可以激活内皮细胞上的 IGF-1 受体,而从转移乳腺癌细胞上脱落的酪氨酸激酶受体 MERTK 通过与内皮细胞上的 MERTK 受体竞争性结合配体 GAS6 招募内皮细胞。miR-126 在乳腺癌细胞中可直接下调 *IGFBP2* 和 *MERTK* 的表达,从而抑制转移的乳腺癌细胞对内皮细胞的招募,影响乳腺癌细胞的转移[42]。一些非编码 RNA 通过调控肿瘤细胞与微环境的直接作用影响恶性肿瘤的侵袭和转移。例如,miR-29b 可调控一系列与肿瘤血管新生和基质胶原重塑有关的基因来影响肝癌的转移[43]。除了调控肿瘤细胞与周围微环境的相互作用之外,一些非编码 RNA 本身可以直接分泌到肿瘤细胞外,并进入周围微环境细胞中调控肿瘤的侵袭和转移。例如,多种肿瘤细胞分泌的 miR-9,可以进入内皮细胞,并激活内皮细胞中的 JAK-STAT 信号通路,诱导内皮细胞迁移和血管新生[44]。

10.3.2 非编码 RNA 在恶性肿瘤侵袭和转移预测中的应用

鉴定能指示恶性肿瘤发生侵袭和转移的分子标志物是目前恶性肿瘤治疗中亟待解决的问题之一。作为近年来肿瘤研究中的热点,已有许多报道揭示非编码 RNA 在恶性肿瘤的侵袭和转移过程中占有重要的地位。非编码 RNA,特别是 miRNA,在具有转移能力的恶性肿瘤中具有特异的分子表达特征,使之成为指示肿瘤转移的潜在分子标志物。

一些非编码 RNA 在不同类型的恶性肿瘤中均有异常表达,并能够指示恶性肿瘤能否发生侵袭和转移。例如,长非编码 RNA *HOTAIR* 在乳腺癌、肝癌、结直肠癌和胃肠道肿瘤中均过表达，且其高表达可指示恶性肿瘤的转移。在结直肠肿瘤中，*HOTAIR* 高表达的肿瘤分化程度较低，且与结直肠肿瘤的肝转移密切相关，提示其可作为结直肠肿瘤肝转移的分子标志物。而在乳腺癌中，*HOTAIR* 的表达也比正常乳腺上皮细胞高，在转移的乳腺肿瘤中，其表达更显著高于未转移的乳腺肿瘤组织。*HOTAIR* 在肝癌中的表达也显著高于癌旁肝组织，且其高表达的肝癌患者更易发生淋巴结的侵袭和转移。另一条长非编码 RNA *MALAT1* 在非小细胞肺癌中首次被鉴定，并与非小细胞肺癌进展为转移非小细胞肺癌密切相关。*MALAT1* 的表达在多种类型的恶性肿瘤中均增高，且体内外实验均表明其可调控恶性肿瘤的转移，近 10 年来的研究表明 *MALAT1* 已成为恶性肿瘤转移的分子标志物。miRNA 分子长度较短、稳定性较高，更便于检测，是恶性肿瘤侵袭和转移分子标志物的理想分子。miR-21 分子在多个恶性肿瘤，如乳腺癌、肝癌、结直肠癌中均过表达，且其高表达的肿瘤更易发生转移。

在一些类型的恶性肿瘤中，非编码 RNA 的差异表达具有肿瘤特异的特征，形成此类型肿瘤特异的分子标志物群，可用于指示恶性肿瘤的侵袭和转移。例如，在乳腺癌中，Tarazoie 等鉴定到 miR-335 及其调控的 6 个基因可成为乳腺癌转移的分子标志物群[41]。对 368 例乳腺癌患者的基因表达进行分析后发现，此分子标志物群与患者的无转移生存密切相关。进一步分析 miR-335 和 miR-126 在乳腺癌组织中的表达，结果显示 miR-335 和 miR-126 也与患者的无转移生存密切相关，说明 miR-335 和 miR-126 可作为乳腺癌是否发生转移的评估因素。Budhu 等在 482 例肝癌组织和癌旁组织样本中全面分析 miRNA 分子的表达，并鉴定到一个由 20 个 miRNA 组成的分子标志物群，它可以有效地指示肝癌患者是否发生转移[45]。在脑肿瘤中，miR-92b、miR-9/miR-9* 的表达可以准确地鉴别脑肿瘤是否转移。

10.3.3 非编码 RNA 在恶性肿瘤复发和预后预测中的应用

恶性肿瘤极易发生复发，而复发是肿瘤患者死亡的主要原因之一。一些非编码 RNA 的表达可以指示肿瘤患者的复发和预后，成为预测恶性肿瘤复发和预后的分子标志物。

恶性肿瘤高复发和预后差的主要原因是由于肿瘤发生了转移，因此一些与肿瘤转移相关的非编码 RNA 也能够指示恶性肿瘤的复发和预后。例如，在乳腺癌中，miR-335 和 miR-126 能指示乳腺癌患者是否发生转移，而 miR-335 和 miR-126 低表达的乳腺癌患者因转移导致复发的中位数生存时间显著短于 miR-335 和 miR-126 高表达的乳腺癌患者,在复发的乳腺癌患者中 miR-335 和 miR-126 的表达比未复发的患者要低 8 倍。miR-335 和 miR-126 低表达的乳腺癌患者的整体无转移生存率也大大低于高表达组的患者[41]。这些结果说明恶性肿瘤中抑制转移的 miRNA 的缺失导致了由远端转移引起的肿瘤复发,检测这些 miRNA 的表达能指示恶性肿瘤患者的复发和预后。调控转移的长非编码 RNA 也可指示恶性肿瘤的复发和预后。例如,在结直肠癌中,*HOTAIR* 高表达的患者整体生存率显著低于 *HOTAIR* 低表达的患者,单因素分析结果显示 *HOTAIR* 可作为结直肠癌预后的独立预测因子[46]。在肝癌中,*HOTAIR* 的过表达与肝切除术后肝癌复发高风险相关,*HOTAIR* 过表达也是肝移植后肝癌复发的指示因子,*HOTAIR* 高表达的患者预后更差[40]。*MALAT1* 也可作为肝移植后肝癌复发的分子标志物,其在肝癌和结直肠癌中的高表达指示肿瘤患者预后较差。

调控恶性肿瘤增殖、凋亡和代谢的非编码 RNA 也能作为恶性肿瘤复发和预后的预测因子。例如,长非编码 RNA *GAS5* 可抑制肿瘤的增殖,促进肿瘤细胞凋亡,并调控恶性肿瘤的代谢。*GAS5* 在多种类型的恶性肿瘤中均呈现低表达,且其低表达与恶性肿瘤患者的预后差相关,*GAS5* 可作为恶性肿瘤的一个独立预后指示因子[47, 48]。miR-26a 是一个调控恶性肿瘤增殖、代谢的重要 miRNA 分子,在多种类型的恶性肿瘤中都可抑制肿瘤的增殖,调控恶性肿瘤的代谢途径等。在肝癌中,miR-26a 高表达的患者总体生存率显著高于 miR-26a 低表达的患者,提示 miR-26a 可作为肝癌预后的独立预测因子。更重要的是,血浆 miR-26a 水平高的肝癌患者生存率更高,复发的风险也较低[49]。

非编码 RNA 还可以与其他分子的表达或患者的临床特征联合预测患者的复发和预后。Yang 等分析了肝癌患者的多项临床特征,发现 miR-26a、IL-6 和肿瘤大小可以作为肝癌整体生存和复发的独立预后因子,联合 miR-26a 和 IL-6 的表达是比单用 miR-26a 或 IL-6 的表达更好的肝癌整体生存和复发的预后因子[49]。在另一项研究中,Li 等分析了肝癌中差异表达的 miRNA 分子,发现 miR-125b 既可作为肝癌的独立预后因子,也可与肝硬化一起指示肝癌患者的生存。根据 miR-125b 的表达情况和是否发生肝硬化,可将患者分为 3 组:miR-125b 低表达,有肝硬化;miR-125b 高表达,有肝硬化;miR-125b 高表达,无肝硬化。其中 miR-125b 高表达,无肝硬化组的患者生存率最高,miR-125b 低表达,有肝硬化组的患者生存率最低[50]。

10.4 非编码 RNA 在恶性肿瘤分型中的意义及应用

恶性肿瘤是一种复杂的异质性疾病,许多恶性肿瘤之间具有一些共同的特征,如增殖失控、诱导血管新生、激活侵袭和转移等,但是不同的恶性肿瘤也会差异性激活不同的癌基因信号通路,形成自己独特的分子特征。过去 10 余年的研究发现,分子靶向性的治疗手段往往只在一部分特异的恶性肿瘤亚群中有效,说明在同一种恶性肿瘤患者中,根据肿瘤组织分子特征的不同可以将恶性肿瘤患者进一步进行区分,从而实现有效的靶向治疗。非编码 RNA 分子在肿瘤组织中的表达具有组织特异性,并与患者的临床特征密切相关,提示其可作为肿瘤分型新的分子标志物。

10.4.1 非编码 RNA 在恶性肿瘤分型中的意义

恶性肿瘤治疗主要的挑战之一是不同类型的恶性肿瘤和同类型的恶性肿瘤之间都存在复杂的肿瘤异质性。借助于光学显微镜,人们可以可视化地分辨肿瘤组织中的上皮细胞、成纤维细胞和免疫细胞等。但是对于复杂的细胞内分子网络则需通过检测基因的表达进行鉴定。此外,有 2%～4% 的恶性肿瘤来源不清楚或无法确切诊断,对这部分恶性肿瘤进行分子分型,对于其治疗是十分必要的。近年来的研究表明,非编码 RNA 在恶性肿瘤中差异性表达,且具有组织特异性,提示非编码 RNA 可作为肿瘤分子分型的分子标志物。非编码 RNA,特别是 miRNA,通过调控多个下游靶基因发挥其功能。以往的研究表明,将 miRNA 作为分子标志物进行恶性肿瘤的诊断、进展预测所需的 miRNA 分子数目往往少于编码基因,并且非编码 RNA 较编码基因更有组织特异性。以上特征使得非编码 RNA 成为恶性肿瘤分子分型的潜在靶标。

Lu 等在 2005 年对 334 例包含多个类型恶性肿瘤的组织样本进行 miRNA 表达检测,发现 miRNA 的表达谱可提供很多信息,用其能够准确地鉴别肿瘤的组织来源和分化程度[51]。在此研究中,研究者还发现 miRNA 在肿瘤中的整体表达水平低于对应的正常组织,说明整体的 miRNA 表达水平可反映细胞的分化状态,并且在恶性肿瘤发生、发展的过程中,细胞失去分化状态也反映为整体 miRNA 分子水平降低。利用 miRNA 分子对 17 例组织来源不明的肿瘤组织样本进行鉴定,发现这些肿瘤的分化程度大多很低,并且 miRNA 分子分类器鉴别恶性肿瘤的准确率要远远高于 mRNA 分子分类器。

miRNA 分子分类器的优势还包括其需要的分子数目要远远低于 mRNA 分子分类器，而且在临床上采集的简单处理的肿瘤样本中，miRNA 分子的完整性也显著高于 mRNA 分子。以上特征使得 miRNA 在恶性肿瘤诊断和分型中的应用具有十分重要的意义。

越来越多的证据表明，长非编码 RNA 在恶性肿瘤发生、发展过程中发挥十分重要的作用。长非编码 RNA 在恶性肿瘤中表达失调，且部分长非编码 RNA 可驱动恶性肿瘤的发生、发展。另一方面，长非编码 RNA 与恶性肿瘤生长和肿瘤患者的生存、预后有着密切的关系，使得长非编码 RNA 成为恶性肿瘤诊断和分型的潜在分子标志物。本节将分别讨论 miRNA 和长非编码 RNA 在恶性肿瘤分型中的应用。

10.4.2　miRNA 作为恶性肿瘤分型的分子标志物

肝癌　肝癌是病死率排名第 3 位的恶性肿瘤，其发病率近年来呈现上升的趋势，尤其是在我国，严重威胁人们的生命健康。利用肝癌中差异表达的 miRNA 对肝癌进行分子分型，有助于对肝癌患者进行分子靶向治疗。Murakami 等对在肝癌、癌旁肝组织中的 miRNA 表达进行芯片分析，利用支持向量机模型，以 miRNA 的表达为基础可以准确地鉴别肝癌和癌旁组织，其中 miR-92、miR-20、miR-18 和 miR-18 前体的表达与肝癌细胞的分化程度呈负相关，而 miR-99a 的表达与肝癌细胞的分化程度呈正相关，提示这些 miRNA 可作为肝癌分子分型的标志物[52]。在另一项研究中，Toffanin 等利用 miRNA 在肝癌中的表达情况将肝癌分为 3 组，并分析了其中变化的 mRNA 和信号通路等，发现每个亚型中变化的分子信号通路不同，分别为：Wnt 通路激活组、干扰素相关基因富集组、IGF 和 mTOR/AKT 通路激活组。这些结果说明，通过 miRNA 的表达对肝癌进行分子分型，可以指示肝癌中不同的信号通路分子的变化，有利于对肝癌患者进行靶向性治疗[53]。

乳腺癌　乳腺癌是一种异质性非常强的恶性肿瘤，其中 5%～7% 的患者具有家族遗传史，发生 *BRCA1* 基因的突变，但还有一些乳腺癌患者没有明确的编码基因突变。利用 miRNA 对乳腺癌进行分子分型，有助于对无明确编码基因突变的患者进行分型，为靶向性治疗提供依据。在 *BRCA1* 突变的乳腺癌患者中，70%～80% 的患者为雌激素受体(ER)、孕激素受体(PR)和原癌基因 HER2 三阴性，这类乳腺癌通常恶性程度更高。Volinia 等对三阴性乳腺癌患者中的 miRNA 表达进行分析，发现 9 个 miRNA 分子可以有效区分三阴性乳腺癌患者是否发生转移[54]。Tanic 等在 *BRCA* 未突变的乳腺癌患者中分析差异表达的 miRNA，并根据 miRNA 的表达将乳腺癌分为 3 类：BRCAX-A、BRCAX-B、BRCAX-C。结合这 3 类乳腺癌的组织学特征发现：BRCAX-A 主要为 HER2 阳性的乳腺癌，且大部分为 luminal B 亚型；BRCAX-A 型的乳腺癌分级较低，主要为 1 级和 2 级，而 BRCAX-C 型乳腺癌分级较高，主要为 2 级和 3 级，且 BRCAX-C 型乳腺癌患者较多发生淋巴结转移，而 BRCAX-A 型乳腺癌患者不发生淋巴结转移[55]。

结直肠癌 结直肠癌预后和治疗所基于的分型方法在结直肠癌患者的临床治疗效果上有非常大的差异，尤其是 TNM 分期 Ⅱ 型和 Ⅲ 型的患者，说明急需新的结直肠癌分型方法指导结直肠癌患者的临床治疗。一项研究对 TNM 分期 Ⅱ 型和 Ⅲ 型的结直肠癌患者中 miRNA 的表达进行了分析，发现 miR25-3p 和 miR339-5p 的表达可将 TNM 分期 Ⅱ 型和 Ⅲ 型的结直肠癌患者分为转移和非转移两组[56]。在另一项研究中，不同 miRNA 分子的表达可区分结直肠癌转移的部位，如 miR-200 和 miR-103 的表达与结直肠癌的淋巴结转移密切相关，但与结直肠癌的肝转移无关，而 miR-93 的表达则与结直肠癌的肝转移相关[57]。

其他恶性肿瘤 在非小细胞肺癌中，根据 miR-1253、miR-504 和 miR-26a-5p 的表达可以鉴别非小细胞肺癌患者是否发生间变性淋巴瘤激酶（anaplastic lymphoma kinase，*ALK*）、EGF 受体（EGF receptor，*EGFR*）和 *KRAS*（V-Ki-ras2 Kirsten rat sarcoma viral oncogene homolog）3 个驱动基因的突变。Sathyan 等报道利用 miR-21 和 SOX2 的表达可将神经胶质瘤患者分为 miR-21 高表达/SOX2 低表达和 miR-21 低表达/SOX2 高表达两种亚型，miR-21 低表达/SOX2 高表达亚型的患者较 miR-21 高表达/SOX2 低表达的患者生存率更高。两种亚型的神经胶质瘤患者有着完全不同的分子生物学、影像学和病理学特征，miR-21 和 SOX2 的表达为神经胶质瘤的分型提供了新的分子基础[58]。

10.4.3　长非编码 RNA 作为恶性肿瘤分型的分子标志物

肝癌 Gong 等发现有 182 条长非编码 RNA 在乙型肝炎病毒（hepatitis B virus，HBV）相关的肝癌中特异表达。利用在线功能注释工具，研究者分析发现这些 HBV 相关的长非编码 RNA 与一些癌基因和免疫生物学过程相关[59]。

乳腺癌 长非编码 RNA 在乳腺癌分型中的作用也越来越引起人们的重视。Su 等对癌症基因组图谱（The Cancer Genome Atlas，TCGA）数据库中 600 例乳腺癌患者长非编码 RNA 的表达进行了分析,根据长非编码 RNA 的表达可将乳腺癌患者分为 4 种亚型,这种分型与根据 mRNA 分子进行的乳腺癌分型高度相关。更重要的是,这 4 种亚型中的Ⅰ、Ⅱ、Ⅲ型分别与乳腺癌的基底样(basal-like)、HER2 阳性和 luminal A 亚型相关,而Ⅳ型则包含 luminal A 和 luminal B 两种亚型,同时根据长非编码 RNA 进行的乳腺癌患者分型也可指示乳腺癌患者的预后[60]。

结直肠癌　长非编码 RNA 在结直肠癌中的异常表达十分常见。Chen 等在 888 例结直肠癌患者组织样本中分析长非编码 RNA 的表达,并根据长非编码 RNA 的表达将结直肠癌患者分为 5 种类型,这 5 类结直肠癌患者具有不同的分子生物学和临床病理特征,并且其预后也各不相同[61]。这说明长非编码 RNA 可作为结直肠癌分子分型的分子基础。

其他恶性肿瘤　在非小细胞肺癌中,利用 19 条长非编码 RNA 的表达可有效区分非小细胞肺癌的 2 种亚型:肺鳞状细胞癌和肺腺癌。而在神经胶质瘤中,根据长非编码 RNA 的表达可将神经胶质瘤分为 3 种亚型:LncR1、LncR2 和 LncR3。其中 LncR1 亚型患者的预后最差,而 LncR3 亚型患者的预后最好。3 种亚型神经胶质瘤的分子特征也有显著区别,*IDH1* 突变主要富集在 LncR3 亚型,而 *EGFR* 扩增主要富集在 LncR1 亚型[62]。这些结果利用长非编码 RNA 对神经胶质瘤进行分型,可以反映肿瘤中突变的不同分子,有利于将来据此进行靶向性治疗。

10.5　非编码 RNA 在恶性肿瘤疗效监测中的意义及应用

肿瘤的治疗手段包括手术切除、化学药物治疗、放射治疗及生物靶向治疗等。在治疗的过程中,疗效监测对肿瘤的治疗有着重要意义。例如,胃肠道间质瘤(GIST)是来自胃肠间质组织的恶性肿瘤,伊马替尼(商品名:格列卫)是胃肠道间质瘤的一线治疗药物。但是在用伊马替尼治疗胃肠道间质瘤的病例中,15%～20%的病例为原发性耐药,而很多病例在服药 1 年后会出现继发性耐药。出现耐药后,往往要考虑增加用药剂量或用其他药物代替。机制研究发现,胃肠道间质瘤的发病原因很可能是由于 KIT 或者 PDGFRA 受体酪氨酸激酶活化,而伊马替尼是酪氨酸激酶的抑制剂,抑制 KIT 或者 PDGFRA 的活性,从而抑制细胞生长。无 *KIT/PDGFRA* 突变的胃肠道间质瘤患者用伊马替尼治疗效果最差。因而可对基因产物进行免疫组化或者基因突变检测,确定

KIT/PDGFRA 没有突变的患者,以免耐药患者的病情被延误。研究还发现肿瘤基因型与胃肠道间质瘤肝转移预后相关。*c-KIT* 基因型杂合性缺失的胃肠道间质瘤患者更容易发生肝转移,而用伊马替尼治疗能有效改善预后。通过疗效监测,提前确定哪种治疗方案更适合患者,可以使患者更少遭受各类不良反应的伤害。近年来,越来越多的研究表明,非编码 RNA 在恶性肿瘤疗效监测中具有重要的意义。

10.5.1 非编码 RNA 作为化疗耐药的分子标志物

(1) miRNA 作为化疗药物的分子标志物。miRNA 具有很强的稳定性,在反复冻融、较高或较低的 pH 值情况下也不容易降解,很适合作为生物标志物。miRNA 可直接参与肿瘤耐药过程。有研究表明某些 miRNA 的单核苷酸多态性(single nucleotide polymorphism,SNP)会影响肿瘤细胞的耐药性。SNP 是指基因组水平上由单个核苷酸变异引起的 DNA 序列多态性,SNP 在人类基因组中广泛存在,平均不到 1 000 bp 就有一个 SNP 位点,一般认为 SNP 与点突变的区别在于 SNP 的出现频率大于 1%。miRNA 上具有的 SNP 位点称为 miSNP。研究发现,miR-24 与二氢叶酸还原酶(dihydrofolate reductase,DHFR)mRNA 的 3′-UTR 区结合,从而抑制其活性,当 miRNA 结合位点出现单核苷酸多态性 SNP-829C→T 时,突变型的 miR-24 无法与二氢叶酸还原酶 mRNA 正常结合,失去对二氢叶酸还原酶的抑制作用,二氢叶酸还原酶 mRNA 的半衰期延长。进一步的实验证实,SNP-829C→T 导致二氢叶酸还原酶过度表达以及肿瘤细胞对氨甲蝶呤(methotrexate,MTX)的耐药性[63]。Cheng 等通过对 102 个血浆样本进行检测发现,miR-141 可作为新的生物标志物对结肠癌转移进行检测,而血浆中高水平的 miR-141 可能提示患者的不良预后[64]。Van 等选择卵巢癌的顺铂耐药细胞系 A2780 DDP 和敏感细胞系 A2780 作为研究对象,比较两种细胞的表达谱发现 27 种 miRNA 的表达显著上调,其中包括 miR-141。过表达 miR-141 导致卵巢癌细胞对顺铂耐药。对 24 个非浆液性卵巢癌患者的血浆样本进行检测发现,miR-141 在顺铂不敏感的患者样本中表达量更高。机制研究表明,miR-141 通过调控 KEAP1 基因影响肿瘤细胞对顺铂的耐药性[65]。Zou 等人发现化疗药物顺铂能够诱发肿瘤细胞自噬,同时导致 miR-30a 的表达显著减少[66]。过表达 miR-30a 抑制自噬相关蛋白 Beclin1 的生成,并且降低肿瘤细胞的自噬活性。过表达 miR-30a 能够抑制肿瘤细胞自噬,提高肿瘤细胞对顺铂的敏感性;敲低 miR-30a 促进肿瘤细胞自噬,提高肿瘤细胞对顺铂的耐药性。miR-30a能够下调 Beclin1,阻止在顺铂胁迫下形成自噬泡,提高抗癌药物对耐药肿瘤细胞的疗效。

(2)长链非编码 RNA 作为化疗药物的分子标志物。肺癌的发病率和病死率在恶性肿瘤中排在全球首位,其中非小细胞肺癌(non-small cell lung cancer, NSCLC)占原发性肺癌的 80% 以上。化疗药物顺铂(DDP)是非小细胞肺癌的一线治疗药物,但是耐药性往往影响顺铂的疗效。大量研究表明,长非编码 RNA *HOTAIR* 在多种肿瘤中表达上调,并与肿瘤的转移和预后密切相关。通过实时荧光定量 PCR 检测发现,与人肺癌 A549 细胞株相比耐顺铂的 A549/DDP 细胞株中长非编码 RNA *HOTAIR* 显著上调。进一步用小干扰 RNA(small interfering RNA, siRNA)干扰长非编码 RNA *HOTAIR* 后,耐顺铂的 A549/DDP 细胞株恢复对顺铂的敏感性。在肺癌组织样本中检测到长非编码 RNA *HOTAIR* 与 *p21* 的表达量呈负相关。机制研究表明长非编码 RNA *HOTAIR* 通过下调 *p21* 的表达促使肺癌细胞产生耐药性。相关耐药蛋白 P 糖蛋白(P-glycoprotein)由 *ABCB1* 基因编码,是一种 ATP 酶,属于 ATP 结合盒蛋白(ATP-binding cassette protein, ABC protein),它可以促进细胞内药物的转出,减少药物在肿瘤细胞的积聚,从而导致耐药。在肝细胞癌中,长非编码 RNA *H19* 通过下调 *MDR1* 基因启动子的甲基化水平诱导 P 糖蛋白的表达,最终促进肿瘤细胞的耐药性[67]。*ABCB1* 基因下游400 kb处有长非编码 RNA *MRUL* 的基因。长非编码 RNA *MRUL* 的高表达提示不良预后。siRNA 敲低长非编码 RNA *MRUL* 的表达能增加肿瘤细胞内药物的浓度。长非编码 RNA *MRUL* 对 *ABCB1* mRNA 的表达水平影响呈剂量-时间依赖关系。长非编码 RNA *MRUL* 可能正向调控 *ABCB1* 的表达,使化疗药物在肿瘤细胞内维持较低浓度,增强了细胞的多药耐药性[68]。

10.5.2　非编码 RNA 作为靶向药物的分子标志物

(1)miRNA 作为靶向药物的分子标志物。分子靶向治疗是指在分子水平上,针对明确的致癌位点设计相应的治疗药物,药物会特异地与致癌位点作用,导致肿瘤细胞的活性下降,并且不影响正常的组织细胞,从而达到治疗的目的。目前的靶向药物包括小分子表皮生长因子受体(EGFR)酪氨酸激酶抑制剂,如伊马替尼(imatinib);抗 EGFR 的单抗,如西妥昔单抗;抗 HER2 的单抗,如曲妥珠单抗等。伊马替尼是用来治疗慢性髓细胞性白血病(chronic myelogenous leukemia, CML)的药物。该药进入临床应用以来,已显示出特异性、高效性和低毒性等优点。但是在服用伊马替尼的患者中,有 17% 会在服药 5 年后出现耐药性。研究发现,在慢性髓细胞性白血病细胞中伊马替尼能够抑制 miR-30a 的表达。miR-30a 可通过下调 *Beclin1* 和 *ATG5* 的表达抑制细胞自噬过程。过表达 miR-30a 能够抑制肿瘤细胞自噬,促进肿瘤细胞对伊马替尼的敏感性;敲低 miR-30a 促进肿瘤细胞自噬,促进肿瘤细胞对伊马替尼的耐药性[69]。这说明 miR-30 的异常表达影响细胞自噬,可作为慢性髓细胞性白血病治疗的潜在靶点。

(2) 长非编码 RNA 作为靶向药物的分子标志物。舒尼替尼(sunitinib)是一种多靶点酪氨酸激酶抑制剂,通过抑制 VEGFR、PDGFR、KIT 等酪氨酸激酶活性发挥抗肿瘤和抗血管生成的双重作用。研究发现,LncARSR 与舒尼替尼的耐药性有关联。Wang 等通过用舒尼替尼耐药的肾细胞癌细胞株和敏感的肾细胞癌细胞株进行芯片筛选,发现 LncARSR 在耐药细胞株中过表达[70]。通过对患者血清中 LncARSR 的检测,发现 LncARSR 高表达的患者对舒尼替尼具有耐药性。LncARSR 可以通过结合 miR-34 和 miR-449 家族,活化 *AXL* 和 *c-Myc*,促使肿瘤细胞对舒尼替尼产生耐药性。生物活性的 LncARSR 能够被包裹到外泌体中,通过外泌体传递给舒尼替尼药物敏感细胞,使其对舒尼替尼不再敏感。LncARSR 可以作为对肾细胞癌进行舒尼替尼治疗的生物标志物和干预靶点。

10.5.3 非编码 RNA 在放射治疗疗效监测中的应用

(1) miRNA 在放射治疗疗效监测中的应用。放射治疗在肿瘤综合治疗中占有重要地位。术前放射治疗能使肿块缩小,同时降低转移风险,减少癌细胞进入血管中的机会,从而提高手术的切除率和患者的生存率。但是很多患者接受放射治疗后效果不理想。通过对放射抵抗性和敏感性肺癌细胞的 miRNA 表达谱进行芯片筛选,发现多个 miRNA 差异表达,其中,miR-214 在放射抵抗性肺癌细胞中表达上调。将放射抵抗性肺癌细胞的 miR-214 敲低,能够增加肺癌细胞对放射治疗的敏感性。将放射敏感性肺癌细胞的 miR-214 过表达后,肺癌细胞的放射抵抗性增强。机制研究表明,这一过程可以被 p38MAPK 调控,p38MAPK 激酶下调能够回复 miR-214 过表达导致的放射抵抗性[71]。放射线通过电离损伤 DNA 致其断裂,受损伤的细胞进行 DNA 损伤修复,如果修复成功,细胞进入下一个周期,否则细胞发生凋亡,从而清除掉 DNA 受到损伤的肿瘤细胞。由此可以假设,对于 DNA 修复系统的抑制剂很可能能够增加放射治疗的敏感性。但是也有少数研究表明，DNA 修复功能的丧失也可能导致细胞 DNA 对错误剪接的容忍度升高，导致放射耐受性。miR-101 能够与 DNA 修复蛋白 DNA-PKcs 和 ATM mRNA 的 3'-UTR 结合，通过抑制两种蛋白质的生成阻碍 DNA 修复，增加放疗的敏感性[72]。

(2) 长非编码 RNA 在放射治疗疗效监测中的应用。研究表明，lincRNA-p21 在结直肠癌(colorectal cancer，CRC)多种肿瘤中异常表达。lincRNA-p21 在多种肿瘤中表达下调，这表明 lincRNA-p21 很可能发挥抑癌基因的作用。研究发现，过表达 lincRNA-p21 能够通过 Wnt 通路促进凋亡，进而增强放射治疗的敏感性，这为结直肠癌治疗提供了潜在的靶点[73]。尽管临床上有多种抗肿瘤药物和治疗方案，但是肿瘤放射治疗、化学药物治疗耐受的现象也日益严重。lin28B 高表达的肿瘤细胞暴露于放射线时存活率更高，作用机制可能是 lin28B 的高表达能够降低 miRNA let-7 的表达，诱导肿瘤细胞的抵抗性[74]。

10.5.4 非编码 RNA 在术前术后疗效监测中的应用

(1) miRNA 在术前术后疗效监测中的应用。Konishi 等用 miRNA 芯片对 56 对术前、术后患者血清样品进行筛选，并用实时荧光定量 PCR 进行验证，发现 miR-451 和 miR-486 在术后患者的血清中显著减少。两种 miRNA 在患者术前血清样品中的表达量显著高于健康人的血清[75]。Le 等通过对 82 个肺癌患者和 50 个健康人的血清进行检测，发现 miR-21、miR-205、miR-30d 和 miR-24 在肺癌组织中表达上调，与术前对应的血清相比，miR-21 和 miR-24 的表达量在术后血清中显著减少，术后血清中 miR-21 高表达的肺癌患者总生存期更短[76]。通过对头颈部鳞状细胞癌患者的癌组织和癌旁组织进行检测，Hou 等发现 miR-21 和 miR-223 在癌组织中表达上调，而术后这两个 miRNA 在血清中的含量显著减少[77]。

(2) 长链非编码 RNA 在术前术后疗效监测中的应用。Arita 等通过对胃癌患者和健康人的血清进行检测，发现 H19 在胃癌组织中表达上调；对术前、术后的血清样品检测后发现 H19 在术后显著降低[25]。研究发现，高表达 lncARSR 会导致肾细胞癌患者对舒尼替尼耐药。检测 32 对术前、术后血清样品发现，lncARSR 在术后显著下调；检测病情恶化组(progressed disease，PD)和病情未恶化组(non-progressed disease，non-PD)lncARSR 的表达发现，lncARSR 在病情恶化组高表达；lncARSR 高表达的患者无

进展生存期（progression-free survival，PFS）更短；舒尼替尼能延长无进展生存期，
lncARSR 低表达的患者使用舒尼替尼效果更为明显，但是 *lncARSR* 高表达的患者使用
舒尼替尼没有效果[70]。

10.6　非编码 RNA 在恶性肿瘤治疗中的意义及应用

　　研究发现非编码 RNA 在肿瘤的发生、发展中具有重要的作用，可作为肿瘤治疗潜
在的候选靶点。目前，癌症主要的治疗手段有：外科手术治疗、化学药物治疗（化疗）、放
射治疗（放疗）、生物治疗和中医中药治疗等。其中手术治疗、化疗和放疗是当前癌症的
主要治疗方式。肿瘤生物治疗是继手术、放疗、化疗之后的第 4 大治疗方法，在癌症治
疗、改善生存质量、降低复发率等方面的重要作用已得到越来越多的重视和认可。肿瘤
生物治疗包括细胞治疗、抗体治疗和基因治疗等，以非编码 RNA 为基础的肿瘤治疗方
法属于基因治疗中的一种。近年来，研究发现非编码 RNA 与肿瘤有密切关系，特别是
miRNA。miRNA 参与了调控肿瘤进程的各个方面，可作为肿瘤治疗的潜在靶点。在
miNRA 缺失或过表达的肿瘤中通过过表达或抑制 miRNA 可望达到治疗或缓解肿瘤的
效果。

10.6.1　miRNA 在恶性肿瘤治疗中的应用

　　miRNA 在肿瘤中发挥类癌基因或抑癌基因的作用，参与肿瘤细胞的转移、增殖、分
化和细胞凋亡过程，miRNA 在恶性肿瘤的基因治疗中也具有广阔的应用前景。

　　miR-34a 是 miR-34 家族的一员，在食管癌、前列腺癌、结肠癌和肝癌等多种肿瘤中
表达下调，发挥抑癌基因的作用。抑癌基因 *p53* 作为转录因子可以诱导 miR-34a 的表
达，从而引起细胞凋亡。将稳定脂质体包裹的 miR-34a 从尾静脉注射入多发性骨髓瘤
小鼠模型，发现肿瘤生长受到明显抑制，小鼠的生存率提高，稳定脂质体包裹的 miR-34a
可能是治疗多发性骨髓瘤很有前景的靶标之一。在肝癌动物模型中，采用全身给药的
方法用脂质体过表达 miR-34a，发现肝癌的生长受到明显抑制，同时观察到抗肿瘤的活
性作用无免疫刺激性或剂量限制性不良反应。在脾、肺、肾中也有 miR-34a 的累积，提
示其对其他肿瘤的治疗也存在可能性。最近的研究发现在胶质母细胞瘤中，用一种聚
合物可以在小鼠体内稳定过表达 miR-34a，通过瘤内注射可明显抑制肿瘤生长[78]。

2013 年 5 月 13 日，Marina 生物技术公司宣布获得该公司授权的 Mirna Therapeutics 启动首个 miRNA 抗癌药物 MRX34 的 I 期临床试验。该 I 期临床试验将在不可切除的原发性肝癌或肝转移性肿瘤患者中进行。MRX34 是采用 SMARTICLES 药物递送技术制备的 miRNA miR-34 的模拟物。

腺相关病毒载体介导的一项研究表明，在肝癌的小鼠模型中采用腺相关病毒载体表达 miR-26，可通过诱导肿瘤细胞凋亡和抑制肿瘤细胞生长而影响肿瘤的形成。这项研究为肝癌治疗提供了新的方法，为 miRNA 基因治疗应用于临床提供了理论依据[79]。

Si 等应用抗肿瘤的反义寡核苷酸（antisense oligonucleotide，ASO）抑制乳腺癌细胞中 miR-21 的表达，并接种到小鼠模型中，结果发现肿瘤细胞的生长受到明显的抑制，细胞出现凋亡[80]。此研究说明在体内干扰高表达的 miRNA 也是治疗肿瘤的一种途径。

10.6.2 其他非编码 RNA 在恶性肿瘤治疗中的应用研究

长非编码 RNA 在肿瘤的发生、发展中也具有重要作用，但是其结构比 miRNA 更复杂，发挥作用的机制也更多样。一项针对 12 种肿瘤 2 394 例样本的大规模筛查发现长非编码 RNA *FAL1* 是一个癌基因，可以促进细胞增殖。*FAL1* 拷贝数扩增和高表达都与卵巢癌的预后差相关。对晚期卵巢癌的小鼠模型给予腹腔注射 *FAL1* 的 siRNA，发现与对照相比，肿瘤的生长受到了明显的抑制[81]。另有研究发现，*lncARSR* 是一个与晚期肾癌耐药相关的长非编码 RNA。*lncARSR* 竞争性地与 miR-34 和 miR-449 结合，引起下游靶基因 *AXL/c-MET* 的上调，并且激活了 STAT3、AKT 和 ERK 信号通路。耐药的肾癌细胞可以通过外泌体分泌 *lncARSR*，使舒尼替尼敏感的细胞变成耐药细胞。在原位动物模型和人源肿瘤异种移植（patient-derived tumor xenograft，PDX）模型中，用锁核酸（locked nucleic acid，LNA）抑制 *lncARSR* 后，耐药肾癌细胞对舒尼替尼重新变得敏感，为晚期肾癌的治疗提供了新的策略。

染色体异位在白血病中较为常见，有研究发现染色体异位产生了一类融合环形 RNA（fusion-circular RNA，f-circRNA），白血病 *MLL* 和 *AF9* 基因之间发生易位产生的 f-circRNA 命名为 *f-circM9*。*f-circM9* 可以促进细胞的增殖。白血病小鼠模型研究结果显示，*f-circM9* 并不能独立引起肿瘤发生，但是可以与对应的融合蛋白协同促进肿瘤发生，并且 *f-circM9* 与肿瘤的耐药相关[82]。这些研究说明 f-circRNA 有希望成为肿瘤新的治疗靶点。

10.6.3　非编码 RNA 在恶性肿瘤治疗中的策略及问题

以非编码 RNA 为靶标的肿瘤治疗有两种不同的策略：一种是封闭具有癌基因功能的非编码 RNA 的表达；另一种是恢复具有抑癌基因功能的非编码 RNA 的表达。沉默致癌性非编码 RNA 主要通过人工合成的寡核苷酸、miRNA 海绵或间接使用药物制剂等方法。恢复缺失的抑癌性 miRNA 的表达主要通过合成寡核苷酸模拟物、载体过表达或采用药物制剂等方法。目前主要的问题在于有效靶点的选择以及药物的靶向呈递。

10.6.3.1　封闭致癌性非编码 RNA 表达的方法

（1）采用反义-miRNA 寡核苷酸技术。反义寡核苷酸（ASO）是指某些化学修饰的短链核酸（15～25 个核苷酸组成），它的碱基序列与特定的靶标 RNA 序列互补，进入细胞后可按照碱基互补配对的原则与靶标序列形成双链结构，从而沉默基因。ASO 技术被引入到 miRNA 的功能研究中，被重新命名为反义-miRNA 寡核苷酸技术（anti-miRNA oligonucleotide，AMO）。antagomir 是经过特殊化学修饰的 miRNA 拮抗剂，在体内可以与成熟的 miRNA 竞争靶基因 mRNA 的结合位点，抑制 miRNA 的作用。antagomir 在动物体内对 miRNA 具有更好的抑制效果和稳定性。动物实验时可以采用全身/局部给药、吸入、喂药的方法，效果维持时间久。例如，在肝癌中 miR-151 能明显促进肝癌细胞的迁移和侵袭，当在小鼠模型中用 antagomir 抑制 miR-151 的表达后，肝癌细胞的转移能力也受到了明显的抑制[2]。锁核酸是一种新型的反义核酸，是 miRNA 反义封闭的手段之一，其结构中 β-D-呋喃核糖的 $2'$-O 和 $4'$-C 位通过缩水作用形成环形的氧亚甲基桥、硫亚甲基桥或胺亚甲基桥，呋喃糖的结构锁定在 C3$'$内型的 N 构型，形成了刚性的缩合结构，降低了核糖结构的柔韧性，增加了磷酸盐骨架局部结构的稳定性。锁核酸具有与 DNA/RNA 强大的杂交亲和力、抗核酸酶能力、可溶于水及体内无毒等优点。使用锁核酸抑制小鼠体内 miR-122 表达后，miR-122 的靶基因群上调，小鼠血清胆固醇水平下降。

（2）采用 miRNA 海绵。miRNA 海绵的意思是可以吸附很多 miRNA，这样 miRNA 就无法与其靶位点结合。miRNA 海绵是一条 mRNA，其 $3'$-UTR 区包含若干个 miRNA 靶定位点，这些靶定位点在 RNA 诱导沉默复合体（RNA-induced silencing complex，RISC）切割位点有一些错配，使 miRNA 海绵与 RISC 稳定结合，不会被降解。miRNA 海绵对 miRNA 的抑制效率很高。miRNA 海绵是由质粒编码的，可以包装成慢病毒或腺病毒等用于细胞。

10.6.3.2 恢复抑癌性非编码 RNA 表达的方法

在肿瘤中有一些 miRNA 发挥抑癌基因的作用，过表达这些 miRNA 可以抑制肿瘤的发生、发展。采用脂质体或者腺相关病毒可以将人工合成的 miRNA 类似物或者过表达基因导入体内，使其在体内发挥作用。

10.6.3.3 非编码 RNA 在恶性肿瘤治疗中的靶向呈递问题

基因治疗的体内递送是一个重要的科学问题，如何将基因安全有效地导入到需要治疗的部位是基因治疗非常重要的方面。目前应用的基因治疗载体有病毒载体和非病毒载体两大类。病毒载体包括反转录病毒载体、慢病毒载体、腺病毒载体、腺相关病毒载体、痘病毒载体和单纯疱疹病毒载体等。非病毒载体包括脂质体、纳米粒和质粒 DNA 等。病毒载体的导入存在缺乏肿瘤靶向性的问题，而非病毒载体的主要问题是转导效率低以及只能短时间表达。

游离的 RNA 在体液中很容易被 RNA 酶降解，经过化学修饰后其稳定性增加。使用病毒载体如反转录病毒可以将 miRNA 导入动物体内，但是靶向性差，并且有致癌的风险。使用脂质体可以将 miRNA 导入动物体内，但是存在导入效率低，容易被肝脏清除，维持时间短的问题。虽然非编码 RNA 在肿瘤发生、发展中有重要功能，但其在肿瘤基因治疗中的应用也要克服靶向性和安全性的问题。

10.7 非编码 RNA 的常用检测方法与技术

目前非编码 RNA 的常用检测方法主要有 RNA 印迹法、RNA 原位杂交（RNA *in situ* hybridization）、实时荧光定量 PCR、微阵列芯片（microarray）、高通量 RNA 测序（high-throughput RNA sequencing）和纳米孔单分子测序（nanopore single-molecule technology）等。

10.7.1 RNA 印迹法

RNA 印迹法是基于探针杂交检测目的 RNA 大小和表达含量的经典方法，是最早用于非编码 RNA 分析的方法之一，主要应用于非编码 RNA 的验证和确认，特别是新的 miRNA、长非编码 RNA 及 circRNA 的鉴定。RNA 印迹法通常采用核素标记反义链作为探针，目前非核素（如地高辛）标记探针也广泛应用于 RNA 印迹法中。近年，用锁核酸探针代替传统的 DNA 探针方法显著改善了 RNA 印迹法的灵敏度和特异性。锁核酸是一种寡核苷酸衍生物，具有较好的亲和性，可掺入 DNA 中，含有锁核酸的探针与靶分子结合后的双链稳定性显著提高。基于锁核酸的探针杂交技术也被用于非编码 RNA 的微阵列芯片和 RNA 原位杂交中。RNA 印迹法的缺点是样品的需要量大，耗时长，灵敏度不高且不能进行高通量检测。这些缺点限制了它的临床应用，目前 RNA 印迹法仍主要应用于科研研究中。

10.7.2　RNA 原位杂交

RNA 原位杂交（RNA *in situ* hybridization）是一种在细胞组织原位进行的核酸分子杂交技术。在一定的温度及离子浓度下，使具有特异序列的 DNA 或 RNA 探针通过碱基互补配对原则与组织细胞内待测的 RNA 分子复性结合而使组织细胞中的特异性核酸得到定位，并通过探针上所标记的检测系统将其在原有位置上显示出来，从而分析待检 RNA 的细胞内分布和含量，可直观地展现目的 RNA 的时空表达模式，在临床的分子病理诊断中具有良好的应用前景。对于 miRNA，由于序列短，传统检测 RNA 原位杂交技术需进一步改进，以提高杂交亲和性，避免 miRNA 在杂交和洗脱过程中丢失。目前主要采用锁核酸修饰的探针，显著提高了 miRNA 检测的灵敏度，但杂交效率和检测的灵敏度尚需提高，且操作复杂、价格昂贵，在临床上很少应用。对于长非编码 RNA，近年发展了一些单分子 RNA FISH 技术，如 RNAscope 技术。RNAscope 采用独特的设计方法，由约 20 对"ZZ"寡核苷酸构成的探针库组成，能与目的 RNA 特异性杂交，可应用于只有 300 个碱基的目标序列，故而该技术可以检测含有 200 个碱基及以上的长非编码 RNA，并且具有很高的灵敏度。可将探针标签带有不同颜色的荧光基团，能够同时检测多个基因或者转录本[83]（见图 10-1）。

10.7.3　实时荧光定量 PCR

实时荧光定量 PCR（quantitative real-time PCR，qPCR）技术是目前非编码 RNA 检测最主要和最常用的方法。主要通过 PCR 扩增技术，在反应体系中加入荧光基团，

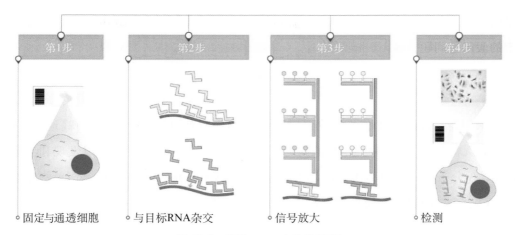

图 10-1　RNAscope 方法的流程

主要包括 4 个方面：样品处理（固定细胞或者组织，进行渗透化处理增加通透性，使探针能够进入样品内）、探针杂交（目的 RNA 与特异的双"Z"探针进行杂交，探针的一端具有预信号放大系统的结合位点）、信号放大（探针与预信号放大系统特异性杂交，进一步与放大系统特异性杂交，放大系统与探针标签特异性杂交，探针标签的一端是荧光基团或者酶）和信号检测（使用荧光显微镜或者标准的明场显微镜进行观察）（图片修改自http://www.acdbio.com）

采用荧光信号积累实时监测整个 PCR 扩增的进程，进行实时定量检测的方法。对于 miRNA，由于其长度较短，难以针对其成熟体设计有效的引物和相应探针。目前主要利用一种茎-环（stem-loop）状引物先进行 miRNA 的反转录，再进行定量 PCR 分析。这种茎-环状结构引物对成熟 miRNA 的 $3'$ 端具有特异性，可将 miRNA 分子扩展并增加通用的 $3'$ 端引物位点，以便进行 PCR 反应。这种茎-环状结构引物可以形成一种空间的阻碍以防止对 miRNA 前体进行 PCR 引导扩增。最后采用实时荧光定量 PCR 对 miRNA 的表达水平进行高特异性定量检测。这种 PCR 可以在起始样本量很小的情况下进行，总 RNA 的起始量可低至 1 ng，并且这种方法具有很高的特异性，可以区分只有一个碱基差别的 miRNA。

10.7.4　微阵列芯片

微阵列芯片（microarray）分析是基于核酸杂交原理检测 RNA 分子，能够在较短时间内同时测定多个样本，实现高通量的 RNA 检测分析。该方法是在一块芯片上同时固定多个与 RNA 序列互补的探针，加入经过标记的样本 RNA 并进行杂交，通过荧光扫描捕获表达图谱，并借助相应软件进行 RNA 的表达分析。在设计探针时可以包含所有可用 RNA 序列，因此微阵列芯片可以做到高通量的 RNA 分析。微阵列芯片需要较大量的 RNA 初始样本(约 5 μg 总 RNA),无法区分序列差异很小的 miRNA 分子,存在一定的假阳性问题。

10.7.5　高通量 RNA 测序

采用新一代测序技术平台,能够直接对样本中所有的 RNA 分子进行高通量测序,可以在无需任何 RNA 序列信息的前提下检测 RNA 的表达谱,并且可以发现和鉴定新的 RNA 分子,高通量 RNA 测序是当前非编码 RNA 研究的有力工具。RNA 测序包括 RNA 测序文库构建、高通量测序和数据分析等步骤。

10.7.6　纳米孔单分子测序技术

纳米孔单分子测序(nanopore single-molecule sequencing)技术是最近兴起的一种测序技术,主要通过不同的压力驱动分子通过纳米孔,同时监测分子易位时产生的电流变化,从而获得相应分子的信息。该技术测序速度快,且无须标记、扩增等步骤,可以检测分析分子性质。Stoddart 等在一个由生物分子组成的纳米孔上结合了一个核酸外切酶,并将其放置于类似细胞膜结构的脂质双分子层中。当 DNA 模板进入纳米孔时,核酸外切酶会将 DNA 分子的碱基逐个切掉,被切除的单个不同碱基通过纳米孔时会产生特异性的阻断电流,根据电流可以推测出哪种碱基通过了纳米孔,将信号进一步转为 DNA 序列信息[84]。纳米孔单分子技术的仪器构造简单,使用成本低廉,不需要对核苷酸进行标记,可直接对 RNA 分子进行测序,并且能检测出碱基被修饰,但是由于是水解测序,不能进行重复测序,可能有较大误差。多核苷酸磷酸化酶(polynucleotide phosphorylase,PNPase)是一种 $3'→5'$ 核糖核酸外切酶,单链 RNA 能够被其进行 $3'→5'$ 外切降解。将 DNA 外切酶替换为多核苷酸磷酸化酶,改造后能够对单链 RNA 进行测序[85]。纳米孔单分子技术也能够对特异 miRNA 进行检测。在总 RNA 中加入特异的 miRNA 探针进行杂交,相对应的 miRNA 与 miRNA 探针形成 miRNA 双链,用磁珠富集,当富集的 miRNA 双链通过纳米孔时,会导致电流变化,从而检测到特异的 miRNA[86]。

10.8　小结

在本章中,可以了解到非编码 RNA 在恶性肿瘤发生、发展的各个方面都有重要的作用。非编码 RNA 在不同类型、不同进程的肿瘤中有特异的表型,使之可以成为恶性肿瘤诊断、进展预测的分子标志物。同时由于非编码 RNA 在恶性肿瘤发生、发展的过程中调控许多重要的信号通路,使其可以成为恶性肿瘤治疗的分子靶点。近年来,科研人员发现了一些直接靶向 RNA 分子的小分子药物,为包括恶性肿瘤在内的多种疾病的治疗提供了新的方向。最令人兴奋的是,像非编码 RNA 这样复杂结构较少的 RNA 分子也可以成为小分子药物的作用靶点。虽然非编码 RNA 在恶性肿瘤的诊断和治疗中已经表现出了一定的科研意义,但是其在实际临床应用中的效果还有待进一步的研究证实。

参考文献

[1] Calin G A，Dumitru C D，Shimizu M，et al. Frequent deletions and down-regulation of micro-RNA genes Mir15 and Mir16 at 13q14 in chronic lymphocytic leukemia [J]. Proc Natl Acad Sci U S A，2002，99(24)：15524-15529.

[2] Ding J，Huang S，Wu S，et al. Gain of Mir-151 on chromosome 8q24. 3 facilitates tumour cell migration and spreading through downregulating RhoGDIA [J]. Nat Cell Biol，2010，12(4)：390-399.

[3] Leucci E，Vendramin R，Spinazzi M，et al. Melanoma addiction to the long non-coding RNA SAMMSON [J]. Nature，2016，531(7595)：518-522.

[4] Kumegawa K，Maruyama R，Yamamoto E，et al. A genomic screen for long noncoding RNA genes epigenetically silenced by aberrant DNA methylation in colorectal cancer [J]. Sci Rep，2016，6：26699.

[5] Sekine S，Ogawa R，Ito R，et al. Disruption of Dicer1 induces dysregulated fetal gene expression and promotes hepatocarcinogenesis [J]. Gastroenterology，2009，136(7)：2304-2315. e1-4.

[6] Lambertz I，Nittner D，Mestdagh P，et al. Monoallelic but not biallelic loss of Dicer1 promotes tumorigenesis in vivo [J]. Cell Death Differ，2010，17(4)：633-641.

[7] Hatley M E，Patrick D M，Garcia M R，et al. Modulation of K-Ras-dependent lung tumorigenesis by MicroRNA-21 [J]. Cancer Cell，2010，18(3)：282-293.

[8] Medina P P，Nolde M，Slack F J. OncomiR addiction in an in vivo model of MicroRNA-21-induced pre-B-cell lymphoma [J]. Nature，2010，467(7311)：86-90.

[9] Ma X，Kumar M，Choudhury S N，et al. Loss of the miR-21 allele elevates the expression of its target genes and reduces tumorigenesis [J]. Proc Natl Acad Sci U S A，2011，108(25)：10144-10149.

[10] Pineau P，Volinia S，McJunkin K，et al. miR-221 overexpression contributes to liver tumorigenesis [J]. Proc Natl Acad Sci U S A，2010，107(1)：264-269.

[11] Tsai W C，Hsu S D，Hsu C S，et al. MicroRNA-122 plays a critical role in liver homeostasis and hepatocarcinogenesis [J]. J Clin Invest，2012，122(8)：2884-2897.

[12] Hsu S H，Wang B，Kota J，et al. Essential metabolic, anti-inflammatory, and anti-tumorigenic functions of miR-122 in liver [J]. J Clin Invest，2012，122(8)：2871-2883.

[13] Ji J，Yamashita T，Budhu A，et al. Identification of microRNA-181 by genome-wide screening as

a critical player in EpCAM-positive hepatic cancer stem cells [J]. Hepatology, 2009,50(2): 472-480.

[14] Park S M, Gaur A B, Lengyel E, et al. The miR-200 family determines the epithelial phenotype of cancer cells by targeting the E-cadherin repressors ZEB1 and ZEB2 [J]. Genes Dev, 2008,22(7): 894-907.

[15] Barsyte-Lovejoy D, Lau S K, Boutros P C, et al. The c-Myc oncogene directly induces the H19 noncoding RNA by allele-specific binding to potentiate tumorigenesis [J]. Cancer Res, 2006,66(10): 5330-5337.

[16] Yuan S X, Wang J, Yang F, et al. Long noncoding RNA DANCR increases stemness features of hepatocellular carcinoma by derepression of CTNNB1 [J]. Hepatology, 2016,63(2): 499-511.

[17] Montani F, Marzi M J, Dezi F, et al. miR-Test: a blood test for lung cancer early detection [J]. J Natl Cancer Inst, 2015,107(6): djv063.

[18] Sozzi G, Boeri M, Rossi M, et al. Clinical utility of a plasma-based miRNA signature classifier within computed tomography lung cancer screening: a correlative mild trial study [J]. J Clin Oncol, 2014,32(8): 768-773.

[19] Xing L, Su J, Guarnera M A, et al. Sputum microRNA biomarkers for identifying lung cancer in indeterminate solitary pulmonary nodules [J]. Clin Cancer Res, 2015,21(2): 484-489.

[20] Lebanony D, Benjamin H, Gilad S, et al. Diagnostic assay based on hsa-miR-205 expression distinguishes squamous from nonsquamous non-small-cell lung carcinoma [J]. J Clin Oncol, 2009,27(12): 2030-2037.

[21] Spector Y, Fridman E, Rosenwald S, et al. Development and validation of a microRNA-based diagnostic assay for classification of renal cell carcinomas [J]. Mol Oncol, 2013,7(3): 732-738.

[22] Meiri E, Mueller W C, Rosenwald S, et al. A second-generation microRNA-based assay for diagnosing tumor tissue origin [J]. Oncologist, 2012,17(6): 801-812.

[23] Rosenfeld N, Aharonov R, Meiri E, et al. MicroRNAs accurately identify cancer tissue origin [J]. Nat Biotechnol, 2008,26(4): 462-469.

[24] Chan M, Liaw C S, Ji S M, et al. Identification of circulating microRNA signatures for breast cancer detection [J]. Clin Cancer Res, 2013,19(16): 4477-4487.

[25] Ng E K, Chong W W, Jin H, et al. Differential expression of microRNAs in plasma of patients with colorectal cancer: a potential marker for colorectal cancer screening [J]. Gut, 2009,58(10): 1375-1381.

[26] Zhou J, Yu L, Gao X, et al. Plasma microRNA panel to diagnose hepatitis B virus-related hepatocellular carcinoma [J]. J Clin Oncol, 2011,29(36): 4781-4788.

[27] Markou A, Zavridou M, Sourvinou I, et al. Direct comparison of metastasis-related miRNAs expression levels in circulating tumor cells, corresponding plasma, and primary tumors of breast cancer patients [J]. Clin Chem, 2016,62(7): 1002-1011.

[28] Shen J, Hu Q, Schrauder M, et al. Circulating miR-148b and miR-133a as biomarkers for breast cancer detection [J]. Oncotarget, 2014,5(14): 5284-5294.

[29] Arita T, Ichikawa D, Konishi H, et al. Circulating long non-coding RNAs in plasma of patients with gastric cancer [J]. Anticancer Res, 2013,33(8): 3185-3193.

[30] Hashad D, Elbanna A, Ibrahim A, et al. Evaluation of the role of circulating long non-coding RNA H19 as a promising novel biomarker in plasma of patients with gastric cancer [J]. J Clin Lab Anal, 2016,30(6): 1100-1105.

［31］ Xie H，Ma H，Zhou D. Plasma HULC as a promising novel biomarker for the detection of hepatocellular carcinoma［J］. Biomed Res Int，2013，2013：136106.

［32］ Hansen T B，Jensen T I，Clausen B H，et al. Natural RNA circles function as efficient microRNA sponges［J］. Nature，2013，495(7441)：384-388.

［33］ Li Y，Zheng Q，Bao C，et al. Circular RNA is enriched and stable in exosomes：a promising biomarker for cancer diagnosis［J］. Cell Res，2015，25(8)：981-984.

［34］ Zhu S，Wu H，Wu F，et al. MicroRNA-21 targets tumor suppressor genes in invasion and metastasis［J］. Cell Res，2008，18(3)：350-359.

［35］ Meng F，Henson R，Wehbe-Janek H，et al. MicroRNA-21 regulates expression of the PTEN tumor suppressor gene in human hepatocellular cancer［J］. Gastroenterology，2007，133(2)：647-658.

［36］ Asangani I A，Rasheed S A，Nikolova D A，et al. MicroRNA-21 (miR-21) post-transcriptionally downregulates tumor suppressor Pdcd4 and stimulates invasion，intravasation and metastasis in colorectal cancer［J］. Oncogene，2008，27(15)：2128-2136.

［37］ Gutschner T，Hammerle M，Eissmann M，et al. The noncoding RNA MALAT1 is a critical regulator of the metastasis phenotype of lung cancer cells［J］. Cancer Res，2013，73(3)：1180-1189.

［38］ Kim K，Jutooru I，Chadalapaka G，et al. HOTAIR is a negative prognostic factor and exhibits pro-oncogenic activity in pancreatic cancer［J］. Oncogene，2013，32(13)：1616-1625.

［39］ Gupta R A，Shah N，Wang K C，et al. Long non-coding RNA HOTAIR reprograms chromatin state to promote cancer metastasis［J］. Nature，2010，464(7291)：1071-1076.

［40］ Geng Y J，Xie S L，Li Q，et al. Large intervening non-coding RNA HOTAIR is associated with hepatocellular carcinoma progression［J］. J Int Med Res，2011，39(6)：2119-2128.

［41］ Tavazoie S F，Alarcon C，Oskarsson T，et al. Endogenous human microRNAs that suppress breast cancer metastasis［J］. Nature，2008，451(7175)：147-152.

［42］ Png K J，Halberg N，Yoshida M，et al. A microRNA regulon that mediates endothelial recruitment and metastasis by cancer cells［J］. Nature，2012，481(7380)：190-194.

［43］ Fang J H，Zhou H C，Zeng C，et al. MicroRNA-29b suppresses tumor angiogenesis，invasion，and metastasis by regulating matrix metalloproteinase 2 expression［J］. Hepatology，2011，54(5)：1729-1740.

［44］ Zhuang G，Wu X，Jiang Z，et al. Tumour-secreted miR-9 promotes endothelial cell migration and angiogenesis by activating the JAK-STAT pathway［J］. EMBO J，2012，31(17)：3513-3523.

［45］ Budhu A，Jia H L，Forgues M，et al. Identification of metastasis-related microRNAs in hepatocellular carcinoma［J］. Hepatology，2008，47(3)：897-907.

［46］ Kogo R，Shimamura T，Mimori K，et al. Long noncoding RNA HOTAIR regulates polycomb-dependent chromatin modification and is associated with poor prognosis in colorectal cancers［J］. Cancer Res，2011，71(20)：6320-6326.

［47］ Tu Z Q，Li R J，Mei J Z，et al. Down-regulation of long non-coding RNA GAS5 is associated with the prognosis of hepatocellular carcinoma［J］. Int J Clin Exp Pathol，2014，7(7)：4303-4309.

［48］ Sun M，Jin F Y，Xia R，et al. Decreased expression of long noncoding RNA GAS5 indicates a poor prognosis and promotes cell proliferation in gastric cancer［J］. BMC Cancer，2014，14：319.

［49］ Yang X，Liang L，Zhang X F，et al. MicroRNA-26a suppresses tumor growth and metastasis of human hepatocellular carcinoma by targeting interleukin-6-Stat3 pathway [J]. Hepatology, 2013,58(1): 158-170.

[50] Li W, Xie L, He X, et al. Diagnostic and prognostic implications of microRNAs in human hepatocellular carcinoma [J]. Int J Cancer, 2008,123(7): 1616-1622.

[51] Lu J, Getz G, Miska E A, et al. MicroRNA expression profiles classify human cancers [J]. Nature, 2005,435(7043): 834-838.

[52] Murakami Y, Yasuda T, Saigo K, et al. Comprehensive analysis of microRNA expression patterns in hepatocellular carcinoma and non-tumorous tissues [J]. Oncogene, 2006,25(17): 2537-2545.

[53] Toffanin S, Hoshida Y, Lachenmayer A, et al. MicroRNA-based classification of hepatocellular carcinoma and oncogenic role of miR-517a [J]. Gastroenterology, 2011,140(5): 1618-1628. e16.

[54] Volinia S, Galasso M, Sana M E, et al. Breast cancer signatures for invasiveness and prognosis defined by deepsequencing of microRNA [J]. Proc Natl Acad Sci U S A, 2012, 109 (8): 3024-3029.

[55] Tanic M, Andres E, Rodriguez-Pinilla S M, et al. MicroRNA-based molecular classification of non-BRCA1/2 hereditary breast tumours [J]. Br J Cancer, 2013,109(10): 2724-2734.

[56] Goossens-Beumer I J, Derr R S, Buermans H P, et al. MicroRNA classifier and nomogram for metastasis prediction in colon cancer [J]. Cancer Epidemiol Biomarkers Prev, 2015, 24 (1): 187-197.

[57] Drusco A, Nuovo G J, Zanesi N, et al. Microrna profiles discriminate among colon cancer metastasis [J]. PLoS One, 2014,9(6): e96670.

[58] Sathyan P, Zinn P O, Marisetty A L, et al. MiR-21-Sox2 axis delineates glioblastoma subtypes with prognostic impact [J]. J Neurosci, 2015,35(45): 15097-15112.

[59] Gong X, Wei W, Chen L, et al. Comprehensive analysis of long non-coding RNA expression profiles in hepatitis B virus-related hepatocellular carcinoma [J]. Oncotarget, 2016, 7 (27): 42422-42430.

[60] Su X, Malouf G G, Chen Y, et al. Comprehensive analysis of long non-coding RNAs in human breast cancer clinical subtypes [J]. Oncotarget, 2014,5(20): 9864-9876.

[61] Chen H, Xu J, Hong J, et al. Long noncoding RNA profiles identify five distinct molecular subtypes of colorectal cancer with clinical relevance [J]. Mol Oncol, 2014,8(8): 1393-1403.

[62] Li R, Qian J, Wang Y Y, et al. Long noncoding RNA profiles reveal three molecular subtypes in glioma [J]. CNS Neurosci Ther, 2014,20(4): 339-343.

[63] Zheng T, Wang J, Chen X, et al. Role of microRNA in anticancer drug resistance [J]. Int J Cancer, 2010,126(1): 2-10.

[64] Cheng H, Zhang L, Cogdell D E, et al. Circulating plasma miR-141 is a novel biomarker for metastatic colon cancer and predicts poor prognosis [J]. PLoS One, 2011,6(3): e17745.

[65] van Jaarsveld M T, Helleman J, Boersma A W, et al. MiR-141 regulates KEAP1 and modulates cisplatin sensitivity in ovarian cancer cells [J]. Oncogene, 2013,32(36): 4284-4293.

[66] Zou Z, Wu L, Ding H, et al. MicroRNA-30a sensitizes tumor cells to cis-platinum via suppressing beclin 1-mediated autophagy [J]. J Biol Chem, 2012,287(6): 4148-4156.

[67] Liu Z, Sun M, Lu K, et al. The long noncoding RNA HOTAIR contributes to cisplatin resistance of human lung adenocarcinoma cells via downregualtion of p21 (WAF1/CIP1) expression [J]. PLoS One, 2013,8(10): e77293.

［68］ Wang Y, Zhang D, Wu K, et al. Long noncoding RNA MRUL promotes ABCB1 expression in multidrug-resistant gastric cancer cell sublines［J］. Mol Cell Biol, 2014,34(17)：3182-3193.

［69］ Yu Y, Yang L, Zhao M, et al. Targeting microRNA-30a-mediated autophagy enhances imatinib activity against human chronic myeloid leukemia cells［J］. Leukemia, 2012,26(8)：1752-1760.

［70］ Qu L, Ding J, Chen C, et al. Exosome-transmitted lncARSR promotes sunitinib resistance in renal cancer by acting as a competing endogenous RNA［J］. Cancer Cell, 2016,29(5)：653-668.

［71］ Salim H, Akbar N S, Zong D, et al. MiRNA-214 modulates radiotherapy response of non-small cell lung cancer cells through regulation of p38MAPK, apoptosis and senescence［J］. Br J Cancer, 2012,107(8)：1361-1373.

［72］ Yan D, Ng W L, Zhang X, et al. Targeting DNA-PKcs and ATM with miR-101 sensitizes tumors to radiation［J］. PLoS One, 2010,5(7)：e11397.

［73］ Wang G, Li Z, Zhao Q, et al. LincRNA-p21 enhances the sensitivity of radiotherapy for human colorectal cancer by targeting the Wnt/beta-catenin signaling pathway［J］. Oncol Rep, 2014,31(4)：1839-1845.

［74］ Oh J S, Kim J J, Byun J Y, et al. Lin28-let7 modulates radiosensitivity of human cancer cells with activation of K-Ras［J］. Int J Radiat Oncol Biol Phys, 2010,76(1)：5-8.

［75］ Konishi H, Ichikawa D, Komatsu S, et al. Detection of gastric cancer-associated microRNAs on microRNA microarray comparing pre-and post-operative plasma［J］. Br J Cancer, 2012,106(4)：740-747.

［76］ Le H B, Zhu W Y, Chen D D, et al. Evaluation of dynamic change of serum miR-21 and miR-24 in pre-and post-operative lung carcinoma patients［J］. Med Oncol, 2012,29(5)：3190-3197.

［77］ Hou B, Ishinaga H, Midorikawa K, et al. Circulating microRNAs as novel prognosis biomarkers for head and neck squamous cell carcinoma［J］. Cancer Biol Ther, 2015,16(7)：1042-1046.

［78］ Ofek P, Calderon M, Mehrabadi F S, et al. Restoring the oncosuppressor activity of microRNA-34a in glioblastoma using a polyglycerol-based polyplex［J］. Nanomedicine, 2016,12(7)：2201-2214.

［79］ Kota J, Chivukula R R, O'Donnell K A, et al. Therapeutic microRNA delivery suppresses tumorigenesis in a murine liver cancer model［J］. Cell, 2009,137(6)：1005-1017.

［80］ Si M L, Zhu S, Wu H, et al. MiR-21-mediated tumor growth［J］. Oncogene, 2007,26(19)：2799-2803.

［81］ Hu X, Feng Y, Zhang D, et al. A functional genomic approach identifies fal1 as an oncogenic long noncoding RNA that associates with BMI1 and represses p21 expression in cancer［J］. Cancer Cell, 2014,26(3)：344-357.

［82］ Guarnerio J, Bezzi M, Jeong J C, et al. Oncogenic role of fusion-circRNAs derived from cancer-associated chromosomal translocations［J］. Cell, 2016,165(2)：289-302.

［83］ Wang F, Flanagan J, Su N, et al. Rnascope：A novel in situ RNA analysis platform for formalin-fixed, paraffin-embedded tissues［J］. J Mol Diagn, 2012,14(1)：22-29.

［84］ Stoddart D, Heron A J, Mikhailova E, et al. Single-nucleotide discrimination in immobilized DNA oligonucleotides with a biological nanopore［J］. Proc Natl Acad Sci U S A, 2009,106(19)：7702-7707.

［85］ Ayub M, Hardwick S W, Luisi B F, et al. Nanopore-based identification of individual nucleotides for direct RNA Sequencing［J］. Nano Lett, 2013,13(12)：6144-6150.

［86］ Gu L Q, Wanunu M, Wang M X, et al. Detection of miRNAs with a nanopore single-molecule counter［J］. Expert Rev Mol Diagn, 2012,12(6)：573-584.

11 RNA 修饰与疾病的精准诊疗

与 DNA 修饰和组蛋白修饰一样,近年来 RNA 的各种修饰及其功能得到了科学家广泛高度的关注,这使得 RNA 修饰研究成为表观遗传研究领域的新热点之一。在各种类型的 RNA 化学修饰中,甲基化是最主要的修饰形式,6-甲基腺嘌呤(m^6A)和 5-甲基胞嘧啶(m^5C)是其中最具有代表性的两种修饰,并以 mRNA 内部修饰丰度最高的 m^6A 研究最为深入。m^6A 甲基化修饰于 20 世纪 70 年代被发现,随后的研究陆续证实该修饰广泛存在于包括真核生物、原核生物及病毒在内的多个物种中。近年来,随着酶学技术的发展,m^6A 的修饰酶相继被发现,其中 METTL3、METTL14 和 WTAP 复合物可以催化 m^6A 的形成,而 FTO 和 ALKBH5 可以使其去甲基化;m^6A 修饰主要通过包含 YTH 结构域的结合蛋白发挥其生物学功能。m^6A 修饰酶和结合蛋白的发现,证明 RNA 修饰同 DNA 甲基化修饰一样是动态可逆的,从而将 RNA 修饰由微调控机制提升到表观转录组的新层次。m^5C 修饰也存在于信使 RNA(messenger RNA,mRNA)、转运 RNA(transfer RNA,tRNA)、核糖体 RNA(ribosomal RNA,rRNA)及长非编码 RNA(long non-coding RNA,lncRNA)中。NSUN 家族蛋白和 DNMT2 是候选的 m^5C 甲基转移酶(m^5C methyltransferase,m^5C-MTase)。总的来说,RNA 化学修饰介导的表观转录组学调控和功能已成为 RNA 生物学新的研究领域,其与疾病发生、发展有着紧密的关联。本章重点以 m^6A 和 m^5C 等修饰为主线,从 RNA 化学修饰的类型、检测技术和化学修饰调控、特征规律及其与疾病关联等方面进行阐述。

11.1 RNA 化学修饰类型

自 19 世纪 50 年代以来,人类在古生菌、细菌、病毒和真核生物中已发现超过 140

种 RNA 转录后修饰形式,这些修饰广泛分布于各种类型的 RNA 中,如 mRNA、tRNA、rRNA、核小 RNA(small nuclear RNA,snRNA)、核仁小 RNA(snoRNA)、微 RNA(microRNA,miRNA)、lncRNA(long non-coding RNA)等。自然界中的 RNA 修饰广泛存在于 A、U、C、G 4 类核苷上。此外,极少数 RNA 修饰发生在次黄嘌呤(I)核苷和 7-去氮鸟苷上。

　　RNA 修饰有很多不同的类型,且不同类型 RNA 修饰的含量和功能也存在很大差异。其中 RNA 核苷上的甲基化修饰是 RNA 修饰的主要形式之一,约占 RNA 修饰总量的 2/3。RNA 甲基化修饰主要发生在碱基基团的氮原子、碳原子以及核糖 2′-OH 的氧原子等位置上。在古细菌、细菌和真核生物中普遍存在的甲基化修饰包括 $m^{6,6}A$、m^6A、m^1A、C_m、m^5C、G_m、m^1G、m^7G、m^5U 和 U_m(见图 11-1)[1]。

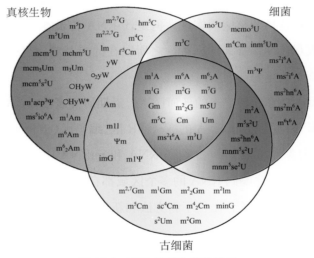

图 11-1　RNA 甲基化修饰类型

RNA 上所有已知的甲基化修饰类型在古细菌、细菌和真核生物中
的分布(图片修改自参考文献[1])

11.1.1　mRNA 的甲基化修饰

　　已知的 mRNA 修饰在转录本中的含量不同,且具有不同的功能。从转录本的 5′端开始,RNA 修饰包括 2′-OH 端的甲基化核苷酸,如 N^6,2′-O-二甲基腺嘌呤(m^6A_m),N^6,N^6,2′-O-三甲基腺嘌呤($m^{6,6}A_m$)和 3,2′-O-二甲基尿嘧啶(m^3U_m)。这些修饰经常发生在 5′非翻译区(5′-untranslated region,5′-UTR),并定义转录本的起始位置。此

外，在正常的 RNA 加工过程中，7-甲基鸟嘌呤（m^7G）的帽子结构被加到 mRNA 的 $5'$ 端，对有效的基因表达、转录本的稳定性和细胞功能非常重要，并且是真核生物中 mRNA 翻译成蛋白质的关键稳定因素。$5'$ 帽子结构还包括病毒 mRNA 中的 N^2，7-二甲基鸟嘌呤（$m^{2,7}G$），以及在一小类顺式剪接的 snRNA 的 $5'$ 端发现的 N^2，N^2，7-三甲基鸟嘌呤（$m^{2,2,7}G$）。这一 $5'$ 三甲基鸟嘌呤的帽子结构在线虫的 100 nt 的 snRNA 中持续存在，并且这些少量的 RNA 与多核糖体密切关联，可以产生一种特定类型的三甲基鸟嘌呤调控的 RNA。并且，$m^{6,6}A_m$ 和 m^3U_m 已被报道定位于原生动物动质体 mRNA 的 $5'$-UTR 区。总之，这些 $5'$ 端修饰对 mRNA 的稳定性、翻译起始和基因表达非常重要。

mRNA 转录本的 $3'$ 端同样包含很多修饰。成熟 mRNA 的一个重要特征就是在每个转录本的 $3'$ 端加上一个长度不一的 poly(A) 尾，这一过程是由多聚腺苷酸酶（如多聚腺苷酸聚合酶）和多聚腺苷酸结合蛋白实现的。这一 $3'$ 端修饰理论上是可逆的，可通过降解酶类如 poly(A) 特异的核酸酶实现。但是，mRNA 转录本的 $3'$ 端修饰并不是目前已知的 140 多种表观转录组修饰的一种。之所以在此提及它，是因为它对转录本的稳定性和转录本出核至关重要，并且存在动态性。

其他修饰类型可存在于转录本的任何区域。近期研究表明，m^6A 是 mRNA 上最为广泛的一种修饰形式，存在于 mRNA 的 $5'$-UTR 区、编码区（coding region）、$3'$-UTR 区和前体 mRNA 的内含子，以及一些非编码 RNA 和 miRNA 中[2, 3]。此外，近期的全转录组研究发现，mRNA 和非编码 RNA 的多个区域都存在多个胞嘧啶位点的 m^5C 甲基化修饰[4]。这些最新的研究工作激发了新方法和新技术的探索，以更好地认识 RNA 甲基化的功能和意义。

11.1.1.1　m^7G

在真核生物的 mRNA 中最常见的甲基化修饰是 $5'$ 帽子结构中的甲基化修饰 $m^7G(5')ppp(5')N$。它对于 mRNA 翻译的起始和维持 mRNA 的稳定性起着重要的作用。已知在病毒 RNA 中也存在类似的修饰，然而在原核生物 mRNA 中并未发现这种甲基化修饰。真核细胞中 mRNA 上的帽子结构是转录共修饰的结果。甲基化过程需要在 RNA 聚合酶 II 招募后由磷酸酶、鸟苷转移酶和甲基转移酶共同作用完成。在酵母中，这 3 种酶活性分别由 3 种蛋白质完成。在某些病毒中编码表达的一种多肽会同时含有 3 种酶活性。哺乳动物的 RNA 甲基转移酶（RNA methyltransferase, RNMT）是 RFM 甲基转移酶家族成员。m^7G 帽子结构在细胞内具有多种功能：它不仅能够结合翻译起始因子 eIF4F,对 mRNA 的翻译起到促进作用,而且还能保护 mRNA,防止其被细胞内的核酸外切酶降解。

11.1.1.2　m^{6}A

除了上述甲基化修饰形式,另外一种在 mRNA 广泛存在的甲基化修饰是 6-甲基化腺嘌呤(N^6-methyladenosine, m^{6}A)。m^{6}A 是在碱基 A 的第 6 位 N 原子上发生的甲基化。m^{6}A 修饰是真核生物 RNA 中存在最为广泛的甲基化修饰之一,超过一半的甲基化 RNA 均存在这类修饰。另外,该修饰位点附近的序列具有高度保守性。A 上的甲基化位点主要存在于 RRACH(其中,R 代表嘌呤,A 代表 m^{6}A, H 代表非鸟嘌呤碱基)中[2, 3]。虽然在 rRNA、tRNA、snRNA 中也存在 m^{6}A 修饰,但并没有发现它们具有像 mRNA 一样的保守序列。与基因组 DNA 上 5mC 和 C 对亚硫酸氢盐的敏感度不同相比较,m^{6}A 修饰不仅对化学试剂不敏感,也不会影响核苷酸碱基配对能力,因此很难在常规测序中检测鉴定它所处的位置。作为真核生物 mRNA 上除了 5′帽子结构外含量最多的一种转录后修饰形式,m^{6}A 修饰的研究成为近几年 RNA 研究领域的重点和热点。

11.1.1.3　m^{5}C

虽然 5mC 在 DNA 表观遗传研究中已经被广泛报道,其形成是由 DNA 甲基转移酶催化 S-腺苷甲硫氨酸(SAM)上甲基基团转移完成的,但该修饰在 mRNA 中的功能目前尚不清楚。利用亚硫酸氢盐方法处理 HeLa 细胞内的 mRNA 并对其进行转录组测序后发现,mRNA 内的 m^{5}C 含量并不丰富,主要富集在 mRNA 的 UTR 区及 miRNA 复合物组分 Argonaute 蛋白结合位点附近[5]。利用 m^{5}C 抗体免疫沉淀结合亚硫酸氢盐处理测序的结果发现了古生菌 mRNA 中的多个 m^{5}C 修饰,其保守序列为 AU(m^{5}C)GANGU,和古生菌 rRNA 上的保守序列一致[6]。该结果提示 mRNA 和 rRNA 上的 m^{5}C 修饰可能由同一种甲基转移酶催化完成。

11.1.1.4　m^{1}A

除了上述甲基化修饰形式,研究人员 2016 年在 mRNA 上又发现一种新型的甲基化修饰,即 1-甲基化腺嘌呤(N^1-methyladenosine, m^{1}A)。m^{1}A 是在碱基 A 的第 1 位 N 原子上发生的甲基化,并且在生理条件下带有 1 个正电荷。m^{1}A 最早是在 rRNA 和 tRNA 等非编码 RNA 中发现的,并且在原核和真核生物中都存在。研究表明,m^{1}A 在各种真核生物(酵母、小鼠和人)细胞的 mRNA 中均广泛存在,并且 mRNA 中 m^{1}A 的

含量是 m^6A 的 5%～10%。利用 m^1A 全转录组测序技术,研究人员发现人和小鼠细胞转录组中的 m^1A 呈现出一定的分布特异性:m^1A 集中分布在第 1 个外显子上,并且具有 m^1A 修饰的转录本与不具有 m^1A 修饰的转录本相比,5′-UTR 倾向形成更稳定的二级结构。更有趣的是,m^1A 修饰与翻译起始位点相关,并且含有 m^1A 的转录本具有相对高的蛋白表达量[7]。此外,m^1A 可以被去甲基化酶 ALKBH3 去甲基化,并且可动态响应外界刺激[8]。2017 年,研究人员又报道了 m^1A 的单碱基分辨率高清图谱,并鉴定了在核编码与线粒体编码的转录本上具有不同分布特征的 m^1A 高清甲基化图谱[9, 10]。

11.1.2　tRNA 的甲基化修饰

在各种 RNA 中,tRNA 含有种类最多的甲基化修饰类型。在 tRNA 上有超过 65 种甲基化修饰,并且 tRNA 甲基化在生物进化过程中十分保守。大多数真核生物 tRNA 上 A58 位的 m^1A 修饰具有保守性,25% 的人 tRNA 种类中这个位置上的修饰处于低甲基化状态。tRNA 的甲基化主要参与 mRNA 解码和维持 tRNA 的结构和代谢的稳定性。例如,tRNA 反密码子区的第 34 位和邻近的第 37 位上的甲基基团能够维持 mRNA 解码的精确性和效率。人们发现 tRNA 甲基基团的获取可通过 tRNA 甲基转移酶(Trm)以 SAM 为供体完成。最近的研究发现,最初被作为 DNA 甲基转移酶的 DNMT2 蛋白,能够催化 tRNA^{Asp} 反密码子区的 C38 位发生甲基化,从而保护 tRNA 不被 RNA 酶降解。因此,DNMT2 也被命名为 tRNA^{Asp} 甲基转移酶 TRDMT1。在 *Dnmt2* 基因敲除的果蝇中 tRNA 的片段化增多。此外,甲基化的 tRNA 还可行使多种其他功能,如参与 DNA 损伤修复、应激反应、基因转录等相关过程。综上,tRNA 甲基化在生物体的生命过程中起着重要作用。

11.1.3　rRNA 的甲基化修饰

包括原核生物和真核生物在内,发现的 rRNA 甲基化修饰已绘制成图谱。rRNA 中的主要甲基化修饰是核糖第 2 位羟基上的 2′-O 发生甲基化。2′-O-核糖-甲基化酶系负责催化 rRNA 上已知的所有甲基化反应。snoRNA 作为引导 RNA 参与到甲基化过程。snoRNA 中 C 框/D 框结构中分别含有的序列 RUGAUGA 和 CUGA 可识别 rRNA 前体甲基化和切割的位点。研究发现,rRNA 甲基化修饰调控着 mRNA 的翻译,并与线粒体中的转录紧密相关,也参与细菌对抗生素的抗药机制。人们发现细菌中

rRNA 甲基化与某些氨基糖苷类、大环内酯类及林可酰胺类抗生素的作用具有紧密联系。16S rRNA 和 23S rRNA 一些位点上疏水甲基基团的添加可以改变整个 rRNA 的生化特性和整体形态。

11.1.4 snRNA 的甲基化修饰

在真核生物的细胞核中，snRNA 中 U1、U2、U4 和 U5 在成熟过程中需要多种甲基化修饰形式。在细胞核中，处于前体状态的 snRNA 的 5′端含有 m^7G 修饰的帽子结构。这类含有帽子结构的 snRNA 被运输到细胞质中，与 Sm 蛋白结合后，帽子结构中的 G 会被 RNA-鸟苷酸-N^2-甲基转移酶 TGS1 甲基化为 N^2, N^2, 7-三甲基鸟苷酸（m_3G），形成 m_3G 帽子结构，该结构被 SPN1 识别，将成熟的 snRNP 复合物重新运回细胞核。除此之外，snRNA 上还存在许多 2′-O-甲基化位点。类似于 snoRNA，小 cajal 体特定核糖核酸（small cajal body RNA，scaRNA）也具有 C 框/D 框结构，可以参与到 snRNA 上核糖的甲基化。已发现的 scaRNA 如 U85、U87、U88、U89 能够指导 U4 和 U5 snRNA 的甲基化。

11.1.5 miRNA/piRNA 的甲基化修饰

研究发现，具有调控功能的 miRNA 和与 Piwi 蛋白相互作用的 RNA（piRNA）上同样有甲基化修饰。隶属于 RFM 家族成员的甲基转移酶 HEN1，能够催化植物中 miRNA 和小干扰 RNA（siRNA）的末位核苷酸 2′-OH 基团的甲基化，从而阻止 3′端的尿苷化。但在哺乳动物细胞中还没有发现类似的甲基化修饰。在果蝇中发现，piRNA 和 siRNA 也是 HEN1 的作用底物，甲基化修饰增加了 RNA 的稳定性。这种甲基化修饰也参与 RNA 的修复过程。例如，在细菌中利用 HEN1 在 2′-OH 位置上进行甲基化可以阻止核糖毒素的降解。

除甲基化修饰外，RNA 上还存在一些非甲基化修饰，如广泛分布于 mRNA、tRNA、rRNA 和 snRNA 中的假尿嘧啶（pseudouridine，Ψ）以及 RNA 编辑等，它们的功能和作用机制有待进一步研究。

11.2 RNA 甲基化修饰酶及调控蛋白

RNA 甲基化虽然是一种简单的修饰形式，但由于其修饰位点和类型的多样化，它已成为 RNA 上所有修饰中种类最多的修饰。因此,细胞中存在着许多针对性的 RNA 甲基转移酶和去甲基化酶,以及各种甲基结合蛋白。在它们的共同作用下,不同种类的 RNA 经历着甲基化和去甲基化的动态变化,进而调节着各种生理过程。

11.2.1　m⁶A 的甲基化修饰酶及调控蛋白

11.2.1.1　m⁶A 甲基转移酶——书写器

m^6A 的形成是由其特定的甲基转移酶催化的。1992 年,Martin 等将 HeLa 细胞核提取物与人工合成的 RNA 寡核苷酸片段共同孵育,分离得到了两种组分,分别命名为 MTA 和 MTB,两者协同催化 m^6A 形成。随后 Bokar 等分离得到了三个组分 MT-A1、MT-A2 和 MT-B,他们发现相对分子质量为 200 000 的 MT-A2 和 800 000 的 MT-B 两个组分具备了较强催化 m^6A 形成的酶活性,而只有 30 000 的 MT-A1 在 m^6A 甲基化形成的过程中作用相对较小。MT-A2 中相对分子质量为 70 000 的 METTL3 亚基(也称 MT-A70 亚基)蛋白预测的氨基酸序列中包含原核生物甲基转移酶的两个甲基化基序,分别是 SAM 结合位点和具有催化功能的 DPPW(Asp-Pro-Pro-Trp)功能结构域。

通过与 METTL3 进行同源性比对分析,发现 METTL14 同样含有催化 m^6A 形成的 SAM 结合位点和 DPPW 功能结构域,因此 METTL14 被认为是 m^6A 甲基转移酶复合体的另一组分。在催化 m^6A 形成的过程中,METTL3 和 METTL14 按 1∶1 的比例形成二聚体直接相互作用,从而增强两者的甲基化催化能力。此外,METTL14 和 METTL3 含有相同的 RNA 底物结合序列,且该序列包含已报道的经典的 m^6A 保守基序 RRACH[11, 12]。同时,METTL14 与 METTL3 在富含剪接因子的细胞核内亚细胞器——核小斑上的一致定位,暗示 m^6A 修饰可能与 RNA 可变剪接相关。

研究发现,WTAP 与 METTL3、METTL14 形成复合体,共同调控 RNA m^6A 的甲基化过程。WTAP 首先结合到目标 RNA 上,进而招募催化亚基 METTL3 和 METTL14 形成二聚体,行使催化功能。WTAP 缺失导致 m^6A 水平下降,并且引起结合到 METTL3 上的 RNA 减少,表明 WTAP 可能招募甲基转移酶的催化亚基 METTL3 和 METTL14 结合到 RNA 上。同 METTL3、METTL14 一样,WTAP 也定位在核内亚细胞器——核小斑上,可以与前两者形成复合体加速 m^6A 甲基化的形成,进而调控 m^6A 的动态变化[11, 12]。

近期研究还发现了 m^6A 甲基转移酶复合体的另一新亚基 KIAA1429,它与 mRNA

中 m^6A 的形成有关。在果蝇中，KIAA1429 的同源蛋白和 WTAP 的同源蛋白在选择性剪接过程中存在相互作用。在人 A549 细胞中，敲低 KIAA1429 导致 m^6A 修饰水平降低，且降低程度大于 METTL3 和 METTL14 敲低后的 m^6A 水平变化，表明 KIAA1429 在 RNA 甲基化过程中可能发挥着更加重要的作用[13]。近期研究还发现，RBM15 及 RBM15B 参与一些 mRNA 和非编码 RNA *XIST* 上的 m^6A 甲基化形成[14]。此外，作为 METTL3 同源蛋白的 METTL16，能够介导 U6 snRNA 的 m^6A 形成，并介导部分 mRNA 的甲基化，通过调节 SAM 合成酶的剪切调控细胞内 SAM 的水平[15]。而其他不含有典型 RRACH 保守基序的 m^6A 修饰暗示存在更多的甲基转移酶，有待进一步的研究。

11.2.1.2　m^6A 去甲基化酶——擦除器

到目前为止，人们已经在哺乳动物中鉴定了两个 m^6A 去甲基化酶 FTO 和 ALKBH5，催化 m^6A 修饰的去甲基化。

作为人源 ALKB 双加氧酶蛋白家族成员，FTO 最初被发现于一种融合脚趾突变小鼠体内，后被证实与人的肥胖和能量稳态有关。FTO 广泛存在于小鼠的多个组织中，在脑组织中的含量尤为突出。FTO 敲除小鼠比正常小鼠有更高的致死率，表现为生长缓慢，体重降低。近期研究表明 FTO 作用的底物是 RNA 上的 m^6A[16]。这一发现不仅为研究 FTO 的致病机制指明了方向，更重要的是首次发现了 RNA 的化学修饰是可逆的，开启了新的研究领域——RNA 表观遗传学（表观转录组学）。FTO 催化 m^6A 去甲基化的过程要经历复杂的中间反应步骤，首先催化 m^6A 形成 hm^6A，其次催化 hm^6A 形成 f^6A，最后催化 f^6A 形成 A，并且每一步反应都很迅速[17]。与 ALKB 家族的其他分子不同，FTO 蛋白的羧基端有一个折叠，该结构可能通过促进蛋白-蛋白或蛋白-RNA 的相互作用调节 FTO 的功能。此外，FTO 定位在核内亚细胞器——核小斑上，并通过调控 m^6A 的水平影响 mRNA 前体（pre-mRNA）加工剪接因子 SRSF2 的结合，从而影响 pre-mRNA 的剪接[18]。

ALKBH5 是继 FTO 之后第 2 个被发现的 m^6A 去甲基化酶，能够分别在体外和体内去除 m^6A 的甲基基团，也是人的大肠杆菌 ALKB 双加氧酶家族同源蛋白的另一成员。与 FTO 不同的是，ALKBH5 可直接催化 m^6A 为 A，目前尚未发现中间产物的存在。有研究显示，ALKBH5 倾向于结合特异的 m^6A 修饰的单链 RNA，从而催化 m^6A 去甲基化。ALKBH5 基因敲低能促进 mRNA 出核，暗示 m^6A 可能参与 mRNA 的出核转运。ALKBH5 还定位于细胞核内的亚细胞器——核小斑,并且对 RNA 酶 A 敏感,说明它的作用依赖于 RNA[19]。在高等植物拟南芥中,ALKBH5 的同源蛋白 ALKBH9B 和 ALKBH10B 也被报道具有 m6A 去甲基化活性[20, 21]。

由于组织特异性分布和 RNA 底物不同,FTO 和 ALKBH5 在 RNA 的加工代谢过程中起到了不同的作用,同时它们的基因敲除小鼠所对应的表型也不同。此外,除了 FTO 和 ALKBH5,很可能存在其他的细胞和组织特异性 m6A 去甲基化酶。

11.2.1.3　m6A 结合蛋白——阅读器

m6A 广泛存在于生物体内并发挥着重要的生物学功能,其修饰水平受到甲基转移酶和去甲基化酶活性的动态调控。m6A 修饰的 RNA 序列结构倾向于保持单链状态,可能与其结合蛋白的识别及协同作用相关。目前,哺乳动物中已经有 5 种 m6A 结合蛋白被预测和发现,主要是含有 YTH 结构域的蛋白家族,分别是 YTHDF1、YTHDF2、YTHDF3、YTHDC1 和 YTHDC2[2, 22-24]。此外,在哺乳动物细胞中发现与 m6A 关联的蛋白质还有 HNRNPA2B1 等[25]。

相对于 YTHDF1 和 YTHDF3,YTHDF2 对 m6A 有更强的结合能力。基于光活性增强的核糖核苷交联和免疫沉淀(PAR-CLIP)测序结果表明,YTHDF2 蛋白主要结合 mRNA 和一些 lncRNA,结合位点主要是在富含 GAC 序列的 3′-UTR 区,和 m6A 修饰区域有很大程度的重合。在正常条件下,细胞中 YTHDF2 可能与介导 mRNA 翻译的 rRNA 竞争性结合甲基化的转录本,进而影响 mRNA 的半衰期,加速 mRNA 的降解,影响 mRNA 的稳定性。YTHDF2 的羧基端可以特异性识别并结合 m6A,氨基端则负责将已结合的复合体引导并定位到介导 RNA 降解的细胞质亚细胞器——细胞质加工小体或称 P 小体[26]。而在热激条件下,YTHDF2 可阻止 FTO 将 mRNA 5′-UTR 区的 m6A 修饰去甲基化,因而这些 5′-UTR 区被 m6A 修饰的新合成的 mRNA 转录本可被选择性地通过一种不依赖帽子结构的机制翻译成蛋白质[27]。

YTHDF1 被报道可促进 m6A 修饰的 mRNA 分子的核糖体加载,并且通过与翻译起始因子相互作用促进靶 mRNA 的翻译[22]。

YTHDF3 被发现与 YTHDF1 和 YTHDF2 有相互作用,可增强 YTHDF1 和 YTHDF2 对底物 m6A-mRNA 的结合,从而促进含有 m6A 的 mRNA 的蛋白翻译效率和降解[28, 29]。

YTHDC1 定位在细胞核中的 YT 小体(YT-body),与定位在细胞质中的结合蛋白功能不同。PAR-CLIP 测序数据表明 YTHDC1 能结合 GGAC 序列,这与 m6A 修饰的保守基序 GGACU 相一致,并且其结合位点大部分位于终止密码子附近,这也与 m^6A 的富集位点一致。YTHDC1 在核小斑处形成特定结构,并与 mRNA 剪接因子相互作用调控 mRNA 的剪接[17]。近期研究还发现,YTHDC1 可与 SRSF3 和 RNA 出核因子 1(NXF1)相互作用,从而促进 m^6A 修饰的 mRNA 出核[30]。

YTHDC2 定位于细胞质中,可通过结合 m^6A 保守基序增强底物的翻译效率。YTHDC2 可与减数分裂特异蛋白 MEIOC 相互作用,影响底物 RNA 的稳定性[31],同时,YTHDC2 还可以招募 $5' \rightarrow 3'$ 核酸外切酶 XRN1,但其生物功能尚不明确[32]。更多 YTHDC2 的功能有待深入探索。

此外,HNRNP 家族成员 HNRNPA2B1 在体内和体外均能结合 m^6A 修饰的 RNA 底物,并调控 mRNA 的选择性剪接和前体 miRNA 的加工[25]。其他可能存在的 m^6A 结合蛋白也在探索发现中。

11.2.2 m^5C 的甲基化修饰酶及调控蛋白

11.2.2.1 m^5C 甲基转移酶——书写器

和 m^6A 一样,RNA m^5C 修饰也可能是动态可逆的,甲基转移酶以 SAM 为供体,将甲基转移到胞嘧啶 C 上形成 5-甲基胞嘧啶 m^5C。RsmB 是第一个被发现的 m^5C 甲基转移酶,主要催化细菌 rRNA 上的甲基化形成。随后,30 多种 RNA 上的 m^5C 甲基转移酶陆续被发现,这些甲基转移酶主要可分为 NOP2/NOL1、YebU/Trm4、RsmB/Yn1022c 和 PH1991/NSUN 4 类,这些酶在真核生物中有很高的保守性,近年来 NSUN 蛋白家族被广泛关注。人的 NSUN 蛋白家族共有 9 个蛋白质,该家族的多个成员都具有潜在的 m^5C 甲基转移酶功能结构域,其中 NSUN2 的催化活性已被证实。

NSUN2 和 DNMT2 被认为可能是哺乳动物的 RNA m^5C 甲基转移酶,它们的催化位点有一定的交集[5, 33, 34]。NSUN2 能够催化 tRNA 的甲基化,而且在 mRNA 和非编码 RNA 中也有一定作用。NSUN2 最初在哺乳动物上皮细胞中被发现,作为原癌基因 *c-Myc* 的转录靶点,并且 NSUN2 在多种癌组织中呈上调趋势,*NSUN2* 基因敲低的人鳞状细胞癌细胞生长受到抑制。NSUN2 作为被 AuraroB 激酶调控的核仁蛋白,在肿瘤细胞中通过稳定分裂期纺锤体促进细胞分裂,然而这一功能似乎与其甲基转移酶功能无关,且有待被体内实验验证。小鼠的 NSUN2 与表皮干细胞的自我更新和分化有密切的联系。

此外，*Nsun2* 敲除小鼠呈现与 *dnmt2* 敲除斑马鱼类似的表型，*Nsun2* 敲除小鼠体积偏小，并且包括皮肤和睾丸等的特异性组织后期发育受到阻碍或延迟。因此，NSUN2 可以维持鼠表皮细胞的正常分化。在人体内，NSUN2 的几个遗传突变已被鉴定能够导致常染色体隐性遗传的智力障碍以及 Dubowitz 样综合征，其共同特征为生长和心智发育阻滞，面部异常及皮肤畸形。RNA 甲基化缺失是否是这些复杂疾病的诱因及其如何致病尚不清楚。然而，与人的 Dubowitz 综合征相似的是，果蝇中 *NSUN2* 同源基因敲除导致严重的短期记忆异常，而 *DNMT2* 和 *NSUN2* 双敲除使得所有 tRNA 的甲基化丢失，特异性影响脑、肝脏和脂肪组织的发育。

NSUN1（NOP2）是核仁蛋白，能够结合 60S～80S 的核糖体前体颗粒，目前已知其主要功能在于调控细胞分裂。NSUN1 能否甲基化 rRNA 还有待证实。此外，NSUN1 基因定位于具有智能缺陷和小头畸形等特征的 Cri-du-chat 综合征患者缺失的基因组区域。

NSUN3 定位于线粒体，特异性识别线粒体 tRNA^{Met} 的反密码子环，催化 C34 位的甲基化。

NSUN4 定位于线粒体，且主要作用于线粒体中由线粒体 DNA 编码的 12S rRNA 的 C911 位点。NSUN4 与线粒体转录终止因子 MTERF4 相互作用，从而影响线粒体核糖体组装。与 *NSUN2* 基因敲除不同的是，生殖细胞中 *NSUN4* 基因敲除可致死，出生后 8.5 天的胚胎表现出严重的生长迟滞并缺乏明显的可辨别解剖学结构。条件性敲除心脏中的 *NSUN4* 基因可诱发心肌病及因线粒体核糖体组装受损和线粒体翻译受抑制后导致的呼吸链缺陷。

虽然酵母的 *NSUN5* 同源基因 *Rcm1* 已被报道能特异性修饰 25S rRNA，然而截至目前，NSUN5 的生物学功能和 RNA 底物尚不清楚。在人体内，*NSUN5* 基因定位于 Williams-Beuren 综合征患者缺失的基因组区域，Williams-Beuren 综合征是一种罕见的神经发育紊乱疾病，缺乏 NSUN5 可能与该疾病的生长迟缓、肌肉病变等表型相关。

近期研究发现，NSUN6 定位于细胞质，能与高尔基体和中心粒周围基质的标记蛋白共定位。另外，tRNA^{Cys} 和 tRNA^{Thr} 是 NSUN6 的作用底物，NSUN6 能催化这些 tRNA 的 3′端 C72 位发生甲基化。

NSUN7 可能作用于一些增强子 RNA（enhancerRNA，eRNA）的 m^{5}C 修饰，包括 Pfk1、Sirt5、Idh3b 和 Hmox 等。*NSUN7* 基因突变可导致精子的运动能力受损，可能

与人和小鼠的不育症相关。

目前,对于 RNA m⁵C 甲基转移酶生物学功能的证据非常有限,更加精细的功能和作用机制还有待进一步的研究和探索。

11.2.2.2　m⁵C 去甲基化酶——擦除器

TET 家族蛋白可以催化 DNA 5mC 去甲基化过程,但在 RNA 中还未发现能够去除 m⁵C 甲基化的酶,此前有报道称 RNA m⁵C 的去甲基化过程也可能是由 TET 催化完成,但仍需要实验进一步验证[35]。此外,在 tRNA 上,ALKBH1 可将线粒体 tRNA^Met 摇摆位的 m⁵C34 转化为 f⁵C,并影响了线粒体的密码子扩展[36]。

11.2.2.3　m⁵C 结合蛋白——阅读器

和 m⁶A 一样,m⁵C 的功能发挥也需要结合蛋白的参与。中国科学院北京基因组研究所杨运桂课题组鉴定了目前唯一已知的 m⁵C 结合蛋白 ALYREF,并揭示它可以通过结合 mRNA 上的 m⁵C 促进 mRNA 的出核[37]。

11.2.3　m¹A 的甲基化修饰酶及调控蛋白

m¹A 修饰广泛存在于各种非编码 RNA 中。研究表明,mRNA 也存在 m¹A 修饰并具有特定的分布特异性(在 5′-UTR 区富集),并且可对外界刺激做出动态响应[7]。以往的研究已经鉴定出大肠杆菌的 AlkB 同源蛋白 ALKBH3 能够催化 m¹A 的去甲基化,是 RNA 中 m¹A 的去甲基化酶。关于 m¹A 高通量测序技术的研究利用 ALKBH3 发现了转录组中 ALKBH3 的近千个作用位点[8]。最新的研究表明,TRMT6/61A 这一 tRNA 的 m¹A 甲基转移酶复合物也能够催化一部分 mRNA 上的 m¹A 修饰,并且识别一个较为保守的"GUUCRA"基序;但是负责催化该修饰大部分位点的甲基转移酶尚不清楚。此外,TRMT61B 以及 TRMT10C 能够催化线粒体编码转录本中的 m¹A[9]。

11.2.4　假尿嘧啶的甲基化修饰酶及调控蛋白

假尿嘧啶是科学家们发现的第一批转录后修饰,也是最丰富的转录后修饰之一。它广泛存在于细胞 RNA 中,并且在物种间高度保守。假尿嘧啶是在假尿嘧啶合酶(pseudouridine synthase,PUS)的催化下,尿嘧啶(U)发生序列特异性的异构化而形成。在酵母中存在 8 个假尿嘧啶合酶,能够直接催化 tRNA、U2 snRNA 和线粒体 rRNA 上特定位点的假尿嘧啶形成。然而,rRNA 的所有位点和 U2 snRNA 的一个位点是由关键的 PUS Cbf5 催化的，通过 H/ACA snoRNA 引导到其靶位点。在人体内，有 13 个蛋白质携带假尿嘧啶合酶的结构域，然而关于它们的功能和特异性尚无报道。近期一项研究通过遗传干扰 *PUS* 基因，进一步揭示出酵母中 PUS1、PUS2、PUS4 和 PUS7 参与了 mRNA 的假尿嘧啶化（pseudouridylation）[38]，而在人的细胞中 PUS1、PUS7 及 TRUB1 参与了 mRNA 假尿嘧啶化[39, 40]。

11.2.5　m^6A_m 的甲基化修饰酶及调控蛋白

研究发现 m^6A_m（N^6, $2'$-O-二甲基腺嘌呤）修饰只存在于 mRNA $5'$-UTR 的第 1 个碱基[即 $m^7G(5')ppp(5')m^6A_m$]，而 m^6A 则不会[41]。相比于 m^6A，m^6A_m 在 mRNA 中的含量很低，在 H1-ESC 和 GM12878 细胞的 mRNA 上，每 10^5 个碱基中约含有 3 个 m^6A_m，m^6A 的含量是它的 33 倍[41]。mRNA $5'$-UTR 第 1 个碱基上的修饰发生在加 "m^7G" 帽子之后，m^6A_m 的形成由 2 步组成：先由 $2'$-O-甲基酶将 A 甲基化形成 A_m，再由 $2'$-O-甲基腺嘌呤-N^6-甲基转移酶将 A_m 甲基化形成 m^6A_m。近期发现 m^6A_m 可以被 FTO 去甲基化，通过高通量测序预测，m^6A_m 可能促进 mRNA 的稳定[42]。

11.3　RNA 化学修饰的检测技术

目前在 RNA 上已经发现超过 100 种化学修饰。这些修饰的核糖核苷酸与 4 种常见核糖核苷酸相比一般只有较小的结构改变，因此要将修饰的核糖核苷酸与未修饰的 4 种常见核糖核苷酸区分开并不容易。为了检测这些 RNA 修饰，人们开发了多种不同的方法，极大地促进了"表观转录组学"领域的发展。*Nature Methods* 杂志更是将"表观转录组学分析"评为 2016 年的年度技术。下面将 RNA 化学修饰的检测技术分为定量检测技术、定点检测技术和高通量检测技术 3 种类型分别进行介绍。

11.3.1　RNA 修饰的定量检测技术

在对 RNA 化学修饰的定量研究中，一般都是首先利用酶处理将 RNA 消化成单个核糖核苷酸或者核糖核苷进行检测[43]。RNA 修饰的定量检测技术主要包括二维纤维素薄层层析（two-dimensional cellulose thin-layer chromatography，2D-TLC）、高效液相色谱法（high performance liquid chromatography，HPLC）和液相色谱-质谱联用

(liquid chromatography-mass spectrometry，LC-MS)3 种方法，下面将对这 3 种定量方法进行详细说明。

11.3.1.1　二维纤维素薄层层析技术

二维纤维素薄层层析技术作为一种简单、便于操作的研究手段，已经被广泛应用于多种 RNA 修饰的研究中。二维纤维素薄层层析技术对 RNA 修饰进行定量检测主要基于不同碱基极性不同的特点，并结合了 ^{32}P 标记的高灵敏性从而实现对于不同核苷酸修饰的分离及定量[44]。首先使用 RNA 酶 A、T1 或 T2 将 RNA 链消化成寡聚核苷酸，然后使用 T4 多聚核苷酸激酶将 ^{32}P 标记到 5′端，最后使用核酸酶 P1 将寡聚核苷酸消化得到 5′-^{32}P-NMP。不同的单磷酸核苷酸可以使用二维纤维素薄层层析技术进行分离。在实验中首先利用异丁酸-氨水-水的混合物作为展开剂，根据所带电荷不同进行第一维的分离，之后利用异丙醇-盐酸-水混合物或者磷酸钠-硫酸铵-异丙醇混合物根据碱基组成的差异进行第二维分离。由于不同的单磷酸核苷酸极性有所差异，因此通过二维分离之后它们在层析板上处于不同的位置，最后可以通过检测相应位置是否有 ^{32}P 信号确定样品中是否含有所研究的修饰。此外，还可以检测该修饰的信号强度并与常见碱基(A、G、C、U)进行比较来确定该修饰的相对含量。虽然二维纤维素薄层层析技术具有便于操作和灵敏度高的优点，但是由于其依赖于 RNA 酶的切割，不同的 RNA 酶存在碱基偏好性，并且 ^{32}P 对于不同的修饰标记效率会有所差异，二维纤维素薄层层析技术仍然存在碱基偏好性的缺点。

11.3.1.2　高效液相色谱法

高效液相色谱法是一种可以快速检测和定量 RNA 修饰的研究手段，主要基于不同核苷极性有所差异的特点实现对于不同修饰核苷的分离。首先，利用核酸酶 P1 及碱性磷酸酶(alkaline phosphatase，AP)将 RNA 处理成为单个的核苷，然后使用 C18 反向色谱柱，在不同的水/甲醇或乙腈梯度下对不同的核苷进行分离，同时利用紫外分光光度计对核苷的吸光度进行检测[45]。不同的核苷具有不同的保留时间，因此可以利用高效液相色谱法分析 RNA 链中是否含有所研究的 RNA 修饰。同时利用紫外分光光度计检测到的吸光度可以对所研究的修饰进行初步的定量分析，但是由于不同核苷的吸光系数有所差异，因此紫外分光光度计检测到的吸光度并不能直接代表核苷的含量。与二维纤维素薄层层析技术相比，高效液相色谱法可以大大节省单次反应的时间，但是由于紫外分光光度计的灵敏度有限，高效液相色谱法只能应用于高丰度 RNA 修饰的研究中。此外,高效液相色谱法只根据保留时间对核苷进行分离及鉴定,因此对于一些保留时间相近的核苷,该方法并不适用。

11.3.1.3 液相色谱-质谱联用

液相色谱-质谱联用是一种基于高效液相色谱法的研究手段。与高效液相色谱法利用紫外分光光度计对核苷进行检测不同,液相色谱-质谱联用使用质谱对核苷进行检测,从而大大提高了检测的灵敏度。在使用质谱对核苷进行检测的过程中,首先对核苷进行电离并产生离子碎片,不同的核苷具有不同的荷质比,会产生不同的离子碎片,不同的离子碎片具有不同的荷质比,其次利用保留时间与离子碎片荷质比的差异对核苷进行分离与鉴定,最后通过对离子碎片强度的检测实现对核苷的定量[46]。利用液相色谱-质谱联用的手段,不仅可以对高丰度 tRNA 上在不同刺激条件下的动态变化的多种 RNA 修饰进行定量检测,而且实现了对低丰度 mRNA 上多种修饰的定量检测[47]。例如,真核生物细胞 mRNA 中 m^6A(m^6A 占腺嘌呤核苷总量的 0.1%～0.5%)和假尿嘧啶 Ψ(Ψ 占尿嘧啶核苷总量的 0.2%～0.4%)的含量均已通过该技术进行确定,并且这样确定的 m^6A 含量与通过二维纤维素薄层层析技术确定的 m^6A 含量基本一致,这些结果说明液相色谱-质谱联用的检测手段同时具备了灵敏性与快速性的特点[16, 39]。

11.3.2 RNA 修饰的定点检测技术

在 RNA 修饰的研究中,确定在某一特定位点上是否存在某种 RNA 修饰以及这种修饰的比例是十分重要的,这可以帮助人们测定修饰的分布、含量等,从而推进对其生物学功能的研究。目前,科学家们开发出了多种不同的定点检测技术,如引物延伸(primer extension)技术、基于 RNA 酶 H 切割特性的位点特异性切割标记、连接辅助提取-薄层层析检测联用技术(site-specific cleavage and radioactive-labeling followed by ligation-assisted extraction and thin-layer chromatography,SCARLET)和基于连接酶效率的技术。下面将对这 3 种方法的基本原理分别进行介绍。

11.3.2.1 引物延伸技术

引物延伸是对 RNA 上的修饰进行定位应用最为普遍的方法。用带有 ^{32}P 标记的反转录引物与底物 RNA 进行杂交,然后用反转录酶延伸该引物,再用聚丙烯酰胺凝胶电泳分离得到 cDNA 片段,利用放射性显影,通过与一定长度的参考序列进行对比即可确定得到的 cDNA 长度。正常情况下反转录会一直延伸到 RNA 的 5′端,但如果由于

RNA 修饰导致反转录停在内部某一位点,那么电泳时即可看到截短了的 cDNA 片段信号,从而确定修饰的位置。为了达到终止反转录这一目的,对于不同的修饰,可以有多种手段。比如,m^1A 自身就会影响碱基配对,导致反转录停止;假尿嘧啶可以先与 1-环己基-2-(吗啉乙基)碳二亚胺[cyclohexyl-N′-(2-morpholinoethyl)-carbodiimide,CMC]反应,反应产物会终止反转录;2′-氧甲基(2′-O-methylation,2′-OMe)在低 dNTP 浓度的条件下也会导致反转录的终止。

11.3.2.2　SCARLET 技术

SCARLET 技术是一种低通量的核酸标记和 RNA 修饰检测方法,可用于检测特定RNA 上的特定位点处是否存在修饰及其修饰比例,该方法已被成功应用于 m^6A、假尿嘧啶等多种修饰在 RNA 上的位点检测[39, 48]。

SCARLET 利用 RNA 酶 H 可以切割 DNA/RNA 杂交链中的 RNA 链,而且切割底物 RNA 上的 2′ 位必须是羟基才能正常进行切割的特性。首先设计与目的 RNA 互补配对的 2′ 位是 2′-OMe 和 2′-H 混合的 2′-OMe RNA-DNA-2′-OMe RNA 杂合寡核苷酸探针,其次在与底物 RNA 配对后用 RNA 酶 H 切割,从而暴露目标核苷的 5′端,再次经过去磷酸和 ^{32}P 标记、核酸酶 P1 消化等过程即可通过薄层层析进行分离,最后通过与标准品进行对比即可确定特定位点处是否存在修饰以及修饰的比例。

11.3.2.3　基于连接酶效率的技术

在该技术中,研究人员利用 T4 DNA 连接酶对于修饰和未修饰的 RNA 作为配对模板时连接 DNA 寡核苷酸链(DNA oligo)效率的不同进行检测[49]。研究人员首先筛选出了两对 oligo,其中一对对于使用修饰的 RNA 和未修饰的 RNA 作为模板时的连接效率有较大差异,称为 D-oligo;而另一对对于两种 RNA 的连接效率则基本一致,称为N-oligo。分别以目标 RNA 序列为配对模板,测定 D-oligo 和 N-oligo 两对 oligo 的连接效率,其中 D-oligo 可以用来确定修饰或未修饰的其中一种 RNA 的量,而 N-oligo 则可以用来确定两种 RNA 的总量,从而可以确定修饰的比例。

11.3.3　RNA 修饰的高通量测序技术

虽然上文中介绍的定点检测技术在 RNA 修饰的研究过程中发挥了重要的作用,极大地推动了整个领域的发展,然而这些方法也有其局限性。首先,这些定点检测技术有时既烦琐又昂贵,而且每次检测只能针对单个位点;其次,这些方法虽然已普遍用于已知位点的验证，但是对 RNA 链上位点未知的化学修饰，则需要设计大量的探针进行逐个检测和排查，耗时耗力。为了解决这些问题，人们将目光投向了近些年发展起来的高通量测序技术。

高通量测序技术，又称下一代测序技术，利用边合成边测序的方法，可以一次并行对几十万到几百万条 DNA 分子进行序列测定。目前主要的测序平台包括美国 Illumina 公司的 HiSeq 2500、HiSeq X10 测序平台和美国 Life Technology 公司的 Ion Torrent™平台等。

通过利用特异性抗体富集、化学小分子反应标记等手段结合高通量测序技术，人们针对不同的 RNA 修饰开发了多种高通量检测技术。以下将分别进行介绍。

11.3.3.1 基于抗体的 RNA 修饰检测技术

将免疫沉淀技术（immunoprecipation，IP）和高通量测序技术结合起来研究 RNA/DNA 和蛋白质相互作用的技术称为免疫沉淀测序技术（immunoprecipation sequencing，IP-Seq），其中 ChIP-Seq、RIP-Seq、CLIP、PAR-CLIP 等技术的发展已十分完善和成熟并被广泛使用。对于有 IP 级别抗体的 RNA 修饰，可以类似地开发其 IP-Seq 方法。目前分别有针对 m^6A 的 MeRIP-Seq、m^6A-Seq、PA-m^6A-Seq 和 miCLIP 等技术与针对 m^1A 的 m^1A-Seq 和 m^1A-ID-Seq 技术。

1）MeRIP-Seq 和 m^6A-Seq

MeRIP-Seq 和 m^6A-Seq 技术是最早开发和应用最广的 m^6A 测序技术[2, 3, 50]。这两种方法的实验原理和操作基本一致，下面将以 MeRIP-Seq 为例进行介绍。

在 MeRIP-Seq 技术中，先从总 RNA 中通过 oligo（dT）筛选得到有 poly（A）尾的 mRNA，然后利用二价阳离子在高温下将 mRNA 随机片段化为 100～200 nt 的小片段；同时，将适量 m^6A 抗体与交联了羊抗兔免疫球蛋白（immunoglobulin G，IgG）的磁珠进行孵育。在用 IP 缓冲液洗掉多余的抗体之后，将片段化的 RNA 与磁珠混匀孵育过夜，洗数次后在洗脱缓冲液中用蛋白酶 K 将抗体消化掉，用酚-氯仿抽提纯化免疫共沉淀的 RNA 片段，然后连接两端的测序接头，进行 PCR 反应扩增得到最终的测序文库。最后，对文库进行高通量测序并进行生物信息学分析。

由于在进行 IP 之后，只有含有 m^6A 的片段能被分离出来，在生物信息分析中，通过与使用 IgG 做 IP 的对照样本进行对比发现，m^6A 区域有明显的富集峰。峰的宽度和片段的长度有关，通常在 100～200 nt。由于 m^6A 在碱基配对中与腺嘌呤一样也是和胸腺嘧啶配对,只能通过之前已知的 m^6A 的特异周围序列 RRACH(R 为嘌呤,H 为 A、C 或 U)对 m^6A 修饰进行推测,通常在 1 个峰中会存在 1~3 个可能的 m^6A 位点。

MeRIP-Seq 和 m^6A-Seq 被广泛应用于多种生物的研究中,大大推进了人们对于 m^6A 分布和功能的理解。

2) PA-m^6A-Seq 技术

虽然利用 MeRIP-Seq 和 m^6A-Seq 技术成功地测绘了 m^6A 的全转录组修饰谱图,但这两种方法只能够达到 100~200 nt 的分辨率,需要依赖 m^6A 的特异周围序列推测具体的位点,给研究带来了不便。为了解决这些问题,何川教授课题组创新性地通过结合 PAR-CLIP 技术和传统的 m^6A-Seq 技术,开发出了高分辨率的 m^6A 测序技术——紫外交联辅助的 m^6A 测序技术(photo-crosslinking-assisted m^6A-sequencing, PA-m^6A-Seq)[51]。

在 PAR-CLIP 技术中,通过用具有光活性的核糖核苷类似物如 4-硫尿苷(4-thiouridine,4sU)或者 6-硫鸟嘌呤(6-thioguanosine,6sG)处理细胞,新生成的 mRNA 上会掺入这些类似物。在用 365 nm 的紫外光短时间照射细胞后,这些具有光活性的类似物会被诱导与 RNA 结合蛋白(RNA binding protein,RBP)上位置接近的核苷酸发生交联,这种交联会产生 T→C 的碱基突变,从而可以精确地知道 RNA 与蛋白质的作用位点。

受 PAR-CLIP 技术的启发,在 PA-m^6A-Seq 技术中,研究人员首先用 4sU 处理 HeLa 细胞适当的时间,然后用 oligo(dT)的磁珠纯化得到含有 4sU 的 mRNA。与 MeRIP-Seq 或 m^6A-Seq 不同,这种方法直接对全长的 mRNA 用 m^6A 抗体进行免疫沉淀。在抗体和 RNA 孵育之后,用 365 nm 的紫外光照射 IP 体系诱导交联,然后用 RNA 酶 T1 将 RNA 消化到约 30 nt。之后,用蛋白酶 K 进行处理,消化掉 m^6A 抗体,只剩下和 RNA 共价交联位点处的肽段。用酚-氯仿抽提纯化处理后的 RNA 片段,连接两端测序接头,最后通过 PCR 扩增得到最终测序文库。

根据 4sU 交联后会产生突变的特性,在生物信息分析时,人们可以根据富集峰中是否存在 T→C 的突变去除假阳性。此外,交联后 RNA 酶 T1 的高效切割使得 PA-m^6A-Seq 可以达到约 23 nt 的分辨精度,基本实现了 m^6A 位点的精确定位,相较于 MeRIP-Seq 和 m^6A-Seq 可以更加精确地找到更多的 m^6A 位点。此外,得益于这种高精度,通过与之前的 YTHDF2 的 PAR-CLIP 实验结果进行比较可以发现,m^6A 位点和

YTHDF2 的结合位点之间的距离在 30～50 nt 以内，确认 YTHDF2 可以直接识别和结合 m^6A[23]。

3）miCLIP 技术和 m^6A-CLIP 技术

虽然 PA-m^6A-Seq 技术大大提高了测序精度，但由于其仍需要通过 m^6A 的特殊周边碱基序列推测确定 m^6A 的位点，并不能达到单碱基分辨率的要求。为了实现单碱基分辨率的目标，研究人员利用已有的高特异性的 m^6A 抗体，开发出了单碱基分辨率的 m^6A 测序方法——甲基化的单核苷酸分辨率的紫外交联和免疫沉淀方法（methylation individual-nucleotide-resolution ultraviolet crosslinking and immunoprecipitation, miCLIP）和 m^6A-CLIP[41, 52]。这两种方法可以准确地测定 m^6A 的具体位置，为此后的研究提供了强大的工具。

基于在 iCLIP 技术中，紫外交联后共价结合在碱基上的氨基酸残基可以导致反转录终止的特点，研究人员猜测 m^6A 抗体在紫外交联后也可以产生类似的效应，从而可以作为特异识别标记用来确定 m^6A 的位点。基于此猜测，在 miCLIP 技术开发过程中，研究人员首先在体外转录了含有单个 m^6A 修饰位点的模式 RNA 序列，然后用几种不同的商业化 m^6A 抗体进行 IP 实验。使用 254 nm 的紫外光照射进行交联，然后用蛋白酶 K 消化 RNA-抗体复合体，只留下共价交联于 RNA 的氨基酸残基。之后纯化 RNA 片段，进行反转录和测序，统计每种不同的抗体造成碱基错配或终止反转录的情况。通过实验，研究人员发现 SySy 公司的多克隆抗体会在 m^6A 的 $3'$ 端后一位引入特异性的高频率反转录终止信号，而 Abcam 公司的抗体则会在该位置引入 C→T 的碱基错配。类似地，在 m^6A-CLIP 技术中，研究人员也选择了 SySy 公司的抗体进行测序。

在筛选到合适的抗体之后，研究人员利用这两种抗体，通过利用在模式 RNA 序列上采用的类似的操作手段，对真实 mRNA 样品进行处理和测序文库构建。生物信息学的分析显示，这种方法可以准确地得到 m^6A 的位置信息，而且具有很高的信噪比和敏感性。更为重要的是，对于其他有高特异性抗体的修饰，也可以参考 miCLIP 建立类似的单碱基分辨率测序方法。

4）m^1A 测序技术

m^1A 很早就被发现存在于 tRNA 的 9 位和 58 位以及 rRNA 上，但直到最近人们才证实其存在于 mRNA 上。利用最近商业化的 m^1A 特异性抗体，研究人员开发了低分辨率的 m^1A-Seq 和 m^1A-ID-Seq 技术，以及单碱基分辨率的 m^1A-Seq 和 m^1A-MAP 技术$^{[9,10]}$。m^{1}A-Seq 和 m^{1}A-ID-Seq 的基本思路与 MeRIP-Seq 一样,都是利用抗体对含有 m^{1}A 的片段进行富集,然后建库测序$^{[7,8]}$。与 m^{6}A 不影响碱基配对或者反转录过程不同,m^{1}A 在配对过程中会产生 A→T 的碱基错配,同时有一定的可能性使反转录酶停在其 3′端后一位碱基处,这导致在直接 IP 测序组得到的峰中会出现"落峰"现象,即一个峰的中间部分相对于两边反而较低。此外,在 m^{1}A-Seq 中,研究人员利用碱性条件下 m^{1}A 会发生 Dimroth 重排反应转变为不影响碱基配对的 m^{6}A 的性质,进一步寻找到了若干个具体的 m^{1}A 修饰位点。而在 m^{1}A-ID-Seq 中,研究人员利用了一个去甲基化酶,使得 m^{1}A 去甲基化转变为正常的 A,从而提高检测的可信度和分辨率。两种选择的基本思想相同,都是通过将 m^{1}A 进行转变降低或消除其对碱基配对和反转录的影响,从而在生物信息分析的过程中可以与 IP 测序组进行对比,减少假阳性信号,提高测序的可靠性。上述两种测序方法都没有做到单碱基分辨率,目前的检测精度在 50～200 nt 左右。

2017 年,研究人员又开发了单碱基分辨率的 m^{1}A-Seq 和 m^{1}A-MAP 技术$^{[9,10]}$。两种技术对反转录条件进行了调整,使用了 TGIRT 反转录酶,使 cDNA 更多地在 m^{1}A 处产生碱基错配。通过分析高通量测序数据中的碱基错配,即可找到 m^{1}A 修饰位点。m^{1}A-Seq 利用 Dimroth 重排这一化学反应实现 m^{1}A 的去甲基化,而 m^{1}A-MAP 用去甲基化酶 AlkB 介导的酶促反应实现 m^{1}A 的去甲基化。酶促反应的去甲基化效率更高,同时反应条件更加温和,减少了 RNA 的降解。此外,两者在 IP 后回收 RNA 的方法也不相同,m^{1}A-Seq 方法洗脱回收所有的 RNA,m^{1}A-MAP 方法用 m^{1}A 单核苷竞争洗脱 RNA,因此后者回收得到的 RNA 的信噪比更高。同时,m^{1}A-MAP 方法在测序接头中引入了 10 个随机序列,用该随机序列去除 PCR 扩增造成的重复;m^{1}A-Seq 方法直接根据比对结果去除 PCR 重复。两者相比,m^{1}A-MAP 去重方法的特异性和准确度更高。上述重要技术环节的不同,也使得 m^{1}A-MAP 更为灵敏,并且鉴定到了更多的 m^{1}A 甲基化位点。

11.3.3.2　利用化学手段的 RNA 修饰测序方法

对于很多种修饰,目前并没有比较好的特异性抗体,这时就需要利用化学手段进行区分和测序,以下将分别对几种不同的修饰进行介绍。

1）5-甲基胞嘧啶的测序方法

5-甲基胞嘧啶是 DNA 上含量最多的化学修饰,可以占到全部胞嘧啶的 2%～7%,对于基因表达等发挥重要的调节作用。相较于在 DNA 上的研究,对于 m^{5}C 在 mRNA 上的分布和功能研究比较少,近些年来对 RNA 上 m^{5}C 测序方法的开发有效地促进了该领域的发展。目前，主要的测序手段有亚硫酸氢盐测序、m⁵C-RIP、AzaIP、miCLIP 等，其中 m⁵C-RIP 的基本原理和操作都与 MeRIP-Seq 类似，只是用的是 m⁵C 的特异性抗体，下面将主要介绍亚硫酸氢盐测序和 Aza-IP 两种方法。

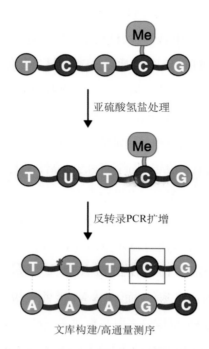

图 11-2　RNA m⁵C 亚硫酸氢盐测序示意图

（1）亚硫酸氢盐测序。亚硫酸氢盐测序（bisulfite sequencing，BS-Seq）是在 DNA 上进行甲基化测序的"金标准"，是应用最为广泛的测序方法。该方法主要是基于 5-甲基胞嘧啶和胞嘧啶化学反应活性的不同。当用亚硫酸氢盐处理时，正常的胞嘧啶会发生脱氨基反应转变为尿嘧啶，而 m⁵C 则不会发生反应。在处理后，当进行 PCR 扩增时，只有 m⁵C 仍会和鸟嘌呤配对，转变后的胞嘧啶会和腺嘌呤配对，这样便可检测到 m⁵C 的位置。类似于在 DNA 上测序的方法，研究人员开发出了针对 RNA 的 BS-Seq 技术，同样是先用亚硫酸氢盐处理打断后的 mRNA，然后按 RNA-Seq 的流程进行文库构建（见图 11-2）[5, 53]。这样在测序后，进行生物信息分析时测到的胞嘧啶便是 m⁵C 修饰的位置。

虽然 RNA 的亚硫酸氢盐测序可以快速方便地对 m⁵C 位点进行检测，但仍存在许多问题。首先，处于 RNA 双链区的胞嘧啶在亚硫酸氢盐处理时很难发生脱氨反应，而且一些 m⁵C 之外的其他修饰也会抑制 C→U 的转变。其次，因为未转变的胞嘧啶会引入假阳性干扰，因此通常需要在酸性环境对 RNA 进行长时间的反应，这一过程将导致 RNA 的严重降解，干扰后续的反转录和 PCR 扩增。此外，由于该过程中没有对含 m⁵C 的 RNA 片段进行富集，因此对于一些丰度较低的 RNA 上的修饰通常需要很深的测序深度。

（2）Aza-IP。RNA 上的 m⁵C 修饰由其特异性的甲基转移酶催化生成，在催化的过程中，甲基转移酶活性位点处的半胱氨酸会和底物胞嘧啶的 6 号位 C 原子形成暂时的共价结合，随后该中间体便会分开释放出 m⁵C 和游离的酶。5-氮杂胞苷（5-azacytidine，5azaC）是一种胞嘧啶类似物，其与胞嘧啶的唯一不同是 5 号位由 N 原子替代了 C 原子，这会抑制甲基转移酶对底物的释放，保持两者间的共价结合。

Aza-IP 利用了上述 5azaC 的特殊性质。研究人员首先用 5azaC 处理细胞,使得新生成的 RNA 上带有 5azaC。之后,用两种 RNA 上的 m⁵C 甲基转移酶 NSUN2 和 DNMT2 的抗体进行免疫沉淀富集,然后按照 RNA-Seq 的建库流程进行建库(见图 11-3)。在实验过程中,研究人员发现 NSUN2 和 DNMT2 的结合会在催化位点导致特异性的C→G的碱基错配,从而实现了修饰位点的单碱基分辨率检测[34]。

虽然 Aza-IP 方法成功地实现了富集,而且可以区分不同酶的修饰位点,但这种 C→G 的错配产生的机制目前仍不清楚。此外,有研究表明 5azaC 在 RNA 上的引入会影响 RNA 的稳定性,而且会引入到 DNA 上,这些都可能导致测序的偏差。

(3)m⁵C-miCLIP。甲基化的单核苷酸分辨率的紫外交联和免疫沉淀偶联的 m⁵C 测序(m⁵C-miCLIP)

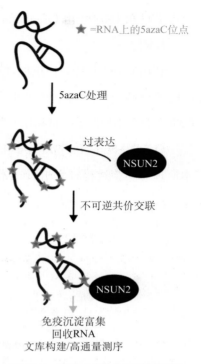

图 11-3　RNA m⁵C Aza-IP 测序示意图

技术同样是使 m⁵C 与 NSUN2 蛋白共价交联,与 Aza-IP 利用 m⁵C 类似的思路,研究人员通过对 NSUN2 蛋白进行改造达到相同的目的,开发了 miCLIP 技术[33]。在 NSUN2 释放甲基化 RNA 的过程中,催化活性中心的一个高度保守的半胱氨酸起到了重要作用。通过将该半胱氨酸突变为丙氨酸,使得 RNA 无法被释放,形成稳定的 RNA-蛋白共价交联复合体。之后采用与 Aza-IP 类似的文库构建操作,即可得到由 NSUN2 催化的 m⁵C 的单碱基分辨率位点信息。

2)假尿嘧啶的测序方法

假尿嘧啶是目前已知的在总 RNA 中含量最多的化学修饰。假尿嘧啶的化学性质和尿嘧啶接近,都与腺嘌呤配对;而且目前没有 IP 级别的抗体,因此只能利用化学手段进行区分和测序。化合物 CMC 可以和尿嘧啶、假尿嘧啶以及鸟嘌呤发生反应,但在经过碱性条件(pH=10.4)处理之后,只有假尿嘧啶的 3 号氮原子(N^3)和 CMC 的反应产物会得到保留。由于 N^3 位在沃森-克里克碱基配对面,因此 CMC 的加成会阻止碱基配对,导致在反转录过程中反转录酶停在假尿嘧啶的 3′端,产生截短的 cDNA 片段。这一反应最早在 1993 年由 Ofengand 等用于引物延伸实验中,实现了 rRNA 上假尿嘧啶位点的检测。

利用 CMC 的特异性反应,结合高通量测序手段,近年来研究人员开发出多种假尿嘧啶单碱基分辨率的全转录组高通量测序方法。下面将分两类进行介绍:直接利用 CMC 进行测序的方法和利用 CMC 衍生物进行测序的方法。

(1) Psi-Seq、Pseudo-Seq 和 Ψ-Seq。Psi-Seq、Pseudo-Seq 和 Ψ-Seq 三种方法的基本原理和实验过程较为相似(见图 11-4),因此这里选择 Ψ-Seq 作为代表进行介绍。在

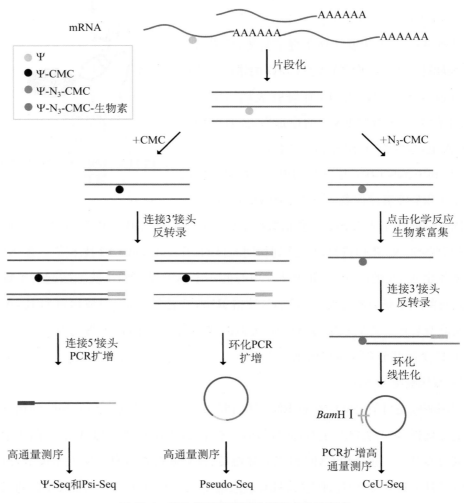

图 11-4　RNA 假尿嘧啶三种测序方法示意图

Ψ-Seq 中，首先提取总 RNA 并进行 oligo(dT)筛选得到 mRNA，然后对 mRNA 进行随机片段化到约 100～150 nt。将片段化的 mRNA 与 CMC 在 37℃ 反应 30 分钟，然后在碱性条件下(pH＝10.4)处理 6 小时去除 CMC 与 G 和 U 的反应产物。回收反应后的 mRNA，连接 3′接头序列，用与接头序列互补的反转录引物进行反转录，此时反转录酶会停在反应后的假尿嘧啶 3′端一个碱基的位置，产生截短的 cDNA 片段；再连接 5′接头序列，进行 PCR 扩增后即可得到测序文库。

由于反转录酶会被 CMC-Ψ 的反应产物终止，因此在生物信息学分析中，人们可以统计每个尿嘧啶停在 3′端的序列个数和读通的序列个数的比值。如果某一位置处存在假尿嘧啶修饰，则该位置处的比值会显著高于背景，通过设定合适的阈值即可确定修饰位点。

利用这一方法，研究人员成功地对酵母和人 HeLa 细胞系等进行了全转录组测序，鉴定出了数百个 mRNA 的假尿嘧啶修饰位点。同时，通过对热休克条件下的全转录组进行测序，研究人员发现 mRNA 和非编码 RNA 会在这种条件诱导下产生新的修饰位点，而且这些产生了新位点的 mRNA 会变得更加稳定，说明假尿嘧啶对生物体应对环境刺激可能有着重要的作用。

(2) CeU-Seq。虽然上述三种方法成功实现了假尿嘧啶的单碱基分辨率测序，但由于测序过程中没有富集过程，因此对于修饰比例较低或者表达量较低的转录本上的位点，不能够很好地进行区分，而且测序背景也比较高，可能会引入一些假阳性位点。

在最新开发的 CeU-Seq(CMC-enriched pseudouridine sequencing)方法中，科学家通过合成 CMC 衍生物和利用点击化学反应很好地解决了上述问题[39]。点击化学(click chemistry)的概念由 Sharpless 在 2001 年提出，通过以碳-杂原子键(C-X-C)合成为基础的组合化学方法简单高效地获得分子多样性，代表反应为铜催化的叠氮-炔基 Husigen 环加成反应。

在这一方法中，研究人员首先对 CMC 进行了化学改造，在其上引入了一个叠氮基团(N_3-CMC)，之后将 mRNA 与 N_3-CMC 进行反应和进一步的碱处理。将处理后的 mRNA 与 DBCO-生物素混合，DBCO 基团可以不需要铜离子即和叠氮基团发生点击化学反应，从而生成 Ψ-CMC-生物素的反应产物。再利用偶联了抗生物素蛋白的磁珠对带有生物素的 mRNA 片段进行 IP，即可实现对含有假尿嘧啶片段的富集。之后的建库方法和前面的方法类似，也是先连接 3′接头序列进行反转录，然后对 cDNA 进行成环和

PCR 扩增得到最终文库。

通过对含假尿嘧啶片段的富集,可以提高测序后停在假尿嘧啶位点后一位的序列与读通序列的相对比值,从而提高信噪比,减少假阳性。此外,富集过程还可以提高修饰比例较低的位点处和表达量较低的 mRNA 上的位点相对于背景的信号强度,从而在生物信息学分析过程中将这些位点筛选出来。同时,富集手段还可以有效降低达到可信位点所需的测序深度,节省科研经费。

通过将 CeU-Seq 应用于人 HEK293T 细胞系和小鼠组织,研究人员分别得到了约 2 000 个和 1 800 个假尿嘧啶位点,与测定的假尿嘧啶在 mRNA 中的含量($\Psi/U = 0.2\% \sim 0.4\%$)更为符合。当采用与 Ψ-Seq 同样的测序深度和生物信息分析阈值对几种方法的数据进行分析时发现,采用 CeU-Seq 方法仍可得到约 1 000 个假尿嘧啶位点,证明该方法可以提高对假尿嘧啶检测的灵敏度,为研究假尿嘧啶的生物学功能提供了更为强大的工具。

需要注意的是在上面介绍的四种方法中,在碱处理这一步骤,由于 RNA 在碱性环境中不稳定,十分容易降解,因此目前都需要很大的起始样本量(约 $5 \sim 10~\mu g$ mRNA)才能进行测序。这在一定程度上限制了这几种方法的应用,如采用这几种方法对比较珍贵的患者样本或者单细胞测序等都很难进行。因此,筛选其他反应条件更为温和的化学小分子或者制备高特异性的假尿嘧啶抗体仍十分重要,有助于推动新的测序方法的建立和对假尿嘧啶功能的研究。

3)次黄嘌呤的测序方法

次黄嘌呤(inosine,I)是 mRNA 上一种常见的 RNA 编辑形式,主要发生在 RNA 的双链结构区。次黄嘌呤在体内是由作用于 RNA 分子的腺苷脱氨酶(adenosine deaminase acting on RNA,ADAR)催化使双链 RNA 上的腺苷发生脱氨基作用产生的。由于次黄嘌呤在碱基配对时与胞嘧啶配对,因此通过分别对比基因组测序和转录组测序的结果,发生了 A→G 错配的位点便可能是有修饰的位点,这也是最常规的次黄嘌呤测序的方法。虽然这种方法简单方便,但为了排除单核苷酸多态性(single nucleotide polymorphism,SNP)的影响,必须保证两个测序的样本来自同一样品。此外,这种方法也无法区分测序错误或者 PCR 错误造成的错配和次黄嘌呤引起的错配,导致鉴定出的位点可能有较多的假阳性结果。

次黄嘌呤可以被丙烯腈通过迈克尔加成反应进行氰乙基化,生成 N^1-氰乙基次黄嘌呤(N^1-cyanoethylinosine，ce^1I)。利用 ce^1I 的 1 号氮原子上的氰乙基基团会阻止其与胞嘧啶配对导致反转录过程终止的特性，研究人员开发了化学标记后擦除次黄嘌呤(inosine chemical erasing，ICE)的测序方法[54]。在该方法中，将 RNA 分成两部分：一组直接用反转录引物进行反转录，然后经过 PCR 扩增后用 Sanger 法测序；另外一组先用丙烯腈处理 RNA 片段，使其与次黄嘌呤发生反应，然后同样进行反转录、PCR 扩增和测序。由于 ce^1I 会终止反转录，因此当用修饰位点 5′端的测序引物进行测序时，丙烯腈处理组无法得到测序信号。通过对比两组的测序结果，未处理组在修饰位点处会测得 A 和 G 的双信号套峰，而处理组则只会测得 A 的信号。这样，即可排除 SNP 或者测序随机错误的干扰，确定次黄嘌呤的位置。

ICE 测序方法早期多应用于低通量的 Sanger 测序上，近来研究人员也开发了 ICE 的高通量测序方法。将上述两组 RNA 打断成 RNA 短片段，用随机引物反转录成 cDNA，合成 cDNA 的第二条链，末端修复连接测序接头，PCR 扩增得到 cDNA 测序文库。高通量测序后分析数据中 G 突变信号消失的位点即可得到次黄嘌呤的修饰位点。

11.3.3.3   三代测序技术

二代测序技术虽然目前得到了极大的发展和应用，但其引入的 PCR 扩增过程会在一定程度上增加测序的错误率，而且读长较短，有一定的系统偏向性。为了克服上述缺点，近些年来开发了三代测序技术，其具有单分子测序，不需要 PCR 扩增的特点，还具有读长长，测序错误随机，无系统偏差等优势。

三代测序以 PacBio 公司的 SMRT 技术和 Oxford Nanopore Technologies 公司的纳米孔单分子测序技术为代表。SMRT 技术的基本原理也是边合成边测序。其基本原理是：将 DNA 聚合酶固定于约 100 nm 的小孔中，使其和模板结合，同时加入分别用不同荧光标记的 4 种核苷酸；在碱基配对阶段，不同碱基的加入会发出不同颜色的荧光，根据收集到的光的波长与峰值可判断进入的碱基类型。如果某一碱基处存在修饰(如 m^5C)，其通过聚合酶时的速度会减慢。此时检测相邻两个碱基之间信号相隔的时间，可发现相邻两峰之间的距离增大，从而可以用来检测甲基化等信息。SMRT 技术目前已成功应用于对 DNA 上的 m5C、5hmC 和 m6A 等几种修饰的检测，但目前还没有用于 RNA 上化学修饰检测的报道。通过对该技术进行改造应该有望实现对 RNA 修饰的检测。

Oxford Nanopore Technologies 公司开发的纳米单分子测序技术与以往的测序技术皆不同，它是基于电信号而不是光信号的测序技术。当单链 DNA 或者 RNA 通过特殊设计的纳米孔时，由于碱基的电荷影响，会短暂地改变流过纳米孔的电流强度（每种碱基所影响的电流变化幅度不同），灵敏的电子设备通过检测电流的变化即可鉴定所通过的碱基，理论上对于不同的 DNA 或 RNA 修饰该方法都可进行区分。此方法目前仍处于技术开发完善阶段，因此暂时还没有应用该技术进行 RNA 修饰测定的相关报道。

11.4 RNA 化学修饰的分布规律

目前，随着检测技术的发展，m^6A、m^5C、假尿嘧啶（Ψ）、m^1A 等几种 RNA 修饰的分布特征及规律得到了深入的解析，这对于人们研究它们的生物学功能有着重要的指导意义。下面针对这几种 RNA 修饰类型分别进行介绍。

11.4.1 m^6A 修饰的分布规律

早期研究表明，m^6A 占细胞 mRNA 全部腺苷含量的 $0.1\% \sim 0.4\%$，哺乳动物中平均每一条 mRNA 含有 $3 \sim 5$ 个 m^6A，而每个病毒 RNA 中含有 $1 \sim 15$ 个 m^6A 修饰。由于缺乏有效的检测和分析手段，相关的研究一直停滞不前，对于全转录组规模的 m^6A 分布特征并不清楚。

2012 年，关于 m^6A 的认知终于取得了质的飞跃。两个课题组独立地采用了一种创新的、基于 m^6A 抗体富集结合高通量测序的 MeRIP-Seq 或 m^6A-Seq 方法首次绘制了 m^6A 修饰在人类和小鼠整个转录组范围内的分布图谱，并揭示了它们的分布特征及规律[2,3]。这些 m^6A 修饰的转录产物主要为 mRNA，同时也包括一些非编码 RNA，如 lncRNA。基因功能富集分析表明，m^6A 修饰的转录产物参与广泛的生物学功能，如转录调控、RNA 代谢、信号通路传导、神经发育等。基于测序结果，研究者发现 m^6A 的修饰频率为平均每 2 000 个核苷酸有 1 个 m^6A 修饰位点，但部分区域会有成簇的 m^6A 修饰位点存在。m^6A 修饰在 mRNA 上的分布具有序列特异性，它倾向于发生在保守基序 RRACH（R 为 G、A，H 为 A、C 或 U）中。对于 m^6A 的修饰强度和基因表达水平，两者之间并不是简单的正负相关的线性关系。研究表明，中度表达的 mRNA 更倾向于被 m^6A 修饰，而高表达和低表达的 mRNA 中包含 m^6A 修饰位点的比例则较低。同时，转录起始区(transcription start site，TSS)的 m⁶A 修饰强度和基因表达成正相关。

m⁶A 修饰位点主要分布在转录起始区(TSS)、基因内部的编码区(coding region)和 3′-UTR 区，尤其富集在编码区的终止密码子附近以及 3′- UTR 的前 1/4 处，并且这一分布特征在人类及小鼠中是高度保守的。近年来，研究者还发现 m⁶A 修饰位点在剪接位点附近的外显子区间、初级 miRNA(pri-miRNA)和转录本的最后一个外显子(last exon)中存在着显著富集。m⁶A 在基因组特定区域中富集的特征意味着 m⁶A 很有可能通过一些与其分布特征相关的功能机制影响基因的转录后调控。mRNA 的 3′-UTR 区域也是 miRNA 的靶向结合区域，因此 m⁶A 修饰可能会参与调控 miRNA 的功能。中国科学院北京基因组研究所杨运桂研究组发现 m⁶A 位点在剪接位点附近的外显子区间存在高度富集，并与一些剪接因子的 RNA 结合位点具有显著的空间重叠关系[18]。对于 m⁶A 修饰的 mRNA，m⁶A 结合蛋白 YTHDC1 可以通过促进 SR 蛋白 SRSF3，同时抑制 SRSF10 蛋白与 mRNA 结合，调控 mRNA 的选择性剪接，促进外显子的保留[24]。m⁶A 在 pri-miRNA 中的显著富集与 miRNA 的加工密切相关；m⁶A 在转录本的最后一个外显子富集与选择性多聚腺苷酸化(APA)有关[25, 52, 55]。

虽然 m⁶A 修饰广泛存在，但是它在不同物种中甚至同一物种不同部位的分布却不尽相同。Meyer 等发现虽然 m⁶A 在哺乳动物的多种组织中都有广泛分布，但是它的分布具有组织偏好性，在大脑、肝脏和肾脏中的含量要高于心脏和肺等其他部位。而在植物中，通过对拟南芥不同组织的 m⁶A 水平进行检测，结果表明发芽组织中的 m⁶A 含量明显高于根和叶。可见，无论是在动物还是植物中，m⁶A 的分布首先是具有普遍性，体现在分布于多个组织中；其次是具有偏好性，即在某些组织中(动物的大脑、肝脏和肾脏，植物的分生组织等)的分布要明显高于其他组织。无论是在动物还是植物中，m⁶A 的这种组织分布特点都提示 m⁶A 具有多样性的功能，并有待于进一步阐明。

m⁶A 不仅具有组织偏好性，而且在不同类型的细胞中，其分布也具有多样性和动态性。2015 年，中国科学院北京基因组研究所杨运桂课题组、遗传与发育生物学研究所王秀杰课题组以及动物研究所周琪课题组合作发现了 m⁶A 位点的选择性形成受到 miRNA 的调控，并揭示了 m⁶A 在多种细胞系中的动态变化。在小鼠胚胎干细胞 (embryonic stem cells，ESC)、诱导性多能干细胞(induced pluripotent stem cells，iPSC)、神经干细胞(neural stem cell，NSC)和睾丸支持细胞(sertoli cells，SC)中，通过系统地对 m⁶A 修饰在不同细胞系中的分布进行比较，结果表明虽然 3 880 个在 4 个细胞系中稳定表达的转录本都有 m^6A 修饰,但只有 437 个转录本在不同的细胞系中有着一致的 m^6A 修饰位点,提示 m^6A 修饰模式的多样性可能调节了细胞功能的多样性[56]。

除了人和小鼠,近期研究者还揭示了在拟南芥和水稻中的 m^6A 分布特征及规律[57]。在拟南芥中,m^6A 富集在起始密码子和终止密码子周围,以及 $3'$-UTR 内。在 $3'$-UTR 的 m^6A 富集区含有和哺乳动物相似的一致性序列 RRACH,而在起始密码子附近的 m^6A 富集区则发现了新的基序。m^6A 在拟南芥中独特的特性提示这种 mRNA 修饰在植物中发挥了不同于动物的功能。在功能方面,研究发现富含 m^6A 的基因与叶绿体相关的一些植物特异性信号通路有关联。$3'$-UTR 及终止密码子附近富含 m^6A 的基因确实和 mRNA 降解相关,而起始密码子附近的 m^6A 富集却和 mRNA 的丰度之间存在正相关,这表明 m^6A 对植物基因的表达起重要的调控作用。从不同的自然环境选取的两种拟南芥的甲基化图谱显示,这两种拟南芥的甲基化位点高度一致。这种高度保守性提示 m^6A 参与了对植物生存至关重要的生理过程。

在水稻中,研究人员采用 m^6A-Seq 技术进行了水稻愈伤与叶片两个不同组织全转录组 m^6A 的深度测序,揭示了水稻 m^6A 修饰谱的基本特征,即平均每个 mRNA 中有 $2\sim3$ 个 m^6A 修饰位点,并主要分布在编码区、$3'$-UTR 区和起始密码子区[58]。此外,在水稻中,m^6A 的甲基化存在组织或细胞的特异性和选择性。研究人员将在两个组织(细胞系)中都表达但是只在某一个组织(细胞系)中发生甲基化的基因定义为选择性甲基化基因(selectively methylated genes,SMG)。在测序的样品中,分别鉴定到 626 个愈伤组织和 5 509 个叶片组织的选择性甲基化基因,通过对选择性甲基化基因修饰峰的序列进行深入分析,探索了选择性甲基化基因可能的产生机制,即某些 RNA 结合蛋白(如 PUM 蛋白)可能作为甲基转移酶结合 mRNA 时的"竞争者",与甲基转移酶竞争性结合 mRNA,从而产生组织或细胞系的选择性甲基化基因,揭示了特异的 m^6A 修饰与其功能的关联性。

此外,在酵母中,通过对减数分裂时期的酵母进行研究,研究者在 1 183 个转录产物中识别出了 1 308 个 m^6A 修饰位点。同时,这些 m^6A 位点在酿酒酵母 *Saccharomyces cerevisiae* 和 *Saccharomyces mikatae* 中是保守存在的。酵母中含有 m^6A 修饰的转录本,其功能与减数分裂密切相关,在 376 个与减数分裂相关的基因中,105 个基因含有 m^6A 位点。此外,含有 m^6A 位点的基因还参与了一系列广泛的生物学过程,如信号传导和新陈代谢等。酵母中的 m^6A 修饰倾向于发生在保守基序 RGAC 中。在转录本的分布上，m⁶A 位点倾向于分布在转录本的 3′ 端[50]。

　　总之，近年来，在多种模式生物中，研究人员通过高通量测序和生物信息学分析，对全转录组水平上 m⁶A 的分布规律进行了深入的研究。随着技术的发展，人们有理由相信多种生物体中的 m⁶A 分布规律将会得到揭示。到目前为止，肿瘤细胞中的 m⁶A 分布谱尚无报道，这将会是今后 m⁶A 研究的一个重点。通过分析 m⁶A 修饰的动态变化研究它与疾病发生、发展的关系，将为疾病的诊断和治疗开辟新的方向。

11.4.2　m⁵C 修饰的分布规律

　　由于 m⁵C 的修饰水平和丰度很低，早期在 RNA 分子中检测到的 m⁵C 位点是非常有限的，主要集中在 tRNA 和 rRNA 的研究上。很多古细菌以及真核生物的 tRNA 中都已经被证实存在 m⁵C 的修饰[6]。这些 m⁵C 位点主要富集在可变臂和反密码环，可以稳定 tRNA 的二级结构，影响氨酰化的形成及密码子的识别。在 rRNA 中，m⁵C 修饰主要存在于 rRNA 结合 tRNA 发挥翻译活性的区域，与核糖体的合成和蛋白翻译过程有关。

　　近年来，随着测序技术的发展，全转录组水平上 m⁵C 位点的鉴定得到了突破，尤其是 mRNA 中的 m⁵C 位点。2012 年，Squires 等通过亚硫酸氢盐处理转录组结合测序技术在 HeLa 细胞中检测到 10 581 个 m⁵C 位点。其中，8 495 个 m⁵C 位点存在于 mRNA 上，225 个位点存在于 tRNA 上，1 780 个位点分布在其他类型的非编码 RNA 中[5]。在 mRNA 上的 8 495 个 m⁵C 位点中，4 000 个左右的位点位于编码区，1 000 个和 2 500 个左右的位点分别位于 5′-UTR 区和 3′-UTR 区，这表明相对于内含子和 5′-UTR 区，m⁵C 位点在编码区和 3′-UTR 区有一定的富集。不同于 m⁶A，m⁵C 位点的分布并没有明显的序列特异性，不过，m⁵C 位点的侧翼碱基序列有一定的 CG 偏好性。此外，这些 m⁵C 位点在 miRNA 复合物组分——AGO 蛋白的结合位点附近有显著富集，这暗示 m⁵C 可能与 miRNA 调控的 mRNA 稳定性有关。随后，另外两个课题组通过 Aza-IP 和 miCLIP 技术，在人类 HeLa 细胞和 HEK293 细胞分别检测到 617 个和 1 084 个 NSUN2 特异修饰的 m⁵C 位点[33, 34]。2017 年，通过改进的基于 ACT 三碱基随机引物的 RNA m⁵C 单碱基分辨率高通量测序技术并与生物信息分析相结合，mRNA m⁵C 的分布规律得到了系统全面的揭示。在 HeLa 细胞系中，mRNA 中的 m⁵C 修饰水平中值为 20.5%，并在 mRNA 的翻译起始位点下游存在显著富集，其主要分布于 GC 富集区域。

通过分析对比人和小鼠不同组织,研究发现 m^{5}C 在 mRNA 上的分布特征在哺乳动物中十分保守,而在不同组织中修饰的基因具有特异性。在小鼠睾丸发育过程中,动态的 m^{5}C 修饰基因显著富集于精子发育相关过程,提示 m^{5}C 修饰参与生殖发育调控。进一步的实验研究发现了 mRNA m^{5}C 主要甲基转移酶 NSUN2 及第一个结合蛋白 ALYREF,并揭示了 m^{5}C 调控 mRNA 出核的重要功能[37]。同年,Amort 等揭示了小鼠胚胎干细胞以及脑组织中 m^{5}C 的分布特征,发现 m^{5}C 在翻译起始位点有显著的富集[59],但这种富集现象并没有在拟南芥中观察到[60]。

Edelheit 等利用 m^{5}C 抗体免疫沉淀结合亚硫酸氢盐处理测序的结果发现了古生菌 mRNA 中的 14 个 m^{5}C 修饰,其保守序列为 AU(m^{5}C)GANGU,和古生菌 rRNA 上的保守序列一致,说明古生菌 mRNA 和 rRNA 上的 m^{5}C 修饰可能通过同一种甲基转移酶催化形成[6]。

除了 tRNA、rRNA 和 mRNA 外,m^{5}C 位点也分布在 lncRNA 中,如穹窿体 RNA (vault RNA,*vtRNA*)、*scaRNA2*、*HOTAIR* 和 *XIST* 等。在穹窿体 RNA 上 NSUN2 催化的 m^{5}C 修饰会调控穹窿体 RNA 加工成特异的类似于 miRNA 的小 RNA[33]。在 *HOTAIR* 和 *XIST* 中的 m^{5}C 修饰主要存在于它们行使功能的区域,这些修饰可以影响它们功能的发挥,如 *XIST* 的 m^{5}C 位点会抑制 PRC2 的结合。

总的来说,相对于 m^{6}A 而言,m^{5}C 的研究尚处于起步阶段。随着测序技术的发展,它的分布特征和规律将会得到更进一步的研究,并为功能调控的开展提供有利线索。

11.4.3　m^{1}A 修饰的分布规律

m^{1}A 最初在多个物种中被发现,早期研究主要集中在 tRNA 和 rRNA 上,m^{1}A 主要影响这两类 RNA 的结构和功能。北京大学伊成器研究员与合作者指出,m^{1}A 是一种普遍存在的转录后 RNA 修饰,但当前对于它在 mRNA 中的丰度、拓扑结构及动态情况知之甚少。他们在一项新的研究中证实,m^{1}A 普遍存在于人类 mRNA 中,m^{1}A/A 比例约为 0.02%。

2016 年,伊成器研究员实验室基于 m^{1}A 免疫沉淀法及 m^{1}A 具有阻止反转录的能力,开发了一种 m^{1}A-ID-Seq 技术进行全转录组 m^{1}A 分析[8]。m^{1}A-ID-Seq 技术成功实现了人细胞系全转录组水平的高分辨率 m^{1}A 检测,鉴定出 901 个含有 m^{1}A 修饰的转录本,并揭示出 m^{1}A 的突出特征:不同于最丰富的哺乳动物 mRNA 修饰——m^{6}A,m^{1}A

富集于 mRNA 转录本的 5′-UTR 区,并且一种已知的 DNA/RNA 去甲基化酶 ALKBH3 可以消除 mRNA 中的 m^1A。这一新方法使人们可以综合分析 m^1A 修饰,不但揭示了 m^1A 的广泛存在,绘制了转录组中 m^1A 修饰的图谱,也为通过可逆及动态的 m^1A 甲基化作用实现潜在表观遗传调控功能提供了宝贵的工具。

与此同时,何川教授实验室与以色列特拉维夫大学的研究者合作,运用碱性条件下 m^1A 可以转化成 m^6A 的原理,结合 m^1A-Seq 技术,在 *Nature* 杂志上报道了全转录组水平上 m^1A 的分布情况[7]。在 HeLa 细胞中检测到 7 154 个 m^1A 峰存在于 4 151 个编码基因和 63 个非编码基因上,平均每个被修饰的转录本含有 1.4 个 m^1A 峰,且多数基因(70%)只含有一个 m^1A 修饰峰。在此基础上,他们证实 m^1A 较易富集于翻译起始位点周围一些结构化程度较高的区域。这些区域一般 GC 含量较高,最小自由能较低,容易形成二级结构。研究指出,一方面,这些特征高度保守地存在于小鼠与人类细胞中;另一方面,小鼠不同组织中 m^1A 的含量有差异,其中肾和脑中的含量相对较高。m^1A 可以对生理条件做出动态响应,并能促进甲基化的 mRNA 翻译。

2017 年,北京大学伊成器课题组又开发了单碱基分辨率的 m^1A 检测技术"m^1A-MAP",绘制了 m^1A 的高清图谱[9]。m^1A-MAP 发现,m^1A 修饰不仅富集在 5′-UTR 区,也可以存在于 mRNA 的"帽子"结构附近,拓展了 m^1A 修饰的分布。此外,在线粒体编码的转录本中,也找到了许多 m^1A 修饰,这些 m^1A 修饰主要集中在编码区,并且抑制蛋白质的翻译。

11.4.4 假尿嘧啶修饰的分布规律

假尿嘧啶化是指尿嘧啶(U)的化学结构发生改变形成假尿嘧啶(Ψ),它是最丰富的 RNA 修饰之一,并且跨物种高度保守。假尿嘧啶化普遍存在于 tRNA、rRNA 和 snRNA 中,对于剪接体 snRNA 和 rRNA 的生物合成和正常功能非常重要。但由于缺乏有效的方法,长久以来,假尿嘧啶在 mRNA 中的存在情况以及潜在功能并未得到深入研究。

2014 年发表于 *Nature* 和 *Cell* 杂志上的两篇论文中,Carlile 以及 Schwartz 研究组利用深度测序绘制出了假尿嘧啶的全转录组图谱[38, 61]。Carlile 等开发了一种称为 Pseudo-Seq 的全基因组、单碱基分辨率方法,在酿酒酵母和人类中揭示了 mRNA 和非编码 RNA 分子的假尿嘧啶位点,在酵母的 238 个蛋白质编码转录本中鉴定出了大约

260 个假尿嘧啶位点，在人类的 89 个 mRNA 中鉴定出了 96 个假尿嘧啶位点。同时，通过研究在各种生长状态下的假尿嘧啶变化，他们发现在 mRNA 和非编码 RNA 中有一组假尿嘧啶位点显示差异性修饰，揭示了一种响应环境信号的假尿嘧啶化反应。在另一篇 *Cell* 文章中，Schwartz 等开发出了高通量测序技术 Ψ-Seq，绘制出了广泛的、高分辨率假尿嘧啶位点图谱。他们报道了酵母 mRNA 和非编码 RNA 中的 328 个独特的假尿嘧啶位点。通过遗传干扰试验证实其中 108 个位点与结合蛋白 PUS 和（或）snoRNA 有关联。他们还确定了对应 PUS 识别的每个假尿嘧啶位点的共有序列，并显示了在不同的生长条件下假尿嘧啶化模式的改变。同时，他们还证实了在酵母中，热休克情况下 mRNA 和非编码 RNA 中的假尿嘧啶化显著减少，表明了在热休克刺激下与假尿嘧啶合酶 Pus7p 再定位相关的一种机制。通过对先天性角化不良患者样本进行 Ψ-Seq，他们发现患者细胞中的 rRNA 和端粒酶 RNA 组分（telomerase RNA component，TERC）上一个高度保守位点的假尿嘧啶水平显著下降，这提示端粒酶 RNA 组分中的假尿嘧啶位点有可能对于端粒酶 RNA 组分的稳定极为重要。

总的来说，这两项研究表明 RNA 假尿嘧啶化修饰不仅普遍存在于 mRNA 和各种非编码 RNA 中，还受到环境信号的动态调控。同时，两项研究均揭示了这一修饰的一个新功能：除了在调节无义密码子与有义密码子转换中发挥作用，假尿嘧啶化还有可能诱导了转录后遗传再编码，导致了蛋白质组多样化，由此揭示出一个新的 mRNA 命运潜在调控机制。这些研究还表明 RNA 假尿嘧啶化与多种人类疾病之间存在关联。开发一种强有力的工具评估整体假尿嘧啶动态和变化可能有助于揭示潜在的机制。

此外，2015 年，北京大学伊成器课题组通过定量质谱分析证实，在哺乳动物 mRNA 中假尿嘧啶比以往认为的要普遍得多（Ψ/U 比值为 $0.2\% \sim 0.6\%$）[39]。他们开发了一种称为 N_3-CMC 富集假尿嘧啶测序（N_3-CMC-enriched pseudouridine sequencing，CeU-Seq）的化学标记和下拉（pulldown）方法，鉴别出了 1 929 个人类转录本中的 2 084 个假尿嘧啶位点，其中存在于 rRNA 和 *EEF1A1* mRNA 中的 4 个假尿嘧啶位点通过生物化学方法得到了验证。他们还证实了一种已知的假尿嘧啶合酶 hPUS1 对人类 mRNA 起作用，并发现了在压力下存在诱导的、压力特异性的 mRNA 假尿嘧啶化。应用 CeU-Seq 检测小鼠转录组他们揭示出了保守的、组织特异性的 mRNA 假尿嘧啶化。

2017 年，伊成器课题组又开发了一种快捷检测特定位点假尿嘧啶修饰的新方法[62]。该方法基于化学标记与荧光定量 PCR，能够方便、快捷地实现定点假尿嘧啶的检测。与已有的同类方法相比，该新方法避免了放射性材料的使用，并且操作流程简单直接；与高通量的测序技术相比，该新方法快捷简便、成本较低。

总之，全转录组的 RNA 假尿嘧啶化图谱的绘制，表明 mRNA 也是假尿嘧啶合酶的作用靶标，同时 RNA 假尿嘧啶化涉及细胞的压力应答以及疾病的发生。mRNA 的假尿嘧啶化可能代表一种全新的机制，可以进一步增加细胞蛋白质组的复杂性。

11.5　RNA 化学修饰在 RNA 加工过程中的调控功能

11.5.1　m⁷G 修饰在 RNA 加工过程中的调控功能

m^7G 是帽子结构中的主要化学修饰，其对 RNA 加工具有重要的调控功能，可分为以下三部分。

11.5.1.1　m⁷G 在 mRNA 翻译过程中的调控功能

在真核生物中，蛋白质翻译分为帽子结构依赖性翻译（cap-dependent translation）和不依赖帽子结构的 IRES 介导翻译[cap-independent IRES(internal ribosome entry site)-mediated translation]。m^7G 在帽子结构依赖性翻译中必不可少，激活帽子结构依赖性翻译的 eIF4F(eukaryotic initiation factor 4F)复合物中因子 eIF4E 特异性识别甲基化的 m^7G，从而防止细胞内自由的 GTP 干扰蛋白质翻译的启动。Ago2 蛋白含有 eIF4E 结合 m^7G 的保守基序，可以干扰 eIF4E 对 m^7G 的结合，导致蛋白质翻译受抑制。miRNA let-7 可以抑制 m^7G 帽子结构依赖性蛋白质翻译。

11.5.1.2　m⁷G 在 mRNA 剪接和出核过程中的调控功能

一些实验结果表明，m^7G 在某些物种中可以调控 mRNA 出核。在 *Xenopus laevis* 卵母细胞中，注射含有 m^7G 帽子结构的二核苷酸(m^7GpppG)可以抑制 mRNA 的出核，但是无帽子结构的 mRNA 则不会被抑制。m^7G 对 pre-mRNA 的剪接调控作用主要由两个帽结合蛋白 CBP80 和 CBP20 组成的细胞核帽结合复合物(the nuclear cap binding complex, CBC)介导。在 *Xenopus laevis* 卵母细胞中，注射 CBP20 抗体会抑制 pre-mRNA 剪接和核小 RNA U 的出核。但是在酵母 *Saccharomyces cerevisiae* 中，mRNA 的出核并不依赖于 m^7G 帽子结构，表明 m^7G 帽子结构并非在所有物种中都参与调控 RNA 的出核。

11.5.1.3　m^7G 在 mRNA 稳定性中的调控功能

m^7G 帽的另一个重要功能是增加 mRNA 的稳定性。研究发现 m^7G 甲基化的帽可以防止 $5'→3'$ 核糖核酸外切酶对 mRNA 的降解，但是无帽的 RNA 则会被降解。鸟嘌呤加帽反应是可逆的，其可逆反应去帽子酶——鸟苷酸转移酶（guanyltransferase）可以去除非修饰的鸟嘌呤帽子，没有加帽的 mRNA 可以被核糖核酸外切酶快速降解，但是当鸟嘌呤帽子被甲基化成 m^7G 帽子后，则不被鸟苷酸转移酶识别，从而提高了 mRNA 的稳定性。

11.5.2　N_m 修饰在 RNA 加工过程中的调控功能

在真核生物和许多病毒 RNA 的帽子结构中除了含有 m^7G，还在 mRNA $5'$ 端的第 1 个碱基或前两个碱基上存在 N_m（2′-O-methylation）修饰，称为帽子 1〔cap1，$m^7G(5')$ $ppp(5')N_m$〕和帽子 2〔cap2，$m^7G(5')ppp(5')N_mN_m$〕。研究发现 N_m 修饰可以作为寄主细胞区分自己和外源 RNA 的信号分子，寄主细胞的 RNA 感应蛋白 Mda5 可以特异性识别帽子结构中的 N_m 修饰，通过干扰素诱导的三角形四肽重复蛋白（IFN-induced proteins with tetratricopeptide repeats）介导的病毒防御体系发挥功能。当病毒 mRNA 的帽子中也含有 N_m 修饰时，寄主的自我防御体系则失效。

11.5.3　m_2G 和 m_3G 修饰在 RNA 加工过程中的调控功能

在某些物种的 snRNA 和 snoRNA 及病毒 mRNA 的帽子结构中，m^7G 会被过度甲基化形成 2,7-二甲基鸟嘌呤（2,7-dimethylguanosine，m_2G）和 2,2,7-三甲基鸟嘌呤（2,2,7-trimethylguanosine，m_3G）。例如，酵母核仁中的甲基转移酶 Tgs1 可以将 m^7G 过度甲基化成 m_3G，敲除 Tgs1 导致 snRNA U1 滞留在核仁中从而干扰 RNA 剪接。在青蛙的卵母细胞中，snRNA U1 帽子结构的 m_3G 修饰对从细胞质转运 snRNA U1 到细胞核起了必要的信号作用。

11.5.4　m^6A 修饰在 RNA 加工过程中的调控功能

m^6A 是 mRNA 内部化学修饰中含量最大的修饰，也是目前研究最为深入的。m^6A 可以作为标签被 RNA 结合蛋白直接识别，目前已经发现的 m^6A 结合蛋白有 YTH 家族蛋白和细胞核内蛋白 HNRNPA2B1[7, 22-25]。通过 m^6A 结合蛋白的识别，m^6A 可以降低 mRNA 的稳定性,提高蛋白翻译效率,调控 mRNA 和 miRNA 的剪接并促进 mRNA 出核(见图 11-5)[7, 55, 63]。m⁶A 也可以干扰 RNA 的二级结构,作为"结构开关"调控 RNA 结合蛋白与 RNA 的相互作用[26]。下面从 m⁶A 结合蛋白角度阐述 m⁶A 对 RNA 加工的调控功能。

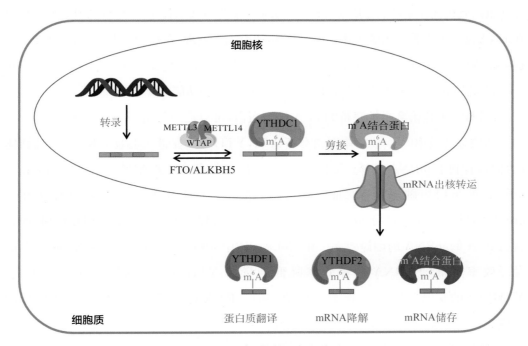

图 11-5 m⁶A 调控 mRNA 加工

11.5.4.1 YTH 家族蛋白

YTH 是最新发现的可以结合短的、变性的单链 RNA 的结构域。YTH 结构域对含有 m⁶A 保守序列 RNA 的解离常数(K_d)在 1 μmol/L 左右[23]。在人体中,YTH 家族蛋白有 5 个,YTHDF1～YTHDF3 和 YTHDC1～YTHDC2。其中 YTHDC2 对 m⁶A 的调控功能还未解析。

YTHDF2 是第一个报道的 m⁶A 结合蛋白,可以通过识别 m⁶A 使其所在的 mRNA 和非编码 RNA 降解[23]。通过光激活交联免疫沉淀(PAR-CLIP)技术检测到 3 000 多个 YTHDF2 的 RNA 底物,大部分是 mRNA 还有小部分非编码 RNA,均符合保守序列 G(m⁶A)C,这说明 YTHDF2 的确是细胞内的 m⁶A 结合蛋白,它的结合位点与 m⁶A 的分布是一致的。YTHDF2 的底物主要富集在调控性基因上,如转录因子。利用核糖体图谱分析和 mRNA 寿命分析发现，YTHDF2 通过结合 mRNA 的 m^6A 将 RNA 定向带到细胞 mRNA 的降解点上介导它的降解，从而在 mRNA 水平上精确调控了基因的表达。从结构上分析，YTHDF2 的羧基端 YTH 结构域选择性结合 RNA 的 m^6A；氨基端则是帮助其定位，会将其结合的 RNA 带到降解的位置，如 P 小体。同时 YTHDF2 会与其他蛋白质相互作用辅助完成对 mRNA 的调控，就像 m^5C 结合蛋白与转录因子相互作用在 DNA 水平上调控基因的表达一样。此外，研究人员发现，在热激状态下 YTHDF2 可以进入细胞核，保护应激诱导的转录因子上 5′-UTR 端 m^6A 免受 FTO 去甲基化，保留在 5′-UTR 端的 m^6A 具有促进不依赖帽子结构翻译起始的功能[27, 64]。

YTHDF1 是第 2 个被解析的 m^6A 结合蛋白，可以提高其结合的 m^6A 修饰 mRNA 的蛋白质翻译效率[22]。核糖体图谱分析表明，YTHDF1 促进了底物 mRNA 与核糖体的结合，有利于 mRNA 翻译。YTHDF1 结合的 m^6A 位点主要在 3′-UTR 区，如何提高 mRNA 的蛋白质翻译效率？推测其机制可能是：YTHDF1 与 eIF3 相互作用并在 eIF4G 协助下使 mRNA 形成环状结构，YTHDF1 与翻译起始蛋白机器相互作用，提高含有 m^6A 的 mRNA 的翻译效率。在 HeLa 细胞中下调 YTHDF1，会导致底物 RNA 的翻译效率降低，且 RNA 翻译效率降低的量与 YTHDF1 下调的程度直接相关。YTHDF1 的发现表明 m^6A 作为一个动态的 mRNA 标记可以有效地调控蛋白质的生成。

YTHDC1 是细胞核内 m^6A 结合蛋白，研究发现 m^6A 通过其可以调控 mRNA 的剪接[24]。体外凝胶电泳迁移实验表明 YTHDC1 对 m^6A 的结合强于 YTHDF2。通过 PAR-CLIP 技术研究人员检测到 10 245 个 YTHDC1 结合位点，51% 与之前报道的 m^6A 的分布重叠，21% 与之前报道的 YTHDF2 结合位点一致。全转录组分析 YTHDC1 的结合底物结果显示，YTHDC1 的结合底物主要分布在外显子和终止密码子附近，保守序列为 $G(m^6A)C$。结合转录组、光交联-RNA 测序及生物信息技术研究发现，m^6A 通过其阅读器 YTHDC1 招募前体 mRNA 剪接因子 SRSF3 与 mRNA 结合，同时抑制剪接因子 SRSF10 与 mRNA 的结合，促进 mRNA 剪接过程中 m^6A 修饰的外显子被保留。

对于 YTHDF3，2017 年，芝加哥大学何川课题组和中国科学院北京基因组研究所杨运桂课题组在同一期的 *Cell Research* 杂志上分别报道了它的功能。YTHDF3 可通过与 YTHDF1、YTHDF2 相互作用，促进 YTHDF1 和 YTHDF2 与 m^6A 修饰的 RNA

的结合,进而促进对结合 mRNA 的翻译和降解[28, 29]。

11.5.4.2　核内 m⁶A 结合蛋白 HNRNPA2B1

研究发现 m⁶A 富集在 miRNA 前体(pri-miRNA),且调控 miRNA 的生成[55]。HNRNP 蛋白家族的 HNRNPA2B1 蛋白为 m⁶A 结合蛋白,调控 pri-miRNA 分子的剪接和加工[25]。HNRNP 蛋白家族主要分布在细胞核,是一类参与前体 RNA 剪接、运输、翻译等系列加工过程的 RNA 结合蛋白。光交联-RNA 测序数据表明,HNRNPA2B1 可以结合核 RNA 和 pri-miRNA。结合转录组、光交联-RNA 测序及生物信息技术研究发现,在细胞内敲除 HNRNPA2B1 对核 RNA 选择性剪接的整体影响与敲除 METTL3 是一致的。同时,在细胞中敲除 HNRNPA2B1,总体 miRNA 表达发生改变,许多种miRNA 减少。研究发现 HNRNPA2B1 可以与 miRNA 加工复合物蛋白 DGCR8 相互作用,推测 HNRNPA2B1 通过识别 pri-miRNA 上的 m⁶A 标记,对 pri-miRNA 分子进行剪接和加工。未来还需要进一步研究 HNRNPA2B1 与 RNA 剪接相关蛋白相互作用的机制。

11.5.4.3　eIF3 与 5′-UTR m⁶A 相互作用促进不依赖帽子的蛋白质翻译

细胞在正常状态下启动蛋白质翻译需要翻译起始因子 eIF4E 结合 m⁷G 帽子。而在细胞受到刺激时,如病毒感染、疾病、热激等,eIF4E 活性消失,不能再与 m⁷G 结合,此时细胞会启动不依赖帽子的蛋白质翻译机制。此外,细胞内的一些 mRNA 在细胞处于正常状态下也会采用不依赖帽子的蛋白质翻译机制。已经被发现的不依赖帽子的蛋白质翻译机制是内部核糖体进入机制(internal ribosome entry),即某些 mRNA 含有内部核糖体进入位点(IRES),能够使蛋白质翻译起始不依赖于 5′帽子结构,直接从 mRNA中间起始翻译。新的研究发现 5′-UTR m⁶A 也可以促进不依赖帽子的蛋白质翻译。Qian 等研究发现,在热激状态下细胞质中的 YTHDF2 会进入细胞核内,阻止 FTO 对5′-UTR m⁶A 进行去甲基化,出核后的这些 mRNA 会促进不依赖帽子的蛋白质翻译[27]。之后,Jaffery 等进一步研究发现,5′-UTR m⁶A 可以被 eIF3 结合,使蛋白质翻译起始不依赖于 5′帽子结构[64]。此外,m⁶A 甲基转移酶 METTL3 同样被报道具有 m⁶A结合蛋白的功能,并通过招募 eIF3 促进翻译[65]。

11.5.4.4　m⁶A 作为"结构开关"调控 HNRNPC 与 RNA 的结合

研究发现 m⁶A 除了可以被 RNA 结合蛋白识别外,还可以影响 RNA 的二级结构,干扰 RNA 与 RNA 结合蛋白的相互作用[26]。HNRNPC 是定位在细胞核内的 RNA 结合蛋白，可与前体 RNA 相互作用，偏向结合单链 RNA（ssRNA）上连续的尿嘧啶（U）。正常情况下，很多 RNA 结合蛋白的结合序列埋在 RNA 结构化区域内，这会抑制 RNA-蛋白相互作用。m^6A 修饰能削弱 A 与 U 之间的氢键作用，从而改变 RNA 的结构，诱导结合序列暴露，从而促进 RNA 结合蛋白的结合。研究报道 m^6A 可以改变 mRNA 和 lncRNA 的结构，从而有利于 HNRNPC 的结合。通过 PAR-CLIP 和 MeRIP 分析研究人员鉴定了 39 060 个含有 m^6A 的 HNRNPC 底物结合位点，其中人类肺癌迁移相关转录本 MALAT1 的茎环结构上存在 m^6A 位点，与 m^6A 配对的 U 及其附近连续的 U 是 HNRNPC 结合的位点。通过体外凝胶电泳迁移实验证明 m^6A 的存在有利于 HNRNPC 蛋白的结合。降低细胞内 METTL3/METTL14 水平导致整体 m^6A 水平下调，会减少 HNRNPC 与底物 RNA 的结合。m^6A 介导的 HNRNPC 与底物 RNA 的结合会影响底物 RNA 的含量及选择性剪接，从而影响下游通路的改变。这项研究揭示了一个全新的 m^6A 调控 RNA-蛋白相互作用的机制，为研究 m^6A 的生物功能指出了新的方向。

11.5.5　m^5C 修饰在 RNA 加工过程中的调控功能

与 m^6A 相比，m^5C 在 mRNA 中的功能研究还不够深入。HeLa 细胞中 m^5C 的测序结果表明，m^5C 富集在 mRNA 的 UTR 区（5′-UTR 区和 3′-UTR 区），这预示 m^5C 可能和 mRNA 的蛋白质翻译及稳定性有关；鉴于 mRNA 中 m^5C 的修饰位点富集在 AGO 蛋白的结合位点附近，m^5C 修饰还可能会影响 miRNA 参与的 RNA 降解途径[5]。但是利用 miCLIP 技术鉴定出的 NSUN2 的底物 mRNA 表达量并不受 NSUN2 蛋白的缺失干扰[33]，因此到目前为止还没有直接证据证明 m^5C 调控 mRNA 的稳定性。2017 年，中国科学院北京基因组研究所杨运桂课题组发现 m^5C 可以通过其结合蛋白 ALYREF 促进 mRNA 的出核[37]。

在 tRNA 中，m^5C 主要存在于可变区和反密码子环，从而使 tRNA 的二级结构更加稳定，密码子识别能力更强。在 m^5C 甲基转移酶基因 *Dnmt2* 和 *Nsun* 双敲除小鼠中，tRNA 因完全失去 m^5C 而变得不稳定，进而抑制蛋白质翻译。在 rRNA 中的 m^5C 修饰被认为和翻译过程有关。*vtRNA* 是一种存在于穹窿体核糖核蛋白复合物中的非编码 RNA，它可以加工成小穹窿体 RNA（smail vault RNA，svtRNA），通过 AGO-miRNA 通路调控一些基因的表达。利用 miCLIP 技术发现，NSUN2 可以对 *vtRNA* 进行 m^5C

修饰，缺失 m⁵C 使 *vtRNA* 到 svtRNA 的加工过程发生异常[33]。在 lncRNA 如 *HOTAIR* 和 *XIST*，m⁵C 修饰存在于 lncRNA 和染色质相互结合作用的功能区，且体外实验发现 m⁵C 可以干扰 RNA 结合蛋白与 RNA 的相互作用，提示 m⁵C 修饰增加了 lncRNA 结构的多样性[66]。

11.5.6　m¹A 修饰在 RNA 加工过程中的调控功能

与 m⁶A 不同，m¹A 修饰会阻碍 A：U 碱基互补配对，很显然，编码区的 m¹A 修饰会导致翻译延伸的抑制。另一方面，最近的研究显示，mRNA 上的 m¹A 修饰更多地分布于 5′-UTR 区，且在 5′帽端结构后 1~2 位也有分布；在 5′-UTR 区（包括 5′帽端结构后 1~2 位）有 m¹A 修饰的 mRNA 相对来说具有更高的翻译效率[9]。在 tRNA 中，m¹A 的功能主要是调节 tRNA 的结构，如所有真核生物 tRNA₁^Met 三维结构的稳定都需要第 58 位的 m¹A 修饰（m¹A58）。

11.5.7　假尿嘧啶修饰在 RNA 加工过程中的调控功能

假尿嘧啶（Ψ）除正常碱基配对外有一个额外的氢键给体，可以通过增加碱基堆积，提高碱基互补作用力和固定糖环-磷酸骨架调控 RNA 结构；通过热动力学数据分析发现，与 U 相比，Ψ 与任何 A、G、U 或 C 配对都能使双链 RNA 更加稳定。这些性质提示 Ψ 可能会干扰 RNA 结合蛋白与 RNA 的相互作用。利用体外蛋白质翻译实验发现，多个 U 位点被 Ψ 替换的合成 RNA 的蛋白质表达量增多。研究发现，人为在 mRNA 的无义密码子中将 U 替换成 Ψ，会使核糖体解码中心将其视为有义密码子，发生非常规碱基互补配对，蛋白质翻译继续[67]。虽然在 mRNA 上的功能研究还未广泛展开，但是基于前期的研究结果预测 Ψ 在 mRNA 中的功能可能有两个：①通过改变 RNA 的结构调控 mRNA 的加工和功能；②在蛋白质翻译方面除了可以使无义密码子转化成有义密码子，还可以使蛋白质翻译多样化，产生转录后基因编码重组（genetic recoding）。与 mRNA 相比，Ψ 在 rRNA 和 snRNA 中的研究要更为广泛。研究发现与正常核糖体相比，含有无 Ψ 修饰或低 Ψ 修饰的 rRNA 组成的核糖体与 tRNA 的相互作用减弱，导致蛋白质翻译精确度降低，且这一功能在进化上是保守的，从酵母到人都有类似的机制[68]。Ψ 存在于 snRNA 中，对 snRNP 的生物合成和功能具有重要的调控作用。例如，在出芽酵母中，pre-mRNA 的剪接需要 snRNA U2 的 35 位 Ψ 和 40 位碱基，这主要是因为 35 位 Ψ 形成的 RNA 结构更有利于剪接机制。

11.5.8　m⁶Aₘ 修饰在 RNA 加工过程中的调控功能

研究者通过高通量测序数据分析发现 5′-UTR 区的 m^6A_m 可以增加 mRNA 的稳定性,但是其具体分子机制还不清楚[42]。

11.6　RNA 化学修饰的生理病理效应

11.6.1　m⁶A 调控发育

在酵母中,IME4(METTL3 同源基因)仅在饥饿的二倍体细胞中表达,在该条件下孢子形成才能正常发生,而 IME4 缺陷导致 m^6A 甲基化水平降低,阻止了该发育通路的起始[69]。

在拟南芥中,MTA(METTL3 同源基因)缺陷导致胚芽发育停止在球状体阶段,MTA 的表达与分裂组织发育密切关联,尤其是再生器官、芽分生组织及生长中的侧芽。此外,MTA 能与 AtFIP37(WTAP 同源基因)相互作用,进一步说明 m^6A 在植物发育中的重要作用[70]。Bodi 等进一步发现,拟南芥成熟组织中也存在水平各异的 m^6A 修饰,并且后期生长过程中 m^6A 缺失导致拟南芥生长模式改变和顶端优势缺陷。m^6A 缺陷植株的花呈现出数目、大小和同一性的缺陷。对 m^6A 缺陷植株的基因表达谱系分析发现,转运相关基因呈现低表达,而应激反应通路的基因呈现高表达[71]。

在斑马鱼中,mettl3 和 wtap 基因敲低导致组织分化缺陷和细胞凋亡。将吗啡啉修饰的 wtap 和 mettl3 的反义核苷酸注射入斑马鱼胚胎达到基因敲低的目的。结果发现,wtap 基因敲低的胚胎在受精后 24 小时呈现出多种发育缺陷,包括头和眼睛变小,脑室变小,脊索弯曲,而 mettl3 基因敲低胚胎的表型只受到轻微的影响。wtap 和 mettl3 基因同时敲低将导致更为严重的胚胎发育缺陷和细胞凋亡增加。此外,体节的标记基因 myod 在基因敲低胚胎中的表达上调,暗示 m^6A 甲基转移酶复合物 WTAP-METTL3-METTL14 可能调控斑马鱼的肌肉发育[12]。

在小鼠中,Mettl3 或 Mettl14 基因敲低的小鼠胚胎干细胞的克隆数明显变平、变少,并且细胞增殖速率降低,碱性磷酸酶染色发现阳性克隆明显减少;对这些碱性磷酸酶染色阳性的细胞进行定量荧光活化的细胞分选分析发现 *Mettl3* 或 *Mettl14* 基因敲低的细胞不同于终极分化细胞,仍有部分干细胞的特性,但是丧失了自我分化能力[72]。

FTO 作为 m⁶A 去甲基化酶,也被证明可以影响发育。FTO 敲除小鼠表现出产后发育迟缓,脂肪组织显著减少。FTO 蛋白无功能的纯合子突变(R316Q)表现出高甲基化水平以及产后阻滞、生殖系统畸形和多倍体畸形等异常,因此,FTO 可能通过影响RNA 甲基化状态进而导致发育畸形。

11.6.2　m⁶A 与配子发生

11.6.2.1　METTL3 及其同源蛋白影响真核生物配子形成

METTL3 普遍表达于人体组织,但在睾丸中的表达水平高得多。除了哺乳动物细胞,在酿酒酵母、果蝇和拟南芥中也发现了 METTL3 的同源蛋白,且 METTL3 在真核生物中高度保守。在酿酒酵母中,METTL3 的同源蛋白 IME4 是减数分裂的诱导剂,是调节减数分裂和孢子形成的关键蛋白质[73]。*Ime4* 基因敲除导致啤酒酵母中 m⁶A 修饰减少,进而导致孢子形成缺陷。在拟南芥中,METTL3 的同源蛋白 MTA 主要分布于分裂组织,尤其是生殖器官、顶端分生组织以及新的横向根。MTA 失活导致 RNA m⁶A修饰缺陷,使种子形成致死表型或发育停滞在球形期[70]。在果蝇中,*Ime4*(METTL3 同源基因)主要表达于卵巢和睾丸组织中,对卵泡发育调控的 Notch 信号调节是必不可少的[74]。在小鼠中,*Mettl3* 敲除小鼠呈现精原干细胞的异常分化和减数分裂起始受阻。Mettl3 介导的 m⁶A 修饰调控精子发生过程相关基因的可变剪接和基因表达,从而调控精子发生过程[75]。

11.6.2.2　*Alkbh5* 敲除导致雄性精子发生障碍

ALKBH5 在小鼠的各个组织中都有分布,但是在睾丸中的表达水平远远高于其他组织。Zheng 等发现在小鼠中敲除 *Alkbh5* 导致睾丸萎缩,质量变轻,精子数量减少和质量下降,同时还会引起细胞凋亡、生育率下降等生殖功能障碍[19]。此外,*Alkbh5* 基因敲除导致小鼠生精小管细胞中 mRNA 的 m⁶A 甲基化水平升高,并且精母细胞的减数分裂也受到影响,说明 ALKBH5 催化 mRNA 中 m⁶A 去甲基化在小鼠的精子发生等生理功能中起着重要的调控作用。由于 ALKBH5 在从鱼到人类的脊椎动物中高度保守,所以有理由推测 ALKBH5 在人类中有类似的功能,即对男性睾丸发育、精子发生有调控作用。

11.6.2.3　*Ythdf2* 敲除导致卵泡发生障碍

在卵子发生过程的第一次减数分裂完成和第二次减数分裂间期(M Ⅱ)之间,会发生母源 RNA 主动降解。近期研究发现,YTHDF2 调控雌性小鼠的生育能力。YTHDF2 缺失不影响 M Ⅱ时期的卵子数目及受精过程,但可导致二细胞时期异常的微核和无核化胚胎的出现。*Ythdf2* 敲除的 M Ⅱ期卵子中,201 个基因的表达出现上调,并且在其终止密码子附近有显著的 m^6A 富集[76]。

11.6.2.4　*Ythdc2* 敲除精子发生异常

芝加哥大学何川教授实验室发现,*Ythdc2* 敲除使得小鼠丧失生育能力,雄性小鼠的睾丸和雌性小数的卵巢都显著减小。在野生型雄性小鼠睾丸中,减数分裂开始时,*Ythdc2* 的表达上调,而 *Ythdc2* 敲除的小鼠睾丸中,生殖细胞被阻断在粗线期,不能产生正常的精子[31]。

11.6.3　m^6A 与细胞重编程

Batista 等发现多能性基因的 mRNA 的 m^6A 修饰会促使干细胞分化,结束其自我更新和多能性[77]。锌指蛋白 ZFP217 能够结合 m^6A 甲基转移酶 METTL3 并使其失活,从而阻止这些 mRNA 的甲基化[78]。

中国科学院北京基因组研究所杨运桂课题组、遗传与发育生物学研究所王秀杰课题组以及动物研究所周琪课题组合作发现了 m^6A 修饰在多能与分化的细胞系间的分布差异和发生在一些决定细胞特异分化的 RNA 分子上的细胞类型特异的 m^6A 修饰。研究发现 m^6A 修饰区域富集的特征序列具有与重要的调控非编码 RNA miRNA 的种子区(5′端 2～8 nt)序列互补配对的偏好性。多层次的细胞与分子生物学实验证明,miRNA 可以通过序列互补的方式,引起 mRNA 相应位点区域 m^6A 修饰的产生。提高 m^6A 修饰水平可以提高 *Oct4* 等关键多能性调控基因的表达量,促进小鼠成纤维细胞重编程为诱导性多能干细胞(iPSC)[56]。

胚胎干细胞(ESC)来源于早期胚胎,具有分化为任何细胞类型的潜能。小鼠胚胎干细胞分为原始态多能性(naïve pluripotency)和始发态多能性(primed pluripotency)两种状态,始发态多能性是原始态多能性之后的发育阶段,已经为分化做好了准备。这两种状态的细胞来自于不同的胚胎发育阶段,具有截然不同的分子特性,在特定条件下可以相互转变,然而具体的调控机制尚不明确。魏茨曼科学研究所(Weizmann

Institute of Science)和特拉维夫大学(Tel Aviv University)的研究团队,对涉及始发态调控的一些转录和表观遗传学调控因子进行了 siRNA 筛选,发现 m^6A 甲基转移酶 METTL3 是终结小鼠原始态多样性的一个重要调控因子。该研究发现,在植入前的外胚层和原始态胚胎干细胞中敲除 Mettl3 基因,导致这些细胞中的 mRNA 缺失 m^6A 修饰,然而缺乏 Mettl3 的这些细胞能够存活,但无法完全终结原始态多能性。移植后细胞会发生畸变,分化潜力也受到限制,出现早期胚胎死亡。该研究说明,m^6A 表观遗传学修饰在体内起到了关键的作用,是调控原始态和始发态多能性的重要机制[79]。

11.6.4 m^6A 与生物节律

真核生物的生物钟调控包含一个转录-翻译的负反馈循环,其中生物钟基因调控其自身和一些代谢相关基因的转录。目前已知大约 10% 的转录组是有节律的,而只有1/5 的基因是由从头转录驱动的,暗示 mRNA 加工是节律调控的一个重要组分。来自日本的 Okamura 研究组发现抑制顺式甲基化反应可以延长昼夜周期。转录组测序发现甲基化抑制引起与 m^6A 修饰相关的 RNA 加工元件的转录水平变化。他们鉴定了位于多个生物钟基因转录本上的 m^6A 位点,并且发现通过敲低 m^6A 甲基转移酶 Mettl 3 基因特异性抑制 m^6A 甲基化修饰能有效引发昼夜周期的延长和 RNA 加工的延迟。对生物钟基因 Per2 和 Arntl 的昼夜核质分布分析发现,m^6A 修饰被抑制时,稳态的前体 mRNA 和细胞质 mRNA 节律没有关联[63]。该研究表明 RNA 甲基化修饰同组蛋白修饰一样,能够调控生物节律,为今后的研究提供了线索和方向。

11.6.5 m^6A 与细胞分裂

在啤酒酵母中,mRNA 甲基化仅发生于减数分裂过程中,从而为解析其动态性和调控机制提供了便利。遗传学筛查已鉴定了酵母细胞中一个核心的 RNA 甲基转移酶复合物(Mum2-IME4-Slz1,MIS),它包括 IME4(METTL3 同源基因)、Mum2(WTAP 同源基因)和辅助因子 Slz1。减数分裂引发 MIS 复合物表达及形成,而 MIS 复合物缺陷则导致酵母细胞丧失 mRNA 甲基化活性从而导致有丝分裂阻滞。然而 MIS 复合物组分敲除并不会导致酵母细胞死亡,从而确保了实验的顺利进行。Schwartz 等采用了一种近乎单位点分辨率的高通量测序方法,绘制了酵母有丝分裂进程中的动态 m^6A 修饰图谱。他们鉴定了 1 183 个转录本中的 1 308 个潜在的 m^6A 修饰位点,发现一些被

m⁶A 修饰的基因功能与包含 DNA 复制、错配修复、联会复合体形成等的有丝分裂进程密切相关，说明 m⁶A 甲基化修饰在酵母有丝分裂中发挥重要作用[50]。

11.6.6　m⁶A 与母体-合子过渡

高等动物在受精后不久，胚胎中蛋白质的产生依赖于遗传自母体的 mRNA。但此后不久，在母体-合子过渡(maternal-to-zygotic transition，MZT)期间，胚胎在激活自己的基因组时需要经历一种深刻的变化，这个过程是胚胎早期生命中最复杂和精密协调的过程之一，但是至今科学家仍不清楚影响脊椎动物母体-合子过渡期间时间模式的因素。芝加哥大学何川教授实验室的最新研究成果发现超过 1/3 的斑马鱼母本 mRNA 可以被 m⁶A 修饰并通过 YTHDF2 清除。在斑马鱼胚胎中敲除 *YTHDF2* 基因，会减缓 m⁶A 修饰母本 mRNA 的衰变，并且阻止合子基因组激活，胚胎无法及时启动 MZT，就会引发细胞周期停顿，使整个幼体发育延迟[80]。

11.6.7　m⁶A 与 lncRNA *XIST* 介导的转录抑制

早在 2013 年，Kodama 等即发现 WTAP 与 RBM15 和 RBM15B 有相互作用。在 2015 年，Brockdorff 等利用 shRNA 库筛选实验，鉴定出 RBM15、WTAP 和 SPEN 与 lncRNA *XIST* 共定位，并且是 *XIST*-介导的基因沉默必需的因子[81]。在 2016 年，Jaffery 等进一步将分子机制解析清楚，并且发现 RBM15 和 RBM15B 通过与 WTAP 的相互作用将 METTL3/METTL14 招募到 lncRNA *XIST* 进行 m⁶A 甲基化，m⁶A 结合蛋白 YTHDC1 识别 lncRNA *XIST* 上的 m⁶A 并介导基因沉默[14]。

11.6.8　m⁶A 与果蝇性别决定

哺乳动物中 m⁶A 甲基转移酶组分 METTL3、METTL14、WTAP 和 KIAA1429，对应于果蝇中的基因分别为 IME4、KAR4、FL(2)d 和 Virilizer(Vir)。在果蝇中已经发现，FL(2)d 和 Vir 调控果蝇性别决定因子 *Sxl* (*Sexlethal*)的选择性剪接，但是在内含子中的 m⁶A 调控选择性剪接的分子机制却不清楚。2016 年，*Nature* 杂志同期发表 2 篇文章，发现 m⁶A 和 m⁶A 结合蛋白 YT521-B 调控 *Sxl* 的选择性剪接，决定果蝇性别[82, 83]。

11.6.9　m⁶A 与癌症

研究人员发现 FTO 在急性髓细胞性白血病(acute myeloid leukemia，AML)中高表达，促进癌细胞增殖存活并促进动物模型体内白血病的发展，抑制癌细胞对治疗药物的应答，同时解析了 FTO 在 AML 中的致癌机制，发现 *ASB2* 和 *RARA* 等抑制白血病细胞生长或介导药物应答的基因在 AML 样本中受到抑制，并且这些基因表达的 mRNA 都受到 FTO m⁶A 去甲基化酶的调节[84]。

研究发现，ALKBH5 在暴露于缺氧环境下的乳腺癌细胞中高表达，它可对多能因子 *NANOG* mRNA 的 3′-UTR 上 m⁶A 进行去甲基化，从而增加了 *NANOG* mRNA 的稳定性，进而维持和增加乳腺肿瘤干细胞的表型和数量[85]。另外，研究人员发现 ALKBH5 能够维持恶性胶质瘤细胞的干性。在恶性胶质瘤细胞中，ALKBH5 通过 lncRNA *FOXM1-AS* 介导识别并催化转录因子 FOXM1 上 m⁶A 修饰的去甲基化，从而使其处于较高的表达水平[86]。

此外，YTHDC2 在多种肿瘤细胞系中的表达显著高于正常的干细胞。YTHDC2 缺失可导致一些代谢相关基因的蛋白质表达降低，从而抑制结肠癌细胞的新陈代谢[87]。

11.6.10　m⁶A 与 RNA 病毒感染

早在 20 世纪 70 年人们就发现病毒 RNA 上含有 m⁶A 修饰，但是功能一直未知。随着表观转录组学研究的深入，2016 年研究人员发表了多篇关于 RNA 病毒上 m⁶A 功能研究的文章。研究发现 HIV-1 RNA 含有 m⁶A 修饰，寄主的 m⁶A 结合蛋白 YTHDF1~YTHDF3 可以识别 HIV-1 RNA 上的 m⁶A 修饰进而降解 HIV-1 RNA，减少 HIV-1 反转录，抑制病毒感染[88]。在新的 HIV-1 RNA 转录后，需要 m⁶A 修饰帮助其出核，敲低寄主的 m⁶A 修饰酶，降低 HIV-1 Gag 蛋白表达，敲低寄主的 m⁶A 去修饰酶，则增加 HIV-1 Gag 蛋白表达[89]。同时发现寨卡病毒(ZIKV)也含有 m⁶A 修饰，敲低寄主的 m⁶A 修饰酶，增加寨卡病毒复制，敲低寄主的 m⁶A 去修饰酶，则降低寨卡病毒复制。寄主的 m⁶A 结合蛋白 YTHDF1~YTHDF3 同样可以识别寨卡病毒 RNA 上的 m⁶A 修饰进而降解其 RNA，敲低 YTHDF1~YTHDF3 可以促进寨卡病毒复制[4]。

11.6.11　m⁶A 与 DNA 损伤修复

机体细胞内存在一个复杂而精细的 DNA 修复系统，用于应答、监测和修复增值和生存过程产生的 DNA 损伤。近期,研究人员发现因紫外辐射诱发的 DNA 损伤导致 RNA 上快速而瞬时的 m^6A 生成。这类 m^6A 修饰发生在很多种含 poly(A) 尾巴的 RNA 上,并且分别由 METLL3 和 FTO 催化生成和去除修饰。METTL3 敲低的细胞表现出对紫外线诱导产生的环丁烷嘧啶加合物的修复减慢,及对紫外线的敏感度提高。一系列研究发现,METTL3 能招募 DNA 聚合酶 κ(Pol κ)到 DNA 损伤位点进行修复[90]。

11.6.12　假尿嘧啶与人类疾病

假尿嘧啶(Ψ)是由 U 的异构化产生的,目前已经发现了 13 种可以催化假尿嘧啶化的假尿嘧啶合酶(pseudouridine synthase,PUS)。对于假尿嘧啶修饰的产生主要存在两种机制:一种是依赖 RNA 的,由 DKC1 催化;另外一种是不依赖 RNA 的,其余 12 种 PUS 都可以以这种机制发挥作用。研究发现不同的 PUS 突变会导致多种不同疾病的发生。例如,DKC1 主要催化 rRNA 和 snRNA 上的假尿嘧啶修饰;当 DKC1 发生突变之后会导致 $Xq28$ 基因相关的先天性角化不良疾病(X-linked dyskeratosis congenital,X-DC)的产生。X-DC 疾病伴随着骨髓功能的缺失、皮肤的异常化并且会导致癌症的发生。在 X-DC 疾病模型中,$DKC1$ 的突变会导致 rRNA 上假尿嘧啶修饰程度降低,并使 rRNA 和 IRES 结合的亲和性降低。而 rRNA 和 IRES 结合的亲和性降低导致依赖 IRES 起始的相应蛋白质的翻译效率降低,在这些蛋白质中包括了很多重要的抗凋亡因子和肿瘤抑制因子。这些抗凋亡因子和肿瘤抑制因子表达量的降低促进了癌症的发生。

而另一个假尿嘧啶合酶 PUS1 主要作用于 tRNA 上的 27、28、34 和 36 位点。PUS1 蛋白的 116 位发生突变或者蛋白质翻译提前终止,都会导致肌病、乳酸性酸中毒和铁粒幼细胞性贫血(myopathy,lactic acidosis and sideroblastic anemia,MLASA)的产生。MLASA 是一种常染色体隐性遗传病,会导致氧化磷酸化及体内铁代谢的紊乱。在 MLASA 患者的样本中,研究人员发现由 PUS1 催化的 tRNA 28 位的假尿嘧啶修饰会发生缺失,而其他非 PUS1 底物位点的假尿嘧啶修饰水平未受到影响。此外,通过体外实验研究人员还发现,来源于 MLASA 衍生的细胞系的细胞提取物中 PUS1 蛋白失去了假尿嘧啶修饰的催化活性。但是 PUS1 缺失导致 MLASA 疾病的具体机制目前尚不清楚。

11.7　小结

　　越来越多的证据表明，RNA 修饰对基因表达的调控至关重要。而最近各种新型 RNA 修饰的发现，更是为"RNA 表观遗传学"这一新兴的研究领域注入了持续的动力与活力。类似于组蛋白修饰与组蛋白密码（histone code），现有的各种 RNA 修饰已经形成了一个动态、多元的调控系统。以 mRNA 中的甲基化修饰为例，在 mRNA 的不同区域（类似于组蛋白的不同位点）有不同的甲基化修饰，同时甲基化修饰的种类也是多种多样（类似于组蛋白的不同修饰类型）（见图 11-6）。随着更多技术的开发与更多研究的开展，RNA 修饰调控基因表达的生物学过程与机制一定会更加清楚。

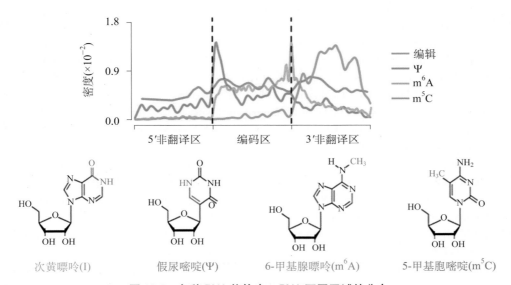

图 11-6　各种 RNA 修饰在 mRNA 不同区域的分布

参考文献

［1］ Motorin Y，Helm M. RNA nucleotide methylation ［J］. Wiley interdiscip Rev RNA，2011，2(5)：611-631.

［2］ Dominissini D，Moshitch-Moshkovitz S，Schwartz S，et al. Topology of the human and mouse m6A RNA methylomes revealed by m6A-seq ［J］. Nature，2012，485(7397)：201-206.

［3］ Meyer K D，Saletore Y，Zumbo P，et al. Comprehensive analysis of mRNA methylation reveals enrichment in 3′UTRs and near stop codons ［J］. Cell，2012，149(7)：1635-1646.

［4］ Lichinchi G，Zhao B S，Wu Y，et al. Dynamics of human and viral RNA methylation during Zika virus infection ［J］. Cell Host Microbe，2016，20(5)：666-673.

［5］ Squires J E，Patel H R，Nousch M，et al. Widespread occurrence of 5-methylcytosine in human coding and non-coding RNA ［J］. Nucleic Acids Res，2012，40(11)：5023-5033.

［6］ Edelheit S，Schwartz S，Mumbach M R，et al. Transcriptome-wide mapping of 5-methylcytidine RNA modifications in bacteria，archaea，and yeast reveals m⁵C within archaeal mRNAs ［J］. PLoS Genet，2013，9(6)：e1003602.

［7］ Dominissini D，Nachtergaele S，Moshitch-Moshkovitz S，et al. The dynamic N（1）-methyladenosine methylome in eukaryotic messenger RNA ［J］. Nature，2016，530（7591）：441-446.

［8］ Li X，Xiong X，Wang K，et al. Transcriptome-wide mapping reveals reversible and dynamic N (1)-methyladenosine methylome ［J］. Nat Chem Biol，2016，12(5)：311-316.

［9］ Li X，Xiong X，Zhang M，et al. Base-resolution mapping reveals distinct m(1)A methylome in nuclear-and mitochondrial-encoded transcripts ［J］. Mol Cell，2017，68(5)：993-1005.

［10］ Safra M，Sas-Chen A，Nir R，et al. The m(1)A landscape on cytosolic and mitochondrial mRNA at single-base resolution ［J］. Nature，2017，551(7679)：251-255.

［11］ Liu J，Yue Y，Han D，et al. A METTL3-METTL14 complex mediates mammalian nuclear RNA N6-adenosine methylation ［J］. Nat Chem Biol，2014，10(2)：93-95.

［12］ Ping X L，Sun B F，Wang L，et al. Mammalian WTAP is a regulatory subunit of the RNA N6-methyladenosine methyltransferase ［J］. Cell Res，2014，24(2)：177-189.

［13］ Schwartz S，Mumbach M R，Jovanovic M，et al. Perturbation of m⁶A writers reveals two distinct classes of mRNA methylation at internal and 5′sites ［J］. Cell Rep，2014，8(1)：284-296.

［14］ Patil D P，Chen C K，Pickering B F，et al. m(6)A RNA methylation promotes XIST-mediated transcriptional repression ［J］. Nature，2016，537(7620)：369-373.

［15］ Pendleton K E，Chen B，Liu K，et al. The U6 snRNA m(6)A methyltransferase METTL16 regulates SAM synthetaseintron retention ［J］. Cell，2017，169(5)：824-835 e14.

［16］ Jia G，Fu Y，Zhao X，et al. N6-methyladenosine in nuclear RNA is a major substrate of the obesity-associated FTO ［J］. Nat Chem Biol，2011，7(12)：885-887.

［17］ Fu Y，Jia G，Pang X，et al. FTO-mediated formation of N6-hydroxymethyladenosine and N6-formyladenosine in mammalian RNA ［J］. Nat Commun，2013，4：1798.

［18］ Zhao X，Yang Y，Sun B F，et al. FTO-dependent demethylation of N6-methyladenosine regulates mRNA splicing and is required for adipogenesis ［J］. Cell Res，2014，24（12）：1403-1419.

［19］ Zheng G，Dahl J A，Niu Y，et al. ALKBH5 is a mammalian RNA demethylase that impacts RNA metabolism and mouse fertility ［J］. Mol Cell，2013，49(1)：18-29.

［20］ Martinez-Perez M，Aparicio F，Lopez-Gresa M P，et al. Arabidopsis m（6）A demethylase activity modulates viral infection of a plant virus and the m(6)A abundance in its genomic RNAs ［J］. Proc Natl Acad Sci U S A，2017，114(40)：10755-10760.

［21］ Duan H C，Wei L H，Zhang C，et al. ALKBH10B is an RNA N6-methyladenosine demethylase affecting Arabidopsis floral transition ［J］. Plant Cell，2017，29(12)：2995-3011.

［22］ Wang X，Zhao B S，Roundtree I A，et al. N（6）-methyladenosine modulates messenger RNA translation efficiency ［J］. Cell，2015，161(6)：1388-1399.

［23］ Wang X，Lu Z，Gomez A，et al. N6-methyladenosine-dependent regulation of messenger RNA stability [J]. Nature, 2014,505(7481): 117-120.

[24] Xiao W, Adhikari S, Dahal U, et al. Nuclear m(6)A reader YTHDC1 regulates mRNA splicing [J]. Mol Cell, 2016,61(4): 507-519.

[25] Alarcon C R, Goodarzi H, Lee H, et al. HNRNPA2B1 is a mediator of m(6)A-dependent nuclear RNA processing events [J]. Cell, 2015,162(6): 1299-1308.

[26] Liu N, Dai Q, Zheng G, et al. N(6)-methyladenosine-dependent RNA structural switches regulate RNA-protein interactions [J]. Nature, 2015,518(7540): 560-564.

[27] Zhou J, Wan J, Gao X, et al. Dynamic mA mRNA methylation directs translational control of heat shock response [J]. Nature, 2015,526(7574): 591-594.

[28] Shi H, Wang X, Lu Z, et al. YTHDF3 facilitates translation and decay of N(6)-methyladenosine-modified RNA [J]. Cell Res, 2017,27(3): 315-328.

[29] Li A, Chen Y S, Ping X L, et al. Cytoplasmic m(6)A reader YTHDF3 promotes mRNA translation [J]. Cell Res, 2017,27(3): 444-447.

[30] Roundtree I A, Luo G Z, Zhang Z, et al. YTHDC1 mediates nuclear export of N(6)-methyladenosine methylated mRNAs [J]. Elife, 2017,6. doi: 10.7554/eLife.31311.

[31] Hsu P J, Zhu Y, Ma H, et al. Ythdc2 is an N(6)-methyladenosine binding protein that regulates mammalian spermatogenesis [J]. Cell Res, 2017,27(9): 1115-1127.

[32] Wojtas M N, Pandey R R, Mendel M, et al. Regulation of m(6)A transcripts by the $3'\rightarrow5'$ RNA helicase YTHDC2 is essential for a successful meiotic program in the mammalian germline [J]. Mol Cell, 2017,68(2): 374-387. e12.

[33] Hussain S, Sajini A A, Blanco S, et al. NSun2-mediated cytosine-5 methylation of vault noncoding RNA determines its processing into regulatory small RNAs [J]. Cell Rep, 2013,4(2): 255-261.

[34] Khoddami V, Cairns B R. Identification of direct targets and modified bases of RNA cytosine methyltransferases [J]. Nat Biotechnol, 2013,31(5): 458-464.

[35] Fu L, Guerrero C R, Zhong N, et al. Tet-mediated formation of 5-hydroxymethylcytosine in RNA [J]. J Am Chem Soc, 2014,136(33): 11582-11585.

[36] Haag S, Sloan K E, Ranjan N, et al. NSUN3 and ABH1 modify the wobble position of mt-tRNAMet to expand codon recognition in mitochondrial translation [J]. EMBO J, 2016,35(19): 2104-2119.

[37] Yang X, Yang Y, Sun B F, et al. 5-methylcytosine promotes mRNA export-NSUN2 as the methyltransferase and ALYREF as an m^5C reader [J]. Cell Res, 2017,27(5): 606-625.

[38] Carlile T M, Rojas-Duran M F, Zinshteyn B, et al. Pseudouridine profiling reveals regulated mRNA pseudouridylation in yeast and human cells [J]. Nature, 2014,515(7525): 143-146.

[39] Li X, Zhu P, Ma S, et al. Chemical pulldown reveals dynamic pseudouridylation of the mammalian transcriptome [J]. Nat Chem Biol, 2015,11(8): 592-597.

[40] Safra M, Nir R, Farouq D, et al. TRUB1 is the predominant pseudouridine synthase acting on mammalian mRNA via a predictable and conserved code [J]. Genome Res, 2017, 27(3): 393-406.

[41] Linder B, Grozhik A V, Olarerin-George A O, et al. Single-nucleotide-resolution mapping of m^6A and m^6Am throughout the transcriptome [J]. Nat Methods, 2015,12(8): 767-772.

[42] Mauer J, Luo X, Blanjoie A, et al. Reversible methylation of m^6Am in the $5'$ cap controls mRNA stability [J]. Nature, 2017,541(7637): 371-375.

［43］ Kellner S，Burhenne J，Helm M． Detection of RNA modifications ［J］． RNA Biol，2010，7(2)：237-247．

［44］ Grosjean H，Keith G，Droogmans L． Detection and quantification of modified nucleotides in RNA using thin-layer chromatography ［J］． Methods Mol Biol，2004，265：357-391．

［45］ Nees G，Kaufmann A，Bauer S． Detection of RNA modifications by HPLC analysis and competitive ELISA ［J］． Methods Mol Biol，2014，1169：3-14．

［46］ Brandmayr C，Wagner M，Bruckl T，et al． Isotope-based analysis of modified tRNA nucleosides correlates modification density with translational efficiency ［J］． Angew Chem Int Ed Engl，2012，51(44)：11162-11165．

［47］ Chan C T，Dyavaiah M，Demott M S，et al． A quantitative systems approach reveals dynamic control of tRNA modifications during cellular stress ［J］． PLoS Genet，2010，6(12)：e1001247．

［48］ Liu N，Parisien M，Dai Q，et al． Probing N6-methyladenosine RNA modification status at single nucleotide resolution in mRNA and long noncoding RNA ［J］． RNA，2013，19(12)：1848-1856．

［49］ Saikia M，Dai Q，Decatur W A，et al． A systematic，ligation-based approach to study RNA modifications ［J］． RNA，2006，12(11)：2025-2033．

［50］ Schwartz S，Agarwala S D，Mumbach M R，et al． High-resolution mapping reveals a conserved，widespread，dynamic mRNA methylation program in yeast meiosis ［J］． Cell，2013，155(6)：1409-1421．

［51］ Chen K，Lu Z，Wang X，et al． High-resolution N(6)-methyladenosine (m(6)A) map using photo-crosslinking-assisted m(6)A sequencing ［J］． Angew Chem Int Ed Engl，2015，54(5)：1587-1590．

［52］ Ke S，Alemu E A，Mertens C，et al． A majority of m^6A residues are in the last exons，allowing the potential for 3′UTR regulation ［J］． Genes Dev，2015，29(19)：2037-2053．

［53］ Schaefer M，Pollex T，Hanna K，et al． RNA cytosine methylation analysis by bisulfite sequencing ［J］． Nucleic Acids Res，2009，37(2)：e12．

［54］ Suzuki T，Ueda H，Okada S，et al． Transcriptome-wide identification of adenosine-to-inosine editing using the ICE-seq method ［J］． Nat Protoc，2015，10(5)：715-732．

［55］ Alarcon C R，Lee H，Goodarzi H，et al． N6-methyladenosine marks primary microRNAs for processing ［J］． Nature，2015，519(7544)：482-485．

［56］ Chen T，Hao Y J，Zhang Y，et al． m(6)A RNA methylation is regulated by microRNAs and promotes reprogramming to pluripotency ［J］． Cell Stem Cell，2015，16(3)：289-301．

［57］ Luo G Z，Macqueen A，Zheng G，et al． Unique features of the m^6A methylome in Arabidopsis thaliana ［J］． Nat Commun，2014，5：5630．

［58］ Li Y，Wang X，Li C，et al． Transcriptome-wide N(6)-methyladenosine profiling of rice callus and leaf reveals the presence of tissue-specific competitors involved in selective mRNA modification ［J］． RNA Biol，2014，11(9)：1180-1188．

［59］ Amort T，Rieder D，Wille A，et al． Distinct 5-methylcytosine profiles in poly (A) RNA from mouse embryonic stem cells and brain ［J］． Genome Biol，2017，18(1)：1．

［60］ David R，Burgess A，Parker B，et al． Transcriptome-wide mapping of RNA 5-methylcytosine in Arabidopsis mRNAs and non-coding RNAs ［J］． Plant Cell，2017，29(3)：445-460．

［61］ Schwartz S，Bernstein D A，Mumbach M R，et al． Transcriptome-wide mapping reveals widespread dynamic-regulated pseudouridylation of ncRNA and mRNA ［J］． Cell，2014，159(1)：148-162．

［62］ Lei Z, Yi C. A radiolabeling-free, qPCR-based method for locus-specific pseudouridine detection [J]. Angew Chem Int Ed Engl, 2017,56(47): 14878-14882.

［63］ Fustin J M, Doi M, Yamaguchi Y, et al. RNA-methylation-dependent RNA processing controls the speed of the circadian clock [J]. Cell, 2013,155(4): 793-806.

［64］ Meyer K D, Patil D P, Zhou J, et al. 5′UTR m(6)A promotes cap-independent translation [J]. Cell, 2015,163(4): 999-1010.

［65］ Lin S, Choe J, Du P, et al. The m(6)A methyltransferase METTL3 promotes translation in human cancer cells [J]. Mol Cell, 2016,62(3): 335-345.

［66］ Amort T, Souliere M F, Wille A, et al. Long non-coding RNAs as targets for cytosine methylation [J]. RNA Biol, 2013,10(6): 1003-1008.

［67］ Karijolich J, Yu Y T. Converting nonsense codons into sense codons by targeted pseudouridylation [J]. Nature, 2011,474(7351): 395-398.

［68］ Jack K, Bellodi C, Landry D M, et al. rRNA pseudouridylation defects affect ribosomal ligand binding and translational fidelity from yeast to human cells [J]. Mol Cell, 2011,44(4): 660-666.

［69］ Clancy M J, Shambaugh M E, Timpte C S, et al. Induction of sporulation in Saccharomyces cerevisiae leads to the formation of N6-methyladenosine in mRNA: a potential mechanism for the activity of the IME4 gene [J]. Nucleic Acids Res, 2002,30(20): 4509-4518.

［70］ Zhong S, Li H, Bodi Z, et al. MTA is an Arabidopsis messenger RNA adenosine methylase and interacts with a homolog of a sex-specific splicing factor [J]. Plant Cell, 2008, 20 (5): 1278-1288.

［71］ Bodi Z, Zhong S, Mehra S, et al. Adenosine methylation in Arabidopsis mRNA is associated with the 3′end and reduced levels cause developmental defects [J]. Front Plant Sci, 2012,3: 48.

［72］ Wang Y, Li Y, Toth J I, et al. N6-methyladenosine modification destabilizes developmental regulators in embryonic stem cells [J]. Nat Cell Biol, 2014,16(2): 191-198.

［73］ Bodi Z, Button J D, Grierson D, et al. Yeast targets for mRNA methylation [J]. Nucleic Acids Res, 2010,38(16): 5327-5335.

［74］ Hongay C F, Orr-Weaver T L. Drosophila Inducer of MEiosis 4 (IME4) is required for Notch signaling during oogenesis [J]. Proc Natl Acad Sci U S A, 2011,108(36): 14855-14860.

［75］ Xu K, Yang Y, Feng G H, et al. Mettl3-mediated m(6)A regulates spermatogonial differentiation and meiosis initiation [J]. Cell Res, 2017,27(9): 1100-1114.

［76］ Ivanova I, Much C, Di Giacomo M, et al. The RNA m(6)A reader YTHDF2 is essential for the post-transcriptional regulation of the maternal transcriptome and oocyte competence [J]. Mol Cell, 2017,67(6): 1059-1067. e4.

［77］ Batista P J, Molinie B, Wang J, et al. m(6)A RNA modification controls cell fate transition in mammalian embryonic stem cells [J]. Cell Stem Cell, 2014,15(6): 707-719.

［78］ Aguilo F, Zhang F, Sancho A, et al. Coordination of m(6)A mRNA methylation and gene transcription by ZFP217 regulates pluripotency and reprogramming [J]. Cell Stem Cell, 2015,17 (6): 689-704.

［79］ Geula S, Moshitch-Moshkovitz S, Dominissini D, et al. Stem cells. m^6A mRNA methylation facilitates resolution of naive pluripotency toward differentiation [J]. Science, 2015,347(6225): 1002-1006.

［80］ Zhao B S, Wang X, Beadell A V, et al. m(6)A-dependent maternal mRNA clearance facilitates zebrafish maternal-to-zygotic transition [J]. Nature, 2017,542(7642): 475-478.

［81］ Moindrot B，Cerase A，Coker H，et al． A pooled shRNA screen identifies Rbm15，Spen，and Wtap as factors required for Xist RNA-mediated silencing［J］． Cell Rep，2015，12(4)：562-572.

［82］ Haussmann I U，Bodi Z，Sanchez-Moran E，et al． m(6)A potentiates Sxl alternative pre-mRNA splicing for robust Drosophila sex determination［J］． Nature，2016，540(7632)：301-304.

［83］ Lence T，Akhtar J，Bayer M，et al． m(6)A modulates neuronal functions and sex determination in Drosophila［J］． Nature，2016，540(7632)：242-247.

［84］ Li Z，Weng H，Su R，et al． FTO plays an oncogenic role in acute myeloid leukemia as a N(6)-methyladenosine RNA demethylase［J］． Cancer Cell，2017，31(1)：127-141.

［85］ Zhang C，Samanta D，Lu H，et al． Hypoxia induces the breast cancer stem cell phenotype by HIF-dependent and ALKBH5-mediated m(6)A-demethylation of NANOG mRNA［J］． Proc Natl Acad Sci U S A，2016，113(14)：E2047-E2056.

［86］ Zhang S，Zhao B S，Zhou A，et al． m(6)A demethylase ALKBH5 maintains tumorigenicity of glioblastoma stem-like cells by sustaining FOXM1 expression and cell proliferation program［J］． Cancer Cell，2017，31(4)：591-606. e6.

［87］ Tanabe A，Tanikawa K，Tsunetomi M，et al． RNA helicase YTHDC2 promotes cancer metastasis via the enhancement of the efficiency by which HIF-1alpha mRNA is translated［J］． Cancer Lett，2016，376(1)：34-42.

［88］ Lichinchi G，Gao S，Saletore Y，et al． Dynamics of the human and viral m(6)A RNA methylomes during HIV-1 infection of T cells［J］． Nat Microbiol，2016，1：16011.

［89］ Tirumuru N，Zhao B S，Lu W，et al． Correction：N(6)-methyladenosine of HIV-1 RNA regulates viral infection and HIV-1 Gag protein expression［J］． Elife，2017，6.

［90］ Xiang Y，Laurent B，Hsu C H，et al． RNA m(6)A methylation regulates the ultraviolet-induced DNA damage response［J］． Nature，2017，543(7646)：573-576.

12

表观遗传介导的细胞命运改变和再生医学

前文已经对表观遗传学的定义以及表观遗传修饰的基本功能和应用进行了一定的介绍。干细胞和再生医学，被认为是 21 世纪生命科学领域最有活力、最有前景的学科之一，本章将聚焦于干细胞和再生医学里面的表观遗传学。

1998 年，美国威斯康星大学的 James Thomson 在 *Science* 杂志上报道他们用卵裂期人类囊胚中的内细胞团建立了人胚胎干细胞系[1]，从此翻开了干细胞研究的新篇章。胚胎干细胞具有在未分化状态下无限增殖的能力（自我更新）以及分化成所有身体组织细胞的潜能（多能性），从而受到了人们极大的关注。近 20 年来，干细胞领域的研究者们进行了大量诱导干细胞向不同组织细胞类型分化的研究：在特定培养条件和诱导分子作用下，胚胎干细胞能够在培养皿中分化成为神经细胞、胰岛细胞、肌肉细胞、肝脏细胞及内皮细胞等。这些基础研究成果为人类疾病治疗带来了福音，人们期望在不久的将来利用特定培养条件将胚胎干细胞定向诱导分化成不同类型的细胞以作为细胞治疗、组织替代治疗甚至器官移植的供体，用于治疗帕金森病、阿尔茨海默病、脊髓损伤、糖尿病及心血管疾病等疑难病症。这种期望，对于已逐步迈入老龄化社会，同时心脑血管疾病、糖尿病及神经退行性疾病等发病率居高不下的中国尤为重要。

2006 年，日本科学家山中伸弥（Shinya Yamanaka）等研发出一种全新的方案，通过外源导入几个基因到成纤维细胞使小鼠体细胞变成一种诱导性多能干细胞（induced pluripotent stem cell，iPSC）[2]，这种方案随即在人的体细胞上也得以成功实现。诱导性多能干细胞具有与胚胎干细胞高度相似的特征：形态相同，基因转录表达谱相似，全基因组的染色体开放程度和修饰特征相同，功能上也可以自我更新，并具有体内和体外多向分化的能力。诱导性多能干细胞具有胚胎干细胞的干性特征，同时避免了建立胚胎干细胞涉及破坏早期胚胎的伦理问题,理论上也可以尽量减弱移植可能造成的免疫排斥反应,因此,诱导性多能干细胞可以更好地用于疾病模型的建立、细胞移植、药物筛选和新药的发现,扩大了干细胞的应用前景。2014 年,日本科学家高桥雅代(Masayo Takahashi)课题组进行了全世界第一例诱导性多能干细胞的临床试验,把老年性黄斑变性(senile macular degeneration,SMD)患者自身来源的诱导性多能干细胞产生的视网膜色素上皮细胞移植到患者眼部,发现可以缓解患者的黄斑退化并提高患者的视力。这是诱导性多能干细胞技术应用中颇具重要意义的一步,也预示着诱导性多能干细胞技术在临床上的巨大应用前景(见图 12-1)。

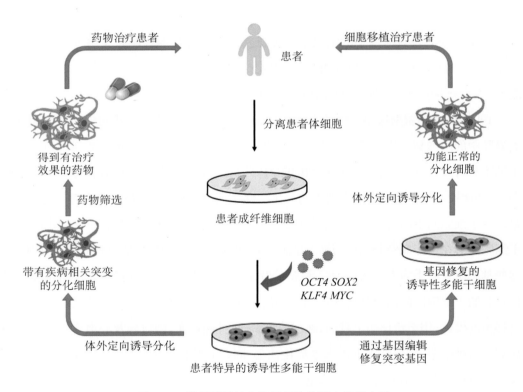

图 12-1　基于诱导性多能干细胞的再生医学应用

通过将患者体细胞进行体外重编程,得到诱导性多能干细胞。一方面,可以将得到的患者特异的诱导性多能干细胞进行体外定向分化,得到具有特定疾病模型的分化细胞,利用该模型可以进行药物筛选,得到有治疗功效的药物;另一方面,可以利用基因编辑技术纠正诱导性多能干细胞的致病基因,得到正常的多能干细胞,进行体外分化得到体细胞,移植到患者体内

纵观干细胞生物学发展的历史,从根本上来讲,干细胞生物学的基本科学问题可以概括为两个,即怎样得到干细胞以及怎样利用干细胞得到分化的功能性细胞。第一个

问题是细胞重编程的问题,即如何使相对容易获得的体细胞通过逆转细胞命运变成能自我更新、有多向分化潜能的干细胞;第二个问题是细胞分化的问题,即如何诱导干细胞定向分化产生有特定功能的细胞。辩证而言,也可以简化为同一个问题,即细胞命运是如何决定和改变的。值得一提的是,这种决定和改变一般是不涉及 DNA 序列改变的,经过命运改变之后的细胞仍然具有同样的基因组,这属于表观遗传学的研究范畴。

表观遗传的改变是指在不改变 DNA 序列的前提下,通过某些机制引起的可在子代细胞中维持的基因表达或细胞表型的变化。表观遗传的调控,实际上是细胞多样性产生和应用的基础。如果只看人体一个个细胞的基因组,那么几乎所有的细胞都应该是一样的,但神经细胞之所以是神经细胞而不是皮肤细胞,离不开表观遗传调控的重大作用。在体细胞重编程和干细胞分化的过程中,体细胞重编程成多能干细胞并将均一类似的多能干细胞诱导分化成各种不同谱系的细胞,都离不开表观遗传的调控。对干细胞表观遗传调控机制的研究至少可以立足于以下两个方面:第一,分析细胞命运决定和改变过程中表观遗传调控的变化和规律;第二,通过分析发育过程中表观遗传调控的变化,为体外分化和逆向分化(即重编程)提供新的思路和更高效的诱导方式。

12.1 体细胞重编程和表观遗传学

干细胞生物学的基本科学问题之一就是如何得到具有多向分化潜能的干细胞。分化的体细胞可以重编程为具有多能性的干细胞,这一过程可以通过将细胞核移植到去核的卵母细胞,或将体细胞与干细胞进行融合,或者是外源过表达特定的基因实现[3]。核移植重编程率先证明卵母细胞的细胞质中存在可以诱导细胞核重编程的物质,但是由于其细胞质成分复杂,人们并不清楚导致重编程的具体机制。体细胞与干细胞杂交融合说明杂交后干性细胞状态占据主导地位,摆脱了另一半的体细胞状态。此外,在成纤维细胞里过表达肌肉特异基因 *MYOD*,可以将成纤维细胞转变为成肌细胞,这一研究证明转录因子可以改变细胞命运。这些工作,最终带来了开创性突破——诱导性多能干细胞的产生:日本科学家山中伸弥实验室通过外源表达 4 个转录因子 OCT4、SOX2、KLF4 和 MYC(简称 OSKM,又称 Yamanaka 因子)实现了体细胞的诱导性重编程[2]。更为重要的是,诱导性多能干细胞提供了一个可以在生化和遗传方面跟踪的研究体系,可以帮助探究细胞命运转变过程中的机制,为再生医学以及精准医疗提供新的思路。

分化的体细胞和诱导性多能干细胞具有相同的基因组，但是却具有截然不同的形态和特征，这主要是由两者特异的表观遗传修饰所决定。1957年，Waddington提出的表观遗传模型描述了哺乳动物发育过程中表观遗传的作用：受精卵向体细胞的分化过程就如同山顶上向下滚落的石头，细胞不同的分化状态由不同的表观遗传所限定和维持。重编程过程中，表观遗传学修饰发生着动态的变化，其中包括DNA甲基化，组蛋白乙酰化、甲基化，以及涉及染色体组蛋白变体和高级结构等方面的变化。诱导性重编程就是打破原有的表观遗传障碍，将石头从山底向上推动，逆转"发育时钟"，重新赋予体细胞"多能性"。下面将介绍体细胞重编程过程中细胞表观遗传学的变化，以及如何通过改变表观遗传学的不同修饰调控重编程。

12.1.1 基本的体细胞重编程

Yamanaka因子介导的体细胞重编程是一个相对漫长（2～3周）和低效（0.1%～3%）的过程，意味着这些转录因子需要克服一系列的表观遗传障碍。这些表观遗传障碍是细胞在分化过程中逐渐建立在染色质上的，以维持细胞的特性并且抑制细胞命运的改变。诱导重编程经历了一系列分子和细胞层面的改变：在诱导重编程发生前期，成纤维细胞会下调体细胞相关的标记基因，在后期会逐渐激活干性相关的基因（诱导性多能干细胞前体阶段）；一旦细胞开始表达内源的核心干性基因，包括 *OCT4*、*SOX2* 和 *NANOG*，形成稳定的干性调控网络，细胞就可以自我维持而不再需要外源转录因子的表达。这一后期过程伴随着端粒酶的表达上调和可以几近无限增殖等特性的出现，这些也是胚胎干细胞的重要特征[4]。

已有研究表明，Yamanaka因子中，OCT4/KLF4/SOX2 和 MYC 在诱导和维持多能性中扮演着不同的角色。在通常条件下，不同类型的体细胞进行诱导重编程都需要 OCT4/KLF4/SOX2 这3个转录因子。它们作为先驱因子可以抑制分化相关基因和激活胚胎干细胞相关的基因，最终建立并维持干性网络。MYC 主要在重编程早期起作用，通过促进细胞的增殖，改变代谢途径（从有氧代谢转变为糖酵解代谢）；也有研究显示 MYC 可以诱导转录终止复合物释放，促进 RNA 聚合酶再次结合到 DNA 上，最终提高目的基因的转录水平。因此，MYC 的过表达可以提高诱导重编程效率，加快重编程进程，但是对于诱导性多能干细胞的产生并不是必需的。

然而，Yamanaka因子中的任何一个都可以被其他的转录因子、上游表观遗传修饰因子或者 miRNA 替代。更为重要的是,通过对重编程机制的详细研究发现,联合若干个化学小分子对体细胞进行处理,可以成功逆转细胞命运,赋予体细胞多能性[5],这样就避免了转导 Yamanaka 因子需要的基因操作,为诱导体细胞成为多能干细胞提供了更加简单和安全的方法。这一研究成果,不仅使体细胞重编程摆脱了以往技术手段对卵母细胞或者外源基因的依赖,避开了重编程技术进一步应用所面临的伦理问题,避免了基因操作带来的风险,同时还有助于人们更好地理解细胞命运决定和转变的机制,为未来细胞治疗及人造器官提供了理想的细胞来源和理论基础。

此外,细胞重编程中至关重要的干性因子 OCT4 能够被调控中内胚层发育的分化因子(如 GATA3)代替;SOX2 能够被调控外胚层发育的分化因子(如 GMNN)代替;如果同时表达中内胚层和外胚层相关基因,就可以达到平衡,从而通过同时替代 SOX2 和 OCT4 实现重编程[6],说明抑制这些重要的分化途径可以诱导多能干细胞的产生。另外,重编程的过程中控制体细胞命运的转录因子应该被抑制,如抑制 B 细胞特异转录因子 PAX5 或者过表达它的拮抗因子 C/EBP-α 可以促进 B 细胞重编程成诱导性多能干细胞;相反,过表达控制体细胞的转录因子会维持体细胞的基因表达,抑制干性基因,导致重编程受阻。因此,重编程因子同时起着两方面作用:诱导干性细胞状态,抑制体细胞状态。

12.1.2 组蛋白修饰对重编程的不同影响

在干细胞向终末细胞分化过程中,一些抑制性的组蛋白修饰逐渐建立,同时染色质开始变得更加聚集;而在诱导性重编程过程中,体细胞原有的表观遗传修饰被擦除,新的表观遗传特征逐渐建立,染色质变得开放。染色质的基本组成单位是核小体,主要由 4 种组蛋白 H2A、H2B、H3、H4 形成的八聚体和缠绕在上面的 DNA 组成。这些组蛋白的末端存在着甲基化、乙酰化、磷酸化、泛素化等多种翻译后修饰位点。这些组蛋白修饰或者调节染色质构象使 DNA 暴露或隐蔽,或者提供不同的转录相关复合物的识别位点参与基因转录等过程,这一现象被称为"组蛋白密码"。组蛋白修饰的添加和擦除,是由特定的修饰酶介导的;多种多样的组蛋白修饰酶发挥着不同的功能,对于重编程具有不同的作用和影响。

在诱导性多能干细胞和胚胎干细胞中,染色体处于相对开放的状态,组蛋白乙酰化水平较高。相反,分化的体细胞染色质常处于压缩状态,整体乙酰化水平较低。诱导性多能干细胞产生的过程中,染色体逐渐打开,乙酰化水平有所提升。这一现象说明体细胞重编程会导致乙酰化分布的改变,提示调节乙酰化水平的修饰酶可能积极参与重编程过程。实验数据显示,组蛋白去乙酰化酶 HDAC2 的敲除确实可以提高 Yamanaka 因子诱导的重编程效率和质量。HDAC2 可以抑制诱导性多能干细胞相关基因的表达,抑制诱导性多能干细胞的最终产生;而敲除 HDAC2 可以极大地提高组蛋白乙酰化水平,启动子区组蛋白的乙酰化水平升高促进了对 DNA 去甲基化相关酶 TET1 的招募,从而激活了这些酶基因的表达,促进了诱导性多能干细胞的最终出现。这一发现直接促进了组蛋白去乙酰化酶的小分子抑制剂在诱导性重编程中的利用:丙戊酸、曲古柳菌素 A 和丁酸钠等去乙酰化酶抑制剂可以缩短重编程时间,提高重编程效率,同时可以替换 Yamanaka 因子中的两个——MYC 和 KLF4[7]。

除了组蛋白乙酰化,组蛋白赖氨酸位点的甲基化修饰也是一种普遍的组蛋白修饰。随着科学技术的发展进步,人们可以利用特定的抗体对组蛋白进行免疫沉淀,分离 DNA 再进行基因芯片或者高通量测序(ChIP-Seq),得到组蛋白特定位点修饰的全基因组分布。利用该技术,人们可以充分解读诱导性多能干细胞处于不同阶段的不同组蛋白修饰分布,了解不同组蛋白修饰酶对于重编程的作用。

在很多真核生物中,组蛋白 H3 第 4 位的赖氨酸(H3K4)甲基化被认为是转录激活的标记。H3K4 三甲基化常发生于多能干细胞转录激活基因的启动子区域,单甲基化/二甲基化多位于转录激活基因的增强子区域。一方面,H3K4 甲基化受到 TrxG 复合物的调节,TrxG 的核心成分 WDR5 可以促进 H3K4 三甲基化的形成。在未分化的胚胎干细胞和诱导性多能干细胞中 WDR5 表达量最高,随着分化程度提高表达量逐渐下降;与此一致的是,过表达 WDR5 可以显著提高重编程效率。WDR5 可以与核心干性因子 OCT4/SOX2/NANOG 共同作用促进转录激活;沉默 WDR5 会抑制重编程,在胚胎干细胞或者诱导性多能干细胞中抑制 WDR5 表达会降低 OCT4 调控基因的表达,同时导致干细胞失去自我更新的能力[8]。另一方面,H3K4 去甲基化酶对于诱导重编程同样有作用。H3K4 去甲基化酶 LSD1 可以维持一些发育相关基因调控区域的 H3K4 和组蛋白 H3 第 27 位赖氨酸(H3K27)的甲基化平衡;另外也通过和 DNA 甲基转移酶 DNMT1 相互作用调控 DNA 甲基化和 H3K4 甲基化之间的关系。这些研究在寻找安全有效的重编程方法上起到了非常重要的作用,如 LSD1 抑制剂与 GSK-3 抑制剂 CHIR99021 同时作用,可以减少对重编程因子的需求;LSD1 抑制剂与其他 3 个小分子的组合可以实现不依赖于外源转录因子的重编程,为诱导体细胞成为多能干细胞提供了更加简单和安全的方法。

H3K27 的甲基化对于诱导多能干细胞的产生和维持干细胞的多能性也具有重要作用。一方面,在多能干细胞中,多梳复合体 PRC2 具有催化 H3K27 甲基化的活性,抑制发育相关基因的表达。胚胎干细胞缺失 PRC2 复合物的任一核心组分均会失去 H3K27 三甲基化修饰,同时自我更新能力也会受到影响。在重编程早期,PRC2 复合物和 Yamanaka 因子相互作用,在基因组的不同位置进行 H3K27 三甲基化修饰,有助于下调体细胞相关基因的表达。反之,沉默 PRC2 则会明显降低重编程效率。这些都表明沉默体细胞相关基因的表达对于重编程是非常重要的。另一方面,H3K27 的去甲基化酶 UTX 也可以促进诱导多能性。缺失 UTX 表达的体细胞不能重编程到多能性的干性状态。UTX 直接和核心干性因子 OCT4/SOX2/KLF4 结合,可以激活下游效应因子 SALL4、SALL1 和 UTF1 等,保证诱导重编程过程中 H3K27 去甲基化的高效、稳定和及时,对于重编程到多能性状态具有重要的调节作用[9]。

与上述对重编程具有正向作用的表观遗传修饰因子相反,组蛋白 H3 第 9 位赖氨酸(H3K9)的甲基转移酶会维持体细胞异染色质区域(H3K9 三甲基化修饰一般被认为是染色质浓缩化形成异染色质的标志),是重编程过程中的一个重要障碍。一般条件下得到的诱导性多能干细胞前体具有部分干性特征,但是还没有激活内源的核心干性网络。针对性的筛选实验显示,维生素 C 可以促进诱导性多能干细胞前体向真正的诱导性多能干细胞转变;进一步的研究发现维生素 C 可以特异性降低 H3K9 的甲基化水平。另一方面,胎牛血清中的骨形成蛋白 BMP 可以抑制重编程,其作用主要是通过其直接下游的 H3K9 甲基转移酶 SetDB1 和 SUV39H1 建立并维持诱导性多能干细胞前体状态的表观遗传障碍实现的。沉默 H3K9 甲基转移酶或者过表达 H3K9 去甲基化酶可以促进这种前体状态进一步转变为真正的诱导性多能干细胞[10]。

最近,一项针对各种组蛋白修饰酶在重编程中作用的研究显示 H3K79 甲基转移酶 DOT1L 也是诱导重编程过程的一个障碍。通过利用 RNA 干扰技术沉默组蛋白甲基化相关基因,科学家试图找出对于人体细胞诱导重编程具有正向和负向功能的关键组蛋白修饰因子。这项研究显示,干涉多梳抑制复合物 PRC1 或 PRC2 的核心组成部分会降低重编程效率,然而干涉 SUV39H1、YY1 或 DOT1L 可以显著提高重编程效率。其中,通过 RNA 干扰技术或者小分子抑制剂 DOT1L 可以缩短诱导重编程的时间,极大地提高重编程效率,还可以替代 KLF4 和 MYC 转录因子。全基因组检测 H3K79 二甲基化的分布发现,与上皮-间质转化(EMT)相关的成纤维细胞特异的基因在重编程早期阶段会失去 K79 二甲基化修饰,这些基因在多能性细胞中也处于抑制状态;而抑制 DOT1L 可以促进这一过程,从而加快重编程的发生[11]。这一发现也说明特定的染色体修饰酶可能是诱导重编程的障碍或者促进因素,通过调控这些染色体修饰酶可以更加有效地诱导重编程,同时减少对于转录因子的依赖。

12.1.3　DNA 甲基化与重编程

表观遗传的改变是产生诱导性多能干细胞所必需的。相比于组蛋白上的乙酰化、甲基化等各种修饰,DNA 的甲基化和去甲基化是一个相对缓慢且低效的过程。DNA 甲基化修饰可以影响 DNA 的功能:如果甲基化位点在基因的启动子上,就会抑制该基因的转录。DNA 甲基化对于胚胎发育是非常重要的,同时也和基因印记、X 染色体失活、重复序列的抑制以及衰老和肿瘤发生等生命现象有关。甲基化状态的改变也是诱导产生多能干细胞的重要过程,全基因组甲基化状态的改变主要发生在诱导性多能干细胞产生的最后阶段,推测其可能是诱导性多能干细胞产生的限速步骤,同时 DNA 的甲基化情况决定最终诱导性多能干细胞产生的效率和分化能力。

DNA 甲基化相关的酶主要包括两类:一类是 DNMT1,依赖于 DNA 的复制,并且受到 UHRF1 蛋白(可以识别并结合半甲基化的 DNA 链)的招募,对于复制过程中子代 DNA 甲基化的维持至关重要;另一类是 DNMT3A 和 DNMT3B,其作用不依赖 DNA 的复制,可以在未甲基化的特定位点进行新的甲基化。DNA 去甲基化则包括被动和主动两种途径。DNA 被动去甲基化是指由于 DNMT1 表达的缺失,新合成的 DNA 链不能被甲基化,导致基因组的 DNA 甲基化水平随细胞分裂被"稀释";DNA 主动去甲基化是指由 DNA 甲基氧化酶 TET1/TET2/TET3 介导的氧化联合胸腺嘧啶 DNA 糖基化酶 TDG 及 DNA 碱基修复途径的甲基化修饰去除。TET 蛋白能使 5-甲基胞嘧啶氧化形成 5-羟甲基胞嘧啶,并进一步氧化形成 5-甲酰胞嘧啶和 5-羧基胞嘧啶;后两者能被 TDG 进一步修饰,最终通过碱基修复途径转变为无修饰的胞嘧啶。

DNA 甲基化被认为是最稳定的表观遗传修饰,在胚胎发育过程中可以导致基因的持续性沉默。在分化过程中,组蛋白修饰的改变一般发生在 DNA 甲基化修饰改变之前,说明细胞的发育过程严格遵循特定的层次顺序。在体细胞重编程过程中,DNA 甲基化的改变主要发生在后期,在组蛋白修饰和染色质结构改变之后。DNA 上新位点甲基化对于重编程是非必需的,敲除 DNMT3A/DNMT3B 的小鼠体细胞仍能正常重编程成诱导性多能干细胞；但是干性相关基因的去甲基化对于重编程具有重要作用。DNA 去甲基化的两种途径——被动去甲基化和主动去甲基化——对于产生诱导性多能干细胞都是有作用的。在重编程中期下调 DNMT1，增强 DNA 的被动去甲基化，可以促进中间过程的细胞向最终诱导性多能干细胞的转变，说明 DNA 复制依赖的被动去甲基化对于重编程是有帮助的。主动去甲基化对于重编程具有更直接的影响。实验显示，在 Yamanaka 因子诱导的重编程中，TET2 可诱导核心干性基因如 NANOG、ESRRB 启动子区的羟甲基化，方便其进一步去甲基化从而激活转录。有趣的是，胚胎干细胞中蛋白质组学和基因组学的分析显示，TET1 和 TET2 可以直接与 NANOG 作用，结合到干性基因的靶点上，影响干性网络调控；OCT4、NANOG 和 TET1 可以形成正反馈调控网络，降低 OCT4 和 TET1 启动子区的甲基化水平。另外，过表达 TET1 和 TET2 可以激活原本沉默的干性基因，提高重编程效率。与以上实验现象一致的是，敲除下游酶 TDG 也会严重抑制重编程[12]。这些都说明 DNA 主动去甲基化酶对于诱导重编程的重要作用。

在很多诱导性多能干细胞系中，DNA 的不彻底去甲基化或者再次甲基化是表观遗传记忆残留的主要原因。不同来源的体细胞具有不同的转录和表观遗传特征，这些特征对于该体细胞诱导的多能干细胞的分化潜能具有影响。在体细胞中，很多干性相关的基因和调控区域可以被组蛋白 H3K9 三甲基化和 DNA 甲基化共同覆盖，从而共同控制基因的沉默。而诱导过程中不能彻底去甲基化的区域会被 H3K9 甲基化大量修饰，其中部分区域被定义为"耐受区域"，不能被 OSKM 转录因子结合以激活表达。研究显示，低代次的诱导性多能干细胞会残留一些来源细胞的甲基化特征，导致诱导性多能干细胞易于分化为供体细胞相关的胚层细胞，而不利于分化为其他类型细胞，限制了诱导性多能干细胞的分化能力。这也促使科学家寻找合适的方法进行克服，如通过分化、连续重编程或者调节染色体修饰的小分子以改变供体细胞的表观记忆。

基因组印记是另一种跟 DNA 甲基化相关的复杂的表观遗传学现象，主要发生在哺乳动物中，它使基因呈现出亲本依赖性的差异表达，对个体的生长和发育起到了关键的调控作用。在诱导重编程过程中，干性相关基因、发育相关基因和组织特异的基因的表观遗传学状态都被重编程，但是亲本来源的特异的表观印记却不会被重编程，同时确保了印记基因特定单一等位基因表达的维持。在差异甲基化区域的印记可以逃脱整体的重编程，基因组印记能得以保持，但是如果印记基因没有正常维持，就会降低诱导性干细胞的多能性，成为诱导性多能干细胞研究的主要障碍。通过比较胚胎干细胞和诱导性多能干细胞,发现诱导性多能干细胞的 Dlk1-Dio3 印记基因簇会被异常沉默,导致其很难形成嵌合小鼠,也不能通过四倍体补偿技术形成完全诱导性多能干细胞来源的小鼠[13]。而添加维生素 C 有助于抑制 Dlk1-Dio3 的高甲基化,其机制可能是维生素 C 对于 TET 家族蛋白的激活,导致 DNA 的主动去甲基化[14]。这些结果说明,诱导重编程过程的培养基添加物可以影响得到的诱导性多能干细胞的表观遗传学和生物学特征。

12.1.4　染色体组蛋白变体

除了常见的组蛋白 H2A、H2B、H3 和 H4 构成核小体,一些组蛋白变体也可以作为核小体的组成部分,因此增加了核小体动态调节的复杂性和染色质结构的多样性。染色体组蛋白变体相对于常规的组蛋白在一些基本的氨基酸序列上有明显不同,表达水平也更低。染色体的基本构成和组蛋白变体决定了核小体的分布位置和密度,这通常也影响了核小体重塑的能力。越来越多的证据显示染色质重塑对于调节诱导重编程有重要影响,而不同的组蛋白变体具有不同的结构和功能,对于诱导重编程也有不同的影响。

在核移植过程中,卵细胞中的很多成分对于重编程具有重要作用。在诱导性多能干细胞产生过程中,同时表达卵细胞特异的 H2A 组蛋白变体如 TH2A/TH2B,可以促进重编程。然而,一些组蛋白异构体对于诱导性多能干细胞有一些不利的影响,组蛋白异构体 marcoH2A 就是一个例子。marcoH2A 在人的体细胞中表达较高,但是在重编程到干性状态过程中会有所下调。在人的角质细胞中人为降低 marcoH2A 表达可以提高重编程效率,过表达 marcoH2A 则抑制重编程。全基因组检测人角质细胞 macroH2A 的分布发现,macroH2A 主要分布在与干性相关或调控发育的基因上,这些基因处于非常低的表达水平。这些位点上的 macroH2A 在重编程过程中会抑制 H3K4 甲基化修饰,这意味着 macroH2A 作为抑制基因表达的组蛋白变体,维持并控制着细胞的特性与命运。总的来说,有些组蛋白变体对于诱导重编程具有正向作用,而有些则起负向作用。

另外,染色体组蛋白变体的分布可作为评判诱导性多能干细胞质量的功能性表观遗传学标记,同时也帮助人们找到更高质量的重编程方法。H2A.X 是组蛋白 H2A 的一个变体,在哺乳动物基因组中构成核小体的 1%～10%。H2A.X 可以作为功能性标记用来区分不同小鼠诱导性多能干细胞系的发育潜能。在小鼠胚胎干细胞中,H2A.X 特异性结合到调控胚外谱系发育相关的基因上,抑制其表达,进而防止胚胎干细胞向滋养层细胞分化。如果诱导性多能干细胞获得了与胚胎干细胞相似的 H2A.X 分布模式,这样的诱导性多能干细胞就可以通过四倍体补偿形成完全由诱导性多能干细胞发育而来的胚胎（确定小鼠全能性的"金标准"）。相反，如果诱导性多能干细胞产生了不正常的 H2A.X 分布，就会上调胚外细胞相关基因，易于向胚外分化，不能通过四倍体胚胎技术形成完整胚胎[15]。另外，在小鼠胚胎成纤维细胞中过表达 SALL4/NANOG/ESRRB/LIN28 也可以实现诱导重编程，虽然效率要比过表达 Yamanaka 四因子低，但是可以有更高的嵌合效率和四倍体补偿成功率。在这些低质量和高质量的诱导性多能干细胞中，DNA 甲基化分布没有区别；通过单细胞测序技术分析主要调控因子的表达和整体异染色质化，也没有显示明显区别；但是，在低质量的诱导性多能干细胞中，H2A.X 会呈现不正常的分布而导致部分基因存在表达差异[16]。这些数据说明，转录因子的选择不仅会影响重编程的效率，还会影响得到的诱导性多能干细胞的质量；同时，H2A.X 的分布情况可以作为评判诱导性多能干细胞质量的一个标准。

12.1.5　染色质重塑复合物和组蛋白分子伴侣对重编程的影响

染色质的结构变化又称为染色质重塑，是对染色体结构的动态改变，可以帮助具有调控转录功能的蛋白质结合到基因组 DNA 上，从而控制基因的表达。染色质重塑调节着基因转录、DNA 修复、程序性细胞死亡等多种细胞基本生命活动过程。在体细胞的诱导重编程过程中，体细胞的染色体结构发生着动态改变，不同的染色质重塑因子也发挥着不同的作用。

针对重编程过程中 OCT4 的激活情况，进行蛋白质组学分析发现 ATP 依赖的 BAF 染色质重塑复合物可以提高 Yamanaka 因子诱导的重编程效率；过表达 BAF 的成分可以替代 MYC 实现高效的重编程。进一步分析发现，重编程中过表达 BAF 相关蛋白可以加快 OCT4、NANOG 和 REX1 启动子的去甲基化，并帮助重编程过程中 OCT4 结合到其调控基因的启动子上，从而促进重编程[17]。这一研究证明了染色质重塑蛋白可以影响体细胞重编程过程中诱导性多能干细胞的产生。

染色体结构的重塑除了受到 ATP 依赖的染色质重塑复合物的影响，还依赖于组蛋白分子伴侣。组蛋白分子伴侣最重要的功能是在 DNA 复制、修复和基因转录过程中介导核小体的解离和重新组装以及参与组蛋白的储存、转运等。细胞分化过程会经历染色体结构的重塑，一些因素会控制细胞的状态使其命运不易发生改变。通过对染色体相关蛋白的 RNA 干扰进行筛选，科学家发现在小鼠成纤维细胞中染色质组装因子

CAF-1 是诱导重编程的一大障碍。抑制染色质组装因子 CAF-1 会加快诱导重编程过程,提高重编程效率。这一效果是通过降低 H3K9 甲基化水平影响染色质的动态变化,使染色质更加开放,从而在诱导性多能干细胞形成过程中帮助转录因子更好地结合到干性基因的调控区域,促进干性基因的表达[18]。

诱导重编程的实现为研究者提供了一个独一无二的平台来研究分子、细胞层面的变化过程和细胞命运转变过程的基本原理。体细胞和多能干细胞具有相同的基因组,但是各自的表观遗传组状态有很大不同。诱导重编程是一个复杂且相对漫长的过程,转录因子需要克服一系列的表观遗传障碍实现重编程。通过分析诱导重编程过程的变化机制及表观遗传修饰的改变,科学家已经可以利用不同的转录因子组合替代 Yamanaka 因子,降低 Yamanaka 因子(主要是 MYC)带来的潜在致瘤性。更为重要的是,使用小分子化合物的组合对体细胞进行处理,可以实现诱导重编程,避免导入外源转录因子(见图 12-2)。通过对重编程过程的深入了解,体细胞诱导重编程的方法将会

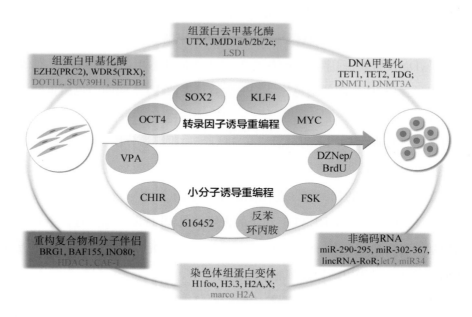

图 12-2 表观遗传修饰相关因子对于重编程的作用

细胞重编程过程经历着表观遗传学的改变和重新建立,包括组蛋白乙酰化、甲基化,DNA 甲基化,染色体结构和一些非编码 RNA 介导的修饰。不同的表观遗传修饰相关因子对于重编程具有不同的作用,黑色代表对于重编程有正向作用,红色代表对于重编程有负向作用。除了最经典的 Yamanaka 因子(OCT4、SOX2、KLF4、MYC 4 个转录因子)可以诱导体细胞重编程外,来源于对重编程机制的表观遗传学等研究揭示出的小分子组合[VPA、CHIR99021、反苯环丙胺(tranylcypromine)、616452、腺苷酸环化酶激活剂(forskolin, FSK)、DZNep 或 BrdU]也可以实现细胞命运的转变,诱导体细胞重编程

更加安全有效,得到的诱导性多能干细胞对于人类的医疗领域将产生颠覆性影响。此外,与生物工程、生物材料等的结合将进一步推动干细胞技术的发展,加速再生医学在整个医学领域的研究进程。

12.2 干细胞分化和表观遗传学

上述介绍的是如何获得干细胞,接下来将要讨论干细胞的定向分化,即如何从干细胞得到功能性的分化细胞(见图 12-3)。其主要思路就是利用生长因子或者信号小分子对多能干细胞进行定向诱导,一步步重现体内重大发育事件,最后得到终末分化的功能细胞。胚胎发育从受精卵发育成囊胚开始,位于囊胚内部的内细胞团被认为是整个胚胎的起点。内细胞团的细胞可以分化为内、中、外三个胚层,进而发育为整个生物个体。人们普遍认为,干细胞的体外分化过程,部分或大部分重现了体内发育过程的重大事件。因而,在干细胞体外分化的研究中,研究人员是通过对体内发育过程的推演进行逐步体外分化探索的。也就是说,基于个体发育生物学的研究和体外分化的探索是相辅相成、互成依据的。具有无限增殖能力的胚胎干细胞和诱导性多能干细胞分化可以产生各种功能性的成熟细胞,这使再生医学具有极大的吸引力及无限可能。

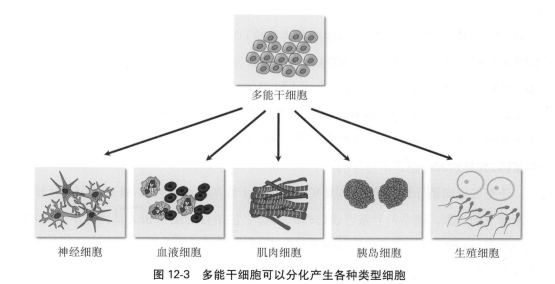

图 12-3　多能干细胞可以分化产生各种类型细胞

12.2.1 DNA 甲基化与干细胞定向诱导分化

在表观遗传的研究中,研究最早的是 DNA 甲基化。DNA 甲基转移酶家族(DNMT1 和 DNMT3A/3B)在建立和维持基因组甲基化的模式中起关键作用。随着科技的进步,人们已经可以进行全基因组的甲基化分析,甚至可以进行单细胞全基因组的甲基化分析,这无疑是研究甲基化对细胞命运调控的利器。DNA 甲基化的调控主要包括甲基化(甲基添加)和去甲基化(甲基移除)。发生在基因调控元件(如增强子、转录因子结合位点和基因的启动子区域)的甲基化修饰在调节基因的表达上起着关键的作用。一般而言,启动子区域的 DNA 甲基化程度与基因的转录成反比关系。

DNA 的甲基化对干细胞多能性的维持和发育有重要作用。通常来说,多能性的干细胞停留在一个甲基化状态很低的状态,这使得在干细胞中,向各个谱系分化的基因都有可能被打开,进而向各谱系分化。实验数据显示,在原始的、具有多能性的胚泡细胞中,DNA 甲基化程度可低至 5%～30%,但随着分化的进行,DNA 甲基化程度逐渐增加。在终末分化的体细胞中,DNA 甲基化程度可高达 70%～80%。一项针对多能干细胞、原始中胚层、心脏中胚层前体和心肌细胞等不同发育阶段的样本进行的系统的甲基化分析发现,这些样本的 DNA 甲基化程度是逐级提高的[19]。DNA 甲基化程度的逐渐提高,与 DNA 甲基转移酶的活性密不可分。一方面,多能性相关基因调节区被高度甲基化,其表达被抑制;另一方面,细胞类型特异的 DNA 甲基化模式被建立。胚胎干细胞的分化过程同样涉及甲基化模式在基因组的重新分布。另一组科学家分析了胚胎干细胞、外胚层、内胚层、中胚层,以及 4 个成人组织(脑、肝、骨骼肌和精子)样本基因组上近端启动子区的 DNA 甲基化模式,发现在胚胎干细胞向三种胚层分化的过程中,DNA 甲基化明显增加,进一步分析发现这些组织特异性的 DNA 甲基化模式改变主要发生在少数基因,并且这种标记是不可逆的[20]。

干细胞定向诱导分化的过程,其实就是一个干性基因逐渐沉默,谱系基因表达模式逐渐建立的过程。谱系特异基因表达模式的建立包括目的谱系相关基因去甲基化(基因表达激活)和非目的谱系相关基因甲基化(基因沉默)。DNA 特定区域的甲基化和去甲基化都与 DNA 甲基转移酶的调控密切相关。另外,转录因子元件特异性富集也有可能诱导特定区域 DNA 甲基化水平降低,而缺少转录因子的结合也可以引起 DNA 甲基化。例如,在外胚层中,某些神经特异表达的基因附近被 DBX1 的调控元件占据,则该基因呈低甲基化状态,表达活跃;而同一基因在内胚层或中胚层中,转录调控区没有被 DBX1 的调控元件占据,则呈现高甲基化状态,导致该基因沉默[21]。

12.2.2 染色质状态与干细胞定向诱导分化

干细胞与分化细胞存在的表观遗传状态差异还体现在染色质的开放程度上。组蛋白、非组蛋白和少量 RNA 包裹 DNA 构成染色质,染色质对基因表达有着明显的影响,并作用于细胞身份的建立和维持。核小体组蛋白的共价修饰是染色质结构和基因活性的主要决定因素。简单地讲,组蛋白修饰就是利用组蛋白对染色体的包裹,使特定区域的染色体更容易或者更不容易打开折叠,通过包裹 DNA 的暴露程度调控该区域基因的表达。小鼠和人胚胎干细胞的表观遗传修饰全基因组图谱显示,与分化的细胞相比,干细胞的染色质结构更为开放[22]。

在干细胞定向诱导分化过程中,染色质需要从这种相对开放的状态中,逐渐过渡到部分区域活化的状态。对于不同谱系的分化,该活化区域是不同的。在未分化的干细胞中,维持多能性相关的基因会抑制谱系特异基因的表达。这就使得干细胞中存在一类区域,既含有基因沉默相关的组蛋白修饰,又含有基因表达激活相关的组蛋白修饰,称之为双价修饰。这部分区域在干细胞中的存在,有着极其重要的生物学意义:在分化信号的刺激下,干细胞能够很快地响应刺激,使谱系特异基因转录活化。科学家对胰腺发育过程中染色体修饰变化的研究结果显示,人胚胎干细胞发育到内胚层阶段时大部分抑制/活化双价修饰基因仍维持在抑制/活化二相状态,这说明该内胚层祖细胞仍有高度可塑性,可以向三个胚层分化。这种可塑性可以一直延续到胰腺功能性内分泌细胞的形成[23]。

有观点认为,诱导性多能干细胞与胚胎干细胞之间并不完全相同。因为表观遗传记忆的存在,获得的诱导性多能干细胞存在分化成原始来源细胞类型的倾向性。科学家用胰岛 β 细胞作为细胞来源通过重编程获得诱导性多能干细胞。与其他细胞来源的诱导性多能干细胞相比,β 细胞来源的诱导性多能干细胞在关键的 β 细胞特异基因上仍保留着开放的染色质结构,这使其更容易分化成为胰岛素分泌细胞[24]。由上不难看出,染色质状态对干细胞分化的调节作用是宏观的,且存在可逆性。

随着干细胞的分化,染色质状态也在不断发生变化,从开放状态转变为致密和抑制的状态。在这一过程中,组蛋白不同位点的不同修饰如甲基化、乙酰化等发挥了重要的调节作用。组蛋白修饰酶正是组蛋白修饰模式变化的执行者，通过改变组蛋白修饰调节基因的转录。这些组蛋白修饰酶在三胚层的特化中起着重要的调节作用。在干细胞中，多能性关键蛋白 NANOG、OCT4 会和组蛋白乙酰转移酶形成一个功能复合物。该复合物的结构缺陷有可能导致干细胞向某一谱系分化能力增强，同时向其他谱系分化能力下降。同样，通过调节染色质的重塑使某特定谱系相关基因被激活，可相应增加多能干细胞向该特定谱系细胞分化的能力。对人单核细胞分化过程的蛋白质组学和生物信息学分析显示，在单核细胞向巨噬细胞和树突状细胞分化的过程中，组蛋白修饰发挥了主要作用[25]。对人胚胎干细胞向内胚层细胞定向分化过程的研究显示，组蛋白去甲基化酶 KDM6 通过调节内胚层细胞分化相关的信号分子积极参与这一分化过程[26]。上述结果都说明，组蛋白修饰在组蛋白修饰酶、调控因子等作用下发生改变，通过影响谱系特异基因的转录最终影响干细胞向不同类型细胞的分化。

12.2.3 非编码 RNA 和干细胞定向诱导分化

研究发现，人类基因组中只有不到 2% 的 DNA 序列能够编码蛋白质，绝大部分 DNA 是不具有编码蛋白质功能的。继人类基因组计划之后，美国又启动了一项跨国基因组学研究项目，即"DNA 元件百科全书（Encyclopedia of DNA Elements，ENCODE）"计划，旨在解析人类基因组中的所有功能性元件，以确定细胞类型开关（能打开和关闭的特定基因），以及不同类型细胞的"开关"之间存在什么差异。该项目于 2012 年完成，分析了 147 个组织类型，获得了迄今最详细的人类基因组分析数据。研究结果显示，人类基因组内的非编码 DNA 中至少 80% 是有生物学活性的，大约 75% 的人类基因组 DNA 序列能被转录成 RNA，其中大部分是非蛋白编码 RNA[27]。非编码 RNA 不能被翻译成蛋白质，以 RNA 形式作为功能分子行使生物学功能。这类非编码 RNA 对细胞的调节，是近年表观遗传学领域的一大研究热点。

非编码 RNA 主要分为两大类：管家非编码 RNA 和调控非编码 RNA。后者又可按照大小分为长非编码 RNA（long non-coding RNA，lncRNA）（＞200 nt）和非编码小 RNA（＜200 nt）。miRNA（内源性微 RNA）、snoRNA 及 piRNA 都属于非编码小 RNA。成熟的 miRNA 通常是发夹结构来源的 RNA，一般长度是 20～24 nt。长非编码 RNA 则从特定的基因组位点转录而来。非编码 RNA 在许多重要的生物进程中都起着关键作用。

　　多能性干细胞状态的维持和干细胞状态向分化状态的改变,取决于成千上万个基因的表达、转录及转录后调控的协调作用,而 miRNA 与长非编码 RNA 在调控这些基因的转录、表达及转录后调控中均有重要作用。越来越多的长非编码 RNA 和 miRNA 被报道在细胞分化中有重要的调控作用。许多长非编码 RNA 被发现参与多能干细胞分化的调节,它们的转录通常被一些多能性相关的转录因子激活或抑制,并且它们可以作为决定细胞多能状态的基因表达的分子媒介。长非编码 RNA 可以作为染色质修饰复合物的分子骨架或向导,指导其结合到特定的基因组位点抑制或激活基因的表达,或者通过不同的分子机制在转录或转录后水平调控基因表达。而 miRNA 则主要通过结合靶基因转录本两端的 UTR 区或编码序列降解靶 RNA 或抑制靶 RNA 的翻译,有时也通过结合到靶基因转录本的 UTR 区增强 mRNA 的翻译[28]。Herriges 和他的同事在研究肺及前肠发育中有功能的长非编码 RNA 时,发现长非编码 RNA *LL28/NANCI* 作为 Wnt 信号通路的下游调控分子,可通过结合 WDR5/TrxG 转录激活复合物促进肺内胚层发育关键基因 *NKX2.1* 的表达。在敲低该长非编码 RNA 的转基因鼠及相关细胞模型中,肺发育均出现一定的缺陷[29]。在应激条件的心肌中,成纤维细胞在细胞因子和生长因子如 TGF-β 及其下游靶点 CTGF 刺激下分化成心肌成纤维细胞。一些miRNA 被报道参与这一过程。例如,miR-21 可靶向基因 *SPRY1*,促进成纤维细胞的增殖。Wade 及其同事研究发现,miR-302 在人胚胎干细胞中调节染色质重塑复合物的组成,进而控制人胚胎干细胞的基因表达和命运决定。此外,miR-302 介导的 BAF170 抑制还能促进中、内胚层的分化[30]。

　　长非编码 RNA 和 miRNA 有非常强的组织和细胞类型特异性,某些高度富集的长非编码 RNA 和 miRNA 可以作为组织特异性疾病早期诊断的分子标志物。这些长非编码 RNA 和 miRNA 甚至还可能参与该疾病的致病机制,这样人们就可以进一步以它们为靶点进行疾病治疗。早期的一项研究中,科学家通过整合人胰岛 β 细胞基于序列的转录组图谱及染色质图谱,找到胰岛特异长非编码 RNA 基因,发现这些长非编码 RNA 是 β 细胞动态分化程序中的组成部分,暗示它们可作为 β 细胞命运决定的生物标志物或者潜在调控因子;同时,他们发现在糖尿病患者中这些胰岛特异长非编码 RNA 表达失调,并且确定了一批与糖尿病遗传易感位点相关的长非编码 RNA。这些结果支持了胰岛特异长非编码 RNA 可能参与糖尿病的发病过程[31]。可见,研究与组织特异性疾病高度相关的长非编码 RNA 与 miRNA 的功能对于靶向性治疗该疾病有极大的促进作用。

对于研究分化过程中长非编码 RNA 和 miRNA 的作用，一般首先利用芯片分析或者转录组分析筛选在不同分化过程中差异表达的长非编码 RNA 或 miRNA，也可以通过大数据库搜寻感兴趣的长非编码 RNA 或 miRNA。ENCODE 计划新近提供了丰富的长非编码 RNA 注释和调控的新数据，可利用这些注释信息分析其基因组位置、基因序列、组织特异性和表达模式等，大致确定其是否具有潜在的功能以及可能的作用机制。接下来就是在特定阶段对长非编码 RNA 或 miRNA 进行功能缺失或功能增强实验，观察其对分化的影响；对其进一步的机制研究则依赖于确定与其相互作用的分子，可能是蛋白质如转录因子，也可能是 DNA 或者 RNA。有些 miRNA 与长非编码 RNA 的作用机制同其基因组位置有一定的关系，即具有顺式调控作用，可分析其对临近基因表达调控的作用。对于处于基因贫瘠区的非编码 RNA 而言，可通过反式调控影响基因的表达。染色质免疫沉淀-高通量测序(ChIP-Seq)方法一般可用于识别长非编码 RNA 或 miRNA 调控区域的转录因子结合位点，RNA 免疫沉淀-高通量测序技术(RIP-Seq)则可用于分析这些 RNA 分子同转录因子之间的联系。值得注意的是，很多 miRNA 成簇分布在某一基因组位点上，它们可能作为整体参与基因的调控。例如，miRNA let7 家族对于胚胎干细胞的外胚层谱系分化有重要作用，let-7b 可通过靶向干细胞调控子 TLX 和细胞周期调控因子细胞周期蛋白 D1 调节神经干细胞的增殖和发育。

综上，研究表观遗传和干细胞定向诱导分化的关系至少有如下指导意义。第一，表观遗传的调控能够对基因的表达起到宏观的调控作用。基因组尺度上的甲基化修饰和染色质状态调节，能够宏观地决定细胞处于"多能状态"或"分化状态"。在此基础上的表观遗传学相关药物和小分子能够一定程度帮助细胞降低分化阈值，从而促进分化。但是，从另一个角度不难看出，这种促进并没有特异性地指向某个谱系。第二，miRNA 和长非编码 RNA 对基因表达的调节具有很强的特异性。更值得一提的是，这种调节是具有时效性的。因为不改变基因本身的编码，miRNA 和长非编码 RNA 对基因表达的调节更加迅速和安全。如果针对这种表观遗传的调节设计相关的基因诱导甚至基因治疗药物，将会取得靶向更精确、安全性更高的效果。随着科技的进步，越来越多的生物分析手段被用来分析和研究干细胞定向分化过程中各种不同表观遗传相关因子的时空变化模式。这无疑为精准并且多层次地模拟体内发育提供了可能。同时，在研究定向分化过程中各表观遗传因子的时空变化模式时，人们有更多的依据和思路推演体内发育的关键事件，更加精准地模拟体内疾病的发生。

12.3 谱系重编程和表观遗传学

很早以前，科学家就注意到某些成体细胞具有一定的可塑性，在一定的刺激条件下能够转变成另一种类型的细胞。早在 20 世纪 80 年代晚期，科学家就发现，转入某个特定的 DNA 序列可以使成纤维细胞改变细胞命运，变成肌肉细胞；随后的工作进一步揭示，该 DNA 序列就是 *MYOD* 编码基因[32]。虽然成纤维细胞和肌肉细胞同属于中胚层来源，性质上具有一定的相似性，但这项工作还是提出了另外一种可能性：能否直接对体内某些比较容易获得、数量也比较可观的细胞类型进行操作，使之变成另一种所需要的细胞类型？科学家们在这条道路上进行了长期的探索[33]。以胰腺为例，以色列一组科学家在 21 世纪初就发现，将胰腺发育的关键转录因子 PDX1 导入小鼠体内——主要是肝脏，能够导致胰岛素阳性细胞在肝内的出现，而且这群新出现的细胞具有部分与正常胰腺 β 细胞类似的调控血糖的功能[34]。后来，哈佛大学的科学家们进行了更为细致的研究。他们筛选了 1 000 多个转录因子在成熟的胰腺 β 细胞及前体细胞中的表达模式，确定了 20 个候选基因。通过腺病毒载体将这些候选基因导入小鼠胰腺的外分泌部，其中一种 9 因子组合可以使外分泌部的腺泡细胞转变成分泌激素的内分泌细胞；进一步的研究显示，导入 3 个最关键的转录因子 PDX1、NGN3 和 MAFA 就可以高效实现这种转换，转换率最高可以达到 25%[35]。后续研究显示，使用不同的转录因子组合还可以得到不同类型的内分泌细胞：与 PDX1/NGN3/MAFA3 因子可以重编程腺泡细胞产生 β 细胞相比，NGN3 单因子表达可以产生 δ 样细胞，NGN3 和 MAFA 一起作用可以得到 α 样细胞[36]。这种转变涉及 DNA 甲基化的大量变换，因而是稳定存在的[37]。

这种谱系重编程进一步在跨胚层的谱系转换里得以实现。美国斯坦福大学的 Wernig 和同事一起发现，转录因子组合 ASCL1/BRN2/MYT1L 可以使小鼠和人的成纤维细胞（中胚层来源）转变成神经元（外胚层来源）[38]。这些转换来的神经元可以稳定维持其神经元属性，即外源表达的基因被沉默也不影响其神经细胞表型，说明它们已经获得了新的稳定的表观遗传状态。

另一方面，受 Yamanaka 通过细胞重编程产生诱导性多能干细胞的技术启发，科学家开始尝试联合 Yamanaka 重编程因子和定向诱导分化技术,直接从容易获得的体细胞产生功能性的目的细胞。主要思路是:通过短暂、瞬时地过表达重编程因子破坏成体细胞已建立的表观遗传稳态,使其处于激活状态;然后,在其还没来得及彻底往多能干细胞转化的时候,使用定向诱导分化的信号和小分子使其直接改变命运成为另一种需要的功能性细胞。这一策略在某种程度上也试图模拟低等动物如水螅、壁虎的器官再生:损伤位点的细胞会去分化进入一个多能性前体的状态,然后产生新的功能细胞替代损失的细胞。科学家们发现,在成体皮肤成纤维细胞里转入 Yamanaka 因子的早期,进行各种细胞及组织类型特化的诱导处理,在不同的条件下可以分别成功产生心脏、神经、内皮及肝、胰等细胞类型[39]。进一步的研究显示,这种直接转换并不会经历多能性的诱导干细胞状态;中间状态的前体是一种仅具有有限分化潜能的细胞状态。另外,对 Yamanaka 重编程因子只要求瞬时表达以达到一个激活状态,这也大大降低了其长期表达带来的安全性风险,同时也提高了寻找更安全手段如替代小分子的便利性。更有趣的是,大量调控表观遗传修饰的小分子药物被发现可以促进这一进程。

12.4　小结

　　干细胞技术在精准医学方面具有极为广阔的应用前景。正如图 12-1 所示,干细胞可以用于自体细胞替代性治疗,做到精准的免疫学组织配型匹配。更重要的是,运用细胞重编程技术和干细胞分化技术,人们可以针对病变细胞筛选最有效的临床药物;同时,可以精准地研究疾病发生、发展过程中的分子机制,指导预后。并且,对高风险人群,人们可以在细胞组织水平推演疾病的发生、发展,有效地预防疾病发生,缓解疾病的症状。但是也应看到,干细胞技术真正用于治疗疾病还需要更多的研究。多能干细胞在胚胎发育过程中实际上是按严格的时空程序进行的一系列细胞内在的核质之间以及细胞和细胞之间相互作用的结果,这些程序的发生最终都是由某些特定基因控制的。在发育分化的过程中,细胞环境中的各种因子的类型和浓度决定了这些特定基因在特定的时间和位点被选择性地激活。然而目前,干细胞定向分化过程中特定基因的时空特异性表达调控及其信号传导通路,决定细胞进入分化程序的作用机制及其关键的调节因子,以及如何可控地激活细胞重编程程序、安全高效地获得多能干细胞等问题尚未完全弄清楚。因此,详细阐明细胞命运决定的调控机制是将干细胞应用于临床诊疗的必经之路。

参考文献

［1］ Thomson J A，Itskovitz-Eldor J，Shapiro S S，et al．Embryonic stem cell lines derived from human blastocysts ［J］．Science，1998，282(5391)：1145-1147．

［2］ Takahashi K，Yamanaka S．Induction of pluripotent stem cells from mouse embryonic and adult fibroblast cultures by defined factors ［J］．Cell，2006，126(4)：663-676．

［3］ Yamanaka S，Blau H M．Nuclear reprogramming to a pluripotent state by three approaches ［J］．Nature，2010，465(7299)：704-712．

［4］ Apostolou E，Hochedlinger K．Chromatin dynamics during cellular reprogramming ［J］．Nature，2013，502(7472)：462-471．

［5］ Hou P，Li Y，Zhang X，et al．Pluripotent stem cells induced from mouse somatic cells by small-molecule compounds ［J］．Science，2013，341(6146)：651-654．

［6］ Shu J，Wu C，Wu Y，et al．Induction of pluripotency in mouse somatic cells with lineage specifiers ［J］．Cell，2013，153(5)：963-975．

［7］ Huangfu D，Maehr R，Guo W，et al．Induction of pluripotent stem cells by defined factors is greatly improved by small-molecule compounds ［J］．Nat Biotechnol，2008，26(7)：795-797．

［8］ Ang Y S，Tsai S Y，Lee D F，et al．Wdr5 mediates self-renewal and reprogramming via the embryonic stem cell core transcriptional network ［J］．Cell，2011，145(2)：183-197．

［9］ Mansour A A，Gafni O，Weinberger L，et al．The H3K27 demethylase Utx regulates somatic and germ cell epigenetic reprogramming ［J］．Nature，2012，488(7411)：409-413．

［10］ Chen J，Liu H，Liu J，et al．H3K9 methylation is a barrier during somatic cell reprogramming into iPSCs ［J］．Nat Genet，2013，45(1)：34-42．

［11］ Onder T T，Kara N，Cherry A，et al．Chromatin-modifying enzymes as modulators of reprogramming ［J］．Nature，2012，483(7391)：598-602．

［12］ Benitah S A，Bracken A，Dou Y，et al．Stem cell epigenetics：looking forward ［J］．Cell Stem Cell，2014，14(6)：706-709．

［13］ Stadtfeld M，Apostolou E，Akutsu H，et al．Aberrant silencing of imprinted genes on chromosome 12qF1 in mouse induced pluripotent stem cells ［J］．Nature，2010，465(7295)：175-181．

［14］ Stadtfeld M，Apostolou E，Ferrari F，et al．Ascorbic acid prevents loss of Dlk1-Dio3 imprinting and facilitates generation of all-iPS cell mice from terminally differentiated B cells ［J］．Nat Genet，2012，44(4)：398-405，S391-S392．

［15］ Wu T，Liu Y，Wen D，et al．Histone variant H2A.X deposition pattern serves as a functional epigenetic mark for distinguishing the developmental potentials of iPSCs ［J］．Cell Stem Cell，2014，15(3)：281-294．

［16］ Buganim Y，Markoulaki S，van Wietmarschen N，et al．The developmental potential of iPSCs is greatly influenced by reprogramming factor selection ［J］．Cell Stem Cell，2014，15(3)：295-309．

［17］ Singhal N，Graumann J，Wu G，et al．Chromatin-remodeling components of the BAF complex facilitate reprogramming ［J］．Cell，2010，141(6)：943-955．

［18］ Cheloufi S，Elling U，Hopfgartner B，et al．The histone chaperone CAF-1 safeguards somatic cell identity [J]. Nature，2015,528(7581)：218-224.

[19] Tompkins J D，Jung M，Chen C Y，et al. Mapping human pluripotent-to-cardiomyocyte differentiation：methylomes，transcriptomes，and exon DNA methylation "memories" [J]. EBioMedicine，2016,4：74-85.

[20] Isagawa T，Nagae G，Shiraki N，et al. DNA methylation profiling of embryonic stem cell differentiation into the three germ layers [J]. PLoS One，2011,6(10)：e26052.

[21] Gifford C A，Ziller M J，Gu H，et al. Transcriptional and epigenetic dynamics during specification of human embryonic stem cells [J]. Cell，2013,153(5)：1149-1163.

[22] Chen T，Dent S Y. Chromatin modifiers and remodellers：regulators of cellular differentiation [J]. Nat Rev Genet，2014,15(2)：93-106.

[23] Xie R，Everett L J，Lim H W，et al. Dynamic chromatin remodeling mediated by polycomb proteins orchestrates pancreatic differentiation of human embryonic stem cells [J]. Cell Stem Cell，2013,12(2)：224-237.

[24] Bar-Nur O，Russ H A，Efrat S，et al. Epigenetic memory and preferential lineage-specific differentiation in induced pluripotent stem cells derived from human pancreatic islet beta cells [J]. Cell Stem Cell，2011,9(1)：17-23.

[25] Nicholas D，Tang H，Zhang Q，et al. Quantitative proteomics reveals a role for epigenetic reprogramming during human monocyte differentiation [J]. Mol Cell Proteomics，2015,14(1)：15-29.

[26] Jiang W，Wang J，Zhang Y. Histone H3K27me3 demethylases KDM6A and KDM6B modulate definitive endoderm differentiation from human ESCs by regulating WNT signaling pathway [J]. Cell Res，2013,23(1)：122-130.

[27] ENCODE Project Consortium. An integrated encyclopedia of DNA elements in the human genome [J]. Nature，2012,489(7414)：57-74.

[28] Ghosal S，Das S，Chakrabarti J. Long noncoding RNAs：new players in the molecular mechanism for maintenance and differentiation of pluripotent stem cells [J]. Stem Cells Dev，2013,22(16)：2240-2253.

[29] Herriges M J，Swarr D T，Morley M P，et al. Long noncoding RNAs are spatially correlated with transcription factors and regulate lung development [J]. Genes Dev，2014，28(12)：1363-1379.

[30] Wade S L，Langer L F，Ward J M，et al. MiRNA-mediated regulation of the SWI/SNF chromatin remodeling complex controls pluripotency and endodermal differentiation in human ESCs [J]. Stem Cells，2015,33(10)：2925-2935.

[31] Moran I，Akerman I，van de Bunt M，et al. Human beta cell transcriptome analysis uncovers lncRNAs that are tissue-specific，dynamically regulated，and abnormally expressed in type 2 diabetes [J]. Cell Metab，2012,16(4)：435-448.

[32] Davis R L，Weintraub H，Lassar A B. Expression of a single transfected cDNA converts fibroblasts to myoblasts [J]. Cell，1987,51(6)：987-1000.

[33] Xu J，Du Y，Deng H. Direct lineage reprogramming：strategies，mechanisms，and applications [J]. Cell Stem Cell，2015,16(2)：119-134.

[34] Ferber S，Halkin A，Cohen H，et al. Pancreatic and duodenal homeobox gene 1 induces expression of insulin genes in liver and ameliorates streptozotocin-induced hyperglycemia [J]. Nat Med，2000,6(5)：568-572.

［35］ Zhou Q，Brown J，Kanarek A，et al. In vivo reprogramming of adult pancreatic exocrine cells to beta-cells ［J］. Nature，2008，455(7213)：627-632.

［36］ Li W，Nakanishi M，Zumsteg A，et al. In vivo reprogramming of pancreatic acinar cells to three islet endocrine subtypes ［J］. Elife，2014，3：e01846.

［37］ Li W，Cavelti-Weder C，Zhang Y，et al. Long-term persistence and development of induced pancreatic beta cells generated by lineage conversion of acinar cells ［J］. Nat Biotechnol，2014，32(12)：1223-1230.

［38］ Yang N，Ng Y H，Pang Z P，et al. Induced neuronal cells：how to make and define a neuron ［J］. Cell Stem Cell，2011，9(6)：517-525.

［39］ Yu C，Liu K，Tang S，et al. Chemical approaches to cell reprogramming ［J］. Curr Opin Genet Dev，2014，28：50-56.

13

表观遗传重编程
与疾病的精准治疗

近年来，表观遗传重编程与精准医学的关系受到越来越多的关注，本章首先介绍表观遗传重编程的方法，包括体细胞核移植（somatic cell nuclear transfer，SCNT）、诱导性多能干细胞（induced pluripotent stem cells，iPSC）和转分化（transdifferentiation）及其作用机制。在此基础上，进一步介绍表观遗传重编程介导的精准治疗，包括细胞重编程在疾病发生机制研究、药物筛选以及再生医学中的应用。通过表观遗传重编程技术和干细胞技术的结合可以实现多种再生障碍性疾病的再生医学治疗，造福全人类。

13.1　表观遗传重编程的方法与机制

13.1.1　体细胞核移植

13.1.1.1　概述

体细胞核移植是将哺乳动物的体细胞核注入去核的卵母细胞中，利用卵母细胞对供体细胞核的重编程能力，将体细胞重编程获得重构胚（reconstructed embryo）的技术。重构胚进一步发育可以获得具有与供体细胞基因型完全相同的后代。体细胞核移植技术将一个崭新的世界呈现在人们面前，并作为一种高效的细胞重编程手段用于获得哺乳动物自体的干细胞应用于再生医学研究。目前，体细胞核移植技术广泛应用于基础研究、濒危动物的繁育和优良育种、人类疾病动物模型的制备及人类药物的临床检测等方面。

体细胞核移植理论最早是由德国胚胎学家 Spemann 在 1938 年提出的，他起初提出这个理论主要是为了研究细胞核全能性的机制及在胚胎发育过程中细胞质与细胞核的相互作用机制。直到1952年,Briggs和King按照他的理论,首次成功地在非洲爪蟾中开展了体细胞核移植的工作,他们将早期胚胎中的细胞核转移到去核的卵细胞中得到了成活的蝌蚪[1]。更为重要的是,在1997年,Roslin研究所的Wilmut首次用乳腺细胞成功克隆了哺乳动物"多莉"羊,引起了全世界的轰动,也引发了对于克隆技术的讨论[2]。随后的十几年中,已经有10多个物种的体细胞克隆动物出生,包括绵羊、山羊、猪、牛、小鼠、大鼠、猫、马、骡子、犬、狼、雪貂等。这些体细胞克隆动物的出生表明,哺乳动物的体细胞核可以经过卵母细胞重编程去分化并重获发育全能性。

13.1.1.2　体细胞核移植的方法与机制

体细胞核移植技术主要包括受体细胞的去核、核供体细胞的准备与选择、供体细胞周期调控、细胞融合、重构胚胎激活及培养等步骤。

在哺乳动物体细胞核移植中可以作为受体的细胞主要有以下3种:①M Ⅱ期成熟的卵母细胞;②受精卵;③去核的早期胚胎细胞。其中M Ⅱ期卵母细胞是目前采用较多的核移植受体细胞,因为在M Ⅱ期卵母细胞的细胞质中还存在重组胚胎所需要的各种细胞因子,细胞营养成分充足,并且细胞体积较大,便于显微操作。

作为细胞核移植技术的第1步,卵母细胞先要去核,之后才能进行供体核的移植。卵母细胞去核必须完全。如果去核不完全,可能导致重组的胚胎细胞染色体形成非整倍体或多倍体,也可能使重构胚产生异常分裂进而发育受阻甚至可能导致胚胎的早期死亡,以上结果都可以导致核移植失败[3]。所以,卵母细胞是否完全去核,是保证核移植所形成的新的胚胎细胞能否发育成为正常个体的前提条件。

可用作核供体的细胞很多,主要有早期胚胎细胞、胚胎干细胞(embryonic stem cells,ESC)、卵丘细胞、颗粒细胞、睾丸支持细胞、精子细胞、乳腺细胞、神经元及成纤维细胞等。其中最主要的是雌性动物的卵丘细胞和胎儿或成年成纤维细胞。影响核移植成败的一个重要因素是受体与供体细胞的细胞周期同步化发育。早期的研究认为,要使体细胞核移植成功必须使供体细胞处于G0期,而对于ESC来说,处于M期的细胞作为供体往往能获得比较高的发育效率[4-6]。

将供体细胞核移植入受体细胞的常用方法主要有电融合法及注射法。电融合法的原理是通过将细胞在强电场下经短时间作用,使细胞膜产生一过性击穿,相邻的两个细胞膜就可以在击穿的瞬间发生接触并融合成为一个细胞。而目前最常用的是注射法,一般是用压电-陶瓷微注射系统破除供体细胞的细胞膜,直接把供体核注入卵母细胞的细胞质内。

因为缺少了受精这一步骤,在以成熟的卵母细胞作为受体的核移植实验中,缺少了自然受精过程中胚胎的激活过程,所以必须对核移植重构胚胎进行人工激活促使其进一步分化发育。根据激活时期的不同,可分为核移植前激活、核移植时激活和核移植后激活 3 种不同的时期。使卵母细胞激活的方法可以分为化学和物理刺激两种方法。虽然卵母细胞可以通过化学物质及物理刺激的方法激活,但在激活的同时也不可避免地造成重构胚胎在一定程度上的损害,从而影响胚胎的发育。

13.1.1.3　体细胞核移植的应用及存在的问题

作为生物学发展史上最伟大的成就之一,核移植技术特别是体细胞核移植技术具有十分广阔的应用前景。随着该技术的不断完善,必将带来一场生物学和医学的革命。核移植技术在畜牧业、物种保护、医疗卫生等领域发挥着不可估量的作用。

核移植技术可加速育种的进程,在短时间内有效地扩大种群的数量、保持种群的性状,避免了自然交配带来的优良性状分离和减弱。同时核移植与基因打靶相结合可以对物种的基因进行定点修饰,从而产生具有优良性状的新品种,如提高繁殖力、增加产奶量、增强抗病能力等。同时在核移植前可以对阳性克隆进行性别选择,减少了盲目性。一旦产生转基因后代,其遗传背景清楚,遗传稳定性好,无须选配,仅一代就可建立转基因群体,节约了时间和费用。

体细胞核移植在拯救濒危物种方面也显现出优越性。种间核移植的方法更适合濒危动物,自 Dominko 等首次报道了种间核移植以来,已有多家实验室对其进行了尝试,如将虎的细胞核移植到猫的卵母细胞质中,将马的细胞核移植到牛的卵母细胞质,将水牛的细胞核移植到家牛的卵母细胞质等。但是,到目前为止,种间核移植只成功了一例,即将印度野牛的体细胞核移植入家牛的去核卵母细胞中得到了一头小牛,遗憾的是牛仔出生 48 天后死亡。

由于小鼠生殖周期短,易于繁殖,且多数组织和器官与人相似,小鼠已成为各国学者首选的人类疾病动物模型。核移植法所获得的基因突变体小鼠必将成为研究某些遗传病、肿瘤等疾病的重要手段,用基因打靶与核移植技术相结合,建立各种人类疾病的动物模型,可用于医学和药学的研究。值得注意的是,某些情况下转基因小鼠的病变并不能完全等同于人体,而且某些在小鼠身上非常有效的药物对人体却无效。家畜如猪、羊、牛等无论在生理学还是在解剖学上比小鼠都更接近于人类,可能是更好的人类疾病的动物模型。

ESC 技术与核移植技术相结合培育出的细胞、组织或器官可用于临床治疗。治疗性克隆指的是将患者正常的或经过基因修饰的体细胞作为核供体,通过核移植技术获得重构胚,使其发育至囊胚期,然后从囊胚中分离培养出 ESC,通过体外定向诱导分化产生所需要的细胞、组织或器官,再移植到患者体内,用来修复或替代受损伤的组织或器官,避免了免疫排斥反应。这种方法在治疗如帕金森病、糖尿病、肌营养不良、白血病等一些疾病方面有着十分诱人的前景[7]。这一技术已经在小鼠身上获得成功,科学家们将免疫缺陷小鼠的上皮细胞作为核供体,通过核移植获得 ESC,在体外进行同源重组并筛选出阳性的 ESC。修复过的 ESC 经体外诱导产生造血细胞前体,将这些造血细胞前体移植到免疫缺陷小鼠体内 4 周后,在小鼠体内检测到了成熟的淋巴细胞、髓样细胞及免疫球蛋白。

异种器官移植是治疗晚期器官坏死疾病的首选方法。猪的心、肝、肾等器官在形态、大小等方面与人极为相似,无论从生理学、生物学,还是从经济、伦理学方面考虑,猪都是最理想的器官来源。然而,人在长期的进化过程中产生了针对猪器官的超级免疫排斥反应,半乳糖苷酶是引起这一免疫排斥反应的主要原因。近年来,培育敲除半乳糖苷酶基因的猪细胞越来越引起各国学者的重视,已有几个实验室相继获得了敲除半乳糖苷酶基因的猪细胞,为异种器官移植打下了坚实的基础。

从第一只克隆哺乳动物"多莉"羊出生以来,体细胞核移植已经成为 20 世纪里程碑式的科技进步,是发育生物学历史上的重大突破。然而,体细胞核移植技术的发展并不是一帆风顺的。首先,除实验小鼠之外,其他动物的克隆效率只有部分提高,体细胞核移植过程中,经常发生表观遗传重构错误,主要表现为 X 染色体失活、基因组印记、组蛋白乙酰化、DNA 甲基化及端粒长度与端粒酶活性异常等[8]。即使是顺利出生的个体也经常会出现一些异常,如胎盘过大、胎儿过大及患有呼吸系统疾病等,这些现象在小鼠和牛中均有发现。其次,体细胞核移植技术在人类克隆应用的可能引起了激烈的讨论,并且遭到了强烈的反对。在 2015 年 9 月,欧洲禁止了对于克隆动物食品的进口。然而,克隆对于基础研究和再生医学的独特贡献是毋庸置疑的。卵子的来源、伦理等问题已经限制了人体细胞核移植的研究,尽管牛、兔的卵子被试图用于解决这些问题,但是线粒体遗传等问题依然限制了其在临床的应用[9]。因此在后续研究中,需要解决卵母细胞资源的问题,特别是对不成熟卵母细胞等新型资源的开发研究。尽管 iPSC 技术似乎已经解决了这些卵子和胚胎学的伦理争议,但是也出现了新的伦理问题,同时还存在病毒、转基因等安全性问题。

13.1.2　诱导性多能干细胞

13.1.2.1　iPSC 的诞生

19 世纪末期,August Weismann 提出了 Weismann 假设,即作为发育潜能最高的生殖细胞(精子和卵子)表达了所有的基因,在发育过程中,一些非必需的基因逐渐关闭,最后形成一种特定的终末分化细胞[10]。在这个基础上,Conrad 提出了著名的 Downhill 理论。在该理论中,具有发育全能性的受精卵位于山顶,而终末分化细胞因不具有发育潜能而位于山脚。胚胎的发育就像一颗小球从山顶滚向山脚,也就是说分化和全能性的丧失是自发的,也是很难逆转的。自从 Downhill 理论提出以来,高等动物细胞分化不可逆这一观点对人们产生了深远的影响。但是基于精子与卵子单独存在时不能够发育为完整个体以及受精后的合子能完成整个胚胎发育的事实,人们相信一定存在一种机制,能使细胞"重返青春"。为此,人们进行了大量的探索。1962 年,Gurdon 发表论文指出,运用核移植的方法,将一个终末分化细胞的细胞核移植入去核卵细胞后,这个重组细胞能够完成胚胎发育。由此可以得出结论,无论是具有发育潜能的受精卵还是终末分化细胞,它们的细胞核存储了整个生物体所需要的所有信息,在特定条件下,这些细胞核能够获得发育成完整个体的能力。Gurdon 的实验颠覆了人们对高等动物终末分化细胞的认识,也为细胞重编程奠定了基础。

不久之后,胚胎干细胞系的建立为发育生物学注入了新鲜的血液。1981 年,Martin Evans、Matthew Kaufman 和 Gail Martin 同时报道,运用小鼠植入前的胚胎分离出了具有多向分化潜能的细胞系,并将该细胞系命名为胚胎干细胞系[11, 12]。小鼠 ESC 是具有发育全能性的一类细胞,随后的一些研究证明,在优化了培养体系后,ESC 能够发育成完整的个体。ESC 的建立,为发育生物学的研究提供了一个全新的研究平台。ESC 具有两个十分重要的特性:一个是自我更新的能力,另一个是一直保持发育的多能性。人们发现了大量的调控 ESC 特性的基因[13]。这些基因及相应信号通路的发现,使 iPSC 的实现成为可能。

随着细胞生物学和分子生物学的发展,大量的研究发现,通过遗传学手段能够改变体细胞基因表达的模式,从而使体细胞获得新的特性。1983 年,Blau 等最早报道,将羊水细胞和肌肉细胞融合后,本来不表达肌肉特异基因的羊水细胞获得了表达这些基因的能力[14]。结合 ESC 的特性和细胞融合技术人们发现,将体细胞与诸如 ESC 在内的具有多能性的细胞融合后,体细胞出现了一些多能细胞才具有的特性,如表达多能性基因、恢复细胞周期等[15, 16]。这些实验表明,多能性细胞具有诱导其他终末分化细胞获得多能性的能力,也就是说,多能性细胞具有重编程其他体细胞的能力。那么,多能性细胞是如何重编程其他体细胞的呢? 为了解决这个问题,人们采用 cDNA 文库减因子的方法,筛选出了在成肌细胞中特异表达的一些基因,在小鼠成纤维细胞中过表达这些基因后,能够使成纤维细胞获得成肌细胞的一些特性[17]。也就是说,在多能性水平较高的细胞中存在一些因子,这些因子能够诱导体细胞向该多能性细胞的转化。

在后续的一些研究中研究人员在多能性细胞中发现了大量的诱导因子,这些因子能够诱发一种细胞类型向另外一种细胞类型的转化,该过程被称为"转分化"。转分化的发现为多能性细胞的获得提供了另外一条途径,但是这种转分化得到的细胞大多是一些祖细胞类型细胞,这些祖细胞并不具有发育成完整个体的能力。借助 ESC 特性研究的一些结果,再加上转分化的概念,能否通过异位表达一些 ESC 特异表达的基因,将体细胞"转分化"成 ESC 呢? 基于这个大胆的假设,Yamanaka 在 2006 年获得了第一株异位表达相关基因得到的诱导性多能干细胞系,即 iPSC[18]。iPSC 的获得,为 ESC 及发育生物学的研究打开了另外一扇大门,同时也为再生医学的研究带来了宝贵的资源。前人的研究表明,ESC 和受精卵的调控网络非常复杂,它们的特性受到众多基因的调控。自 2000 年以来,Yamanaka 等选择较易获得的 ESC 为研究对象,研究调控 ESC 特性的相关基因。借助基因敲除技术,他们积累了大量的实验数据。研究发现,$Nanog$ 作为一个 ESC 相关基因,在胚胎和 ESC 的多能性调控中起着重要的作用。在 ESC 中过表达 $Nanog$,在没有白血病抑制因子(leukemia inhibitory factor,LIF)存在的条件下,ESC 仍能够维持自我更新[19]。因此,$Nanog$ 是一个维持 ESC 自我更新的重要基因。采用相似的方法,人们还发现了 $Klf4$、Myc、$β-catenin$、$Tcl1$ 等基因,这些基因在 ESC 的特性维持中同样起着非常关键的作用。除此之外,$Oct4$ 与 $Sox2$ 是比较经典的调控 ESC 多能性的基因,在 ESC 特性的维持中调控众多与多能性相关的基因,起着非常重要的作用。综合这些数据,Yamanaka 选择了包括上面提及的基因一共 24 个,借助反转录病毒转染系统,将这些候选基因导入小鼠胚胎成纤维细胞内,以观察这些基因的表达对成纤维细胞命运的转变作用。他们发现，在这 24 个候选基因中，当只转入单个基因时，不能将成纤维细胞转变成多能性细胞。但将 24 个基因一起转入成纤维细胞内时，得到了 22 个 ESC 样的克隆，这些克隆与成纤维细胞明显不同。也就是说，在这 24 个基因中，有些基因能够刺激细胞发生命运的转换。接下来的任务就是在这 24 个候选基因中找到最少基因的组合，使体细胞完成到多能细胞的转换。为了确保实验的准确性，Yamanaka 等先逐个减去候选基因，也就是测试 23 个候选基因对细胞命运的调控。如果减去的基因对细胞命运的转换没有影响，那么这个基因就不是重编程过程中所必需的基因。经过第 1 轮减因子筛选，他们得到了 10 个基因，这 10 个基因对细胞命运的转变是必需的。采用相同的方法，经过第 2 轮筛选后，他们发现 $Oct4$、$Sox2$、$Klf4$、c-Myc（后来被称为 OSKM）这 4 个基因是最少基因的组合，可以将小鼠成纤维细胞转换成多能细胞。至此，干细胞的研究进入了 iPSC 的时代。

经过后续的研究，人们发现，传统的慢病毒方法具有操作简单的优势，但是也增加了细胞成瘤的风险[20]。随后人们开发出了很多非整合的新方法，用来产生具有多能性的 iPSC[21-26]。但是这些方法不同程度地向细胞中导入了外源核酸序列，为 iPSC 的临床应用埋下了隐患。为了获得更理想的且能够用于临床的 iPSC 细胞系，人们又开发出了借助蛋白质或 RNA 病毒进行重编程的方法，但是这些方法或操作复杂，或成本太高[27, 28]。最新研究发现，向细胞内导入特定的人工合成的 mRNA 能够诱导细胞的重编程。这种 mRNA 能够绕过细胞的天然免疫，具有很高的重编程效率[29]。与此同时，国内的科学家研究表明，采用特殊小分子药物在免疫系统进行重编程后，能够将促炎细胞转化为抑制炎症的抗炎细胞，使机体免疫系统重新达到平衡，从而治疗一些疾病[30]。

13.1.2.2　iPSC 诱导效率的提高

得到小鼠的 iPSC 后，人们立即将目光投向了人的 iPSC，如果可以按照相同的方法获得人的 iPSC，那将为再生医学领域带来前所未有的变革。在这个时期，Yamanaka 团队[31] 和 James Thomson 团队[32] 几乎同时发现，可以通过异位表达特异基因的方法，获得人的 iPSC。不同的是，Yamanaka 团队用的是 $Oct4$、$Sox2$、$Klf4$ 和 c-Myc 的组合，而 Thomson 团队用的是 $OCT4$、$SOX2$、$NANOG$ 和 $LIN28$ 的组合。

尽管通过异位表达相关基因的方法可以获得 iPSC，但是诱导效率非常低，而且通过依赖慢病毒整合系统的诱导方法获得的 iPSC，如果用于临床治疗会有很大的风险，因为这种整合会大大提高 iPSC 癌变的概率。为了解决这个问题，人们改进了诱导方法，降低了 iPSC 癌变的风险,但依然很难提高诱导效率。基于对胚胎发育的理解,人们逐渐了解了诱导获得 iPSC 过程中的一些生物学事件,并由此找到了很多提高诱导效率的因子。这些因子概括起来主要包括 3 类:多能性相关因子、细胞周期调控因子及表观修饰因子。

多能性相关因子对诱导效率的影响,主要表现在多能性调控通路上。研究发现,在经典的 OSKM 诱导体系中,除 *Oct4* 不能被替代之外,其余 3 个因子都可以被其他多能性相关因子替代[33]。在调控 ESC 多能性的一些基因中,有一些组合可以用于多能性细胞的诱导,另一些基因则可以提高诱导效率。例如,运用 OSKM 体系诱导人的 iPSC 过程中,同时过表达 *Utf1* 或 *Sall4*,可以提高诱导效率[34-36]。

诱导形成 iPSC 的体细胞一般都是终末分化细胞,这些细胞一般只具有有限的分裂能力。但一旦完成诱导过程,诱导获得的 iPSC 则具有和 ESC 一样的能够进行自我更新的能力。也就是说,诱导生成 iPSC 的过程中,细胞周期发生了变化。那么,与此相反,改变细胞周期是否能够提高诱导效率或者直接诱导产生 iPSC 呢? *p53* 是细胞周期调控过程中一个重要的基因,一些研究表明,在诱导过程中破坏 *p53* 的功能,能够大大提高 iPSC 的诱导效率[37]。

除了多能性相关基因和细胞周期等因素外,另一个影响 iPSC 诱导效率的因素是细胞的表观修饰。细胞重编程过程伴随着众多表观修饰的变化,如 DNA 甲基化、组蛋白乙酰化等,其中一个最典型的例子就是维生素 C 对重编程的影响。维生素 C 提高重编程的效率主要是通过激活组蛋白去甲基化酶实现的。研究发现,诱导过程中添加维生素 C 后,细胞 Jhdm1a 和 Jhdm1b 的活性有所升高,从而加快了细胞组蛋白去甲基化过程,进而提高了诱导效率[38]。

最近研究发现,细胞内的 Hippo 信号通路具有调节细胞增殖的作用,敲除细胞内 *MST1* 基因后,Hippo 信号通路的活性增高,同时,*MST1* 缺失的体细胞,其重编程到 iPSC 的效率也大大提高[39]。

13.1.2.3 iPSC 重编程机制

对于重编程过程的机制,目前还没有一个较为明晰的解释。对于低诱导效率的解释,一些研究组提出了"精英模型"。该模型提出,起始重编程的细胞中存在一些"精英"细胞,只有这些精英细胞才能被重编程因子激活,从而获得多能性[40]。该模型的理论依据是细胞的分化并不是完全的,体细胞具有异质性,在体外培养的体细胞中存在一些干细胞[41]。但随后人们运用谱系追踪的方法证明,终末分化的细胞(如 B 细胞)确实能够被诱导成多能细胞[42],从而否定了精英模型。

为了阐明细胞重编程的机制,科学家们做了大量的实验。目前的数据表明,过表达转录因子重编程法大致包括了 2 个步骤。在第 1 步中,OSKM 表达产物结合到基因组的许多位点,其中有许多位点并不是这些转录因子在 ESC 中的靶点。这些位点包括体细胞特异表达的基因位点,异位表达的转录因子结合上之后能够关闭这些基因的表达[43];同时这些转录因子还可以结合到多能性相关的基因上,开启这些基因的表达[44]。这一步的效率非常低,是阻止细胞重编程的主要障碍。第 2 步为多能性基因表达阶段,这一步效率较高[45]。研究表明,OSKM 只能在第 2 步中辅助多能性相关基因的表达,并不能在重编程的一开始就提高多能性基因的表达水平。

最近的研究表明,小鼠和人的终末分化细胞重编程有不同的机制。小鼠终末分化细胞重编程的终点是原始态(naïve)状态的 iPSC,包含了 4 个步骤:①碱性磷酸酶的激活;②体细胞特异基因的关闭;③SSEA1 的表达;④随着内源性 *Oct4* 和 *Nanog* 的表达,外源性诱导因子逐渐失活。而人终末分化细胞重编程的终点是始发态(primed)状态的 iPSC,且重编程的具体过程还不太清楚,但有研究表明,人和小鼠在重编程过程中有一些相同的地方[46]。

13.1.3　细胞转分化

13.1.3.1　概述

转分化是一种经过特定程序转化的可逆性细胞生物学行为,并且是多步骤、高度有序调控的过程。转分化不仅包括 ESC 向不同胚层成体细胞如神经元、心肌细胞、皮肤细胞等分化的过程,也包括终末分化细胞在特定生理病理环境中,通过转分化转变为其他类型的组织细胞。总之,一种类型的细胞或组织由于某些因素的作用转变成另外一种正常的细胞或组织的现象,均被视作转分化。

13.1.3.2　转分化的分类

细胞的转分化主要有两大类:一类是成体干细胞的转分化;另一类是已分化细胞的转化。

成体干细胞是指存在于一种已经分化组织中的未分化细胞,这种细胞能够自我更新并且能够特化形成组成该类型组织的细胞。成体干细胞存在于机体的各种组织器官中。成年个体组织中的成体干细胞在正常情况下大多处于休眠状态,在病理状态或在外因诱导下可以表现出不同程度的再生和自我更新能力。目前的研究表明,成体干细胞不仅对其所在的组织器官具有重建和恢复作用,更重要的是具有分化为其他组织细胞的可塑性。

神经干细胞(neural stem cell)具有分化为神经元、星形胶质细胞和少突胶质细胞的能力,能自我更新,足以提供大量脑组织细胞。它是一类具有自我更新能力的母细胞,可以通过不对称的分裂方式产生神经组织的各类细胞。需要强调的是,在脑、脊髓等所有神经组织中,不同的神经干细胞类型产生的子代细胞种类不同,分布也不同。目前有多项研究表明,移植大鼠或灵长类的神经干细胞,能够在移植的不同区域进行特异性分化。Rietze 等的研究表明神经干细胞可以分化为肌肉细胞[47],还有一些研究发现神经干细胞可以转分化为造血干细胞。

骨髓中包括造血干细胞和间充质干细胞(mesenchymal stem cell,MSC)两种类型的干细胞。造血干细胞在正常情况下产生血细胞和免疫细胞,而间充质干细胞则形成软骨细胞和成骨细胞。已经证实,骨髓干细胞至少可转分化为 9 种以上细胞,包括肌肉细胞、脂肪细胞、神经元等[48,49]。由于骨髓干细胞取材相对容易,从骨髓分离培养成体干细胞为通过自体移植治疗骨髓外组织的损伤提供了新的思路。

皮肤干细胞主要有表皮干细胞(epidermal stem cells)和毛囊干细胞(foliar stem cells)。已经有研究证实皮肤干细胞可以分化为平滑肌细胞、脂肪细胞和神经元等不同的细胞[50]。因为皮肤的解剖手术容易操作,所以皮肤干细胞成为治疗性移植中很有潜力的干细胞来源。

骨骼肌中也存在多能干细胞,它们除了可以在体外分化为肌肉、脂肪和骨细胞外,也能转分化为造血干细胞[51]。令人惊讶的是,脂肪组织中也含有丰富的成体干细胞,这类细胞可以在体外被诱导分化为神经、肌肉和骨等细胞[52]。

近几年的研究发现,一些终末分化细胞也具有改变其表型的能力。胰腺和肝脏在胚胎发育过程中来源于同一胚层,两者的细胞可在一定条件下相互转化。将胰腺细胞系或胚胎胰芽用合成糖皮质激素地塞米松和致癌素 M(白细胞介素-6 家族成员)处理,产生的转分化细胞表达一系列肝脏特有的蛋白质,包括运铁蛋白、甲状腺素视黄质运载蛋白、白蛋白和葡糖-6-磷酸酶等[53]。有报道 G8 肌细胞系在含有白三烯、地塞米松和胰岛素的培养基中培养,在转录因子 CPEBPA 和过氧化物酶体增殖因子激活受体

(PPAR)-C的诱导下可以转分化为脂肪细胞[54]。还有研究证实,在培养液中加入转化因子-β1(TGF-β1),大约0.1%的血管内皮细胞发生从内皮到间充质的转分化,生成平滑肌细胞[55]。

通常转分化的研究对象具有以下特点:能够明确转分化前后应具有稳定表型的两种分化状态;明确两种类型细胞之间的谱系关系;被诱导分化的细胞易于形成克隆。为能确定转分化后细胞在新环境中的功能,宜选择能被跟踪的细胞作为研究对象。

13.1.3.3　转分化的方法

转分化的方法目前可以分为两种:转录因子转分化和化学诱导转分化。下面以成纤维细胞转分化为神经元为例阐释这两种转分化的方法。

转录因子转分化通过在一种类型的细胞中过表达另一种细胞的关键基因改变细胞命运使其转分化为该种类型的细胞。中国科学院的科学家已经利用非整合系统——腺病毒包装系统,在成纤维细胞中导入基因并成功转分化为神经元[56]。该系统不会将外源基因整合入原细胞基因组,从而减少了外源基因整合对细胞的影响,最大限度保持了诱导后细胞与原代神经元在基因表达和功能上的一致性,为后期在临床上的安全应用提供了可能性。

许多研究显示在体内外通过病毒介导过表达特异的转录因子,可以将中枢神经系统星形胶质细胞重编程为神经元。但出于对临床安全性的担心,这种病毒介导的直接转化仍然受限。在以往的研究中,同济大学裴钢课题组报告称在体外缺氧条件下利用小分子鸡尾酒法可以将体细胞直接转化为神经祖细胞(neural progenitor cell, NPC)[57]。最近有研究证实在体外采用化学鸡尾酒(chemical cocktail reprogramming, VCR)方法激活 NeuroG2 和 NeuroD1 表达,可直接将星形胶质细胞转化为神经元。采用一些小分子操控这种细胞命运转变,是一种有吸引力的更适用于临床应用的方法[58]。

从受精卵开始,细胞就会根据外界的信号做出一系列的决定使它们的发育受到严格的限定。组织专一性干细胞发育方向的局限性是由它们所处的微环境决定的。当个体细胞进入新的组织中时,不同组织的细胞或许能够提供新信号解除这些限制,少量细胞可能实现转分化,向其他细胞系发展。通常转分化发生在这样的组织之间:它们的原基在胚胎形成的初始阶段位置相互毗连,仅一个或几个转录因子的表达与否或表达量的差异就可以使它们的发育方向有所不同。

在分子水平上,转分化一定发生在关键发育基因表达改变的基础上。这些基因决定胚胎的各个区域发育为成体的不同部分。在正常发育过程中,这些基因的特定组合在各自的胚胎区域中被诱导信号激活,它们的表达产物——转录因子调控下一级的基因,并导致不同组织的形成。

13.2 表观遗传重编程介导的精准治疗

13.2.1 细胞重编程在疾病发生机制研究中的应用

细胞重编程,是指已分化的体细胞在一定条件下,如核移植、iPSC 诱导、与 ESC 融合等,细胞命运被重编程,形成和 ESC 类似的具有多能性的干细胞。iPSC 作为一种无限的细胞来源,为研究人类疾病的发生提供了巨大的便利。目前,至少有两种形式的 iPSC 被用于模拟体外疾病的发生过程:①患者自体细胞重编程获得的 iPSC,其中部分细胞可直接分化为疾病相关细胞;②正常人体细胞重编程获得的 iPSC,需要通过遗传工程改造或小分子药物诱导构建疾病细胞模型。

自 2006 年日本京都大学教授 Yamanaka 建立 iPSC 技术以来,各国科学家们开始根据不同的疾病建立患者特异性的 iPSC。例如,2008 年 Park 等获得了多种疾病患者的 iPSC,包括帕金森病、唐氏综合征(Down syndrome,DS)、亨廷顿病、青少年 1 型糖尿病等[59]。此外,已获得多种疾病患者的 iPSC,用于研究疾病的发生[60-63]。按照系统分为血液病、心血管疾病、代谢性疾病、原发性免疫缺陷和神经系统疾病等,表 13-1 总结了 iPSC 模拟的疾病类型。

表 13-1　iPSC 模拟的疾病类型

疾　　病	供体细胞的基因缺陷	iPSC 分化获得的细胞类型	分化细胞疾病表型
血液病			
镰状细胞贫血 (sickle cell anemia,SCA)	*HBB* 纯合突变	无	不可用
范科尼贫血 (Fanconi anemia)	*FAA* 和 *FAD2* 突变,修复	造血细胞	可用
腺苷脱氨酶缺陷性重症联合免疫缺陷病(adenosine deaminase-severe combined immunodeficiency,ADA-SCID)	*ADA* 突变或缺失突变	无	不确定

（续表）

疾　病	供体细胞的基因缺陷	iPSC 分化获得的细胞类型	分化细胞疾病表型
Schwachman-Bodian-Diamond 综合征 （Schwachman-Bodian-Diamond syndrome，SBDS）	多因素	无	不可用
β-地中海贫血症 （beta thalassemia）	β-珠蛋白基因纯合缺失突变	造血细胞	不确定
真性红细胞增多症 （polycythemia vera，PV）	JAK2 基因 Val617Phe 杂合突变	造血前体细胞（CD34$^+$CD35$^+$）	部分可用
原发性骨髓纤维化症 （primary myelofibrosis，PMF）	JAK2 杂合突变	无	不可用
心血管疾病			
豹皮综合征 （leopard syndrome）	PTPN11 杂合突变	心肌细胞	可用
Ⅰ型长 QT 综合征 （type Ⅰ long QT syndrome，LQTS Ⅰ）	KCNQ1 显性突变	心肌细胞	可用
Ⅱ型长 QT 综合征 （type Ⅱ long QT syndrome，LQTS Ⅱ）	KCNH2 错义突变	心肌细胞	可用
代谢性疾病			
1 型糖尿病 （type 1 diabetes mellitus，T1DM）	多种因素，未知	β 细胞样细胞	不确定
Lesch-Nyhan 综合征 （Lesch-Nyhan syndrome）	HPRT1 杂合突变	无	不可用
Ⅲ 型高歇病 （Type Ⅲ Gaucher disease）	GBA 突变	无	不可用
α1-抗胰蛋白酶缺乏症 （alpha 1-antitrypsin deficiency，A1ATD）	α1-抗胰蛋白酶基因纯合突变	肝细胞样细胞（胎儿）	可用
糖原贮积症 Ia 型 （glycogen storage disease type 1a，GSD 1a）	葡糖-6-磷酸酶基因缺陷	肝细胞样细胞（胎儿）	可用
家族性高胆固醇血症 （familial hypercholesterolemia，FH）	常染色体 LDLR 显性突变	肝细胞样细胞（胎儿）	可用
Crigler-Najjar 综合征 （Crigler-Najjar syndrome，CNS）	UGT1A1 缺失突变	肝细胞样细胞（胎儿）	不确定

（续表）

疾病	供体细胞的基因缺陷	iPSC 分化获得的细胞类型	分化细胞疾病表型
Ⅰ型遗传性高酪氨酸血症 （type Ⅰ hereditary hypertyrosinemia）	*FAHD1* 突变	肝细胞样细胞（胎儿）	不确定
庞贝氏病 （Pompe disease）	*GAA* 敲除	骨骼肌细胞	可用
进行性家族性肝内胆汁淤积症 （progressive familial intrahepatic chole-stasis，PFIC）	多因素	肝细胞样细胞（胎儿）	不确定
Hurler 综合征或黏多糖贮积症 IH 型 （mucopolysaccharidosis type IH，MPS IH）	*IDUA* 缺陷	造血细胞	无
原发性免疫缺陷			
重症联合免疫缺陷病 （severe combined immunodeficiency，SCID）	*RAG1* 突变	无	不可用
Omenn 综合征 （Omenn syndrome，OS）	*RAG1* 突变	无	不可用
软骨毛发发育不良综合征 （Conradi-Hünermann-Happle syndrome，CHH）	*RMRP* 突变	无	不可用
单纯疱疹病毒性脑炎 （herpes simplex virus encephalitis，HSE）	*STAT1* 或 *TLR3* 突变	中枢神性系统成熟细胞类型	无
神经系统疾病			
肌萎缩性脊髓侧索硬化症 （amyotrophic lateral sclerosis，ALS）	SOD1 蛋白的 Leu144Phe 杂合突变	运动神经元和胶质细胞	不确定
脊髓性肌肉萎缩症 （spinal muscular atrophy，SMA）	*SMN1* 突变	神经元和星形胶质细胞，成熟的运动神经元	可用
帕金森病 （Parkinson disease，PD）	*LRRK2* 和（或）*SNCA* 的多因素突变	多巴胺能神经元	无
亨廷顿病 （Huntington disease，HD）	亨廷顿基因 72 CAG 重复	无	不可用
唐氏综合征（Down syndrome，DS）	3 条 21 号染色体	含有三个胚层组织来源的畸胎瘤	可用

（续表）

疾病	供体细胞的基因缺陷	iPSC 分化获得的细胞类型	分化细胞疾病表型
脆性 X 染色体综合征（fragile X syndrome, FXS）	CGG 重复的扩张导致的 *FMR1* 沉默	无	不可用
家族性自主神经功能异常（Riey-Day syndrome）	*IKBKAP* 突变	中枢神经系统谱系、周围神经元、造血细胞、内皮细胞、内胚层细胞	可用
Rett 综合征（Rett syndrome, RTT）	*MeCP2* 杂合突变	神经前体细胞	可用
黏多糖贮积症 Ⅲ B 型（mucopolysaccharidosis type Ⅲ B, MPS ⅢB）	*NAGLU* 纯合突变	神经干细胞和分化的神经元	部分可用
精神分裂症（schizophrenia）	复杂原因	神经元	可用
肾上腺脑白质营养不良（adrenoleukodystrophy, ALD）；X-连锁肾上腺脑白质营养不良（X-linked adrenoleukodystrophy, X-ALD）；儿童脑型肾上腺脑白质营养不良（childhood cerebral adrenoleukodystrophy, CCALD）	*ABCD1* 突变	寡树突胶质细胞，神经元	部分可用
其他分类			
杜氏肌营养不良症（Dunchenne muscular dystrophy, DMD）	dystrophin 基因缺失突变	无	不可用
贝氏肌营养不良症（Becker muscular dystrophy, BMD）	dystrophin 基因未知突变	无	不可用
先天性角化不良症（dyskeratosis congenita, DC）	*DKC1* 缺失突变	无	不可用
囊性纤维化（cystic fibrosis, CF）	*CFTR* 纯合缺失突变	无	不可用
弗里德赖希共济失调（Friedreich ataxia, FRDA）	*FXN* 基因 GAA 重复扩展	感觉和周围神经元，心肌细胞	部分可用

（续表）

疾病	供体细胞的基因缺陷	iPSC 分化获得的细胞类型	分化细胞疾病表型
视网膜色素变性 （retinitis pigmentosa，RP）	*RP9*、*RP1*、*PRPH2* 或 *RHO* 突变和致病基因异质性	视网膜前体细胞、感光前体细胞、视网膜色素上皮细胞、感光细胞	可用
隐性营养不良型大疱性表皮松解症 （recessive dystrophic epidermolysis bullosa，RDEB）	*COL7A1* 突变	造血细胞、能在体分化成三个胚层的上皮样角质细胞	部分可用
硬皮病 （scleroderma）	未知	无	不可用
成骨不全 （osteogenesis imperfecta，OI）	*COL1A2* 突变	无	不可用

（表格修改自参考文献[54]）

13.2.1.1 镰状细胞贫血

镰状细胞贫血（sickle cell anemia，SCA）是一种常染色体显性遗传病。患者血红蛋白异常，红细胞呈镰刀型且数目少，常出现反复感染和周期性疼痛发作等症状。大部分 SCA 是由 *HBB*（hemoglobin subunit beta）基因突变所致，*HBB* 基因编码血红蛋白 β 亚基。不同的 *HBB* 突变类型产生不同的血红蛋白 β 亚基，其中一种突变产生 S 型血红蛋白，最终导致 SCA。

2007 年，Hanna 等首先通过携带 Yamanaka 四因子（*Oct4*、*Sox2*、*Klf4* 和 *c-Myc*，OSKM）的反转录病毒将 SCA 患者成纤维细胞重编程成 iPSC，然后利用同源重组技术修复所得 iPSC 的突变 *HBB* 基因，在体外将 iPSC 分化成人造血前体细胞后移植入人源化的 SCA 模型小鼠，结果发现移植后疾病模型小鼠获得康复。2011 年，几个研究组将患者来源的 iPSC 通过同源重组技术修复了致病基因，Zou 等利用锌指核酸酶（zinc finger nucleases，ZFN）技术将患者 iPSC 的 *HBB* 基因修复，Sebastiano 等利用 ZFN 技术原位（*in situ*）修复了患者的 iPSC[64]。这些患者来源的 iPSC 研究能帮助人们进一步探究基因突变导致 SCA 疾病表型的机制。

13.2.1.2 Rett 综合征

Rett 综合征（Rett syndrome，RTT）是一种罕见的显性进行性神经疾病。RTT 的临床特征是女性发病、共济失调、手脚小、头部生长迟缓（部分头小畸形）、运动功能受损（如手部重复性运动）和孤独症等[55]。大多数 RTT 是由于 X 染色体连锁的 *MECP2* 基因突变导致的，*MeCP2* 基因编码甲基化 CpG 结合蛋白 2（methyl-CpG binding protein 2，MECP2）[65]，该蛋白质参与甲基化 DNA 的转录沉默和表观遗传调控。超过 95％的患者是由于出生后 *MECP2* 突变导致的。不同类型的突变会导致不同的疾病表型，而关于 *MECP2* 突变导致 Rett 综合征的机制，目前尚无定论。

RTT 研究的一个重要障碍是无法获得病变的活体组织。2010 年，Marchetto 等获得 *MECP2* 突变的 RTT 患者体细胞并重编程成 iPSC，最后分化获得功能性神经元[66]。这种 RTT 患者特异的神经元能重现 RTT 早期阶段的疾病表型，如脊柱密度下降、神经元突触较少、胞体较小、电生理功能受损、钙离子信号通路改变等。此外，他们利用这种神经元证实 *MECP2* 基因突变导致了以上这些疾病细胞表型。这项研究的意义在于探究了 RTT 的早期临床表型，而且发现这些症状出现前的缺陷可能作为 RTT 的新标志物，方便临床上疾病的早期检测与预防。

13.2.1.3 帕金森病

iPSC 同样被用于帕金森病的研究。帕金森病是一种中枢神经系统退行性疾病。中脑黑质多巴胺（dopamine，DA）能神经元的死亡，引起纹状体多巴胺含量锐减，患者平衡和运动能力受损。常见症状为某一只手或某一只脚的颤抖或摇摆。同样，帕金森病研究的一个重要障碍是无法获得病变的活体组织。2008 年，Wernig 等将小鼠 iPSC 在体外高效地分化成神经元前体细胞，这种前体细胞能进一步分化成神经元和胶质细胞。将这些神经元前体细胞移植进帕金森病模型小鼠胚胎的脑中，发现这些前体细胞能迁移至脑的不同区域并分化成神经元和胶质细胞，这些细胞具有和体内细胞一样的形态和电生理功能。将 iPSC 分化成的中脑多巴胺能神经元移植入成年帕金森病模型大鼠脑中，提高了大鼠的行为能力。2009 年，Solder 等获得了非病毒整合型帕金森病患者来源的 iPSC[67]。以上对帕金森病小鼠或患者的 iPSC 及其分化得到的神经元、胶质细胞的表型研究，有利于探索帕金森病的发病机制。

另一方面，研究者利用 iPSC 研究与帕金森病有关的致病基因。α-突触核蛋白（α-synuclein，α-syn）功能紊乱与帕金森病密切相关。此外，研究表明 LRRK2 激酶可调控 α-突触核蛋白突变导致的帕金森病相关病程进展，而 *PINK1* 编码的一个线粒体激酶调控线粒体退化。2011 年，研究人员获得 *LRRK2* 突变的 iPSC。他们发现与正常神经元相比,由 *LRRK2* 突变的 iPSC 分化获得的多巴胺能神经元对氧化应激更敏感[68]。具体说,这些 *LRRK2* 突变的神经元高表达关键的氧化应激应答基因和 α-突触核蛋白。这项研究为人们进一步揭示了帕金森病的部分可能发生机制。

2011 年,Seibler 等将 3 位 *PINK1* 基因无义或错义突变的帕金森病患者的皮肤细胞重编程成 iPSC[69],发现这些患者的 iPSC 分化获得的多巴胺能神经元具有更高的线粒体拷贝数,其线粒体生物发生的重要调控蛋白——过氧化物酶体增殖物激活受体 γ 共激活因子 1(peroxisome proliferater activated receptor gamma coactivator-1,*PGC-1*)高表达并且线粒体退化中线粒体对慢病毒表达的 Parkin 蛋白招募减少,最终这些疾病细胞表型能被慢病毒表达的 PINK1 蛋白恢复。这个研究揭示,PINK1 蛋白、线粒体与帕金森病之间存在紧密关联。

13.2.2　细胞重编程在药物筛选中的应用

药物筛选是指通过规范化的实验手段从大量化合物或者新化合物中选择对某一特定作用靶点具有较高活性的化合物的过程,是现代药物开发流程中检验和获取具有特定生理活性化合物的一个重要步骤。根据实验模型的不同,药物筛选可以分为生化水平的筛选和细胞水平的筛选。生化水平的药物筛选是针对拟开发药物作用的靶点设计实验,这种作用靶点一般是具有特定生理功能的蛋白质,如酶和受体等,一些编码功能明确的 DNA 近年来也成为药物作用的重要靶点。生化水平的药物筛选操作简单,成本低,但是由于药物在体内的作用不是仅取决于药物与靶点的相互作用,吸收、分布、代谢、排泄也是药效发挥的重要影响因素,因而生化水平的药物筛选不确定因素更多,误筛率高。

细胞水平的药物筛选是接近于生理条件的一种药物筛选模型,其模型针对的是拟设计药物作用的靶细胞。将靶细胞与候选化合物相互作用,通过与生化水平筛选类似的检测技术测定化合物的作用效力,达到筛选的目的。细胞水平的药物筛选模型更接近生理条件,筛选的准确率更高,但需要建立细胞模型,其操作更复杂,成本更高,数据之间平行性差,另外有些靶点受制于技术还不能进行细胞水平的药物筛选。

近年来,细胞重编程技术的飞速发展,极大地推动了以细胞水平为基础的药物筛选。首先,重编程的细胞可以为药物筛选提供更丰富的靶细胞模型,扩大药物筛选的范围;其次,重编程获得的细胞仍具有体外分化能力,更加接近体内生理环境,将有助于人们对疾病发生进程的理解与探索。细胞重编程技术的诞生，为科学家们研究上述疾病的分子基础提供了新的材料。不仅如此，结合基因编辑技术研究人员有望修正细胞本身的遗传缺陷，将矫正后的细胞用于治病救人。"重编程"技术问世之后，研究者利用重编程的细胞在药物筛选领域取得了重大进展。

Riley-Day 综合征是一种罕见的遗传病，又称家族性自主神经功能障碍综合征（familial dysautonomia，FD）。Riley-Day 综合征的症状包括痛觉迟钝、间断性呕吐、协调性差和痉挛等，通常只有半数患者能活到 30 岁。这种疾病只影响了一类神经元，但目前很难通过组织学活检从患者体内取得这类细胞用于体外研究。研究人员利用细胞重编程技术获得了这种疾病的细胞模型，并利用这些细胞进行了高效的药物筛选[70]。研究人员首先利用 iPSC 细胞重编程技术将提取的 Riley-Day 综合征患者的皮肤细胞诱导成为多能干细胞，然后将这些诱导获得的患者特异的 iPSC 分化为具有疾病表型的神经元，最后以这些神经元为靶细胞进行高通量药物筛选。在这项研究中，研究人员筛选了约 7 000 种小分子化合物，发现 8 个能够显著提高 IKBKAP 表达的候选物（*IKBKAP* 基因是 Riley-Day 综合征的关键致病基因）。

2016 年，美国的研究人员报道称，一种由人类皮肤细胞制成的 iPSC 分化而来的交感神经元可以协同刺激心肌细胞收缩[71]。这些重编程细胞分化而来的交感神经元与靶组织配对，可用于研究某些神经性疾病，探索不同患者的基因错误如何影响神经的功能。

除上述进展之外，以细胞重编程为基础的单倍体胚胎干细胞（haploid embryonic stem cells，haESC）技术的发展也极大地推动了细胞水平的药物筛选。生理条件下，哺乳动物的单倍体细胞仅限于雌、雄配子及某些癌症细胞[72]。2011 年，英国和奥地利的两个研究组通过化学激活获得了小鼠的单倍体孤雌胚胎，成功建立了世界上首株非配子形式的单倍体细胞系[73,74]。2012 年，研究人员利用核移植技术，通过显微操作在去掉卵母细胞核的卵细胞中注入一个精子，获得了携带来自父本基因组的单倍体重构胚胎，重构胚胎在体外发育到囊胚，进而建立了单倍体孤雄胚胎干细胞系。这些单倍体胚胎干细胞保持了一定水平的雄性印记，进一步验证发现该细胞能够代替精子在注入卵母细胞后产生健康的小鼠[75]。2016 年，以色列耶路撒冷希伯来大学、美国哥伦比亚大学医学中心和纽约干细胞基金会研究所的研究人员成功地建立了一种新类型的 ESC，它只携带单拷贝人类基因组[76]，而不像正常干细胞中具有两个拷贝人类基因组。上述

haESC 具有多能性,能够分化成其他类型的体细胞,包括神经元、心脏细胞和胰腺细胞等,但依然能保持单套染色体。单倍体干细胞将可能成为遗传性疾病药物筛选的强大工具,因为其自身只拥有单拷贝基因从而规避了隐性基因问题。

不仅如此,重编程细胞本身也可以作为治疗性药物应用于再生医学,即所谓的细胞治疗(cell therapy)。细胞治疗已有数百年历史,首次细胞治疗概念的提出可以追溯到1493 年至 1541 年,由菲律宾学者 Paracelsus 提出。细胞治疗是指利用某些具有特定功能的细胞,经过生物工程方法获取或通过体外扩增、特殊培养等处理后,使这些细胞具有增强免疫、杀死病原体和肿瘤细胞、促进组织器官再生和机体康复等治疗功效,将这些细胞回输至患者体内以达到治疗疾病的目的。通过体细胞重编程可以获得具有多种分化潜能的细胞,这些细胞的基因组与患者本身的基因组一致,通过分化为功能性的细胞对患者进行回输,达到修复创伤组织、避免或降低免疫排斥反应的目的。2017 年 2 月1 日,日本已经批准了利用供者的 iPSC 经转化产生的视网膜细胞开展临床试验。在干细胞治疗老年黄斑变性方面,《新英格兰医学杂志》近期发表了将 iPSC 分化而来的视网膜色素细胞移植给黄斑变性患者的结果,其中一名接受移植女性患者的疾病进展得到有效控制;而在另一个临床报告中采用抗血管内皮生长因子法治疗黄斑变性的试验结果并不理想。中国也在 2017 年 4 月 11 日开展了全球首个人类 ESC 治疗帕金森病的临床试验。

干细胞治疗是通过干细胞移植替代、修复患者损失的细胞,恢复细胞组织功能,从而治疗多种类型的疾病,主要的治疗方法分为干细胞移植、干细胞再生技术、自体干细胞免疫疗法等。干细胞在临床中得以应用主要是由于干细胞具有归巢能力、增殖分化能力和分泌生长因子能力等。世界各国干细胞临床试验在如火如荼地开展,干细胞临床试验的乱象也引起了各国的关注。美国 FDA 近期在官网上公布了打击非法的和未经批准的干细胞治疗乱象的声明,查办了加利福尼亚州两家干细胞治疗中心和佛罗里达州一家干细胞治疗中心。这对于建立干细胞产业的健康生态链具有积极意义。2017 年11 月 22 日,中国首个《干细胞通用要求》发布,该要求规定了干细胞术语和定义、分类、伦理、质量要求等 6 个部分的内容,围绕干细胞制剂的安全性、有效性及稳定性等关键问题,建立了干细胞的供者筛查、组织采集、细胞分离、培养、冻存、复苏、运输及检测等的通用要求,这是我国推动干细胞产业规范化发展的第一步。

与传统的药物筛选相比,以重编程细胞为基础的药物筛选将更加具有针对性和靶向性,同时细胞来源和细胞类型也更加丰富、广泛,摆脱了细胞量少、细胞类型单一等因素对传统药物筛选的限制,将极大地提高药物筛选的通量及效率。因此,细胞重编程将会大大改变传统药物筛选的面貌,提高疾病治疗的精确性和靶向性。

13.2.3　细胞重编程在再生医学中的应用

再生医学是当前医学研究和应用领域最前沿的一个分支,再生医学治疗主要用于机体受到严重损伤或是某些慢性疾病患者特定组织、器官的功能恢复,这些患者通常因缺乏机体自身的组织再生能力而难以得到充分的治疗。对于某些疾病引起的组织坏死或器官衰竭,组织器官移植是一种有效的治疗手段,但目前仅仅依靠有限的器官捐献不能满足患者对器官移植的需求,配型困难和排异反应也限制了外源组织或器官移植治疗的适用范围,这促使科学家和医务工作者寻求更为有效的替代方案。以干细胞技术为主要支撑的再生医学治疗方法正逐步从临床前研究走向临床应用阶段,并有望取代传统的组织器官移植成为一种更加安全和高效的治疗手段。

干细胞作为一种具有多向分化潜能的细胞类型,已经成为再生医学材料来源的首选,并且已应用于先天发育缺陷、后天疾病或衰老等导致的组织或器官异常的修复和再生研究中。通过自身、同系或异种的干细胞移植,可以诱导激活机体的组织再生能力,或者激发机体对病原微生物或恶性肿瘤细胞的免疫反应。在再生医学领域中应用的干细胞包括 ESC、间充质干细胞、骨髓干细胞(bone marrow stem cells,BMSC)和 iPSC等。传统的异体组织或器官移植为避免排斥反应,移植前通常需要配型并给患者服用免疫抑制剂,干细胞因为表达较低的主要组织相容性抗原(major histocompatibility complex,MHC),有利于移植区域组织耐受,避免或降低排斥反应。

现有的干细胞再生医学治疗是建立在组织工程技术基础上的,结合了细胞移植技术、材料科学、类器官(organoid)再造等不同学科的技术和原理,可用于损伤组织或器官的功能恢复[77]。利用组织工程学技术可以在可生物降解的三维(3D)支架上生成新的组织,理想的支架可以支持细胞的黏附和生长,模拟所替代组织的结构,支持新血管的生成[78],并且不使宿主对其产生免疫排斥[79]。新生成的组织或类器官移植到患者体内后,可以替代或部分替代病灶部位损伤、坏死的组织,执行正常的生理功能,达到治疗疾病的目的。除此之外,干细胞移植也是再生医学应用的重要方向,细胞移植中干细胞的数目与再生医学治疗的疗效直接相关,因此在进行细胞移植之前有必要对干细胞进行大量的体外扩增。成功的干细胞移植治疗，需要移植的干细胞能够在宿主体内存活、增殖，分化为所需要的特定类型细胞，整合到宿主的机体组织结构网络之中并发挥正常的生理功能。

iPSC 是干细胞再生医学应用的全新领域。各类多能干细胞和成体干细胞的干性和分化潜能的维持依赖于多能性因子如 *Oct4*、*c-Myc*、*Klf4*、*Nanog*、*Sox2* 等转录调控因子的功能状态。这些多能性因子的异位过表达或者内源激活可以从表观遗传水平促使终末分化细胞向 ESC 样多能干细胞转化，这类细胞称为 iPSC。2006 年，Takahashi 和 Yamanaka 率先通过向皮肤成纤维细胞中导入 *Sox2*、*Oct4*、*Klf4*、*c-Myc* 4 个调控多能性的转录因子，获得了具有类似 ESC 自我更新能力和分化潜能的 iPSC。经多能性因子的诱导，成纤维细胞的细胞核经历了剧烈的表观遗传重编程过程，获得的 iPSC 在转录组、表观遗传修饰及功能上几乎与 ESC 无异。

尽管 iPSC 是近 10 余年才兴起的领域，它在再生医学治疗中已经有诸多应用实例。视觉神经元缺失是老年性黄斑变性（senile macular degeneration，SMD）患者失明的主要原因。在一项临床前研究中，人们将由 iPSC 定向分化而来的神经元前体细胞移植到 AMD 模型大鼠的视网膜中，这些前体细胞在视网膜中形成了 5～6 层视觉感受器，大大延缓了疾病发展的进程。Dorsomorphin 和 SB-431542 通过抑制 TGF-β 及 BMP 信号通路诱导 iPSC 分化为大脑皮质类神经球细胞[80]。这些类神经球细胞同时包含外周神经元和中枢神经元，并被星形胶质细胞包裹，其转录组表达谱和电生理特征与发育中的胚胎期神经元相似，这些类神经球细胞可用于建立神经系统疾病模型和药物筛选等[70]。神经系统发育的复杂性阻碍了人们对孤独症（autism）及精神分裂症（schizophrenia）的病因分析研究。孤独症和精神分裂症患者来源的 iPSC 经体外三维培养可以获得微型的大脑类器官，类似于原肠运动之后数月的胎儿大脑[81]。这些大脑类器官在先天条件上与孤独症患者一致，具有更多的抑制性中间神经元和异常的兴奋-抑制大脑回路连接。除此之外，相对正常脑组织，这些大脑类器官表达更多的 *FOXG1* 基因，提示 *FOXG1* 基因过表达可能是孤独症病因中的决定性因素。各项大脑高级功能，如情感、焦虑、失望、食欲、呼吸、心跳等，都受到 5-羟色胺（5-hydroxytryptamine，5-HT）能神经元的调控。5-羟色胺能神经元的生成发生在出生之前，是一类脱离细胞周期的终末分化细胞。5-羟色胺能神经元的发育缺陷和退行期病变会造成抑郁症（depression）、精神分裂症等多种神经系统疾病。特定的分化培养体系调控 Wnt 通路，可以实现人 iPSC

向 5-羟色胺能神经元的定向分化。移植 iPSC 来源的 5-羟色胺能神经元可表达羟化酶 2,具有与宿主神经元相同的电生理活性,并可以适时定量地分泌 5-羟色胺。利用 iPSC 来源的 5-羟色胺能神经元进行体内移植,有望治疗精神分裂症等神经系统病变造成的精神疾病[82]。

其他组织或器官的退行性病变也时有报道,如结核菌感染、纤维化、癌症等引起的肺部退行性病变,其病因学机制可以通过类器官的培养得到解释。将 iPSC 种植在惰性生物材料上,在特定培养条件下可以形成包含上皮细胞和间充质细胞的肺类器官,它们可以在数月的培养过程中存活。这些肺类器官可以看作是微小的肺部功能性组织,可以模拟肺导气管和肺泡组织,用于肺脏发育研究和抗结核、抗肿瘤等药物的研发。传统的多步骤 iPSC 表观遗传重编程过程需要长达 1 个月的时间,而利用 CRISPR-Cas9 系统的附加型重编程过程实现了两个重编程步骤的结合,可以在 2 周内获得 ESC 样的多能干细胞,避免或减少了细胞长期培养可能导致的表观遗传修饰异常。这一方法可以更加个性化地从视网膜退行性病变成年患者体细胞或者免疫缺陷疾病胎儿体细胞中获得多能干细胞,用于纠正 OCT4、DNMT3B 等基因的突变。

技术进步已经使人们可以将多种不同类型的体细胞通过重编程转变为 iPSC,但此方法需要导入慢病毒感染细胞,细胞存在癌变风险,其临床安全性需要进一步评估。

利用表观遗传重编程技术除了可以实现体细胞向 ESC 样多能干细胞的去分化过程,还可以实现一种类型体细胞向另一种特定类型体细胞的直接转化,即转分化。肾脏在一定程度上可以进行自我修复,然而在严重损伤的情况下,肾脏的自我再生潜能不能满足需求。在肾脏组织修复的过程中,肾脏中前体干细胞需要分化为多达 20 种的细胞类型,用以执行清除废物、调节 pH 值、重吸收水和电解质等生理功能。利用前沿的表观遗传重编程技术,人们已经实现了终末分化的皮肤成纤维细胞向肾脏类器官的转分化。这些转分化而来的肾脏类器官在功能和结构上都类似于机体内的肾脏组织。这种类器官包含具有完整生理功能的肾小球结构,并且在结构上与 3 个月胎儿的肾脏极为相似[83]。这种肾脏类器官可以用于药物毒理学检测、疾病模型建立及组织和器官移植等。尽管人们在肾脏组织器官再生领域已经取得了一些令人惊喜的成果,然而获得有完整结构和功能的肾脏在目前的科学技术水平下依然是难以实现的。作为在母亲和发育中胎儿之间补给通道的胎盘,在某些病理生理条件下会发生退行性改变,科学家通过瞬时表达 Gata3、Eomes、Tfap2c 以及 c-Myc 等转录调控因子得到了滋养层干细胞样细胞,这些转分化而来的干细胞在 DNA 甲基化水平、H3K7 乙酰化水平、细胞核 H2A. X分布模式及其他一些表观遗传修饰标志物上都十分接近滋养层干细胞。这些转分化获得的滋养层干细胞可以进一步分化为造血系统和胎盘组织,越过了 iPSC 阶段,开拓了获得具有完全生理功能的人类胎盘组织的新途径。阿尔兹海默病及顽固性癫痫(epilepsy)等神经退行性疾病患者大脑皮质中的兴奋和抑制信号被破坏,大脑皮质及海马区的抑制信号是由分泌 γ-氨基丁酸(gamma-aminobutyric acid,GABA)的中间神经元介导产生,这类神经元的缺失导致神经退行性疾病的发生。导入 *Ascl1*、*Dlx5*、*Foxg1* 和 *Lhx6* 等因子可以将成体细胞转变为 GABA 能中间神经元,这些转分化获得的细胞具有前脑中间神经元的分子标记,可以释放 GABA 神经递质,在功能上抑制宿主颗粒细胞的活性。将这些通过重编程手段获得的中间神经元移植到发育中的胚胎脑中可以治愈先天性或获得性癫痫。这些移植细胞在宿主体内可以像宿主自身的中间神经元一样分布、成熟并整合到宿主本身的神经系统回路中。近年来,人们成功利用 *Ascl1*、*NeuroD1* 等神经相关转录因子,将神经元退行性病变中过度增殖的胶质细胞转变为功能性神经元,用以替代原来坏死、损伤的细胞[84]。这一具有广阔应用前景的再生医学技术已经在 2017 年进入临床试验申请阶段,有望为成千上万帕金森病患者、阿尔兹海默病患者提供有效的治疗手段。如何从成体中获得 β 细胞一直是一项具有挑战性的工作。利用转分化技术,越过 iPSC 细胞重编程阶段,可以直接从皮肤成纤维细胞通过表观遗传重编程获得临床级胰岛 β 细胞。这一胰岛 β 细胞的转分化过程包括从皮肤细胞转分化为中间状态的内皮前体细胞,再通过扩增获得有胰岛素分泌功能的胰岛 β 细胞,用于更加个性化的糖尿病治疗。

13.3 小结

　　干细胞、基因编辑等生命科学领域的飞速发展使得表观遗传重编程在再生医学领域具有愈加广阔的应用前景。预计到 2020 年,科学家和医务工作者利用干细胞和转分化技术可以实现多种组织、类器官、器官的体外再造。经表观遗传重编程获得的 iPSC 直接来源于患者自身,不仅拓宽了发育生物学的研究领域,更为再生医学的发展创造了前所未有的机遇,在疾病治疗上比 ESC 具有更大的应用价值。目前,已经有大量研究正在努力将 iPSC 用于疾病的治疗。相信在不久的将来,通过表观遗传重编程技术和干细胞技术的结合可以实现脊髓损伤、肌肉损伤、自身免疫病等多种疾病的再生医学治疗，造福全人类。

参考文献

［1］ Briggs R，King T J. Transplantation of living nuclei from blastula cells into enucleated frogs' eggs［J］. Proc Natl Acad Sci U S A，1952,38(5)：455-463.

［2］ Wilmut I，Schnieke A E，McWhir J，et al. Viable offspring derived from fetal and adult mammalian cells［J］. Nature，1997,385(6619)：810-813.

［3］ Wakayama T，Perry A C，Zuccotti M，et al. Full-term development of mice from enucleated oocytes injected with cumulus cell nuclei［J］. Nature，1998,394(6691)：369-374.

［4］ Gasparrini B，Gao S，Ainslie A，et al. Cloned mice derived from embryonic stem cell karyoplasts and activated cytoplasts prepared by induced enucleation［J］. Biol Reprod，2003,68(4)：1259-1266.

［5］ Inoue K，Ogonuki N，Mochida K，et al. Effects of donor cell type and genotype on the efficiency of mouse somatic cell cloning［J］. Biol Reprod，2003,69(4)：1394-1400.

［6］ Zhou Q，Jouneau A，Brochard V，et al. Developmental potential of mouse embryos reconstructed from metaphase embryonic stem cell nuclei［J］. Biol Reprod，2001,65(2)：412-419.

［7］ Wakayama T，Tabar V，Rodriguez I，et al. Differentiation of embryonic stem cell lines generated from adult somatic cells by nuclear transfer［J］. Science，2001,292(5517)：740-743.

［8］ Eggan K，Akutsu H，Hochedlinger K，et al. X-Chromosome inactivation in cloned mouse embryos［J］. Science，2000,290(5496)：1578-1581.

［9］ Chen Y，He Z X，Liu A，et al. Embryonic stem cells generated by nuclear transfer of human somatic nuclei into rabbit oocytes［J］. Cell Res，2003,13(4)：251-263.

［10］ Weismann A. The germ plasm：a theory of heredity［J］. Philosophical Review，1893,2(n/a)：373.

［11］ Evans M J，Kaufman M H. Establishment in culture of pluripotential cells from mouse embryos［J］. Nature，1981,292(5819)：154-156.

［12］ Martin G R. Isolation of a pluripotent cell line from early mouse embryos cultured in medium conditioned by teratocarcinoma stem cells［J］. Proc Natl Acad Sci U S A，1981,78(12)：7634-7638.

［13］ Martello G，Smith A. The nature of embryonic stem cells［J］. Annu Rev Cell Dev B，2014,30：647-675.

［14］ Blau H M，Chiu C P，Webster C. Cytoplasmic activation of human nuclear genes in stable heterocaryons［J］. Cell，1983,32(4)：1171-1180.

［15］ Tada M，Takahama Y，Abe K，et al. Nuclear reprogramming of somatic cells by in vitro hybridization with ES cells［J］. Curr Biol，2001,11(19)：1553-1558.

［16］ Cowan C A，Atienza J，Melton D A，et al. Nuclear reprogramming of somatic cells after fusion with human embryonic stem cells［J］. Science，2005,309(5739)：1369-1373.

［17］ Davis R L，Weintraub H，Lassar A B. Expression of a single transfected cDNA converts fibroblasts to myoblasts［J］. Cell，1987,51(6)：987-1000.

［18］ Takahashi K，Yamanaka S. Induction of pluripotent stem cells from mouse embryonic and adult fibroblast cultures by defined factors［J］. Cell，2006,126(4)：663-676.

［19］ Smith A G, Heath J K, Donaldson D D, et al. Inhibition of pluripotential embryonic stem cell differentiation by purified polypeptides ［J］. Nature, 1988,336(6200): 688-690.

［20］ Okita K, Ichisaka T, Yamanaka S. Generation of germline-competent induced pluripotent stem cells ［J］. Nature, 2007,448: 313.

［21］ Okita K, Nakagawa M, Hyenjong H, et al. Generation of mouse induced pluripotent stem cells without viral vectors ［J］. Science, 2008,322(5903): 949-953.

［22］ Stadtfeld M, Nagaya M, Utikal J, et al. Induced pluripotent stem cells generated without viral integration ［J］. Science, 2008,322(5903): 945-949.

［23］ Chang C W, Lai Y S, Pawlik K M, et al. Polycistronic lentiviral vector for "hit and run" reprogramming of adult skin fibroblasts to induced pluripotent stem cells ［J］. Stem Cells, 2009, 27(5): 1042-1049.

［24］ Kaji K, Norrby K, Paca A, et al. Virus-free induction of pluripotency and subsequent excision of reprogramming factors ［J］. Nature, 2009,458: 771.

［25］ Woltjen K, Michael I P, Mohseni P, et al. piggyBac transposition reprograms fibroblasts to induced pluripotent stem cells ［J］. Nature, 2009,458: 766.

［26］ Yu J, Hu K, Smuga-Otto K, et al. Human induced pluripotent stem cells free of vector and transgene sequences ［J］. Science, 2009,324(5928): 797-801.

［27］ Fusaki N, Ban H, Nishiyama A, et al. Efficient induction of transgene-free human pluripotent stem cells using a vector based on Sendai virus, an RNA virus that does not integrate into the host genome ［J］. P Jpn Acad B, 2009,85(8): 348-362.

［28］ Zhou H, Wu S, Joo J Y, et al. Generation of induced pluripotent stem cells using recombinant proteins ［J］. Cell Stem Cell, 2009,4(5): 381-384.

［29］ Warren L, Manos P D, Ahfeldt T, et al. Highly efficient reprogramming to pluripotency and directed differentiation of human cells with synthetic modified mrna ［J］. Cell Stem Cell, 2010,7 (5): 618-630.

［30］ Xu T, Stewart K M, Wang X, et al. Metabolic control of TH17 and induced Treg cell balance by an epigenetic mechanism ［J］. Nature, 2017,548: 228.

［31］ Takahashi K, Tanabe K, Ohnuki M, et al. Induction of pluripotent stem cells from adult human fibroblasts by defined factors ［J］. Cell, 2007,131(5): 861-872.

［32］ Yu J, Vodyanik M A, Smuga-Otto K, et al. Induced pluripotent stem cell lines derived from human somatic cells ［J］. Science, 2007,318(5858): 1917-1920.

［33］ Nakagawa M, Koyanagi M, Tanabe K, et al. Generation of induced pluripotent stem cells without Myc from mouse and human fibroblasts ［J］. Nat Biotechnol, 2008,26(1): 101-106.

［34］ Han J, Yuan P, Yang H, et al. Tbx3 improves the germ-line competency of induced pluripotent stem cells ［J］. Nature, 2010,463(7284): 1096-1100.

［35］ Tsubooka N, Ichisaka T, Okita K, et al. Roles of Sall4 in the generation of pluripotent stem cells from blastocysts and fibroblasts ［J］. Genes Cells, 2009,14(6): 683-694.

［36］ Zhao Y, Yin X, Qin H, et al. Two supporting factors greatly improve the efficiency of human ipsc generation ［J］. Cell Stem Cell, 2008,3(5): 475-479.

［37］ Kawamura T, Suzuki J, Wang Y V, et al. Linking the p53 tumour suppressor pathway to somatic cell reprogramming ［J］. Nature, 2009,460(7259): 1140-1144.

［38］ Wang T, Chen K, Zeng X, et al. The histone demethylases jhdm1a/1b enhance somatic cell reprogramming in a vitamin-c-dependent manner ［J］. Cell Stem Cell, 2011,9(6): 575-587.

［39］ Robertson A，Mohamed T M，El Maadawi Z，et al. Genetic ablation of the mammalian sterile-20 like kinase 1（Mst1）improves cell reprogramming efficiency and increases induced pluripotent stem cell proliferation and survival［J］. Stem Cell Res，2017,20（Supplement C）：42-49.

［40］ Yamanaka S. Elite and stochastic models for induced pluripotent stem cell generation［J］. Nature，2009,460（7251）：49-52.

［41］ Goodell M A，Nguyen H，Shroyer N. Somatic stem cell heterogeneity：diversity in the blood，skin and intestinal stem cell compartments［J］. Nat Rev Mol Cell Biol，2015,16（5）：299-309.

［42］ Hanna J，Markoulaki S，Schorderet P，et al. Direct reprogramming of terminally differentiated mature B lymphocytes to pluripotency［J］. Cell，2008,133（2）：250-264.

［43］ Sridharan R，Tchieu J，Mason M J，et al. Role of the murine reprogramming factors in the induction of pluripotency［J］. Cell，2009,136（2）：364-377.

［44］ Soufi A，Donahue G，Zaret K S. Facilitators and impediments of the pluripotency reprogramming factors' initial engagement with the genome［J］. Cell，2012,151（5）：994-1004.

［45］ Brambrink T，Foreman R，Welstead G G，et al. Sequential expression of pluripotency markers during direct reprogramming of mouse somatic cells［J］. Cell Stem Cell，2008,2（2）：151-159.

［46］ Teshigawara R，Cho J，Kameda M，et al. Mechanism of human somatic reprogramming to iPS cell［J］. Lab Invest，2017,97：1152.

［47］ Rietze R L，Valcanis H，Brooker G F，et al. Purification of a pluripotent neural stem cell from the adult mouse brain［J］. Nature，2001,412（6848）：736-739.

［48］ Reyes M，Lund T，Lenvik T，et al. Purification and ex vivo expansion of postnatal human marrow mesodermal progenitor cells［J］. Blood，2001,98（9）：2615-2625.

［49］ Krause D S，Theise N D，Collector M I，et al. Multi-organ，multi-lineage engraftment by a single bone marrow-derived stem cell［J］. Cell，2001,105（3）：369-377.

［50］ Toma J G，Akhavan M，Fernandes K J，et al. Isolation of multipotent adult stem cells from the dermis of mammalian skin［J］. Nat Cell Biol，2001,3（9）：778-784.

［51］ Jackson K A，Mi T，Goodell M A. Hematopoietic potential of stem cells isolated from murine skeletal muscle［J］. Proc Natl Acad Sci U S A，1999,96（25）：14482-14486.

［52］ Tseng S C. Significant impact of limbal epithelial stem cells［J］. Indian J Ophthalmol，2000,48（2）：79-81.

［53］ Shen C N，Slack J M，Tosh D. Molecular basis of transdifferentiation of pancreas to liver［J］. Nat Cell Biol，2000,2（12）：879-887.

［54］ Hu E，Tontonoz P，Spiegelman B M. Transdifferentiation of myoblasts by the adipogenic transcription factors PPAR gamma and C/EBP alpha［J］. Proc Natl Acad Sci U S A，1995,92（21）：9856-9860.

［55］ Frid M G，Kale V A，Stenmark K R. Mature vascular endothelium can give rise to smooth muscle cells via endothelial-mesenchymal transdifferentiation：in vitro analysis［J］. Circ Res，2002,90（11）：1189-1196.

［56］ Shi Z，Shen T，Liu Y，et al. Retinoic acid receptor gamma（Rarg）and nuclear receptor subfamily 5，group A，member 2（Nr5a2）promote conversion of fibroblasts to functional neurons［J］. J Biol Chem，2014,289（10）：6415-6428.

［57］ Cheng L，Hu W，Qiu B，et al. Generation of neural progenitor cells by chemical cocktails and hypoxia［J］. Cell Res，2015,25（5）：645-646.

［58］ Cheng L，Gao L，Guan W，et al. Direct conversion of astrocytes into neuronal cells by drug cocktail [J]. Cell Res，2015，25(11)：1269-1272.

[59] Park I H，Arora N，Huo H，et al. Disease-specific induced pluripotent stem cells [J]. Cell，2008，134(5)：877-886.

[60] Hanna J，Wernig M，Markoulaki S，et al. Treatment of sickle cell anemia mouse model with iPS cells generated from autologous skin [J]. Science，2007，318(5858)：1920-1923.

[61] Schenke-Layland K，Rhodes K E，Angelis E，et al. Reprogrammed mouse fibroblasts differentiate into cells of the cardiovascular and hematopoietic lineages [J]. Stem Cells，2008，26(6)：1537-1546.

[62] Xu D，Alipio Z，Fink L M，et al. Phenotypic correction of murine hemophilia A using an iPS cell-based therapy [J]. Proc Natl Acad Sci U S A，2009，106(3)：808-813.

[63] Cantz T，Bleidissel M，Stehling M，et al. In vitro differentiation of reprogrammed murine somatic cells into hepatic precursor cells [J]. Biol Chem，2008，389(7)：889-896.

[64] Sebastiano V，Maeder M L，Angstman J F，et al. In situ genetic correction of the sickle cell anemia mutation in human induced pluripotent stem cells using engineered zinc finger nucleases [J]. Stem Cells，2011，29(11)：1717-1726.

[65] Amir R E，Van den Veyver I B，Wan M，et al. Rett syndrome is caused by mutations in X-linked MECP2，encoding methyl-CpG-binding protein 2 [J]. Nat Genet，1999，23(2)：185-188.

[66] Marchetto M C，Carromeu C，Acab A，et al. A model for neural development and treatment of Rett syndrome using human induced pluripotent stem cells [J]. Cell，2010，143(4)：527-539.

[67] Soldner F，Hockemeyer D，Beard C，et al. Parkinson's disease patient-derived induced pluripotent stem cells free of viral reprogramming factors [J]. Cell，2009，136(5)：964-977.

[68] Nguyen H N，Byers B，Cord B，et al. LRRK2 mutant iPSC-derived DA neurons demonstrate increased susceptibility to oxidative stress [J]. Cell Stem Cell，2011，8(3)：267-280.

[69] Seibler P，Graziotto J，Jeong H，et al. Mitochondrial Parkin recruitment is impaired in neurons derived from mutant PINK1 induced pluripotent stem cells [J]. J Neurosci，2011，31(16)：5970-5976.

[70] Lee G，Ramirez C N，Kim H，et al. Large-scale screening using familial dysautonomia induced pluripotent stem cells identifies compounds that rescue IKBKAP expression [J]. Nat Biotechnol，2012，30(12)：1244-1248.

[71] Oh Y，Cho G S，Li Z，et al. Functional coupling with cardiac muscle promotes maturation of hpsc-derived sympathetic neurons [J]. Cell Stem Cell，2016，19(1)：95-106.

[72] Carette J E，Guimaraes C P，Varadarajan M，et al. Haploid genetic screens in human cells identify host factors used by pathogens [J]. Science，2009，326(5957)：1231-1235.

[73] Leeb M，Wutz A. Derivation of haploid embryonic stem cells from mouse embryos [J]. Nature，2011，479(7371)：131-134.

[74] Elling U，Taubenschmid J，Wirnsberger G，et al. Forward and reverse genetics through derivation of haploid mouse embryonic stem cells [J]. Cell Stem Cell，2011，9(6)：563-574.

[75] Yang H，Shi L，Wang B A，et al. Generation of genetically modified mice by oocyte injection of androgenetic haploid embryonic stem cells [J]. Cell，2012，149(3)：605-617.

[76] Sagi I，Chia G，Golan-Lev T，et al. Derivation and differentiation of haploid human embryonic stem cells [J]. Nature，2016，532(7597)：107-111.

[77] Gubareva E A，Sjoqvist S，Gilevich I V，et al. Orthotopic transplantation of a tissue engineered diaphragm in rats [J]. Biomaterials，2016，77：320-335.

［78］ Yu J Y，Vodyanik M A，Smuga-Otto K，et al. Induced pluripotent stem cell lines derived from human somatic cells ［J］. Science，2007，318(5858)：1917-1920.

［79］ Garzon I，Perez-Kohler B，Garrido-Gomez J，et al. Evaluation of the cell viability of human wharton's jelly stem cells for use in cell therapy ［J］. Tissue Eng Part C，2012，18(6)：408-419.

［80］ Tsai Y C，Lu B，Bakondi B，et al. Human ipsc-derived neural progenitors preserve vision in an amd-like model ［J］. Stem Cells，2015，33(8)：2537-2549.

［81］ Mariani J，Coppola G，Zhang P，et al. Foxg1-dependent dysregulation of gaba/glutamate neuron differentiation in autism spectrum disorders ［J］. Cell，2015，162(2)：375-390.

［82］ Howden S E，Maufort J P，Duffin B M，et al. Simultaneous reprogramming and gene correction of patient fibroblasts ［J］. Stem Cell Rep，2015，5(6)：1109-1118.

［83］ Takasato M，Er P X，Chiu H S，et al. Kidney organoids from human iPS cells contain multiple lineages and model human nephrogenesis ［J］. Nature，2015，526(7574)：564-568.

［84］ Rivetti di Val Cervo P，Romanov R A，Spigolon G，et al. Induction of functional dopamine neurons from human astrocytes in vitro and mouse astrocytes in a Parkinson's disease model ［J］. Nat Biotechnol，2017，35(5)：444-452.

14

中医药理论与实践的
表观遗传学基础

  中医药学具有独特的理论体系。它是一种建立在古代朴素哲学基础上的系统理论，强调"天人合一"、"先天禀赋"与"后天养成"，将人融于自然之中进行全面观察。中医历经数千年的发展，逐渐形成了一套以"整体、动态、辨证"为特点的理论认识，表现为兼顾人体心身状况与外界条件而进行诊疗干预的过程。通过综合考虑病因、病机演变、个体体质等诸多因素，精准地描述了人体、疾病与药物的关系，最终凝聚成中华民族几千年的健康养生理念和实践经验。近年来，中医药学国际化的呼声越来越高，而国际化的前提则是中医药学理论的现代化，因此，迫切需要借鉴现代科学的思想、方法和语言来诠释中医药理论的科学内涵，去粗取精，去伪存真，进而将传统中医药理论提高升华，有力推动中医药学理论与应用，取得跨越式发展。伴随着基础生命科学的蓬勃发展，表观遗传学越来越受到研究人员重视，已经成为当前生命科学的热门研究领域，它所强调的外界环境影响机体内在生理过程的思想与中医药"天人合一"的理念具有内在的一致性。因此，从表观遗传学的角度进行中医药理论与机制的研究是一个值得深入探讨的方向。本章将从中医基础理论、中药复方及其有效成分与针灸等方面介绍中医药表观遗传学基础的研究进展，最后总结了中医药表观遗传学研究的不足，同时对未来的研究方向进行了展望。

14.1　中医药学与表观遗传学的联系

  1942 年，表观遗传学由 Waddington 提出[1]。1975 年，Holliday 对表观遗传学进行了进一步描述，认为表观遗传学不仅研究发育过程，还研究成体阶段可遗传的基因表达改变，这些信息可经有丝分裂、减数分裂在细胞和个体间世代传递[2]。到 2008 年，冷泉港会议才达成了关于表观遗传学的共识，即"研究在基因的核苷酸序列不发生改变的情况下，染色体改变所引起的稳定的可遗传的表现型的遗传学分支学科"[3]。表观遗传学的研究内容主要包括两类：一类为基因选择性转录表达的调控，包括 DNA 甲基化、基因印记、组蛋白共价修饰和染色质重塑等；另一类为基因转录后的调控，包括基因组中非编码 RNA、miRNA、反义 RNA、内含子及核糖开关等。目前认为表观遗传学在疾病的发生、发展过程中发挥着重要的作用，研究发现大多数疾病在其发生过程中都出现了表观遗传修饰方面的改变，如肿瘤[4]、糖尿病[5]、生殖系统疾病[6]和心血管疾病[7]等。这些研究为探明疾病发生、发展规律提供了可靠的依据。同时，表观遗传学的研究结果也为临床疾病的防治提供了可靠的靶标依据[8]。目前，根据疾病发生中出现的表观遗传学改变，已经有药物用于治疗相关疾病。例如，5-氮杂-2′-脱氧胞苷是 DNA 甲基化抑制剂，临床用于治疗肿瘤[9]及骨髓增生异常综合征[10]等。此外，还有组蛋白去乙酰化酶抑制剂等，临床上也用于肿瘤等疾病的治疗[11]。

中医药学作为我国独有的一门医学科学，是在古人长期观察人与自然互通的基础上形成的。随着表观遗传学研究手段的日益成熟，中医药研究学者发现，对于以往不能清晰阐述的"证候"、"天人合一"等中医药理论，表观遗传学可作为研究的切入点。中医的"证"是内外环境与人体相互影响的阶段性病理概括。中药"以药性之偏纠人体之偏"的用药思想，其本质也是通过药性调整机体内环境，以达到健康的目的。这些都与表观遗传学中强调基因遗传和环境等因素相互作用的核心思想不谋而合。因此，人们认为表观遗传学是从微观角度诠释中医药理论科学性的重要研究手段，也是中医证候多样性和中药方剂有效性可能的机制基础。

14.2　中医学证候理论与表观遗传学

中医学注重整体辨证施治，以"证候"为核心诊疗概念，以"表型"为观察基础，将人体还原至正邪相搏的环境下诊治疾病。此外，《三因极一病证方论》一书中也明确记载了"内因、外因、不内外因"的致病学说。这些理论均着眼于人体先天禀赋与后天邪气所形成疾病病因、病机的联系。而表观遗传学机制受内外环境因素的调控，表现为非 DNA 序列改变的可遗传模式，与中医学强调的"天人合一"有显著的共通之处。因此，从表观遗传学机制层面研究中医证候理论是阐释中医基础理论科学内涵的重要途径。

曾跃琴等发现，肾阳虚证患者的 *WNT5B*、*CSNK1D*、*FRAT2* 启动子区甲基化可能表现为对基因本身的负调控，*FHIT*、*MAP2K6* 启动子区甲基化可能表现为对基因本身的正调控[12]。文钦[13]利用 DNA 甲基化芯片筛选一对典型的糖尿病双生子肾虚证患者的差异表达基因，发现 *MMP-9*、*UGDH* 和 *GART* 基因因异常甲基化调控导致的低表达与糖尿病关系密切，而该病肾虚证特征候选基因包括 21 个甲基化下调基因和 50 个甲基化上调基因。王萍等[14]还采用表达谱芯片检测冠心病血瘀证患者的差异表达基因，选取其中的 *KLF5* 和 *LRP12* 基因进行启动子甲基化率分析，将表观遗传研究在中医证候方面进行了拓展。刘菲等[15]研究急性髓细胞性白血病患者骨髓细胞中 *ID4* 基因启动子甲基化状态与中医证型之间的关系，发现该基因启动子区甲基化阳性率由低到高依次为气阴两虚证、瘀血痰结证和毒热炽盛证，表明证型与表观遗传学存在一定联系。颜家渝等[16]将基因芯片技术用于口腔扁平苔藓的中医证候研究，结果发现 hsa-miR-18a 上调和 hsa-miR-99b 下调可能成为阴虚火旺型口腔扁平苔藓的标志性 miRNA。此外，在中医体质学研究方面，王琦等主张采用表观遗传学进行中医体质相关研究，结合先天遗传与后天环境探寻中医体质机制[17]。这些研究从表观遗传学角度，将各种外部环境因素与机体本身情况相结合，更符合中医学基础理论的"整体观"，有助于中医证候理论发展及实践。

14.3 中药复方及其有效成分的表观遗传学机制

表观遗传学机制参与了复杂性疾病的发生、发展过程，如心血管疾病[18]、肿瘤[19]、精神疾病[20]、2 型糖尿病及代谢综合征[21]等。因为疾病形成的表观遗传学机制不是 DNA 序列上的改变，而是可被逆转的非永久性改变，因此从表观遗传学角度进行干预就为复杂性疾病的治疗提供了可能。目前在表观遗传学机制层面出现了许多热门的药物靶点，如组蛋白去乙酰化酶（histone deacetylases）、赖氨酸去甲基化酶（lysine demethylases）、蛋白甲基转移酶（protein methyltransferases）、溴结构域蛋白（bromodomain-containing proteins）等[22]。近年来，从表观遗传学角度研究中药复方及其有效成分的作用机制受到广泛关注。众多研究结果表明[23]，中药及其有效成分有多种表观遗传学调控作用，包括调控 DNA 甲基转移酶、基因组整体甲基化水平、特定基因甲基化水平、组蛋白修饰和 miRNA 表达等。Hsieh 等利用生物信息学方法对作用于上述靶点的中药进行了大规模统计分析,发现3 294味中药中有29.8%的中药对表观遗传组和miRNA具有调节作用,同时他们还分析了200个国家食品药品监督管理总局(CFDA)认证的中药复方,发现99%的中药复方具有干预组蛋白修饰的功能[24, 25]。此外,还有研究发现中药及其有效组分可靶向参与调控表观遗传的修饰,进而逆转心肌缺血再灌注损伤发病和肿瘤的多个病理环节[26, 27]。下面将相关研究按照研究对象不同划分为中药复方研究和中药有效成分研究两大类,分别进行介绍。

14.3.1 传统中药复方的表观遗传学作用机制

中药复方是中医临床治疗的主要形式,其疗效经过了上千年的历史检验,是我国传统医学特有的整体观和辨证论治的集中体现。尽管数十年来国内外研究者一直致力于研究中药复方的作用机制和分子基础,然而由于中药复方成分的复杂性和组方的多样性,其疗效至今仍缺乏有效的科学依据[28]。表观遗传学为阐释中药复方的机制带来了新的方向,现已广泛应用于中药复方机制研究,尤其是中药抗肿瘤领域。

消痰散结方可用于治疗胃癌、肠癌、食管癌,与化疗药联合使用能够提高化疗的有效率。在胃癌细胞系中的研究表明[29],含有消痰散结方药物的患者血清能够有效抑制胃癌细胞生长,逆转抑癌基因 *p16* 的甲基化可能是其作用机制之一。同样,在胃癌发生大鼠模型的应用研究中发现[30],在胃癌治疗中常与化疗药物联用以防治肿瘤复发和转移的胃宁颗粒对 *p16* 和 *MYC* 基因的去甲基化作用可能是其逆转胃癌发生的机制之一。解毒化瘀健脾方为治疗胃黏膜异型增生的经验方,对于大肠癌晚期患者的联合姑息化疗能够有效提高患者生活质量,降低化疗不良反应[31]。在胃黏膜异型增生大鼠模型中的研究表明[32, 33],解毒化瘀健脾方对异型增生胃黏膜细胞中的抑癌基因 *p16*、*PTEN*、*THBS1* 和肿瘤远端转移相关的上皮钙黏素(E-cadherin,CDH1)基因具有去甲基化作用,并显著提高上述基因的蛋白表达量,从而实现对异型增生恶性转化的抑制作用。胡波等自拟的补气通络解毒方配合 GEMOX 方案治疗中晚期胰腺癌患者,改善了临床症状,提高了生存质量,获得了较好的疗效[34]。在胰腺癌小鼠模型中的研究发现[35],补气通络解毒方能够降低模型小鼠 *Hic1* 基因的甲基化程度,抑制能与之形成复合物的促肿瘤基因 *SIRT1* 的转录,从而抑制恶性肿瘤的发生。

此外,在其他疾病方面,中药复方从表观遗传层面对疾病的干预治疗也发挥了重要作用。例如,林一萍等[36]的研究表明,采用不同浓度的益肾方剂处理生理性肾虚小鼠,能够通过改变小鼠干细胞 DNA 甲基转移酶的空间构象提高酶的活力,从而起到延缓衰老的作用,从表观遗传学的角度为中医益肾健脾治疗衰老的理论提供了客观依据。慢性肾衰竭的治疗通常使用血管紧张素转换酶抑制剂和血管紧张素受体拮抗剂,但这两种药物只能缓解衰竭症状。中医学常将尿毒清颗粒用于慢性肾衰竭氮质血症期的治疗。该制剂可以下调转化生长因子-β_1(transforming growth factor-β_1,TGF-β_1)在 mRNA 和蛋白质水平的表达。其机制与改变慢性肾衰竭大鼠基因组的去甲基化状态有关[37]。β-地中海贫血的相关研究表明,该病发生机制与人类 β-珠蛋白基因簇中 ϵ、γ、β 基因在造血阶段表达时启动子区 DNA 低甲基化及其他沉默基因启动子区 DNA 高甲基化有关。目前,可以通过重新激活人体内 γ-珠蛋白链基因治疗血红蛋白表达降低的不平衡,从而治疗 β-地中海贫血。中国中医科学院广安门医院分子生物实验室吴志奎教授课题组的研究发现[38],益髓生血颗粒可以用来治疗地中海贫血,其分子机制可能是益髓生血颗粒对 γ-珠蛋白 mRNA 的翻译和表达具有促进作用,从而诱导胎儿血红蛋白(fetal hemoglobin,HbF)的合成,平衡了相对过剩的 α-珠蛋白链,从表观遗传的角度论证了“肾生髓”理论。王蕾等[39]的研究发现,摘除大鼠的卵巢后,大鼠出现雌激素分泌障碍并且肝、肾组织的甲基转移酶活力升高,处于高甲基化状态,而对应的 RNA 聚合酶处于低表达状态。给予参茸补血丸干预后,RNA 聚合酶的活力明显升高,甲基化水平下降,即参茸补血丸能够通过降低甲基化水平促进相关功能基因的表达。研究证明,高糖可以提高肾组织中蛋白质的 mRNA 水平及相应的蛋白质合成。汪琛颖等[40]的研究发现,中药糖微康治疗后的小鼠能向正常方向逆转胰组织中的 DNA 甲基化状态,从而改变 mRNA 和蛋白质的表达水平,这可能是该药对糖尿病治疗有效的机制。

14.3.2　中药有效成分的表观遗传学作用机制

相对于直接研究成分复杂的中药复方,还有一些研究者针对中药有效部位或单体成分也开展了表观遗传学层面的作用机制研究。中药有效成分是指从单一植物、动物、矿物等物质中提取的一类或数类成分组成,其含量应占提取物的 50% 以上。在药效物质不甚明确时,有效成分也可以作为新药开发的对象,因此,有大量研究学者针对中药有效部位进行机制方面的研究。白芍总苷是从白芍干燥根中提取所得的芍药苷、羟基芍药苷、芍药花苷、芍药内酯苷、苯甲酰芍药苷等成分混合物的总称。研究表明[41, 42],白芍总苷可通过提高 *ITGAL* 基因启动子区的甲基化水平,降低外周血 CD4$^+$ T 细胞中

ITGAL 基因编码蛋白——T 细胞表面抗原 CD11a 的水平,起到抑制系统性红斑狼疮患者自身免疫反应的作用。雪莲总黄酮是我国传统中草药雪莲中黄酮类化合物的总称,近年的研究[43]表明它具有抑制多种癌细胞增殖的能力。进一步的研究[44]发现,雪莲总黄酮可抑制 DNA 甲基转移酶 Alu I 的活性,并且能够使 KYSE510 细胞中被甲基化沉默的抑癌基因 p16 恢复表达,从而促进细胞的凋亡,达到抑制肿瘤的目的。延胡索总生物碱是从中药延胡索中分离和鉴定的生物碱的总称,在抗肿瘤中药筛选中发现其对多种肿瘤细胞系有明显的增殖抑制作用[45],其潜在的分子机制可能是延胡索总生物碱通过对 let-7a、miR-221、miR-222 等多种 miRNA 进行不同程度的调控,作用于肿瘤细胞中细胞周期的相关通路,从而抑制细胞的增殖。天花粉蛋白是从葫芦科植物栝楼的块根中提取出的一种碱性蛋白,作为一种传统的中草药,曾主要应用于引产。当前的研究证明[46],天花粉蛋白在体外对 MDA-MB-231 乳腺癌细胞株的增殖有显著的抑制作用,可诱导该细胞凋亡,并可逆转该细胞 SYK 基因启动子区域的 DNA 甲基化状态,有明显的 DNA 去甲基化作用。该研究还认为,天花粉蛋白可能是通过降低甲基转移酶的活性改变 SYK 基因启动子区域的甲基化状态,从而使 SYK 基因的 mRNA 重新表达。γ-珠蛋白的基因活化通过诱导激活红系细胞中近乎关闭的 γ-珠蛋白基因高表达,改善 α-和非 α-珠蛋白链之间的不平衡,从而弥补血红蛋白的不足,缓解贫血的症状,是治疗 β-地中海贫血的有效方法。但目前,诱导 γ-珠蛋白基因表达的药物存在疗效差、不良反应大等缺点。龟板取自龟科动物的腹甲,是中医上很多滋阴补血方剂中的重要组成成分。有研究证明[47],龟板可以提高 γ-珠蛋白基因启动子区域组蛋白 H3、H4 的乙酰化及组蛋白 H3 的磷酸化/乙酰化水平,即可以通过改变该区域的表观修饰水平诱导 γ-珠蛋白基因的表达。

中药单体分子作用机制研究也是中医药现代化研究的热点问题,表观遗传学为其机制探讨提供了新的方向。白藜芦醇是一种多酚类化合物,主要来源于花生、葡萄、桑葚等植物,是植物抵抗外界不利刺激而产生的一种植物抗毒素。有研究证明,在小鼠动物模型中,白藜芦醇可以激活去乙酰化酶 SIRT1,促进转录因子的活化,提高机体对胰岛素的敏感性,从而延长小鼠寿命[48]。另外,激活去乙酰化酶 SIRT1 还可以促使 SIRT1/p300 复合物的形成,使乙酰转移酶 p300 失活,介导乳腺癌 MCF-7 细胞中 HA/CD44诱导的转录因子 NF-κB、TCF/LEF 的活化及胱天蛋白酶-3 的活化[49]。雷公藤内酯醇,又称雷公藤甲素,是从常见中草药雷公藤的根中提取出的二萜类化合物,具有抗炎、免疫抑制等多种药理活性,近年来发现其对白血病有很好的治疗效果,并且可与多种化疗药物联用以增强化疗效果或逆转肿瘤细胞的耐药性。对其作用机制的初步研究表明,雷公藤内酯醇可通过去甲基化的方式,促进 $p16$[50]、APC[51]等基因表达水平升高,进而达到抑制肿瘤细胞增殖的作用。

14.3.3 对于中药药性的表观遗传学研究

中药药性理论是中药理论的核心,其中"四气"——寒、热、温、凉,是研究的重点。它反映了药物对人体阴阳盛衰、寒热变化的作用倾向,是药性理论的重要组成部分,也是说明中药发挥作用的主要理论依据之一。一直以来,如何从现代科学角度理解"四气"是揭示中药药性理论科学内涵的重要研究方向,其中表观遗传学为人们提供了新的视角[52]。通常而言,寒凉药具有清热泻火、凉血解毒等功效,如 14.3.2 中介绍的苦参碱、雷公藤甲素、天花粉蛋白等中药方剂和有效成分。与之相对,温热药则一般具有散寒温里、补火助阳等功效,如 14.3.2 中介绍的姜黄色素、参茸补血丸等中药方剂和有效成分。此外,还涉及上文中介绍的益肾健脾方等为代表的寒热药性不明的平性药。通过综合整理上述研究,可以发现:①寒凉药对全基因组甲基化的作用既有升高也有降低;②温热药则大多能够降低 DNA 甲基转移酶的活性或降低 DNA 甲基化水平;③平性药对表观遗传学机制影响的研究较少。

14.4 中医针灸的表观遗传学研究

中医针灸的临床疗效已经得到广泛认可,但是国外研究提出,不遵循传统针灸理论施治,普通针刺也能达到相当的临床疗效[53]。这些结论对传统针灸理论提出挑战,严重阻碍了针灸学科的发展。因此,围绕针灸临床中的"理、法、方、穴、术"进行研究,探索其有效物质基础,是挖掘针灸理论科学内涵的关键。近年来,从表观遗传学角度研究中医针灸疗效的物质基础逐渐引起不同领域研究人员的共同关注。例如,何苏云等[54]认为,结合针灸改善心肌缺血临床症状的研究基础和表观遗传调控与心肌缺血的相互关联,进行针灸相应的机制研究,将为其临床应用提供新的证据。Fu 等[55]采用高通量测序对针灸治疗心肌梗死大鼠模型全基因组基因表达谱进行检测,证明针刺能有效上调血管内皮生长因子(vascular endothelial growth factor, VEGF)的表达,通过 VEGF 基因启动子 H3K9 乙酰化修饰,激活 VEGF,进而诱导大鼠心肌梗死模型血管生成。另外,苗医的推拿手法可抑制外周血 CD4$^+$T 细胞的组蛋白乙酰转移酶活性,同时增强组蛋白去乙酰化酶活性,减弱组蛋白乙酰化[56],这与哮喘病理机制的研究结果相反[57],表明对外周血 CD4$^+$T 细胞组蛋白乙酰化的调控可能是其治疗哮喘的表观遗传学机制之一。

14.5　现有中医药表观遗传学研究的不足和展望

目前的中医表观遗传研究才刚刚开始,其形成原因在于中医证候与现代医学定义的疾病处于不同的维度,如何处理两者的主次关系是当前中医理论表观遗传研究的首要问题。现代医学在细胞、动物、人体多层次展开表观遗传学研究,其成果形成了系统的知识性网络,为进一步的深入研究打下了坚实的基础。相比之下,中医表观遗传学研究目前尚未能充分阐明"证"的表观遗传学和系统生物学基础,亟须后续研究的深入开展。研究证明多基因的复杂性疾病,如癌症、冠心病、糖尿病等,都是基因和环境共同作用的结果。环境等后天因素对疾病相关的遗传信息表达进行了表观遗传调控,因而在复杂性疾病的发生中有重要作用。通过对环境等因素的积极干预能有效地预防和逆转疾病的发生和发展。目前在复杂性疾病的防治上,中医学相对于现代医学具有一定优势,这与中医早在数千年前就认识到疾病是人体与环境相互作用的结果有关。因此,从表观遗传学开展中医防治复杂性疾病的研究也应从临床着手,而非细胞或动物等难以体现这种交互作用的模型系统。

目前,虽然利用表观遗传学的思路与手段进行医药研究具有重要意义,但利用包括表观遗传学在内的系统生物学方法切实推动中医药的应用创新和中医药理论的发展才刚刚开始,存在一些不足。例如,目前中药的表观遗传学作用机制研究,以单个药物为主,缺少按中药药性分类的系统性研究。同时中药的重要特点就是多组分,但目前的研究多集中在研究中药中单个化合物对机体表观遗传学的影响。虽然这种研究思路促进了中医药研究与现代生物学研究快速接轨,但并没有全面完整地解释中药的作用机制,未能阐述中药各组分之间的相互协同关系,特别是主要药效成分与辅助成分(如中医的"君臣佐使"理念)的关系。相信中医药整体观、辨证论治理论有关表观遗传学基础研究的不断深入和扩展,中药干预的表观遗传学作用机制逐渐明晰,以及中医药表观遗传学和系统生物学研究方法的创新发展,将极大促进中医药的本质阐释和现代化进程。同时,通过与中医药理论和实践的有机结合,表观遗传学研究领域也将增加一个富有原创性的生长点。

14.6 小结

中医药理论注重人与自然的相互联系。随着表观遗传学的不断发展，人们逐渐认识到几乎所有慢性疾病的发生、发展都是由外在环境变化导致的表观遗传异常与基因改变共同引起的。因此，从表观遗传学角度探寻中医药理论的科学内涵是可行且必要的，也为进一步理解中医证候生物学基础与中药复方干预机制提供了重要手段。今后，以表观遗传学为代表的现代科学研究与传统中医药理论思想相结合，终将形成具有原创思想、符合科学要求的研究中医药理论的方法体系。

参考文献

[1] Waddington C. The epigenotype [J]. Endeavour，1942，1：18-20.

[2] Ledford H. Language：disputed definitions [J]. Nature，2008，455(7216)：1023-1028.

[3] Tollefsbol T. Handbook of Epigenetics：The New Molecular and Medical Genetics [M]. New York：Academic Press，2010.

[4] 郭维，魏品康. DNA 异常甲基化与胃癌[J]. 广东医学，2011(21)：2863-2866.

[5] 李霞莲，武春梅，尹莉莉，等. 表观遗传学在糖尿病中的调节作用[J]. 国际检验医学杂志，2013，34(9)：1124-1126.

[6] 朱亮，王斌，邢福祺. 多囊卵巢综合征的表观遗传学研究[J]. 生殖与避孕，2010，30(4)：274-278.

[7] 王丽，赵翠萍. DNA 甲基化及其与动脉粥样硬化的关系[J]. 国际心血管病杂志，2012，39(2)：79-82.

[8] 王森，杨小虎，朱彦. 以表观遗传修饰为靶标的中药治疗心血管疾病的相关研究进展[J]. 中国新药杂志，2014，23(3)：289-296.

[9] 何苗，汤为学，姜蓉，等. DNMT 在胃癌中的表达及 DNMT 抑制剂 5-氮杂-2′-脱氧胞苷对胃癌的影响[J]. 中国病理生理杂志，2012，28(7)：1262-1268.

[10] 徐泽锋，肖志坚. 地西他滨治疗骨髓增生异常综合征临床应用分析[J]. 中国处方药，2013，11(3)：40-42.

[11] 白娟，刘继彦，郑玲. 组蛋白去乙酰化酶抑制剂抗肿瘤的研究进展[J]. 现代肿瘤医学，2009，17(6)：1194-1196.

[12] 曾跃琴，李炜弘，张天娥，等. 肾阳虚证免疫相关基因 CPG 岛调控机制研究[J]. 时珍国医国药，2013，24(6)：1515-1517.

[13] 文钦. 基于双生子研究证候差异的甲基化调控[D]. 成都：成都中医药大学，2011.

[14] 王萍，王丽萍，黄献平，等. 冠心病血瘀证差异表达基因及其启动子甲基化状态的初步研究[J]. 中医杂志，2013，54(11)：949-952.

[15] 刘菲，徐瑞荣. 急性髓系白血病中医证型与 ID4 基因启动子区甲基化相关性研究[J]. 中国中西医结合杂志，2012，32(4)：471-473.

[16] 颜家渝,丁显平,黄映红,等.阴虚火旺型口腔扁平苔藓 miRNAs 表达特征研究[J].现代预防医学,2010,37(21)：4121-4122.

[17] 王济,王琦,张惠敏,等.中医体质学基础实验方法和研究现状[J].中华中医药杂志,2012,27(1)：7-10.

[18] Webster A L，Yan M S，Marsden P A. Epigenetics and cardiovascular disease [J]. Can J Cardiol, 2013,29(1)：46-57.

[19] Jones P A，Baylin S B. The fundamental role of epigenetic events in cancer [J]. Nat Rev Genet, 2002,3(6)：415-428.

[20] Tsankova N，Renthal W，Kumar A，et al. Epigenetic regulation in psychiatric disorders [J]. Nat Rev Neurosci, 2007,8(5)：355-367.

[21] Pinney S E，Simmons R A. Epigenetic mechanisms in the development of type 2 diabetes [J]. Trends Endocrinol Metab, 2010,21(4)：223-229.

[22] Arrowsmith C H，Bountra C，Fish P V，et al. Epigenetic protein families：a new frontier for drug discovery [J]. Nat Rev Drug Discov，2012,11(5)：384-400.

[23] 徐莉,谢冠群,温成平,等.中药及中药有效成分对表观遗传作用的研究进展[J].中华中医药杂志,2011,26(7)：1561-1564.

[24] Hsieh H Y，Chiu P H，Wang S C. Epigenetics in traditional chinese pharmacy：a bioinformatic study at pharmacopoeia scale [J]. Evid based Complement Alternat Med, 2011,2011：816714.

[25] Hsieh H，Chiu P，Wang S. Histone modifications and traditional Chinese medicinals [J]. BMC Complement Altern Med，2013,13(1)：1.

[26] 李光,邢小燕,张美双,等.基于表观遗传学调控的中医药防治心肌缺血再灌注损伤的研究进展[J].药学学报,2016,51(7)：1047-1053.

[27] 周岱翰.中医药治癌特色的表观遗传学基础[J].广州中医药大学学报,2015,32(6)：1120-1122.

[28] 何祥久,邱峰,姚新生.中药复方研究现状和思路[J].化学进展,2001,13(6)：481-485.

[29] 郭维,魏品康,桂牧微,等.消痰散结方对胃癌细胞系 P16 基因甲基化的影响[J].中医杂志,2010,51(9)：833-836.

[30] 周小潇,邓鑫,梁健,等.胃宁颗粒对胃癌前病变基因甲基化的相关调控[J].时珍国医国药,2014,25(5)：1037-1040.

[31] 张勇,许建华,孙珏,等.健脾解毒方联合 FOLFOX4 方案治疗晚期结直肠癌临床研究[J].环球中医药,2010,3(2)：117-120.

[32] 李志钢,张伟,邱作成,等.解毒化瘀健脾方对胃黏膜异型增生模型大鼠 p16、PTEN 基因的去甲基化和蛋白诱导表达[J].世界华人消化杂志,2014,22(9)：1247-1255.

[33] 李志钢,张伟,邱作成,等.解毒化瘀健脾方对胃黏膜异型增生模型大鼠 Thbs1、E-cad 基因去甲基化和蛋白诱导表达的影响[J].上海中医药杂志,2014,48(7)：79-84.

[34] 胡波,周贞迪,邱幸凡,等.补气通络解毒方配合 GEMOX 方案治疗中晚期胰腺癌临床观察[J].北京中医药,2010,29(10)：770-772.

[35] 胡波,王春友.补气通络解毒方对胰腺癌模型小鼠 HIC1 甲基化程度的影响[J].中国中西医结合杂志,2013,33(7)：963-966.

[36] 林一萍,陈比特,陈玉春.DNA 甲基化酶与中医抗衰老机理的关系[J].中国中医药信息杂志,1999,6(6)：18-19.

[37] 苗绪红.尿毒清颗粒对慢性肾功能衰竭药理作用的分子机制[D].天津：南开大学,2010.

[38] 程艳玲,吴志奎.中医药治疗 β-地中海贫血的表观遗传学研究[J].中国中医基础医学杂志,2014,20(1)：62-64,80.

[39] 王蕾,胡元会,王萍,等.参茸补血丸对去势大鼠生殖器官和 DNA 甲基化水平的影响[J].中国中医基础医学杂志,2003,9(10):48-50.

[40] 汪琛颖,司马义·萨依木,马晴,等.糖尿病肾病大鼠胰基因组 DNA 甲基化状态的变化[J].北京师范大学学报(自然科学版),2002,38(3):395-398.

[41] Zhao M, Liang G P, Tang M N, et al. Total glucosides of paeony induces regulatory CD4(+) CD25(+) T cells by increasing Foxp3 demethylation in lupus CD4(+) T cells [J]. Clin Immunol, 2012,143(2):180-187.

[42] 赵明,梁功平,罗双艳,等.白芍总苷对系统性红斑狼疮 CD4$^+$ T 细胞 ITGAL 基因表达和启动子甲基化修饰的影响[J].中南大学学报(医学版),2012,37(5):463-468.

[43] 吕芳,张晓梅,李江伟.新疆雪莲总黄酮对多种癌细胞增殖抑制的研究[J].中医药导报,2013,19(11):76-77.

[44] 吕芳,李雪峰,张晓梅,等.新疆雪莲总黄酮对 DNA 甲基化酶抑癌作用的影响[J].时珍国医国药,2014,25(9):2098-2100.

[45] 张国铎,谢丽,胡文静,等.延胡索总碱对人肝癌细胞系 HepG2 抑制作用及其对 microRNA 表达谱的影响[J].南京中医药大学学报,2009,25(3):181-183.

[46] 华芳,单保恩,赵连梅,等.天花粉蛋白抑制人乳腺癌 MDA-MB-231 细胞生长及逆转 syk 基因甲基化的研究[J].肿瘤,2009,29(10):944-949.

[47] 陈佳,钱新华.龟板对 γ 珠蛋白基因表达的作用及其分子机制研究[C]//中华医学会.中华医学会第十七次全国儿科学术大会论文汇编.郑州:[出版者不详],2012.

[48] Baur J A, Pearson K J, Price N L, et al. Resveratrol improves health and survival of mice on a high-calorie diet [J]. Nature, 2006,444(7117):337-342.

[49] Bourguignon L Y, Xia W, Wong G. Hyaluronan-mediated CD44 interaction with p300 and SIRT1 regulates beta-catenin signaling and NF B-specific transcription activity leading to MDR1 and Bcl-xL gene expression and chemoresistance in breast tumor cells [J]. J Biol Chem, 2009, 284(5):2657-2671.

[50] 吴雪梅,沈建箴,喻爱芳,等.雷公藤内酯醇逆转人恶性淋巴瘤 CA46 细胞系 p16 基因甲基化的实验研究[J].中国医药导刊,2008,10(8):1211-1212,1215.

[51] 吴雪梅,沈建箴,沈松菲,等.雷公藤内酯醇逆转 Jurkat 细胞 apc 基因甲基化及其机制的初步研究[J].中国实验血液学杂志,2010,18(4):866-872.

[52] 嵇琴,彭淑红,张敏,等.基于四性角度探讨中药对 DNA 甲基化的干预作用[J].江西中医药,2014,45(383):69-73.

[53] Goldman R H, Stason W B, Park S K, et al. Acupuncture for treatment of persistent arm pain due to repetitive use: a randomized controlled clinical trial [J]. Clin J Pain, 2008,24(3):211-218.

[54] 何苏云,卢圣锋,朱冰梅.针灸抗心肌缺血机制研究及其表观遗传调控机制研究探讨[J].针刺研究,2014,39(01):73-78.

[55] Fu S, He S, Xu B, et al. Acupuncture promotes angiogenesis after myocardial ischemia through H3K9 acetylation regulation at VEGF gene [J]. PLoS One, 2014,9(4):e94604.

[56] 石维坤,李艳,李中正.苗医推拿对缓解期哮喘儿童 IFN-γ、IL-4、IL-17 的影响及表观遗传学机制[J].中国民族民间医药,2014,23(7):11-12.

[57] Gunawardhana L P, Gibson P G, Simpson J L, et al. Activity and expression of histone acetylases and deacetylases in inflammatory phenotypes of asthma [J]. Clin Exp Allergy, 2014, 44(1):47-57.

索　引

A

癌症基因组图谱计划（The Cancer Genome Atlas, TCGA）　110,228

氨基端乙酰转移酶（N-terminal acetyltransferase）　135

B

伴随突变（passenger mutation）　102

胞嘧啶（cytosine）　3—5,16,25,33,34,36,38—41,45,66—69,72—77,79,82—89,91,92,96,97,100,101,104,105,109,110,159,170,174,332,334,341,351,352,356,357,392

贝-维综合征（Beckwith-Wiedemann syndrome）　98

被动去甲基化（passive demethylation）　38,45,79,88,89,92,392,393

编码区（coding region）　69,109,163,216,218,229,252,257—259,283,334,359—361,363,371

表观基因组路线图计划（Roadmap Epigenome Project）　27,28

表观基因组学（epigenomics）　1,2,6,25,28,110,211,217,228

表观遗传差异（epigenetic difference）　50

表观遗传因子靶向药物（epigenetic-targeted drug）　170

表观遗传重编程（epigenetic reprogramming）　158,408,419,429—431

哺乳动物基因组功能注释计划（Functional Annotation of the Mammalian Genome，FANTOM）　270

不依赖帽子结构的 IRES 介导翻译［cap-independent IRES（internal ribosome entry site）-mediated translation］　365

不依赖帽子结构翻译（cap-independent translation）　368

C

擦除器（eraser）　36,132,134,135,139,149,339,343

测序丰度鉴定（peak calling）　13—15,20

差异甲基化位点和区域（differentially methylated loci and regions，DML and DMR）　17

长非编码 RNA（long non-coding RNA，lncRNA）　158,234,255,269—275,277—295,298,300,301,305,308—311,313—315,317—319,321,324,332,400—402

长末端重复序列（long terminal repeat，LTR）　49

超级增强子（super-enhancer）　100,250,251

成体神经干细胞（adult neural stem cell，aNSC）　86

重编程（reprogramming）　39,43,45,49—51,53,66,80,81,86,87,91,212,250,374,386—396,399,403,404,408,409,412—416,418,419,423—428,430,431

重构胚（reconstructed embryo）　408—411,426

雌原核（female pronucleus）　44,45,81

次黄嘌呤（inosine，I）　333,356,357

次卫星 DNA 序列（minor satellite DNA）　71

D

单倍体胚胎干细胞（haploid embryonic stem cell，haESC）　426

单分子实时测序技术（single molecule real-time sequencing，SMRT sequencing）　109,110

单核苷酸多态性（single nucleotide polymorphism，SNP）　17,100,253,316,356

单细胞 DNase-Seq（single-cell DNase sequencing，scDNase-Seq）　216

蛋白质精氨酸甲基转移酶(protein arginine methyltransferase, PRMT) 134,138

蛋白质印迹法(Western blotting) 3,7

低温软物质 X 射线断层扫描实验(cryo soft X-ray tomography experiments, Cryo-SXT) 254

电离辐射诱导的空间相关 DNA 测序(ionizing radiation-induced spatially correlated cleavage of DNA with sequencing, RICC-Seq) 239

电融合(electrofusion) 409

定量甲基化特异性 PCR(quantitative methylation-specific PCR, MSP) 114

定向分化(directed differentiation) 386,387, 397,400,402,404,429

端粒(telomere) 285,286,388,411

端粒酶 RNA 组分(telomerase RNA component, TERC) 364

多价态修饰(multivalent modification) 142,146

多梳复合物家族蛋白(polycomb-group proteins) 206

E

二维纤维素薄层层析(two-dimensional cellulose thin-layer chromatography, 2D-TLC) 344—346

F

发夹 DNA 甲基化测序(hairpin bisulfite sequencing) 91

翻译后修饰(post-translational modification, PTM) 52,132,148,165,196,197,204,228,297,389

反式调控(trans-regulation) 272,285,402

反义寡核苷酸(antisense oligonucleotide, ASO) 321,322

泛素化(ubiquitination) 1,6,41,132,139,149, 150,160,197,204—206,228,389

方向性指数(directionality index, DI) 247

非编码 RNA(non-coding RNA, ncRNA) 6, 26,33,100,132,269,270,273,277,279,281, 284,285,288—290,292,294,295,297—303, 305—312,315—324,326,327,334,335,339, 341,343,355,358,361,363,364,367,370, 374,396,400,402,438

父本效应(paternal effects) 48

G

干扰素诱导的三角形四肽重复蛋白(IFN-induced proteins with tetratricopeptide repeats) 366

高通量染色体构象捕获(high-throughput chromosome conformation capture, Hi-C) 232, 233,235

高通量筛选(high-throughput screening, HTS) 176,179,180,182,184,218

高效液相色谱法(high performance liquid chromatography, HPLC) 344—346

睾丸支持细胞(sertoli cells, SC) 359,409

隔代表观遗传(transgenerational epigenetic inheritance) 48,51—53

骨髓增生性疾病(myeloproliferative diseases, MPD) 90,165

骨髓增生异常综合征(myelodysplastic syndrome, MDS) 90,91,165,170,438,445

挂锁探针捕获测序(capture sequencing with padlock probes) 112

规律成簇的间隔短回文重复序列(clustered regularly interspaced short palindromic repeats, CRISPR) 12

国际癌症基因组联盟计划(International Cancer Genome Consortium, ICGC) 228,256

国际人类表观基因组联盟计划(International Human Epigenome Consortium, IHEC) 228

H

核苷酸切除修复途径(nucleotide excision repair, NER) 83

核仁小 RNA(small nucleolar RNA, snoRNA) 275,333

核糖体 RNA(ribosomal RNA, rRNA) 301,332

核小 RNA(small nuclear RNA, snRNA) 333,365

核小体(nucleosome) 6,8,9,19—21,23,35,52, 68,97,118,137,138,141,146—148,151,160, 163,164,170,194—214,218—220,228,231, 239,249,389,394,395,399

核小体定位序列(nucleosome positioning sequence) 201

核小体结构(nucleosome structure) 137,196, 197,201,203,205,212,228

化学标记后擦除次黄嘌呤(inosine chemical erasing, ICE) 357

环形 RNA(circular RNA，circRNA) 271，273，275—277，287，294，305，306

环形内含子 RNA(circular intronic RNA，ciRNA) 271，275

环状染色体构象捕获（circular chromosome conformation capture，4C) 10，235

活化诱导胞嘧啶核苷脱氨酶（activation-induced cytidine deaminase，AID) 39

获得性遗传(inheritance of acquired characteristics) 50

J

肌病、乳酸性酸中毒和铁粒幼细胞性贫血(myopathy，lactic acidosis and sideroblastic anemia，MLASA) 378

基序(motif) 15，16，23，90，135，136，139，145，160，211，252，283，294，322，338—341，343，350，358，360，361，365

基因编码重组(genetic recoding) 371

基因表达谱(gene expression profile) 33，99，219，372，443

基因间长非编码 RNA（long intergenic noncoding RNA，lincRNA) 271，272，289

基因敲除(gene knockout) 37，46，71，72，83，84，280，281，291，336，340，342，373，413

基因组不稳定性（genome instability） 97，101，102

基因组印记(genomic imprinting) 393，411

基于 RNA 酶 H 切割特性的位点特异性切割标记、连接辅助提取-薄层层析检测联用技术（site-specific cleavage and radioactive-labeling followed by ligation-assisted extraction and thin-layer chromatography，SCARLET) 346

基于配对末端标签测序的染色质交互作用分析（chromatin interaction analysis with paired-end tag sequencing，ChIA-PET) 10，232，236

基于微球菌核酸酶的远程连接染色体折叠分析（micrococcal nuclease-based analysis of chromosome folding using long x-linkers，Micro-C XL) 238

急性髓细胞性白血病（acute myeloid leukemia，AML) 6，91，102，162，165，168，377，439

甲基化(methylation) 1—6，16—18，23，24，26—28，33—49，51—53，66—92，96，97，99—103，105—119，132—144，146，149—153，159—171，173，174，177—179，184，185，187，197，198，200，204，206，207，209，228，250，272—274，284—286，289，293，298，317，332—344，350—353，357，360，362，363，365，366，368，369，372—377，379，388—396，398—400，402，415，424，438—443，445—447

甲基化 CpG 短串联扩增与测序（methylated CpG tandem amplification and sequencing，MCTA-Seq) 108，115

甲基化 CpG 结合蛋白 2（methyl CpG binding protein 2，MeCP$_2$) 5，424

甲基化 DNA 捕获测序(methylated-DNA capture sequencing，MethylCap-Seq) 4

甲基化 DNA 免疫沉淀（methylated DNA immunoprecipitation，MeDIP) 4，28

甲基化的单核苷酸分辨率的紫外交联和免疫沉淀(methylation individual-nucleotide-resolution ultraviolet crosslinking and immunoprecipitation，miCLIP) 350

甲基化间区位点扩增（amplification of inter-methylated sites，AIMS) 4

甲基化酶辅助的亚硫酸氢盐测序法（methylase-assisted bisulfite sequencing，MAB-Seq) 5

甲基化敏感性高分辨率熔解曲线分析（methylation-sensitive high-resolution melting，MS-HRM) 114

甲基化敏感性限制性内切酶（methylation-sensitive restriction enzymes） 78，106，113，115，119

甲基化修饰依赖性限制性内切酶（methylation-dependent restriction enzymes) 78

甲硫氨酸合酶还原酶（methionine synthase reductase，MSR) 53

甲胎蛋白（α-fetoprotein，AFP） 300

假尿嘧啶（pseudouridine，Ψ） 337，343，346，347，353—356，358，363，364，371，378

假尿嘧啶合酶（pseudouridine synthase，PUS) 343，344，364，365，378

假尿嘧啶化（pseudouridylation） 344，363—365，378

间充质干细胞（mesenchymal stem cell，MSC) 417，428

间质-上皮转化（mesenchymal-to-epithelial transition，MET） 87

简化代表性亚硫酸氢盐测序（reduced represen-tation bisulfite sequencing，RRBS） 4,78,108

碱基切除修复（base excision repair，BER） 38,83,86,88

碱性磷酸酶（alkaline phosphatase，AP） 345,372,416

竞争性内源 RNA（competing endogenous RNA，ceRNA） 287

绝缘子（insulator） 8,26,99,103,210,213,232,239,249,257

K

开放调节元件簇（clusters of open regulatory elements，CORE） 20

拷贝数变异（copy number variation，CNV） 6,17,255,257

克隆（clone） 4,77,114,187,300,350,372,409—411,414,418

L

老年性黄斑变性（senile macular degeneration，SMD） 386,429

类器官（organoid） 428—431

利用转座酶研究染色质可接近性的高通量测序技术（assay for transposase-accessible chroma-tin with high throughput sequencing，ATAC-Seq） 8

连接产物富集（enrichment of ligation products，ELP） 238

连接组蛋白（linker histone） 194,200—208

镰状细胞贫血（sickle cell anemia，SCA） 419,423

磷酸化（phosphorylation） 1,6,41,47,52,132,133,135,142,146,150,151,160,162,197,199,204,228,287,299,308,326,378,389,442

卵母细胞（oocyte） 45,82,90,102,365,366,387,389,408—411,426

螺线管结构（solenoid structure） 200,201

M

慢性粒单核细胞白血病（chronic myelomonocytic leukemia，CMML） 91,173

帽子结构依赖性翻译（cap-dependent translation） 365

美国食品药品监督管理局（U. S. Food and Drug Administration，FDA） 103,114

免疫沉淀测序技术（immunoprecipitation sequen-cing，IP-Seq） 348

免疫沉淀技术（immunoprecipitation，IP） 348

母体-合子过渡（maternal-to-zygotic transition，MZT） 376

N

纳米孔单分子测序（nanopore single-molecule sequencing） 106,109,323,326,357

囊胚（blastocyst） 43—46,51,81,385,397,411,426

脑池内 A 颗粒（intracisternal A particle，IAP） 36,71

内源干扰小 RNA（endogenous small interfering RNA，endo-siRNA） 269

鸟苷酸转移酶（guanyltransferase） 366

P

帕金森病（Parkinson disease，PD） 167,385,411,419,421,424,425,427,431

胚胎发育（fetal development） 2,24,25,34—37,43—46,51—53,66,68,70—72,80,91,96,102,159,162,167,212,250,270,272,291,372,374,392,397,404,408,412,414,417

胚胎干细胞（embryonic stem cell，ESC） 27,34,37,39,42,43,47,51,68,71,72,102,148,152,153,198,229,240,249,252,272,279,280,289—291,359,362,372,374,375,385,388—391,393,394,397—402,409,412,426

配对末端标签（paired-end tag，PET） 12

片段化筛选（fragment based screening，FBS） 181

浦肯野细胞（Purkinje cell） 85,86

普拉德-威利综合征（Prader-Willi syndrome） 98,275

谱系重编程（lineage reprogramming） 403

Q

启动子捕获 Hi-C（promoter capture Hi-C，PC Hi-C） 238,257

启动子相关小 RNA（promoter-associated small RNA，PASR） 269

起始性 DNA 甲基转移酶（de novo DNA methyltransferase) 66,70,96

起始性甲基化(*de novo* methylation) 3,34,38,39,45,46,51,52,70—75,81,82,152,153

羟甲基化 DNA 免疫沉淀(hydroxymethylated DNA immunoprecipitation, hMeDIP) 5

桥接 Hi-C(Bridge Linker Hi-C, BL Hi-C) 238

驱动性生物标志物(driven or functional biomarker) 102

全表观基因组关联研究(epigenome-wide association studies, EWAS) 1

全基因组关联分析(genome-wide association study, GWAS) 109,216,229,257

全基因组亚硫酸氢盐测序(whole-genome bisulfite sequencing, WGBS) 78

全能性(totipotency) 45,73,75,91,395,408,409,412

R

染色体构象捕获(chromosome conformation capture, 3C) 10—12,21,227,235,236,254

染色体构象捕获碳拷贝(chromosome conformation capture carbon copy, 5C) 235

染色体游走(chromosomal walks) 238,239

染色质接触结构域(CTCF contact domain, CCD) 252

染色质可接近性(chromatin accessibility) 2,8,209,214—218

染色质免疫沉淀技术(chromatin immunoprecipitation, ChIP) 6,48,147,289

染色质重塑(chromatin remodeling) 1,15,24,74,134,149,151,158,164,165,167,169,170,179,187,195,199,210,218,220,394,395,401,438

染色质重塑因子紊乱(disorders of chromatin remodeling) 158,164

人类基因组计划(Human Genome Project, HGP) 228,270,400

人类免疫缺陷病毒(human immunodeficiency virus, HIV) 100

融合环形 RNA(fusion-circular RNA, f-circRNA) 321

S

上皮钙黏素(E-cadherin) 440

上皮-间质转化(epithelial-mesenchymal transition, EMT) 300,308,391

神经干细胞(neural stem cell, NSC) 87,90,216,240,252,280,281,290,359,402,417,422

神经祖细胞(neural progenitor cell, NPC) 240,252,418

生殖细胞重编程(germ cell reprogramming) 49

实时荧光定量 PCR(quantitative real-time PCR, qPCR) 3,7,106,113,213,302—304,317,319,323—325

实验室开发诊断试剂监管模式/临床实验室改进修正案(LDT/CLIA) 116

始发态多能性(primed pluripotency) 374,375

室管膜瘤(ependymoma) 101

书写器(writer) 36,132,134—136,138,139,149,152,338,341

双 PHD 锌指(double PHD finger domain, DPF) 135,144

顺式调控(*cis*-regulation) 214,272,276,278,285,292,402

四聚核小体结构单元(tetranucleosomal structural unit) 202,205

锁核酸(locked nucleic acid, LNA) 321,322,324

T

胎儿血红蛋白(fetal hemoglobin, HbF) 174,441

体细胞重编程(somatic cell reprogramming) 387—389,392,395,396,408,419,427

体细胞核移植(somatic cell nuclear transfer, SCNT) 91,408—411

天然反义转录本(natural antisense transcript, NAT) 271,273

调控元件的甲醛辅助分离法(formaldehyde-assisted isolation of regulatory elements followed by sequencing, FAIRE-Seq) 8

同源-异源交叉(homology-heterology junctions) 73

拓扑结构域(topologically associated domain, TAD) 231,232,235,239,247—252,255—257

W

外泌体(exosome) 275,301,302,305,306,

318,321

微 RNA(microRNA,miRNA) 41,100,234,269,297,333,400

微滴式数字 PCR(droplet digital PCR) 112,115

微球菌核酸酶(micrococcal nuclease,MNase) 6,204

唯一分子标识-环状染色体构象捕获(unique molecular identifier-circular chromosome conformation capture,UMI-4C) 238

维持性 DNA 甲基转移酶(maintenance DNA methyltransferase) 66,70,96

维持性甲基化(maintenance methylation) 34,70,73,75,76

X

吸附富集(affinity enrichment) 77—79

细胞核帽结合复合物(the nuclear cap binding complex,CBC) 365

细胞融合(cell fusion) 409,413

细胞周期(cell cycle) 45,52,151,152,204,230,233,251,254,258,283,284,286,376,402,409,413,415,429,442

限制构象捕获(tethered conformation capture,TCC) 13,238

限制性核酸内切酶消化(restriction endonuclease digestion) 77,78

腺嘌呤(adenine) 66,67,84,96,110,139,332,333,335,344,346,348,352,353

小 cajal 体特定核糖核酸(small cajal body RNA,scaRNA) 337

芯片杂交(array hybridization) 77,79,109

信使 RNA(messenger RNA,mRNA) 174,269,332

胸腺嘧啶-7-羟化酶(thymine-7-hydroxylase,THase) 84

胸腺嘧啶 DNA 糖基化酶(thymine DNA glycosylase,TDG) 39,392

雄原核(male pronucleus) 44,45,80,81,83,91

血管内皮生长因子(vascular endothelial growth factor,VEGF) 427,443

循环游离 DNA(circulating cell-free DNA,cfDNA) 112

循环游离肿瘤 DNA(circulating cell-free tumor DNA,ctDNA) 112

循环肿瘤细胞(circulating tumor cells,CTC) 112,116,234

Y

亚硫酸氢盐-PCR 测序(bisulfite sequencing PCR,BSP) 114

亚硫酸氢盐测序(bisulfite sequencing,BS-Seq) 4,5,16,17,80,81,108,109,115,351,352

亚硫酸氢盐处理(bisulfite treatment) 4,5,25,28,77,106—109,112—115,119,335,352,361,362

亚硫酸氢盐转化(bisulfite conversion) 16,77,78,106,114

氧化-亚硫酸氢盐测序(oxidative bisulfite sequencing,oxBS-Seq) 110

液体活检(liquid biopsy) 118,219,302

液相色谱-质谱联用(liquid chromatography-mass spectrometry,LC-MS) 344,346

移动窗口(sliding window) 13,14

乙酰化(acetylation) 1,6,22,41,42,100,111,132,133,135,136,139,142,144—146,149—151,160,166,167,170,173,175,179,187,197,199,204,206,228,274,285,388—390,392,396,399,411,415,430,439,442—444

异染色质蛋白(heterochromatin protein) 204,207

异乳清酸脱羧酶(iso-orotate decarboxylase,IDCase) 84

引物延伸(primer extension) 346,353

印记基因(imprinting gene) 35,39,44—46,51,71,72,81,90,97,98,393

荧光原位杂交技术(fluorescence *in situ* hybridization,FISH) 232,233

诱导性多能干细胞(induced pluripotent stem cells,iPSC) 9,86,374,385—397,399,403,408,412,413

阈值(cutoff) 14,247,355,356,402

原始态多能性(naïve pluripotency) 374,375

阅读器(reader) 36,132,134,135,141—146,148—152,340,343,368

Z

杂交法捕获 RNA 靶标分析(capture hybridization analysis of RNA target,CHART) 292

载脂蛋白 B mRNA 编辑酶复合物(apolipoprotein

B mRNA editing enzyme complex，APOBEC）39

造血干细胞（hematopoietic stem cell，HSC）91,216,417

增强子 RNA（enhancer RNA，eRNA） 269,271,273—275,283,284,289,342

增殖细胞核抗原（proliferating cell nuclear antigen，PCNA） 76

支持向量机（support vector machines） 23,313

质谱分析技术（mass spectrometry，MS） 112,115

致癌组蛋白（oncohistone） 134,158,163

重复序列诱导的点突变（repeat-induced point mutation，RIP） 72

主动去甲基化（active demethylation） 38,39,44,45,49,66,79,81,82,86—88,92,96,392—394

主卫星 DNA 序列（major satellite DNA） 71

主要组织相容性抗原（major histocompatibility antigen，MHC） 428

转分化（transdifferentiation） 408,413,416—418,430,431

转化生长因子-β1（transforming growth factor-β1，TGF-β1） 441

转录激活因子样效应物核酸酶（transcription activator-like effector nucleases，TALEN） 105,255

转录起始位点（transcription start site，TSS） 26,35,68,138,219,291

转录因子（transcription factor，TF） 6,8,9,15,16,20,21,23,26,27,33,35,38,40,49,92,97,99,100,105,150,151,160,167,175,195,196,199,203,206,209—214,217,218,228,229,233,239,240,251—253,255,279,280,283,284,289,290,298,300,308,309,320,367,368,377,387—393,395,396,398,401—403,416—419,429,431,442

转录终止位点相关小 RNA（terminator-associated small RNA，TASR） 269

转运 RNA（transfer RNA，tRNA） 301,332

滋养层干细胞（trophoblast stem cell） 430,431

紫外交联辅助的 m⁶A测序技术（photocross-linking-assisted m⁶A-sequencing，PA-m⁶A-Seq）349

紫外交联和免疫沉淀（ultraviolet crosslinking and immunoprecipitation，CLIP） 293,350

组蛋白变体（histone variant） 8,52,133,134,148,153,195—198,200,203,205,207,220,388,394

组蛋白共价修饰的调控异常（dysregulation of covalent histone modification） 166

组蛋白甲基转移酶（histone methyltransferase，HMT） 41,43,139,161,167,170,177,178,183,184,282

组蛋白赖氨酸甲基转移酶（histone lysine methyltransferase，HKMT） 134—136,159,161,173

组蛋白赖氨酸去甲基化酶（histone lysine demethylase，HKDM） 139,140,159

组蛋白密码（histone code） 132,151,153,154,379,389

组蛋白去乙酰化酶（histone deacetylase，HDAC）1,41,43,135,139,160,161,175—177,390,444

组蛋白去乙酰化酶抑制剂（histone deacetylase inhibitor，HDACI） 170,175—177,186,218,438,445

组蛋白修饰（histone modification） 1,2,6—9,13—15,26—28,33,41—43,49,52,53,72,132—135,139,142,143,146—154,158,160,166,170,195,200,216,217,220,272,273,278,279,281,308,332,375,379,389—392,399,400,439,440

组蛋白乙酰化识别抑制药物（inhibitor of histone acetylation recognition） 179

组蛋白乙酰转移酶（histone acetyltransferase，HAT） 134,135,160,161,166,167,173,400,443

组蛋白重塑（histone remodeling） 52

组合识别（combinatorial readout） 142,146

作用于 RNA 的腺苷脱氨酶（adenosine deaminase acting on RNA，ADAR） 356

外文及数字

Bromo 结构域（Bromo domain） 144—146,148—151,167

Chromo 结构域（Chromo domain） 142,143,146,151

CpG 岛（CpG island，CGI） 4,23,35,38,42,43,49,78,80,81,97,99,100,108,109,111,115,

159,165,250

CpG岛甲基化表型(CpG island methylation phe-
notype, CIMP) 99

CpG位点(CpG site) 4,34,36,38,40—42,44,76,
107—110,115

CTCF结合位点(CTCF binding sites, CBS)
251,255

DNA甲基化(DNA methylation) 1—6,8,16,
18,22,24,25,28,33—38,40—49,51—53,
66—80,84,92,96—120,132,152,153,158—
160,165,166,170,171,174,187,198,206,
214—216,219,301,332,388,390,392,393,
395,396,398,403,411,415,430,438,439,
441—443,445—447

DNA甲基化修饰的调控异常(dysregulation of
DNA methylation modification) 165

DNA甲基转移酶(DNA methyltransferase, DNMT)
1,3,24,33,46,67,68,70,71,75,81,99,104,105,
153,159,170,171,174,198,335,336,390,398,439,
440,442,443

DNA甲基转移酶抑制剂(DNA methyltransfe-
rase inhibitor) 104,173,174,186,187

DNA酶测序技术(DNase sequencing, DNase-
Seq) 8

DNA酶Ⅰ超敏感位点(DNase Ⅰ-hypersensitive
sites, DHS) 8

DNA去甲基化(DNA demethylation) 38,39,
42,44—47,49,66,68,73,79,80,82,83,86,
91,92,99,159,390,392,393,442

DNA元件百科全书(Encyclopedia of DNA
Elements, ENCODE) 2,25,26,99,110,228,
269,400

GNAT家族(Gcn5-related N-acetyltransferase
family) 135

H2A/H2B酸性区域(H2A/H2B acidic patch)
200,202,205

m^1A高通量测序(m^1A high-throughput sequencing)
343

m^5C甲基转移酶(m^5C methyltransferase, m^5C-
MTase) 332,341,343,353,370

MBD蛋白(methyl CpG-binding protein, MBD
protein) 40,41

MBT蛋白(the malignant brain tumor protein,
MBT protein) 207,220

MBT结构域(malignant brain tumor domain,
MBT domain) 142,143

miRNA海绵(miRNA sponge) 287, 305,
322,323

MNase-Seq技术(MNase sequencing technique)
211

MYST家族(Moz, Ybf2, Sas2 and Tip60 family)
135

N_3-CMC富集假尿嘧啶测序(N_3-CMC-enriched
pseudouridine sequencing, CeU-Seq) 364

O^6-甲基鸟嘌呤(O^6-methylguanine, O^6-MeG)
67

PHD结构域(PHD domain) 141,143,149

PWWP结构域(PWWP domain) 38,142,148,
149,152

RNA纯化结合染色质分离技术(chromatin
isolation by RNA purification, CHIRP) 292

RNA干扰(RNA interference, RNAi) 162,
279,283,291,391,395

RNA甲基转移酶(RNA methyltransferase,
RNMT) 161,334,336,338,375

RNA结合蛋白(RNA binding protein, RBP) 27,
276,278,293,295,349,360,366,367,369—371

RNA印迹法(Northern blotting) 3, 302,
323,324

SET结构域(SET domain) 136,137,139

sirtuin家族(sirtuin family) 139

S-腺苷甲硫氨酸(S-adenosylmethionine, SAM)
34,68,70,85,137,159,335

TET辅助的亚硫酸氢盐测序(TET-assisted
bisulfite sequencing) 110

Tudor结构域(Tudor domain) 142,143,146,152

UHRF家族蛋白(UHRF family proteins) 40

Xq28基因相关的先天性角化不良疾病(X-linked
dyskeratosis congenital, X-DC) 378

X染色体失活(X chromosome inactivation) 23,
34,44,66,69,71,92,97,160,250,272,280,
282,285,392,411

Yamanaka因子(Yamanaka factors) 387—391,
393,395,396,404

YEATS结构域(YEATS domain) 144—146

YT小体(YT-body) 340

"Z"字结构(Zig-Zag structure) 200,202

α-酮戊二酸(2-oxoglutarate, 2OG) 84, 85,

96,140

3C 碳拷贝（3C-carbon copy，5C） 10

3′非翻译区（3′-untranslated region，3′-UTR）
286

30 nm 染色质结构（structure of 30 nm chromatin fiber） 220

30 nm 染 色 质 纤 维（30 nm chromatin fiber）
194,200—203,205,207,208,220,221,228

5-氮杂胞苷（5-azacytidine，5azaC） 170,352